中国食品药品检验检测技术系列丛书

实验动物检验技术

中国食品药品检定研究院　组织编写

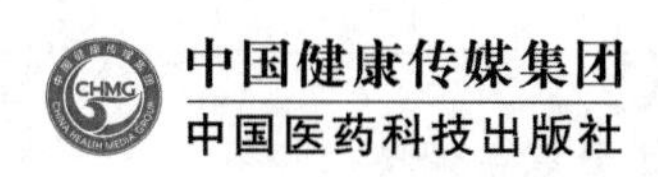

内 容 提 要

本书为中国食品药品检定研究院组织编写的《中国食品药品检验检测技术系列丛书》之一。实验动物的质量直接影响实验数据的准确性和可重复性，是开展生命科学研究的重要支撑条件。本书以实验动物检测标准为依据，以检测工作实际操作为主线，阐述实验动物的管理法规、技术标准、标准操作规程，实验动物病毒学、细菌学、寄生虫学、遗传学、环境设施检测，遗传修饰动物模型制作与应用、实验动物的相关支撑条件等内容。

本书主要适用于实验动物生产应用、检验检测机构、科研院所、大专院校相关人员使用。

图书在版编目（CIP）数据

实验动物检验技术 / 中国食品药品检定研究院组织编写. —北京：中国医药科技出版社，2020.6

（中国食品药品检验检测技术系列丛书）

ISBN 978-7-5214-1836-1

Ⅰ. ①实…　Ⅱ. ①中…　Ⅲ. ①实验动物–医学检验　Ⅳ. ①Q95-33

中国版本图书馆 CIP 数据核字（2020）第 083416 号

中国食品药品检验检测技术系列丛书

实验动物检验技术

责任编辑　王　梓　刘丽英　吴思思　于海平

美术编辑　陈君杞

版式设计　易维鑫

出版　**中国健康传媒集团** | 中国医药科技出版社

地址　北京市海淀区文慧园北路甲 22 号

邮编　100082

电话　发行：010-62227427　邮购：010-62236938

网址　www.cmstp.com

规格　787×1092mm　1/16

印张　27 1/4

字数　622 千字

版次　2020 年 6 月第 1 版

印次　2020 年 6 月第 1 次印刷

印刷　三河市万龙印装有限公司

经销　全国各地新华书店

书号　ISBN 978-7-5214-1836-1

定价　398.00 元

获取新书信息、投稿、为图书纠错，请扫码联系我们。

《中国食品药品检验检测技术系列丛书》

编　委　会

《实验动物检验技术》

编 委 会

主　　编　邹　健　王佑春

副 主 编　柳全明　岳秉飞

编　　委　（按姓氏笔画排序）

王　吉　王　洪　王辰飞　王劲松　王莎莎　王淑菁　付　瑞

冯育芳　邢　进　巩　薇　朱婉月　刘　巍　刘佐民　刘甦苏

李　威　李晓波　吴　勇　谷文达　张　潇　张　鑫　张雪青

陈　磊　范昌发　赵明海　侯丰田　贺争鸣　秦　骁　黄　健

黄宗文　黄慧丽　曹　愿　梁春南　董青花　魏　杰

前言
Foreword

自1996年开始，中国食品药品检定研究院（原中国药品生物制品检定所）为配合《中国药典》等国家药品标准实施，组织全国药品检验系统专家连续四次编撰出版《中国药品检验标准操作规范》（1996年、2000年、2005年和2010年），两次编撰出版《药品检验仪器操作规程》（2005年和2010年），旨在推动全国药品检验系统检验方法和仪器操作的规范化。

党中央、国务院和地方各级政府历来高度重视食品药品监管工作。作为监管的重要技术支撑，检验机构在产品上市前和上市后的监管中发挥越来越重要的作用。随着我国药品、医疗器械、食品、化妆品产品质量要求的不断提高，检验技术的不断进步，检验领域的不断扩大，检验检测操作的进一步规范更显迫切。在既往工作的基础上，中国食品药品检定研究院组织全国药品、医疗器械、食品、化妆品检验检测机构的专家编撰《中国食品药品检验检测技术系列丛书》。

《中国食品药品检验检测技术系列丛书》涵盖药品、医疗器械、食品、化妆品检验检测操作规范、仪器操作规程及疑难问题解析等内容，并介绍了检验检测新技术、新方法、新设备的应用，具有较强的实用性和可操作性，将为促进医药产业发展，发挥技术支撑功能，提升药品监管水平起到重要作用。

实验动物作为"活的试剂"和度量衡，广泛应用于生物医药、航天、化工、农业、轻工、环保、商检、军工等众多领域。实验动物的质量直接影响实验数据的准确性和可重复性，是开展生命科学研究的重要支撑条件。在疾病机理研究中，实验动物以身试病；在新药研发和生产检定过程中，实验动物以身试药；在疫苗生产和检定中，实验动物以身试毒。药品检验与实验动物密不可分，药品的生物学效价测定、安全性检测、生物制品的效力和免疫原性、安全性检测均以动物实验的结论为基本依据，使用质量差的动物所得结果贻害无穷。实验动物质量检测是质量控制的主要手段，为确保动物质量与安全提供技术支撑。为保证食品、药品、医疗器械的质量与安全，由中国食品药品检定研究院（以下简称"中检院"）组织编写了检验技术系列丛书，《实验动物检验技术》作为系列丛书之一，由中检院实验动物资源研究所组织从事检验检测相关一线技术人员编写而成。

本书分为十章，第一章总论，对实验动物的法规管理体系、标准体系、质量控制体系等方面进行全面梳理，为依法管理、依标准检测提供支撑；第二章至第六章分别以病毒学、细菌学、寄生虫学、遗传学以及环境学等学科领域，从检测技术方法、检测标准、标准操作规程三个方面详细叙述检测工作的具体操作。第七章为动物实验技术与应用，从动物的抓取与固定、实验编号与准备、给药技术、模型制备、样品采集、麻醉、镇痛及安乐死等方面进行阐述，为从事动物实验人员提供支撑。第八章为遗传修饰动物模型在药品质量控制与安全评价中的应用，从遗传修饰动物模型的制备、生产供应全过程，到用于安全性评价的遗传修饰动物模型、用于病毒学研究、疫苗、抗病毒药物评价以及人源化动物模型抗肿瘤血管生成的研究等予以重点介绍，为我国药品质量控制与安全评价提供新的视野。第九章为实验动物相关支撑条件，从设施设备、营养与饲料、饮水及垫料等相关要求进行阐述，确保实验动物质量。第十章为实验动物福利伦理，基于 3R 原则，结合中检院工作实践重点对实验动物饲养和使用的福利与伦理审查进行描述，防止滥用动物。这几章内容是为配合质量检测工作拓展而来，因为实验动物检验检测不是孤立的，必须把握实验动物质量控制的整体，见树木更要见森林，才能做出科学结论。

本书具有以下特点：一是实用性，本书以检测标准为依据，以检测工作实际操作为主线，给出实验动物质量检测的标准操作规程，简单明了，据此可以开展检验检测操作。二是系统性，围绕检测工作，从管理法规、技术标准到标准操作规程，从实验动物的相关支撑条件到动物实验设施运行，以及遗传修饰动物模型制作与应用，多角度阐述实验动物的质量控制体系，便于读者全面了解实验动物质量过程。三是创新性，本书在阐述现行有效的成熟技术的同时，对于一些前沿技术也进行了介绍，便于读者掌握当前的发展动态，扩大视野，不断创新发展。总之，本书作为实验动物检测人员实用技术手册，既有理论又有实践，供实验动物检测技术人员使用，也可作为科研院所、大专院校相关技术人员的工具书。由于时间仓促，加之编者水平有限，错误之处敬请指正！

编委会

2019 年 12 月

目录
Contents

第一章　总论

实验动物是生命科学研究的基础材料，是支撑生命科学研究和生物技术发展的重要科技资源。在现代科学快速发展形势下，实验动物科学的发展对推动生命科学和生物技术的创新发展、保证人类健康事业的发展所发挥的作用尤为显著，并在某种程度上发挥着一定的驱动和引领作用。

实验动物作为“活的试剂”和“活的仪器”，在药品、食品、化妆品、医疗器械等关系到人类健康的产品研制、安全性评价和质量检验等领域广泛应用。因此，依据法律法规对实验动物的生产与应用实施管理，依据相关标准对实验动物质量进行评价，持续提升实验动物质量标准化水平，从而保证动物实验结果的可靠性，是我国科技进步、经济社会发展和对外开放的需要，也是保障食品药品和人类健康的需要。

《“十三五”国家科技创新规划》对实验动物科学地发展提出了明确要求，“开展实验动物新资源和新品种培育，加快人源化和复杂疾病动物模型创制与应用，新增一批新品种、新品系，资源总量接近发达国家水平；开展动物实验新技术和新设备开发，加强实验动物标准化体系建设，为人类健康和公共安全提供有效技术保障。”因此，按照《“十三五”国家科技创新规划》的总体部署和发展重点，以支撑科技进步和创新为主线，以实验动物法律法规支撑体系不断完善为基础，以促进实验动物资源建设、质量保障体系和科学监管体系不断完善为核心，以关键技术提升和运行机制创新为动力，着力增强实验动物科技创新能力，着力推进实验动物资源建设，着力强化实验动物质量保障，着力加强实验动物工作管理，对提升实验动物在推进国家科技进步与全民创新、推动社会经济发展和人类健康等的支撑能力和服务水平，具有重大的现实意义。

第一节　实验动物质量管理

实验动物质量管理是实验动物管理的核心内容。建立健全完善的管理体系，制定严谨和可行的管理制度，是开展实验动物科学监管的基础和保障。

一、行政法规和部门规章

1.《实验动物管理条例》　1988 年，经国务院批准，以原国家科学技术委员会令第 2 号发布了《实验动物管理条例》，这是我国第一部实验动物管理行政法规。本条例共八章 35 条，从管理模式、饲育管理、检疫与传染病控制、应用、进口与出口管理、工作人员以及奖惩等方面明确了国家管理准则，这一行政法规的颁布标志着我国实验动物管理工作开始纳入法制化管理轨道。

随着我国依法推进简政放权、放管结合、优化服务改革工作的深入，根据 2011 年 1 月 8 日《国务院关于废止和修改部分行政法规的决定》、2013 年 7 月 18 日《国务院关于废止和修改部分行政法规的决定》和 2017 年 3 月 1 日《国务院关于修改和废止部分行政法规的决定》对部分条款做了删除和修订。

2.《实验动物质量管理办法》等 1997 年，原国家科委、原国家技术监督局联合发布了《实验动物质量管理办法》(国科发财字［1997］593 号)。本办法共五章 26 条。明确提出了我国实行实验动物生产和使用许可证制度，对许可证的申请和管理做出了规定；建立国家实验动物种子中心，明确提出种子中心的主要任务；建立国家和省级实验动物质量检测机构，提出了检测机构应具备的资质和工作任务。

为落实《实验动物质量管理办法》提出的任务，科技部又先后发布了《国家实验动物种子中心管理办法》(国科发财字［1998］174 号)、《国家啮齿类实验动物种子中心引种、供种实施细则》(国科发财字［1998］048 号)、《关于当前许可证发放过程中有关实验动物种子问题的处理意见》(国科财字［1999］044 号)、《省级实验动物质量检测机构技术审查准则》和《省级实验动物质量检测机构技术审查细则》(国科财字［1998］059 号)等部门规章。这些规范性文件的出台，有力地促进了实验动物种子的保存、使用和资源共享，推动了国家和地方两级实验动物质量检测机构的建设和全国实验动物质量检测体系的形成。

3.《实验动物许可证管理办法(试行)》 2001 年，科学技术部与卫生部等七部门联合发布了《实验动物许可证管理办法(试行)》(国科发财字［2001］545 号)。本办法共五章 23 条。规定了申请许可证的行为主体、条件、标准、审批和发放程序，强调了许可证的管理和监督。

4.《关于善待实验动物的指导性意见》 2006 年 9 月，科学技术部发布了《关于善待实验动物的指导性意见》(国科发财字〔2006〕398 号)。本意见共六章 30 条。提出了工作管理和监督的模式，分别从实验动物的饲养管理、应用、运输以及相关措施等方面，对善待实验动物提出了要求。突出了动物实验替代方法是科学的善待实验动物和维护实验动物福利这一核心内容。

此外，涉及实验动物管理的行政法规和部门规章还有《军队医学实验动物合格证(认可证)管理办法》《国家科技资源共享服务平台管理办法》《国家重点保护野生动物驯养繁殖许可证管理办法》《药物非临床研究质量管理规范》和《国家科技计划实施中科研不端行为处理办法(试行)》等。

二、地方法规和规章

1.《北京市实验动物管理条例》 1996 年 10 月 17 日，北京市在全国率先以立法形式制定了《北京市实验动物管理条例》，这是我国第一部实验动物地方法规，1997 年 1 月 1 日开始实施。2004 年经北京市第十二届人民代表大会常务委员会第十七次会议修订，于 2005 年 1 月 1 日施行，共八章 38 条。

为贯彻落实本条例，根据实际工作需要，北京科委和北京市实验动物管理办公室又先后发布了《北京市实验动物许可证管理办法》(京科政发［2005］454 号)、《北京市实验动物从业人员培训考核管理办法》《北京市实验动物从业人员健康体检管理办法》《北京市实验动物质量检测工作管理办法》《北京市实验动物行业信用信息管理办法(试行)》《北京市实验动物行政执法档案管理办法》《实验动物行政许可程序》和《北京市实验动物福利伦理审查指南》等。《北京市实验动物管理条例》和相关管理文件的发布施行，对加强北京地区实验动物法制化管理工作，进一步提升实验动物这一科技基础支撑条件的水平发挥了重要作用，有力促进了北京科技事业的发展。

2.《湖北省实验动物管理条例》 2005 年 7 月 29 日，湖北省第十届人民代表大会常务委员会第十六次会议通过了《湖北省实验动物管理条例》，于 2005 年 10 月 1 日施行，共八章 39 条。本条例对实验动物的生产与经营、应用、质量检测与防疫、生产安全与动物福利、管理与监督等活动进行规范，并明确了相关的法律责任，还明确规定了实验动物工作实行许可制度。

3.《云南省实验动物管理条例》 2007 年 7 月 27 日，云南省第十届人大常委会第三十次会议审议通过了《云南省实验动物管理条例》，于 2007 年 10 月 1 日施行，共八章 40 条。本条例对实验动物的管理部门、使用单位和个人、许可证管理制度、质量检测与检疫、管理与监督、动物实验伦理、法律责任等作出明确的规定。

4.《黑龙江省实验动物管理条例》 2008 年 10 月 17 日，黑龙江省第十一届人大常委会第六次会议审议通过了《黑龙江省实验动物管理条例》，于 2009 年 1 月 1 日施行，共八章 40 条。本条例从规范实验动物管理，维护公共卫生安全，适应科学研究和社会发展需要出发，完善了实验动物许可证制度，明确了从事实验动物工作单位和人员的权利、义务，细化了实验动物生产与使用的具体措施，建立了疫情报告制度，强化了对实验动物工作的监督检查，并规定了相应的法律责任。

5.《广东省实验动物管理条例》 2010 年 6 月 2 日，广东省第十一届人大常委会第十九次会议审议通过了《广东省实验动物管理条例》，于 2010 年 10 月 1 日施行，共七章 53 条。本条例规定对实验动物生产和使用单位实行许可管理制度，设定了实验动物饲养及实验的相关条件，同时规定必须接受省实验动物监测机构的质量技术监督和检验测试，保障动物福利，尊重动物伦理，同时明确了法律责任等。

6.《吉林省实验动物管理条例》 2016 年 11 月 17 日，吉林省第十二届人大常委会第三次会议审议通过了《吉林省实验动物管理条例》，于 2017 年 1 月 1 日施行，共七章 46 条。本条例明确了管理原则，提出实验动物按照国家标准分级分类管理，规定实验动物生产和使用实行许可制度，同时明确了监督检查和法律责任等。

此外，各地方政府还以不同形式发布了实验动物管理的规范性文件，以加强本地区实验动物和动物实验的管理，包括《湖南省实施〈实验动物管理条例〉办法》《上海市实验动物许可证申领管理办法》《甘肃省科技厅突发实验动物应急预案》等。

三、与实验动物管理有关的法律

目前我国还没有为实验动物管理制定专门的法律，但是在我国现行的法律体系中，一些条款与实验动物管理密切相关，如《中华人民共和国行政许可法》《中华人民共和国野生动物保护法》《中华人民共和国动物防疫法》《中华人民共和国畜牧法》等。这些法律是制定实验动物管理相关行政法规时必须遵循的“上位法”，也是实验动物工作者需要掌握和必须遵守执行的法律。

第二节 实验动物质量管理制度和主要措施

《实验动物管理条例》确立了我国实验动物管理体系框架、管理制度和管理措施，并随着科技发展与规范管理的需要不断赋予新的内涵。以《实验动物管理条例》为基础，依据《中华人民共和国行政许可法》等法律和《实验动物机构 质量和能力的通用要求》（GB/T 27416—2014）等国家标准，建立了实验动物管理的许可证制度、质量合格证制度和机构认可评价制度。三项制度的有机结合形成了符合国情和具有中国实验动物科技工作发展特色的管理模式，这必将促进我国实验动物规范管理和行政监管体系的完善，推动我国实验动物科学事业的快速发展。

一、实验动物质量管理制度

1. 实验动物许可证制度 《实验动物管理条例》和《实验动物质量管理办法》的发布，对启动、建立和全面推开行之有效的实验动物行政许可制度具有决定性意义。许可证制度是实验动物管理的市场准入制度，是保障实验动物和动物实验质量的重要措施。从事实验动物生产、经营或使用的单位和个人必须取得《实验动物生产许可证》和《实验动物使用许可证》。1998 年，北京市率先推行许可证制度，据 2015 年调查结果，在全国 31 个省（自治区、直辖市）以及军队系统的 1382 个实验动物单位中共有实验动物许可证 1870 个（其中 422 个生产许可证，1448 个使用许可证）。许可证制度的实施为促进实验动物行业健康发展，从源头上阻断不合格的实验动物流入市场，对保证实验动物和动物实验质量提供了法律制度保障。

2. 实验动物机构认可制度 中国合格评定国家认可委员会（CNAS）作为国家授权的认可机构，创建了我国实验动物机构认可评价体系，并于 2018 年正式启动机构认可评审工作。认可制度更加关注管理体系、环境设施、饲养管理、兽医护理和职业健康安全等 5 大方面的内容，与许可证制度相互促进、相互补充。同时，利用认可这一国际互认平台，有望通过国际间或区域间的互认，帮助有条件的实验动物机构率先通过认可、取得国际地位、参与国际竞争，逐步提升我国在国际实验动物领域中的地位和话语权。

为推动实验动物机构认可制度，建立了评审员队伍，并开展业务培训；在评定委员会中增补了实验动物专家；在专门委员会下面成立了实验动物专业委员会；制定认可规则，规定了 CNAS 实验动物机构认可体系运作的程序和要求；制定认可准则，规定了 CNAS 对实验动物机构认可的要求。机构建设、队伍建设和认可体系文件的制定，为科学、规范和稳步推进我国自主研发、创新建立的具有中国特色的实验动物机构认可制度提供了有力保障。

3. 实验动物合格证制度 《实验动物管理条例》提出“国家实行实验动物的质量监督和质量合格认证制度。”生产者取得质量合格证制度既是对实验动物作为“高科技生物技术产品”质量认可的规定，也是对实验动物提供应尽义务的要求。该制度要求取得生产许可证的单位应主动按照有关标准进行质量检测，在出售实验动物时应提供实验动物质量近期检测报告和质量合格证，对其所生产的实验动物负有保障质量的义务；取得使用许可证的单位所使用的实验动物必须来自取得实验动物生产许可证的单位，并且是质量合格的实验动物。质量合格证制度的实施，推动了实验动物质量监测体系的建立与运行，有效保证了实验动物质量。

4. 实验动物种子管理制度 实验动物是指经人工饲育，对其携带的微生物和寄生虫实行控制，遗传背景明确或者来源清楚的，用于科学研究、教学、生产、检定以及其他科学实验的动物。其中“经人工饲育”“对其携带的微生物和寄生虫实行控制”“遗传背景明确或来源清楚”的规定性要求，为我国实验动物的质量控制提供了法律依据。“用于科学实验的动物”的界定，使实验动物与其他用途的动物如经济动物、宠物动物、观赏动物、野生动物等明确区分开来。尽管其他用途的动物也可作为“试验用动物”，或培育成实验动物，但必须符合实验动物的“硬性”要求。

实验动物种子是维持品种/品系的遗传信息传递、保证实验动物质量和保障科研活动正常开展的重要条件，是实验动物生产和使用的起点。规范实验动物种子质量是全面提高我国实验动物质量最根本的要求。《实验动物质量管理办法》提出建立国家实验动物种子中心，其目的就在于科学地管理我国实验动物种子资源，实现种质的保证。同时，在《实验动物许可证管理办法（试行）》中要求实验动物种子应来自国家实验动物种子中心或国家认可的保种单位、种源单位，遗传背景清楚，质量符合国家标准。

5. 实验动物从业人员专业培训制度　《实验动物管理条例》规定，实验动物工作单位应当根据需要，配备科技人员和经过专业培训的饲育人员。各类人员都要遵守实验动物饲育管理的各项制度，熟悉、掌握操作规程；地方各级实验动物工作的主管部门，对从事实验动物工作的各类人员，应当逐步实行资格认可制度。

实验动物从业人员是指从事实验动物工作的所有人员，主要包括专门从事实验动物工作的专业人员和以应用实验动物开展研究、教学、检验等工作的广大科技人员。为提高实验动物从业人员的业务素质和技术水平，保证实验动物质量和动物实验规范，依据《实验动物管理条例》实施有针对性的专业培训与科学的考核制度，经考试合格后上岗，已成为持续提升我国实验动物从业人员业务素质，增强从业人员专业知识技能，贯彻落实相关政策法规和推进实验动物法制化、标准化管理，推动实验动物从业人员队伍建设的重要措施和制度保障。

随着科技发展和对人员业务素质要求不断提升，我国实验动物专业人员培训体系也在不断完善，多种模式（学历教育、继续教育和上岗培训等），不同层次（大学本科教育、研究生教育和高等职业教育等），多种渠道（国外派出进修和国内培训班等），多种形式（理论讲授和实际操作等），以及国家设置的专业技术人员职业资格（执业兽医）考试等，极大地促进了实验动物专业人员队伍的建设。

6. 实验动物福利伦理审查制度　在实验动物管理工作中，世界各国已将实验动物福利保护作为重要议题之一，对实验动物的生产和使用过程进行福利伦理审查。我国实验动物管理工作若要与国际接轨，就必须认识实验动物福利保护的重要性。《实验动物管理条例》对实验动物福利进行规定，要求“从事实验动物工作的人员对实验动物必须爱护，不得戏弄或虐待”。在科学技术部《关于善待实验动物的指导性意见》中，对善待实验动物进行了定义和说明，对实验动物福利的保护提出了一般性要求，体现出动物福利思想的基本价值取向和基础要求。

从事实验动物工作的单位应当设立实验动物管理机构；对实验动物的生产、饲养、运输及动物实验过程中涉及实验动物福利与伦理的内容进行全程性的跟踪指导、审查与监管，使实验动物福利的保护得以日常化和持续化；鼓励运用“3R”原则对动物实验方案进行审查，以保证实验动物福利与伦理要求在实际工作中得到较完整的落实与执行等，这些内容在我国所有涉及实验动物工作的管理文件中均有一致的要求和规定。

二、实验动物质量管理主要措施

1. 实验动物生产的规范化管理　在实验动物生产过程中，诸多因素直接或间接影响实验动物质量，包括化学、物理、生物等因素，以及管理人员在饲养管理过程中的各项操作。因此，针对各个生产环节的特点和易出现问题的关键点，明确各级人员的职责，研究制定标准饲养操作规范，实施严格的消毒灭菌和疾病防控措施，定期更换或净化生产种群，由此建立科学规范的实验动物生产管理体系，是从根本上防止实验动物受到各种不良因素的污染，保证实验动物质量的有效措施。

《实验动物质量管理办法》（国科发财字［1997］593号）提出了申请实验动物生产许可证的组织和个人必须具备的条件，包括：具有健全有效的质量管理制度；具有保证实验动物及相关产品质量的饲养、繁育、生产环境设施及检测手段；使用的实验动物饲料、垫料及饮水等符合国家标准及相关要求；具有保证正常生产和保证动物质量的专业技术人员、熟练技术工人及检测人员等。

在《实验动物机构 质量和能力的通用要求》（GB/T 27416—2014）中规定了实验动物生产和实验安全运行管理的基本原则和要求，包括组织机构、管理体系、职业健康安全、实验动物质量控制、标识、数据与信息、突发事件、设施建设、消防安全、供电保障、饲料、垫料和动物饮用水、通风与空调、消毒与灭菌、废物等方面的安全管理要求。

2. 实验动物种质资源的标准化管理 为规范实验动物种质资源，《实验动物管理条例》第十条规定，“实验动物的保种、饲育应采用国内或国外认可的品种、品系，并持有效的合格证书。”第二十条规定，“应用实验动物时应具备完善的品种品系背景资料”。为了科学地保护和管理我国实验动物资源，保证实验动物质量和科研水平，《实验动物质量管理办法》印发，提出建立国家实验动物种子中心，明确规定国家实验动物种子中心的任务是引进、收集和保存实验动物品种、品系，研究实验动物保种新技术，为国内外用户提供标准的实验动物种子。1998年，科学技术部发布了《国家实验动物种子中心管理办法》、《国家啮齿类实验动物种子中心引种、供种实施细则》，首次将实验动物种质资源管理纳入正轨，明确规定实验动物必须从种子中心引种，从源头上规范了实验动物种质来源，同时通过种子中心达到规范与共享。2001年，《实验动物许可证管理办法（试行）》颁布，将“实验动物种子来源于国家实验动物种子中心或国家认可的种源单位，遗传背景清楚，质量符合现行的国家标准”作为获得许可证的必要条件之一。

3. 实验动物质量监测网络与质量评价 根据《实验动物质量管理办法》（国科发财字［1997］593号），先后在4家单位设立了实验动物微生物学、寄生虫学、病理学、遗传学、环境学、营养学等国家检测实验室，26个省（自治区、直辖市）先后设立了32个专门的检测机构，由此形成了较完善的实验动物质量监测网络。

实验动物质量检测与评价是依照有关法规、规章和标准，由检测机构开展的质量评价活动，是实验动物工作行政主管部门依法管理的技术支撑和技术保证。特别是在推动和实施许可证管理制度、保证实验动物质量和推动实验动物科学发展等方面，实验动物质量监测网络发挥了重要保障作用。检测机构依据相关标准开展实验动物的监督检验，为行政主管部门实施许可证制度提供可靠的检测数据。另外，在接受实验动物生产单位委托的常规检验、查处实验动物生产和动物实验中的不端行为、突发事件的应急检验和疫病防控工作中，检测机构发挥着重要作用。

4. 实验动物质量的监督检查 实验动物质量的抽查检验是实验动物主管部门综合应用抽查和检验两种方式评价、判断实验动物质量的行政行为。实验动物的特殊性决定了实验动物抽查检验的专业性、技术性和法定性。抽查检验作为实验动物行政监督执法的重要技术依托，对发现“非标等外品”的实验动物和使用实验动物的不端行为具有非常重要的作用。

根据实验动物标准要求，须按照相应标准对实验动物进行定期检测，如在《实验动物 寄生虫学等级及监测》（GB 14922.1—2001）和《实验动物 微生物学等级及监测》（GB 14922.2—2011）中规定，小鼠、大鼠、豚鼠、地鼠、兔、犬和猴，每三个月至少检测一次；

《SPF 猪病原的控制与监测》（GB/T 22914—2008）要求每个月对猪群进行一次抽样检测，每半年由国家指定的检测机构对猪群进行一次全面的监测。此外，不同地区还采取不同形式对生产单位的实验动物质量进行抽样检查，如北京市实验动物管理办公室每年组织两次抽检，对全面了解实验动物质量，对实验动物质量总体水平做出科学的评估；及时发现实验动物质量存在的问题，采取有效措施，并通过网站发布检测结果。这项工作对强化实验动物质量管理与安全意识，保障和维护实验动物生产稳定发挥了重要作用。

第三节　实验动物质量检测实验室能力建设

一、检测实验室质量管理的基本内容与法律法规及标准

（一）检测实验室质量管理的基本内容

所有从事检测工作的实验室称为检测实验室，它是一类以检测产品的质量，安全或性能等指标为工作的实验室。检测是指按照规定程序，由确定给定产品的一种或多种特性、进行处理或提供服务所组成的技术操作。

“质量管理”是指在质量方面指挥和控制组织的协调活动。质量管理是通过确定质量方针、质量目标和工作职责并在质量体系中通过诸如质量策划、质量控制、质量保证及质量改进等工作，使其实施的全部管理职能的所有一系列活动。其目的在于通过这样一系列活动，使之遵循一个科学的工作程序，使检测工作规范有序地进行，确保检测工作顺利开展，检测结果准确可靠。

（二）实施检测实验室质量管理的法律法规与标准

1. 法律法规 《中华人民共和国计量法》是为了加强计量监督管理，保障国家计量单位制的统一和量值的准确可靠，有利于生产、贸易和科学技术的发展，适应社会主义现代化建设的需要，维护国家、人民的利益，而制定的法律。1985 年 9 月 6 日第六届全国人民代表大会常务委员会第十二次会议通过。根据 2017 年 12 月 27 日第十二届全国人民代表大会常务委员会第三十一次会议《关于修改〈中华人民共和国招标投标法〉、〈中华人民共和国计量法〉的决定》第四次修正。

《中华人民共和国计量法》中规定：为社会提供公证数据的产品质量检验机构，必须经省级以上人民政府计量行政部门对其计量检定、测试能力和可靠性考核合格，这种考核称为计量认证。计量认证是我国通过计量立法，对为社会出具公证数据的检验机构（实验室）进行强制考核的一种手段。经计量认证合格的产品质量检验机构所提供的数据，作为贸易出证、产品质量评价、成果鉴定公证数据，具有法律效力。

根据《中华人民共和国计量法》，1987 年经国务院批准，由国家计量局发布了《中华人民共和国计量法实施细则》，根据 2018 年 3 月 19 日《国务院关于修改和废止部分行政法规的决定》第三次修正。

计量认证是资质认定的一种形式，是指国家认证认可监督管理委员会和各省、自治区、直辖市人民政府质量技术监督部门对实验室的基本条件和能力是否符合法律、行政法规规定以及相关技术规范或者标准实施的评价和承认活动。

2. 标准 由国际标准化组织 ISO/CASCO（国际标准化组织/合格评定委员会）制定的实验室管理标准 ISO17025，其最新版本 ISO/IEC 17025：2017 已于 2017 年 11 月 30 日正式发布，这是自 2005 年以来最新的一次修订。

我国从 20 世纪 80 年代开始实验室认可活动。中国合格评定国家认可委员会（英文缩写为：CNAS）是根据《中华人民共和国认证认可条例》的规定，由国家认证认可监督管理委员会（CNCA）批准设立并授权的国家认可机构，统一负责对认证机构、实验室和检验机构等相关机构的 ISO 17025 标准认可工作。

实验室认可的意义：表明具备了按相应认可准则开展检测和校准服务的技术能力；增强市场竞争能力，赢得政府部门、社会各界的信任；获得签署互认协议方国家和地区认可机构的承认；有机会参与国际间合格评定机构认可双边、多边合作交流；可在认可的范围内使用 CNAS 国家实验室认可标志和 ILAC 国际互认联合标志；列入获准认可机构名录，提高知名度。

目前国内已有千余家实验室通过了 ISO17025 标准认证，通过标准的贯彻，提高了实验数据和结果的精确性，扩大了实验室的知名度，从而大大提高了经济和社会效益。我国作为国际认可论坛（90 个国家和地区）、国际实验室认可合作组织（100 多名成员）和亚太认可组织（67 个成员）的正式成员，与相关实验室签订了双边互认协议。我国认可的实验室以及认可实验室出具的检验/校准数据开始得到国际社会的承认，这意味着在消除国际贸易中的技术壁垒方面，我国质量认证制度又向国际化迈出了一大步。

为推动我国实验室认可工作，CNAS 等同采用 ISO/IEC 17025：2017《检测和校准实验室能力的通用要求》转化为 CNAS－CL01：2018《检测和校准实验室能力认可准则》，并制定了 CNAS－CL01－G001：2018“CNAS－CL01《检测和校准实验室能力认可准则》应用要求”。

CNAS 使用本准则作为对检测和校准实验室能力进行认可的基础。为支持特定领域的认可活动，CNAS 还根据不同领域的专业特点，制定一系列的特定领域应用说明，如针对实验动物检测实验室，制定了 CNAS－CL01－A023：2018《检测和校准实验室能力认可准则在实验动物检测领域的应用说明》，以及 CNAS－CL01－A013：2018《检测和校准实验室能力认可准则在动物检疫领域的应用说明》和 CNAS－CL01－A001：2018《检测和校准实验室能力认可准则在微生物检测领域的应用说明》。这些应用说明是对准则的要求进行必要的补充说明和解释，但并不增加或减少准则的要求。

二、检测实验室质量管理的基本要求

（一）实验室条件

加强对环境的监控对于实验室管理具有十分重要的意义：一是保护检测人员，避免实验事故；二是保护检测环境，保证检验结果；三是保护自然环境，构建和谐生态。

实验室应有良好的内务管理措施并符合有关健康、安全和环保的要求，如化学安全、生物安全、毒（性）麻（醉）精（神）放（射）、易制毒试剂等有关规定。根据所检测的样品性质以及生物安全评估结果，对检验人员接种相应的疫苗并定期体检，患有传染病、皮肤病、皮肤有伤口者不得从事相关质量工作。

实验室布局要合理，对于不相容活动的相邻区域进行有效隔离，防止交叉污染；检测区域要有明显标识，非工作人员不得入内；检测方法或仪器设备对环境条件有特殊要求的要有相应的规定和措施，并实施有效的环境监测，确保环境条件不对检测结果产生不良影响。

实验室应配置相应的个人安全防护装备等，还应具备处理废物的设备和容器，应严格遵守国家有关环保的要求，加强对“三废”和医疗废弃物的管理。

（二）管理文件

质量体系文件一般包括：质量手册、程序文件、作业指导书、质量标准、检测技术规范与标准方法、质量计划、质量记录、检测报告等。质量体系文件一般划分为三个或四个层次，实验室可根据自身的检测工作需要和习惯加以规定。

一个实验室的质量管理就是通过对实验室内各种过程进行管理来实现的，因而就需要明确对过程管理的要求、管理的人员、管理人员的职责、实施管理的方法以及实施管理所需要的资源。因而，制定并不断完善质量体系文件，明确职责与权限，协调各部门之间的关系，使各项质量活动能够顺利、有效地实施。

实验室应根据各自的性质、任务和特点，制定适合自身质量方针以及检测工作特点和需要的、具有可操作性的质量体系文件。一个实验室只能有唯一的质量体系文件系统，一般一项活动只能规定唯一的程序；一项规定只能有唯一的理解；因此，不能使用无效的版本。质量体系文件一旦批准实施，就必须贯彻执行；文件如需修改，需按规定的程序申报，并再次对相关人员进行培训。

（三）人员与技术

实验室主管人员必须具有较高的质量意识，以领导整个实验室工作人员参与质量管理工作。不断提高全体工作人员技术水平和业务素质，同时，要稳定专业人员队伍，使实验室工作人员保持熟练的工作状态，对新上岗的工作人员，相关负责人要告知实验室工作的潜在危险、进行安全教育，直至有能力后方可单独工作。检测实验室的人员必须满足一定的要求：如专业技术职称、从事检测技术工作年限、培训及获得资格证书情况等。

人员必须经过培训后方能上岗，必要时应进行考核以确定能满足工作的需要。应针对不同人员制订不同的培训方案。对国家有明确要求的岗位（如生物安全、动物实验、压力容器操作等），应组织人员参加相关部门的培训，取得上岗资质。

三、检测实验室持续稳定运行的保证

检测实验室的最终成果是检测报告。检测报告就是实验室的产品，同样有一个质量形成过程。为了确保检测数据的准确可靠，以确保检测报告的质量，就必须明确它的质量形成过程和各个阶段可能影响检测报告质量的各项因素，从而对这些因素采取相应的措施加以管理和控制，以使其过程处于受控状态，确保最终产品——检测报告的质量。由于检测实验室性质不同，所检产品特性不同，实验室的工作任务不同，因而其质量形成过程也不尽相同。在建立质量管理体系时，应根据本实验室的工作特点，进行分析研究，以明确其质量形成过程及涉及的要素，以保证检测实验室能够持续稳定的运行。

（一）仪器设备

对仪器设备的总体要求是配备满足需求的设备，并保证设备处于良好状态。

随着检测技术和分析方法的迅速发展，许多现代检测和分析设备用于实验动物质量检验和评价过程中。由于实验动物质量检测项目多，检测周期较长，因此检测实验室应尽可能配备检测所需的仪器设备；同时应保证仪器设备达到要求的量程范围和准确度，并符合相应的规范要求。

实验室应当对需要校准的检测设备和对检测结果有影响的辅助设备进行校准，以保证仪器设备处于良好的工作状态。校准对于保证检验结果的准确性非常重要。校准是一个测试和调整仪器、试剂盒或检测系统以提供检验反应和所测物质之间的已知关系的过程。列入国家强制检验目录的仪器应由有资质的计量部门进行检验，对于不属于强制检验的仪器，特别是一些新型检验设备，实验室可以通过比对等方式对仪器进行测试，在得到满足检验要求的确认后，方能用于检验工作。

除此之外，还应编写制定仪器设备管理程序：通过建立健全仪器设备管理及相应的程序，明确设备管理活动涉及的所有环节（流程、步骤、方法等），使各项工作有章可循；编写制定仪器设备的操作说明，规范仪器设备的使用、注意事项及维护保养等内容。

（二）材料

在这里所指材料是用于检验的原材料，如化学试剂、生化试剂、分子生物学试剂、试剂盒等。

应选择满足检测要求的材料，对于影响检测结果的关键材料（如酶、微生物检验用培养基等）应建立质量标准，并按标准进行验收。标准溶液应由专人负责配制和专人复核。用于实验动物病原体检测的试剂盒，应使用有国家批准文号的试剂，否则，实验室应选用经权威机构推荐的试剂盒，生产厂家也应提供该产品的性能规格以及质量保证书。如果实验室自行选用试剂，应有实验依据证明其不影响检验结果的准确性和可靠性。

为保证检测结果的准确，应对所有检验用试剂（包括外部购买或内部制备）进行定期检测，保证其稳定性。期间核查的频率取决于试剂的稳定性、储存条件、包装容器及使用情况（如开启频次等）。

（三）检测方法

检测方法决定检验结果的可靠性。选择检测方法：一是考虑实际应用要求；二是根据仪器条件和技术力量；三是检测方法的敏感性和特异性。选择的检测方法应当是国家规定使用的、经过国家有关部门批检合格的检测试剂。实验室应建立检验操作的 SOP。

实验室首次使用新的标准检验方法时应进行检验方法的确认。当使用推荐的方法时应进行方法转移，在方法确认的基础上还应对方法的可行性进行研究和判断，必要时应和提供方法的单位技术人员进行交流。方法转移时通常应进行至少一批的检验同原检单位进行比对。如果使用标准中未收载的检验方法，实验室应进行方法学验证。

当检测结果异常和超出检验标准（out of specification，OOS）时，实验室应启动 OOS 调查程序。必要时可以通过假设实验来排除和寻找可能出现问题的原因。

（四）检测人员

实验室检测人员的职业素质包括专业素质和质量意识，它直接影响检测数据准确可靠的程度和检测工作的质量。在实验室中，检测人员的专业素质是完成检测工作的前提。

需要强调的是，实验室从事的都是专业性较强、科技含量较高的工作，检测人员具备良好的专业素质和较强的工作能力可以高效、高质量完成检测工作。牢固的质量意识不仅能够提高员工的主观能动性，使其更积极主动地投入工作中，而且能促使员工更善于发现质量活动中存在的问题，不断改进方法、提高效率。

（五）检测环境

检测实验室的环境管理对检测工作质量至关重要，任何一个检测机构都应由能够满足符合技术要求的工作环境，并有必要的监控环境技术参数的技术措施。加强对环境的质量管理，与确保检测人员的安全、仪器设备的正常运行、提高工作效率密切相关。

具体见本章第三节“二、检测实验室质量管理的基本要求”项下。

（六）质量管理体系的完善

对质量管理工作实施改进，不断提高管理体系的有效性，其目的是全面提升实验室的管理水平，保证检测数据真实准确，检测结果公正可靠。

实验室应根据预定的日程表和程序，定期对其活动进行内部审核，以验证其运作持续符合管理体系和准则的要求。内审要达到审核的目的：一是要保证审核的频次和范围，内审计划应覆盖管理体系的全部要素；二是内审需要由具有专业知识且经过培训并取得相应资质的人员进行。内审要对体系运行的各个环节进行细致审核，发现的问题要及时纠正。

管理评审是确保质量管理体系的适宜性、充分性和有效性的重要手段，由最高管理者主持，定期对质量方针、质量目标的适用性和实现程度、以往管理评审所采取措施的情况、客户满意度、内外部审核结果、质量监督、纠正和预防措施的实施情况、员工培训、资源的充分性和质量控制活动等内容进行检查和评估，并进行必要的变更或改进。

内审、管理评审、质量控制、质量监督等活动查出的偏离管理体系或技术运作中的问题及提出的要求，要通过采取必要的纠正措施、预防措施来完成。一个完善的实验室质量管理体系，应能及时纠正和预防质量问题的发生。

四、我国实验动物质量监测网络建设与发展策略

实验动物质量监测网络，是指通过有关管理规定和有效管理方式，将依法建立、分属不同行政区域的实验动物质量检测机构联系在一起，按照统一标准实施实验动物质量检测活动，为实验动物工作的法制化和规范化管理提供技术支撑的有机整体。建立实验动物质量监测网络，依法开展实验动物质量检测，为科学监管提供依据。

（一）我国实验动物质量监测网络的建设

根据《实验动物质量管理办法》（国科发财字［1997］593 号），为进一步加强实验动物质量管理，保证实验动物和动物实验的质量，提出设立国家级和省级实验动物质量检测机构，由此启动了我国实验动物质量监测网络的建设。

1. 检测机构的设置 国家实验动物质量检测机构由国家实验动物微生物检测中心（原中国药品生物制品检定所）、国家实验动物遗传检测中心（原中国药品生物制品检定所）、国家实验动物环境检测中心（中国医学科学院实验动物研究所）、国家实验动物病理检测中心（中国医学科学院医学实验动物研究所）、国家实验动物饲料营养检测中心（中国疾病预防控制中心营养与食品卫生研究所）和国家实验动物寄生虫检测中心（上海生物制品研究

所）组成。

已建立省级实验动物质量检测机构的省（市）有：北京、上海、广东、黑龙江、辽宁、山东、河南、河北、山西、江苏、江西、湖南、湖北、安徽、重庆、浙江、陕西、云南、甘肃和福建。没有建立省级检测机构的省市，通过与建立检测机构的相邻省市签订协议书，以委托的形式开展实验动物质量及相关条件的检测工作。

2. 检测机构的职能 国家实验动物质量检测机构受国务院有关部门领导，业务上受国家科技部指导和监督。主要任务是：开展实验动物及相关条件的检测方法、检测技术研究；培训实验动物质量检测人员；接受委托对省级实验动物质量检测机构的设立进行技术审查和年度检查；提供实验动物质量检测和仲裁检验服务；进行国内外技术交流与合作。

省级实验动物质量检测机构受各省（自治区、直辖市）科技主管部门领导，业务上受国家科技部指导和监督。主要任务是：从事实验动物质量的检测服务。

（二）我国实验动物质量监测网络的发展策略

1. 健全完善实验动物质量监测网络的管理法规体系 实验动物质量监测体系的建设离不开制度和法规，为了实行有效的质量检测活动，我国有关行政主管部门先后制定了一些相关法规，已经发挥了很好的管理效能。但随着科技发展和监测体系的运行，这些规章凸显出缺陷和不完善，需要尽快研究制定更加科学、合理、实际可行的规章和制度，指导全国实验动物质量监测体系的运行和管理工作。主要内容包括：①确定监测体系管理的主导思想和原则；②明确各有关部门的任务、权限和职责；③指导有关部门制定相应的实施细则；④明确监测体系管理的主要内容和工作程序；⑤适应科技发展，保障我国实验动物质量监测体系的快速建设、规范运行和稳定发展。

2. 理顺实验动物质量监测网络的管理体系 国家科技部是实验动物工作的主管部门，各省、自治区、直辖市科学技术行政部门主管本地区的实验动物工作，而检测机构则是根据工作基础和需要设立在不同系统的有关单位。因此，管理工作应在原有部门分工及工作基础上，体现分工合作、协调一致、简化程序、注重实效的原则。同时，在检测机构的设立和运行管理中采用专家工作机制来弥补管理中的不足，及时发现问题，提出技术处理措施，指导、检查和监督监测网络的建设，发挥监测网络在实验动物质量监管中应有的作用。

3. 支持鼓励实验动物质量监测管理和技术的科学研究工作 目前对实验动物质量监测工作的支持不够系统、力度较小，不能适应生命科学和实验动物科学发展的需要。因此，国家有必要设立专项经费，大力支持有关研究工作，包括实验动物质量监测网络建设与管理的战略和政策研究、监测技术标准和技术方法的研究等。

4. 重视实验动物质量监测人员的培训工作 具体承担实验动物质量监测的单位和技术人员，其管理水平、知识结构、基本技能和责任心直接关系到监测管理目标的实现，与监测工作效能的发挥相关。应根据监测队伍建设和功能发挥的需要，针对不同人员举办各种不同形式、不同层次、不同内容的培训班、研讨班，不断提升他们的管理能力、知识水平和实施监测工作的技能。

5. 积极开展实验动物质量监测技术的国际交流与合作 通过开展积极和卓有成效的国际合作与交流，借鉴国外实验动物质量监测的模式和经验，结合我国监测工作基础和发展需要，探索和建立适合我国实验动物质量监测网络建设和运行的管理机制和管理模式，全面提升我国实验动物质量监测工作的管理水平和效能，有利于树立我国在实验动物质量监管的良好形象，保障我国生命科学和生物技术研究的顺利开展。

第四节 实验动物质量和评价标准

实验动物标准是国家对实验动物质量和检测方法提出的技术法规，涉及实验动物生产和使用，以及实验动物质量和相关条件和专用产品的检测、管理及监督等各个方面。我国实验动物标准是伴随着实验动物工作全面开展和水平不断提升而呈现的一个从无到有、再到逐步完善的发展过程。1990 年以前，以北京、上海等地的医学、生物制品研究和兽医相关单位为主，基于我国生命科学迅猛发展对实验动物所需数量和质量要求不断提高，开展了国内外情况调研，参照国外相关标准和监测方法，初步建立了实验动物微生物、寄生虫、遗传、营养和环境质量检测方法，并应用于实际工作中，为制定我国实验动物标准奠定了基础。

1994 年，原国家质量技术监督局首次发布实验动物质量和检测方法标准 47 项，涵盖了小鼠、大鼠、地鼠、豚鼠、兔等实验动物的微生物、寄生虫、遗传、营养、环境等五个方面。2001 年修订时增加了犬和猴的质量控制标准和检测方法标准，共 83 项。2008 年、2010 年和 2014 年相关部门对部分标准进行了修订，并根据需要制定了新的标准。目前，现行有效的国家标准共 99 项。

行业管理在实验动物饲养管理、动物实验、生物安全和运输等方面发挥了重要作用。目前，由原国家质量监督检验检疫总局和中国国家认证认可监督管理委员会等部门发布的实验动物行业标准共 8 项。

在科技项目的支持下，近年来，实验动物地方标准研究工作取得很大进展，地方标准的发布实施对推动实验动物质量标准化和新资源共享服务、保证动物实验结果可靠性和医用生物材料使用安全性，以及进一步完善我国实验动物标准体系等方面发挥了重要作用。目前，已由北京、上海、广东、浙江、黑龙江、海南、云南、江苏、青海、湖南、吉林、河北、广西和甘肃等 14 个省（区、市）质检部门发布的实验动物地方标准共 133 项。

实验动物标准化涉及多学科和多领域，是一个专业性很强的复杂系统。按照标准化对象和内容，实验动物标准可分为以下几种类型。

（一）实验动物质量控制标准

实验动物质量控制标准从微生物学、寄生虫学和遗传学等方面对小鼠、大鼠、豚鼠、地鼠、兔、犬、猴、小型猪、斑马鱼和剑尾鱼、东方田鼠、树鼩、实验用羊、实验用牛、实验用猪、实验用猫、长爪沙鼠、SPF 鸡、SPF 鸭、实验用沙鼠、实验用绒猴等不同种类和不同等级的实验动物质量作出了规定。该类标准为实验动物质量的评价和推广应用提供了基本依据。

（二）实验动物相关条件标准

标准化的相关条件是实验动物质量标准化的重要保证，是保证实验动物质量合格和动物实验结果可靠的基本要求。从标准的内容看，主要包括实验动物设施与环境（设施建筑技术要求和环境参数控制指标等）、实验动物专用装备（笼器具、清洗设备、消毒设备等）和实验动物垫料、饲料和饮用水等。该类标准不仅规定了维系实验动物生存所应具备的基本条件，而且为保证实验动物健康和动物实验质量提出了不可或缺的外部保证条件。

（三）检测方法标准

检测方法是将标准要求落地的技术手段，是对实验动物质量和相关条件是否符合标准要求做出判定的有效方法。从标准规定的内容看，主要包括针对各类不同等级的实验动物健康指标和与实验动物生存及质量密切相关的外部保障条件参数的检测方法。该类标准不仅是实验动物标准体系的重要组成部分，也是国家依法科学监管实验动物工作的技术支撑。

（四）技术管理标准

技术管理贯穿于实验动物生产和使用全过程，涉及影响实验动物生产和使用正常进行的各方面因素的严格控制。技术管理标准的主要内容既包括直接与实验动物生产和使用有关的技术方面的管理，还涉及实验动物的运输、标识、数据与信息、福利伦理审查，以及职业健康安全、突发事件处置等方面。该类标准的内容外延广泛，与上述三类标准共同形成科学、完整、有效的实验动物标准体系。

有关各类标准的具体规定和要求，请见本书下面章节，不在此一一赘述。

（贺争鸣）

参考文献

[1] 方喜业，邢瑞昌，贺争鸣. 实验动物质量控制［M］. 北京：中国标准出版社，2008.

[2] 王军志. 疫苗的质量控制与评价［M］. 北京：人民卫生出版社，2013.

[3] 贺争鸣，李根平，朱德生. 实验动物管理与使用指南［M］. 北京：科学出版社，2016.

[4] 陈洪岩，夏长友，韩凌霞. 实验动物学概论［M］. 长春：吉林人民出版社，2016.

[5] 叶玉江. 中国实验动物资源调查与发展趋势［M］. 北京：科学出版社，2017.

[6] 叶玉江. 中国生物种质资源和实验材料资源发展报告 2016［M］. 北京：科学技术文献出版社，2017.

第二章　实验动物病毒学检测

第一节　病毒检测技术与方法

一、常用血清学检测方法

（一）酶联免疫吸附试验（ELISA）

1. 基本方法和原理　酶联免疫吸附试验或称酶联免疫吸附测定法（enzyme-linked immunosorbent assay，ELISA），是实验室应用最广泛的一种免疫测定法。

ELISA 是以物理方法将抗体（或抗原）吸附在固相载体上，随后的一系列免疫学和生物化学反应都在此固相载体上进行的免疫酶测定试验，包括间接法、双抗体夹心法和竞争法以及近年来发展的一些改良法。

（1）间接法　将已知抗原吸附（或称包被）于固相载体，孵育后洗去未吸附的抗原，随后加入含有特异性抗体的被检血清，感作后洗除未起反应的物质，加入酶标抗同种球蛋白（如被检血清是兔血清，就需用抗兔球蛋白），感作后再经洗涤，加入酶底物，底物被分解，出现颜色变化。颜色变化的速度及程度，与样品中的抗体量有关，即样品含有的抗体愈多，颜色出现得也愈快、愈深。

（2）双抗体夹心法　是检测抗原的方法。将特异性免疫球蛋白吸附于固相载体表面，然后加入含有抗原的溶液，使抗原和抗体在固相表面上形成复合物。洗除多余的抗原，再加入酶标记的特异性抗体，感作后冲洗，加入酶的底物，颜色的改变与待测样品中的抗原量成正比。

（3）竞争法　利用酶标记抗原和未标记抗原共同竞争有限量抗体的原理，测定样品中的抗原。操作时需要有只加酶标记抗原的系统作为对照。将抗体吸附于固相载体表面，感作后冲洗，加入待检抗原样品和酶标记抗原（也可先加待检样品，稍后再加酶标记抗原）。对照则只加酶标记抗原。感作后冲洗，加入酶的底物溶液。含酶标记抗原的对照系统出现颜色反应。而在待检系统中，由于样品中未标记抗原的竞争作用，相应抑制颜色反应。待检抗原含量高时，其对抗体的竞争能力强，所形成的不带酶的抗原-抗体复合物量亦多，带酶复合物的形成量相对减少，从而使酶催化底物时产生有色产物的量也少；反之，待检抗原含量低，对抗体的竞争能力弱，形成不带酶的复合物量少，而带酶复合物量却相对增多，酶催化底物时产生有色产物的量也增多。因此，待检系统中颜色变化的程度与其中抗原的含量成负相关。

此外，免疫酶染色法中抗酶染色法的免疫球蛋白桥法和 PAP 法等，也都可以用于酶联免疫吸附测定。

除以上这些基本方法外，科学工作者在此基础上，通过“技术杂交”设计出了许多改良方法，举例如下。

阻断 ELISA：将已知抗原包被于固相载体，孵育后洗去未吸附的抗原，随后加入被检血清，感作后洗去未起反应的物质，加入抗已知抗原的酶标抗体。感作后再洗涤，加入酶底物。底物颜色变化的速度及程度，与被检血清中抗体量有关，样品中含有的抗体愈多，与固相载体上抗原结合得愈多，剩下给已知抗体结合的位点愈少，颜色出现得愈慢、愈浅。

夹心间接 ELISA：本法主要应用酶标记抗体测定抗原。先将特异性抗体（如兔 IgG）吸附于固相载体表面，孵育后冲洗，随后加入待检抗原样品，感作后冲洗。再加入不同种动物（如豚鼠）的相同的特异性抗体。感作冲洗后，加入酶标记抗第二种抗体的动物球蛋白（如兔抗豚鼠免疫球蛋白）。再行感作冲洗后，加入酶的底物。其所产生的颜色变化与第二步中加入的抗原量成正相关。由于预先吸附在固相载体表面的抗体能够特异性地捕捉标本中的抗原，则这种方法又称为抗原捕捉 ELISA（AC–ELISA）。

抗体捕捉 ELISA：主要应用于 IgM 的检测。它可以解决由于 IgM 在体液中含量较低，用常规间接法测定常不能获得满意效果的问题。抗体捕获 ELISA 的操作原理是：首先用抗μ链抗体（最好是单抗）包被载体，随后加入待检体液（血清或脑脊髓液等），感作后冲洗，再加入酶标抗原或抗原–酶标抗体复合物，再行感作冲洗后，加入酶的底物。反应产生的颜色变化与体液中的特异性 IgM 含量成正比。

一步法 ELISA：本法是双抗体夹心法的拓展，其基础是分别使用针对不同抗原决定簇的单克隆抗体包被载体和进行酶标记。具体方法是用针对待检抗原不同抗原决定簇的一种或几种单克隆抗体包被载体。检测时，同时加入被检标本和酶标记的针对待检抗原中另一种或几种抗原决定簇的单克隆抗体，感作后冲洗，再加入酶作用的底物，反应所产生的颜色变化与待检抗原的含量成正比。本法由于待检抗原和酶标抗体同时一步加入，故称一步法，其优点是操作十分快捷。一般可在 1 小时内得出结果，某些商品化的一步法 ELISA 系统，整个检测只需几分钟。

目前广泛应用的固相载体是聚苯乙烯微量反应板，有的供应商还把聚苯乙烯制成条或小杯，可随意组合应用。另一种广泛应用的固相载体是 PVC 塑料软板。这些材料的吸附效果与塑料的类型、表面性质有关，生产加工工艺的不同以及其他因素，也会引起吸附性能的改变，甚至丧失吸附能力。因此在使用前，必须先进行预试验，选择性能好的固相载体，吸附性能可用以下方法测定：在固相载体的每一个小孔中，加入同一份同一稀释度的抗原或抗体，使之吸附于小孔表面，然后按常规方法操作，加底物显色后测定每一孔中溶液的 A 值。一般认为，每两孔的 A 值误差均应在±10%范围内，否则不可使用。

固相载体用标准阴、阳性抗体或抗原孔的光密度差值要大，两者相差 10 倍以上才属合格。

近年来，一些研究人员应用硝酸纤维素膜作为 ELISA 的载体，直接在膜上点样，进行一系列的操作，结果表明，这种载体使用方便，敏感性、特异性等并不亚于用塑料作载体的 ELISA 实验，由此衍生出了斑点 ELISA（Dot–ELISA）。还有人用疏水聚酯布作为 ELISA 载体，使 ELISA 结果更易保存，由此衍生出了布 ELISA（C–ELISA）。

2. 主要试剂

（1）包被用蛋白质　特异性抗原或特异性抗体。特异抗原是指收获的病毒培养液经低速离心去除细胞沉淀，上清液再经超速离心浓缩后制成 ELISA 抗原。特异性抗体是指针对不同抗原决定簇的一种或几种单克隆抗体。

（2）正常抗原　未接种病毒的相应细胞冻融破碎后，经低速离心去除细胞沉淀而获得的上清液。

（3）阳性血清　用病毒抗原免疫清洁级或 SPF 级小鼠、大鼠、豚鼠、地鼠或普通级兔、犬、猴所获得的抗血清；或自然感染恢复后的动物血清。

（4）阴性血清　清洁级或 SPF 级小鼠、大鼠、豚鼠、地鼠、兔血清；或确认无相应病毒感染的动物血清。

（5）酶结合物　ELISA 间接法常用以下两类酶结合物。

羊或兔抗小鼠、大鼠、豚鼠、地鼠、兔、犬或猴 IgG 抗体辣根过氧化物酶结合物。用于检测相应动物血清抗体。

葡萄球菌蛋白 A（SPA）辣根过氧化物酶结合物。用于检测小鼠、豚鼠、兔、犬和猴血清抗体。

（6）包被液（0.05mol/L，pH9.6）

碳酸钠	1.59g
碳酸氢钠	2.93g
蒸馏水	加至 1000ml

（7）PBS（0.01mol/L，pH7.4）

NaCl	8g
KCl	0.2g
KH_2PO_4	0.2g
$Na_2HPO_4 \cdot 12H_2O$	2.83g
蒸馏水	加至 1000ml

（8）洗液

PBS（0.01mol/L，pH7.4）	1000ml
Tween 20	5ml

（9）稀释液（用于待检血清、阳性血清、阴性血清和酶结合物的稀释）

洗液	90ml
牛血清	10ml

（10）磷酸盐–枸橼酸缓冲液（pH5.0）

枸橼酸	3.26g
$Na_2HPO_4 \cdot 12H_2O$	12.9g
蒸馏水	700ml

（11）底物溶液

磷酸盐–枸橼酸缓冲液（pH5.0）	10ml
邻苯二胺（OPD）	4mg
30%H_2O_2	2μl

另外，作为 ELISA 显色用底物还有 ABTS 和 TMB 等。

（12）终止液（2mol/L 硫酸）

硫酸	58ml
蒸馏水	442ml

3. 操作步骤

（1）包被抗原（抗体）　根据滴定的最适工作浓度，将特异抗原（抗体）和正常抗原（抗体）分别用包被液稀释。在 96 孔酶标板的第 1、3、5、7、9、11 列分别加入特异抗原，第 2、4、6、8、10、12 列分别加入正常抗原，每孔加入最适工作浓度的抗原 100μl，放置 37℃孵箱 1 小时后在 4℃过夜。

（2）洗板　将酶标板孔内的液体甩入盛有消毒液的容器内。将洗液注入酶标板的每一个孔，静止 3 分钟，然后用力将洗液甩掉。上述动作重复 5 次，最后在多层纱布或吸水纸上将酶标板叩干。

（3）加样　将阴性血清、阳性血清和待检血清分别用稀释液作 1:40 稀释。稀释方法：在已包被板每孔加 100μl 稀释液，再分别加入 2.5μl 阴性血清、阳性血清和待检血清；也可使用试管或塑料离心管，根据待检病毒抗体种类的多少一并进行稀释（例如，检测 4 种病毒抗体，则在 1000μl 稀释液中加入 25μl 待检动物血清）。阴性血清、阳性血清及每份待检血清平行加两孔（特异抗原孔和正常抗原孔），每孔 100μl，加板盖或封板膜，置于 37℃孵箱反应 1 小时。

（4）洗板　同（2）。

（5）加酶结合物　用稀释液将酶结合物稀释成适当浓度，每孔加入 100μl，加板盖或封板膜，置于 37℃孵箱反应 1 小时。

（6）洗板　同（2）。

（7）加底物溶液　每孔加入新配制的底物溶液 100μl，置于 37℃孵箱，避光显色 10～15 分钟。

（8）终止反应　每孔加入终止液 50μl。

（9）测 *A* 值　在酶标仪上，于 490nm 处读出各孔 *A* 值。

4. 结果判定　在阴性和阳性血清对照成立的条件下，进行结果判定。

同时符合下列三个条件者，判为抗体阳性。

（1）待检血清与正常抗原和特异性抗原反应有明显的颜色区别；

（2）待检血清与特异性抗原反应的 *A* 值≥0.2；

（3）待检血清与特异性抗原反应的 *A* 值/阴性血清对照与特异性抗原反应的 *A* 值≥2.1。

有一条不符合者，则判为可疑。

如有阳性结果，应进行复检。

（二）免疫荧光试验（IFA）

1. 基本方法和原理　含有病毒抗原的细胞（组织培养细胞或动物组织细胞）固定于玻片上，遇相应抗体形成抗原抗体复合物。此抗原抗体复合物仍保持其抗原活性，可与相应的第二抗体荧光素结合物结合。荧光素在紫外光或蓝紫光的照射下，可激发出可见的荧光。因此，在荧光显微镜下以荧光的有无和强弱判定结果。

免疫荧光技术（FA）通过显微镜标本的免疫荧光染色而显示其结果。如果将抗体或抗原标记上荧光色素，如异硫氰酸荧光黄（FITC）或四乙基罗丹明（RB200），再进行抗原抗体反应，由于荧光色素在紫外光或蓝紫光的照射下，激发出可见的荧光，因此，出现荧光就说明标记物的存在，同时也反映了抗原或抗体的存在。由于病毒抗原的标记比较困难，所以常用标记抗体检查未知抗原，该技术也被称为荧光抗体技术。荧光抗体技术具有抗原抗体反应的特异性和染色技术的快速性，并在细胞水平上进行抗原定位，故广泛应用于病毒学研究和病毒诊断中。

（1）直接法　将标记的特异荧光抗体，直接加在抗原标本上，经一定温度和时间的染色，用水洗去未参加反应的多余荧光抗体，室温干燥后封片、镜检。

（2）间接法　如检查未知抗原，先用已知未标记的特异抗体（第一抗体）与固定在标本上的抗原进行反应，用水洗去未反应的抗体，再用标记的抗抗体（第二抗体）与抗原标本反应，使之形成抗原抗体–抗抗体复合物，再用水洗去未反应的标记抗抗体，如上干燥封片后镜检。如果检查未知抗体，则抗原标本为已知的，待检血清为第一抗体，其他步骤和检查抗原相同。

标记的抗抗体是抗球蛋白抗体，由于血清球蛋白有种的特异性，如抗马血清球蛋白抗体只对马的球蛋白发生反应，抗猪血清球蛋白抗体只对猪的球蛋白发生反应。因此制备标记抗抗体、必须用与第一抗体同种的动物血清球蛋白免疫动物，由其采得免疫血清，提取相应的抗球蛋白抗体。

（3）补体法　本法系利用补体结合反应的原理，用荧光素标记抗补体抗体，鉴定未知抗原或未知抗体（待检血清）染色程序也分两步：先是使未标记的抗体和补体加在抗原标本上使其发生反应，水洗，随后再加标记抗补体抗体使之形成抗原抗体–补体抗补体抗体复合物。

直接法的特异性高、敏感性较差。间接法敏感性高，并且标记一种抗抗体，可以用于同种动物多种病毒抗原检查，但特异性较差，这可能是因为间接法的中间层可结合更多的标记抗体所致；补体法与间接法相同但有其独特的优点，即只需要标记抗补体抗体，使能检测各种抗原抗体系统，且因补体可被任何哺乳动物的抗原抗体系统所固定，故可用于各种动物的已知抗体或待检血清，由于参与反应的成分较多，染色程序复杂，非特异性亦较强。

除上述三种方法外，还有在此基础上演变出的一些方法，如间接法中的双层法、夹心法、混合法、三层法等。补体法中的抗体抗补体法和异属补体结合法等。近年来，免疫荧光技术和葡萄球菌蛋白 A、链球菌蛋白 G、生物素、抗生物素系统结合，产生了 SPA 免疫荧光法、蛋白 G 免疫荧光法、生物素抗生素免疫荧光法等，这些新方法或使免疫荧光技术更为简便，或使其敏感性提高。

2. 主要试剂与仪器

（1）主要试剂

①病毒抗原片　涂有正常细胞和含有病毒抗原细胞的玻片。

②阳性血清　用病毒抗原免疫清洁级或 SPF 小鼠、大鼠、豚鼠、地鼠或普通级兔、犬、猴所获得的抗血清；或自然感染恢复后的动物血清。

③阴性血清　清洁级或 SPF 小鼠、大鼠、豚鼠、地鼠、兔血清；或确认无相应病毒感染的动物血清。

④荧光抗体　羊或兔抗小鼠、大鼠、地鼠、豚鼠、兔、犬或猴 IgG 异硫氰酸荧光素结合物，使用时用含 0.01%～0.02%伊文思蓝 PBS 稀释至适当浓度。

⑤PBS（0.01mol/L，pH7.4）

NaCl	8g
KCl	0.2g
KH_2PO_4	0.2g
$Na_2HPO_4 \cdot 12H_2O$	2.83g
蒸馏水	加至 1000ml

⑥50%甘油 PBS

甘油	5ml

0.1mol/L PBS（pH7.4） 5ml

⑦0.2% 伊文思蓝

伊文思蓝 20mg

PBS（0.01mol/L，pH7.4） 10ml

溶解后置4℃保存。使用前再用PBS作20倍稀释，作为荧光抗体稀释液。

（2）主要仪器 荧光显微镜、低温冰箱（－20℃、－40℃）、37℃孵箱、37℃恒温水浴箱、印有10～40个小孔的玻片、微量加样器（5～50μl、50～200μl）。

3. 操作步骤

（1）从低温冰箱取出抗原片，在室温条件下自然干燥。将适当稀释的阴性血清、阳性血清和待检血清分别滴于抗原片上。每份血清加一个正常细胞孔和两个病毒细胞孔。IFA试验加样表见表2－1－1。

表2－1－1 IFA试验加样示意表

正常细胞	S1	S2	S3	S4	S5	S6	S7	S8	NC	PC
病毒细胞	S1	S2	S3	S4	S5	S6	S7	S8	NC	PC
病毒细胞	S1	S2	S3	S4	S5	S6	S7	S8	NC	PC

注：S1–S8. 待检血清；NC. 阴性血清；PC. 阳性血清

（2）将加完血清的抗原片平放在湿盒内，置37℃孵箱反应30～45分钟。

（3）将抗原片从湿盒内取出，垂直插入玻片架上，避免玻片贴在一起，影响洗片的效果。

（4）将玻片架放入盛有PBS的容器内，洗5分钟，其间轻轻上下移动玻片架数次。共洗5次。

（5）将洗好的玻片在室温中自然干燥或用电风扇吹干。

（6）取适当稀释的荧光抗体，滴加于抗原片上。

（7）加完荧光抗体的抗原片平放在湿盒内，置37℃孵箱反应30～45分钟。

（8）洗抗原片 同（4）。

（9）将洗好的玻片在室温中自然干燥或用电风扇吹干。

（10）在玻片上的圈内滴加50%甘油PBS，以倾斜一定角度的方式加上盖玻片，在荧光显微镜下观察。

4. 结果判定 在阴性血清、阳性血清成立的条件下，即阴性血清与正常细胞和病毒感染细胞反应均无荧光；阳性血清与正常细胞反应无荧光，与病毒感染细胞反应有荧光反应，即可判定结果。

（1）待检血清与正常细胞和病毒感染细胞均无荧光反应，判为抗体阴性。

（2）待检血清与正常细胞反应无荧光，与感染细胞有荧光反应，判为抗体阳性。根据荧光反应的强弱可判定为+～++++。

（三）免疫酶试验（IEA）

1. 基本方法和原理 含有病毒抗原的细胞固定于玻片上，遇相应抗体形成抗原抗体复合物。此抗原抗体复合物仍保持其抗原活性，可与相应的第二抗体酶结合物结合，遇酶底物产生颜色反应。在普通显微镜下，根据颜色的反应判定结果。

按照反应中所用的酶指示剂的种类，免疫酶染色法又可分为三类：第一类使用酶标记抗体，称为酶标记抗体法；第二类使用抗酶抗体，称为抗酶抗体法；第三类同时使用酶标记抗体和抗酶抗体，称为放大抗体法。

酶标记抗体法有直接法和间接法两种。

（1）直接法　应用酶标记的特异性抗体，直接检测病毒或病毒抗原。在将含有病毒或病毒抗原的组织和细胞标本固定和消除其中的内源性酶后，应用酶标记抗体直接处理。随后滴加底物显色，进行镜检。

（2）间接法　将含有病毒或病毒抗原的组织或细胞标本，先用特异性病毒抗体处理，充分漂洗后再用酶标记的抗抗体（亦即抗该抗体的 IgG）处理，使其形成抗原–抗体酶标记抗抗体复合物，最后滴加底物显色进行镜检。

2. 主要试剂与仪器

（1）主要试剂

①病毒抗原片　涂有正常细胞和含有病毒抗原细胞的玻片。

②阳性血清　用病毒抗原免疫清洁级或 SPF 小鼠、大鼠、豚鼠、地鼠或普通级兔、犬、猴所获得的抗血清；或自然感染恢复后的动物血清。

③阴性血清　清洁级或 SPF 小鼠、大鼠、豚鼠、地鼠血清；或确认无相应病毒感染的动物血清。

④酶结合物　羊或兔抗小鼠、大鼠、地鼠、豚鼠、兔、犬或猴 IgG 抗体辣根过氧化物酶结合物，用于检测相应动物血清抗体。SPA–辣根过氧化物酶可代替羊或兔抗小鼠、豚鼠、兔、犬和猴 IgG 抗体辣根过氧化物酶结合物使用。

⑤PBS（0.01mol/L，pH7.4）

NaCl	8g
KCl	0.2g
KH_2PO_4	0.2g
$Na_2HPO_4 \cdot 12H_2O$	2.83g
蒸馏水	加至 1000ml

⑥底物溶液（现用现配）

3,3–二氨基联苯胺盐酸盐	40mg
PBS pH7.2	100ml
丙酮	5ml
$33\%H_2O_2$	0.1ml

（2）主要仪器　普通显微镜，低温冰箱（–20℃、–40℃），37℃培养箱，37℃恒温水浴箱，印有 10～40 个小孔的玻片，微量加样器（5～50μl、50～200μl）。

3. 操作步骤

（1）从低温冰箱取出抗原片，在室温条件下自然干燥。将适当稀释的阴性血清、阳性血清和待检血清分别滴于抗原片上。每份血清加一个正常细胞孔和两个病毒细胞孔，见表 2–1–2。

表 2-1-2 IEA 试验加样示意表

正常细胞	S1	S2	S3	S4	S5	S6	S7	S8	NC	PC
病毒细胞	S1	S2	S3	S4	S5	S6	S7	S8	NC	PC
病毒细胞	S1	S2	S3	S4	S5	S6	S7	S8	NC	PC

注：S1～S8. 待检血清；NC. 阴性血清；PC. 阳性血清

（2）加完血清的抗原片平放在湿盒内，置 37℃孵箱反应 30～45 分钟。

（3）抗原片从湿盒内取出，垂直插入玻片架上，避免玻片贴在一起，影响洗片的效果。

（4）玻片架放入盛有 PBS 的容器内，洗 5 分钟，其间轻轻上下移动玻片架数次，共洗 3 次。

（5）将洗好的玻片在室温中自然干燥或用电风扇吹干。

（6）取适当稀释的酶结合物，滴加于抗原片上。

（7）加完酶结合物的抗原片平放在湿盒内，置 37℃孵箱反应 30～45 分钟。

（8）洗抗原片，同（4）。

（9）将玻片放入底物溶液中，在室温下显色 5～10 分钟。

（10）洗抗原片　在 PBS 中漂洗 2 次，再用蒸馏水漂洗 1 次。

（11）洗好的玻片在室温中自然干燥或用电风扇吹干，在光镜下判定结果。

4. 结果判定　在阴性血清、阳性血清成立的情况下（阴性血清与正常细胞和病毒感染细胞反应无色；阳性血清与正常细胞反应无色，与病毒感染细胞呈棕褐色），即可判定结果。

（1）待检血清与正常细胞和病毒感染细胞反应均呈无色，判为抗体阴性。

（2）待检血清与正常细胞反应无色，而与病毒感染细胞反应呈棕褐色，判为抗体阳性。根据颜色深浅可判为 +～++++。

（四）血凝试验（HA）

1. 原理　有些病毒可凝集某些动物（如鸡、鹅、豚鼠、绵羊）和人的红细胞，引起红细胞凝集现象。血凝素与红细胞表面相应受体结合，引起红细胞凝集，用以测定病毒的含量。血凝原理示意图见图 2-1-1。

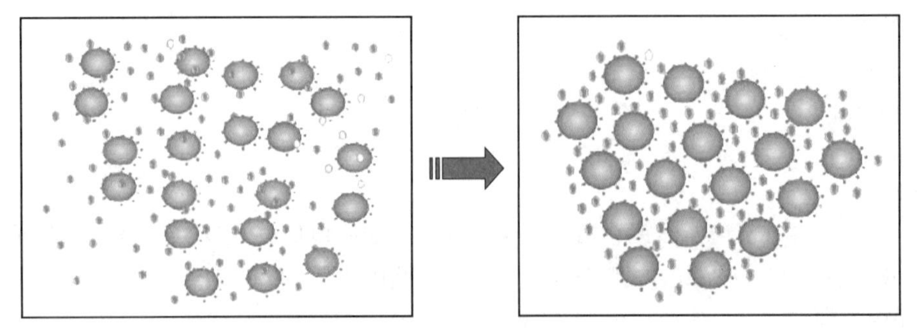

图 2-1-1　血凝原理示意图

各种病毒的血凝素性质不尽相同。某些病毒可在很广泛的 pH 条件下呈现血凝作用。某些病毒则只在很窄的 pH 范围内才能凝集红细胞。某些病毒的血凝作用具有温度依赖性，也就是只在某个温度范围内才出现血凝现象；但另一些病毒却可在 4℃、室温和 37℃呈现同样的血凝作用。病毒凝集的红细胞种类也随病毒种类而不同，例如某些病毒主要对人和禽的红细胞呈现凝集作用，另一些病毒则可凝集豚鼠或大鼠的红细胞等。

2. 主要试剂与仪器

（1）主要试剂

①血凝素　血凝素抗原除部分病毒（如痘类病毒）能与感染性颗粒分开外，大部分是与病毒的感染性颗粒相关联，凡培养于鸡胚或组织培养中的病毒及其抗原物质，经离心除去沉淀，均可用作血凝试验的抗原。对于细胞培养的病毒（例如大鼠细小病毒、犬细小病毒、传染性犬肝炎病毒等），制备血凝素的方法一般为冻融 2～3 次，2000r/min，离心 10～20 分钟，取上清。对于接种动物获得的病毒（例如小鼠脑脊髓炎病毒、仙台病毒、兔出血症病毒等），需要研磨成 10%悬液，3000r/min 离心 10 分钟，取上清。

②红细胞悬液　根据不同病毒血凝所需敏感红细胞制备悬液，一般将血液保存于阿氏溶液中，使用前用 pH7.4 PBS 洗 3 次，再悬于 pH7.4 PBS 中。

③PBS（0.01mol/L，pH7.4）

氯化钠	8g
氯化钾	0.2g
磷酸二氢钾	0.2g
磷酸氢二钠（十二水合物）	2.83g
蒸馏水	定容至 1000ml

④阿氏溶液

葡萄糖	2.05g
枸橼酸钠	0.8g
枸橼酸	0.055g
氯化钠	0.42g
蒸馏水	定容至 100ml

115℃高压蒸汽灭菌 30 分钟，保存于 4℃。

（2）主要仪器　恒温培养箱，微量振荡器，微量血凝反应板（U 型或 V 型），微量加样器（容量 5～50μl）。

3. 操作步骤

（1）取 96 孔 U 型或 V 型血凝板置于水平试验台上，在第一排 1～12 孔内加入 25μl 生理盐水。

（2）吸取 25μl 抗原液加入第一孔混匀，从第一孔吸取 25μl 加入第二孔，混匀后吸取 25μl 加入第三孔，如此进行倍比稀释至第十一孔，从第十一孔吸取 25μl 丢弃。第十二孔不加，作为红细胞对照孔。

（3）在 1～12 孔再加入 25μl 的生理盐水。

（4）在 1～12 孔均加入 1%的红细胞悬液（红细胞悬液充分混匀后加入）50μl。

（5）震荡混匀，在所需温度下静置 30～60 分钟后观察结果（如果环境温度过高，可置于 4℃环境下反应 1h），对照孔红细胞将明显的纽扣状沉到孔底。

4. 结果判定　将出现血凝“++”的最高稀释度定为该血凝素的效价。

各孔血凝结果以“++++”“+++”“++”“+”“–”代表。红细胞呈细沙粒样均匀铺于孔底为

“++++”，即 100%凝集；红细胞呈细沙粒样均匀铺于孔底，但边缘不整而稍向孔底集中者为“+++”，即 75%凝集；红细胞于孔底形成一个环状，四周有小凝集块为“++”，即 50%；红细胞于孔底形成圆团，但边缘不够光滑，四周稍有凝集块者为“+”，即 25%凝集；红细胞于孔底形成圆团，边缘光滑整齐者为“–”，即无凝集。

（五）血凝抑制试验

1. 原理 某些病毒在一定条件下，能够选择性的凝集某些动物红细胞。这种凝集红细胞的能力可被特异性抗体所抑制，即为血凝抑制试验。由于血凝反应可被特异性抗体所抑制，抗体与病毒结合后，血凝素即不能吸附于红细胞表面的受体上。因此，血凝抑制试验可以用于：应用标准病毒悬液测定血清中的相应抗体；应用特异性抗体鉴定新分离的病毒。

动物血清中经常存在非特异性血凝抑制物质。这种抑制物质的浓度可能很高，即使高倍稀释，往往仍能呈现血凝抑制作用，掩盖特异性抗体的抑制效价，甚至造成假阳性反应。因此，消除被检血清中的非特异性血凝抑制物质，是血凝抑制试验中至为重要的前提。但是各种动物血清中非特异性抑制物质的性质不尽相同，因此处理方法也是多种多样的。例如对流感病毒的非特异性抑制物质可用 56℃ 30min 处理以及加入过碘酸钾或胰酶等方法除去。

测定动物血清中的血凝抑制抗体，必须首先滴定病毒或其血凝素对相应红细胞的血凝效价，其次应用某种或某几种方法处理被检血清，除去其中的非特异性血凝抑制物质。

2. 主要试剂与仪器

（1）主要试剂

①血凝素抗原 血凝抗原除部分病毒（如痘类病毒）能与感染性颗粒分开外，大部分是与病毒的感染性颗粒相关联，凡培养于鸡胚或组织培养中的病毒及其抗原物质，经离心除去沉淀，均可用作血凝抑制实验的血凝素抗原。

②红细胞悬液 根据不同病毒血凝所需敏感红细胞制备悬液，一般将血液保存于阿氏溶液中，使用前用 pH7.4 PBS 洗 3 次，再悬于 pH7.4 PBS 中。

③阳性血清。

④阴性血清。

⑤PBS（0.01mol/L，pH7.4）。

⑥阿氏溶液。

（2）主要仪器 恒温培养箱，微量振荡器，微量血凝反应板（U 型或 V 型），微量加样器（容量 5～50μl）。

3. 操作步骤

（1）血凝素滴定 将血凝素用 PBS 做连续倍比稀释，每稀释度留 25μl 于微量血凝板孔内，再加 25μl PBS 和 50μl 红细胞悬液，摇匀。同时设立红细胞对照。置所需温度 30～60 分钟，判定结果时将出现凝集“++”的最高稀释度定为血凝素的效价。以血凝试验结果配制 4 个单位或 8 个单位的血凝素抗原，即最高稀释度除以 4 或者 8。例如配制 4 个单位的血凝素，若血凝素滴定的效价为 1:256，则 4 个单位的血凝素抗原的稀释倍数应为 1:64。

（2）待检血清处理 将被检血清置于 56℃水浴 30 分钟。有的血清含有非特异性抑制素，可用霍乱滤液处理，即 1 份血清加 4 份滤液，混匀后置 37℃水浴过夜，再置 56℃水浴 30 分钟。有的血清含有非特异性凝集素，可按血清体积 1/10 量加入 50%红细胞悬液置 4℃ 16 小时或室温 2 小时，然后离心除去血细胞。

（3）取 96 孔 U 型或 V 型血凝板置于水平试验台上，在第一排 1～12 孔内加入 25μl 生理盐水。

（4）吸取 25μl 待检血清加入第一孔混匀，从第一孔吸取 25μl 加入第二孔，混匀后吸取 25μl 加入第三孔，如此进行倍比稀释至第十一孔，从第十一孔吸取 25μl 丢弃。第十二孔不加，作为红细胞对照孔。

（5）在 1～11 孔均加入含 4 个或 8 个血凝素单位的病毒抗原液 25μl，摇匀后置所需温度作用静置 30 分钟。

（6）在 1～12 孔均加入 50μl 红细胞悬液，轻轻震荡混匀后置所需温度作用一定的时间，判定结果。

（7）设置红细胞对照 50μl PBS，再加 50μl 红细胞悬液。

（8）设置阴性血清对照 25μl 阴性血清，25μl PBS，再加 50μl 红细胞悬液。

（9）设置阳性血清对照 25μl 阳性血清，25μl PBS，再加 50μl 红细胞悬液。

（10）设置血凝素抗原对照 将 4 个单位、2 个单位、1 个单位和 1/2 个单位加入 96 孔 U 型或 V 型血凝板，每孔 25μl 血凝素，25μl PBS，再加 50μl 红细胞悬液。见表 2-1-3～表 2-1-5。

表 2-1-3 血凝抑制试验（检测系统）操作方法

孔号	1	2	3	4	5	6	7	8	9	10	11	12
稀释度	1/10	1/10	1/20	1/40	1/80	1/160	1/320	1/640	1/1280	1/2560	1/512	红细胞对照
待检血清/μl	25	25	25	25	25	25	25	25	25	25	25	
血凝素/μl		25	25	25	25	25	25	25	25	25	25	
	在所需温度条件下作用一定时间											
PBS/μl	25											50
红细胞/μl	50	50	50	50	50	50	50	50	50	50	50	50

表 2-1-4 血凝抑制试验（对照系统）操作方法

孔号	1	2	3	4	5	6	7	8	9	10	11	12
血凝素单位	4	2	1	1/2								
PBS/μl	25	25	25	25	25	25	25	25	25	25	25	25
血凝素/μl	25	25	25	25								
阳性血清/μl					25	25	25	25				
阴性血清/μl									25	25	25	25
红细胞/μl	50	50	50	50	50	50	50	50	50	50	50	50

表2-1-5 血凝抑制试验条件

病毒	血凝单位	红细胞	抗原抗体作用时间/min	温度/℃	加红细胞后作用温度/℃	判定阳性滴度	备注
TMEV	8	人“O”	60	22	22	20	
Sendai	4	鸡、豚鼠	30	22	22	10	
KRV	8	豚鼠	30	22	22	20	
H-1	8	豚鼠	30	22	22	20	
RHDV	8	人“O”	30	22	22	10	疫苗保护效果滴度(HAI)
CPV	8	猪	30	22或37	4	80	疫苗保护效果滴度(HAI)
ICHV	4	人“O”	30	37	37	160	疫苗保护效果滴度(ELISA)
RV	4	鹅	120	22	4	160	疫苗保护效果滴度(ELISA)

4. 结果判定 在对照系统（阴性血清、阳性血清、待检血清、血凝素抗原和红细胞）成立的条件下判定结果。

判定时以完全不出现血凝的血清最高稀释度为血清的血凝抑制滴度。红细胞呈细沙粒样均匀铺于孔底为“++++”，即100%凝集；红细胞呈细沙粒样均匀铺于孔底，但边缘不整而稍向孔底集中者为“+++”，即75%凝集；红细胞于孔底形成一个环状，四周有小凝集块为“++”，即50%；红细胞于孔底形成圆团，但边缘不够光滑，四周稍有凝集块者为“+”，即25%凝集；红细胞于孔底形成圆团，边缘光滑整齐者为“-”，即无凝集。

二、常用分子生物学检测方法

（一）聚合酶链式反应（PCR）

聚合酶链式反应是一种用于放大扩增特定的DNA片段的分子生物学技术，它可看作是生物体外的特殊DNA复制。PCR的最大特点是能将微量的DNA大幅增加。1983年美国Mullis首先提出设想，1985年由其发明了聚合酶链式反应，即简易DNA扩增法，意味着PCR技术的真正诞生。到2013年，PCR已发展到第三代技术。1973年，台湾科学家钱嘉韵，发现了稳定的Taq DNA聚合酶，为PCR技术发展做出了贡献。

1. 原理 DNA的半保留复制是生物进化和传代的重要途径。双链DNA在多种酶的作用下可以变性解旋成单链，在DNA聚合酶的参与下，根据碱基互补配对原则复制成同样的两分子拷贝。在实验中发现，DNA在高温时也可以发生变性解链，当温度降低后又可以复性成为双链。因此，通过温度变化控制DNA的变性和复性，加入设计引物，DNA聚合酶、dNTP就可以完成特定基因的体外复制。

但是，DNA聚合酶在高温时会失活，因此，每次循环都得加入新的DNA聚合酶，不仅操作烦琐，而且价格昂贵，制约了PCR技术的应用和发展。

耐热DNA聚合酶——Taq酶的发现对于PCR的应用有里程碑的意义，该酶可以耐受90℃

以上的高温而不失活，不需要每个循环加酶，使 PCR 技术变得非常简捷，同时也大大降低了成本，PCR 技术得以大量应用，并逐步应用于临床。

2. 主要试剂与仪器

（1）主要试剂　参加 PCR 反应的物质主要有 5 种，即引物（PCR 引物为 DNA 片段，细胞内 DNA 复制的引物为一段 RNA 链）、酶、dNTP、模板和缓冲液（其中需要 Mg^{2+}）。

①引物　PCR 反应中有两条引物，即 5′ 端引物和 3′ 引物。引物有多种设计方法，由 PCR 在实验中的目的决定，但基本原则相同。设计引物时以一条 DNA 单链为基准（常以信息链为基准），5′ 端引物与位于待扩增片段 5′ 端上的一小段 DNA 序列相同；3′端引物与位于待扩增片段 3′端的一小段 DNA 序列互补。

引物设计的基本原则如下。

- 引物长度：15～30bp，常用为 20bp 左右。
- 引物碱基：G+C 含量以 40%～60%为宜，G+C 太少扩增效果不佳，G+C 过多易出现非特异条带。ATGC 最好随机分布，避免 5 个以上的嘌呤或嘧啶核苷酸的成串排列参照。
- 引物内部不应出现互补序列。
- 两个引物之间不应存在互补序列，尤其是避免 3′ 端的互补重叠。
- 引物与非特异扩增区的序列的同源性不要超过 70%，引物 3′ 末端连续 8 个碱基在待扩增区以外不能有完全互补序列，否则易导致非特异性扩增。
- 引物 3′ 端的碱基，特别是最末及倒数第二个碱基，应严格要求配对，最佳选择是 G 和 C。
- 引物的 5′ 端可以修饰。如附加限制酶位点，引入突变位点，用生物素、荧光物质、地高辛标记，加入其他短序列，包括起始密码子、终止密码子等。

引物设计的常用软件主要有 Primer Premier 5.0、Ologo 6、Vector NTI Suie、DNAsis 及 DNAstar 等。

②酶　PCR 所用的酶主要有两种来源：Taq 和 Pfu，分别来自两种不同的嗜热菌。其中 Taq 扩增效率高但易发生错配，Pfu 扩增效率弱但有纠错功能。所以实际使用时根据需要必须做不同的选择。

目前有两种 Taq DNA 聚合酶供应，一种是从栖热水生杆菌中提纯的天然酶，另一种为大肠菌合成的基因工程酶。催化一典型的 PCR 反应约需酶量 2.5U（指总反应体积为 100μl 时），浓度过高可引起非特异性扩增，浓度过低则合成产物量减少。

③dNTP　dNTP 的质量与浓度和 PCR 扩增效率有密切关系，dNTP 粉呈颗粒状，如保存不当易变性失去生物学活性。dNTP 溶液呈酸性，使用时应配成高浓度后，以 1mol/L NaOH 或 1mol/L Tris-HCl 的缓冲液将其 pH 调至 7.0～7.5，小量分装，－20℃冰冻保存。多次冻融会使 dNTP 降解。在 PCR 反应中，dNTP 应为 50～200μmol/L，尤其注意 4 种 dNTP 的浓度要相等（等摩尔配制），如其中任何一种浓度不同于其他几种时（偏高或偏低），就会引起错配。浓度过低又会降低 PCR 产物的产量。dNTP 能与 Mg^{2+}结合，使游离的 Mg^{2+}浓度降低。

④模板　PCR 的模板可以是 DNA，也可以是 RNA，可以是任何来源，但有两个原则：第一，纯度必须较高；第二，浓度不能太高以免抑制反应。

模板的取材主要依据 PCR 的扩增对象，可以是病原体标本如病毒、细菌、真菌等，也可以是病理生理标本如细胞、血液、羊水细胞等。法医学标本有血斑、精斑、毛发等。

标本处理的基本要求是除去杂质，并部分纯化标本中的核酸。多数样品需要经过 SDS 和蛋白酶 K 处理。难以破碎的细菌，可用溶菌酶加 EDTA 处理。所得到的粗制 DNA，经酚、三氯甲烷抽提纯化，再用乙醇沉淀后用作 PCR 反应模板。

⑤缓冲液　缓冲液的成分最为复杂，除水外一般包括四个有效成分：缓冲体系，一般使用 HEPES 或 MOPS 缓冲体系；一价阳离子，一般采用钾离子，但在特殊情况下也可使用铵根离子；二价阳离子，即镁离子，根据反应体系确定，除特殊情况外无需调整；辅助成分，常见的有 DMSO、甘油等，主要用来保持酶的活性和帮助 DNA 解除缠绕结构。

（2）仪器　PCR 扩增仪器主要用变温铝块、变温水浴及变温气流的方式达到热循环的目的，一般都配有微电脑自动控制温度、时间及循环数，可以达到节省劳动力的目的。在采用这些仪器作 PCR 试验之前，一般均应实测管内温度变化循环情况，以了解升、降温时管内因热传导造成的温度滞后情况和实际到达的最高、最低温度，用于修正设计的循环参数。温度滞后受到所用 eppendorf 管材料、壁厚及形状（与铝块孔匹配程度）的影响，这对变温铝块式仪器影响更大些。对于配用制冷机式半导体元件制冷的仪器，在使用低于室温的温度来保冷 PCR 反应后小管时，应注意冷凝水的问题，勿使流入仪器内浸湿半导体元件而损坏仪器。

3. 操作步骤　PCR 实验室按规定需要进行分区，分别是试剂储存和准备区、标本制备区、扩增反应混合物配制和扩增区以及扩增产物分析区。

进入各个工作区域必须严格遵循单一方向顺序，即只能从试剂储存和准备区 ⟶ 标本制备区 ⟶ 扩增反应混合物配制和扩增区 ⟶ 扩增产物分析区单向循环，避免发生交叉污染。各工作区必须安装适当的排风设备确保空气按单一方向流动。工作区的墙面、地面、办公用品等必须选用耐消毒药品腐蚀的材料。工作区必须有明确的标记，避免不同工作区域内的设备、物品混用。

（1）PCR 反应体系的配制　PCR 反应的一般体系见表 2-1-6。其中 dNTP、引物、模板 DNA、Taq DNA 聚合酶以及 Mg^{2+}的加量（或浓度）可根据实验调整，表 2-1-6 只提供大致参考值。

表 2-1-6　PCR 反应体系

PCR 反应试剂	体积或浓度大致参考值
10×扩增缓冲液	10μl
4 种 dNTP 混合物（终浓度）	各 100～250μmol/L
引物（终浓度）	各 5～20μmol/L
模板 DNA	0.1～2μg
Taq DNA 聚合酶	5～10U
Mg^{2+}（终浓度）	1～3mmol/L
补加双蒸水	100μl

（2）PCR 反应的过程　一般的 PCR 反应包含以下过程。

①预变性　模板 DNA 完全变性与 PCR 酶的完全激活对 PCR 能否成功至关重要，建议加热时间参考试剂说明书，一般未修饰的 Taq 酶激活时间为 2min。

②变性步骤　循环中一般 95℃ 30s 足以使各种靶 DNA 序列完全变性，可能的情况下可缩短该步骤时间，变性时间过长损害酶活性，过短靶序列变性不彻底，易造成扩增失败。

③引物退火　退火温度需要从多方面去决定，一般以引物的 T_m 值为参考，根据扩增的长度适当下调作为退火温度。然后在此次实验基础上做出预估。退火温度对 PCR 的特异性有较大影响。

④引物延伸　引物延伸一般在 72℃进行（Taq 酶最适温度）。但在扩增长度较短且退火温度较高时，本步骤可省略。延伸时间随扩增片段长短而定，一般推荐在 1000bp 以上，含 Pfu 及其衍生物的设定为 1min/kbp。

⑤循环数　一般为 25～30 次。循环数决定 PCR 扩增的产量。模板初始浓度低，可增加循环数以达到有效的扩增量。但循环数不可以无限增加。一般循环数为 30 个左右，如循环数超过 30 个，DNA 聚合酶活性逐渐达到饱和，产物的量不再随循环数的增加而增加，出现所谓的"平台期"。

⑥最后延伸　在最后一个循环后，反应在 72℃维持 10～30 分钟，使引物延伸完全，并使单链产物退火成双链。

反应结束后得到的 PCR 产物置于 4℃环境待电泳检测或－20℃长期保存。

（3）PCR 产物的检测　PCR 反应扩增出了高的拷贝数，下一步检测就成了关键。荧光素（溴乙锭，EB）染色凝胶电泳是最常用的检测手段。由于引物二聚体等非特异性的杂交体很容易引起误判，电泳法检测特异性是不太高的，但因简捷易行，成为主流检测方法。

4. 结果判定　PCR 反应需设立阳性对照和阴性对照，阳性对照经扩增出现目的条带，阴性对照无条带，实验成立。样本经扩增出现与阳性对照相同的特定大小的目的条带，判为阳性；无条带或出现与目的条带大小不符的非特异条带，判为阴性。为排除假阳性结果，可将阳性样本的目的条带进行纯化测序。除了以上情况外，也可能出现下列情形，须进行相应的处理。

（1）假阴性　不出现扩增条带。

PCR 反应的关键环节有：模板核酸的制备；引物的质量与特异性；酶的质量及溴乙锭的使用；PCR 循环条件。寻找原因，应针对上述情形进行分析研究。

模板：模板中含有杂蛋白质；模板中含有 Taq 酶抑制剂；模板中蛋白质没有消化除净，特别是染色体中的组蛋白；在提取制备模板时丢失过多；模板核酸变性不彻底。在酶和引物质量好时，不出现扩增带，极有可能是标本的消化处理、模板核酸提取过程出了毛病，因此要配制有效而稳定的消化处理液，程序应固定，不宜随意更改。

（2）阴性　需注意的是有时忘加 Taq 酶或溴乙锭。

引物：引物质量、引物的浓度、两条引物的浓度是否对称，是 PCR 失败或扩增条带不理想、容易弥散的常见原因。有些批号的引物合成质量有问题，两条引物一条浓度高，一条浓度低，造成低效率的不对称扩增，相应处理措施如下。

①选定一个好的引物合成单位。

②引物的浓度不仅要看 OD 值，更要注重引物原液做琼脂糖凝胶电泳，一定要有引物条带出现，而且两引物带的亮度应大体一致，如一条引物有条带，另一条引物无条带，此时做 PCR 则有可能失败，应和引物合成单位协商解决。如一条引物亮度高，另一条引物亮度低，在稀释引物时要平衡其浓度。

③引物应高浓度小量分装保存，防止多次冻融或长期放冰箱冷藏，导致引物变质降解失效。

④引物设计不合理，如引物长度不够，引物之间形成二聚体等。

Mg^{2+}浓度：Mg^{2+}离子浓度对 PCR 扩增效率影响很大，浓度过高可降低 PCR 扩增的特异性，浓度过低则影响 PCR 扩增产量甚至使 PCR 扩增失败而不出扩增条带。

反应体积的改变：通常进行 PCR 扩增采用的体积为 20μl、30μl、50μl 或 100μl，应用多大体积进行 PCR 扩增，是根据科研和临床检测不同目的而设定，做小体积如 20μl 后，再做大体积时，一定要摸索条件，否则容易失败。

物理原因：变性对 PCR 扩增来说相当重要，如变性温度低，变性时间短，极有可能出现假阴性；退火温度过低，可致非特异性扩增而降低特异性扩增效率，退火温度过高影响引物与模板的结合而降低 PCR 扩增效率。有时有必要用标准的温度计，检测一下扩增仪或水浴锅内的变性、退火和延伸温度，这也是 PCR 失败的原因之一。

靶序列变异：如靶序列发生突变或缺失，影响引物与模板特异性结合，或因靶序列某段缺失使引物与模板失去互补序列，则 PCR 扩增是不会成功的。

（3）假阳性　出现的 PCR 扩增条带与目的靶序列条带一致，有时其条带更整齐，亮度更高。

引物设计不合适：选择的扩增序列与非目的扩增序列有同源性，因而在进行 PCR 扩增时，扩增出的 PCR 产物为非目的性的序列。靶序列太短或引物太短，容易出现假阳性。需重新设计引物。

靶序列或扩增产物的交叉污染及原因：一是整个基因组或大片段的交叉污染，导致假阳性。这种假阳性可用以下方法解决：操作时应小心轻柔，防止将靶序列吸入加样枪内或溅出离心管外。除酶及不能耐高温的物质外，所有试剂或器材均应高压消毒。所用离心管及样进枪头等均应一次性使用。必要时，在加标本前，反应管和试剂用紫外线照射，以破坏存在的核酸。二是空气中的小片段核酸污染，这些小片段比靶序列短，但有一定的同源性。可互相拼接，与引物互补后，可扩增出 PCR 产物，而导致假阳性的产生，可用巢式 PCR 方法来减轻或消除。

（4）出现非特异性扩增带　PCR 扩增后出现的条带与预计的大小不一致，或大或小，或者同时出现特异性扩增带与非特异性扩增带。非特异性条带出现的原因：一是引物与靶序列不完全互补或引物聚合形成二聚体。二是 Mg^{2+} 浓度过高、退火温度过低及 PCR 循环次数过多。其次是酶的质和量，往往一些来源的酶易出现非特异条带而另一些来源的酶则不出现，酶量过多有时也会出现非特异性扩增。其处理措施有：必要时重新设计引物；减低酶量或调换另一来源的酶；降低引物量，适当增加模板量，减少循环次数；适当提高退火温度或采用二温度点法（93℃变性，65℃左右退火与延伸）。

（5）出现片状拖带或涂抹带　PCR 扩增有时出现涂抹带或片状带或地毯样带。其原因往往由于酶量过多或酶的质量差、dNTP 浓度过高、Mg^{2+} 浓度过高、退火温度过低、循环次数过多引起。其处理措施有：减少酶量，或调换另一来源的酶；减少 dNTP 的浓度；适当降低 Mg^{2+} 浓度；增加模板量；减少循环次数。

（二）荧光定量 PCR

荧光定量 PCR（realtime fluorescence quantitative PCR，RTFQ PCR）是 1996 年由美国 Applied Biosystems 公司推出的一种新定量试验技术，它是通过荧光染料或荧光标记的特异性探针，对 PCR 产物进行标记跟踪，实时在线监控反应过程，结合相应的软件可以对产物进行分析，计算待测样品模板的初始浓度。

1. 原理　PCR 扩增时在加入一对引物的同时加入一个特异性的荧光探针，该探针为一寡核苷酸，两端分别标记一个报告荧光基团和一个淬灭荧光基团。探针完整时，报告基团发射的荧光信号被淬灭基团吸收；刚开始时，探针结合在 DNA 任意一条单链上；PCR 扩增时，Taq 酶的 5′ 端－3′ 端外切酶活性将探针酶切降解，使报告荧光基团和淬灭荧光基团分离，从而荧光监测系统可接收到荧光信号，即每扩增一条 DNA 链，就有一个荧光分子形成，实现了荧光信号的累积与 PCR 产物形成完全同步。或者使用荧光染料 SYBR。SYBR 可以结合到双链 DNA 上面，当体系中的模板被扩增时，SYBR 可以有效结合到新合成的双链上面，随着 PCR 的进行，结合的 SYBR 染料越来越多，被仪器检测到的荧光信号越来越强，从而达到定量的目的。

2. 主要试剂与仪器

（1）主要试剂　荧光定量 PCR 所用的试剂主要有荧光标记的探针或荧光染料、引物、标准品、待测模板及 PCR 混合液等。

荧光定量 PCR 常用的荧光化学材料可分为两种：荧光探针和荧光染料。

TaqMan 荧光探针：PCR 扩增时在加入一对引物的同时加入一个特异性的荧光探针，该探针为一寡核苷酸，两端分别标记一个报告荧光基团和一个淬灭荧光基团。探针完整时，报告基团发射的荧光信号被淬灭基团吸收；PCR 扩增时，Taq 酶的 5′－3′ 外切酶活性将探针酶切降解，使报告荧光基团和淬灭荧光基团分离，从而荧光监测系统可接收到荧光信号，即每扩增一条 DNA 链，就有一个荧光分子形成，实现了荧光信号的累积与 PCR 产物形成完全同步。而新型 TaqMan－MGB 探针使该技术既可进行基因定量分析，又可分析基因突变（SNP），有望成为基因诊断和个体化用药分析的首选技术平台。

SYBR 荧光染料：在 PCR 反应体系中，加入过量 SYBR 荧光染料，SYBR 荧光染料非特异性地掺入 DNA 双链后，发射荧光信号，而不掺入链中的 SYBR 染料分子不会发射任何荧光信号，从而保证荧光信号的增加与 PCR 产物的增加完全同步。

常用荧光基团：磺酰罗丹明（Texas Red）、异硫氰酸荧光素（FITC）、羧基荧光素（FAM）、四氯–6–羧基荧光素（TET）、2,7–二甲基–4,5–二氯–6–羧基荧光素（JOE）、5–羧基–X–罗丹明（ROX）。

①引物的设计　引物的设计需注意如下几点。

长度：为最大限度提高结合特性，引物长度应为 18～30 个核苷酸。

熔解温度（T_m）：引物的 T_m 应为 55～60℃，引物对中的两条引物 T_m 之差应在 2～3℃。

序列：每条引物的 3′端最后 5 个碱基中应该有一个（最多 2～3 个）G 或者 C。3′端单个的 G 或者 C 可以减少 PCR 过程中的非特异扩增。但是，3′端过多的 G 或 C 可能会导致引物与目标位点的非特异结合，最终导致错误延伸（称为“滑动效应”）。此外，每条探针都不应该有连续的（如多于 3 或 4 个核苷酸）的同一核苷酸（尤其是 G 和 C），因为聚合物延伸同样会引起“滑动效应”。最后，引物对的 3′端不应有任何可能导致引物二聚体形成的互补序列。因为引物二聚体有负的自由能 ΔG，所以应选择自由能 ΔG 不少于－10kcal/mol 的引物。

GC 含量：引物 GC 含量应为 50%左右（理想的是 40%～60%）。如果引物要结合到富含 AT 的模板上（富含 70%的 AT 序列），一种非常有用的方法是用锁核酸（LNA）类似物代替引物中的一个或多个碱基，这样可以在保持 T_m 值不变的前提下，减少引物的总长度。

二级结构：引物中应避免出现任何反向重复序列，因为反向重复序列可形成稳定的发夹结构，使得引物不能有效结合（或使引物完全失去结合能力）。

避免基因组 DNA：在实时荧光 RT－PCR 实验中，因为基因组 DNA 的扩增而产生假阳性。因此，引物应该设计在长内含子侧翼或是多个短内含子上，抑或跨越外显子－外显子交界区。

②TaqMan 探针　精心设计的 TaqMan 探针几乎不需要优化。TaqMan 探针的设计应考虑以下因素。

长度：TaqMan 探针最佳长度为 20 个核苷酸（不超过 30 个核苷酸），可实现最大猝灭。长度大于 30 个核苷酸也是可行的，但在这种情况下，内部猝灭基团应在距离 5′端 18～25 个碱基处。

熔解温度：TaqMan 探针的 T_m 要求比引物的 T_m 高约 10℃，通常在 65～70℃之间。T_m 差异对于确保探针先于引物杂交结合到模板上是必要的。如果探针 T_m 值较引物高出 8～10℃，当邻近引物延伸时，探针将先于引物与靶序列复性结合以确保检测的进行。

序列：应该避免连续的单碱基重复序列，尤其是 G，因为这可能会影响探针的二级结构，并降低杂交效率。在没有其他序列可选择的情况下，用肌苷替代以中断连续的 G 可显著改善探针性能。此外，探针 5′端不应该含有太多的 G，因为它能够猝灭荧光。一般情况下，应该避免探针和靶序列之间的错配（除非用探针进行 SNP 基因分型检测），并且探针不应该与任一引物互补。

GC 含量：设计的 TaqMan 探针的 G/C 含量约为 50%（理想情况下 30%～80%）。如果靶序列是富含 AT 的序列，可掺入锁核酸（LNA，Roche 公司）或小沟结合剂（MGB，Applied Biosystems 公司）等核酸类似物。

探针 5′端应该尽可能接近引物 3′端，但不能重叠，以确保 Tag DNA 聚合酶快速切割降解。

TaqMan 探针应采用 HPLC 纯化。

③模板　当模板能进行扩增且扩增方法没有错误时，实时荧光 PCR 才能可靠使用。PCR 仅扩增在引发位点间具有完整磷酸二酯骨架的 DNA。此外，DNA 损伤会影响扩增效率，如碱基位点缺失和胸腺嘧啶二聚体，这种损伤的 DNA 在实时荧光 PCR 中将不能充分扩增或根本不能扩增。最后，一些 PCR 添加剂（如 DMSO）和污染物（如提取过程中残留的 SDS）能抑制 DNA 聚合酶，从而影响实时荧光 PCR 的结果。如果使用长寡核苷酸作为扩增靶分子，需要进行 PAGE 纯化。

④PCR 混合液　预制的实时荧光 PCR 预混液包含除模板和引物以外的所有 PCR 所需试剂，可从企业（如 Applied Biosystems、QIAGEN、Life Technologies、Bio－Rad）购买。这种预混液可以简化实验过程，降低污染概率，提供最佳性能。另外，可以参考如下方法配制预混液。

该配方可替代预制的实时荧光 PCR master mix。各组分的最佳浓度如下。

终浓度 200μmol/L 的 dNTP：若用 dUTP 代替 dTTP，dUTP 终浓度应为 400μmol/L。

0.1μl（0.5U）Taq 聚合酶：使用热启动 Taq 聚合酶可以提高实时荧光 PCR 的特异性，如 JumpStart Taq（Sigma－Aldrich 公司）、HotStar Taq（Qiagen 公司）或 AmpliTaq gold（Applied Biosystems 公司）。一般每 20μl 体系加入 0.1μl（0.5U）Taq DNA 聚合酶（5.0U/μl）。必要时可以按 0.1U 浓度梯度增加来优化反应酶用量。在 TaqMan 实验中，所使用 Taq 酶需具有 5′－3′外切酶活性，如 AmpliTaq 或 AmpliTaq gold。4～7mmol/L $MgCl_2$。UNG：先前通过 PCR 得到的扩增产物可能是实时荧光 PCR 实验的潜在污染源。为防止潜在 PCR 产物的污染，可以

在反应体系中加入尿嘧啶-*N*-糖基化酶（UNG 酶，如 Applied Biosystems 公司的 AmpErase UNG），它能酶切破坏污染物，防止外来产物的再次扩增。含 UNG 的预混液，需用 dUTP 部分或全部替换 dTTP。UNG 酶可将反应体系中含 U 的 DNA 污染物中的尿嘧啶碱基降解，从而造成污染 DNA 链的断裂。因此在后续的 PCR 循环中，只有靶基因 DNA 能进行扩增，由前期实验中带来的污染物不会被扩增。

被动参考染料：在用 Applied Biosystems 公司仪器进行实时荧光 PCR 实验时，ROX 染料可作为内部参考：但在 LightCycler 或 iCycler 仪器上，ROX 不适用。ROX 使用终浓度为 0.45mol/L。

（2）仪器　实时荧光定量 PCR 仪，由荧光定量系统和计算机组成，用来监测循环过程的荧光。与实时设备相连的计算机收集荧光数据。数据通过开发的实时分析软件以图表的形式显示。原始数据被绘制成荧光强度相对于循环数的图表。原始数据收集后可以开始分析。实时设备的软件能使收集到的数据进行正常化处理来弥补背景荧光的差异。正常化后可以设定域值水平，这就是分析荧光数据的水平。

购买一款实时荧光 PCR 仪时需要考虑样品容量、激发方式、光学检测方法、整体灵敏度、动力学范围及多重检测的能力等参数，其中需考虑的一个重要参数是仪器的激发方法。依靠单一激光激发器的仪器往往不灵活，因为激光的激发范围（488～514nm）太窄以至于不能有效激发现在常用的广谱荧光基团。另外，激光器仅对位于其波长中段的荧光基团提供高光谱亮度和灵敏度。与此相反，卤钨灯可在较宽的波长范围提供均匀激发，这对于多重 PCR 来说是非常重要的，因为多重 PCR 需要选择合适的荧光基团以尽量减少荧光的交叉干扰。目前常用的实时荧光 PCR 系统主要有 Applied Biosystems 公司开发的第三代实时荧光 PCR 系统：7500 和 7500Fast 实时荧光 PCR 系统，Bio-Rad 公司的 iCycler IQ 实时荧光 PCR 系统，Roche 推出的两种 LightCycler 实时荧光 PCR 系统，Qiagen 公司的 Rotor-Gene Q 系统及 Stratagene 公司的 MX4000 多重定量 PCR 系统。国内最常用的是 Applied Biosystems 公司的 7500 和 7500Fast 实时荧光 PCR 系统。

3. 操作步骤　实时荧光 PCR（RT-PCR）的实验步骤主要包括：选择靶序列、设计引物和探针、优化引物探针浓度、构建标准曲线及实验运行。

（1）靶序列的选择　设计实时荧光 PCR 所需引物和探针的第一步是确定靶序列。选择扩增的靶区域时有几个参数需要考虑。

长度：为了得到高效率的扩增，扩增序列的长度要相对短些，最好在 50～150 个碱基之间（不超过 400 个碱基）。较短的扩增产物可得到较高的扩增效率，需要的扩增时间较短，这样污染进来的基因组 DNA 被扩增的可能性就会更低。

序列：使用 BLASTN 搜索引擎（htp：/ blast. ncbi.nlm. nih. gov/Blast. cgi）分析靶序列是否存在多态性或测序错误，这些因素会影响引物与模板的结合，因此，引物（探针）设计时要避开多态性或测序错误的区域。靶序列中的重复序列，以及与其他基因组的同源序列会导致引物非特异性结合，从而降低 DNA 扩增效率和检测灵敏度，因此引物（探针）设计也应该避开这些序列。

GC 含量：扩增序列中的 GC 含量必须≤60%，以确保热循环过程中能有效变性，从而提高扩增效率。此外，高 GC 含量容易产生非特异性扩增，在使用 SYBR Green 等 DNA 结合染料时，会在实验中产生非特异性信号。

二级结构：扩增子应该不含反向重复序列，因为这些区域高度结构化的形成不利于引物或探针与靶序列的有效杂交。

内含子数目：对于实时荧光 RT-PCR，扩增子的选择非常重要，基因组位点上的扩增子要包含两个或更多个内含子，以避免污染的基因组序列、假基因及其他相关基因的共扩增（详细信息参阅“引物和探针设计”）。可采用 BLAST 检索来确定基因组 DNA 数据库中靶 cDNA 序列的内含子位置。对 mRNA 的各类可能的拼接体进行确认也很重要，要确保实时 PCR 实验中检测的 mRNA 拼接体种类在所分析的细胞中是的确存在的。如果在反转录聚合酶链式反应中使用 oligo（dT）引物，扩增子应该设计在模板的 3′端区。

（2）引物和探针浓度的优化　实时荧光 PCR 试验最佳引物浓度需要凭借经验确定。由扩增图谱分析发现，能够得到最佳灵敏度和重复性的引物组合是那些能产生最低 C_T 值（荧光信号超过阈值时的循环数）和最高ΔR_n（PCR 产生的荧光信号强度的指标，是敏感度的度量指标）的引物组合。为了便于筛选出符合这个标准的引物浓度，需要设计引物优化矩阵，在该矩阵中正向和反向引物的浓度都是独立变量且需组合进行试验。

对于使用 TaqMan 探针的试验，制备引物优化矩阵时需保持探针浓度不变。由于 TaqMan 探针在反应过程中被破坏，保持足量的探针是十分重要的。由于这个原因，一个标准的探针浓度即 250nmol/L（反应体系中的终浓度）被推荐用于多数实时荧光 PCR 引物优化试验，这个浓度可避免探针不足并确保最高的灵敏度。但如果不需要高灵敏度（如靶序列足量时），少量探针就足够了，这样的好处是能减少检测成本。探针优化试验可以使用一个恒定的最佳引物浓度来测试几种探针浓度，通常在 50～250nmol/L 范围内对探针进行优化。同样，分析得到的扩增图谱可确定能产生最低 C_T 值和最高ΔR_n 的探针浓度。实际上，需要注意的是，即使设计的实时荧光 PCR 采用的是 TaqMan 探针法，也可用 SYBR Green Ⅰ法对引物浓度进行优化，这样可检测到那些会降低扩增效率和特异性的引物二聚体，以及其他非特异性扩增产物。

虽然我们推荐进行引物浓度优化试验，以确保获得最大的特异性，但试验建立和分析有些繁琐且耗时。相反，在实践中，大多数研究者仅仅从一个标准的引物浓度开始优化——一般 TaqMan 探针法为 500nmol/L（探针浓度为 250nmol//L），SYBR Green Ⅰ法为 200～400nmol/L（反应体系中的终浓度）。引物浓度根据标准曲线实验进行测定和评估。如果测试的标准品范围是线性的，且效率大于 85%，就不需要进行进一步的引物探针浓度优化了。

进行优化实验时，模板序列可以使用人工合成的扩增子（最适用于可靠的定量）、线性质粒、PCR 产物，或包含有目标 PCR 片段的 cDNA。引物/探针优化实验不需要知道模板自身的浓度，但应该选择 C_T 值在 20～30 之间的模板浓度。这个模板浓度是凭经验确定的。

尽管大多数厂家建议使用 50μl 反应体系，但是，如果 PCR 靶标模板的量不是很充足（如每个样本中只有 1～10 拷贝），采用大体积则可以得到更好的重复性。

（3）反应体系的配制　在无菌微量离心管中配制 PCR 混合液。每个反应体积为 15μl，乘以所需反应数即为所需配制总体积量，配制 PCR 反应混合物时，可能会出现移液不准的情况，建议要为所有样品和对照多配制 1～2 人份的体积量。如果使用热启动酶，如 Applied Biosystems 公司的 AmpliTaq Gold DNA 聚合酶，需要 9～12 分钟的热启动来激活酶的活性，因为 AmpliTaq Gold DNA 聚合酶在室温条件下无活性，所以无需在冰上配制反应液，SYBR Green I 法配制见表 2-1-7，TaqMan 探针法配制见表 2-1-8。

表 2-1-7　SYBR Green Ⅰ反应体系配制

组分	单个反应加入量/μl
水	3
模板	5
上游引物（最佳浓度）	1
下游引物（最佳浓度）	1
SYBR Green Ⅰ混合液	10

表 2-1-8　TaqMan 反应体系配制

组分	单个反应加入量/μl
水	2.5
探针（最佳浓度）	0.5
模板	5
上游引物（最佳浓度）	1
下游引物（最佳浓度）	1
TaqMan 混合液	10

（4）反应条件　将反应板或管移至实时荧光 PCR 仪上，按表 2-1-9、表 2-1-10 参数设置程序并运行。

表 2-1-9　SYBR Green Ⅰ反应条件

	温度	时间
起始步骤		
1. Amp Erase UNG 酶激活	50℃	2min
2. AmpliTaq Gold 热启动酶激活	95℃	10min
PCR（40 个循环）		
3. 变性	95℃	15s
4. 复性/延伸	60℃	1min
熔解曲线		
5. 变性	55～95℃	

表 2-1-10　TaqMan 反应条件

	温度	时间
起始步骤		
1. Amp Erase UNG 酶激活	50℃	2min
2. AmpliTaq Gold 热启动酶激活	95℃	10min
PCR（40 个循环）		
3. 变性	95℃	15s
4. 复性/延伸	60℃	1min

（5）标准曲线的构建　制定标准曲线是每个实时荧光 PCR 实验的重要组成部分。当设计试验和优化引物浓度时，标准曲线被用来测定实验的扩增效率、灵敏度、重复性和工作范围。随后，在数据分析时，标准曲线被用于进行绝对定量，或用于相对定量的标准曲线法中。在使用比较 C_T 值法时，为了表示靶序列和内参基因扩增效率是等效的，也需要使用标准曲线。

构建标准曲线，需要制备一系列梯度稀释的参照模板，并用与待检样品相同的条件进行扩增。标准曲线最少需要 3 次重复（理想情况是 5 次或更多次），并且需要至少 5 个对数级的模板浓度。这种严谨度对于准确定量和扩增效率计算来说是需要的。此外，标准曲线的动力学范围上限和下限应该能超出待检样品预期最高和最低的 C_T 值范围。在绝对定量中，只有当未知拷贝数的样品落在这个稀释浓度范围内，才可进行定量。为了进行优化，重要的是确定实验在测试浓度范围内是有效的、灵敏的和可重复的。

当构建定量标准曲线时，以 C_T 值对已知浓度的对数值作图得到的标准曲线是一条直线。如果建立的标准曲线仅用于测定实验的效率、灵敏度和重复性，就没有必要知道模板的浓度，可用 C_T 值对稀释倍数（可以是任意单位）的对数值进行作图获得标准曲线。观察图中不同浓度对应的 C_T 值可获取扩增效率、灵敏度和重复样品间的一致性（如重复性）等重要信息。

4. 结果分析及判定　实时荧光 PCR 系统以扩增曲线图的方式输出结果，以 PCR 循环数和荧光强度来作图。扩增曲线是一个 S 形曲线。对于前 10～20 个循环，曲线是平坦的，处于基线水平，因为扩增产物的量还没有积累到可检测到荧光信号的临界点。曲线在接下来的几个循环中会陡增。这种急剧增加的时段是相当窄的，代表了反应的指数增长。只有在这个阶段，可以认定荧光信号的强度和反应产物积累的量是正相关的。最后，随着反应试剂的消耗变少，曲线进入平台期，又重新变平。

反应中起始模板量越大（即起始拷贝数越高），PCR 中观察到荧光信号显著增加的时间点也就越早，并且达到特定扩增产物量时所需的循环数也就越少。靶基因的起始浓度可以用扩增达到阈值的循环数表示，这个值被称为循环阈值，或 C_T 值。该阈值代表荧光信号强度显著超过背景荧光，与 PCR 对数增长期相关。

（1）基线的定义和设定　基线（Baseline）指在 PCR 扩增反应的最初数个循环里，荧光信号变化不大，接近一条直线，这样的直线即基线。基线确定应考虑足够的循环数，消除扩增早期的背景，但应排除扩增信号开始超过背景的循环。基线范围通常由仪器自动生成，绝大多数仪器的基线设置范围为循环数 3～15。尽管该设置方法适合大多数实验，但检查生成的基线正确与否、是否需要进行调整还是极其重要的。为此，需要查看所有样本的扩增曲线（如用来制作扩增曲线的标准品），找出所有不正常曲线。多数情况下，不规则的扩增曲线都是由不合适的基线造成的，需要手动调节基线（这可能要根据情况对每个孔进行单独的调节）。正确设置的基线需要凭经验决定。一个较好的做法是，基线的最小值（有时也称为“起始循环数”）应该设置在背景噪声的尾巴之后，最大值（称之为“结束循环数”）应该设置在信号对数扩增起始点。设置范围不应太宽，大概 15 个循环就可以，但多一些循环数会更好。正确的基线设置最好由扩增曲线的对数图来设定，因为这样可以看到背景信号的变化情况。

（2）荧光阈值（threshold）和设定　阈值是分配给每个反应的数值，它由早期 PCR 循环数的平均标准偏差 R_n 乘以归一化因子计算得到。阈值是荧光信号相对于基线有统计学意义的显著增强的点，它应该被设置在 PCR 产物指数扩增区。大多数仪器根据基线（背景）平均信号自动计算荧光信号的阈值水平，设定一个比平均值高 10 倍的阈值。一旦基线已正确设置，也可以手动调整阈值。与基线设置一样，可以根据经验调节阈值。要注意的是，正在读取阈值相关的分析数据时，不得改变阈值设置。只有分析相同或不同的样品，或同一标准曲线的样品中不同的靶基因时，才可以调整阈值来读取不同基因的分析数据。

一般情况下，PCR 反应的前 15 个循环的荧光信号作为荧光本底信号，实时荧光定量 PCR 反应的阈值信号水平较计算出的基线信号水平有显著增加，荧光阈值的缺省设置是 3～15 个循环的荧光信号的标准偏差的 10 倍。

（3）C_T 值（阈值循环）　C 代表 Cycle，T 代表 threshold（阈值，临界值），C_T 值的含义是每个反应管内的荧光信号到达设定阈值时所经历的循环数。

研究表明，每个模板的 C_T 值与该模板的起始拷贝数的对数存在线性关系，起始拷贝数越多，C_T 值越小。利用已知起始拷贝数的标准品可作出标准曲线，其中横坐标代表起始拷贝数的对数，纵坐标代表 C_T 值。因此，只要获得未知样品的 C_T 值，即可从标准曲线上计算出该样品的起始拷贝数。

（4）标准曲线　利用连续稀释的已知样本建立标准曲线，确定实验样本的目的模板起始量，或者评估反应效率。以已知的连续稀释浓度的对数为横坐标（x 轴），该浓度对应的 C_T 值为纵坐标（y 轴），绘制曲线。

（5）相关系数（R^2）　另一个计算 PCR 效率的关键参数是决定系数（或相关系数）R^2，这是一个衡量实验数据与回归线拟合度的方法（或换句话说，标准曲线的线性衡量标准）。如果所有数据点都完全落在这条线上，R^2 值等于 1。实际上，R^2 值大于 0.98 就被认为实验结果可信。

（6）y 轴截距（y-intercept）　y 轴截距表示反应的理论最低检测限，或者 x 轴上的最低拷贝数的靶分子产生明显扩增时的预期 C_T 值。

（7）斜率　在以浓度的对数或稀释倍数的对数（x 轴）对 C_t 值（y 轴）作图获得的标准曲线中，扩增效率可以通过这条直线的斜率进行计算。大多数实时荧光 PCR 系统的自带软件都能够作出标准曲线，并计算扩增效率。若使用标准曲线，通过标准曲线的斜率和 R^2 来判断 PCR 的效率和灵敏度，斜率必须在 -3.5～-3.2 之间。

（8）效率　理论上，PCR 反应的效率应为 100%，表示在指数扩增阶段每次热循环后的模板倍增。实际效率可提供反应相关的重要信息。如扩增片段的长度、二级结构和 GC 含量等实验因素会影响效率。影响效率的其他条件有反应本身的动态范围、使用的试剂浓度未达到最佳以及酶的质量，这些因素均会导致效率低于 90%。一种或多种试剂中存在的 PCR 抑制剂可使其效率超过 110%。良好的反应效率应在 90%～110%之间。

PCR 扩增效率是指多聚酶把各种试剂（dNTP，寡核苷酸和模板 cDNA）转变生成扩增子的效率。每个循环扩增子的最大增量为两倍即代表 PCR 反应的效率是 100%。检测 PCR 反应的扩增效率非常重要，因为扩增效率可反映人为原因引起的荧光定量 PCR（qPCR/RT－PCR）问题。低扩增效率（＜90%）可能由于 Taq 酶抑制剂的污染，过高或未优化的退火温度，时间较久或已失活的 Taq 酶，引物设计不合理或扩增子含二级结构。过高反应效率（＞105%）一般是由于引物二聚体或非特异性扩增。而引起过高或过低的反应效率最常见的原因包括移液器不准或不当的移液操作技术。

（9）熔解曲线（解离曲线）　若使用的是 SYBR Green 染料，还需要分析熔解曲线。在熔解曲线分析过程中，随着扩增后反应混合物的温度逐渐升高，会引起双链 DNA 分离，导致结合的荧光染料释放，荧光信号也相应减少。DNA 解链温度（又称 T_m）和荧光强度降低依赖于扩增产物的大小和序列。因此可以根据他们的 T_m 值来鉴定扩增产物。最佳的引物浓度就是含模板组可以产生单一的尖锐峰，而无模板组没有信号时的浓度，该单一峰表明靶序列的特异扩增。如果形成引物二聚体，其产物较短，T_m 也比长靶扩增子的 T_m 低，从而产生两种不同的熔解曲线峰。当加入的 RNA 浓度较低时，引物二聚体的量会增加。

要进行熔解曲线分析，应对实时荧光定量 PCR 仪进行编程，在 RT-PCR 实验结束后重新设置一个熔解曲线程序，仪器将重新加热扩增产物，以提供完整的熔解曲线数据，根据样品孔和阴性对照孔的熔解曲线判断是否存在非特异性扩增情况。

三、检测新方法新技术

（一）高通量检测技术——液相芯片技术

1. 主要原理 1995 年，美国 Luminex 公司将流式细胞仪、数字信号处理器和一种激光检测装置相结合，开发了一种具有多指标同步分析（xMAP）功能的芯片技术，也称为液态芯片（Liquid chip）或悬浮芯片（Suspension array）。xMAP 技术以流式细胞仪为检测平台，分析检测使用带有颜色编码的聚苯乙烯微球或超顺磁微球，微球内部含有 3 种荧光免疫荧光，通过荧光不同的比例可以区分 500 种不同的微球，这些微球表面包被了针对目标物的特异性抗体。当这些预包被的微球与待检样本预混孵育时，目标物被微球捕获后，被用生物素或荧光素标记的特异性检测抗体混合物识别，加入 PE 荧光素标记的链霉亲和素底物后发光并进行检测。再通过激光扫描荧光编码来识别单个微球和测量“检测荧光”强度来确定被测分子的浓度。所得到的数据经计算机处理后，用配套软件分析即可直接用来判断结果。

液相芯片具有高通量、速度快；特异性好，灵敏度高；应用范围广、重复性好等优点。

2. 应用前景 液相芯片技术最大优点在于高通量，检测 96 孔样本只需 35～60 分钟，对单一样本同时可进行多达 100 种的不同分析。针对单一分析，可以一次监测 100 个数据，满足统计学要求。对于 ELISA 而言，酶标板的一个孔只能包被一种抗原，而液相芯片技术中每种微球有不同的荧光染色，可以被激光特异的识别出来，将包被不同探针分子的微球混合在一个滤膜板孔中同时进行各种蛋白质和核酸的分析。

液相芯片技术可用于多种生物分子（核酸和蛋白质）检测，但是这项技术仍存在着一些难点和缺陷，如不同探针间温度的差异、检测血清中特异性抗体时检测的背景值高对实验造成干扰等。

液相芯片技术整合了多种技术，具有较高的特异性与灵敏性，适用于已有的检测方案，节约人力、物力、时间、试剂及样本，特别适用于流行病学调查、临床诊断及蛋白组学的研究。

（二）快速检测技术——现场快速检测

1. 主要原理 现场快速检测（POCT）是指在采样现场进行的、利用便携式分析仪器及配套试剂快速得到检测结果来辅助诊断的一种检测方式。手持式 POCT 分析仪是以微流控芯片等技术为主的可移动使用的即时检测平台。这类 POCT 分析仪的设计和原理不同于实验室大设备，其使用单人份测试卡，可以自动化在线监测分析系统，自动化定标校准，并同时具有内外部电子质控。

对于核酸检测，需要一种能整合从样本中提纯核酸并进行扩增，再对扩增的核酸检测和结果分析的新技术和产品。该产品能做到整体封闭的核酸自动化检测，最大限度避免检测中的交叉或携带污染，便于基层医疗机构和现场应用，这就是核酸 POCT。

2. 应用及分类　POCT 检测采用的技术方法主要有干化学技术、免疫层析技术、生物和化学传感技术、环介导等温扩增（LAMP）技术、微流控芯片技术等。前两种是 POCT 检测常采用的技术，但特异性和灵敏度不高，检测结果准确度偏低且重复性较差，影响现场检测效果。近年来兴起的环介导等温扩增技术、微流控芯片技术及生物传感器技术，在 POCT 检测方面，具有灵敏、便携、多通道和自动化的优势，受到越来越多的关注。

核酸 POCT 实现了将多步骤的核酸检测方法整合到一个系统，用户只需要将样本加入该系统，余下的步骤全部由系统自动完成，极大地简化了传统的核酸检测。核酸 POCT 可应用于临床辅助诊断、监控治疗的效果、疫情防控检测、生物反恐、现场快速检测和鉴定可疑样本、突发事件（如地震灾区、水灾疫区等）、战争（创伤伤口污染检测、鉴别、毒素、水质污染等）等各个方面。

第二节　检测技术标准

作为检测的依据，GB/T 20000.1—2002 对标准的定义是：为了在一定范围内获得最佳秩序，经协商一致制定并由公认机构批准，共同使用的和重复使用的一种规范性文件。根据《标准化法》的规定，我国的标准分为国家标准、行业标准、地方标准和团体标准、企业标准。按属性分，国家标准、行业标准可分为强制性标准、推荐性标准和指导性技术文件三种；按内容分为技术标准、管理标准和工作标准三大类。

用于实验动物检测工作的标准，大体分为国家标准、行业标准、地方标准和团体标准。包括等级标准和检测方法，本节主要叙述用于质量控制的等级标准，具体检测方法见第三节。

一、国家标准

用于实验动物病毒检测的国家标准是 14922.2，1994 年发布，2001 年第一次修订，2011 年第二次修订，见表 2-2-1～表 2-2-3。

二、行业标准

原卫生部发布过医学实验动物系列标准，随着国家标准的颁布，不再执行。

三、地方标准

随着各地实验动物行业不断发展，特别是新资源实验动物的应用，国家标准不能满足需要，不同省市如北京、上海、江苏、云南、湖南、河北、吉林、黑龙江等地制定了地方标准。根据检测工作需要，这里主要介绍北京近几年制定的标准。具体见表 2-2-4～表 2-2-10。

表 2-2-1　小鼠、大鼠病毒检测项目

动物等级			病　毒	动物种类	
				小鼠	大鼠
无菌动物	无特定病原体动物	清洁动物	淋巴细胞脉络丛脑膜炎病毒 Lymphocytic Choriomeningitis Virus（LCMV）	○	
			汉坦病毒 Hantavirus（HV）	○	●
			鼠痘病毒 Ectromelia Virus（Ect.）	●	
			小鼠肝炎病毒 Mouse Hepatitis Virus（MHV）	●	
			仙台病毒 Sendai Virus（SV）	●	●
			小鼠肺炎病毒 Pneumonia Virus of Mice（PVM）	●	●
			呼肠孤病毒Ⅲ型 Reovirus type Ⅲ（Reo-3）	●	●
			小鼠细小病毒 Minute Virus of Mice（MVM）	●	
			小鼠脑脊髓炎病毒 Theiler's Mouse Encephalomyelitis Virus（TMEV）	○	
			小鼠腺病毒 Mouse Adenovirus（Mad）	○	
			多瘤病毒 Polyoma Virus（POLY）	○	
			大鼠细小病毒 RV 株 Rat Parvovirus（KRV）	●	
			大鼠细小病毒 H-1 株 Rat Parvovirus（H-1）	●	
			大鼠冠状病毒/大鼠涎泪腺炎病毒 Rat Coronavirus（RCV）/Sialodacryoadenitis Virus（SDAV）	●	
			无任何可查到的病毒	●	●

注：●必须检测项目，要求阴性；○必要时检查项目，要求阴性

引自《实验动物　微生物学等级及监测》（GB 14922.2—2011）

表 2-2-2　豚鼠、地鼠、兔病毒检测项目

动物等级				病　毒	动物种类		
					豚鼠	地鼠	兔
无菌动物	无特定病原体动物	清洁动物	普通动物	淋巴细胞脉络丛脑膜炎病毒 Lymphocytic Choriomeningitis Virus (LCMV)	●	●	
				兔出血症病毒 Rabbit Hemorrhagic Disease Virus (RHDV)			▲
				仙台病毒 Sendai Virus(SV)	●	●	
				兔出血症病毒[a] Rabbit Hemorrhagic Disease Virus (RHDV)			●
				仙台病毒 Sendai Virus (SV)			●
				小鼠肺炎病毒 Pneumonia Virus of Mice (PVM)	●	●	
				呼肠孤病毒Ⅲ型 Reovirus type Ⅲ (Reo-3)	●	●	
				轮状病毒 Rotavirus（RRV）			●
				无任何可查到的病毒	●	●	●

注：●必须检测项目，要求阴性。▲必须检测项目，可以免疫。
[a]不能免疫，要求阴性。

引自《实验动物　微生物学等级及监测》（GB 14922.2—2011）

表 2-2-3 犬、猴病毒检测项目

动物等级		病毒	动物种类	
			犬	猴
无特定病原体动物	普通动物	狂犬病病毒 Rabies Virus（RV）	▲	
		犬细小病毒 Canine Parvovirus（CPV）	▲	
		犬瘟热病毒 Canine Distemper Virus（CDV）	▲	
		传染性犬肝炎病毒 Infectious Canine Hepatitis Virus（ICHV）	▲	
		猕猴疱疹病毒 1 型（B 病毒）Cercopithecine Herpesvirus Type 1（BV）		●
		猴逆转 D 型病毒 Simian Retrovirus D（SRV）		●
		猴免疫缺陷病毒 Simian Immunodeficiency Virus（SIV）		●
		猴 T 细胞趋向性病毒 I 型 Simian T Lymphotropic Virus Type 1（STLV-1）		●
		猴痘病毒 Simian Pox Virus（SPV）		●
		上述 4 种犬病毒不免疫	●	

注：●必须检测项目，要求阴性。▲必须检测项目，要求免疫

引自《实验动物 微生物学等级及监测》（GB 14922.2—2011）

表 2-2-4 实验用小型猪病原微生物检测项目

动物等级			微生物	检测要求
无特定原体级	清洁级	普通级	口蹄疫病毒 Foot and mouth disease virus	▲
			猪瘟病毒 Classical swine fever virus	▲
			猪繁殖与呼吸综合征病毒 Porcine reproductive and respiratory syndrome virus	▲
			乙型脑炎病毒 Japanese encephalitis virus	▲
			布鲁氏菌 *Brucella* spp.	●
			皮肤病原真菌 Pathogenic dermal fungi	●
			钩端螺旋体 *Leptospira* spp.	○
			伪狂犬病病毒 Pseudorabies virus	●
			猪痢疾蛇样螺旋体 *Serpul- Mahyodysenteriae*	●
			支气管败血波氏杆菌 *Bordetella bronchiseptica*	●
			多杀巴氏杆菌 *Pasteurella multocida*	●
			肺炎支原体 *Mycoplasma hyopneumoniae*	●
			猪细小病毒 Porcine parvovirus	●
			猪圆环病毒 2 型 Porcine circovirus type 2	●
			猪传染性胃肠炎病毒 Porcine transmissible gastroenteritis virus	●
			猪水泡病病毒 Swine vesicular disease virus	○
			猪胸膜肺炎放线杆菌 *Actinobacillus pleuropeumoniae*，	●
			沙门氏菌 *Salmonella* spp.	○
			猪链球菌 2 型 *Streptococcus suis* type 2	○

注：▲必须检测，普通级可以免疫，清洁级和无特定病原体级不能免疫；●必须检测；○必要时检测

引自《实验用小型猪 第 1 部分：微生物学等级及监测》（DB11/T 828.1—2011）

表 2-2-5 实验用鱼病原微生物检测项目

等级		应排除的病原微生物	检测要求
无特定病原体级	普通级	海分枝杆菌 *Mycobacterium marinum*	●
		龟分枝杆菌 *Mycobacterium chelonae*	●
		脓肿分枝杆菌 *Mycobacterium abscessus*	●
		嗜血分枝杆菌 *Mycobacteriumhaemophilum*	●
		霍乱弧菌 *Vibrio cholerae*	●
		嗜水气单胞菌 *Aeromonashydrophila*	●
		海豚链球菌 *Streptococcus iniae*	○
		柱状黄杆菌 *Flavobacterium colummare*	●
		维隆尼气单胞菌 *Aeromonas veronii*	●
		简氏气单胞菌 *Aeromonas jandaei*	●
		偶发分枝杆菌 *Mycobacterium fortuitum*	●
		水霉菌 *Saprolegnia* spp.	●
		鳃霉菌 *Branchiomyces* spp.	●
		嗜鳃黄杆菌 *Flavobacterium branchiophilum*	○
		嗜冷黄杆菌 *Flavobacterium psychrophilum*	○
		荧光假单胞菌 *Pseudomonas* spp.	○
		温和气单胞菌 *Aeromonas sobri*	○
		链球菌 *Streptococcus* spp.*	○

注 1：● 必须检测项目：指在进行实验用鱼质量评价时必须检测的项目。
○ 必要时检测项目：指引进实验用鱼时或怀疑本病流行等必要时要求检测的项目。
注 2：* 指海豚链球菌之外的链球菌

引自《实验用鱼 第 1 部分：微生物学等级及监测》(DB11/T 1053.1—2013)

表 2-2-6 实验用猪病原微生物检测项目

动物等级	病原微生物	检测要求
普通级	日本脑炎病毒 Japanese encephalitis virus	▲
	猪链球菌 2 型 Streptococcus suis serotype 2	▲
	口蹄疫病毒 Food and mouth disease virus	▲
	猪瘟病毒 Classical swine fever virus	▲
	高致病性猪繁殖与呼吸综合征病毒 Highly pathogenic porcine reproductive and respiratory syndrome virus	▲
	布鲁氏菌 Brucella	▲
	钩端螺旋体 Leptospira	○
	红斑丹毒丝菌 Erysipelothrix rhusiopathiae	○
无特定病原体级	伪狂犬病病毒 Pseudorabies virus	●
	猪圆环病毒 2 型 Porcine circovirus 2	●
	猪细小病毒 Porcine parvovirus	●
	猪繁殖与呼吸综合征病毒 Porcine reproductive and respiratory syndrome virus	●
	猪胸膜肺炎放线杆菌 Actinobacillus pleuropneumoniaes	●
	猪肺炎支原体 Mycoplasmahyopneumoniae	●
	猪痢疾短螺旋体 Brachyspirahyodysenteriae	●
	传染性胃肠炎病毒 Transmissible gastroenteritis virus	●
	猪流行性腹泻病毒 Porcine epidemic diarrhea virus	●
	支气管败血波氏杆菌 Bordetella bronchiseptica	○
	多杀性巴氏杆菌 Pasteurella multocida	○
	副猪嗜血杆菌 Haemophilus Parasuis	○

注 1：▲ 应检测项目，普通级可免疫，无特定抗原抗体实验用猪和无特定病原体级不可免疫。
注 2：● 应检测项目。
注 3：○ 必要时检测项目。

引自《实验动物 微生物学等级及监测 第 3 部分：实验用猪》(DB11/T 1459.1—2017)

表 2-2-7　实验用牛病原微生物检测项目

动物等级	病原微生物	检测要求
普通级	口蹄疫病毒　Food and mouth disease virus	▲
	布鲁氏菌　*Brucella*	▲
	牛分枝杆菌　*Mycobacterium bovis*	●
	炭疽芽孢杆菌　*Bacillus anthrac*	○
	钩端螺旋体　*Leptospira*	○
	伯氏疏螺旋体　*Borrelia burgderferi*	○
	贝氏柯克斯体　*Coxiella burnetii*	○
无特定病原体级	牛病毒性腹泻–粘膜病毒 Bovine viral diarrhea virus	●
	牛传染性鼻气管炎病毒 Infectious bovine rhinotracheitis virus	●
	副结核分枝杆菌 *Mycobacterium paratuberculosis*	●
	胎儿弯曲杆菌 *Campylobacter fetus*	●
	多杀性巴氏杆菌 *Pasteurella multocida*	●
	牛白血病病毒 Bovine leukemia virus	●
	衣原体 *Chlamydia*	●
	蓝舌病病毒 Blue tongue virus	○
	牛流行热病毒 Bovine ephemeral fever virus	○

注 1：▲ 应检测项目，普通级可免疫，无特定抗原抗体实验用牛和无特定病原体级不可免疫。
注 2：● 应检测项目。
注 3：○ 必要时检测项目。

引自《实验动物　微生物学等级及监测　第 2 部分：实验用牛》(DB11/T 1459.2—2017)

表 2-2-8　实验用羊病原微生物检测项目

动物等级	病原微生物	检测要求
普通级	口蹄疫病毒 Food and mouth disease virus	▲
	小反刍兽疫病毒 Peste des petits ruminants virus	▲
	绵羊/山羊痘病毒 Sheep/Goat pox virus	▲
	布鲁氏菌 *Brucella*	▲
	炭疽芽孢杆菌 *Bacillus anthracis*	○
	贝氏柯克斯体 *Coxiella burnetii*	○
	钩端螺旋体 *Leptospira*	○
无特定病原体级	伪狂犬病病毒 Pseudorabies virus	●
	山羊支原体 *Mycoplasma capricolum*	●
	副结核分枝杆菌 *Mycobacterium paratuberculosis*	●
	胎儿弯曲杆菌 *Campylobacter fetus*	●
	口疮病毒 Orf virus	●
	衣原体 *Chlamydia*	●
	梅迪–维纳斯病毒*a Maedi–visna virus	○
	山羊关节炎–脑炎病毒*b Caprine arthritis encephalitis virus	○
	蓝舌病病毒 Bluetongue virus	○
	绵羊肺腺瘤病毒*a Ovine pulmonary adenomatosis virus	○

注 1：▲ 应检测项目，普通级可免疫，无特定抗原抗体实验用羊和无特定病原体级不可免疫。
注 2：● 应检测项目。
注 3：○ 必要时检测项目。
注 4：*a. 仅适用于实验用绵羊；*b. 仅适用于实验用山羊

引自《实验动物　微生物学等级及监测　第 3 部分：实验用羊》(DB11/T 1459.3—2017)

表 2-2-9 实验用长爪沙鼠病毒检测项目

动物等级	病毒	检测要求
普通级	汉坦病毒 Hantavirus（HV）	●
	淋巴细胞脉络丛脑膜炎病毒 Lymphocytic Choriomeningitis Virus（LCMV）	●
无特定病原体级	仙台病毒 Sendai Virus（SV）	●
	小鼠肝炎病毒 Mouse Hepatitis Virus（MHV）	●
	小鼠肺炎病毒 Pneumonia Virus of Mice（PVM）	●
	呼肠孤病毒Ⅲ型 ReovirustypeⅢ（Reo-3）	●
	小鼠细小病毒 Minute Virus of Mice（MVM）	●
无菌级	用现有的生物学技术，无任何可查到的病毒	●
注：●必须检测项目：在进行实验用长爪沙鼠质量评价时必须检测项目		

引自《实验动物 微生物检测与评价 第 5 部分：实验用长爪沙鼠》（DB11/T 1459.5—2018）

表 2-2-10 实验用猕猴病毒检测项目

动物等级	病毒	检测要求
普通级	猕猴疱疹病毒Ⅰ型（B 病毒）（Cercopithecine Herpesvirus Type 1，BV）	●
	淋巴细胞脉络丛脑膜炎病毒（Lymphocytic choriomeningitis virus，LCMV）	○
无特定病原体	仙台病毒（Sendai virus，SV）	○
	猴免疫缺陷病毒（simian immunodeficiency virus，SIV）	●
	猴 T 淋巴细胞趋向性病毒 1 型（simian T lymphotropic virus type 1，STLV-1）	●
	猴痘病毒（simian pox virus，SPV）	●
注 1：●必须检测项目；在进行实验猕猴质量评价时必须检测的项目。 注 2：○必要时检测项目：申请生产许可证、引进种源和疑有疾病流行等情况时必须检测的项目		

引自《实验动物 微生物检测与评价 第 4 部分：实验用猕猴》（DB11/T 1459.4—2018）

四、团体标准

团体标准作为适应行业快速发展，引领标准创新的新形式而受到高度重视。中国实验动物学会作为团体标准的试点单位，已经发布了 60 多项团体标准。这里仅介绍与质量检测有关的标准，见表 2-2-11、表 2-2-12。

表 2-2-11　实验树鼩病原体检测项目

动物等级	病原菌	检测要求
普通级	沙门菌 *Salmonella* spp.	●
	志贺菌 *Shigella* spp.	●
	皮肤病原真菌 Pathogenic dermal fungi	●
无特定病原体级	疱疹病毒 Herpes virus	●
	轮状病毒 Rotavirus	●
	呼肠孤病毒 Reovirus	●
	腺病毒 Adenovirus	○
	肺炎链球菌 *Streptococcus pnemoniae*	●
	变形杆菌 *Proteus* spp.	●
	金黄色葡萄球菌 *Staphylococcus aureus*	○
	空肠弯曲菌 *Campylobaceter jejuni*	○

注：●必须检测项目，要求阴性；
○必要时检测项目，要求阴性

引自《实验动物　树鼩微生物学等级及监测》(T/CALAS 8—2017)

表 2-2-12　SPF 鸭微生物学检测项目

序号	病原体	检测项目
1	沙门菌(*Salmonella*)	沙门菌病
2	禽多杀性巴氏杆菌(*Pasteurella multocida*)	禽霍乱
3	鸭疫里氏杆菌(*Riemerella anatipestifer*)	鸭传染性浆膜炎
4	网状内皮组织增生症病毒(Reticulo endoheliosis virus)	网状内皮增生病
5	禽腺病毒Ⅲ群(Avian adenovirus Ⅲ group)	产蛋下降综合征
6	鸭肝炎病毒(Duckhepatitis virus)	鸭病毒性肝炎
7	鸭肠炎病毒(Duck enteritis virus)	鸭病毒性肠炎
8	禽流感病毒(Avian influenza virus)	禽流感
9	新城疫病毒(Newcastle disease virus)	新城疫

注：*所检项目要求阴性

主要引自《实验动物　SPF 鸭微生物学监测总则》(T/CALAS 18—2017)

第三节　标准操作规程

一、检测方法标准操作规程

(一)酶联免疫吸附试验(ELISA)标准操作规程

1 目的　规范抗体检测中酶联免疫吸附试验(ELISA)的操作。

2 适用范围　本规程适用于以下实验动物病原微生物抗体酶联免疫吸附试验检测：小鼠、大鼠、豚鼠、地鼠、兔、犬、猴。

3 试验原理　包被于固相载体表面的已知抗原与待检血清中的特异性抗体结合形成免疫复合物。此抗原抗体复合物仍保持其抗原活性，可与相应的第二抗体酶结合物结合。在酶的催化作用下与底物发生反应，产生有色物质。颜色反应的深浅与待检血清中所含有的特异性抗体的量成正比。

4 试验材料

4.1 待检样品　小鼠、大鼠、豚鼠、地鼠、兔、犬、猴等实验动物血清。

4.2 主要设备　酶标仪、普通冰箱（−4℃）、低温冰箱（−85℃）、37℃孵箱、96 孔可拆式（1×12 或 2×8）聚苯乙烯板、微量加样器，单道容量 5～50μl、50～200μl，八通道容量 50～200μl。

4.3 主要试剂

4.3.1 特异抗原　收获的病毒培养液经低速离心去除细胞沉淀，上清液再经超速离心浓缩后制成 ELISA 抗原。

4.3.2 正常抗原　未接种病毒的相应细胞冻融破碎后，经低速离心去除细胞沉淀而获得的上清液。

4.3.3 阳性血清　用病毒抗原免疫清洁或 SPF 小鼠、大鼠、豚鼠、地鼠或普通级兔、犬、猴所获得的抗血清；或自然感染恢复后的动物血清。

4.3.4 阴性血清　清洁或 SPF 小鼠、大鼠、豚鼠、地鼠、兔血清；或确认无相应病毒感染的动物血清。

4.3.5 酶结合物　ELISA 间接法常用以下两类酶结合物。

羊或兔抗小鼠、大鼠、豚鼠、地鼠、兔、犬或猴 IgG 抗体辣根过氧化物酶结合物。用于检测相应动物血清抗体。

葡萄球菌蛋白 A（SPA）辣根过氧化物酶结合物。用于检测小鼠、豚鼠、兔、犬和猴血清抗体。

4.3.6 包被液（0.05mol/L　pH9.6）

碳酸钠	1.59g
碳酸氢钠	2.93g
蒸馏水	加至 1000ml

4.3.7 PBS（0.01mol/L　pH7.4）

NaCl	8g
KCl	0.2g
KH_2PO_4	0.2g
$Na_2HPO_4 \cdot 12H_2O$	2.83g
蒸馏水	加至 1000ml

4.3.8 洗液

PBS（0.01mol/L　pH7.4）	1000ml
Tween 20	0.5ml

4.3.9 稀释液（用于待检血清、阳性血清、阴性血清和酶结合物的稀释）

洗液	90ml
牛血清	10ml

4.3.10 磷酸盐－枸橼酸缓冲液（pH5.0）

枸橼酸	3.26g
$Na_2HPO_4 \cdot 12H_2O$	12.9g
蒸馏水	700ml

4.3.11 底物溶液

磷酸盐 – 枸橼酸缓冲液（pH5.0）	10ml
邻苯二胺（OPD）	4mg
33%H_2O_2	2μl

4.3.12 终止液（2mol/L 硫酸）

硫酸	58ml
蒸馏水	442ml

5 操作步骤

5.1 包被抗原　根据滴定的最适工作浓度，将特异抗原和正常抗原分别用包被液稀释。在96孔酶标板的第1、3、5、7、9、11列分别加入特异抗原，第2、4、6、8、10、12列分别加入正常抗原，每孔加入最适工作浓度的抗原100μl，放置37℃孵箱1h后再4℃过夜。

5.2 洗板　将酶标板孔内的液体甩入盛有消毒液的容器内。将洗液注入酶标板的每一个孔，静止3分钟，然后用力将洗液甩掉。上述动作重复5次，最后在多层纱布或吸水纸上将酶标板叩干。

5.3 加样　将阴性血清、阳性血清和待检血清分别用稀释液进行1:40稀释。稀释方法：在已包被板每孔加100μl稀释液，再分别加入2.5μl阴性血清、阳性血清和待检血清；也可使用试管或塑料离心管，根据待检病毒抗体种类的多少一并进行稀释（如检测4种病毒抗体，则在1000μl稀释液中加入25μl待检动物血清）。阴性血清、阳性血清及每份待检血清平行加两孔（特异抗原孔和正常抗原孔），每孔100μl，加板盖或封板膜，放37℃孵箱反应1小时。

5.4 洗板　同5.2。

5.5 加酶结合物　用稀释液将酶结合物稀释成适当浓度，每孔加入100μl，加板盖或封板膜，放置37℃孵箱反应1h。

5.6 洗板　同5.2。

5.7 加底物溶液　每孔加入新配制的底物溶液100μl，放置37℃孵箱，避光显色10～15分钟。

5.8 终止反应　每孔加入终止液50μl。

5.9 测 A 值　在酶标仪上，于490nm处读出各孔 A 值。

6 结果判定　在阴性和阳性血清对照成立的条件下，进行结果判定。

6.1 同时符合下列三个条件者，判为抗体阳性。

6.1.1 待检血清与正常抗原和特异性抗原反应有明显的颜色区别；

6.1.2 待检血清与特异性抗原反应的 A 值≥0.2；

6.1.3 待检血清与特异性抗原反应的 A 值/阴性血清对照与特异性抗原反应的 A 值≥2.1。

6.2 有一条不符合者，则判为可疑。

6.3 如有阳性结果，应进行复检。

（二）免疫酶染色试验（IEA）标准操作规程

1 目的　规范小鼠、大鼠、豚鼠、地鼠、兔、犬、猴、鸡、小型猪等实验动物的免疫酶染色试验操作技术。

2 适用范围 本规程适用于以下实验动物中病原微生物抗体的免疫酶染色检测：小鼠、大鼠、豚鼠、地鼠、兔、犬、猴、鸡、小型猪。

3 试验原理 含有病毒抗原的细胞固定于玻片上，遇相应抗体形成抗原抗体复合物。此抗原抗体复合物仍保持其抗原活性，可与相应的第二抗体酶结合物结合，遇酶底物产生颜色反应。在普通显微镜下，根据颜色的反应判定结果。

4 设备和材料 普通显微镜，低温冰箱（－20℃、－40℃），37℃培养箱，37℃恒温水浴箱，印有10～40个小孔的玻片，微量加样器，量程5～50μl、50～200μl。

5 试剂

5.1 病毒抗原片 涂有正常细胞和含有病毒抗原细胞的玻片。

5.2 阳性血清 用病毒抗原免疫清洁或SPF小鼠、大鼠、豚鼠、地鼠或普通级兔、犬、猴所获得的抗血清；或自然感染恢复后的动物血清。

5.3 阴性血清 清洁或SPF小鼠、大鼠、豚鼠、地鼠血清；或确认无相应病毒感染的动物血清。

5.4 酶结合物 羊或兔抗小鼠、大鼠、地鼠、豚鼠、兔、犬或猴IgG抗体辣根过氧化物酶结合物，用于检测相应动物血清抗体。SPA辣根过氧化物酶可代替羊或兔抗小鼠、豚鼠、兔、犬和猴IgG抗体辣根过氧化物酶结合物使用。

5.5 PBS（0.01mol/L，pH7.4）

NaCl	8g
KCl	0.2g
KH_2PO_4	0.2g
$Na_2HPO_4 \cdot 12H_2O$	2.83g
蒸馏水	加至100ml

5.6 底物溶液（现用现配）

3,3–二氨基联苯胺盐酸盐	40mg
PBS（pH7.2）	100ml
丙酮	5ml
33%H_2O_2	0.1ml

6 操作步骤

6.1 从低温冰箱取出抗原片，在室温条件下自然干燥。将适当稀释的阴性血清、阳性血清和待检血清分别滴于抗原片上。每份血清加一个正常细胞孔和两个病毒细胞孔。见表2–3–1。

表2–3–1 IEA试验加样示意表

正常细胞	S1	S2	S3	S4	S5	S6	S7	S8	N/C	P/C
病毒细胞	S1	S2	S3	S4	S5	S6	S7	S8	N/C	P/C
病毒细胞	S1	S2	S3	S4	S5	S6	S7	S8	N/C	P/C

注：S1～S8. 待检血清；NC. 阴性血清；PC. 阳性血清

6.2 加完血清的抗原片平放在湿盒内，置37℃孵箱反应30～45分钟。

6.3 抗原片从湿盒内取出，垂直插入玻片架上，避免玻片贴在一起，影响洗片的效果。

6.4 玻片架放入盛有PBS的容器内，洗5分钟，其间轻轻上下移动玻片架数次。共洗3次。

6.5 将洗好的玻片在室温中自然干燥或用电风扇吹干。

6.6 取适当稀释的酶结合物，滴加于抗原片上。

6.7 加完酶结合物的抗原片平放在湿盒内，置37℃孵箱反应30～45分钟。

6.8 洗抗原片　同6.4。

6.9 将玻片放入底物溶液中，在室温下显色5～10分钟。

6.10 洗抗原片　在PBS中漂洗2次，再用蒸馏水漂洗1次。

6.11 洗好的玻片在室温中自然干燥或用电风扇吹干，在光镜下判定结果。

7 结果判定　在阴性血清、阳性血清成立的情况下（阴性血清与正常细胞和病毒感染细胞反应无色；阳性血清与正常细胞反应无色，与病毒感染细胞呈棕褐色），即可判定结果。

7.1 待检血清与正常细胞和病毒感染细胞反应均呈无色，判为抗体阴性。

7.2 待检血清与正常细胞反应无色，而与病毒感染细胞反应呈棕褐色，判为抗体阳性。根据颜色深浅可判为+～++++。

（三）免疫荧光试验（IFA）标准操作规程

1 目的　规范小鼠、大鼠、地鼠、豚鼠、兔、犬、猴、鸡等实验动物免疫荧光实验（IFA）操作技术。

2 适用范围　本规程适用于以下实验动物病原微生物抗体免疫荧光检测：小鼠、大鼠、豚鼠、地鼠、兔、犬、猴、鸡。

3 试验原理　含有病毒抗原的细胞（组织培养细胞或动物组织细胞）固定于玻片上，遇相应抗体形成抗原抗体复合物。此抗原抗体复合物仍保持其抗原活性，可与相应的第二抗体荧光素结合物结合。荧光素在紫外光或蓝紫光的照射下，可激发出可见的荧光。因此，在荧光显微镜下以荧光的有无和强弱判定结果。

4 试验材料

4.1 待检样品　小鼠、大鼠、豚鼠、地鼠、兔、犬、猴、鸡等实验动物血清。

4.2 主要设备　荧光显微镜、低温冰箱（−20℃、−40℃）、37℃孵箱、37℃恒温水浴箱、印有10～40个小孔的玻片、微量加样器：5～50μl、50～200μl。

4.3 主要试剂

4.3.1 病毒抗原片　涂有正常细胞和含有病毒抗原细胞的玻片。

4.3.2 阳性血清　用病毒抗原免疫清洁或SPF小鼠、大鼠、豚鼠、地鼠、鸡或普通级兔、犬、猴所获得的抗血清；或自然感染恢复后的动物血清。

4.3.3 阴性血清　清洁或SPF小鼠、大鼠、豚鼠、地鼠、兔、鸡血清；或确认无相应病毒感染的动物血清。

4.3.4 荧光抗体　羊或兔抗小鼠、大鼠、地鼠、豚鼠、兔、犬、鸡或猴IgG异硫氰酸荧光素结合物，使用时用含0.01%～0.02%伊文思蓝PBS稀释至适当浓度。

4.3.5 PBS（0.01mol/L，pH7.4）

NaCl　8g

KCl	0.2g
KH_2PO_4	0.2g
$Na_2HPO_4 \cdot 12H_2O$	2.83g
蒸馏水	加至 1000ml

4.3.6 50%甘油 PBS

甘油	5ml
0.1mol/LPBS（pH7.4）	5ml

4.3.7 0.2%伊文思蓝

伊文思蓝	20mg
PBS（0.01mol/L，pH7.4）	10ml

溶解后放置 4℃保存。使用前再用 PBS 作 20 倍稀释，作为荧光抗体稀释液。

5 操作步骤

5.1 从低温冰箱取出抗原片，在室温条件下自然干燥。将适当稀释的阴性血清、阳性血清和待检血清分别滴于抗原片上。每份血清加一个正常细胞孔和两个病毒细胞孔。见表 2-3-2。

表 2-3-2 IFA 试验加样示意表

正常细胞	S1	S2	S3	S4	S5	S6	S7	S8	N/C	P/C
病毒细胞	S1	S2	S3	S4	S5	S6	S7	S8	N/C	P/C
病毒细胞	S1	S2	S3	S4	S5	S6	S7	S8	N/C	P/C

注：S1～S8. 待检血清；NC. 阴性血清；PC. 阳性血清

5.2 将加完血清的抗原片平放在湿盒内，置 37℃孵箱反应 30～45 分钟。

5.3 将抗原片从湿盒内取出，垂直插入玻片架上，避免玻片贴在一起，影响洗片的效果。

5.4 将玻片架放入盛有 PBS 的容器内，洗 5 分钟，其间轻轻上下移动玻片架数次。共洗 5 次。

5.5 将洗好的玻片在室温中自然干燥或用电风扇吹干。

5.6 取适当稀释的荧光抗体，滴加于抗原片上。

5.7 加完荧光抗体的抗原片平放在湿盒内，置 37℃孵箱反应 30～45 分钟。

5.8 洗抗原片 同 5.4。

5.9 将洗好的玻片在室温中自然干燥或用电风扇吹干。

5.10 在玻片上的圈内滴加 50%甘油 PBS，以倾斜一定角度的方式加上盖玻片，在荧光显微镜下观察。

6 结果判定 在阴性血清、阳性血清成立的条件下，即阴性血清与正常细胞和病毒感染细胞反应均无荧光；阳性血清与正常细胞反应无荧光，与病毒感染细胞反应有荧光反应，即可判定结果。

6.1 待检血清与正常细胞和病毒感染细胞均无荧光反应，判为抗体阴性。

6.2 待检血清与正常细胞反应无荧光，与感染细胞有荧光反应，判为抗体阳性。根据荧光反应的强弱可判定为+～++++。

（四）血凝试验（HA）标准操作规程

1 目的　规范小鼠、大鼠、豚鼠、地鼠、兔、犬、猴、鸡、小型猪等实验动物的血凝试验操作技术。

2 适用范围　本规程适用于以下实验动物中病原微生物的血凝检测：小鼠、大鼠、豚鼠、地鼠、兔、犬、猴、鸡、小型猪。

3 试验原理　某些病毒在一定条件下，能够选择性的凝集某些动物红细胞，产生可见的凝集反应。

4 设备和材料　恒温培养箱，微量振荡器，微量血凝反应板（U 型或 V 型），微量加样器，量程 5～50μl。

5 试剂

5.1 血凝素　血凝素抗原除部分病毒（如痘类病毒）能与感染性颗粒分开外，大部分是与病毒的感染性颗粒相关联，凡培养于鸡胚或组织培养中的病毒及其抗原物质，经离心除去沉淀，均可用作血凝试验的抗原。

5.2 红细胞悬液　根据不同病毒血凝所需敏感红细胞制备悬液，一般将血液保存于阿氏溶液内，使用前用 pH7.4 PBS 洗 3 次，再悬于 pH7.4 PBS 中。

5.3 PBS（0.01mol/L，pH7.4）。

5.4 阿氏溶液。

6 操作步骤

6.1 将血凝素用 PBS 做连续倍比稀释，每稀释度留 25μl 于微量血凝板孔内。

6.2 每孔再加 25μl PBS 与 50μl 红细胞悬液，摇匀。同时设立红细胞对照。

6.3 置所需温度作用 30～60 分钟。

7 结果判定　将出现血凝“++”的最高稀释度定为该血凝素的效价。

各孔血凝结果以++++、+++、++、+、–表示。

++++：红细胞一片凝集，均匀铺于孔底。

+++：红细胞一片凝集，孔底有大圈。

++：红细胞于孔底形成一个中等大的圈，四周有小凝块。

+：红细胞于孔底形成一个小圈，四周有少许凝块。

–：红细胞完全不凝集，沉于孔底。

（五）血凝抑制试验（HAI）标准操作规程

1 目的　规范小鼠、大鼠、地鼠、豚鼠、兔、犬、猴、鸡实验用猪等实验动物血凝抑制试验（HAI）操作技术。

2 适用范围　本规程适用于以下实验动物病原微生物抗体免疫荧光检测：小鼠、大鼠、豚鼠、地鼠、兔、犬、猴、鸡、实验用猪。

3 试验原理　某些病毒在一定条件下，能够选择性的凝集某些动物的红细胞。这种凝集红细胞的能力可被特异性抗体所抑制。

4 试验材料

4.1 待检样品　小鼠、大鼠、豚鼠、地鼠、兔、犬、猴、鸡、实验用猪等实验动物血清。

4.2 主要设备 恒温培养箱、微量振荡器、微量血凝反应板（U 型或 V 型）、微量加样器（5～50μl）。

4.3 主要试剂

4.3.1 血凝素抗原 血凝抗原除部分病毒（如痘类病毒）能与感染性颗粒分开外，大部分是与病毒的感染性颗粒相关联，凡培养于鸡胚或组织培养中的病毒及其抗原物质，经离心除去沉淀，均可用作血凝抑制试验的血凝素抗原。

4.3.2 红细胞悬液 根据不同病毒血凝所需敏感红细胞制备悬液，一般将血液保存于阿氏溶液内，使用前 pH7.4 PBS 洗 3 次，再悬于 pH7.4 PBS 中。

4.3.3 阳性血清 用病毒抗原免疫清洁或 SPF 小鼠、大鼠、豚鼠、地鼠、鸡或普通级兔、犬、猴所获得的抗血清；或自然感染恢复后的动物血清。

4.3.4 阴性血清 清洁或 SPF 小鼠、大鼠、豚鼠、地鼠、兔、鸡血清；或确认无相应病毒感染的动物血清。

4.3.5 PBS（0.01mol/L，pH7.4）。

4.3.6 阿氏溶液。

5 操作步骤

5.1 血凝素滴定 将血凝素用 PBS 做连续倍比稀释，每稀释度留 25μl 于微量血凝板孔内，再加 25μl PBS 和 50μl 红细胞悬液，摇匀。同时设立红细胞对照，置所需温度 30～60 分钟，判定结果时将出现凝集“++”的最高稀释度定为血凝素效价。

5.2 血清稀释 将被检血清置 56℃水浴 30 分钟，在微量血凝反应板（U 型或 V 型）上，自 1:10 起作一系列倍比稀释，每稀释度留 25μl 于血凝板孔内，另取 1:10 稀释的血清 25μl，做血清对照（表 2-3-3）。

表 2-3-3 血细胞凝集抑制试验（检测系统）加样表

孔号	1	2	3	4	5	6	7	8	9	10	11	12
稀释度	1/10	1/10	1/20	1/40	1/80	1/160	1/320	1/640	1/1280	1/2560	1/5120	红细胞对照
待检血清/μl	25	25	25	25	25	25	25	25	25	25	25	
血凝素/μl		25	25	25	25	25	25	25	25	25	25	
	在所需温度条件下作用一定时间											
PBS/μl	25											50
红细胞/μl	50	50	50	50	50	50	50	50	50	50	50	50

5.3 滴加血凝素 在已稀释好的血清孔内（除血清对照孔外）加 25μl 血凝素（根据血凝素不同，稀释成 4U 或 8U），血清对照孔加 25μl PBS，摇匀后置所需温度作用 30 分钟。

5.4 血凝素单位校对 滴加血凝素的同时，将 8U 血凝素稀释成 4U、2U、1U 和 1/2U，每孔 25μl，摇匀后置所需温度作用一定时间（表 2-3-4）。

表2-3-4　血细胞凝集抑制试验（对照系统）加样表

孔号	1	2	3	4	5	6	7	8	9	10	11	12
血凝素单位	4	2	1	1/2								
PBS/μl	25	25	25	25	25	25	25	25	25	25	25	25
血凝素/μl	25	25	25	25								
阳性血清/μl					25	25	25	25				
阴性血清/μl									25	25	25	25
红细胞/μl	50	50	50	50	50	50	50	50	50	50	50	50

5.5 红细胞对照　加PBS 50μl（表2-3-4）。

5.6 血清对照见表2-3-4。

5.7 滴加红细胞悬液　全部试验和对照孔内，均加50μl红细胞悬液，摇匀后置所需温度作用一定时间，判定结果。

6 结果判定　在对照系统（阴性血清、阳性血清、待检血清、抗原和红细胞）成立的条件下判定结果。判定时以完全不出现血凝的血清最高稀释度为血清的血凝抑制滴度。

各孔血凝结果以++++、+++、++、+、-表示。

++++：红细胞一片凝集，均匀铺于孔底。

+++：红细胞均匀铺于孔底，但边缘不整，孔底有大圈。

++：红细胞于孔底形成一个中等大的圈，四周有小凝块。

+：红细胞于孔底形成一个小圈，四周有少许凝块。

-：红细胞完全不凝集，沉于孔底。

二、常见实验动物病毒检测操作规程

（一）小鼠淋巴细胞脉络丛脑膜炎病毒（LCMV）抗体检测标准操作规程

1 目的　规范小鼠淋巴细胞脉络丛脑膜炎病毒（LCMV）抗体检测试剂及方法。

2 适用范围　本规程适用于以下动物血清中小鼠淋巴细胞脉络丛脑膜炎病毒（LCMV）抗体的检测：小鼠、地鼠、豚鼠。

3 检测试剂

3.1 特异性抗原　LCMV工作种子接种Vero细胞，吸附1.5～2小时，加维持液培养7～10天。当细胞病变（CPE）达到+++时收获。

3.2 正常抗原　Vero细胞。

3.3 阳性血清　用LCMV抗原免疫SPF小鼠、豚鼠、地鼠的血清。

3.4 阴性血清　无LCMV感染的SPF小鼠、豚鼠、地鼠血清。

3.5 酶结合物　辣根过氧化物酶标记羊或兔抗小鼠、豚鼠、地鼠IgG抗体，用于检测相应动物血清抗体。辣根过氧化物酶标记葡萄球菌A蛋白（SPA）可用于小鼠、豚鼠、地鼠血清抗体的检查。

3.6 异硫氰酸荧光素标记羊或兔抗小鼠、豚鼠、地鼠IgG抗体，用于检测相应动物血清抗体。

4 检测方法

4.1 ELISA 按照《酶联免疫吸附试验（ELISA）标准操作规程》进行操作。

4.2 IFA 按照《免疫荧光试验（IFA）标准操作规程》进行操作。

4.3 IEA 按照《免疫酶染色试验（IEA）标准操作规程》进行操作。

（二）汉坦病毒（HV）抗体检测标准操作规程

1 目的 规范汉坦病毒（HV）抗体检测试剂及方法。

2 适用范围 本规程适用于以下动物血清中汉坦病毒（HV）抗体的检测：小鼠、大鼠。

3 检测试剂

3.1 特异性抗原 HV 工作种子接种 E6 细胞，吸附 1.5～2 小时，加维持液培养 7～10 天。当细胞病变（CPE）达到+++时收获。

3.2 正常抗原 E6 细胞。

3.3 阳性血清 用 HV 抗原免疫 SPF 小鼠、大鼠血清。

3.4 阴性血清 无 HV 感染的 SPF 小鼠、大鼠血清。

3.5 酶结合物 辣根过氧化物酶标记羊或兔抗小鼠、大鼠 IgG 抗体，用于检测相应动物血清抗体。

3.6 异硫氰酸荧光素标记羊或兔抗小鼠、大鼠 IgG 抗体，用于检测相应动物血清抗体。

4 检测方法

4.1 ELISA 按照《酶联免疫吸附试验（ELISA）标准操作规程》进行操作。

4.2 IFA 按照《免疫荧光试验（IFA）标准操作规程》进行操作。

（三）鼠痘病毒（Ect）抗体检测标准操作规程

1 目的 规范鼠痘病毒（Ect）抗体检测试剂及方法。

2 适用范围 本规程适用于以下动物血清中鼠痘病毒（Ect）抗体的检测：小鼠。

3 检测试剂

3.1 特异性抗原 Ect 工作种子接种 BHK－21 细胞，吸附 1.5～2 小时，加维持液培养 2～3 天。当细胞病变（CPE）达到+++时收获。

3.2 正常抗原 BHK－21 细胞。

3.3 阳性血清 用 Ect 抗原免疫 SPF 小鼠。

3.4 阴性血清 无 Ect 感染的 SPF 小鼠。

3.5 酶结合物 辣根过氧化物酶标记羊或兔抗小鼠 IgG 抗体，用于检测相应动物血清抗体。辣根过氧化物酶标记葡萄球菌 A 蛋白（SPA）可用于小鼠血清抗体的检查。

3.6 异硫氰酸荧光素标记羊或兔抗小鼠 IgG 抗体，用于检测相应动物血清抗体。

4 检测方法

4.1 ELISA 按照《酶联免疫吸附试验（ELISA）标准操作规程》进行操作。

4.2 IFA 按照《免疫荧光试验（IFA）标准操作规程》进行操作。

4.3 IEA 按照《免疫酶染色试验（IEA）标准操作规程》进行操作。

（四）小鼠肝炎病毒（MHV）抗体检测标准操作规程

1 目的 规范小鼠肝炎病毒（MHV）抗体检测试剂及方法。

2 适用范围　本规程适用于以下动物血清中小鼠肝炎病毒（MHV）抗体的检测：小鼠。

3 检测试剂

3.1 特异性抗原　MHV 工作种子接种 DBT 或 L929 细胞，吸附 1.5～2 小时，加维持液培养 1～2 天。当细胞病变（CPE）达到+++时收获。

3.2 正常抗原　DBT 或 L929 细胞。

3.3 阳性血清　用 MHV 抗原免疫 SPF 小鼠的血清。

3.4 阴性血清　无 MHV 感染的 SPF 小鼠血清。

3.5 酶结合物　辣根过氧化物酶标记羊或兔抗小鼠 IgG 抗体，用于检测相应动物血清抗体。辣根过氧化物酶标记葡萄球菌 A 蛋白（SPA）可用于小鼠血清抗体的检查。

3.6 异硫氰酸荧光素标记羊或兔抗小鼠 IgG 抗体，用于检测相应动物血清抗体。

4 检测方法

4.1 ELISA　按照《酶联免疫吸附试验（ELISA）标准操作规程》进行操作。

4.2 IFA　按照《免疫荧光试验（IFA）标准操作规程》进行操作。

4.3 IEA　按照《免疫酶染色试验（IEA）标准操作规程》进行操作。

（五）仙台病毒（SV）抗体检测标准操作规程

1 目的　规范仙台病毒（SV）抗体检测试剂及方法。

2 适用范围　本规程适用于以下动物血清中仙台病毒（SV）抗体的检测：小鼠、大鼠、地鼠、豚鼠、兔。

3 检测试剂

3.1 特异性抗原　用 SV 感染 9 天 SPF 鸡胚尿囊腔，培养于 36℃温箱，72 小时后置于 4℃储存，次日无菌收取尿囊液，4℃ 2000r/min 离心 10 分钟，用 0.5%鸡或豚鼠红细胞和 SV 阳性血清做血凝和血凝抑制试验，验证其病毒特异性和血凝效价。上清液再经超速离心浓缩后制成 ELISA 抗原。

3.2 正常抗原　9 天 SPF 鸡胚尿囊液。

3.3 阳性血清　用 SV 抗原免疫 SPF 小鼠、大鼠、豚鼠、地鼠、兔的血清。

3.4 阴性血清　无 SV 感染的 SPF 小鼠、大鼠、豚鼠、地鼠、兔血清。

3.5 酶结合物　辣根过氧化物酶标记羊或兔抗小鼠、大鼠、豚鼠、地鼠、兔 IgG 抗体，用于检测相应动物血清抗体。辣根过氧化物酶标记葡萄球菌 A 蛋白（SPA）可用于小鼠、豚鼠、地鼠血清抗体的检查。

3.6 异硫氰酸荧光素标记羊或兔抗小鼠、大鼠、豚鼠、地鼠、兔 IgG 抗体，用于检测相应动物血清抗体。

4 检测方法

4.1 ELISA　按照《酶联免疫吸附试验（ELISA）标准操作规程》进行操作。

4.2 IFA　按照《免疫荧光试验（IFA）标准操作规程》进行操作。

4.3 IEA　按照《免疫酶染色试验（IEA）标准操作规程》进行操作。

4.4 HAI　按照《血凝抑制试验（HAI）标准操作规程》进行操作。

（六）小鼠肺炎病毒（PVM）抗体检测标准操作规程

1 目的　规范小鼠肺炎病毒（PVM）抗体检测试剂及方法。

2 适用范围 本规程适用于以下动物血清中小鼠肺炎病毒（PVM）抗体的检测：小鼠、大鼠、地鼠、豚鼠。

3 检测试剂

3.1 特异性抗原 PVM 工作种子接种 BHK－21 细胞，吸附 1.5～2 小时，加维持液培养 10～14 天。当细胞病变（CPE）达到＋＋＋时收获。

3.2 正常抗原 BHK－21 细胞。

3.3 阳性血清 用 PVM 抗原免疫 SPF 小鼠、大鼠、豚鼠、地鼠的血清。

3.4 阴性血清 无 PVM 感染的 SPF 小鼠、大鼠、豚鼠、地鼠血清。

3.5 酶结合物 辣根过氧化物酶标记羊或兔抗小鼠、大鼠、豚鼠、地鼠 IgG 抗体，用于检测相应动物血清抗体。辣根过氧化物酶标记葡萄球菌 A 蛋白（SPA）可用于小鼠、豚鼠、地鼠血清抗体的检查。

3.6 异硫氰酸荧光素标记羊或兔抗小鼠、大鼠、豚鼠、地鼠 IgG 抗体，用于检测相应动物血清抗体。

4 检测方法

4.1 ELISA 按照《酶联免疫吸附试验（ELISA）标准操作规程》进行操作。

4.2 IFA 按照《免疫荧光试验（IFA）标准操作规程》进行操作。

4.3 IEA 按照《免疫酶染色试验（IEA）标准操作规程》进行操作。

（七）呼肠孤病毒Ⅲ型（Reo3）抗体检测标准操作规程

1 目的 规范呼肠孤病毒Ⅲ型（Reo3）抗体检测试剂及方法。

2 适用范围 本规程适用于以下动物血清中呼肠孤病毒Ⅲ型（Reo3）抗体的检测：小鼠、大鼠、地鼠、豚鼠。

3 检测试剂

3.1 特异性抗原 Reo3 工作种子接种 BHK－21 或 BSC－1 细胞，吸附 1.5～2 小时，加维持液培养 4～5 天。当细胞病变（CPE）达到＋＋＋时收获。

3.2 正常抗原 BHK－21 或 BSC－1 细胞。

3.3 阳性血清 用 Reo3 抗原免疫 SPF 小鼠、大鼠、豚鼠、地鼠的血清。

3.4 阴性血清 无 Reo3 感染的 SPF 小鼠、大鼠、豚鼠、地鼠血清。

3.5 酶结合物 辣根过氧化物酶标记羊或兔抗小鼠、大鼠、豚鼠、地鼠 IgG 抗体，用于检测相应动物血清抗体。辣根过氧化物酶标记葡萄球菌 A 蛋白（SPA）可用于小鼠、豚鼠、地鼠血清抗体的检查。

3.6 异硫氰酸荧光素标记羊或兔抗小鼠、大鼠、豚鼠、地鼠 IgG 抗体，用于检测相应动物血清抗体。

4 检测方法

4.1 ELISA 按照《酶联免疫吸附试验（ELISA）标准操作规程》进行操作。

4.2 IFA 按照《免疫荧光试验（IFA）标准操作规程》进行操作。

4.3 IEA 按照《免疫酶染色试验（IEA）标准操作规程》进行操作。

（八）小鼠细小病毒（MVM）抗体检测标准操作规程

1 目的 规范小鼠细小病毒（MVM）抗体检测试剂及方法。

2 适用范围　本规程适用于小鼠血清中小鼠细小病毒（MVM）抗体的检测。

3 检测试剂

3.1 特异性抗原　MVM 工作种子小鼠胚（ME）或 3T3 细胞，吸附 1.5～2 小时，加维持液培养 7～10 天。当细胞病变（CPE）达到+++时收获。

3.2 正常抗原　小鼠胚（ME）或 3T3 细胞。

3.3 阳性血清　用 MVM 抗原免疫 SPF 小鼠血清。

3.4 阴性血清　无 MVM 感染的 SPF 小鼠血清。

3.5 酶结合物　辣根过氧化物酶标记羊或兔抗小鼠 IgG 抗体，用于检测相应动物血清抗体。辣根过氧化物酶标记葡萄球菌 A 蛋白（SPA）可用于小鼠血清抗体的检查。

3.6 异硫氰酸荧光素标记羊或兔抗小鼠 IgG 抗体，用于检测相应动物血清抗体。

4 检测方法

4.1 ELISA　按照《酶联免疫吸附试验（ELISA）标准操作规程》进行操作。

4.2 IFA　按照《免疫荧光试验（IFA）标准操作规程》进行操作。

4.3 IEA　按照《免疫酶染色试验（IEA）标准操作规程》进行操作。

（九）小鼠腺病毒（MAd）抗体检测标准操作规程

1 目的　规范小鼠腺病毒（MAd）抗体检测试剂及方法。

2 适用范围　本规程适用于小鼠血清中小鼠腺病毒（MAd）抗体的检测。

3 检测试剂

3.1 特异性抗原　MAd 工作种子接种小鼠胚（ME）或小鼠肾（MK）或 3T3 细胞，吸附 1.5～2 小时，加维持液培养 4～5 天。当细胞病变（CPE）达到+++时收获。

3.2 正常抗原　ME 或 MK 或 3T3 细胞冻融破碎后，经低速离心去除细胞碎片而获得的上清液。

3.3 阳性血清　用 MAd 抗原免疫 SPF 小鼠的血清。

3.4 阴性血清　无 MAd 感染的 SPF 小鼠血清。

3.5 酶结合物　辣根过氧化物酶标记羊或兔抗小鼠 IgG 抗体，辣根过氧化物酶标记葡萄球菌 A 蛋白（SPA）用于小鼠血清抗体的检查。

3.6 异硫氰酸荧光素标记羊或兔抗小鼠 IgG 抗体，用于检测小鼠血清抗体。

4 检测方法

4.1 ELISA　按照《酶联免疫吸附试验（ELISA）标准操作规程》进行操作。

4.2 IFA　按照《免疫荧光试验（IFA）标准操作规程》进行操作。

4.3 IEA　按照《免疫酶染色试验（IEA）标准操作规程》进行操作。

（十）逆转录病毒（Mulv）抗体检测标准操作规程

1 目的　规范逆转录病毒（Mulv）抗体检测试剂及方法。

2 适用范围　本规程适用于小鼠血清中逆转录病毒（Mulv）抗体的检测。

3 检测试剂

3.1 特异性抗原　Mulv 工作种子接种 VI 细胞，吸附 1.5～2 小时，加维持液培养 5～6 天。当细胞病变（CPE）达到+++时收获。

3.2 正常抗原　3T3 细胞。

3.3 阳性血清　用 Mulv 抗原免疫 SPF 小鼠血清。

3.4 阴性血清　无 Mulv 感染的 SPF 小鼠血清。

3.5 酶结合物　辣根过氧化物酶标记羊或兔抗小鼠 IgG 抗体，辣根过氧化物酶标记葡萄球菌 A 蛋白（SPA）用于小鼠血清抗体的检查。

3.6 异硫氰酸荧光素标记羊或兔抗小鼠 IgG 抗体，用于检测小鼠血清抗体。

4 检测方法

4.1 ELISA　按照《酶联免疫吸附试验（ELISA）标准操作规程》进行操作。

4.2 IFA　按照《免疫荧光试验（IFA）标准操作规程》进行操作。

（十一）小鼠多瘤病毒（Poly）抗体检测标准操作规程

1 目的　规范小鼠多瘤病毒（Poly）抗体检测试剂及方法。

2 适用范围　本规程适用于小鼠血清中小鼠多瘤病毒（Poly）抗体的检测。

3 检测试剂

3.1 特异性抗原　Poly 工作种子接种 3T3 细胞，吸附 1.5～2 小时，加维持液培养 10～14 天。当细胞病变（CPE）达到+++时收获。

3.2 正常抗原　小鼠胚（ME）或 3T3 细胞。

3.3 阳性血清　用 Poly 抗原免疫 SPF 小鼠血清。

3.4 阴性血清　无 Poly 感染的 SPF 小鼠血清。

3.5 酶结合物　辣根过氧化物酶标记羊或兔抗小鼠 IgG 抗体，用于检测小鼠血清抗体。辣根过氧化物酶标记葡萄球菌 A 蛋白（SPA）用于小鼠血清抗体的检查。

3.6 异硫氰酸荧光素标记羊或兔抗小鼠 IgG 抗体，用于检测小鼠血清抗体。

4 检测方法

4.1 ELISA　按照《酶联免疫吸附试验（ELISA）标准操作规程》进行操作。

4.2 IFA　按照《免疫荧光试验（IFA）标准操作规程》进行操作。

4.3 IEA　按照《免疫酶染色试验（IEA）标准操作规程》进行操作。

（十二）小鼠脑脊髓炎病毒（TMEV）抗体检测标准操作规程

1 目的　规范小鼠脑脊髓炎病毒（TMEV）抗体检测试剂及方法。

2 适用范围　本规程适用于小鼠血清中小鼠脑脊髓炎病毒（TMEV）抗体的检测。

3 检测试剂

3.1 特异性抗原　TMEV 工作种子（GDⅦ株）感染小鼠，待发病后取脑，研磨，制成 10%悬液，3000r/min 离心 10 分钟后，取上清液接种 BHK－21 细胞，吸附 1.5～2 小时，加维持液培养 4～5 天。当细胞病变（CPE）达到+++时收获。

3.2 正常抗原　BHK－21 细胞。

3.3 阳性血清　用 TMEV（GDⅦ株）抗原免疫 SPF 小鼠血清。

3.4 阴性血清　无 TMEV（GDⅦ株）感染的 SPF 小鼠血清。

3.5 酶结合物　辣根过氧化物酶标记羊或兔抗小鼠 IgG 抗体，辣根过氧化物酶标记葡萄球菌 A 蛋白（SPA）用于小鼠血清抗体的检查。

3.6 异硫氰酸荧光素标记羊或兔抗小鼠 IgG 抗体，用于检测小鼠血清抗体。

4 检测方法

4.1 ELISA　按照《酶联免疫吸附试验（ELISA）标准操作规程》进行操作。

4.2 IFA 按照《免疫荧光试验（IFA）标准操作规程》进行操作。

4.3 IEA 按照《免疫酶染色试验（IEA）标准操作规程》进行操作。

（十三）大鼠细小病毒抗体检测标准操作规程

1 目的 规范大鼠细小病毒（KRV 和 H－1 株）抗体检测试剂及方法。

2 适用范围 本规程适用于大鼠细小病毒（KRV 和 H－1 株）抗体的检测。

3 检测试剂

3.1 特异性抗原 大鼠细小病毒（KRV 和 H－1 株）工作种子接种大鼠胚细胞，培养 7～12 天。当细胞病变（CPE）达到+++～++++时收获。

3.2 正常抗原 大鼠胚细胞。

3.3 血凝素 大鼠细小病毒（KRV 和 H－1 株）工作种子分别接种大鼠胚细胞，培养 7～12 天。当细胞病变（CPE）达到++～+++时收获。

3.4 抗原片 大鼠细小病毒（KRV 和 H－1 株）感染大鼠胚细胞，培养 7～12 天，当细胞病变（CPE）达到++～+++时用胰酶消化分散，PBS 洗涤，涂片。

3.4 阳性血清 用大鼠细小病毒（KRV 和 H－1 株）抗原免疫 SPF 大鼠所获得的抗血清。

3.5 阴性血清 无大鼠细小病毒感染的 SPF 大鼠血清。

3.6 酶结合物 辣根过氧化物酶标记羊或兔抗大鼠 IgG 抗体。

3.7 异硫氰酸荧光素标记羊或兔抗大鼠 IgG 抗体。

4 检测方法

4.1 ELISA 按照《酶联免疫吸附试验（ELISA）标准操作规程》进行操作。

4.2 IFA 按照《免疫荧光试验（IFA）标准操作规程》进行操作。

4.3 IEA 按照《免疫酶染色试验（IEA）标准操作规程》进行操作。

4.4 HAI 按照《血凝抑制试验（HAI）标准操作规程》进行操作。

（十四）大鼠冠状病毒/涎泪腺炎病毒抗体检测标准操作规程

1 目的 规范大鼠冠状病毒/涎泪腺炎病毒（RCV/SDAV）抗体检测试剂及方法。

2 适用范围 本规程适用于大鼠血清中大鼠冠状病毒/涎泪腺炎病毒（RCV/SDAV）抗体的检测。

3 检测试剂

3.1 特异性抗原 MHV 工作种子接种 DBT 或 L929 细胞，当细胞病变（CPE）达到+++～++++时收获。

3.2 正常抗原 DBT 或 L929 细胞。

3.3 抗原片 MHV 接种 DBT 或 L929 细胞 1～2 天后，病变达++～+++时用胰酶消化分散，PBS 洗涤，涂片。

3.4 阳性血清 MHV 抗原免疫 SPF 大鼠获得的抗血清。

3.5 阴性血清 无 MHV 感染的 SPF 大鼠血清。

3.6 酶结合物 辣根过氧化物酶标记羊或兔抗大鼠 IgG 抗体。

3.7 异硫氰酸荧光素标记羊或兔抗大鼠 IgG 抗体。

4 检测方法

4.1 ELISA 按照《酶联免疫吸附试验（ELISA）标准操作规程》进行操作。

4.2 IFA　按照《免疫荧光试验（IFA）标准操作规程》进行操作。

4.3 IEA　按照《免疫酶染色试验（IEA）标准操作规程》进行操作。

（十五）兔出血症病毒检测标准操作规程

1 目的　规范兔出血症病毒（RHDV）检测试剂及方法。

2 适用范围　本规程适用于兔出血症病毒（RHDV）抗原、抗体和病毒核酸的检测。

3 检测试剂

3.1 血凝素　人工感染或自然发病的兔肝组织，经研磨制成 10%悬液，3000r/min 离心 10min 而获得的上清液。

3.2 人“O”型红细胞。

3.3 阳性血清　RHDV 抗原免疫或 RHDV 自然感染恢复后的血清。

3.4 阴性血清　无 RHDV 感染、未经免疫的兔血清。

4 检测方法

4.1 HA　按照《血凝试验（HA）标准操作规程》进行操作。

4.2 HAI　按照《血凝抑制试验（HAI）标准操作规程》进行操作。

4.3 病毒核酸检测

4.3.1 RNA 提取　在生物安全柜内，取 RHDV 感染的兔肝组织 50～100mg，置于灭菌玻璃研磨器中，加 1ml 灭菌 PBS（pH7.4）充分研磨。取适量肝组织匀浆，用商品化 RNA 提取试剂盒提取病毒 RNA。

4.3.2 反转录　25μl 体系含下列成分：5μl 5 × AMV RT Buffer，5μl dNTP mixture（2.5mmol/L each），1μl 随机引物（500μg/ml），0.5μl RNase inhibitor（40U/μl），12.5μl RNA 模板，1μl AMV RTase（10U/μl）。反应条件：37℃ 90 分钟，95℃ 5 分钟。每次 RT 时均设阳性、阴性及空白对照。

4.3.3 PCR　50μl 体系包含：5μl 10 × PCR Buffer，2μl $MgCl_2$（25mmol/L），2μl dNTP mixture，1μl 正向引物 P1（50pmol/L），1μl 反向引物 P2（50pmol/L），2μl cDNA，0.5μl Taq DNA polymerase（5U/μl），36.5μl ddH_2O。反应条件：95℃预变性 5 分钟；94℃ 1 分钟，59℃ 1 分钟，72℃ 1 分钟，共 30 循环；最后 72℃ 10 分钟。

4.3.4 产物测序鉴定。

（十六）兔轮状病毒抗体检测标准操作规程

1 目的　规范兔轮状病毒（RRV）抗体检测试剂及方法。

2 适用范围　本规程适用于兔血清中兔 RRV 抗体的检测。

3 检测试剂

3.1 特异性抗原　猴轮状病毒（SA11 株）工作种子接种 MA-104 细胞，接种后 2～3 天，当细胞病变（CPE）达到+++～++++时收获。

3.2 正常抗原　MA-104 细胞。

3.3 阳性血清　用猴轮状病毒（SA11 株）抗原免疫兔获得的抗血清。

3.4 阴性血清　无轮状病毒感染的兔血清。

3.5 酶结合物　辣根过氧化物酶标记羊抗兔 IgG 抗体，或辣根过氧化物酶标记葡萄球菌 A 蛋白（SPA）。

3.6 异硫氰酸荧光素标记羊抗兔抗体。

4 检测方法

4.1 ELISA　按照《酶联免疫吸附试验（ELISA）标准操作规程》进行操作。

4.2 IFA　按照《免疫荧光试验（IFA）标准操作规程》进行操作。

4.3 IEA　按照《免疫酶染色试验（IEA）标准操作规程》进行操作。

（十七）犬瘟热病毒抗体检测标准操作规程

1 目的　规范犬瘟热病毒（CDV）抗体检测试剂及方法。

2 适用范围　本规程适用于犬血清中犬瘟热病毒（CDV）抗体的检测。

3 检测试剂

3.1 特异性抗原　CDV 工作种子接种 Vero 细胞，吸附 1.5～2 小时，加维持液培养 8～10 天。当细胞病变（CPE）达到+++时收获。

3.2 正常抗原　Vero 细胞。

3.3 抗原片　CDV 接种 Vero 细胞，接种后 5～7 天，病变达++～+++时，用胰酶消化分散，PBS 洗涤，涂片。室温干燥的同时，紫外线下照射 30 分钟，冷丙酮固定 10 分钟，－20℃保存。

3.4 阳性血清　CDV 实验感染或自然感染的犬血清。

3.5 阴性血清　无 CDV 感染、未经免疫的犬血清。

3.6 酶结合物　辣根过氧化物酶标记羊或兔抗犬 IgG 抗体，或辣根过氧化物酶标记葡萄球菌 A 蛋白（SPA）。

4 检测方法

4.1 ELISA　按照《酶联免疫吸附试验（ELISA）标准操作规程》进行操作。

4.2 IEA　按照《免疫酶染色试验（IEA）标准操作规程》进行操作。

（十八）狂犬病病毒抗体检测标准操作规程

1 目的　规范狂犬病病毒（RV）抗体检测试剂及方法。

2 适用范围　本规程适用于犬血清中犬 RV 抗体的检测。

3 检测试剂

3.1 预包被狂犬病毒的微孔板。

3.2 阳性血清　用 RV 抗原免疫的犬血清。

3.3 临界对照。

3.4 阴性血清　无 RV 感染的犬血清。

3.5 狂犬病毒 IgG 酶结合物。

4 检测方法　ELISA　按照《酶联免疫吸附试验（ELISA）标准操作规程》进行操作。

（十九）传染性犬肝炎病毒抗体检测标准操作规程

1 目的　规范传染性犬肝炎病毒（ICHV）抗体检测试剂及方法。

2 适用范围　本规程适用于犬血清中传染性犬肝炎病毒（ICHV）抗体的检测。

3 检测试剂

3.1 特异性抗原　ICHV 工作种子接种 MDCK 细胞，吸附 1.5～2 小时，加维持液培养 3～4 天。当细胞病变（CPE）达到+++时收获。

3.2 正常抗原　MDCK 细胞。

3.3 血凝素　ICHV 接种 MDCK 细胞，培养 3～4 天，病变达+++～++++时收获培养物，冻融 3 次后低速离心去除细胞碎片，上清分装低温保存。

3.4 阳性血清　ICHV 实验感染或自然感染的犬血清。

3.5 阴性血清　无 ICHV 感染、未经免疫的犬血清。

3.6 酶结合物　辣根过氧化物酶标记羊或兔抗犬抗体。

3.7 人“O”型红细胞。

4 检测方法

4.1 ELISA　按照《酶联免疫吸附试验（ELISA）标准操作规程》进行操作。

4.2 HAI　按照《血凝抑制试验（HAI）标准操作规程》进行操作。

（二十）犬细小病毒抗体检测标准操作规程

1 目的　规范犬细小病毒（CPV）抗体检测试剂及方法。

2 适用范围　本规程适用于犬血清中细小病毒（CPV）抗体的检测。

3 检测试剂

3.1 特异性抗原　CPV 工作种子接种 FK81 细胞，吸附 1.5～2 小时，加维持液培养 3～5 天。当细胞病变（CPE）达到+++～++++时收获。

3.2 正常抗原　FK81 细胞。

3.3 血凝素　CPV 接种 FK81 细胞，培养 3～5 天，病变达+++～++++时收获，冻融 3 次后低速离心去除细胞碎片，上清液分装后低温保存。

3.4 阳性血清　CPV 实验感染或自然感染的犬血清。

3.5 阴性血清　无 CPV 感染、未经免疫的犬血清。

3.6 酶结合物　辣根过氧化物酶标记羊或兔抗犬 IgG 抗体。

3.7 猪或恒河猴红细胞。

4 检测方法

4.1 ELISA　按照《酶联免疫吸附试验（ELISA）标准操作规程》进行操作。

4.2 HAI　按照《血凝抑制试验（HAI）标准操作规程》进行操作。

（二十一）猕猴疱疹病毒Ⅰ型（B 病毒）抗体检测标准操作规程

1 目的　规范猕猴疱疹病毒Ⅰ型（B 病毒）抗体检测试剂及方法。

2 适用范围　本规程适用于猴血清中猕猴疱疹病毒Ⅰ型（B 病毒）抗体的检测。

3 检测试剂

3.1 特异性抗原　在 P3 实验条件下，BV 工作种子接种 Vero 细胞，当细胞病变（CPE）达到+++时收获。

3.2 正常抗原　Vero 细胞。

3.3 抗原片　在 P3 实验条件下，BV 感染 Vero 细胞，接种后 1～2 天，病变达+++时将细胞用胰酶消化分散，PBS 洗涤，涂片。

3.4 阳性血清　BV 抗原免疫或自然感染的猴血清。

3.5 阴性血清　无 BV 感染的猴血清。

3.6 酶结合物　辣根过氧化物酶标记羊或兔抗猴 IgG 抗体，或辣根过氧化物酶标记葡萄球菌 A 蛋白（SPA）。

4 检测方法

4.1 ELISA　按照《酶联免疫吸附试验（ELISA）标准操作规程》进行操作。

4.2 IEA　按照《免疫酶染色试验（IEA）标准操作规程》进行操作。

（二十二）猴逆转 D 型病毒（SRV）抗体检测标准操作规程

1 目的　规范猴逆转 D 型病毒（SRV）抗体检测试剂及方法。

2 适用范围　本规程适用于猴血清中猴逆转 D 型病毒（SRV）抗体的检测。

3 检测试剂

3.1 特异性抗原　SRV 工作种子接种 Raji 细胞，吸附 1.5～2 小时，加维持液培养 10～14 天。当细胞病变（CPE）达到+++时收获。

3.2 正常抗原　Raji 细胞。

3.3 抗原片　SRV 感染 Raji 细胞，接种后 10～14 天，病变达++～+++时，800r/min 离心 5 分钟，PBS 洗涤，涂片。

3.4 阳性血清　SRV 抗原免疫或自然感染的猴血清。

3.5 阴性血清　无 SRV 感染的猴血清。

3.6 酶结合物　辣根过氧化物酶标记羊或兔抗猴 IgG 抗体。

3.7 异硫氰酸荧光素标记羊或兔抗猴 IgG 抗体。

4 检测方法

4.1 ELISA　按照《酶联免疫吸附试验（ELISA）标准操作规程》进行操作。

4.2 IFA　按照《免疫荧光试验（IFA）标准操作规程》进行操作。

（二十三）猴免疫缺陷病毒（SIV）抗体检测标准操作规程

1 目的　规范猴免疫缺陷病毒（SIV）抗体检测试剂及方法。

2 适用范围　本规程适用于猴血清中猴免疫缺陷病毒（SIV）抗体的检测。

3 检测试剂

3.1 特异性抗原　SIV 工作种子接种 CM－174 细胞，吸附 1.5～2 小时，加维持液培养 10～14 天。当细胞病变（CPE）达到+++时收获。

3.2 正常抗原　CM－174 细胞。

3.3 抗原片　SIV 感染 CM－174 细胞，接种 10～14 天，病变达++～+++时，800r/min 离心 5～10 分钟，PBS 洗涤，涂片。

3.4 阳性血清　SIV 抗原免疫的猴血清。

3.5 阴性血清　无 SIV 感染的猴血清。

3.6 酶结合物　辣根过氧化物酶标记羊或兔抗猴 IgG 抗体。

3.7 异硫氰酸荧光素标记羊或兔抗猴 IgG 抗体。

4 检测方法

4.1 ELISA　按照《酶联免疫吸附试验（ELISA）标准操作规程》进行操作。

4.2 IFA　按照《免疫荧光试验（IFA）标准操作规程》进行操作。

（二十四）猴痘病毒（SPV）抗体检测标准操作规程

1 目的　规范猴痘病毒（SPV）抗体检测试剂及方法。

2 适用范围　本规程适用于猴血清中猴痘病毒（SPV）抗体的检测。

3 检测试剂

3.1 特异性抗原　痘苗病毒工作种子接种 BHK－21 细胞，吸附 1.5～2 小时，加维持液培养 2～3 天。当细胞病变（CPE）达到+++时收获。

3.2 正常抗原　BHK－21 细胞。

3.3 抗原片　痘苗病毒接种 BHK－21 细胞，接种后 1～2 天，病变达++时，用胰酶消化分散，PBS 洗涤，涂片。

3.4 阳性血清　痘苗病毒抗原免疫的猴血清。

3.5 阴性血清　无 SPV、痘苗病毒感染的猴血清。

3.6 酶结合物　辣根过氧化物酶标记羊或兔抗猴 IgG 抗体，或辣根过氧化物酶标记葡萄球菌 A 蛋白（SPA）。

4 检测方法

4.1 ELISA　按照《酶联免疫吸附试验（ELISA）标准操作规程》进行操作。

4.2 IEA　按照《免疫酶染色试验（IEA）标准操作规程》进行操作。

（二十五）猴 T 淋巴细胞趋向性病毒 I 型（STLV－1）抗体检测标准操作规程

1 目的　规范猴 T 淋巴细胞趋向性病毒 1 型病毒（STLV－1）抗体检测试剂及方法。

2 适用范围　本规程适用于猴血清中猴 T 淋巴细胞趋向性病毒 1 型（STLV－1）抗体的检测。

3 检测试剂

3.1 抗原片　HTLV－1 感染 MT4 细胞，接种 10～14 天，800r/min 离心 5 分钟，PBS 洗涤，涂片。室温干燥的同时，在紫外线下照射 30 分钟，冷丙酮固定 10 分钟，－20℃保存。

3.2 阳性血清　HTLV－1 抗原免疫的猴血清。

3.3 阴性血清　无 HTLV－1、STLV－1 感染的猴血清。

3.4 酶结合物　辣根过氧化物酶标记羊或兔抗猴 IgG 抗体。

3.5 异硫氰酸荧光素标记羊或兔抗猴 IgG 抗体。

4 检测方法　IFA　按照《免疫荧光试验（IFA）标准操作规程》进行操作。

（付瑞　王吉　李晓波　王淑菁　王莎莎　秦骁　李威　黄宗文　岳秉飞）

参考文献

[1] 殷震，刘景华. 动物病毒学［M］. 2 版. 北京：科学出版社，1997：380－428.

[2] 傅继华. 病毒学实用实验技术［M］. 济南：山东科学技术出版社，2001：162－179.

[3] 黄祯祥. 医学病毒学基础及实验技术［M］. 北京：科学出版社，1990：190－199，208－215.

[4] GB/T 14926.50—2001. 实验动物　微生物学检测方法［S］. 酶联免疫吸附试验：1－4.

[5] GB/T 14926.51—2001. 实验动物 微生物学检测方法 [S]. 免疫酶试验：5-8.

[6] GB/T 14926.52—2001. 实验动物 微生物学检测方法 [S]. 免疫荧光试验：9-11.

[7] GB/T 14922.2—2011. 实验动物 微生物学等级与监测 [S].

[8] DB11/T 828.1—2011. 实验用小型猪 第 1 部分：微生物学等级及监测 [S].

[9] DB11/T 828.1—2013. 实验用鱼 第 1 部分：微生物学等级及监测 [S].

[10] DB11/T 1459.1—2017. 实验动物 微生物学等级及监测 第 1 部分：实验用猪 [S].

[11] DB11/T 1459.2—2017. 实验动物 微生物学等级及监测 第 2 部分：实验用牛 [S].

[12] DB11/T 1459.3—2017. 实验动物 微生物学等级及监测 第 3 部分：实验用羊 [S].

[13] DB11/T 1459.5—2018. 实验动物 微生物检测与评价 第 5 部分：实验用长爪沙鼠 [S].

[14] DB11/T 1459.4—2018. 实验动物 微生物检测与评价 第 4 部分：实验用狨猴 [S].

[15] T/CALAS 8—2017. 实验动物 树鼩微生物学等级及监测 [S].

[16] T/CALAS18—2017. 实验动物 SPF 鸭微生物学监测总则 [S].

第三章　实验动物细菌学检测

第一节　细菌检测技术与方法

一、标本采集

（一）概述

实验动物微生物在特定部位定植，采取相应部位的标本，可达到最大的检出率。根据病原菌感染部位和检测方法的不同，需要采集的样品有呼吸道分泌物、回盲内容物、新鲜粪便、皮肤、毛发、病灶分泌物及血清等。

（二）采样方法

1. 动物麻醉　动物实验中常用的麻醉剂有戊巴比妥钠、水合氯醛、乌拉坦、氯胺酮、α－氯醛糖和苯戊巴比妥等非挥发性麻醉剂，及吸入性麻醉剂乙醚、二氧化碳等。

使用麻醉剂时，一定要注意方法的可靠性，根据不同的动物选择合适的方法。麻醉剂的用量，除参照一般标准外，还应考虑个体对药物的耐受性不同。一般说，衰弱和过胖的动物，其单位体重所需剂量较小。在使用麻醉剂过程中，特别是使用巴比妥类药物时，一般应首先使用较小剂量，随时检查动物的反应情况，并逐步提高剂量。动物在麻醉期体温容易下降，应采取保温措施。静脉注射麻醉剂发挥作用速度快，静脉注射必须缓慢，同时观察肌肉紧张、角膜反射和对皮肤夹捏的反应。当这些活动明显减弱或消失时，应立即停止注射。实验操作涉及腹腔注射时，则应避免腹腔注射麻醉剂。气温较低时，麻醉剂在注射前应加热至动物体温水平。注射麻醉剂前 12 小时实验动物应禁食，以防止食物回流，注射前 3h 应限制饮水。

2. 皮肤采样　待检部位用 75%乙醇消毒后，用灭菌接种刀刮取待检动物皮毛、鳞屑少许。用于皮肤病原真菌的直接涂片检查和分离培养。

3. 血样采集　实验动物病原菌检测需采集动物全血，离心后收集血清。一般用于平板凝集实验、试管凝集试验、酶联免疫吸附试验（ELISA）或间接免疫荧光实验（IFA）等血清学方法。对血清的需求量从 20～300μl 不等。一般采用静脉或动脉采血方法，静脉采血时应自远离心脏端开始，以免发生栓塞而影响整条静脉。采血时应注意光线充足，温度适宜。

（1）小鼠和大鼠的采血

①眶动脉和眶静脉采血　动物麻醉后，用左手拇指和示指抓住两耳之间的头部皮肤，使头部固定、眼球充分外突并固定，用弯头眼科镊子迅速钳取眼球。将眼眶内流出的血液滴入离心管。

②大血管采血　大、小鼠可从颈动静脉、股动静脉和腋下动静脉采血，动物麻醉后仰卧固定，剪开相应血管外皮肤，钝性分离腋下的胸肌等组织，暴露血管，剪断血管，用注射器或吸管吸血。剪断动脉时，应注意血液喷溅。

（2）豚鼠、地鼠、沙鼠的采血

①心脏采血　取血前应探明心脏搏动最强部位，通常在胸骨左缘的正中，选心跳最明显的部位作穿刺。因豚鼠身体较小，一般可不必将动物固定在解剖台上，可由助手握住前后肢进行采血。成年豚鼠每周采血以不超过 10ml 为宜。

②肌动脉采血　以将动脉仰卧固定在手术台上，剪去腹股沟区被毛，麻醉后，局部用碘酒消毒。切开长约 2～3cm 的皮肤，使股动脉暴露及分离。然后，用镊子提起股动脉，远端结扎，近端用止血钳夹住，在动脉中央剪一小孔，放开止血钳，血液即从导管口流出。用无菌离心管接取血液，一次可采血 10～20ml。

（3）兔的采血

①耳缘静脉采血　动物固定后，用 75%乙醇消毒。为使血管扩张，可用手指擦搓血管局部或用电灯照射加热，针头沿耳缘静脉末梢端刺入血管。也可用刀片在血管上切一小口，让血液自然流出。取血后用棉球压迫止血将血液迅速移入离心管，经离心后获得实验所需要的血清。

②切割采血法　当兔耳部血管被充分扩张后，可用刀片割破耳缘静脉，或用注射针刺破耳缘静脉，让血液自然流出。采血穿刺和注射穿刺方向不同。采血穿刺逆血流方向行针，采血量越大，越要靠近根部行针。

③兔耳中央动脉采血　经兔耳中央的一条较粗、颜色鲜红的动脉采血。动物固定后，左手固定动物耳朵，用 75%乙醇消毒。右手持注射器，在中央动脉末端沿动脉平行的方向刺入，即可见血液进入注射器。取血后用棉球压迫止血。将血液迅速移入离心管，经离心后获得实验所需要的血清。

④心脏采血法　采血前，将动物麻醉并仰卧固定在实验台上。心前区皮肤脱毛，常规消毒。于左侧第 3、4 肋间心尖搏动最强处将针头垂直刺入心脏，由于心脏的搏动，血液可自动进入注射器。如无血液流出，拔出针头后重新穿刺，不能左右来回斜穿，以免造成气胸而导致动物很快死亡。经 6～7 天后可重复穿刺采血。

4. 鸡的采血　常用翅静脉取血方法。先清理静脉血管周围的羽毛，用 75%乙醇消毒局部皮肤，仰卧固定，暴露出鸡翅内侧。用碘伏棉球在采血处进行螺旋式消毒。左手拇指用力挤压近心端血管，待血管怒张后将采血针刺入，回抽采血针若有回血，则放松对血管的按压，进行采血。在采集血液时，速度应适中，过快易导致血管塌陷、遮挡针口从而无法吸出血液。采血完毕在取血部位要按压至少 30s，以达到止血效果。将血液迅速移入离心管，经离心后获得实验所需要的血清。此采血法适合鸡、鸭、鸽等禽类的血清采集。

5. 犬、猫的采血　前肢内侧皮下头静脉和后肢外侧小隐静脉采血。由助手将犬固定，采血部位剪毛、消毒，握紧剪毛区上部或扎紧止血带，使远端静脉充血，用注射器刺入静脉，见回血后松开上部按压处，同时以适当速度抽血。如见出血不畅，可适当转动注射器针头，再缓慢抽取。

6. 猴的采血

（1）静脉采血　最适部位是前、后肢皮下静脉，方法与狗相似。

（2）动脉采血　将猴固定好后，触摸股三角区，当感到有动脉搏动时，尽量由远心端方向进针，向近心端方向穿刺，见回血后，以适当速度抽出血液。

7. 猪的采血　少量血可从耳静脉、前肢内侧皮下头静脉和后肢外侧小隐静脉采血，大量血可从颈静脉、锁骨下静脉采取。

（1）前腔静脉采血法　多用于小型猪采血，可采用直立式或仰卧式两种方法进行保定，实际操作中小猪的保定通常以仰卧式保定为主。该保定操作需要两名保定人员同时进行，使其锁骨连接关节前端气管外侧与胸骨柄 1cm 处的凹陷窝充分暴露。采用 70%乙醇棉球消毒凹窝底部后，用 5～10ml 注射器（9 号针头）对准采血部位垂直刺入，进针要略深，见回血时以适宜速度抽血，直至采血量充足后拔出，并迅速使用干棉球进行压迫止血。

（2）颈静脉采血法　该法适用于体型大的育成猪。采用站立上颌提鼻法保定。育成猪用钢丝保定绳套住上颌犬齿骨后方，斜向上用力拉紧，使颈部皮肉组织拉紧，于耳基部与胸骨段的交汇线线上颈部下方 1/3 气管的 1～2cm 的凹陷处，用 5～10ml 注射器（8～12 号针头）与采血部的皮肤面垂直入针，见回血时以适宜速度抽血，直至采血量充足后拔出，并迅速使用干棉球进行压迫止血。

（3）前肢浅静脉采血法　当上述两种方法均不能成功采血的情况下可尝试本法采血。前肢浅静脉属于前臂皮下静脉，位于腋下凹窝向蹄端 1cm 左右处，皮肤较薄、静脉走向明显，利于采血操作。此种采样方法需要两名兽医人员同时操作，首先小型猪用侧卧法保定，中大猪采用保定绳保定。一名助手将前肢向两侧方向展开，稍微用力压住猪的腋下凹窝处，使待采血静脉显现。用 8～12 号针头垂直刺入采血。进针避免过深而扎破血管，采血完成后用干棉球按压止血。

实验动物的血样采集管需使用干燥洁净的离心管，也可采用真空负压采血管采血。使用注射器采血后，应立即将注射器中的血液沿试管壁缓慢注入离心管中，同时要注意避免摇晃使血液产生气泡。采集的血液呈 45°～60° 角置 4℃冰箱放置约 1 小时，如当天血清不能完成分离，可存放过夜。然后以 3000～4000r/min 离心 10 分钟，分离血清至无菌离心管中，置 –20℃冻存备检。

8. 呼吸道分泌物采集

（1）动物固定　将已麻醉的动物仰卧，并把四肢固定在解剖板上。

（2）消毒　用 75%乙醇从腹股沟到颈部进行逆毛消毒。

（3）解剖和接种　沿腹正中线从腹部以下至下颌剪开皮肤，使腹部、胸部及颈部的肌肉全部暴露。取灭菌眼科镊和眼科剪各一把，分离颈部肌肉直到暴露气管，于咽部以下 5mm 左右将气管剪“V”形切口，用无菌接种针插入气管，由下朝上到达咽部轻轻转动几下。将沾有气管分泌物的接种针在琼脂平皿上进行划线接种。如需接种增菌培养液，可将咽喉部及部分气管剪下投入培养液。

（4）咽拭子　当不需处死动物采集呼吸道分泌物时，则需采用咽拭子的方式。用无菌棉签深入动物咽部，轻轻转动拭子，充分蘸取分泌物。此时动物会有明显的抗拒表现和呕吐反射。取得分泌物后，迅速将咽拭子接种于相应培养基或采样管中。

9. 回盲部内容物采集

（1）动物固定　同呼吸道分泌物采集。

（2）消毒　同呼吸道分泌物采集。

（3）解剖和接种　沿腹正中线从腹部以下至下颌剪开皮肤，使腹部、胸部及颈部的肌肉全部暴露。取灭菌手术镊及手术剪各一把，剪开腹部肌肉，暴露回盲部剪开回盲部，用灭菌接种环挑取适量内容物划线接种于琼脂平皿；挑取约 1/10 量的内容物接种增菌液，如内容物较少，可剪下包括回盲部在内的一段肠组织，适当剪碎后放入增菌液。如死亡应立即解剖或冷藏后尽快解剖，以防尸体腐败变质，影响实验结果。

10. 粪便和肛拭子的采集　粪便和肛拭子样品的采集一般用于不需处死的动物。操作时应有保定措施和助手充分固定动物，采样时动作应轻柔。

（1）新鲜粪便　将粪便前段弃去，取中段粪便。对稀软便，可直接接种；对干便可加适量 PBS（以没过粪便为宜）震荡混匀后培养接种。可直接用灭菌接种环沾取粪便后接种琼脂平皿，或取约培养液 0.1 倍体积的粪便接种液体培养基或增菌液；不能立即接种的粪便标本应先接种于运送培养基，72 小时内尽快接种分离培养基。

（2）肛拭子　将灭菌棉签用灭菌生理盐水或培养液稍浸湿后，轻轻插入动物肛门深处 3～4cm，缓缓转后取出，放入装有运送培养基的采样小管中。直接用棉签接种琼脂平皿。

11. 病灶组织分泌物及脓汁标本采集

（1）接种　固定动物后对病灶周围用 75%乙醇进行消毒，用灭菌接种环沾取分泌物或脓汁接种琼脂平皿。对已处死的动物可剪下少量病变组织，于琼脂表面接触后再划线接种，可取得较大的接种量。

（2）涂片　载玻片上滴加适量灭菌生理盐水，挑取少量脓汁与之混匀，风干，火焰固定，革兰染色，或风干，甲醇固定，姬姆萨染色。对病灶分泌物，宜滴加少量生理盐水，以获得相对浓的涂片，固定及染色同脓汁。

12. 毛发样品的采集

（1）毛发　用无菌镊子或止血钳夹取动物腋下、颈部、背部、臀部等多点毛发，接种于沙氏斜面培养基或皮肤癣菌鉴别琼脂（DTM）等真菌培养基中。

（2）皮拭子　主要用于裸鼠等无毛发动物或出现皮肤鳞屑病灶时样品的采集。无菌棉签用灭菌生理盐水或 PBS 沾湿，轻轻擦取表皮或病灶处分泌物或鳞屑，接种于相应培养基或置于保存管中。

二、形态学技术

（一）概述

病原菌无色透明，对菌体形态、大小、排列、染色特性及特殊结构的判断，须经固定、染色后镜检。形态学检查是细菌鉴定的重要手段，有助于细菌的初步鉴别和分类，也是决定采用后续生化鉴定项目的重要依据。实验动物病原菌从培养基中摄取营养物质，维持正常的生长繁殖和代谢，其所含细胞物质能与各种染料结合，呈现不同颜色。

（二）形态与培养特性

1. 细菌的形态、染色、培养特性和菌落特征

（1）染色性　革兰阳性、阴性，抗酸染色阳性、阴性等。

（2）形状、大小和排列　球菌、杆菌或螺形菌，菌体大小，单个、成双、短链、葡萄状等。

（3）细菌芽孢的大小、位置，鞭毛数目及位置等。

（4）培养特性　病原菌的培养特性包括对营养需求的复杂程度，生长速度的快慢，所需气体环境如何（需氧、兼性厌氧或厌氧），适应生长温度。

（5）菌落特征

①大小　以毫米为单位，实验动物病原菌菌落大小一般在 1～2mm 左右。

②外形 圆形，不规则、根茎状，阿米巴状，卷发状，菌丝状，念珠状等。

③表面 粗糙，光滑，黏液样，皱纹，放射状，同心圆等。

④透明度 透明，半透明，不透明。

⑤高度 扁平、凸起、隆起、脐形，纽扣形、针尖形等。

⑥边缘 整齐、锯齿状、叶状、细毛状，散状、破裂状、树枝状等。

⑦光泽 有光泽、无光泽、荧光等。

⑧软硬 用接种环挑起，呈黏稠状或易碎等。

⑨乳化 在生理盐水中呈均匀、颗粒状或膜状悬液等。

⑩颜色 金黄色、白色、柠檬色，红色，绿色，紫色，黑色等。

⑪气味 无臭、酸臭、生姜味、吲哚味，酸牛奶味，恶臭味，水果味等。

⑫溶血性 在血琼脂平板上分为不完全溶血（α溶血）、完全溶血（β溶血）和不溶血。

2. 真菌的形态、染色、培养特性和菌落特征

（1）生长速率 菌落在 7～10 天内生长，生长速度为快。3 周只有少数生长，生长速度为缓慢。一般浅部真菌超过 2 周，深部真菌超过 4 周仍无生长，可报告阴性。

（2）菌落大小 菌落以直径毫米或厘米计其大小。菌落大小与生长速度和培养时间有关。有些真菌如紫色毛癣菌虽培养时间很长，菌落仍较小，而大部分皮肤真菌培养 2 周即可充满整个斜面。

（3）菌落形态 真菌菌落可呈平滑、皱褶、凸或凹、大脑状、同心圆状、放射沟纹状，火山口状等多种形态。

（4）菌落性状 酵母菌和酵母样菌，菌落为光滑、柔软，呈乳酪状外观； 霉菌菌落呈毛状，性状变化最多，有羊毛状、绒毛状、棉花状、粉末状、颗粒状、蜡状等不同形态。

（5）菌落颜色 不同的菌种表现出不同的颜色，呈鲜艳或暗淡。致病性真菌的颜色多较淡，呈白色或淡黄色，也有些致病性真菌颜色鲜明，如紫色毛癣菌、红色毛癣菌等。有些真菌菌落不但本身有颜色，而且其培养基也可着色，如马尔尼菲青霉等，有些真菌菌落不但正面有颜色，其背面也有深浅不同的颜色。菌落的颜色与培养基的种类、培养温度、培养时间、传代次数等因素有关。所以，菌落的颜色虽在菌种鉴定上有重要的参考价值，但除少数菌种外，一般不作为鉴定的重要依据。

（6）菌落边缘 有的菌落边缘整齐如刀切，有的参差不齐如羽毛状、锯齿状、树枝状或纤毛状，有的凸有的凹。

（7）菌落下沉现象 有的菌落下沉现象明显，如黄癣菌、絮状表皮癣菌及断发毛癣菌等，更有甚者菌落有时为之裂开。

（8）渗出物 一些真菌如曲霉、青霉的一些菌落表面会出现液滴，注意其数量和颜色。

（9）菌落变异现象 有些真菌的菌落日久或经多次传代培养而发生变异，菌落颜色减退或消失，表面气生菌丝增多等。如絮状表皮癣菌在 2～3 周后便发生变异。

（三）不染色直接镜检

不染色直接镜检主要用于检查细菌的动力及运动情况。有鞭毛的细菌，在显微镜下呈现活泼的运动状态。

1. 压片法 用接种环取细菌悬液或细菌培养液 2 环，置于清洁载玻片中央，轻轻覆上盖玻片，油镜下观察。制片时菌液应适量，避免外溢，且不能有气泡。

2. 悬滴法　取洁净的凹窝载玻片及盖玻片各一张，将凹孔四周的平面上涂薄薄一层凡士林，取一接种环菌液置盖玻片中央，将凹窝载玻片的凹面向下，对准盖玻片的液滴，然后迅速翻转玻片，用小镊子轻轻按压，使盖玻片与凹孔边缘粘紧，使凡士林密封其周缘，菌液不致挥发变干。镜下观察时，先用低倍镜，调成暗光，对准焦距后以高倍镜观察，注意不要压碎盖玻片。有动力的细菌可见细菌从一处移到另一处，无动力的细菌呈布朗运动而无位置的改变。螺旋体由于菌体纤细、透明，需用暗视野或相差显微镜观察其形态和运动情况。

3. 毛细吸管法　主要用于检查厌氧菌的动力。以毛细管（长 60～70mm，管径 0.5～1.0mm）接触培养物，让菌液吸入毛细管后，用火焰将毛细管两端熔封，将毛细管固定在载玻片上，镜检。

（四）染色检查

通过对标本的涂片及染色，能观察细菌的形态、大小、排列、染色特性，以及荚膜、鞭毛、芽孢、异染颗粒等结构，有助于细菌的初步识别或诊断。

1. 涂片　从液体培养基、固体斜面或平板上挑取菌液、菌苔或菌落，滴加一小滴菌液于洁净玻片上，适当涂散，或先加一小滴生理盐水于玻片上，将挑取的菌苔或菌落均匀混悬其中。多个标本可在同一张玻片制作涂片。有的细菌培养物在玻片上不易黏附，常需加入少量无菌血清一起涂片。涂片的厚薄要适当，以菌液呈均匀半透明为宜。临床样本如脓、痰、分泌物等可直接涂片。

2. 固定　涂片干燥后，在火焰上迅速通过多次，加热固定，勿直接火烤至温度过高。火焰固定可灭活细菌，便于染料着色；也使细菌附着于玻片上，不易被水冲掉。

3. 染色　染色液多为水溶液，一般用低浓度染色液（＜10g/L）为好，滴加染液覆盖涂膜。染色分单染和复染两种方法。为了促使染料与菌体结合，有的染液中需加入酚、明矾或碘液，起到媒染作用，也可加热促进着色。

4. 脱色　醇类、丙酮、三氯甲烷等是常用的脱色剂。酸类可作为碱性染料的脱色剂，而碱类可作为酸性染料的脱色剂。无机酸的脱色能力大于有机酸。乙醇是常用的脱色剂，70%乙醇和无机酸脱色能力强，常用作抗酸染色的脱色剂。95%乙醇常用于革兰染色法。

5. 复染　复染液与初染液的颜色不同，以形成鲜明对比。复染可使脱色的细菌重新着色。

6. 常用的染色方法

（1）革兰染色法　革兰染色法（Gram stain）是最常用的一种细菌染色法，是遇到可疑菌落时首先要进行的鉴定程序。染色步骤如下。

①固定　涂片风干后在火焰上固定。

②初染　滴加结晶紫染色液，染色 1 分钟，流水冲洗，干燥。

③媒染　滴加碘液，媒染 1 分钟，流水冲洗，干燥。

④脱色　滴加 95%乙醇脱色约 15～30 秒，流水冲洗，干燥。

⑤复染　滴加复红染液，染色 1 分钟，流水冲洗，甩干，风干或滤纸吸干后镜检。

⑥使用油镜放大 1000 倍观察，革兰阳性菌呈蓝紫色，革兰阴性菌呈粉红色。

（2）姬姆萨染色法　涂片或压印片风干后用甲醇固定 5 分钟后滴加姬姆萨应用液，染色 20～30 分钟，用流水冲洗，甩干，风干或滤纸吸干后镜检。使用油镜放大 1000 倍观察，组织、脓汁或红细胞呈红色，细菌呈紫色。

（3）荚膜染色法　取一接种环肉汤培养物置于载玻片上，再取一接种环甲醛印度墨汁与其混匀，推成薄片，自然干燥后火焰固定。滴加沙黄复染液，染色 30 秒，吸去多余液体，干燥后油镜观察。结果使用油镜放大 1000 倍观察，细菌周围有透明带者为荚膜染色阳性。

（4）芽孢染色　芽孢是细菌的一种抗逆性很强的休眠组织，因此芽孢的壁厚，通透性低而不容易被染色，上色后亦不易褪色，所以先使用着色能力较强的染料对细菌进行染色，脱色后再使用对比度相对较大的复染剂对细菌进行染色，之后再观察细菌菌体和芽孢便会呈现不同的颜色。染色步骤如下。

①制片　取一洁净载玻片，在其上选取两个合适位置并分别滴上一滴无菌水；在两滴无菌水中分别用接种环接种上少许枯草芽孢杆菌和梭状芽孢杆菌；用载玻片夹子夹住载玻片在酒精灯上加热烘烤片刻，使菌液干燥并将菌种固定。

②加热染色　向载玻片滴加数滴 5%孔雀绿水溶液覆盖涂菌部位，用夹子夹住载玻片在微火上加热至染液冒蒸气并维持 15～20 分钟，加热时注意补充染液，切勿让玻片干涸。

③脱色　将玻片冷却后，用缓流自来水冲洗至流出水无色为止。

④复染　用 0.5%番红水溶液复染 2 分钟。

⑤水洗　用缓流自来水冲洗至流出水无色为止。

⑥镜检　载玻片晾干后油镜镜检。

（5）鞭毛染色　细菌鞭毛是细菌的运动器官，其形态细长，需用电子显微镜观察。采用鞭毛染色，使其增粗着色，即可在普通显微镜下观察。

①染色液的准备　检测前取石炭酸复红染液（A 液）和复红乙醇饱和液（B 液）按 9:1 比例混合。

②取细菌培养物，用 10μl 接种环挑取少量菌落轻放在盛有 3～4ml 灭菌蒸馏水的无菌培养皿表面，使细菌自由分散，浮在表面，37℃静置 5 分钟。

③从上一步骤液面取一接种环菌液，置于洁净的载玻片上，铺成薄层。勿用接种环在玻片上摩擦，以免致鞭毛脱落。

④玻片自然干燥后（勿用火焰固定），滴加鞭毛染液覆盖菌膜，染色 5～10 分钟，小流水慢慢洗片，干燥后镜检。

⑤用油镜放大 1000 倍观察，染色后菌体呈红色，鞭毛呈淡红色。

（6）抗酸染色法　抗酸染色法（acid－fast stain）主要用于实验用鱼样本中的海分枝杆菌、龟分枝杆菌和脓肿分枝杆菌等抗酸菌的检测。染色步骤如下。

①初染　涂片上滴加石炭酸复红液，火焰加热至产生蒸汽，约 5 分钟（防止染液蒸干），清水冲洗。

②脱色　第二液脱色约 1 分钟，轻轻摇动玻片，至涂片无红色脱出或略呈粉红色时为止，清水冲洗。

③复染　第三液复染 30 秒，水洗，自然干燥后镜检。

抗酸杆菌染色后呈红色。染色时应注意每一玻片只能涂一份标本，禁止将两份或两份以上的标本涂在同一张载玻片上，以免染色过程中因冲洗使菌体脱落，造成阴性、阳性结果混淆；为防止交叉感染，标本应先高压灭菌后再涂片染色；脱色时间需根据涂片厚度而定，厚片可适当延长，以无红色为止。

（7）乳酸酚棉兰染色　此方法主要用于皮肤病原真菌的染色镜检。取载玻片并加染色液数滴，用接种针（环）取培养物置于染色液中，然后加盖玻片，静置 10 分钟后，吸去周围染液，用高倍镜检查。真菌菌体呈现蓝色。

（8）Dienes 染色　此方法主要用于支原体菌落的染色。临用前将染色液用蒸馏水稀释 100～300 倍，滴加至有支原体菌落的平皿中，使其铺满平皿，不断摇动，15 分钟后倒掉染色液，用 pH7.4 PBS 洗 3 次。染色后的平皿置实体显微镜下观察，支原体菌落呈蓝色，L 型细菌菌落在短时间内能染上蓝色，但 30～60 分钟后褪色，呈无色。

三、分离与培养技术

（一）概述

病原菌分离培养主要用于临床样本（如呼吸道分泌物、回盲内容物、粪便、皮毛和病灶分泌物等）或培养物中有多种细菌或真菌时对某一种细菌或真菌的分离。通过分离，使细菌在平板上分散生长，便于观察单个菌落特性，也易于挑取单个菌落，进行菌种鉴定。

（二）基本条件

对病原菌进行分离培养，首先要具备生物安全柜、恒温培养箱等基本设备条件。其次要准备培养基和接种环（针）等接种材料。

1. 仪器设备

（1）无菌间和生物安全柜　实验动物中可通过分离培养法检测的病原菌均为三类及以下病原微生物，操作环境应为生物安全 2 级实验室。并具备 A2 级以上生物安全柜。在生物安全柜内操作时，应避免使用酒精灯而扰乱气流，造成污染。因此采用一次性用具是最佳选择。

（2）培养箱　35～37℃恒温培养箱用于培养普通需氧或兼性厌氧菌，25～27℃恒温培养箱用于培养真菌。某些细菌可在其他温度下生长，如铜绿假单胞菌可在 42℃温度下生长。

二氧化碳培养箱中二氧化碳浓度一般为 5%～10%，温度为 35～37℃。用于分离培养空肠弯曲菌、嗜血杆菌和支原体等生长时需二氧化碳的病原菌。初次分离培养时可提高此类待检病原菌的检出率。没有二氧化碳培养箱时可采用烛缸法代替。

（3）厌氧袋、厌氧罐（盒）和厌氧手套箱用于分离培养微需氧菌或厌氧菌。厌氧袋为透明的、不透气的塑料袋；厌氧罐为密封的塑料或玻璃罐（盒），可用物理或化学方法去除容器中的氧气，达到无氧状态；厌氧手套箱则可通过换气装置快速达到、持续保持无氧状态，并自动调节培养温度，还可通过手套在箱内进行分离接种、生化鉴定等操作。

2. 接种环（针）　一般采用铂丝制作，其经久耐用，易于传热，火焰灭菌后冷却快，但其质地较软。用电热（镍）丝制作的接种环（针），硬度适中，便于挑取样品，缺点是不易冷却。一次性接种环（针）现已广泛应用，免去了灼烧步骤，可提高实验效率。

3. 培养基　按性状分为固体、半固体和液体培养基；按用途分为基础、增菌、选择性、鉴别和厌氧培养基。

（1）按培养基物理性状分类

①液体培养基　将营养物质溶解于液体中，调整 pH 灭菌后即为液体培养基。常用于细菌增菌或观察细菌的生化反应。

②固体培养基　液体培养基中加入 13～15g/L 琼脂，溶化后凝固成固体培养基。制成平

皿，用于分离培养、活菌计数、选择培养、药敏试验。固体培养基可在试管中制成斜面用于菌种传代和短期保存。

③半固体培养基　液体培养基中加入2～5g/L琼脂。用于细菌动力观察和菌种保存。

（2）按培养基用途分类

①基础培养基　只有基础营养成分，有液体、半固体及固体之分。并可在此培养基上添加某些成分而制成其他培养基，为制备多种培养基的基础。

②增菌培养基　一般为液体培养基，某些标本中含病原菌较少，直接接种琼脂平板阳性率低，为了提高检出率，先在增菌培养基中进行增菌培养，以增加病原菌的数目，然后再转种培养。

③运送培养基　将样本接种于运送培养基中。增菌培养基为液体或半固体，是扩大培养的手段，也是细菌生化反应的主要培养方法。

④选择鉴别培养基　在培养基中加入指示剂或化学物质，抑制某些细菌生长而有助于需要的细菌生长，或通过指示剂颜色变化分离鉴别细菌。如DHL琼脂平板可以抑制球菌及革兰阳性杆菌生长，有利于肠道菌生长，称弱选择性培养基；SS琼脂平板除有上述作用外，还可抑制肠道非致病菌的生长，故称强选择性培养基。

⑤特殊培养基　包括厌氧培养基及其他（抗生素效价测定和药敏试验）培养基。培养基中加入某些特定成分（如糖、醇类和指示剂等）用于观察细菌各种生化反应，以鉴别和鉴定细菌或真菌。

4. 实验动物病原菌检测常用培养基的配制

（1）增菌液及液体培养基

①牛肉浸液培养基

成分：新鲜除脂牛肉500g，氯化钠5g，蛋白胨10g，蒸馏水1000ml，pH7.4～7.6。

制法：将完全除去脂肪、肌腔和筋膜的牛肉500g，加蒸馏水1000ml，充分搅拌后置4℃冰箱过夜。次日煮沸30分钟，并不时搅拌。用绒布或多层纱布粗过滤，再用脱脂棉过滤即成。在滤液中加人其他成分溶解后用氢氧化钠溶液矫正pH至8.0，并煮沸10分钟，补充蒸馏水至1000ml，pH有明显下降时再矫正至pH为7.6～7.8，最后用滤纸过滤，呈清晰透明、淡黄色液体，121℃灭菌15分钟备用，此时的pH应该为7.4～7.6。

②营养肉汤

成分：蛋白胨10g，牛肉浸粉3g，氯化钠5g，蒸馏水1000ml，pH7.4。

制法：将上述成分称量混合溶解于水中，校正pH至7.4，分装中试管，每管5ml，121℃灭菌15分钟，置4℃冰箱保存，2周内用完。

③亚硒酸盐增菌液（SF）

成分：蛋白胨5g，乳糖4g，磷酸氢二钠4.5g，磷酸二氢钠5.5g，亚硒酸氢钠4g，蒸馏水1000ml，pH7.0～7.2。

制法：先将亚硒酸盐加到200ml蒸馏水中，充分摇匀溶解。混合其他成分，加入蒸馏水800ml，加热溶解，待冷却后两液混合，充分摇匀，校正pH（调整磷酸盐缓冲对的比例来校正）。最后分装中试管，每管5ml，置水浴隔水煮沸10～15分钟，立即冷却，4℃冰箱保存，1周内使用。

④改良磷酸盐缓冲液

成分：磷酸氢二钠8.23g，磷酸二氢钠（$NaH_2PO_3 \cdot 12H_2O$）1.2g，氯化钠5g，三号胆盐

1.5g，山梨醇 20g，蒸馏水 1000ml。

制法：将磷酸盐及氯化钠溶于蒸馏水中，再加入其余成分，溶解后校正 pH7.6，分装中试管，每管 5ml，121℃灭菌 15 分钟备用。

⑤支原体液体培养基

成分：支原体基础培养基（干粉，按使用说明书称量，配制）3.5ml，小牛血清 1.0ml，酵母浸出液 0.5ml，青霉素添加液 0.25ml，乙酸铊添加液 0.1ml。

制法：支原体基础培养基按使用说明书称量，加入蒸馏水煮沸溶解，分装中试管，每管 3.5ml，用胶塞塞紧后灭菌，4℃保存备用。临用时将各种成分混匀即可。

⑥葡萄糖肉浸液肉汤

成分：牛肉浸液培养基中加入 1%葡萄糖。

制法：待葡萄糖完全溶解后先后装中试管，每管 5ml，115℃灭菌 20 分钟。也可用少量已灭菌的牛肉浸液溶解葡萄糖，过滤除菌后混合，摇匀，分装。

⑦链球菌增菌肉汤

成分：胰蛋白胨 15.0g，大豆胨 5.0g，氯化钠 4.0g，枸橼酸钠（$C_6H_5Na_3O_7 \cdot 2H_2O$）1.0g，L-胱氨酸 0.2g，D-葡萄糖 5.0g，亚硫酸钠 0.2g，三氮化钠 0.2g，结晶紫 0.0002g，蒸馏水 1000ml，pH7.3～7.5。

制法：除结晶紫外，将其他成分混合，加热溶解调 pH 至 7.3～7.5，加入结晶紫，混匀，分装，经 115℃，15min 高压灭菌，以无菌操作加其余成分，摇匀，分装中试管，每管 5ml，冷藏备用。

⑧NAC 增菌液

成分：磷酸氢二钾 0.3g，硫酸镁（$MgSO_4 \cdot 7H_2O$）0.3g，蛋白胨 20.0g，十六烷三甲基溴化铵 0.2g，萘啶酮酸 15mg，蒸馏水 1000ml，pH7.6。

制法：将除十六烷三甲基溴化铵外的上述成分混合、溶解，用 5mol/L 氢氧化钠溶液调 pH 至 7.4～7.5 后，加入十六烷三甲基溴化铵溶解后分装中试管，每管 5ml，121℃灭菌 1 分钟，冷却后冷藏备用。

⑨脑心浸液肉汤

成分：脑浸液干粉 12.5g，心浸液干粉 5.0g，胰蛋白胨 10.0g，氯化钠 5.0g，葡萄糖 2.0g，磷酸二氢钠（无水）2.5g，蒸馏水 1000ml，pH7.4。

制法：混合上述成分，加热溶解后调整 pH，分装中试管，每管 5ml，使用透气塞，121℃灭菌 15 分钟，冷却后冷藏，1 周内使用。

⑩硫乙醇酸钠肉汤

成分：酵母浸粉 5.0g，胰蛋白胨 15g，葡萄糖 5.5g，硫乙醇酸钠 0.5g，氯化钠 25.0g，刃天青 0.001g，琼脂 0.5g，蒸馏水 1000ml，pH7.2。

制法：混合上述成分，煮沸溶解，调整 pH，分装中试管，每管 5ml，使用不透气胶塞，121℃灭菌 15 分钟，冷却后冷藏，1 周内使用。

⑪大豆蛋白胨肉汤

成分：胰酶消化酪蛋白 17.0g，木瓜酶消化大豆粉 3.0g，氯化钠 5.0g，磷酸氢二钾 2.5g，葡萄糖 25.0g，蒸馏水 1000ml，pH7.3。

制法：混合上述成分，加热溶解，调整 pH，分装中试管，每管 5ml，使用透气塞，121℃ 15 分钟灭菌，冷却后冷藏，1 周内使用。

⑫3%氯化钠碱性蛋白胨水

成分：蛋白胨 10.0g，氯化钠 30.0g，蒸馏水 1000ml。

制法：将上述成分溶于蒸馏水中，校正 pH8.5±0.2，121℃高压灭菌 10 分钟。

⑬碱性蛋白胨水

成分：蛋白胨 10.0g，氯化钠（NaCl）8.5g，蒸馏水 1000ml。

制法：混匀上述成分，加热溶解，调 pH 至 9.0，121℃灭菌 15 分钟。冷却后冷藏保存，两周内使用。

⑭蔗糖胰蛋白胨肉汤

成分：磷酸二氢钾（KH_2PO_4）10.0g，氯化钾（KCl）1.5g，蔗糖 5.0g，胰蛋白胨 5.0g，脱脂奶粉 10.0g，蒸馏水 1000ml。

制法：上述成分混匀，加热溶解，调 pH 至 7.0，分装试管，121℃高压灭菌 15 分钟。冷却后冷藏保存，1 周内使用。

（2）半固体培养基

①半固体琼脂

成分：营养肉汤中加入 0.3%的琼脂。

制法：加热煮沸，待琼脂溶化后分装小试管，每管 2ml。塞上透气塞，121℃灭菌 15min，直立放置，冷却后 4℃冰箱保存，2 周内用完。

②支原体半流体培养基

成分：含 0.3%琼脂的支原体基础培养基（支原体液体培养基干粉，按使用说明书称量，并加入 0.3%琼脂，配制）3.5ml，马血清 1.0ml，酵母浸出液 0.5ml，青霉素添加液 0.25ml，乙酸铊添加液 0.1ml。

制法：各种成分均需分别制备，使用时按上述比例混合。

含 0.3%琼脂的支原体基础培养基按使用说明书称量并加入琼脂，蒸馏水煮沸溶解，分装中试管，每管 3.5ml，用胶塞塞紧后灭菌 4℃保存备用。

小牛血清经 56℃ 30 分钟灭活后 -20℃保存。

市售酵母浸出粉用蒸馏水配制成 7%的酵母浸出液，0.22μm 滤膜过滤除菌，小量分装 -20℃保存。使用时分装小试管，每管 0.6～0.7ml，用于咽及气管洗脱液的制备。

青霉素添加液：注射用青霉素钾盐或钠盐用灭菌蒸馏水配制成每毫升含 1 万单位的溶液，小量分装 -20℃保存。

乙酸铊添加液：乙酸铊 1g 溶于 100ml 灭菌蒸馏水中，小量分装 -20℃保存。

使用：基础培养基溶化后置 50℃水浴中，将小牛血清、青霉素添加液及乙酸铊添加液根据需要量按上述比例混合作为总添加液，取出冷至 50℃的基础培养基，加入总添加液 1.35ml，酵母浸出液制成的洗脱液 0.5ml，混匀后即可培养。

（3）固体培养基

①普通营养琼脂

成分：营养肉汤中加入 1.2%～1.5%的琼脂。

制法：煮沸溶解琼脂后 121℃灭菌 15 分钟。待冷至 50℃左右时倾注无菌平皿，凝固后置 4℃冰箱保存，两周内用完。

②血琼脂

成分：营养琼脂中加入 5%～10%的脱纤维羊血。

制法：待已灭菌的营养琼脂冷至 50℃左右时，无菌操作加入血液，轻轻摇匀后倾注平皿，凝固后置 4℃冰箱保存，1 周内用完。

③DHL 琼脂（胆盐硫乳琼脂培养基）

成分：蛋白胨 20g，牛肉浸粉 3g，乳糖 10g，蔗糖 10g，去氧胆酸钠 1g，硫代硫酸钠 2.3g，枸橼酸钠 1g，水解酪蛋白 5g，枸橼酸铁铵 1g，1%中性红 3ml，琼脂粉 15g，蒸馏水 1000ml，pH7.4。

制法：除 1%中性红溶液及琼脂外，上述成分混匀，微温使溶解，调节 pH 至 7.4，加入琼脂，加热煮沸溶化后再加入中性红溶液，摇匀，冷至约 50～55℃时倾注平皿。凝固后放置 4℃冰箱保存，2 周内用完。

④SS 琼脂

成分：蛋白胨 5.0g，牛肉浸粉 5.0g，乳糖 10.0g，三号胆盐 3.5g，枸橼酸钠（H_2O）8.5g，硫代硫酸钠 8.5g，枸橼酸铁铵 1.0g，1%中性红溶液 2.5ml，0.1% 亮绿溶液 0.33ml，琼脂 5～20g，蒸馏水 1000ml，pH7.0～7.2。

制法：除中性红、亮绿及琼脂外，混匀其他成分，加热溶解，调节 pH，加入琼脂，加热溶化，再加入中性红和亮绿摇匀，冷至约 55～60℃时倾注平皿。凝固后放置 4℃冰箱保存，1 周内用完。

⑤麦康凯琼脂

成分：蛋白胨 20g，氯化钠 5.0g，胆盐（猪、牛等）5.0g，乳糖 10.0g，琼脂 15～20g，1%中性红溶液 5ml，蒸馏水 1000ml，pH7.2。

制法：将上述成分（中性红和琼脂除外）混匀，加热溶解，校正 pH，加入琼脂，煮沸溶化后再加入中性红溶液，摇匀，115℃灭菌 20 分钟，待冷至 50～55℃时倾注平皿。凝固后置 4℃冰箱保存，1 周内使用。

⑥Cary－Stair 运送培养基

成分：硫乙醇酸钠 1.5g，磷酸氢二钠 1.1g，氯化钠 5.0g，琼脂 5.0g，蒸馏水 1000ml，1% 氯化钙溶液 9ml，pH8.4。

制法：除氯化钙外混匀其他成分，加热煮沸溶解，冷至 50℃时加入氯化钙溶液，校正 pH。分装中试管，每管 5ml，加胶塞，121℃灭菌 15 分钟。

⑦CIN－1 培养基

基础培养基：胰蛋白胨 20.0g，酵母浸粉 2.0g，甘露醇 20.0g，氯化钠 1.0g，去氧胆酸钠 2.0g，硫酸镁（$MgSO_4 \cdot 7H_2O$）0.01g，琼脂 12.0g，蒸馏水 950ml，pH7. 4～7.6。

添加剂：以 95%乙醇作溶剂，溶解二苯醚，配成 0.4%的溶液，待基础培养基冷至 80℃时加入 1ml 混匀。

冷至 50℃时加入中性红（3mg/ml）10ml，结晶紫（0.1mg/ml）10ml，头孢噻啶（1.5mg/ml）10ml，新生霉素（0.25mg/ml）10ml，在不断搅拌下加入 10ml 10%氯化锶溶液，倾注平皿，凝固后冷藏备用。

⑧改良 Y 培养基

成分：蛋白胨 15.0g，氯化钠 5.0g，乳糖 10.0g，草酸钠 2.0g，去氧胆酸钠 6.0g，三号胆盐 5.0g，丙酮酸钠 2.0g，孟加拉红 40mg，水解酪蛋白 5.0g，琼脂 17.0g，蒸馏水 1000ml。

制法：混合上述成分，加热煮沸溶解后 121℃灭菌 15 分钟，冷至 50～55℃时倾注平皿，凝固后冷藏备用。

⑨葡萄糖蛋白胨琼脂（沙氏培养基）

成分：蛋白胨 10.0g，葡萄糖 40.0g，琼脂 18.0g，蒸馏水 1000ml。

制法：加热溶解调 pH 至 5.6，分装大号中试管，每管 10ml，115℃灭菌 30 分钟后制成斜面，凝固后冷藏备用。

⑩皮肤癣菌鉴别琼脂（DTM）

成分：蛋白胨 10.0g，葡萄糖 20.0g，酚红（0.2%）6ml，盐酸（0.6mol/L）6ml，琼脂 18.0g，蒸馏水 1000ml，抗生素（氯霉素 40mg 或金霉素 100mg，硫酸庆大霉素 100mg）。

制法：除抗生素外，其他成分加热溶解调 pH 至 5.5，121℃灭菌 15 分钟备用，将抗生素制备成溶液后，过滤除菌，使用前临时加入。在室温中制成斜面。

⑪支原体固体培养基

成分：支原体固体培养基基础（干粉，按使用说明书称量、配制）70ml，小牛血清 20ml，酵母浸出液 10ml，青霉素添加液 5ml，乙酸铊添加液 2.5ml。

制法：固体培养基基础冷至 50℃时加入各种添加液，混匀后倾注无菌平皿，凝固后用保鲜袋包装后置 4℃保存，1 周内使用。

⑫高盐甘露醇琼脂（SP）

成分：牛肉浸粉 1.0g，蛋白胨或多价胨 10.0g，氯化钠 75g，甘露醇 10.0g，酚红 0.025g，琼脂 15.0g，蒸馏水 100ml，pH7.4。

制法：除酚红和琼脂外混合上述成分，加热溶解，校正 pH 至 7.4，加入酚红，115℃灭菌 15 分钟，冷至 50～55℃时倾注平皿，凝固后冷藏，两周内使用。

⑬NAC 琼脂

成分：NAC 液体培养基 1000ml，琼脂 15.0g。

制法：将琼脂加入 NAC 液体培养基中，121℃灭菌 1 分钟，冷至 50～55℃，倾注平皿，凝固后冷藏备用。

⑭XLD 琼脂

成分：酵母浸粉 3.0g，L-赖氨酸 5.0g，乳糖 7.5g，蔗糖 7.5g，木糖 3.75g，氯化钠 5.0g，硫代硫酸钠 6.8g，枸橼酸铁铵 0.8g，去氧胆酸钠 2.5g，苯酚红 0.08g，琼脂 15.0g，pH 7.4±0.2。

制法：称取本品 5.7g，加热搅拌，溶解于 100ml 蒸馏水中，不要过分加热，冷至 50℃左右时，倾入无菌平皿，部分开盖干燥 2 小时，然后盖上，备用。无需高压灭菌。在 24 小时内使用。

⑮改良 Camp-BAP 培养基

成分

基础培养基：胰蛋白胨 10.0g，蛋白胨 10.0g，葡萄糖 1.0g，酵母浸粉 2.0g，氯化钠 5.0g，焦亚硫酸钠 0.1g，硫乙醇酸钠 1.5g，琼脂 15.0g，蒸馏水 1000ml。

抗生素添加剂：万古霉素 0.01g，多黏菌素 B 2500IU，两性霉素 B 0.002g，头孢噻啶 0.015g。

脱纤维羊血 50ml。

制法：混合基础培养基成分，加热溶解，校正 pH 至 7.0，分装，121℃灭菌 15 分钟，冷至 50℃时加入抗生素添加剂及脱纤维羊血，摇匀后倾注平皿，凝固后冷藏备用。

⑯Skirrow 培养基

成分

基础培养基：蛋白胨 15.0g，胰蛋白胨 5.0g，酵母浸粉 5.0g，氯化钠 5.0g，琼脂 12.0g，蒸馏水 1000ml。

甲氧苄啶（TMP）、抗菌药：万古霉素 10mg，多黏菌素 B 2500IU，甲氧苄啶（TMP）5mg。

脱纤维羊血 70ml。

制法：乳酸 62mg（约 2 滴）加入 100ml 灭菌蒸馏水中，然后加入 TMP100mg，煮沸。取上述溶液 5ml 加入万古霉素和多黏菌素 B，摇匀后即成。混合基础培养基各成分，加热溶解，调 pH 至 7.2，分装，每瓶 100ml，121℃ 15 分钟灭菌，冷藏备用。临用前加热溶解，冷至 50℃时每 100ml 中加入脱纤维羊血 7ml，TMP、抗生素添加液 0.5ml 摇匀，倾注平皿。

⑰硫代硫酸盐－柠檬酸盐－胆盐－蔗糖（TCBS）琼脂

成分：蛋白胨 10.0g，酵母浸粉 5.0g，枸橼酸钠（$C_6H_5O_7Na_3 \cdot 2H_2O$）10.0g，硫代硫酸钠（$Na_2S_2O_3 \cdot 5H_2O$）10.0g，氯化钠 10.0g，牛胆汁粉 5.0g，枸橼酸铁 1.0g，胆酸钠 3.0g，蔗糖 20.0g，溴麝香草酚蓝 0.04g，麝香草酚蓝 0.04g，琼脂 15.0g，蒸馏水 1000ml。

制法：将上述中成分溶于蒸馏水中，校正 pH 至 8.6±0.2，加热煮沸至完全溶解。冷至 50℃左右倾注平板。冷藏保存，2 周内使用。

⑱RS 琼脂

成分：L－盐酸鸟氨酸 6.5g，L－盐酸赖氨酸 5.0g，L－盐酸半胱氨酸 0.3g，麦芽糖 3.5g，硫代硫酸钠（$Na_2S_2O_3 \cdot 5H_2O$）6.8g，枸橼酸铁铵 0.8g，脱氧胆酸钠 1.0g，氯化钠（NaCl）5.0g，酵母浸粉 3.0g，新生霉素 0.005g，溴麝香草酚蓝 0.03g，琼脂 13.5g，蒸馏水 1000ml。

制法：上述成分混合溶解，调 pH 至 7.0，煮沸 1 分钟，冷却至 45℃，倾注平皿。冷却后冷藏保存，2 周内使用。

⑲AHM 鉴别琼脂

成分：蛋白胨 5.0g，酵母浸粉 3.0g，胰蛋白胨 10.g，L－盐酸鸟氨酸 5.0g，甘露醇 1.0g，肌醇 10.0g，硫代硫酸钠（$Na_2S_2O_3 \cdot 5H_2O$）0.4g，枸橼酸铁铵 0.5g，溴甲酚紫 0.02g，琼脂 3.0g，蒸馏水 1000ml。

制法：上述成分混合，加热溶解，调 pH 至 6.7，121℃高压灭菌。冷却至 45℃，倾注平皿。冷藏保存，2 周内使用。

⑳脱脂奶蔗糖胰蛋白胨琼脂

成分：磷酸氢二钾（KH_2PO_4）10.0g，氯化钾（KCl）1.5g，蔗糖 5.0g，胰蛋白胨 5.0g，脱脂奶粉 10.0g，琼脂 15.0g，蒸馏水 1000ml。

制法：上述成分混匀，加热溶解，调 pH 至 7.0，121℃高压灭菌。冷却至 45℃，倾注平皿。冷藏保存，2 周内使用。

㉑玉米粉琼脂

成分：玉米粉 60g，琼脂粉 15～18g，蒸馏水 1000ml。

制法：将玉米粉加入蒸馏水中，搅匀，文火煮沸 1 小时，加琼脂后加热熔化，补足水量至 1000ml。分装，121℃灭菌 20 分钟。

（三）接种方法

1. 曲线划线法 又称连续划线法，本法一般用于接种材料含菌数量相对较少的样品或培养物。右手持接种环，通过火焰灭菌，冷却后，挑取标本或培养物少许。如使用一次性接种环，则无需灼烧灭菌。左手持培养基平皿，先将样品或培养物涂于琼脂平板的一角，然后用接种环自涂布处开始，向左向右并逐渐向下快速移动，做之字形划线。

分区划线法 多用于粪便等含菌量较多的样品。用接种环先将样品涂布在平板第一区，再于二、三区依次用接种环划线。每划一个区域，应将接种环烧灼一次，待冷却后再划下一区域。使用一次性接种环时，在第一次划线后，翻转接种环，用背面无样品面继续划线。每一区域的划线应接触上一区域的接种线 2～3 次，使菌量逐渐减少，以形成单个菌落。划线后，将平皿加盖，倒置（平皿的底部在上），置（36±1）℃培养。

2. 斜面接种法 主要用于鉴定或保存菌种，或观察细菌的某些生化特性和动力。用左手握住菌种管和斜面培养管底部，右手持接种环（针）。用右手小指与手掌，小指与无名指分别拔出两管的棉塞，将管口通过火焰灭菌。用接种环（针）伸入菌种管内挑取移种之菌落。伸入斜面培养管内，先从斜面底部到顶端拖一条接种线，再自下而上蜿蜒划线，或直接自下而上蜿蜒划线。将接种针垂直插入半固体培养基的中央，穿刺至培养基底部，然后沿原穿刺线退出接种针。盖好管塞，置（36±1）℃培养。

3. 穿刺培养法 用于保存菌种，观察动力及某些生化反应。以接种针挑取细菌培养物，插入半固体培养基的中央，穿刺至培养基底部，然后沿原穿刺线退出接种针。盖好管塞，置（36±1）℃培养。

4. 液体培养基接种法 用灭菌接种环挑取菌落或样品。在试管内壁与液面交界处轻轻研磨，使细菌在液体培养基中混匀。菌落分纯法主要用于分离琼脂平板上的混合菌。用接种针垂直挑取所需分纯细菌的单个菌落，点在另一个固体琼脂平板上的第一区，用接种环划线，涂布。第一区接种后烧红接种环，再划第二区，依次接种至第四区。

5. 点植法 适用于皮屑、甲屑、毛发、痂皮、组织等固体有形样品的真菌培养。将标本直接置于培养基表面，盖好管塞，置 27±1℃培养。

四、生化鉴定技术

（一）概述

细菌在生长繁殖过程中要进行一系列复杂的生化反应，其中分解代谢是将复杂的有机营养物降解为结构简单的化合物，合成代谢则是将小分子化合物合成为复杂的菌体成分。分解和合成代谢同时进行，随之产生多种代谢产物，可以利用生化反应检测不同的代谢产物以及参与代谢过程的不同酶类，达到鉴定细菌的目的。

（二）碳水化合物的代谢试验

1. 氧化发酵试验

（1）原理 氧化发酵试验又称氧化/发酵（O/F）试验，是根据细菌代谢过程中对葡萄糖的利用与氧化的关系来加以鉴别。无论有氧无氧都能分解葡萄糖的称为发酵型，如大肠埃希菌；只有在有氧条件下才能分解葡萄糖的称为氧化型，如铜绿假单胞菌；有氧无氧都不能分解葡萄糖的称为产碱型。

（2）方法　从平板上或斜面培养基上挑取少量培养物，同时穿刺接种于两支 O/F 试管，其中一支滴加无菌液状石蜡，覆盖培养基液面 0.3～0.5cm 高度，至 37℃培养 24～48 小时后，观察结果。

（3）结果判断　仅开放管产酸为氧化反应，两管都产酸为发酵反应，两管均不变为产碱型。发酵型，两管均分解葡萄糖产酸，变黄色；氧化型，开放管分解葡萄糖产酸，变黄色；产碱型，两管均不分解葡萄糖，不变色。

2. 糖（醇、苷）类发酵试验

（1）原理　不同细菌含有发酵不同糖类的酶，分解糖的能力各不相同，产生的代谢产物也随细菌种类而异。观察细菌能否分解各类单糖（葡萄糖等）、双糖（乳糖等）、多糖（淀粉等）和醇类（甘露醇）、糖苷（水杨苷等），是否产酸或产气。

（2）方法　将纯培养的细菌接种至各种单糖培养管中，置一定条件下孵育后取出，观察结果。

（3）结果判断　若细菌能分解此种糖类产酸，则指示剂呈酸性变化；不分解此种糖类，则培养基无变化。产气可使液体培养基中倒置的小管内出现气泡，或在半固体培养基内出现气泡或裂隙。

3. V－P（Voges－Proskauer）试验

（1）原理　某些细菌能分解葡萄糖产生丙酮酸，并进一步将丙酮酸脱羧成为乙酰甲基甲醇，后者在碱性环境中被空气中的氧氧化成为二乙酰，进而与培养基中的精氨酸等所含的胍基结合，形成红色的化合物，即 V－P 试验阳性。

（2）方法　将待检菌接种至葡萄糖蛋白胨水培养基中，（36±1）℃孵育 1～2 天，加入等量的 V－P 试剂（0.1%硫酸铜溶液），混匀后（36±1）℃孵育 30min，观察结果。

（3）结果判断　呈红色者为阳性。

4. β–半乳糖苷酶试验（ONPG 试验）

（1）原理　某些细菌具有β–半乳糖苷酶，可分解邻－硝基β–半乳糖苷（ONPG），生成黄色的邻－硝基酚。用于测定不发酵或迟缓发酵乳糖的细菌是否产生此酶，亦可用于迟发酵乳糖细菌的快速鉴定。

（2）方法　取纯菌落用无菌生理盐水制成浓的菌悬液，加入 ONPG 溶液 0.25ml，置（36±1）℃孵育，于 20 分钟和 3 小时观察结果。

（3）结果判断　通常在 20～30 分钟内显色，出现黄色为阳性反应。

（三）蛋白质和氨基酸代谢试验

1. 三糖铁试验

（1）原理　三糖铁琼脂（TSI）用于观察细菌对糖的发酵能力，以及是否产生硫化氢（H_2S），可初步鉴定细菌的种属。如大肠埃希菌能发酵葡萄糖和乳糖产酸产气，使 TSI 的斜面和底层均呈黄色，并有气泡产生；伤寒沙门菌，痢疾志贺菌只能发酵葡萄糖，不发酵乳糖，使斜面呈红色（发酵葡萄糖产生的少量酸，接触空气发生氧化），而底层呈黄色；有些细菌能分解培养基中的含硫氨基酸（如半胱氨酸和胱氨酸），生成硫化氢（H_2S），H_2S 遇铅或铁离子形成黑色的硫化铅或硫化铁沉淀物。

（2）方法　挑取纯菌落接种于三糖铁琼脂上，（36±1）℃孵育 1～7 天。

（3）结果判断　出现黑色沉淀物为 H_2S 阳性。

2. 尿素酶试验

（1）原理　某些细菌能产生尿素酶，分解尿素形成氨，使培养基成碱性，酚红指示剂变为红色。

（2）方法　将待检菌接种于含尿素的培养基中，（36±1）℃孵育 1～4 天，观察是否产生红色。

（3）结果判断　呈红色者为尿素酶试验阳性。

3. 甲基红试验

（1）原理　某些细菌能分解葡萄糖产生丙酮酸，丙酮酸进一步代谢分解为乳酸、甲酸和乙酸，使培养基的 pH 下降到 4.5 以下，加入甲基红指示剂即显红色（甲基红变红的范围为 pH4.4～6.0）；某些细菌虽能分解葡萄糖，但产酸量少，培养基的 pH 在 6.2 以上，加入甲基红指示剂呈黄色。

（2）方法　将待检菌接种至葡萄糖蛋白胨水培养基中，（36±1）℃孵育 1～2 天，加入甲基红试剂 2 滴，立即观察结果。

（3）结果判断　红色者为阳性，黄色者为阴性。

4. 吲哚试验（靛基质试验）

（1）原理　有些细菌具有色氨酸酶，能分解培养基中的色氨酸，生成吲哚，吲哚与试剂对二甲氨基苯甲醛作用，形成玫瑰吲哚而呈红色。

（2）方法　将待检菌接种至蛋白胨水培养基中，（36±1）℃孵育 1～2 天，沿管壁徐徐加入 Kovac 试剂 0.5ml，即刻观察结果。

（3）结果判断　两液面交界处呈红色者为阳性，无红色者为阴性。

5. 七叶苷试验

（1）原理　某些细菌可水解七叶苷，生成葡萄糖和七叶素，七叶素可与培养基中的枸橼酸铁试剂的二价铁离子反应生成黑色的化合物沉淀，使培养基变黑。

（2）方法　取纯菌落用无菌生理盐水制成浓的菌悬液，或挑取若干菌落，接种至七叶苷培养基中，（36±1）℃培养 18～24 小时后观察结果。

（3）结果判断　培养基变为黑色为阳性反应，无色为阴性。

6. 氨基酸脱羧酶试验

（1）原理　有些细菌能产生某种氨基酸脱羧酶，使该种氨基酸脱去羧基，生成胺（如赖氨酸－尸胺，鸟氨酸－腐胺，精氨酸－精胺），从而使培养基变为碱性，指示剂变色。

（2）方法　挑取纯菌落接种于含某种氨基酸（赖氨酸、鸟氨酸或精氨酸）的培养基及不含氨基酸的对照培养基中，加无菌石蜡油覆盖，（36±1）℃孵育 4 天，每日观察结果。

（3）结果判断　若仅发酵葡萄糖显黄色为阴性，由黄色变为紫色为阳性。对照管（无氨基酸）为黄色。

7. 苯丙氨酸脱氨酶试验

（1）原理　有些细菌能产生苯丙氨酸脱氨酶，使苯丙氨酸脱去氨基生成苯丙酮酸，与三氯化铁作用形成绿色化合物。

（2）方法　将待检菌接种于苯丙氨酸琼脂斜面，孵育 18～24 小时，在生长的菌苔上滴加三氯化铁试剂，立即观察结果。

（3）结果判断　斜面呈绿色者为阳性。

（四）碳源和氮源利用试验

1. 枸橼酸盐利用试验

（1）原理　在枸橼酸盐培养基中，细菌能利用的碳源只有枸橼酸盐。当某种细菌能利用枸橼酸盐时，可将其分解为碳酸钠，使培养基变碱性，pH 指示剂溴麝香草酚蓝由淡绿色变为深蓝色。

（2）方法　将待检菌接种于枸橼酸盐培养基斜面，（36±1）℃孵育 1～7 天，观察斜面的颜色变化。

（3）结果判断　培养基由淡绿色变为深蓝色者为阳性。

2. 丙二酸盐利用试验

（1）原理　在丙二酸盐培养基中，细菌能利用的碳源只有丙二酸盐。当某种细菌能利用丙二酸盐时，可将其分解为碳酸钠，使培养基变碱性，指示剂由绿色变为蓝色。

（2）方法　将待检菌接种在丙二酸盐培养基上，（36±1）℃孵育 1～2 天，观察培养基的颜色变化。

（3）结果判断　培养基由绿色变为蓝色者为阳性。

3. 硝酸盐还原试验

（1）原理　硝酸盐培养基中的硝酸盐可被某些细菌还原为亚硝酸盐，后者与乙酸作用生成亚硝酸。亚硝酸与对氨基苯磺酸作用，形成偶氮苯磺酸，再与α-萘胺结合生成红色的N-α-苯氨偶氮苯磺酸。

（2）方法　将待检菌株接种于硝酸盐培养基，（36±1）℃孵育 1～2 天，加入试剂甲液（对氨基苯磺酸和乙酸）和乙液（α-萘胺和乙酸）各 2 滴，立即观察结果。

（3）结果判断　呈红色者为阳性。若不呈红色，再加入少许锌粉，如仍不变为红色者为阳性，表示培养基中的硝酸盐已被细菌还原为亚硝酸盐，进而分解成氨和氮。加锌粉后变为红色者为阴性，表示硝酸盐未被细菌还原，红色反应是由于锌粉的还原所致。

4. 马尿酸钠水解试验

（1）原理　B 群链球菌具有马尿酸水解酶，可使马尿酸水解为苯甲酸和甘氨酸，苯甲酸与三氯化铁试剂结合，可形成苯甲酸铁沉淀；甘氨酸在茚三酮的作用下，经氧化脱氨基反应，生成氨、二氧化碳和相应的醛，茚三酮则生成了还原型茚三酮。其中形成的氨和还原型茚三酮与残留的茚三酮起反应，形成紫色化合物。该实验主要用于链球菌的鉴定。

（2）方法

①三氯化铁法　待检菌接种于马尿酸钠培养基，（36±1）℃培养 48 小时，离心沉淀，取上清液 0.8ml 加入三氯化铁溶液 0.2ml，立即混合均匀，10～15 分钟后观察结果。

②茚三酮法　0.4ml 待检菌与等量的 1%马尿酸钠水溶液混合后，（36±1）℃培养 2 小时，加入 0.2ml 茚三酮试剂，振摇后观察。

（3）结果判断　三氯化铁法出现稳定的沉淀物为阳性，轻摇后沉淀物溶解为阴性；茚三酮法出现紫色为阳性。

（五）呼吸酶试验

1. 过氧化氢酶试验

（1）原理　具有触酶（过氧化氢酶）的细菌，能催化过氧化氢，放出新生态氧，继而形成分子氧，出现气泡。

（2）方法　取 3%过氧化氢溶液 0.5ml，滴加于不含血液的细菌琼脂培养物上，或取 1～3ml 滴加入盐水菌悬液中。

（3）结果判断　培养物出现气泡者为阳性。

（4）注意事项　细菌要求新鲜；红细胞内含有触酶，可能出现假阳性，故不宜用血琼脂平板上的菌落作触酶试验；需用已知阳性菌和阴性菌作对照。

2. 氧化酶试验

（1）原理　氧化酶（细胞色素氧化酶）是细胞色素呼吸酶系统的酶。具有氧化酶的细菌，首先使细胞色素 C 氧化，再由氧化型细胞色素 C 使对苯二胺氧化，生成有色的醌类化合物。

（2）方法　取洁净的滤纸一小块，涂抹菌苔少许，加 1 滴 10g/L 对苯二胺溶液于菌落上，观察颜色变化。

（3）结果判断　立即呈粉红色并迅速转为紫红色者为阳性。

（4）注意事项　未加维生素 C 的试剂需每星期新鲜配制（试剂在空气中易发生氧化）。避免接触含铁物质。不宜采用含葡萄糖的培养基上的菌落（葡萄糖发酵可抑制氧化酶活性）。

3. 氰化钾（KCN）试验

（1）原理　氰化钾可抑制某些细菌的呼吸酶活性，呼吸酶都是以铁卟啉作为辅酶，由于氰化钾与铁卟啉结合，使其失去辅酶作用，因此呼吸酶也失去活性，细菌生长就受到抑制。此试验用以测定细菌能否被一定浓度的氰化钾所抑制而停止发育，用于沙门菌的鉴定。

（2）方法　待检菌接种于氰化钾培养基，（36±1）℃培养 24～48 小时。

（3）结果判断　浑浊生长为 KCN 试验阳性，澄清无生长为 KCN 试验阴性。

（4）注意事项　氰化钾为剧毒试剂，在保管和使用上必须严格遵守制度和规定，严禁口吸。盛过氰化钾溶液的玻璃容器在高压灭菌前需各加一粒亚硫酸铁和 0.1ml 40%氢氧化钠溶液，以破坏氰化钾。

（六）其他试验

1. CAMP 试验

（1）原理　B 群链球菌具有“CAMP”因子，能促进葡萄球菌β溶血素的活性，使两种细菌在划线处呈现箭头形透明溶血区。

（2）方法　先用产溶血素的金黄葡萄球菌在血琼脂平板上划一横线，再取待检的链球菌与前一划线作垂直划线接种，两者相距 0.5～1cm。置（36±1）℃孵育 18～24 小时，观察结果。用 B 群链球菌作阳性对照，A 群或 D 群链球菌作阴性对照。

（3）结果判断　在两种细菌划线的交界处，出现箭头形透明溶血区为阳性。

2. Optochin 敏感试验

（1）原理　Optochin（ethylhydrocupreine，乙基氢化羟基奎宁）可干扰肺炎链球菌叶酸的生物合成，抑制该菌的生长，故肺炎链球菌对其敏感，而其他链球菌对其耐药。

（2）方法　将待检的α型溶血的链球菌均匀涂布在血琼脂平板上，贴放 Optochin 纸片（含药 5μg），（36±1）℃孵育 18～24 小时，观察抑菌圈的大小。

（3）结果判断　抑菌圈＞15mm 为肺炎链球菌。

3. 凝固酶试验

（1）原理　金黄色葡萄球菌可产生两种凝固酶：一种是结合凝固酶，结合在细胞壁上，使血浆中的纤维蛋白原变成纤维蛋白而附着于细菌表面，发生凝集，可用玻片法测出；另一种是菌体生成后释放于培养基中的游离凝固酶，能使凝血酶原变成凝血酶类物质，从而使血浆凝固，可用试管法测出。

（2）玻片法　取兔或混合人血浆和盐水各 1 滴分别置清洁载玻片上，挑取待检菌菌落分别与血浆及盐水混合。如血浆中有明显的颗粒出现而盐水中无自凝现象者为阳性。

（3）试管法　取试管 2 支，分别加入 0.5ml 的血浆（经生理盐水 1:4 稀释），挑取菌落数个加入测定管充分研磨混匀，用已知阳性菌株加入对照管，置（36±1）℃水浴中 3～4 小时。血浆凝固者为阳性。

4. DNA 酶试验

（1）原理　某些细菌可产生细胞外 DNA 酶。DNA 酶可水解 DNA 长链，形成数个单核苷酸组成的寡核苷酸链。长链 DNA 可被酸沉淀，而水解后形成的寡核苷酸则可溶于酸，当在菌落平板上加入酸后，若在菌落周围出现透明环，表示该菌具有 DNA 酶。

（2）方法　将待检菌点状接种于 DNA 琼脂平板上，（36±1）℃培养 18～24 小时，在细菌生长物上加一层 1mol/L 盐酸（使菌落浸没）。

（3）结果判断　菌落周围出现透明环为阳性，无透明环为阴性。

（4）注意事项　肠杆菌科中的沙雷菌和变形杆菌可产生 DNA 酶，革兰阳性球菌中，只有金黄色葡萄球菌产生 DNA 酶，可资鉴别。

（七）生化培养基和血清学试剂的配制

1. 糖醇发酵培养基

（1）基础液成分　牛肉浸粉 5.0g，蛋白胨 10.0g，氯化钠 3.0g，磷酸氢二钠（$Na_2HPO_3 \cdot 12H_2O$）2.0g，0.2%麝香草酚蓝溶液 12ml，蒸馏水 1000ml，pH7.4。

（2）制法　在基础培养基中加入 0.5%的葡萄糖溶液，0.1%的其他糖醇，溶解后分装在小试管中，其中葡萄糖发酵管中倒置一个小管，115℃ 20 分钟灭菌，冷却后冷藏备用。

2. 氨基酸脱羧酶试验培养基

（1）成分　蛋白胨 5.0g，酵母浸粉 3.0g，葡萄糖 1.0g，1.6%溴甲酚紫乙醇溶液 1ml，蒸馏水 1000ml，L-氨基酸 0.5g /100ml 或 DL-氨基酸 1.0g /100ml，pH6.8。

（2）制法　除氨基酸以外的成分混合，加热溶解后分装，每瓶 100ml，分别加入各种氨基酸：赖氨酸、精氨酸和鸟氨酸，再校正 pH 至 6.8，同时用不加氨基酸培养基作对照。分装于灭菌的小试管内，每管 3ml，并加一层液状石蜡，121℃灭菌 10 分钟。

3. 苯丙氨酸培养基

（1）成分　酵母浸粉 3.0g，氯化钠 5.0g，D,L-苯丙氨酸 2g（或 L-苯丙氨酸 1g），琼脂 12.0g，蒸馏水 1000ml，磷酸氢二钠 1g。

（2）制法　将上述成分加热溶解，分装于试管中，121℃灭菌 15 分钟，制成斜面。

（3）试剂　10%三氯化铁溶液。

（4）使用方法　挑取琼脂培养物沿斜面划线接种，（36±1）℃培养 18～24 小时。

（5）结果观察　滴加 10%三氯化铁溶液数滴，自斜面培养物上流下，培养物呈深绿色者为阳性。

4. 蛋白胨水（靛基质试验用）

（1）成分 多价胨 20.0g，氯化钠 5.0g，蒸馏水 1000ml，pH7.4。

（2）制法 按上述成分配制，分装于小试管中，121℃灭菌 15 分钟，冷藏备用。

（3）靛基质试剂

①Kovac 试剂 将 5.0g 对二甲基氨基苯甲醛溶解于 75ml 戊醇中，然后缓慢加入浓盐酸 25ml。

②欧－波试剂 将 1.0g 对二甲基氨基苯甲醛溶解于 95ml 乙醇中，然后缓慢加入浓盐酸 20ml。

（4）使用方法 用固体培养物或双糖铁或三糖铁培养物接种，(36±1)℃ 18～24 小时培养，必要时延长培养至 3 天。

（5）结果观察 培养物中加入 Kovac 试剂，在两种溶液交界处呈红色为阳性；加入欧－波试剂，在两种溶液交界处呈玫瑰红色为阳性。对弱阳性者可先在培养物中加入少量二甲苯，充分混匀后再加入靛基质试剂。

5. 缓冲葡萄糖蛋白胨水（甲基红和 VP 试验用）

（1）成分 磷酸氢二钾 5.0g，多价胨 7.0g，葡萄糖 5.0g，蒸馏水 1000ml。

（2）制法 混合上述成分，加热溶解后调 pH7.0，分装于小试管中，每管 1～2ml，115℃灭菌 20 分钟，冷却后冷藏备用。

（3）试剂

①甲基红（MR）试剂 10mg 甲基红溶于 30ml 95%乙醇中，然后加入 20ml 蒸馏水。

②V－P 试剂 6% α－萘酚－乙醇溶液；40%氢氧化钾溶液。

（4）使用方法 挑取琼脂培养物或三糖铁或双糖铁培养物接种，(36±1)℃培养 18～24 小时。

（5）结果观察

①甲基红试验 培养物加入甲基红试剂 1 滴，立即变为鲜红色为阳性，变为黄色为阴性。0.5ml，40%氢氧化钾溶液 0.2ml，数分钟内出现红色为阳性，不变色为阴性。

②V－P 试验 培养物中加入 6% α－萘酚－乙醇溶液 0.5ml，40%氢氧化钾溶液 0.2ml，数分钟内出现红色为阳性，不变色为阴性。

6. 尿素培养基

（1）成分 蛋白胨 20.0g，0.4% 酚红溶液 3ml，氯化钠 5.0g，尿素 2.0g，葡萄糖 1.0g，蒸馏水 1000ml。

（2）制法 除指示剂外，用水溶解上述成分，煮沸，用 1mol/L 氢氧化钠溶液调节，然后加入指示剂，分装于小试管中，每管 1～2ml，115℃灭菌 15 分钟，冷却后冷藏备用。也可将除尿素外的其他成分 121℃灭菌 15 分钟后加入过滤除菌的尿素溶液。

（3）使用方法 用固体培养物或双糖铁或三糖铁培养物接种，(36±1)℃培养 18～24 小时。

（4）结果观察 培养基由黄色变红色为阳性。

7. 硝酸盐培养基

（1）成分 硝酸钾 0.2g，蛋白胨 5.0g，蒸馏水 1000ml，pH7.4。

（2）制法 将上述成分溶解混匀，调 pH 至 7.4，分装于小试管中，每管 1～2ml，121℃灭菌 15 分钟备用。

（3）硝酸盐还原试剂

①甲液　将 0.8g 对氨基苯磺酸溶解于 100ml 5mol/L 乙酸溶液中。

②乙液　将 0.5g α-萘胺溶解于 100ml 5mol/L 乙酸溶液中。

（4）使用方法　用琼脂培养物或双糖铁或三糖铁培养物接种，（36±1）℃培养 18～24 小时。

（5）结果观察　培养物中先加入甲液数滴，再加入乙液数滴，出现红色为阳性。

8. 氧化酶试验

（1）试剂　1% 盐酸二甲基对苯二胺水溶液，少量新鲜配制，于冰箱内避光保存，1 周内使用。

（2）试验方法　取滤纸条沾取菌落，加氧化酶试剂 1 滴，30s 内呈现红色至紫红色反应为阳性，于 2min 内不变色为阴性。注意：不能用接种针挑取菌落，只能用玻棒或竹签；对弱阳性者应同时用铜绿假单胞菌作为阳性对照，用大肠埃希菌作为阴性对照。

9. 过氧化氢酶试剂

（1）试剂　3% 过氧化氢溶液，临用时配制。

（2）试验方法　用接种环挑取菌落置于干净的载玻片上，滴加 3%过氧化氢溶液适量，于 30s 内发生气泡者为阳性，不发生气泡者为阴性。

10. 克氏双糖铁（KI）

（1）成分　蛋白胨 20.0g，牛肉浸粉 3.0g，酵母浸粉 3.0g，乳糖 10g，葡萄糖 1.0g，氯化钠 5.0g，枸橼酸铁铵 0.5g，硫代硫酸钠 0.5g，琼脂 3g，酚红 0.025g，蒸馏水 1000ml，pH7.4。

（2）制法　混合除琼脂和酚红的上述成分，加热溶解后校正 pH。加入琼脂，溶化后再加入 0.2%酚红水溶液 12.5ml，摇匀，分装于小试管中，每管 3ml，115℃灭菌 20 分钟，趁热制成高层斜面，凝固后冷藏备用。

（3）使用方法　用接种针挑取菌落，先穿刺接种至高层培养基底部，再沿穿刺线退出在斜面上划线，（36±1）℃培养 18～24 小时。

（4）结果观察　斜面和高层均变黄者为分解葡萄糖和乳糖；高层破碎者为产气；高层变黄而斜面不变或变红者为分解葡萄糖，不分解乳糖；高层沿接种线变黑者为硫化氢阳性。

11. 三糖铁琼脂培养基（TSI）

（1）成分　蛋白胨 20g，牛肉膏粉 5.0g，酵母浸粉 3.0g，乳糖 10g，蔗糖 10.0g，葡萄糖 1.0g，氯化钠 5g，硫酸亚铁 0.2g，硫代硫酸钠 0.2g，酚红 0.3g，0.5% 酚红溶液 5ml，琼脂 12.0g，蒸馏水 1000ml，pH7.4。

（2）制法　将上述成分（除琼脂和酚红外）混合，加热溶解后校正 pH，再加琼脂及酚红溶液，加热煮沸溶解。分装于试管中，每管 4ml，经 115℃灭菌 20 分钟，制成高层斜面，待凝固后经无菌试验备用。

（3）使用方法　用接种针挑取菌落，先穿刺接种至高层培养基底部，再沿穿刺线退出在斜面上划线，（36±1）℃培养 18～24 小时。

（4）结果观察　斜面和高层均变黄者为分解葡萄糖、蔗糖和乳糖；高层破碎者为产气；高层变黄而斜面不变或变红者为分解葡萄糖，不分解蔗糖和乳糖；高层沿接种线变黑者为硫化氢阳性。

12. 乙酸铅纸条

（1）制法　将滤纸剪成约 5cm×10cm 的长条，浸泡于 3%乙酸铅水溶液中，以吸干水溶液为止。将该纸条置37℃培养箱中烘干，装入试管中，121℃灭菌15分钟。

（2）使用方法 悬空置于已接种的双糖铁或三糖铁或SIM培养管中，（36±1）℃培养18～24小时。注意：勿使纸条接触培养基，否则会因纸条变湿而影响结果观察。

（3）结果观察 纸条变黑者为硫化氢阳性。

13. SIM培养基

（1）成分 胰蛋白胨20.0g，多价胨0.6g，硫酸铁铵0.2g，硫代硫酸钠0.2g，琼脂3.0g，蒸馏水1000ml。

（2）制法 混匀上述成分，加热溶解，调pH7.2～7.4，分装于小试管中，每管2～3ml，121℃灭菌15分钟，放成高层，凝固后冷藏备用。

（3）使用方法 用琼脂培养物穿刺接种，（36±1）℃培养18～24小时。

（4）结果观察 沿接种线向周围生长者为动力阳性；培养基沿接种线变黑者为硫化氢阳性；滴加靛基质试剂，在交界处出现红色者为靛基质阳性（参见靛基质试验）。

14. 营养明胶

（1）成分 蛋白胨5.0g，牛肉浸粉3.0g，明胶120g，蒸馏水1000ml。

（2）制法 混合上述成分，水浴加热溶解，校正pH7.0～7.2，分装于小试管中，每管2～3ml，121℃灭菌15min，制成高层，凝固后冷藏备用。

（3）使用方法 挑取琼脂培养物穿刺接种，（36±1）℃培养18～24小时。

（4）结果观察 培养物放4℃冰箱1h，未见凝固者为明胶液化试验阳性；凝固者为阴性。

15. 胆汁－七叶苷培养基

（1）成分 胰蛋白胨1.5g，七叶苷0.1g，琼脂2.0g，胆汁2.5ml或胆盐0.3g，枸橼酸铁0.2g，蒸馏水100ml，pH6.4～6.6。

（2）制法 上述成分加热溶解，调pH至6.4～6.6，分装于试管中，121℃灭菌15分钟，放成斜面备用。

（3）使用方法 用固体培养物沿斜面划线接种，（36±1）℃培养18～24小时。

（4）结果观察 培养基呈黑色者为阳性，不变色者为阴性。

16. 西蒙氏柠檬酸盐培养基

（1）成分 氯化钠5.0g，硫酸镁（$MgSO_4 \cdot 7H_2O$）0.2g，磷酸二氢按1.0g，磷酸氢二钾1.0g，枸橼酸钠5.0g，琼脂20.0g，蒸馏水1000ml，pH6.8。

（2）制法 先将盐类溶解于水中，再加入琼脂，加热溶化，然后加入指示剂，混匀后分装于小试管中，每管2.3ml，121℃灭菌15min，趁热放置成斜面，凝固后冷藏备用。

（3）使用方法 用固体培养物沿斜面划线接种，（36±1）℃培养18～24小时。

（4）结果观察 培养基由绿色变蓝色者为阳性，不变色者为阴性。

17. 丙二酸钠

（1）成分 酵母浸粉1.0g，硫酸铵2.0g，磷酸氢二钾0.6g，磷酸二氢钾0.4g，氯化钠2g，丙二酸钠3g，0. 2%麝香草酚蓝溶液12ml，蒸馏水1000ml，pH6.8。

（2）制法 除指示剂外，用水溶解上述成分，校正pH后再加入指示剂，分装于小试管中，每管2～3ml，121℃灭菌15分钟，趁热放成斜面，凝固后冷藏备用。

（3）使用方法 用固体培养物沿斜面划线接种，（36±1）℃培养18～24小时。

（4）结果观察 培养基由绿色变蓝色者为阳性，不变色者为阴性。

18. 马尿酸钠水解试验培养基

（1）成分 马尿酸钠 1.0g，肉浸液 100ml。

（2）制法 将马尿酸钠溶解于肉浸液内，分装于小试管中，并于管壁内划一横线，121℃灭菌 20 分钟备用。

（3）试剂 三氯化铁（$FeCl_3 \cdot 6H_2O$）12.0g 溶于 20ml 盐酸中，总量为 100ml。

（4）使用方法 将纯培养物接种于培养基中，于 42℃培养 48 小时，取出用蒸馏水补充损失水分至刻度处，1500r/min 离心 5～10 分钟后，吸取上清液 0.8ml，加入三氯化铁试剂 0.2ml，混合均匀，静置 10～15 分钟，然后观察结果。

（5）结果观察 出现稳定不变的褐色沉淀为阳性。

19. TTC 琼脂

（1）成分 胰蛋白胨 17.0g，大豆胨 3.0g，葡萄糖 6.0g，氯化钠 2.5g，硫乙醇酸钠 0.5g，琼脂 15.0g，L－胱氨酸－盐酸 0.25g，亚硫酸钠 0.1g，1%氯化血红素溶液 0.5ml，1%维生素 K_1 溶液 0.1ml，2,3,5－氯化三苯四氮唑（TTC）0.4g，蒸馏水 1000ml。

（2）制法 除 1%氯化血红素溶液、1%维生素 K_1 溶液和 TTC 外，混合其他成分，加热溶解。L－胱氨酸先用少量氢氧化钠溶液溶解后加入，校正 pH 至 7.2，然后加入 1%氯化血红素溶液、1%维生素 K_1 溶液，摇匀，分装，每瓶 100ml，121℃灭菌 15 分钟，作为基础培养基备用。临用前每 100ml 中加入 TTC 40mg，充分摇匀，倾注平皿，凝固后冷藏备用。

20. 1%甘氨酸培养基

（1）成分 胰蛋白胨 10.0g，蛋白胨 10.0g，葡萄糖 1.0g，酵母浸膏 2.0g，氯化钠 5.0g，焦亚硫酸钠 0.1g，硫乙醇酸钠 1.5g，琼脂 1.6g，甘氨酸 10.0g，蒸馏水 1000ml。

（2）制法 混合上述成分，加热溶解，调 pH6.8～7.2，分装于小试管中，每管 2～3ml，121℃灭菌 15 分钟，制成高层，凝固后冷藏备用。

（3）使用方法 用接种针挑取菌落，穿刺接种，置微氧环境，42℃培养 48 小时。

（4）结果观察 空肠弯曲菌在培养基表面出现云雾状生长。

21. 氰化钾培养基

（1）成分 蛋白胨 10.0g，氯化钠 5.0g，磷酸二氢钾 0.225g，磷酸氢二钠 4.5g，蒸馏水 1000ml，5%氰化钾溶液 1.5ml，pH7.6。

（2）制法 将除氰化钾以外的成分混合，溶解后调 pH，121℃灭菌 15 分钟。待其充分冷却后每 100ml 中加入 5%氯化钾溶液 0.15ml，分装小试管，每管 2～3ml，用灭菌胶塞塞紧。同时分装不加氰化钾的培养基，作为对照。培养基冷藏备用，可使用两个月。

（3）使用方法 将琼脂培养物同时接种于氰化钾培养基和对照培养基，35℃培养 24～72 小时。

（4）结果观察 试验管和对照管均生长者为氰化钾试验阳性；对照管生长，而试验管不生长者为阴性。

22. 葡萄糖铵培养基

（1）成分 氯化钠 5.0g，硫酸镁（$MgSO_4 \cdot 7H_2O$）0.2g，磷酸二氢铵 1.0g，磷酸氢二钾 1.0g，葡萄糖 2.0g，琼脂 20.0g，0.2%麝香草酚蓝溶液 40ml，蒸馏水 1000ml，pH6.8。

（2）制法 先将盐类和糖溶解于水内，校正 pH，再加琼脂，加热溶化，然后加入指示剂，混合均匀后分装于试管中，121℃高压灭菌 15 分钟，制成斜面。

（3）试验方法 用接种针轻轻触及培养物的表面，在生理盐水管内做成极稀的悬液，肉眼观察不见浑浊，以每一接种环内含菌数在 20～100 为宜。接种环灭菌后挑取菌液接种，同时再以同法接种一个普通斜面作为对照，（36±1）℃培养 24 小时。

（4）结果观察 阳性者葡萄糖铵斜面上有正常大小的菌落生长；阴性者不生长，但在对照培养基上生长良好。如在葡萄糖铵斜面生长极微小的菌落可视为阴性结果。

23. 马尿酸钠培养基

（1）成分 马尿酸钠 1.0g，肉浸液 100ml。

（2）制法 将马尿酸钠溶解于肉浸液内，分装于小试管中，于管壁画一横线标志管内液面高，121℃ 20min 高压灭菌。

（3）试验方法

①三氯化铁法 待检菌接种马尿酸钠培养基，（36±1）℃培养 48 小时，离心沉淀，取上清液 0.8ml 加入三氯化铁溶液 0.2ml，立即混合均匀，10～15 分钟观察结果。

②茚三酮法 0.4ml 待检菌与等量的 1%马尿酸钠水溶液混合后，（36±1）℃培养 2 小时，加入 0.2ml 茚三酮试剂，振摇后观察。

（4）结果观察 三氯化铁法出现稳定的沉淀物为阳性，轻摇后沉淀物溶解为阴性；茚三酮法出现紫色为阳性。

（八）商品化生化鉴定试剂盒

1. 手工鉴定 以梅里埃的 API 系列细菌生化鉴定试纸条为例，其根据细菌的不同（肠杆菌及革兰阴性菌、非肠道革兰阴性菌、葡萄球菌、链球菌和棒状杆菌等）分为 15 个系列，可鉴定 700 余种不同的菌种，涵盖近 1000 种不同的常规生化项目，应用于大量已知菌对相关生物化学试验反应出现的频率得出的数据进行分析。对这些反应类型经数字化处理，再进行数字编码，不同种的细菌产生不同的数码类型。对细菌进行鉴定，通过对相关生物化学试验出现的阳性或阴性反应结果形成编码，利用生成的编码通过比对数据库（APIWEB™），找出此数列相对应的相关菌种，在编码册中可找出鉴定为相关菌的可能性（百分率表示），有助于掌握鉴定的准确度。

（1）常用的 API 鉴定试纸条

①API20E（肠杆菌及其他革兰阴性杆菌鉴定系统） 可以鉴定 108 种细菌，在 18～24 小时内得出鉴定结果，生化项目有β–半乳糖苷酶试验（ONPG）、精氨酸水解酶试验（ADH）、赖氨酸脱羧酶试验（LDC），鸟氨酸脱羧酶试验（ODC）、枸橼酸盐利用试验（CIT）、硫化氢试验（HS）、尿素酶试验（URE）、色氨酸脱氨酶试验（TDA）、吲哚试验（IND）、VP 试验（VP）、明胶水解试验（GEL）、葡萄糖利用试验（GLU）、甘露醇利用试验（MAN）、肌醇利用试验（INO）、山梨醇利用试验（SOB）、鼠李糖利用试验（RHA）、蔗糖利用试验（SAC）、蜜二糖利用试验（MEL）、苦杏仁苷利用试验（AMY）、阿拉伯糖利用试验（ARA）。

②API20NE（非肠道革兰阴性杆菌鉴定系统） 包括 20 种生化试验，可以在 24～48 小时内鉴定 64 种以上的细菌。生化项目有硝酸盐还原试验（NO）、色氨酸试验（TRP 即吲哚试验 IND）、葡萄糖产酸试验（GLU）、精氨酸水解试验（ADH）、尿素酶试验（URE）、七叶苷水解试验（ESC）、明胶水解试验（GEL）、葡萄糖同化试验（GLU）、阿拉伯糖同化试验（ARA）、甘露糖利用试验（MNE）、甘露醇利用试验（MAN），乙酰葡萄糖铵同化试验（NAG）、麦芽糖利用试验（MAL）、葡萄糖酸盐利用试验（GNT），癸酸利用试验（CAP），己二酸利用试验（ADI）、苹果酸利用试验（MLT）、枸橼酸试验（CIT），苯乙酸试验（PAC）。

③API Staph（葡萄球菌和微球菌鉴定系统） 此系统包括 20 种生化反应试验，可以鉴定 22 种葡萄球菌，20 种生化试验为：葡萄糖试验（GLU）、果糖试验（FRU）、甘露糖试验（MNE）、麦芽糖试验（MAL）、乳糖试验（LAC）、海藻糖试验（TRE）、甘露醇试验（MAD）、木糖醇试验（XLT）、蜜二糖试验（MET）、硝酸盐还原试验（NIT）、碱性磷酸酶试验（PAL）、VP 试验、棉子糖试验（RAF）、木糖试验（XYL）、蔗糖试验（SAC）、α-甲基-D-葡萄糖试验（MDG）、N-乙酰葡萄糖胺试验（NAG）、精氨酸水解酶试验（ADH）、尿素酶试验（URE）。

④API Strep（链球菌鉴定系统） 此系统可以鉴定链球菌及相关菌共 47 种，包括 20 种生化反应：VP 试验、马尿酸试验（HIP）、七叶苷试验（ESC）、吡咯烷酮芳胺酶试验（PYRA）、α-半乳糖苷酶试验（α-GAL）、β-葡萄糖醛酸苷酶试验（β-GUR）、β-半乳糖苷酶试验（β-GAL），碱性磷酸酶试验（PAL）、亮氨酸芳胺酶（LAP）、精氨酸水解试验（ADH）、核糖利用试验（RIB）、阿拉伯糖试验（ARA）、甘露醇试验（MAN）、山梨醇试验（SOR）、乳糖试验（LAC）、海藻糖试验（TRE）、菊糖发酵试验（INU），棉子糖试验（RAF），淀粉水解试验（AMD）、糖原试验（GLYG）。

2. API 鉴定系列的操作程序

（1）样品中细菌的分离培养。

（2）挑取单个可疑菌纯培养。

（3）应用比浊计制备适当浓度菌悬液。

（4）加入菌液，培养。

（5）结果判读，计算分值并查询编码。

3. 自动化鉴定技术　全自动微生物鉴定系统利用电脑自动控制设备判读细菌、真菌的生化鉴定结果，并与之鉴定数据库进行比对获得相应鉴定结果。自动化设备在提高检测效率的同时，有助于提高检测的一致性、客观性和准确性。常用的全自动微生物鉴定系统主要有法国梅里埃的 Vitek 2 Compact、美国 BD 的 Phoenix 100、美国 Biolog 的 GEN Ⅲ OmniLog Plus。

表 3-1-1　Vitek 2 Compact、BD Phoenix 100 和 Biolog GEN Ⅲ OmniLog Plus 的比较

设备名称	鉴定范围	可鉴定菌种数	鉴定速度	药敏检测	最大检测通量	鉴定卡种类
Vitek 2 Compact	细菌、酵母菌	>350	2～6 小时	有	60	GN 鉴定卡鉴定发酵和非发酵革兰阴性杆菌；GP 鉴定卡鉴定革兰阳性菌；YST 鉴定卡鉴定酵母和酵母类微生物；NH 鉴定卡鉴定奈瑟菌（Neisseria）、嗜血杆菌（Haemophilus）和其他革兰阴性苛养菌；ANC 鉴定卡鉴定厌氧菌和棒状杆菌
Phoenix 100	细菌、酵母菌	>380	3～6 小时	有	100	NMIC 革兰阴性菌鉴定板；PMIC 革兰阳性菌鉴定板；SMIC 链球菌鉴定板
GEN Ⅲ OmniLog Plus	细菌、真菌	>2650	细菌 4～24 小时，酵母 24～72 小时，霉菌 3～7 天	无	50	GENⅢ鉴定板；AN 鉴定板；YT 鉴定板；FF 鉴定板

五、血清学检测技术

（一）概述

血清学试验是抗原抗体在体外出现可见反应的总称，故又称抗原抗体反应。它可以用已知抗体（细菌抗血清）检测未知抗原（待检细菌）； 也可用已知抗原（已知病原菌）检测动物血清中的相应细菌抗体及其效价，是临床诊断、实验室研究和细菌学鉴定的重要手段之一。

（二）实验动物病原菌检测涉及的血清学方法

1. 酶联免疫吸附试验 见第二章第一节（一）项下内容。

2. 免疫荧光技术 见第二章第一节（二）项下内容。

3. 试管凝集试验 分为试管法和显微法。分别用于犬布鲁菌和钩端螺旋体的检测。此方法利用不同稀释度的抗原与待检血清反应，判断血清中抗体效价的高低。血清最高稀释度达到（++）凝集者（管内液体澄清，部分凝集块沉于管底）为该菌的凝集效价。

有些血清会出现“前带现象”，即稀释度低的血清不发生凝集，而稀释度高的管内却发生凝集。这种现象可能是受血清中胶体粒子、不完全抗体竞争或抗原抗体比例失调等因素的影响。

4. 平板凝集试验 猪布鲁菌的检测采用的是虎红平板凝集试验。此方法用已知的诊断血清或血浆在玻片上与待检菌及生理盐水混合，若出现肉眼可见的特异性凝集块，表示该菌即为相应的细菌。检测所用抗原是酸性呈粉红色的虎红抗原，它能够抑制待检血清中的 IgM 类抗体的凝集活性，检测出的抗体均为 IgG 类，从而可提高反应的特异性。基本步骤是：取一洁净载玻片，用接种环取待检菌培养物，分别与诊断血清及生理盐水混匀，上下摇动玻片数次，1～3min 后观察结果。检测时需注意某些细菌的自凝出现的假阳性结果，另外某些菌体表面常有一层表面抗原，它能阻抑菌体抗原与抗血清的凝集，从而导致假阴性结果。此时应将菌悬液于 100℃中煮沸 1h，以破坏其表面抗原。

5. 琼脂扩散试验 根据抗原抗体反应的方式和特性，可分为单项免疫扩散试验和双向免疫扩散试验。鸡的多杀巴斯德杆菌抗体检测可采用双向免疫扩散试验检测。

双向免疫扩散试验是一种定性试验，是抗原和抗体在同一个凝胶中彼此扩散。将抗原、抗体分别加入琼脂板相对应的小孔中，使两者互相扩散，在比例适当处形成可见的沉淀线。观察沉淀线的位置、数量、形状以及对比关系可对抗原或抗体进行定性分析。特异性抗原抗体之间形成沉淀线受抗原抗体的比例、孔间的距离和扩散时间等多种因素影响，当抗原和抗体两者浓度相差悬殊时则不能形成沉淀，在一定范围内沉淀线偏向浓度低的一侧；沉淀线的形成受抗原抗体分子大小、结构和扩散系数的影响。抗原、抗体分子大小和扩散系数相近似，在两孔间形成直线。当抗原分子较小，扩散系数较大时，沉淀线为弧状靠近抗体孔；反之靠近抗原孔。

沉淀线的图形特点能表示不同抗原之间在免疫学上的关系。两个相邻近的抗原孔与一个共同的抗体形成完全融合的沉淀线，表明两种抗原在免疫学上相同；沉淀线互相交叉，说明两种抗原无关；沉淀线上形成突刺，即部分交叉，部分融合，则表明两种抗原之间有部分相同决定簇。

试验前应做预试验，确定抗体的稀释度；扩散时间要适宜，时间过长，沉淀线可离解而导致假阴性，时间过短，则沉淀线不出现或不清楚。

六、分子生物学检测技术

（一）细菌模板核酸的制备方法

1. 细菌基因组 DNA 的提取方法　用无菌棉签刮取待检细菌纯培养物，混悬于灭菌 1.5ml eppendorf 管中，5000r/min 离心 10min，弃去上清。沉淀用 400μl 的 TE 重悬，加入 50μl 10% 的 SDS 和 5μl 20mg/ml 蛋白酶 K，震荡混匀，至 37℃裂解 1 小时；加入等体积 Tris 饱和酚，震荡混匀；12 000r/min 离心 5 分钟，吸取上层液体置入新 eppendorf 管；加入等体积的酚/三氯甲烷/异戊醇，震荡混匀后 12 000r/min 离心 5min，吸取上层液体置入新 eppendorf 管，加入 0.6 倍体积异丙醇和 20μl 3mol/L 乙酸钠，轻柔颠倒混匀；12 000r/min 离心 5 分钟，弃去液体；沉淀用 70%乙醇 1ml 清洗，轻柔颠倒多次；12 000r/min 离心 5 分钟，弃去液体；离心管倒置控干水分后加入 100μl 灭菌 TE 或用去离子水溶解。

2. 呼吸道样本中病原菌 DNA 的提取　取动物咽拭子、呼吸道分泌物或小段气管用适量灭菌 TE 浸泡或稀释，吸取 400μl 含样品 TE 按“细菌基因组 DNA 的提取方法”制备提取。

3. 粪便样本中病原菌 DNA 的提取　将粪便 200mg 悬浮于 1ml 无菌生理盐水或 PBS 缓冲液（pH7.0）中，充分混旋，200*g* 低速离心 5 分钟，去除固体颗粒；将上清吸入新 eppendorf 管，6000r/min 离心 5 分钟后收集沉淀。沉淀按“细菌基因组 DNA 的提取方法”制备提取。

（二）PCR 产物的检测分析

经典 PCR 产物常用琼脂糖凝胶电泳法检测，其操作简便，成本低。近几年毛细管电泳仪逐渐用于 PCR 产物的检测，其利用毛细管电泳技术，只需要微量的产物即可获取产物的峰图及虚拟条带图谱。荧光定量 PCR 的产物直接通过荧光定量 PCR 仪的实时监测即可最终获得结果曲线和 Ct 值，无需再进行后续处理。

1. 琼脂糖凝胶电泳技术　琼脂糖凝胶电泳是一种非常简便、快速、最常用的分离纯化和鉴定核酸的方法。原理是不同大小的 DNA 分子经电泳后，根据其所带电荷不同而在电场中的移动速度不同而分离。琼脂糖是从海藻中提取的一种线状高聚物，由于其溶解温度的不同，把琼脂糖分为一般琼脂糖和低熔点琼脂糖。一般琼脂糖熔点为 85℃左右，是常规琼脂糖凝胶电泳的支持物；低熔点琼脂糖熔点为 62～65℃，溶解后在 37℃下能维持液体状态约数小时，主要用于 DNA 片段的回收、质粒与外源性 DNA 的快速连接等。

电泳前需根据 DNA 分子的大小决定凝胶浓度，常用的浓度为 0.7%～1.5%，见表 3-1-2。

表 3-1-2　琼脂糖凝胶的浓度与 DNA 分离范围

琼脂糖浓度（%）	适宜分离的 DNA 大小（kb）
0.3	5.0～60
0.6	1.0～20
0.7	0.8～10

续表

琼脂糖浓度（%）	适宜分离的 DNA 大小（kb）
0.9	0.5～7
1.2	0.4～6
1.5	0.2～4
2.0	0.1～3

2. 毛细管电泳技术 毛细管电泳技术借助毛细管电泳（CE）高分辨力、高灵敏度的特性分离 DNA 和 RNA 样品。可根据核酸分子大小自动分离 DNA 和 RNA 片段，在 40 分钟内处理 96 个样品。根据目的片段大小的不同，选择不同规格的预制胶卡，可在几分钟内获得电泳结果（分辨率可达 3～5bp）。在处理大量样品时，毛细管电泳仪无疑具有明显的优势。

电泳结果以类似琼脂糖电泳的虚拟条带形式显示，并通过不同的试剂盒和 Marker 实现对目的条带的调整和浓度确定。其结果能够用于定量和分型等，以进一步进行分析。

七、动物感染技术

（一）概述

动物实验的用途很广，在临床细菌学检验中，主要用以分离和鉴定病原菌，检测细菌毒力，制备免疫血清以及自身菌苗等生物制品的安全、毒性试验等。微生物通过在易感动物和不易感动物体内传代，其侵袭力、毒性、免疫性等都可能发生变化。常用的实验动物有小鼠、大鼠、豚鼠、家兔、犬和猴等。

1. 实验动物的选择 选用合适的实验动物对保证实验结果的可靠性是十分重要的，主要包括对病原微生物感染的敏感性、动物的遗传种系特征，动物体内和体表微生物群鉴定，以及实验动物的体重、年龄、性别和数量等。

（1）易感动物的选择 实验动物的品种、品系众多，生理特点各不相同，在动物实验时应根据不同病原的易感染动物选择实验动物。如动物选择不当，常导致实验失败。

（2）等级的选择 根据试验性质和要求不同可选择普通级、清洁级、无特定病原体（SPF 级）或无菌动物等。低等级动物能够满足实验要求时，可减少或不使用高等级实验动物；相反，当进行特定细菌功能研究等要求消除其他微生物干扰的实验时，应选择 SPF 级或无菌动物。

（3）动物的年龄 不同年龄的动物对病原菌的易感性也有所不同。相比成年动物，幼龄动物对很多病原体更加易感，从而导致发病，甚至死亡。

2. 动物接种 根据实验的要求和目的来选择注射或接种部位。

（1）皮内注射 常选择动物的背部或腹部皮肤，去毛，以 75%乙醇消毒，用 4 号小针头刺入真皮层内注射，注射局部应有小圆隆起，注射量 0.1～0.2ml。

（2）皮下注射 常选择动物的背部或腿的部位，去毛消毒后，轻轻捏起皮肤，在皮褶下注射，注射量 0.5～1ml，注射部位应出现扁平隆起，避免注入腹腔。

（3）肌内注射　一般选用臀部和大腿部，局部消毒后将接种物注入肌内；注射量视动物大小而定，一般为 0.2～1.0ml。

（4）腹腔注射

①家兔　在耻骨上缘约 4cm 处沿腹中线处去毛消毒后，使头部朝下，肠向横膈聚集，避免刺伤内脏及横膈。局部消毒后用针头刺入腹腔，注入接种物，注入量一般为 5ml。

②小白鼠　用左手拇指和示指捏住小白鼠的两个耳朵及头部皮肤，再用无名指和小指将尾巴固定在手掌上，使其头部略有下垂，腹部局部消毒后，右手持注射器刺入腹腔，注射 0.5～1ml 接种物。

③豚鼠　将豚鼠仰卧固定，头下垂而腹部向上，将腹壁提起，使腹内壁相贴，不要使肠管夹于其间，消毒后用注射针将接种物注入腹腔。

（5）静脉注射

（1）小鼠、大鼠尾静脉注射　将小鼠或大鼠置静脉注射固定架内，露出鼠尾，用 75%乙醇棉球擦拭消毒，可见两侧尾静脉，注射针从尾尖端开始，顺血管方向刺入。

（2）兔耳缘静脉注射　将兔保定，用 75%乙醇棉球擦拭，使静脉充血显见。注射针从耳尖部向根部顺血管方向刺入。

（6）脑内接种　在动物外耳道至眼上角的直线 1/2 处，使用一次性二段针刺入颅内，缓缓注入接种物，注射量因动物而定。动物接种后应每日观察 1～2 次，根据实验要求进行详细实验记录，注意动物的食欲、精神状态及接种部位的变化，同时注意体温、呼吸、脉搏等生理体征的变化。

3. 实验动物检测中的动物感染实验　猪痢疾蛇样螺旋体（Sh）的检测：在小型猪中猪痢疾蛇样螺旋体的检测需要采用动物感染的方式来检测其是否具有肠致病性。方法是口服感染试验猪、小鼠或豚鼠，试验猪感染后观察 30 天，小鼠和豚鼠感染后观察 15 天，50%出现腹泻和病变者，可判定被检菌株为致病性 Sh。

（二）实验动物病原菌检测技术展望

1. 质谱检测技术　每种细菌拥有自身独特的蛋白质组成，细菌质谱检测技术利用这一特点获得不同细菌独特的蛋白质指纹图谱，从而达到鉴别的目的。全自动快速微生物质谱检测系统通过基质辅助激光解吸电离飞行时间（MALDI－TOF）质谱仪测得待测微生物的蛋白质指纹谱图，通过软件对这些指纹谱图进行处理并和数据库中各种已知微生物的标准指纹图谱进行比对，完成对微生物的快速鉴定。

细菌质谱检测技术在临床诊断、食品质量监控、制药流程监控等领域中均有广泛的应用。与现有传统的微生物鉴定技术相比，具有操作简单、快速、通量高、灵敏度高、准确度好、试剂耗材少等优势。但设备价格高昂是阻碍其大范围应用的主要障碍。

2. 液相芯片技术　液相芯片技术是 20 世纪 90 年代发展起来的，集合流式细胞技术、激光技术、数字信号处理技术，以及传统化学技术为一体的新型生物分子检测技术。其应用微球和流式细胞仪的原理，微球内部含有三种荧光免疫荧光，通过荧光不同的比例可以区分 500 种不同的微球。每种微球可以用来检测一种不同的蛋白或基因。因此，利用微球技术，可以同时检测高达 500 个蛋白或基因。此技术利用荧光编码的微球共价交联单克隆抗体，与被测定的目标分子结合后，加入荧光素标记的检测抗体，再通过激光扫描荧光编码来识别单个微球和测量“检测荧光”强度来确定被测分子的浓度。在使用相同抗体对的条件下，液相芯片技术测量结果在准确度、精确度、灵敏度方面与 ELISA 均可达到相似的水平。其应用的荧光编码微球带有针对不同目标分子的特异性抗体，不同的微球在一定程度上可以自由组合，这样，在一次实验中可以同时完成多个目标分子的分析。多目标分子的同时测定可以大大减少生物样品的消耗量，节省成本和测定时间，并且使多种目标分子之间相关性的分析更加准确。

液相芯片技术可应用于生物医学研究，生物标记物开发，临床检测等领域。目前，很多企业已经开始提供检测试剂盒，用于基础和临床医学研究以及临床检测。现有试剂盒已经可以检测 500 多种蛋白质分子，包括细胞因子、激素、自身抗体、肿瘤标志物等。

检测蛋白和基因的数目主要取决于试剂盒。蛋白质检测目前最高可以达到 50 个左右，基因检测最高达 500 个。传统的蛋白质分析主要采用双抗体夹心 ELISA 法。此法长期以来被视为蛋白质定量分析的“标准方法”。ELISA 可以用来准确测定大批量生物样品，但每次实验只能分析一个目标分子，而不具备同时分析多种目标分子的能力。在 ELISA 基础上发展出的液相芯片技术，不仅同样通过双抗体选择而具有高特异性，同时也具有 ELISA 的高通量、操作简便、测量准确等优点，而且可以在一次实验中完成对多种目标分子的分析，从而改变了过去的分析模式，建立了更加高效快速的分析平台。

实验动物检测中，此技术可用于替代 ELISA 检测方法，同时还能够进行蛋白和核酸检测分析。对于同样的抗体对，液相芯片技术的灵敏度高于 ELISA 技术，灵敏度可达到 pg 级。血清、血浆是常用的样本，每次检测需要 10μl，可以检测多个蛋白。从各种细胞或组织中提取的蛋白也可以用此技术检测，可以极大提高检测效率和扩展检测范围。

第二节　检测技术标准

作为检测的依据，GB/T 20000.1—2002 对标准的定义是：为了在一定范围内获得最佳秩序，经协商一致制定并由公认机构批准，共同使用的和重复使用的一种规范性文件。根据《中华人民共和国标准化法》，我国的标准分为国家标准、行业标准、地方标准和团体标准、企业标准。国家标准、行业标准可分为强制性标准和推荐性标准；按属性分为技术标准、管理标准和工作标准三大类。

用于实验动物检测工作的标准，大体分为国家标准、行业标准、地方标准和团体标准，包括等级标准和检测方法，本节主要阐述用于细菌学质量控制的等级标准，具体检测方法见第三节。

一、国家标准

用于实验动物细菌检测的国家标准是 14922.2，1994 年发布，2001 年第一次修订，2011 年第二次修订。见表 3-2-1～表 3-2-3。

表3-2-1　小鼠、大鼠病原菌检测项目

动物等级			病原菌	动物种类	
				小鼠	大鼠
无菌动物	无特定病原体动物	清洁动物	沙门菌 *Salmonella* spp.	●	●
			假结核耶尔森菌 *Yersinia pseudotuberculosis*	○	○
			小肠结肠炎耶尔森菌 *Yesinia enterocolitica*	○	○
			皮肤病原真菌 Pathogenic dermal fungi	○	○
			念珠状链杆菌 *Streptobacillus moniliformis*	○	○
			支气管鲍特杆菌 *Bordetella bronchiseptica*		●
			支原体 *Mycoplasma* spp.	●	●
			鼠棒状杆菌 *Corynebacterium kutscheri*	●	●
			泰泽病原体 *Tyzzer's organism*	●	●
			大肠埃希菌 O115 a，C：K（B）*Escherichia coli* O115 a，C：K（B）	○	
			嗜肺巴斯德杆菌 *Pasteurella pneumotropica*	●	●
			肺炎克雷伯杆菌 *Klebsiella pneumoniae*	●	●
			金黄色葡萄球菌 *Staphylococcus aureus*	●	●
			肺炎链球菌 *Streptococcus pnemoniae*	○	○
			乙型溶血性链球菌 *β-hemolyticstreptococcus*	○	○
			绿脓杆菌 *Pseudomonas aeruginosa*	●	●
			无任何可查到的细菌	●	●

注：●必须检测项目，要求阴性；○必要时检查项目，要求阴性

引自《实验动物　微生物学等级及监测》（GB 14922.2—2011）

表3-2-2　豚鼠、地鼠、兔病原菌检测项目

动物等级				病原菌	动物种类		
					豚鼠	地鼠	兔
无菌动物	无特定病原体动物	清洁动物	普通动物	沙门菌 *Salmonella spp*	●	●	●
				假结核耶尔森菌 *Yersinia pseudotuberculosis*	○	○	○
				小肠结肠炎耶尔森菌 *Yesinia enterocolitica*	○	○	○
				皮肤病原真菌 Pathogenic dermal fungi	○	○	○
				念珠状链杆菌 *Streptobacillus moniliformis*	○	○	
				多杀巴斯德杆菌 *Pasteurella multocida*	●	●	●
				支气管鲍特杆菌 *Bordetella bronchiseptica*	●	●	
				泰泽病原体 Tyzzer's organism	●	●	●
				嗜肺巴斯德杆菌 *Pasteurella pneumotropica*	●	●	●
				肺炎克雷伯杆菌 *Klebsiella pneumoniae*	●	●	●
				金黄色葡萄球菌 *Staphylococcus aureus*	●	●	●
				肺炎链球菌 *Streptococcus pnemoniae*	○	○	○
				乙型溶血性链球菌 *β-hemolyticstreptococcus*	●	○	○
				绿脓杆菌 *Pseudomonas aeruginosa*	●	●	●
				无任何可查到的细菌	●	●	●

注：●必须检测项目，要求阴性；○必要时检查项目，要求阴性

引自《实验动物　微生物学等级及监测》（GB 14922.2—2011）

表 3-2-3 犬、猴病原菌检测项目

动物等级		病原菌	动物种类 犬	猴
无特定病原体动物	普通动物	沙门菌 *Salmonella* spp.	●	●
		皮肤病原真菌 Pathogenic dermal fungi	●	●
		布鲁杆菌 *Brucella* spp.	●	
		钩端螺旋体 *Leptospira* spp.	△	
		志贺菌 *Shigella* spp.		●
		结核分枝杆菌 *Mycobacterium tuberculosis*		●
		钩端螺旋体[a] *Leptospira* spp.	●	
		小肠结肠炎耶尔森菌 *Yesinia enterocolitica*	○	○
		空肠弯曲杆菌 *Campylobaceter jejuni*	○	○

注：●必须检测项目，要求阴性。○必要时检测项目，要求阴性。△必要时检测项目，可以免疫。a 不能免疫，要求阴性

引自《实验动物　微生物学等级及监测》（GB 14922.2—2011）

二、行业标准

原卫生部发布过医学实验动物系列标准，随着国家标准的颁布，不再执行。

三、地方标准

随着各地实验动物事业不断发展，特别是新资源实验动物的应用，国家标准不能满足需要，不同省（市）如北京、上海、江苏、云南、湖南、河北、吉林、黑龙江等地制定了相应的地方标准。根据检测工作需要，这里主要介绍北京近几年制定的标准，见表2-2-4～表2-2-8，表3-2-4，表3-2-5。

表 3-2-4 实验用长爪沙鼠病原菌检测项目

动物等级	病原菌检测项目	检测要求
普通级	沙门菌 *Salmonella*	●
	皮肤病原真菌 *Pathogenic dermal fungi*	○
无特定病原体级	绿脓杆菌 *Pseudomonas aeruginosa*	●
	泰泽病原体 *Tyzzer's organism*	●
	支原体 *Mycoplasma*	●
	多杀巴斯德杆菌 *Pasteurella multocida*	●
	支气管鲍特杆菌 *Bordetella bronchiseptica*	●
	嗜肺巴斯德杆菌 *Pasteurella pneumotropica*	●
	幽门螺杆菌 *Helicobacter pylori*	●
	金黄色葡萄球菌 *Staphylococcus aureus*	●
	肺炎链球菌 *Streptococcus pnemoniae*	●
	乙型溶血性链球菌 *Betahemolytic streptococcus*	○
	鼠棒状杆菌 *Corynebacterium kutscheri*	○
	产酸克雷伯杆菌 *Klebsiella oxytoca*	○
	大肠埃希菌 *Escherichia coli*	○
	肺炎克雷伯杆菌 *Klebsiella pneumoniae*	○
无菌级	用现有的生物学技术，无任何可查到的细菌	●

引自《实验动物　微生物检测与评价　第5部分：实验用长爪沙鼠》（DB11/T 1459.5—2018）

表3-2-5　不同等级实验用猴猴病原菌检测项目

动物等级	病原菌	检测要求
普通级	沙门菌 *Salmonella* spp.	●
	皮肤病原真菌 *Pathogenic dermal fungi*	●
	志贺菌 *Shigells* spp.	●
	结核分枝杆菌 *Mycobacterium tuberculosis*	●
无特定病原体级	小肠结肠炎耶尔森菌 *Yersinia enterocolitica*	●
	空肠弯曲菌 *Campylobacter jejuni*	○
	奇异变形杆菌 *Proteus mirabidis*	○

注1：●必须检测项目；在进行实验狨猴质量评价时必须检测的项目。
注2：○必要时检测项目：申请生产许可证、引进种源和疑有疾病流行等情况时必须检测的项目

引自《实验动物　微生物检测与评价　第4部分：实验用狨猴》(DB11/T 1459.4—2018)

四、团体标准

团体标准作为适应行业快速发展，引领标准创新的新形式而受到高度重视。中国实验动物学会作为团体标准的试点单位，已经发布了60多项团体标准。这里仅介绍与质量检测有关的标准，见表2-2-11、表2-2-12。

第三节　标准操作规程

标准操作规程（SOP）是各种标准化管理认证和产品认证的主要内容，简单的讲，SOP就是一套包罗万象的操作说明书大全。SOP不仅仅是一套技术性范本，更重要的是涵盖了管理思想、管理理念和管理手段。

实验动物细菌检测标准操作规程主要根据实验动物国家标准、北京市地方标准以及相关行业标准进行编制，目前共包括细菌检测专用标准操作规程61项。

一、沙门菌检测标准操作规程

1 目的　规范对实验动物中沙门菌的检测方法。

2 适用范围　本标准适用于对小鼠、大鼠、豚鼠、地鼠、兔、犬、猴和猪等实验动物中沙门菌的分离、鉴定。

3 依据　GB/T 14926.1—2001；NY/T550—2002（猪）。

4 操作程序

4.1 材料

4.1.1 培养基　亚硒酸盐增菌液（SF）、胆盐硫乳（DHL）琼脂培养基、SS琼脂、缓冲蛋白胨水（BP）、氯化镁孔雀绿增菌液（MM）、四硫磺酸钠煌绿增菌液（TTB）、亚硒酸盐胱氨酸增菌液（SC）。

4.1.2 生化反应试剂　三糖铁琼脂培养基（TSI）、克氏双糖铁琼脂培养基（KI）、糖发酵培

养基、蛋白胨水、靛基质试剂、氨基酸脱羧酶试验培养基、尿素培养基、氰化钾培养基、邻硝基酚β-D-半乳糖苷（ONPG）培养基；或直接使用相关商品化细菌生化鉴定试剂盒。

4.1.3 沙门菌多价诊断血清　26 种用于初步分型，163 种用于详细分型（猪）；A-F 多价 O 血清。

4.2 实验设备和器材

4.2.1 仪器设备　恒温培养箱、生物安全柜、显微镜、电子天平、细菌鉴定仪。

4.2.2 器材　剪刀、镊子、灭菌棉签、均质器、乳钵、广口瓶、玻棒、移液管、接种环、接种针、载玻片、培养皿、培养管。

4.3 操作步骤

4.3.1 采样

4.3.1.1 依检测需要采集样品或按相关规定采样。

4.3.1.2 小动物剖检

（1）观察动物外观，核对编号；

（2）断颈处死；

（3）将动物仰卧固定；

（4）消毒解剖部位；

（5）在动物下腹部皮肤层中剪开一小口，用剪子剥开皮肤层后剪开肌肉，于回盲部剪开，取适量内容物接种亚硒酸盐增菌液或 DHL 或 SS 平皿。

4.3.1.3 大动物样品采集　采集新鲜粪便或腔拭子接种于 SF 或 SC 或 DHL 或 SS 平皿。

4.3.2 分离培养

4.3.2.1 直接分离培养　将已接种的 SS 或 DHL 置（36±1）℃培养 18～24 小时。猪样品须增菌培养。

4.3.2.2 增菌分离培养　将已接种的 SF 置（36±1）℃培养过夜，转种 SS 或 DHL 培养基，置（36±1）℃培养 24～48 小时。猪粪便或肛拭子直接加入到 10ml SC 增菌液中，（36±1）℃培养 18～24 小时，然后取一接种环增菌液划线接种于 DHL 琼脂平板上，（36±1）℃培养 18～24 小时。观察平板上的菌落生长形态。

4.3.3 鉴定

4.3.3.1 沙门菌可疑菌落（表 3-3-1）

表 3-3-1　不同亚种菌落形态表

选择性琼脂平板	沙门菌亚种Ⅰ、Ⅱ、Ⅳ、Ⅴ、Ⅵ，亚种Ⅲ（乳糖阴性或迟缓阳性菌株）	沙门菌亚种Ⅲ（乳糖阳性菌株）
DHL\SS	无色半透明，产硫化氢（H_2S），菌落中心黑色或几乎全黑	粉红色，产硫化氢，菌落中心黑色或几乎全黑色

4.3.3.2 可疑菌落生化鉴定　挑取可疑菌落接种 TSI 或 KI 培养基，置（36±1）℃培养 18～14h，斜面产酸同时硫化氢阴性的菌株可以排除，其他情况菌株需继续鉴定。挑取菌落后的平板置于 4℃冰箱保留 48h 以备复查。

4.3.3.3 将可疑菌落接种三糖铁或双糖铁琼脂斜面进行纯培养后，选择符合条件的菌株接种尿素生化管，阳性者菌株排除，阴性者继续进行生化鉴定或使用菌种自动生化分析系统进行鉴定。生化项目见表3-3-2，表3-3-3。

表3-3-2　生化检测沙门菌属判定表（GB/T 14926.1—2001）

反应类型	硫化氢	靛基质	尿素	氰化钾	赖氨酸脱羧酶
1	+	−	−	−	+
2	+	+	−	−	+
3	−	−	−	−	+/−

表3-3-3　生化检测沙门菌属判定表（NY/T 550—2002）

序号	TSI			LD	ONPG	甘露醇	结果判定
	底	斜面	硫化氢				
A	+	−	+	+	−	+	沙门菌亚种Ⅰ、Ⅱ、Ⅳ、Ⅵ
B[a]	+	+	+	+	+	+	沙门菌亚种Ⅲb、15%Ⅲa
C	+	−	+	+	+	+	沙门菌亚种Ⅲa、Ⅴ、15%Ⅲb、15%Ⅱ
D[b]	+	−	+	−	−	+	少数沙门菌亚种Ⅰ
E[c]	+	−	−	+	−	+	少数沙门菌亚种Ⅰ
F[d]	+	−	−	−	−	+	甲型副伤寒沙门菌
G	−	+−	−	+	+	+−	非沙门菌

a 含1%硫化氢阳性的大肠埃希菌，可加试靛基质加以鉴别，其中大肠菌阳性，沙门菌阴性。
b 赖氨酸阴性的沙门菌主要有：甲型副伤寒、伤寒、猪霍乱、鸡沙门菌等。
c 硫化氢阴性的沙门菌主要有：甲型副伤寒、伤寒、猪伤寒、猪霍乱、仙台、贝塔、巴布亚、鸡、马流产、山夫登堡、都柏林等。
d 可直接用（O_2）单因子血清证实，以排除雷极普罗菲登斯菌等

4.3.3.4　血清玻片凝集试验　凡生化结果符合上述沙门菌反应模式的菌株，用血清玻片凝集试验加以证实。

（1）在洁净的玻片上（或平皿）滴加A～F多价O血清一接种环，挑取TSI斜面新鲜菌苔在血清中散开，轻摇玻片，在黑色背景下观察凝集颗粒。同时设生理盐水对照。在生理盐水中自凝者不能分群。

（2）不被A～F多价O血清凝集者，用163种沙门菌因子血清中其他多价O血清检查。若所有多价O血清不凝集者需加热后再作O抗原检查，排除Vi抗原的存在。即将菌株接种在琼脂量较高的培养基上再培养，挑取菌苔于1ml生理盐水中，做成浓菌液，在火焰上加热煮沸后检查。

4.4 结果判定　检验结果凡符合4.3.3中沙门菌反应模式又能与沙门菌抗血清凝集的菌株，判定为沙门菌阳性，否则为阴性。

5 原始记录和报告单

5.1 沙门菌检测原始记录

5.1.1 首先记录本批检品编号以及待检样品的编号或编号范围。

5.1.2 填写沙门菌检测所依据的相关国家标准编号及名称。

5.1.3 填写所用仪器设备的固定资产编号和设备品牌型号。

5.1.4 填写所用培养基的品牌和批号。

5.1.5 如进行细菌的生化反应鉴定，需填写所用生化鉴定试剂的品牌和批号，包括生化鉴定管、生化鉴定条或自动细菌鉴定仪用生化鉴定试剂盒。

5.1.6 如进行沙门菌血清凝集试验，需填写所用诊断血清的品牌及批号。

5.1.7 在操作步骤中，需对所用培养基进行说明。将实验条件补充完整，并指明对应的表格，书写要工整，清晰。

5.2 沙门菌原始记录表格

5.2.1 填写样品编号。

5.2.2 对初代培养所用培养基进行说明，对培养物中是否有可疑沙门菌菌落进行记录，有可疑菌落记“+”，无可疑菌落记“–”。

5.2.3 记录初代培养物在三糖铁或双糖铁斜面上的生长情况，用“+”表示黄色，用“–”表示红色。

5.2.4 记录细菌鉴定仪或生化鉴定条或生化鉴定管的生化结果，阳性用“+”表示，阴性用“–”表示。

5.2.5 记录血清凝集结果，阳性用“+”表示，阴性用“–”表示。

5.2.6 根据鉴定试验填写沙门菌检测结果。

二、假结核耶尔森菌标准操作规程

1 目的 规范对实验动物中假结核耶尔森菌的检测方法。

2 适用范围 本标准适用于对小鼠、大鼠、豚鼠、地鼠、兔、犬和猴等实验动物中，假结核耶尔森菌的分离和鉴定。

3 依据 GB/T 14926.3—2001。

4 操作程序

4.1 材料

4.1.1 培养基 CIN－1 琼脂培养基，改良 Y 琼脂。

4.1.2 鉴定用试剂

革兰染色液。

糖发酵培养基（鼠李糖、蔗糖、纤维二糖、蜜二糖、山梨糖、山梨醇、棉籽糖，木糖），克氏双糖铁（KI）琼脂，西蒙氏柠檬酸盐培养基，尿素培养基，鸟氨酸脱羧酶培养基，赖氨酸脱羧酶培养基，半固体培养基，靛基质试剂等；或直接使用相关商品化细菌生化鉴定试剂盒。

假结核耶尔森菌多价诊断血清。

4.2 实验设备和器材

4.2.1 仪器设备 恒温培养箱（25℃和 37℃）、生物安全柜、显微镜、细菌鉴定仪。

4.2.2 器材 剪刀、镊子、灭菌棉签、接种环、接种针、载玻片、培养皿、培养管。

4.3 操作步骤

4.3.1 采样

4.3.1.1 剖检

（1）观察动物外观，核对编号；

（2）安乐死；

（3）将动物仰卧固定；

（4）消毒解剖部位；

（5）在动物下腹部皮肤层剪开一小口，用剪子剥开皮肤层后剪开肌肉，于回盲部取适量内容物接种于 CIN-1 琼脂和改良 Y 琼脂平皿。

4.3.1.2 或可采集粪便、肛拭子等接种于 CIN-1 琼脂和改良 Y 琼脂平皿。

4.3.2 分离培养　将已接种的 CIN-1 琼脂和改良 Y 琼脂平皿置 25℃培养 48 小时。

4.3.3 鉴定

4.3.3.1 可疑菌落特征　在 CIN-1 琼脂和改良 Y 琼脂上形成边缘半透明或透明，中心呈深红色，表面湿润凸起的“牛眼状菌落”。

4.3.3.2 对可疑纯培养菌首先进行革兰染色，确定为“革兰阴性球杆菌”后进行生化鉴定或使用菌种自动生化分析系统鉴定。生化项目见表 3-3-4 假结核耶尔森菌生化反应表。

表 3-3-4　假结核耶尔森菌生化反应表

生化检测项目	判定结果	生化检测项目	判定结果
动力（25℃）	+	鼠李糖	+
赖氨酸脱羧酶	–	蔗糖	–
鸟氨酸脱羧酶	–	纤维二糖	–
尿素	+	蜜二糖	+
西蒙氏柠檬酸盐（25℃）	–	山梨糖	–
靛基质	–	山梨醇	–
木糖	+	棉籽糖	d

注：+. 阳性；–. 阴性；d. 不定

4.4 结果判定　检验结果同时符合 4.3.3 时，判定为假结核耶尔森菌阳性，否则结果为阴性。

5 原始记录和报告单

5.1 假结核耶尔森菌检测原始记录

5.1.1 首先记录本批检品编号以及待检样品的编号或编号范围。

5.1.2 填写假结核耶尔森菌检测所依据的相关国家标准编号及名称。

5.1.3 填写所用仪器设备的固定资产编号和设备品牌型号。

5.1.4 填写所用培养基的品牌和批号。

5.1.5 如进行细菌的生化反应鉴定，需填写所用生化鉴定试剂的品牌和批号，包括生化鉴定管、生化鉴定条或自动细菌鉴定仪用生化鉴定试剂盒。

5.1.6 在操作步骤中，需对所用培养基进行说明。将实验条件补充完整，并指明对应的表格，书写要工整，清晰。

5.2 假结核耶尔森菌原始记录表格

5.2.1 填写样品编号。

5.2.2 对初代培养所用培养基进行说明，对培养物中是否有可疑假结核耶尔森菌菌落进行记录，有可疑菌落记“+”，无可疑菌落记“–”。

5.2.3 记录细菌鉴定仪或生化鉴定条或生化鉴定管的生化结果，阳性用“+”表示，阴性用“-”表示。

5.2.4 记录血清凝集结果，阳性用“+”表示，阴性用“-”表示。

5.2.5 根据鉴定试验填写假结核耶尔森菌检测结果。

三、小肠结肠炎耶尔森菌检测标准操作规程

1 目的　规范对实验动物中小肠结肠炎耶尔森菌的检测方法。

2 适用范围　本标准适用于对小鼠、大鼠、豚鼠、地鼠、兔、犬和猴等实验动物中小肠结肠炎耶尔森菌的分离和鉴定。

3 依据　GB/T 14926.3—2001。

4 操作程序

4.1 材料

4.1.1 培养基　CIN-1 琼脂培养基，改良 Y 琼脂，改良磷酸盐缓冲液（PSB）。

4.1.2 鉴定用试剂

革兰染色液。

糖发酵培养基（鼠李糖、蔗糖、纤维二糖、蜜二糖、山梨糖、山梨醇、棉籽糖，木糖），克氏双糖铁（KI）琼脂，西蒙氏柠檬酸盐培养基，尿素培养基，鸟氨酸脱羧酶培养基，赖氨酸脱羧酶培养基，半固体培养基，靛基质试剂等；或直接使用相关商品化细菌生化鉴定试剂盒。

小肠结肠炎耶尔森菌多价诊断血清。

4.2 实验设备和器材

4.2.1 仪器设备　恒温培养箱（25℃和 37℃）、生物安全柜、显微镜、细菌鉴定仪。

4.2.2 器材　剪刀、镊子、灭菌棉签、接种环、接种针、载玻片、培养皿、培养管。

4.3 操作步骤

4.3.1 采样

4.3.1.1 剖检

（1）观察动物外观，核对编号；

（2）安乐死；

（3）将动物仰卧固定；

（4）消毒解剖部位；

（5）在动物下腹部皮肤层剪开一小口，用剪子剥开皮肤层后剪开肌肉，取适量内容物接种于 CIN-1 琼脂和改良 Y 琼脂平皿或 PSB 增菌培养。

4.3.1.2 或可采集粪便、肛拭子等接种于 CIN-1 琼脂和改良 Y 琼脂平皿或 PSB 增菌培养。

4.3.2 分离培养

4.3.2.1 直接分离培养　将已接种的 CIN-1 琼脂和改良 Y 琼脂平皿置 25℃培养 48 小时。

4.3.2.2 增菌分离培养　将已接种的 PSB 置 4℃培养 3 周，每周转种 CIN-1 琼脂和改良 Y 琼脂平皿 1 次，共接种 3 次，置 25℃培养 48 小时。

4.3.3 鉴定

4.3.3.1 可疑菌落特征　在 CIN-1 琼脂和改良 Y 琼脂上形成边缘半透明或透明，中心成

深红色，表面湿润凸起的“牛眼状菌落”。

4.3.3.2 对可疑纯培养菌首先进行革兰染色，确定为“革兰阴性球杆菌”后进行生化鉴定或使用菌种自动生化分析系统鉴定。生化项目见表 3-3-5 小肠结肠炎耶尔森菌生化反应表。

表 3-3-5 小肠结肠炎耶尔森菌生化反应表

生化检测项目	判定结果	生化检测项目	判定结果
动力（25℃）	+	鼠李糖	–
赖氨酸脱羧酶	–	蔗糖	+
鸟氨酸脱羧酶	+	纤维二糖	+
尿素	+	蜜二糖	–
西蒙氏柠檬酸盐（25℃）	–	山梨糖	+
靛基质	d	山梨醇	+
木糖	–	棉籽糖	–

注：+. 阳性；–. 阴性；d. 不定

4.4 结果判定 检验结果同时符合 4.3.3 时，判定为小肠结肠炎耶尔森菌阳性，否则结果为阴性。

5 原始记录和报告单

5.1 小肠结肠炎耶尔森菌检测原始记录

5.1.1 首先记录本批检品编号以及待检样品的编号或编号范围。

5.1.2 填写小肠结肠炎耶尔森菌检测所依据的相关国家标准编号及名称。

5.1.3 填写所用仪器设备的固定资产编号和设备品牌型号。

5.1.4 填写所用培养基的品牌和批号。

5.1.5 如进行细菌的生化反应鉴定，需填写所用生化鉴定试剂的品牌和批号，包括生化鉴定管、生化鉴定条或自动细菌鉴定仪用生化鉴定试剂盒。

5.1.6 在操作步骤中，需对所用培养基进行说明。将实验条件补充完整，并指明对应的表格，书写要工整，清晰。

5.2 小肠结肠炎耶尔森菌原始记录表格

5.2.1 填写样品编号。

5.2.2 对初代培养所用培养基进行说明，对培养物中是否有可疑小肠结肠炎耶尔森菌菌落进行记录，有可疑菌落记“+”，无可疑菌落记“–”。

5.2.3 记录细菌鉴定仪或生化鉴定条或生化鉴定管的生化结果，阳性用“+”表示，阴性用“–”表示。

5.2.4 记录血清凝集结果，阳性用“+”表示，阴性用“–”表示。

5.2.5 根据鉴定试验填写小肠结肠炎耶尔森菌检测结果。

四、皮肤病原真菌检测标准操作规程

1 目的 规范对实验动物皮肤病原真菌的检测方法。

2 适用范围 本标准适用于对小鼠、大鼠、豚鼠、地鼠、兔、猪、犬和猴的皮肤病原真菌的检测。

3 依据 GB/T 14926.4—2001。

4 操作程序

4.1 材料

4.1.1 培养基 葡萄糖蛋白胨琼脂（沙氏培养基）、皮肤癣菌鉴别琼脂（DTM）。

4.1.2 鉴别试剂 氢氧化钾二甲基亚砜液、乳酸酚棉蓝染色液。

4.2 实验设备和器材

4.2.1 仪器设备 恒温培养箱、生物安全柜、生物显微镜。

4.2.2 器材 接种刀、镊子、接种环、接种针、载玻片、盖玻片、培养管。

4.3 操作步骤

4.3.1 采样 待检部位用 75%乙醇消毒后，用灭菌接种刀、镊、棉签等刮取待检动物皮毛、鳞屑少许。用于皮肤病原真菌的直接涂片检查和分离培养。

4.3.2 直接检查 取标本置于载玻片并加氢氧化钾二甲基亚砜液 1 滴，盖上盖玻片，静置 10～15 分钟后，轻压盖玻片，吸去周围液体，置显微镜下观察。

4.3.3 分离培养 将标本分三点接种于沙氏斜面，放置 28℃恒温箱中培养 7～14 天观察菌落形态，并将培养物涂片镜检。

4.3.4 涂片镜检 取载玻片并加乳酸酚棉蓝染色液 1 滴，用接种针（环）取培养物置染色液中，然后加盖玻片，镜检。

4.3.5 鉴定

4.3.5.1 根据菌落形态及镜检结果，参照以下皮肤病原真菌形态特征，确定菌种。可引起皮肤癣病的病原真菌主要有以下四种，它们的形态学特点如下。

4.3.5.1.1 石膏样毛癣菌（*Trichophyton mentagrophytes*） 本菌在葡萄糖蛋白胨琼脂上 28℃培养，生长迅速。根据菌落形态，大致可分为以下两种类型。

羊毛状或绒毛状型：白色羊毛状菌丝充满斜面，绒毛状菌丝短而整齐，整个菌落两斜面的 1/3～1/2。培养基背面颜色为淡黄色或棕黄色。镜检之间较细的，分隔菌丝和卵圆形小分生孢子，小分生孢子有时凝聚成葡萄状，偶见球拍菌丝和结节菌丝，无螺旋菌丝和大分生孢子。

粉末状或颗粒状型：菌落表面为粉末状，色黄、充满斜面，培养基背面为棕黄或棕红色，镜检可见多种菌丝。如螺旋菌丝、球拍菌丝、结节菌丝等。小分生孢子呈球状，常聚成葡萄状。可见棒状大分生孢子，2～8 个细胞，为（40～60）μm×（5～9）μm，外壁薄而光滑。

菌种鉴定可依据菌落和镜检特征。

4.3.5.1.2 石膏样小孢子菌（*Microsporum gypsum*） 本菌在葡萄糖蛋白胨琼脂上，28℃培养，生长快，菌落初呈白色，渐变为淡黄色至棕黄色粉末状菌落。培养基背面呈棕色。镜检可见很多大分生孢子，4～6 隔，（12～13）μm×（40～60）μm 大小，呈纺锤形，壁薄，粗糙有刺。菌丝较少。可见少数小分生孢子，单细胞，（3～5）μm×（2.5～3.5）μm，呈棍棒状，亦可见球拍状菌丝、破梳状菌丝、结节状菌丝及厚壁孢子。

菌种鉴定主要依据菌落形态、大分生孢子等。菌落应与石膏样毛癣菌鉴别。

4.3.5.1.3 羊毛状小孢子菌（*Microsporum lanosum*） 本菌在葡萄糖蛋白胨培养基上，28℃培养，生长快，菌落开始为绒毛状，2 周后呈羊毛状并充满斜面，菌落中央趋向粉末状。菌落颜色由白色渐变为淡棕黄色，反面呈橘黄或红棕色。镜检可见直而有隔的菌丝体，以及很多中央宽大，两端稍尖的纺锤形大分生孢子，大小为（15～20）μm×（60～125）μm、壁厚、表面粗糙有刺，尤其是孢子的尖端部分，多隔，一般 4～7 隔，偶见 12 隔者。小分生孢子较少，单细胞，呈棍棒状，（2.5～3.5）μm×（4～7）μm。可见球拍状菌丝、破梳状菌丝、结节状菌丝和厚壁孢子。在米粉培养基上，室温培养、菌丝较密，日久变为粉末状菌落，培养基呈棕黄色，镜检可见很多大分生孢子。

菌种鉴定主要依据菌落形态及大分生孢子的形态。

4.3.5.1.4 猴类毛癣菌（*Trichophyton simii*） 在沙氏琼脂培养基室温培养生长快。菌落表面平或稍有皱褶和隆起，粉末状，边缘不整齐，呈羽毛状。正面白色、淡黄色或粉红色，背面黄色或红棕色，中央常有紫色小点。外观与石膏样毛癣菌相似。镜检可见较多棒状大分生孢子，薄壁而光滑，约 5～10 个分隔，分隔大小不等，间隔处收缩明显，后期大分生孢子内的个别细胞扩大，壁增厚，形成厚壁孢子，又称内生厚壁孢子。内生厚壁孢子两侧的细胞常变空破裂。游离的厚壁孢子呈凸透镜状，常带有破裂细胞的残留物，具特征性。小分生孢子侧生或顶生，短棒状，螺旋菌丝间或存在。

4.3.5.2 转种皮肤癣菌鉴别琼脂（DTM），DTM 上 4 种皮肤癣菌均可使培养基由黄变红。

4.4 结果判定 凡符合上述各项检测结果者作出阳性报告，不符合者作出阴性报告。

5 原始记录和报告单

5.1 皮肤病原真菌检测原始记录

5.1.1 首先记录本批检品编号以及待检样品的编号或编号范围。

5.1.2 填写皮肤病原真菌检测所依据的相关国家标准编号及名称。

5.1.3 填写所用仪器设备的固定资产编号和设备品牌型号。

5.1.4 填写所用培养基和染色液的品牌和批号。

5.1.5 在操作步骤中，需对所用培养基进行说明。将实验条件补充完整，并指明对应的表格，书写要工整，清晰。

5.2 皮肤病原真菌原始记录表格

5.2.1 填写样品编号。

5.2.2 对初代培养所用培养基进行说明，对培养物中是否有可疑皮肤病原真菌进行记录，有可疑菌记“+”，无可疑菌记“–”。

5.2.3 记录可疑菌染色镜检结果，有无菌丝和孢子，有划√。

5.2.4 记录可疑菌在 DTM 上的结果 由黄变红为阳性，阳性用 “+”表示，阴性用“–”表示。

5.2.5 根据鉴定试验填写支气管鲍特杆菌检测结果。

五、多杀巴斯德杆菌检测标准操作规程

1 目的 规范对实验动物中多杀巴斯德杆菌的检测方法。

2 适用范围 本标准适用于对豚鼠、地鼠、兔和猪等实验动物中多杀巴斯德杆菌的分离和鉴定。

3 依据 GB/T 14926.5—2001，NY/T 546—2002（猪），NY/T 564—2002（猪）。

4 操作程序

4.1 材料

4.1.1 培养基 血琼脂培养基或哥伦比亚血琼脂培养基，DHL 琼脂培养基，改良马丁琼脂培养基，马丁肉汤培养基，麦康凯琼脂培养基，新霉素洁霉素血液马丁琼脂（NLHMA）。

4.1.2 生化反应试剂 革兰染液、三糖铁琼脂培养基（TSI）或克氏双糖铁琼脂培养基（KI），糖发酵培养基（葡萄糖、蔗糖），硝酸盐培养基和试剂，西蒙柠檬酸盐琼脂，蛋白胨水和靛基质试剂，尿素培养基，半固体培养基，氨基酸脱羧酶试验培养基（鸟氨酸脱羧酶、赖氨酸脱羧酶），氧化酶试剂，3%现配双氧水，醋酸铅纸条等；或直接使用相关商品化细菌生化鉴定试剂盒。

4.1.3 多杀巴斯德杆菌诊断血清

4.2 实验设备和器材

4.2.1 仪器设备 恒温培养箱、生物安全柜、显微镜、细菌鉴定仪。

4.2.2 器材 剪刀、镊子、灭菌棉签、接种环、接种针、载玻片、培养皿、培养管。

4.3 操作步骤

4.3.1 采样

4.3.1.1 小动物剖检

（1）观察动物外观，核对编号；

（2）安乐死；

（3）将动物仰卧固定；

（4）消毒解剖部位；

（5）在动物颈部剪开一小口，用剪子剥开皮肤层后剪开肌肉，露出气管，用眼科剪在气管上剪开一 T 形小口，将接种环深入气管，沾取呼吸道分泌物，接种于血琼脂平皿。

4.3.1.2 大动物活体采样 用长灭菌棉棒深入鼻腔，采取两侧鼻拭子或可采集病灶组织或浓汁接种于血琼脂平皿。

4.3.2 分离培养

豚鼠、地鼠、兔：将已接种的血琼脂平皿置（36±1）℃培养 24～48 小时。

猪：将接种的 NLHMA 平板置（36±1）℃培养 18～24 小时。

采集的样品应置于 4℃保存至检测结束，如不能有效分离需重新划线培养。

4.3.3 鉴定

4.3.3.1 可疑菌落 在血琼脂平皿上（36±1）℃培养 24～48 小时可形成 1～2mm 光滑露滴样或灰白色、不溶血菌落。见上述菌落特征的菌落时判为可疑菌落，进行分离纯培养。

4.3.3.2 挑取可疑菌落再接种于血琼脂平皿和 DHL 琼脂平皿（36±1）℃培养 18～24 小时；纯培养菌落革兰染色应为阴性小杆菌，两端钝圆浓染，新分离菌株可见荚膜，培养后消失；在 DHL 或麦康凯琼脂上不生长。对光观察有明显荧光；在低倍显微镜 45° 折射光下观察，具虹彩，蓝绿色荧光或橘红色荧光。符合条件者进行生化鉴定。

4.3.3.3 将符合上述菌体特征的可疑菌落纯培养物，接种于 TSI 或 KI 培养基或改良马丁琼脂，置（36±1）℃培养 18～24 小时，斜面基底层产酸，不产气。

4.3.3.4 符合上述条件的菌株进行生化鉴定或使用菌种自动生化分析系统鉴定。生化项目见表 3-3-6 多杀巴斯德杆菌生化反应表。

表 3-3-6　多杀巴斯德杆菌生化反应表（36±1℃培养 7～10 天）

生化检测项目	判定结果	生化检测项目	判定结果
氧化酶	+	蔗糖	+
过氧化氢酶	+	木糖	+
靛基质	+	甘露糖	+
尿素	–	果糖	+
硝酸盐还原	+	乳糖	–
西蒙氏柠檬酸盐	–	麦芽糖	–
硫化氢	+	阿拉伯糖	–
动力	–	VP	–
明胶	–	MR	–
葡萄糖	+	石蕊牛乳	–

注：+. 阳性；–. 阴性

4.3.3.5　血清玻片凝集试验　生化鉴定和生化结果符合多杀巴斯德杆菌特征时，进一步做多杀巴斯德杆菌血清凝集试验，呈典型凝集结果判为血清玻片凝集试验阳性。

4.4 结果判定　检验结果符合 4.3.3 时，判定为多杀巴斯德杆菌阳性，否则结果为阴性。

5 原始记录和报告单

5.1 多杀巴斯德杆菌检测原始记录

5.1.1 首先记录本批检品编号以及待检样品的编号或编号范围。

5.1.2 填写多杀巴斯德杆菌检测所依据的相关国家标准编号及名称。

5.1.3 填写所用仪器设备的固定资产编号和设备品牌型号。

5.1.4 填写所用培养基的品牌和批号。

5.1.5 如进行细菌的生化反应鉴定，需填写所用生化鉴定试剂的品牌和批号，包括生化鉴定管、生化鉴定条或自动细菌鉴定仪用生化鉴定试剂盒。

5.1.6 如进行多杀巴斯德杆菌血清凝集试验，需填写所用诊断血清的品牌及批号。

5.1.7 在操作步骤中，需对所用培养基进行说明。将实验条件补充完整，并指明对应的表格，书写要工整，清晰。

5.2 多杀巴斯德杆菌原始记录表格

5.2.1 填写样品编号。

5.2.2 对初代培养所用培养基进行说明，对培养物中是否有可疑多杀巴斯德杆菌菌落进行记录，有可疑菌落记“+”，无可疑菌落记“–”。

5.2.3 记录初代培养物在三糖铁或双糖铁斜面上的生长情况，用“+”表示黄色，用“–”表示红色。

5.2.4 记录细菌鉴定仪或生化鉴定条或生化鉴定管的生化结果，阳性用“+”表示，阴性用“–”表示。

5.2.5 记录血清凝集结果，阳性用“+”表示，阴性用“–”表示。

5.2.6 根据鉴定试验填写多杀巴斯德杆菌检测结果。

六、支气管鲍特杆菌检测标准操作规程

1 目的　规范对实验动物支气管鲍特杆菌的检测方法。

2 适用范围　本标准适用于对大鼠、豚鼠、兔和猪的支气管鲍特杆菌的检测。

3 依据　GB/T 14926.6—2001，NY/T 546—2002（猪）。

4 操作程序

4.1 材料

4.1.1 培养基　10%血琼脂培养基、胆盐硫乳（DHL）琼脂培养基，血红素呋喃唑酮改良麦康凯琼脂（HFMA）。

4.1.2 生化反应试剂　三糖铁琼脂培养基（TSI）、克氏双糖铁琼脂培养基（KI）、尿素培养基、半固体动力试验培养基；或直接使用相关商品化细菌生化鉴定试剂盒。

4.1.3 支气管鲍特杆菌诊断血清。

4.2 实验设备和器材

4.2.1 仪器设备　恒温培养箱、生物安全柜、显微镜、细菌鉴定仪。

4.2.2 器材　剪刀、镊子、灭菌棉签、接种环、接种针、载玻片、培养管。

4.3 操作步骤

4.3.1 采样

4.3.1.1 小动物剖检

（1）观察动物外观，核对编号；

（2）安乐死；

（3）将动物仰卧固定；

（4）消毒解剖部位；

（5）在动物下腹部皮肤层中剪开一小口，用剪子剥开皮肤层后剪开肌肉，于颈部剪开，分离肌肉及血管，使气管完全暴露，在气管上剪一倒 T 形口，用接种针取适量内容物接种血琼脂培养基和 DHL 琼脂培养基。

4.3.1.2 大动物活体采样　用长灭菌棉棒深入鼻腔，采取两侧鼻拭子或可采集病灶组织或浓汁接种于血琼脂平皿。

4.3.2 分离培养

大鼠、豚鼠、兔：将已接种的血琼脂或 DHL 置（36±1）℃培养 24～48 小时。

猪：将接种的 HFMA 平板置 36±1℃培养 40～72 小时。

采集的样品应置于 4℃保存至检测结束，如不能有效分离需重新划线培养。

4.3.3 鉴定

4.3.3.1 支气管鲍特杆菌可疑菌落　在血琼脂平皿上形成 1mm 左右、灰白色、带有轻微 α 溶血的菌落；DHL 琼脂平皿上可形成无色半透明、2mm 左右的菌落。在 HFMA 琼脂平皿上形成直径为 1～2mm，不变红，圆形光滑、隆起透明、略带茶色，较大的菌落，中心较厚，呈浅蓝色，对光观察呈浅蓝色。

4.3.3.2 菌体特征　革兰阴性小杆菌，两端钝圆并浓染。

4.3.3.3 直接用全自动细菌鉴定仪进行鉴定；或将可疑菌落接种三糖铁或双糖铁琼脂、尿素生化管以及半固体。生化项目见表 3-3-7 支气管鲍特杆菌生化反应表。

表 3-3-7　支气管鲍特杆菌生化反应表（36±1℃培养 3~5 天）

生化检测项目	判定结果	生化检测项目	判定结果
TSI/KI	–/–	VP	–
乳糖	–	尿素	+
葡萄糖	–	硝酸盐	+
蔗糖	–	枸橼酸脱羧酶	+
靛基质	–	明胶	–
硫化氢	–/+	动力	+
MR	–	石蕊牛乳	–

注：+. 阳性；–. 阴性

4.3.3.4　血清玻片凝集试验　生化鉴定和生化结果符合支气管鲍特杆菌特征时，进一步做支气管鲍特杆菌血清凝集试验，呈典型凝集结果判为血清玻片凝集试验阳性。

4.4 结果判定　检验结果符合 4.3.3 时，判定为支气管鲍特杆菌阳性，否则结果为阴性。

5 原始记录和报告单

5.1 支气管鲍特杆菌检测原始记录

5.1.1 首先记录本批检品编号以及待检样品的编号或编号范围。

5.1.2 填写支气管鲍特杆菌检测所依据的相关国家标准编号及名称。

5.1.3 填写所用仪器设备的固定资产编号和设备品牌型号。

5.1.4 填写所用培养基的品牌和批号。

5.1.5 如进行细菌的生化反应鉴定，需填写所用生化鉴定试剂的品牌和批号，包括生化鉴定管、生化鉴定条或自动细菌鉴定仪用生化鉴定试剂盒。

5.1.6 如进行支气管鲍特杆菌血清凝集试验，需填写所用诊断血清的品牌及批号。

5.1.7 在操作步骤中，需对所用培养基进行说明。将实验条件补充完整，并指明对应的表格，书写要工整，清晰。

5.2 支气管鲍特杆菌原始记录表格

5.2.1 填写样品编号。

5.2.2 对初代培养所用培养基进行说明，对培养物中是否有可疑支气管鲍特杆菌菌落进行记录，有可疑菌落记"+"，无可疑菌落记"–"。

5.2.3 记录初代培养物在三糖铁或双糖铁斜面上的生长情况，用"+"表示黄色，用"–"表示红色。

5.2.4 记录细菌鉴定仪或生化鉴定条或生化鉴定管的生化结果，阳性用"+"表示，阴性用"–"表示。

5.2.5 记录血清凝集结果，阳性用"+"表示，阴性用"–"表示。

5.2.6 根据鉴定试验填写支气管鲍特杆菌检测结果。

七、支原体检测标准操作规程

1 目的　规范对实验动物支原体的检测方法。

2 适用范围 本标准适用于对实验动物的支原体检测。

3 依据 GB/T 14926.8—2001。

4 操作程序

4.1 材料

4.1.1 培养基 支原体半流体培养基、支原体液体培养基、支原体固体培养基。

4.1.2 试剂

4.1.2.1 Dienes 染色液。

4.1.2.2 ELISA 抗原：肺炎支原体标准株接种支原体液体培养基，36℃培养 2～3 天。已明显浑浊的培养液按 8000r/min 离心 30min，沉淀用 PBS 在相同条件下洗 3 次。上述沉淀用 PBS 悬浮，超声波（5s/10s）破碎 10min，即为 ELISA 抗原。

4.1.2.3 标准血清（包括阳性和阴性血清）。

4.1.2.4 生理盐水、包被液、洗液、稀释液、底物缓冲液、终止液、酶标二抗、底物。

4.2 实验设备和器材

4.2.1 仪器设备：恒温培养箱、生物安全柜、实体显微镜、恒温水浴箱、高速离心机、超声波细胞粉碎器、加样器、酶标仪。

4.2.2 器材：离心管、酶标板、枪头、96 孔板、载玻片、加样槽。

4.3 操作步骤

4.3.1 采样

（1）观察动物外观，核对编号；

（2）麻醉动物，用消毒后棉棒取咽拭子；放入装有 0.6～0.7ml 酵母浸液的试管中，用螺旋混匀器制成洗脱液。接种于支原体半流体培养基中。

4.3.2 鉴定

4.3.2.1 培养法

4.3.2.1.1 肺炎支原体在半流体培养基中经（36±1）℃培养 3～7 天后，在培养基的上部可形成小的彗星状、云雾状或沙粒状菌落。

4.3.2.1.2 吸取含可疑菌落的半流体培养物约 0.5ml 转种支原体液体培养基，（36±1）℃培养 5～7 天，吸取该培养物约 0.1ml 接种于支原体固体培养基，用 L 棒涂抹均匀，待表面干后将培养基放入保鲜袋密闭，（36±1）℃培养。

4.3.2.1.3 肺炎支原体在固体培养基培养 3～7 天后可形成“煎蛋状”或“杨梅状”菌落。

4.3.2.1.4 染色 将有可疑菌落的固体培养基平皿进行 Dienes 染色，30 分钟或更长时间后支原体菌落依然为蓝色，而细菌 L 型菌落则变为无色。

4.3.2.1.5 如初代半流体培养 7 天无可疑菌落出现，应吸取约 1/10 的初代培养基接种于相同培养基进行盲传，经（36±1）℃培养 7 天，如仍无可疑菌落出现则判定为阴性；对出现可疑菌落者按照上述步骤进行鉴定。

4.3.2.2 酶联免疫吸附试验（ELISA）

4.3.2.2.1 包被抗原 根据滴定的最适工作浓度，将抗原用包被液稀释，每孔 100μl，置 37℃ 1 小时后再 4℃过夜。用洗涤液洗 5 次，每次 3 分钟，扣干。

4.3.2.2.2 加样 待检血清和阴性、阳性血清分别用稀释液做 1:40 稀释，每孔 100μl，37℃ 1 小时，洗涤同上。

4.3.2.2.3 加酶结合物 用稀释液将酶结合物稀释至适当浓度，每孔加入 100μl，37℃ 1 小时，洗涤同上。

4.3.2.2.4 加底物溶液　每孔加入新配制的底物溶液 100μl，置 37℃ 1 小时，避光显色 10～15 分钟。

4.3.2.2.5 终止反应　每孔加入终止液 50μl。

4.3.2.2.6 测 *A* 值　在酶标仪上，于 490nm 处读出各孔 *A* 值。

4.3.2.2.7 结果判定　在阴性和阳性血清对照成立的条件下，进行结果判定。

同时符合下列 2 个条件者，判为阳性：

（1）待检血清的 *A* 值大于等于 0.2；

（2）待检血清的 *A* 值/阴性对照血清的 *A* 值大于等于 2.1。

均不符合上述两个条件者，判为阴性。

仅有一条符合者，判为可疑，需重试。

对阳性结果需重试，如仍为阳性则判为阳性。

5 原始记录和报告单

5.1 肺炎支原体检测原始记录

5.1.1 首先记录本批检品编号以及待检样品的编号或编号范围。

5.1.2 填写肺炎支原体检测所依据的相关国家标准编号及名称。

5.1.3 填写所用仪器设备的固定资产编号和设备品牌型号。

5.1.4 填写所用培养基的品牌和批号。

5.1.5 如进行肺炎支原体 ELISA 试验，需填写所用诊断试剂的品牌及批号。

5.1.6 在操作步骤中，需对所用培养基进行说明。将实验条件补充完整，并指明对应的表格，书写要工整，清晰。

5.2 支原体原始记录表格

5.2.1 填写样品编号。

5.2.2 对初代培养所用培养基进行说明，对培养物中是否有可疑肺炎支原体进行记录，有可疑菌落记“+”，无可疑菌落记“－”。

5.2.3 记录可疑菌落 Dienes 染色结果，30 分钟或更长时间后支原体菌落依然为蓝色，记“+”，反之为“－”。

5.2.4 记录 ELISA 结果，用酶标仪检测的 *A* 值表示。

5.2.5 根据鉴定试验填写支原体检测结果。

八、鼠棒状杆菌检测标准操作规程

1 目的　规范对实验动物中鼠棒状杆菌的检测方法。

2 适用范围　本标准适用于对小鼠、大鼠等实验动物中鼠棒状杆菌的分离和鉴定。

3 依据　GB/T 14926.9—2001。

4 操作程序

4.1 材料

4.1.1 培养基　血琼脂培养基或哥伦比亚血琼脂培养基。

4.1.2 生化反应试剂　糖发酵培养基（葡萄糖、蔗糖、麦芽糖、甘露糖、乳糖、甘露醇），硝酸盐培养基和试剂，尿素培养基，营养明胶，氧化酶试剂，醋酸铅纸条等；或直接使用相关商品化细菌生化鉴定试剂盒。

4.1.3 鼠棒状杆菌诊断血清。

4.2 实验设备和器材。

4.2.1 仪器设备 恒温培养箱、生物安全柜、显微镜、细菌鉴定仪。

4.2.2 器材 剪刀、镊子、灭菌棉签、接种环、接种针、载玻片、培养皿、培养管。

4.3 操作步骤

4.3.1 采样

4.3.1.1 剖检

（1）观察动物外观，核对编号；

（2）安乐死；

（3）将动物仰卧固定；

（4）消毒解剖部位；

（5）在动物颈部剪开一小口，用剪子剥开皮肤层后剪开肌肉，露出气管，用眼科剪在气管上剪开一T形小口，将接种环深入气管，沾取呼吸道分泌物，接种于血琼脂平皿。

4.3.1.2 或可采集病灶组织或脓汁接种于血琼脂平皿。

4.3.2 分离培养 将已接种的血琼脂平皿置（36±1）℃培养24～48小时。

4.3.3 鉴定

4.3.3.1 可疑菌落 在血琼脂平皿上（36±1）℃培养24～48小时可形成1mm白色，凸起，无光泽，触之较硬、涂片不易乳化、不溶血的小菌落。

4.3.3.2 挑取可疑菌落再接种于血琼脂平皿（36±1）℃纯培养18～24小时；纯培养菌落革兰染色应为阳性小杆菌，呈棒槌状或微弯曲，排列不规则，可散在、成对、“V”形或栅栏状排列。符合条件者进行生化鉴定。

4.3.3.3 符合上述条件的菌株进行生化鉴定或使用菌种自动生化分析系统鉴定。生化项目见表3-3-8 鼠棒状杆菌生化反应表。

表3-3-8 鼠棒状杆菌生化反应表

葡萄糖	蔗糖	麦芽糖	乳糖	甘露糖	甘露醇	尿素酶	明胶	硝酸盐还原	葡萄糖产气
+	+	+	−	+	−	+	+	+	−

4.3.3.4 血清玻片凝集试验 生化鉴定和生化结果符合鼠棒状杆菌特征时，进一步做鼠棒状杆菌血清凝集试验，呈典型凝集结果判为血清玻片凝集试验阳性。

4.4 结果判定 检验结果符合4.3.3时，判定为鼠棒状杆菌阳性，否则结果为阴性。

5 原始记录和报告单

5.1 鼠棒状杆菌检测原始记录

5.1.1 首先记录本批检品编号以及待检样品的编号或编号范围。

5.1.2 填写鼠棒状杆菌检测所依据的相关国家标准编号及名称。

5.1.3 填写所用仪器设备的固定资产编号和设备品牌型号。

5.1.4 填写所用培养基的品牌和批号。

5.1.5 如进行细菌的生化反应鉴定，需填写所用生化鉴定试剂的品牌和批号，包括生化鉴定管、生化鉴定条或自动细菌鉴定仪用生化鉴定试剂盒。

5.1.6 如进行鼠棒状杆菌血清凝集试验，需填写所用诊断血清的品牌及批号。

5.1.7 在操作步骤中，需对所用培养基进行说明。将实验条件补充完整，并指明对应的表格，书写要工整，清晰。

5.2 鼠棒状杆菌原始记录表格

5.2.1 填写样品编号。

5.2.2 对初代培养所用培养基进行说明，对培养物中是否有可疑鼠棒状杆菌菌落进行记录，有可疑菌落记“+”，无可疑菌落记“–”。

5.2.3 记录细菌鉴定仪或生化鉴定条或生化鉴定管的生化结果，阳性用“+”表示，阴性用“–”表示。

5.2.4 记录血清凝集结果，阳性用“+”表示，阴性用“–”表示。

5.2.5 根据鉴定试验填写鼠棒状杆菌检测结果。

九、泰泽病原体检测标准操作规程

1 目的　规范对实验动物中泰泽病原体的检测方法。

2 适用范围　本标准适用于对小鼠、大鼠、豚鼠、地鼠、兔等实验动物中泰泽病原体的检测。

3 依据　GB/T 14926.10—2008。

4 操作程序

4.1 间接免疫荧光（IFA）

4.1.1 材料

4.1.1.1 设备　恒温培养箱（37℃）、荧光显微镜、制冰机、生物安全柜、显微镜。

4.1.1.2 器材　多孔抗原片、组织研磨器、移液器（5～50μl，50～200μl）、枪头（200μl）、饭盒、纱布、盖玻片、镊子。

4.1.1.3 对照血清　阳性血清为泰泽病原体免疫 SPF 级小鼠、大鼠血清，阴性血清为 SPF 级小鼠、大鼠、豚鼠、地鼠、兔。

4.1.1.4 试剂　荧光标记羊抗小鼠/大鼠/豚鼠/地鼠/兔 IgG 抗体（荧光二抗），伊文思蓝（工作浓度 0.01%），吉姆萨染液，改良磷酸盐缓冲液（PBS），甘油。

4.1.2 操作步骤

4.1.2.1 抗原片的制备

（1）在冰浴下，研磨典型泰泽菌感染后的病变肝脏；

（2）用预冷的灭菌 PBS 1:10 稀释，要求抗原液均一性良好，无大块组织和细胞堆积重叠；

（3）吉姆萨染色镜检，使油镜下每视野有清晰可辨的菌量；

（4）用移液器将上述抗原液滴加至多孔抗原片孔中，每孔 5～15μl；

（5）待干燥后，用冷丙酮固定抗原片 15 分钟备用；

（6）如不立即使用，则需将抗原片真空包装后置 –70～–20℃保存，有效期 2 年。

4.1.2.2 检测步骤

（1）取出抗原片，在室温干燥。

（2）将待检血清用 PBS 1:10 稀释后，依次加入抗原孔中，同时加入阴阳对照各一孔，每孔 10～20μl；

（3）置湿盒内，37℃孵育 15 分钟；

（4）PBS 洗 3 遍，每遍 1 分钟，干燥；

（5）每孔加入 10～20μl 相应动物血清的荧光二抗，置湿盒内，37℃孵育 15 分钟；

（6）PBS 洗 3 遍，每遍 1 分钟，干燥；

（7）50%甘油 PBS 封片，在暗室内在荧光显微镜下观察结果。

4.1.2 结果判定　阳性孔内可见黄绿色荧光菌体，阴性孔无荧光菌体时，判定待检孔内的结果。待检血清孔能够清晰看到大面积黄绿色荧光菌体，即可判为阳性反应“+”，无荧光为阴性反应“-”；轻微荧光判为可疑“±”，需进行复试，如为阳性则判为阳性，如为阴性或可疑则为阴性。

4.2 酶联免疫吸附试验（ELISA）

4.2.1 材料

4.2.1.1 设备　恒温培养箱（37℃）、酶标仪、制冰机、生物安全柜、显微镜。

4.2.1.2 器材　酶标板、组织研磨器、移液器（5～50μl，50～200μl）、枪头（200μl）、大三角瓶、盖玻片、镊子。

4.2.1.3 对照血清　阳性血清为泰泽病原体免疫 SPF 级小鼠、大鼠、豚鼠、地鼠、兔血清，阴性血清为 SPF 级小鼠、大鼠、豚鼠、地鼠、兔。

4.2.1.4 试剂　辣根过氧化物酶标记羊抗小鼠/大鼠/豚鼠/地鼠/兔 IgG 抗体，辣根过氧化物酶标记的葡萄球菌蛋白 A（SPA）（用于检测兔血清抗体），吉姆萨染液，磷酸盐缓冲液（PBS），甘油。

4.2.2 操作步骤

4.2.2.1 包被抗原

（1）在冰浴下，将典型泰泽菌感染后的病变大鼠肝脏研磨；同时研磨未感染泰泽病原体的肝脏作为阴性抗原对照；

（2）用预冷的灭菌 PBS1∶10 稀释制成肝匀浆，3600r/min 离心，取上清作为包被抗原；

（3）吉姆萨染色镜检，使油镜下每视野菌量达到 10^6 个/ml；

（4）将泰泽菌抗原用包被液稀释为 10μg/ml，正常肝细胞抗原 1∶10 000 稀释；

（5）用移液器将上述抗原液滴加至酶标板孔中，每孔 100μl，两种抗原隔行包被；37℃放置 1 小时后，置 4℃过夜；

（6）用洗涤液洗 5 次，每次 3 分钟，扣干后备用，或真空包装后置-20℃保存，有效期 6 个月。

4.2.2.2 检测步骤

（1）将待检血清用 PBS1∶40 稀释后，分别加入到并列的两孔中（泰泽病原体抗原孔和正常肝细胞抗原孔），同时设置阴阳对照各两孔，每孔 100μl；

（2）用稀释液将酶结合物稀释成适当浓度，每孔加入 100μl，37℃反应 1 小时，用洗涤液洗 5 次，每次 3 分钟；

（3）每孔加入现配置的底物溶液 100μl，37℃避光显色 15 分钟；

（4）每孔加入终止液 100μl 立即放于酶标仪上，测定 OD490 值。

4.2.3 结果判定

4.2.3.1 在阴性和阳性对照都成立的情况下，进行结果判定。

4.2.3.2 同时符合下列 3 个条件者，判为阳性；均不符合者，判为阴性；仅有 1～2 条符合者，判为可疑。

（1）待检血清与阴性对照抗原和泰泽病原体抗原反应有明显的颜色区别；

（2）待检血清与泰泽病原体抗原反应的 OD 值≥0.2；

（3）$\frac{\text{待检血清与泰泽病原体抗原反应的OD值}}{\text{阴性对照血清与泰泽病原体的OD值}} \geq 2.1$。

4.2.3.3 阳性和可疑结果需要进行复试

（1）阳性结果的，复试为阳性“+”则判为阳性“+”；

（2）可疑结果的，复试为阴性“–”则判为阴性“–”，如为阳性“+”则判为“+”；

（3）阳性结果的，复试为阴性“–”或可疑“±”，可疑结果的，复试仍为“±”时，需进行第二次复试，根据三次结果判定，见表 3–3–9。

表 3–3–9　泰泽病原体二次复试结果判定表

初试结果	复试结果	二次复试结果	最终判定
+	–	+	+
+	±	+	+
+	–	–	–
+	±	–	–
+	–	±	–
+	±	±	+
±	±	+	+
±	±	–	–
±	±	±	–

5 原始记录和报告单

5.1 泰泽病原体检测原始记录

5.1.1 首先记录本批检品编号以及待检样品的编号或编号范围。

5.1.2 填写泰泽病原体检测所依据的相关国家标准编号及名称。

5.1.3 填写所用仪器设备的固定资产编号和设备品牌型号。

5.1.4 填写所用培养基的品牌和批号。

5.1.5 需填写所用检测试剂盒的来源和批号。

5.1.6 在操作步骤中，需将实验条件补充完整，并指明对应的表格，书写要工整，清晰。

5.2 泰泽病原体原始记录表格

5.2.1 填写样品编号。

5.2.2 ELISA 检测结果　需将检测结果 OD 值打印或粘贴在原始记录表中，编号对应清楚。

5.2.3 IFA 检测结果　记录细菌鉴定仪或生化鉴定条或生化鉴定管的生化结果，阳性用“+”表示，阴性用“–”表示。

5.2.5 记录血清凝集结果，阳性用“+”表示，阴性用“–”表示。

5.2.6 根据鉴定试验填写泰泽病原体检测结果。

十、大肠埃希菌 O115a，c：K（B）检测标准操作规程

1 目的 规范对实验动物大肠埃希菌 O115a，c：K（B）的检测方法。

2 适用范围 本标准适用于对小鼠大肠埃希菌 O115a，c：K（B）的分离、鉴定。

3 依据 GB/T 14926.11—2001。

4 操作程序

4.1 材料

4.1.1 培养基 SF 增菌液，DHL 琼脂平皿，麦康凯琼脂平皿，蛋白胨水。

4.1.2 生化反应试剂 三糖铁琼脂培养基（TSI）、克氏双糖铁琼脂培养基（KI）、硝酸盐培养基、尿素培养基、靛基质培养基、赖氨酸脱羧酶、鸟氨酸脱羧酶、氨基酸对照、半固体动力试验培养基；或直接使用相关商品化细菌生化鉴定试剂盒。

4.1.3 大肠埃希菌 O115a，c：K（B）诊断血清

4.2 实验设备和器材

4.2.1 仪器设备 恒温培养箱、生物安全柜、显微镜、细菌鉴定仪。

4.2.2 器材 剪刀、镊子、灭菌棉签、接种环、接种针、载玻片、培养管。

4.3 操作步骤

4.3.1 采样

（1）观察动物外观，核对编号；

（2）安乐死；

（3）将动物仰卧固定；

（4）消毒解剖部位；

（5）在动物下腹部皮肤层中剪开一小口，用剪子剥开皮肤层后剪开肌肉，于回盲部剪开，取适量内容物接种 SF 增菌液。

4.3.2 分离培养 将已接种的 SF 置（36±1）℃培养 18～24 小时，转种 DHL 琼脂平皿或麦康凯琼脂，置（36±1）℃培养 18～24 小时。

4.3.3 鉴定

4.3.3.1 大肠埃希菌 O115a，c：K（B）可疑菌落 本菌在琼脂平皿和麦康凯琼脂平皿上形成中心部位桃红色、周边无色透明的菌落。

4.3.3.2 可疑菌落生化鉴定 直接用全自动细菌鉴定仪进行鉴定；或将可疑菌落接种三糖铁或双糖铁琼脂、尿素生化管、半固体等。生化项目见表 3-3-10 大肠埃希菌 O115a，c：K（B）生化反应表。

表 3-3-10 大肠埃希菌 O115a，c：K（B）生化反应表

生化检测项目	判定结果	生化检测项目	判定结果
三糖铁	A/A	鸟氨酸脱羧酶	–
H_2S_2	–	赖氨酸脱羧酶	–
半固体	–	靛基质	–
硝酸盐	–	尿素	–

注：–. 阴性；A. 产酸

4.3.3.3 血清玻片凝集试验　生化鉴定和生化结果符合大肠埃希菌 O115a，c：K（B）特征时，进一步做血清凝集试验，呈典型凝集结果判为血清玻片凝集试验阳性。

4.4 结果判定　凡符合上述各项检测结果者作出阳性报告，不符合者作出阴性报告。

5 原始记录和报告单

5.1 大肠埃希菌 O115a，c：K（B）检测原始记录

5.1.1 首先记录本批检品编号以及待检样品的编号或编号范围。

5.1.2 填写大肠埃希菌 O115a，c：K（B）检测所依据的相关国家标准编号及名称。

5.1.3 填写所用仪器设备的固定资产编号和设备品牌型号。

5.1.4 填写所用培养基的品牌和批号。

5.1.5 如进行细菌的生化反应鉴定，需填写所用生化鉴定试剂的品牌和批号，包括生化鉴定管、生化鉴定条或自动细菌鉴定仪用生化鉴定试剂盒。

5.1.6 在操作步骤中，需对所用培养基进行说明。将实验条件补充完整，并指明对应的表格，书写要工整，清晰。

5.2 大肠埃希菌 O115a，c：K（B）原始记录表格

5.2.1 填写样品编号。

5.2.2 对初代培养所用培养基进行说明，对培养物中是否有可疑大肠埃希菌 O115a，c：K（B）菌落进行记录，有可疑菌落记“+”，无可疑菌落记“-”。

5.2.3 记录细菌鉴定仪或生化鉴定条或生化鉴定管的生化结果，阳性用“+”表示，阴性用“-”表示。

5.2.4 根据鉴定试验填写大肠埃希菌 O115a，c：K（B）检测结果。

十一、嗜肺巴斯德杆菌检测标准操作规程

1 目的　规范对实验动物中嗜肺巴斯德杆菌的检测方法。

2 适用范围　本标准适用于对小鼠、大鼠、豚鼠、地鼠、兔等实验动物中嗜肺巴斯德杆菌的分离和鉴定。

3 依据　GB/T 14926.12—2001。

4 操作程序

4.1 材料

4.1.1 培养基　血琼脂培养基或哥伦比亚血琼脂培养基，DHL 琼脂培养基。

4.1.2 生化反应试剂　三糖铁琼脂培养基（TSI）或克氏双糖铁琼脂培养基（KI），糖发酵培养基（葡萄糖、蔗糖），硝酸盐培养基和试剂，西蒙柠檬酸盐琼脂，蛋白胨水和靛基质试剂，尿素培养基，半固体培养基，氧化酶试剂，3%现配双氧水，醋酸铅纸条等；或直接使用相关商品化细菌生化鉴定试剂盒。

4.1.3 嗜肺巴斯德杆菌诊断血清

4.2 实验设备和器材

4.2.1 仪器设备　恒温培养箱、生物安全柜、显微镜、细菌鉴定仪。

4.2.2 器材　剪刀、镊子、灭菌棉签、接种环、接种针、载玻片、培养皿、培养管。

4.3 操作步骤

4.3.1 采样

4.3.1.1 剖检

（1）观察动物外观，核对编号；

（2）安乐死；

（3）将动物仰卧固定；

（4）消毒解剖部位；

（5）在动物颈部剪开一小口，用剪子剥开皮肤层后剪开肌肉，露出气管，用眼科剪在气管上剪开一 T 形小口，将接种环深入气管，沾取呼吸道分泌物，接种于血琼脂平皿。

4.3.1.2 或可采集病灶组织或浓汁接种于血琼脂平皿。

4.3.2 分离培养　将已接种的血琼脂平皿置（36±1）℃培养 24～48 小时。

4.3.3 鉴定

4.3.3.1 可疑菌落　在血琼脂平皿上（36±1）℃培养 24～48 小时可形成 1～2mm 光滑露滴样或灰白色、不溶血或轻微α溶血的中等菌落；纯培养物堆积时可呈现出黄色，似奶油。见上述菌落特征的菌落时判为可疑菌落，进行分离纯培养。

4.3.3.2 挑取可疑菌落再接种于血琼脂平皿和 DHL 琼脂平皿（36±1）℃培养 18～24 小时；纯培养菌落革兰染色应为阴性小杆菌，两端钝圆浓染，初期偶见细长杆菌；在 DHL 上不生长，或大量接种时少量生长。符合条件者进行生化鉴定。

4.3.3.3 将符合上述菌体特征的可疑菌落纯培养物，接种于 TSI 或 KI 培养基，置（36±1）℃培养 18～24 小时，斜面产酸或不变色，不产气。

4.3.3.4 符合上述条件的菌株进行生化鉴定或使用菌种自动生化分析系统鉴定。生化项目见表 3－3－11 嗜肺巴斯德杆菌生化反应表。

表 3－3－11　嗜肺巴斯德杆菌生化反应表

氧化酶	过氧化氢酶	靛基质	尿素	硝酸盐还原	硫化氢	动力	明胶	葡萄糖	蔗糖
+	+	+/–	+	+	+	–	–	+	+

注：+. 阳性；–. 阴性

4.3.3.4 血清玻片凝集试验　生化鉴定和生化结果符合嗜肺巴斯德杆菌特征时，进一步做嗜肺巴斯德杆菌血清凝集试验，呈典型凝集结果判为血清玻片凝集试验阳性。

4.4 结果判定　检验结果符合 4.3.3 时，判定为嗜肺巴斯德杆菌阳性，否则结果为阴性。

5 原始记录和报告单

5.1 嗜肺巴斯德杆菌检测原始记录

5.1.1 首先记录本批检品编号以及待检样品的编号或编号范围。

5.1.2 填写嗜肺巴斯德杆菌检测所依据的相关国家标准编号及名称。

5.1.3 填写所用仪器设备的固定资产编号和设备品牌型号。

5.1.4 填写所用培养基的品牌和批号。

5.1.5 如进行细菌的生化反应鉴定，需填写所用生化鉴定试剂的品牌和批号，包括生化鉴定管、生化鉴定条或自动细菌鉴定仪用生化鉴定试剂盒。

5.1.6 如进行嗜肺巴斯德杆菌血清凝集试验，需填写所用诊断血清的品牌及批号。

5.1.7 在操作步骤中，需对所用培养基进行说明。将实验条件补充完整，并指明对应的表格，书写要工整，清晰。

5.2 嗜肺巴斯德杆菌原始记录表格

5.2.1 填写样品编号。

5.2.2 对初代培养所用培养基进行说明，对培养物中是否有可疑嗜肺巴斯德杆菌菌落进行记录，有可疑菌落记"+"，无可疑菌落记"–"。

5.2.3 记录初代培养物在三糖铁或双糖铁斜面上的生长情况，用A（产酸）和K（产碱）表示。

5.2.4 记录细菌鉴定仪或生化鉴定条或生化鉴定管的生化结果，阳性用"+"表示，阴性用"–"表示。

5.2.5 记录血清凝集结果，阳性用"+"表示，阴性用"–"表示。

5.2.6 根据鉴定试验填写嗜肺巴斯德杆菌检测结果。

十二、肺炎克雷伯杆菌检测标准操作规程

1 目的　规范对实验动物肺炎克雷伯杆菌的检测方法。

2 适用范围　本标准适用于对小鼠、大鼠、豚鼠、地鼠、兔肺炎克雷伯杆菌的分离、鉴定。

3 依据　GB/T 14926.13—2001。

4 操作程序

4.1 材料

4.1.1 培养基　DHL 琼脂平皿。

4.1.2 生化反应试剂　三糖铁琼脂培养基（TSI）、克氏双糖铁琼脂培养基（KI）、葡萄糖发酵培养基、乳糖发酵培养基、V–P 培养基、甲基红试验培养基（M.R）、靛基质培养基、西蒙柠檬酸盐培养基、丙二酸钠培养基、鸟氨酸脱羧酶、赖氨酸脱羧酶、氨基酸对照、尿素培养基、半固体动力试验培养基；或直接使用相关商品化细菌生化鉴定试剂盒。

4.2 实验设备和器材

4.2.1 仪器设备　恒温培养箱、生物安全柜、显微镜、细菌鉴定仪。

4.2.2 器材　剪刀、镊子、灭菌棉签、接种环、载玻片、培养管。

4.3 操作步骤

4.3.1 采样

（1）观察动物外观，核对编号；

（2）安乐死；

（3）将动物仰卧固定；

（4）消毒解剖部位；

（5）在动物下腹部皮肤层中剪开一小口，用剪子剥开皮肤层后剪开肌肉，于回盲部剪开，取适量内容物接种在 DHL 琼脂平皿。

4.3.2 分离培养　将已接种的 DHL 置（36±1）℃培养 18～24 小时。

4.3.3 鉴定

4.3.3.1 肺炎克雷伯杆菌可疑菌落　肺炎克雷伯杆菌在 DHL 琼脂平皿上形成淡粉色，大而隆起，光滑湿润，呈黏液状，相邻菌落易融合成脓汁样，接种针挑取时可拉出较长的丝。

4.3.3.2 菌体特征　革兰阴性短杆菌，大小为（0.3～0.5）μm，单个、成双或成短链排列，有荚膜，病变组织直接涂片，呈卵圆形或球杆状，菌体外有明显荚膜，较菌体宽 2～3 倍。连续传代后荚膜消失；无芽孢。

4.3.3.3 可疑菌落生化鉴定　直接用全自动细菌鉴定仪进行鉴定；或将可疑菌落接种三糖铁或双糖铁琼脂、尿素生化管、半固体等。生化项目见表 3-3-12 肺炎克雷伯杆菌生化反应表。

表 3-3-12　肺炎克雷伯杆菌生化反应表

生化检测项目	判定结果	生化检测项目	判定结果
三糖铁	A/A	鸟氨酸脱羧酶	-
H_2S_2	-	赖氨酸脱羧酶	+
V-P 试验	+	丙二酸盐	+
甲基红（M.R）	-	尿素	+
西蒙氏柠檬酸盐	+	靛基质	-
葡萄糖	-	乳糖	-

注：+. 阳性；-. 阴性；A. 产酸

4.4 结果判定　凡符合上述各项检测结果者作出阳性报告，不符合者作出阴性报告。

5 原始记录和报告单

5.1 肺炎克雷伯杆菌检测原始记录

5.1.1 首先记录本批检品编号以及待检样品的编号或编号范围。

5.1.2 填写肺炎克雷伯杆菌检测所依据的相关国家标准编号及名称。

5.1.3 填写所用仪器设备的固定资产编号和设备品牌型号。

5.1.4 填写所用培养基的品牌和批号。

5.1.5 如进行细菌的生化反应鉴定，需填写所用生化鉴定试剂的品牌和批号，包括生化鉴定管、生化鉴定条或自动细菌鉴定仪用生化鉴定试剂盒。

5.1.6 在操作步骤中，需对所用培养基进行说明。将实验条件补充完整，并指明对应的表格，书写要工整，清晰。

5.2 肺炎克雷伯杆菌原始记录表格

5.2.1 填写样品编号。

5.2.2 对初代培养所用培养基进行说明，对培养物中是否有可疑肺炎克雷伯杆菌菌落进行记录，有可疑菌落记“+”，无可疑菌落记“-”。

5.2.3 记录细菌鉴定仪或生化鉴定条或生化鉴定管的生化结果，阳性用“+”表示，阴性用“-”表示。

5.2.4 根据鉴定试验填写肺炎克雷伯杆菌检测结果。

十三、金黄色葡萄球菌检测标准操作规程

1 目的　规范对实验动物金黄色葡萄球菌的检测方法。

2 适用范围　本标准适用于对小鼠、大鼠、豚鼠、地鼠、兔的金黄色葡萄球菌的分离、

鉴定。

3 依据　GB/T 14926.14—2001。

4 操作程序

4.1 材料

4.1.1 培养基　高盐甘露醇琼脂平皿（SP）、血琼脂平皿、普通肉汤。

4.1.2 生化反应试剂　甘露醇发酵管，或直接使用相关商品化细菌生化鉴定试剂盒。

4.1.3 凝固酶实验所需材料　正常兔血浆，已知血浆凝固酶阳性和阴性的葡萄球菌参考菌株各一株。

4.2 实验设备和器材

4.2.1 仪器设备　恒温培养箱、生物安全柜、显微镜、细菌鉴定仪。

4.2.2 器材　剪刀、镊子、灭菌棉签、接种环、载玻片、培养管。

4.3 操作步骤

4.3.1 采样

（1）观察动物外观，核对编号；

（2）安乐死；

（3）将动物仰卧固定；

（4）消毒解剖部位；

（5）在动物下腹部皮肤层中剪开一小口，用剪子剥开皮肤层后剪开肌肉，于回盲部剪开，取适量内容物接种于高盐甘露醇琼脂平皿（SP）。

4.3.2 分离培养　将已接种的 SP 置（36±1）℃培养 18～24 小时。

4.3.3 鉴定

4.3.3.1 金黄色葡萄球菌可疑菌落　在高盐甘露醇培养基上形成 1mm 左右、凸起、黄色的菌落，菌落周围的培养基由红变成黄色。转种血琼脂平皿（36±1）℃培养 18～24 小时形成白色或金黄色、凸起、圆形、不透明、表面光滑、周围有β溶血环的菌落。

4.3.3.2 菌体特征　革兰阳性球菌，排列成葡萄状，无芽孢，无荚膜，直径约为 0.5～0.1μm。

4.3.3.3 可疑菌落生化鉴定

4.3.3.3.1 直接用全自动细菌鉴定仪进行鉴定。

4.3.3.3.2 手工鉴定

（1）接种甘露醇发酵管，结果应为阳性。

（2）血浆凝固酶试验　吸取 1:4 新鲜兔血浆或－20℃保存的兔血浆 0.5ml，放入小试管中，再加入待检菌 24 小时肉汤培养物 0.5ml，摇匀，放（36±1）℃培养箱或水浴内，每 30 分钟观察一次，观察 6 小时。同时应用已知的血浆凝固酶阳性和阴性的葡萄球菌菌株及肉汤培养基作对照。当已知的阳性株和待检株均出现凝固时或有凝块时，可判为阳性。

4.4 结果判定　凡符合上述各项检测结果者作出阳性报告，不符合者作出阴性报告。

5 原始记录和报告单

5.1 金黄色葡萄球菌检测原始记录

5.1.1 首先记录本批检品编号以及待检样品的编号或编号范围。

5.1.2 填写金黄色葡萄球菌检测所依据的相关国家标准编号及名称。

5.1.3 填写所用仪器设备的固定资产编号和设备品牌型号。

5.1.4 填写所用培养基的品牌和批号。

5.1.5 如进行细菌的生化反应鉴定，需填写所用生化鉴定试剂的品牌和批号，包括生化鉴定管、生化鉴定条或自动细菌鉴定仪用生化鉴定试剂盒。

5.1.6 如进行金黄色葡萄球菌血浆凝固酶试验，需填写所用兔血浆的品牌及批号。

5.1.7 在操作步骤中，需对所用培养基进行说明。将实验条件补充完整，并指明对应的表格，书写要工整，清晰。

5.2 金黄色葡萄球菌原始记录表格

5.2.1 填写样品编号。

5.2.2 对初代培养所用培养基进行说明，对培养物中是否有可疑金黄色葡萄球菌菌落进行记录，有可疑菌落记“+”，无可疑菌落记“-”。

5.2.3 记录细菌鉴定仪或生化鉴定条或生化鉴定管的生化结果，阳性用“+”表示，阴性用“-”表示。

5.2.4 记录血浆凝固酶试验结果，阳性用“+”表示，阴性用“-”表示。

5.2.5 根据鉴定试验填写金黄色葡萄球菌检测结果。

十四、肺炎链球菌检测标准操作规程

1 目的　规范对实验动物肺炎链球菌的检测方法。

2 适用范围　本标准适用于对小鼠、大鼠、豚鼠、地鼠和兔的肺炎链球菌的检测。

3 依据　GB/T 14926.15—2001。

4 操作程序

4.1 材料

4.1.1 培养基　葡萄糖肉浸液培养基、血清肉汤培养基、血琼脂平皿。

4.1.2 试剂

4.1.2.1 生化试剂　菊糖发酵管、10%去氧胆酸钠溶液。

4.1.2.2 染色液　荚膜染色液、革兰染色液。

4.1.2.3　Optochin 纸片，或直接使用相关商品化细菌生化鉴定试剂盒。

4.2 实验设备和器材

4.2.1 仪器设备　恒温培养箱、生物安全柜、显微镜、细菌鉴定仪。

4.2.2 器材　剪刀、镊子、灭菌棉签、接种环、接种针、载玻片、培养管。

4.3 操作步骤

4.3.1 采样

（1）观察动物外观，核对编号；

（2）安乐死；

（3）将动物仰卧固定；

（4）消毒解剖部位；

（5）在动物下腹部皮肤层中剪开一小口，用剪子剥开皮肤层后剪开肌肉，于颈部剪开，分离肌肉及血管，使气管完全暴露，在气管上剪一倒 T 形口，用接种针取适量内容物接种于葡萄糖肉浸液培养基或血琼脂平皿。

4.3.2 分离培养

4.3.2.1 直接分离培养

将已接种的血琼脂平皿置（36±1）℃培养24～48小时。

4.3.2.2 增菌分离培养　将已接种的葡萄糖肉浸液培养基置（36±1）℃增菌培养12h后，转种血琼脂平皿，置（36±1）℃培养24～48小时。

4.3.3 鉴定

4.3.3.1 肺炎链球菌可疑菌落　血琼脂平皿上形成圆形，扁平，周围有狭窄草绿色溶血环（α溶血）菌落。随培养时间的延长，由于自溶作用使菌落呈肚脐状。

4.3.3.2 菌体特征　革兰阳性双球菌、钝头相对、尖头相背、似矛头状，有时呈短链排列。

4.3.3.3 荚膜染色　鉴定菌株接种血清肉汤中，（36±1）℃培养12小时，进行荚膜染色，肺炎链球菌在最初几代荚膜染色阳性。

4.3.3.4 菊糖发酵试验　多数菌株呈阳性反应。

4.3.3.5 Optochin 试验　纯培养物划线接种于血琼脂平皿上，将含有5μg、直径6mm的Optochin纸片平放于琼脂表面，（36±1）℃培养24小时，出现15mm以上的抑菌圈者为阳性；若直径小于15mm，应做胆盐溶解试验来确定。

4.3.3.6 胆盐溶解试验　取血清肉汤培养物0.1ml，分装在两个试管，各0.5ml。一支加入10%去氧胆酸钠0.5ml，另一支加入0.5ml生理盐水作对照。摇匀，置于37℃温箱3小时，每小时观察一次，在3小时内溶液透明者可判断为阳性。在加胆盐前必须把pH调至7.0。

4.3.3.7 或直接用全自动细菌鉴定仪或细菌鉴定试剂盒进行鉴定。

4.3.3.8 肺炎链球菌和甲型链球菌的区别见表3-3-13。

表3-3-13　肺炎链球菌和甲型溶血性链球菌的鉴别

比较项目	肺炎链球菌	甲型溶血性链球菌
普通琼脂斜面	不生长	生长
普通肉汤生长特性	不生长	肉汤清或微浑浊，底层有颗粒沉淀
0.1%葡萄糖肉汤	均匀浑浊生长，无沉淀	肉汤清微浑浊，底层有颗粒沉淀
10%血清肉汤	均匀浑浊生长	肉汤清微浑浊，底层有颗粒沉淀
血琼脂平皿上菌落特征	灰色，半透明，肚脐样，边缘整齐，表面光滑，大小为1.0～1.5mm，α溶血	米黄色，不透明，圆形凸起，0.5mm大小，边缘整齐，表面光滑，α溶血
菌体特征	阳性双球菌，钝头相对，尖头相背，呈矛头状，短链排列	阳性球菌，圆形或卵圆形，呈短链或长链排列，似串珠状也有散在菌体
菊糖发酵试验	多数菌株阳性	阴性
胆盐溶解试验	阳性	阴性
荚膜染色	阳性	阴性
Optochin 试验	敏感	不敏感

4.4 结果判定 检验结果符合 4.3.3 时，判定为肺炎链球菌阳性，否则结果为阴性。

5 原始记录和报告单

5.1 肺炎链球菌检测原始记录

5.1.1 首先记录本批检品编号以及待检样品的编号或编号范围。

5.1.2 填写肺炎链球菌检测所依据的相关国家标准编号及名称。

5.1.3 填写所用仪器设备的固定资产编号和设备品牌型号。

5.1.4 填写所用培养基的品牌和批号。

5.1.5 如进行细菌的鉴定，需填写所用鉴定试剂的品牌和批号，包括生化鉴定管、生化鉴定条、药敏纸片、自动细菌鉴定仪用生化鉴定试剂盒。

5.1.6 在操作步骤中，需对所用培养基进行说明。将实验条件补充完整，并指明对应的表格，书写要工整，清晰。

5.2 肺炎链球菌原始记录表格

5.2.1 填写样品编号。

5.2.2 对初代培养所用培养基进行说明，对培养物中是否有可疑肺炎链球菌菌落进行记录，有可疑菌落记“+”，无可疑菌落记“－”。

5.2.3 记录细菌鉴定仪或生化鉴定条或生化鉴定管的生化结果，阳性用“+”表示，阴性用“－”表示。

5.2.4 记录 Optochin 纸片结果，阳性用“+”表示，阴性用“－”表示。

5.2.5 根据鉴定试验填写肺炎链球菌检测结果。

十五、乙型溶血性链球菌检测标准操作规程

1 目的 规范对实验动物中乙型溶血型链球菌的检测方法。

2 适用范围 本标准适用于对小鼠、大鼠、豚鼠、地鼠、兔等实验动物中乙型溶血型链球菌的分离和鉴定。

3 依据 GB/T 14926.16—2001。

4 操作程序

4.1 材料

4.1.1 培养基 血琼脂培养基或哥伦比亚血琼脂培养基，普通肉汤培养基。

4.1.2 鉴定试剂 灭菌生理盐水，杆菌肽药敏纸片，0.25%氯化钙，草酸钾；或直接使用相关商品化细菌生化鉴定试剂盒。

4.2 实验设备和器材

4.2.1 仪器设备 恒温培养箱、生物安全柜、显微镜、细菌鉴定仪。

4.2.2 器材 剪刀、镊子、灭菌棉签、接种环、接种针、载玻片、培养皿、培养管。

4.3 操作步骤

4.3.1 采样

4.3.1.1 剖检

（1）观察动物外观，核对编号；

（2）安乐死；

（3）将动物仰卧固定；

（4）消毒解剖部位；

（5）在动物颈部剪开一小口，用剪子剥开皮肤层后剪开肌肉，露出气管，用眼科剪在气管上剪开一T形小口，将接种环深入气管，沾取呼吸道分泌物，接种于血琼脂平皿。

4.3.1.2 或可采集病灶组织或浓汁接种于血琼脂平皿。

4.3.2 分离培养　将已接种的血琼脂平皿置（36±1）℃培养24～48小时。

4.3.3 鉴定

4.3.3.1 可疑菌落　将血琼脂平皿上（36±1）℃培养24～48小时形成的1mm左右，圆形灰白色、凸起，半透明或不透明，表面光滑，周围有2～4界限分明，无色透明β溶血环小菌落；视为可疑菌落，进行分离纯培养。

4.3.3.2 挑取可疑菌落再接种于血琼脂平皿（36±1）℃培养24～48小时；纯培养菌落革兰染色应为阳性，球形或椭圆形，直径0.6～1.0μm，链状排列，短则4～8个，长则20个左右。血琼脂上直接染色可见短链或葡萄状排列，液体培养基中为典型链球状排列。符合条件者进行链激酶试验和杆菌肽敏感试验。

4.3.3.3 链激酶试验

（1）吸取草酸钾人血浆0.2ml，加0.8ml灭菌生理盐水，混匀；

（2）加入24小时（36±1）℃培养的可疑菌培养物0.5ml和0.25%氯化钙0.25ml（如氯化钙潮解，可适当加大至0.3%～0.35%），振荡摇匀；

（3）置（36±1）℃水浴中10min，血浆混合物会凝固（倒置不流动）；

（4）观察凝块完全溶解的时间，完全溶解为阳性，24小时后不溶解为阴性。

4.3.3.4 杆菌肽敏感试验

（1）用灭菌棉签刮取纯化可疑菌落，均匀涂布于血琼脂平皿上，同时用乙型溶血性链球菌阳性菌株作为阳性对照；

（2）用灭菌镊子夹取每片0.04U杆菌肽纸片，放于血琼脂表面；

（3）（36±1）℃培养24小时，如阳性对照成立时，有抑菌圈出现为阳性。

4.4 结果判定　检验结果符合4.3.3时，判定为乙型溶血性链球菌阳性，否则结果为阴性。

5 原始记录和报告单

5.1 乙型溶血性链球菌检测原始记录

5.1.1 首先记录本批检品编号以及待检样品的编号或编号范围。

5.1.2 填写乙型溶血性链球菌检测所依据的相关国家标准编号及名称。

5.1.3 填写所用仪器设备的固定资产编号和设备品牌型号。

5.1.4 填写所用培养基的品牌和批号。

5.1.5 如进行细菌的生化反应鉴定，需填写所用生化鉴定试剂的来源和批号，包括生化鉴定管、生化鉴定条或自动细菌鉴定仪用生化鉴定试剂盒。

5.1.6 在操作步骤中，需对所用培养基进行说明。将实验条件补充完整，并指明对应的表格，书写要工整，清晰。

5.2 乙型溶血性链球菌原始记录表格

5.2.1 填写样品编号。

5.2.2 对初代培养所用培养基进行说明，对培养物中是否有可疑乙型溶血性链球菌菌落进行记录，有可疑菌落记“+”，无可疑菌落记“–”。

5.2.3 记录细菌鉴定仪或生化鉴定条或生化鉴定管的生化结果，阳性用“+”表示，阴性用“–”表示。

5.2.4 记录血清凝集结果，阳性用“+”表示，阴性用“–”表示。

5.2.5 根据鉴定试验填写乙型溶血性链球菌检测结果。

十六、铜绿假单胞菌检测标准操作规程

1 目的 规范对实验动物中铜绿假单胞菌的检测方法。

2 适用范围 本标准适用于对小鼠、大鼠、豚鼠、地鼠、兔等实验动物中铜绿假单胞菌的分离和鉴定。

3 依据 GB/T 14926.17—2001。

4 操作程序

4.1 材料

4.1.1 培养基 NAC 液体培养基，NAC 琼脂培养基，普通营养琼脂培养基。

4.1.2 鉴定试剂 革兰染色液；糖发酵培养基（葡萄糖、麦芽糖、木糖、乳糖、蔗糖），蛋白胨水，西蒙氏柠檬酸盐培养基，尿素培养基，营养明胶，半固体培养基，氧化酶试剂，硝酸盐培养基，靛基质试剂，醋酸铅纸条等；或直接使用相关商品化细菌生化鉴定试剂盒。

4.2 实验设备和器材

4.2.1 仪器设备 恒温培养箱（36℃和 42℃）、生物安全柜、显微镜、细菌鉴定仪。

4.2.2 器材 剪刀、镊子、灭菌棉签、接种环、接种针、载玻片、培养皿、培养管。

4.3 操作步骤

4.3.1 采样

4.3.1.1 剖检

（1）观察动物外观，核对编号；

（2）安乐死；

（3）将动物仰卧固定；

（4）消毒解剖部位；

（5）在动物下腹部皮肤层中剪开一小口，用剪子剥开皮肤层后剪开肌肉，于回盲部剪开，取适量内容物接种于 NAC 液体培养基。

4.3.1.2 或可采集粪便、病灶组织及分泌物等接种于 NAC 液体培养基。

4.3.2 分离培养 将已接种 NAC 液体的培养基置（36±1）℃培养 18～24 小时，对以下情况分别进行鉴定。

4.3.2.1 对未产生绿色色素和菌膜的：判为阴性。

4.3.2.2 对既有绿色色素又有菌膜的：进行革兰染色和氧化酶试验。

4.3.2.3 对只有菌膜而无色素产生的：需转种 NAC 固体培养基，（36±1）℃培养 18～24 小时，随后再转种普通琼脂培养基，（36±1）℃纯培养 18～24 小时，对纯培养物进行生化鉴定；同时原初代培养管在室温下放置 72 小时，如产生绿色色素则按照 4.3.2.2 进行检测。

4.3.3 鉴定　对可疑纯培养菌首先进行革兰染色，确定为“革兰阴性杆菌”后进行生化鉴定或使用菌种自动生化分析系统鉴定。生化项目见表 3－3－14 铜绿假单胞菌生化反应表。

表 3－3－14　铜绿假单胞菌生化反应表

氧化酶	葡萄糖	麦芽糖	木糖	乳糖	蔗糖	枸橼酸盐	尿素	明胶液化	靛基质	硫化氢	硝酸盐
+	+	－	+	－	－	+	+/－	+	－	－	+

注：+. 阳性；－. 阴性；± 不确定

4.4 结果判定　检验结果同时符合 4.3.2.2 和 4.3.3 或 4.3.2.3 和 4.3.3 时，判定为铜绿假单胞菌阳性，否则结果为阴性。

5 原始记录和报告单

5.1 铜绿假单胞菌检测原始记录

5.1.1 首先记录本批检品编号以及待检样品的编号或编号范围。

5.1.2 填写铜绿假单胞菌检测所依据的相关国家标准编号及名称。

5.1.3 填写所用仪器设备的固定资产编号和设备品牌型号。

5.1.4 填写所用培养基的品牌和批号。

5.1.5 如进行细菌的生化反应鉴定，需填写所用生化鉴定试剂的品牌和批号，包括生化鉴定管、生化鉴定条或自动细菌鉴定仪用生化鉴定试剂盒。

5.1.6 在操作步骤中，需对所用培养基进行说明。将实验条件补充完整，并指明对应的表格，书写要工整，清晰。

5.2 铜绿假单胞菌原始记录表格

5.2.1 填写样品编号。

5.2.2 对初代培养所用培养基进行说明，对培养物中是否有可疑铜绿假单胞菌菌落进行记录。

5.2.3 记录细菌鉴定仪或生化鉴定条或生化鉴定管的生化结果，阳性用“+”表示，阴性用“–”表示，± 表示不确定。

5.2.4 根据鉴定试验填写铜绿假单胞菌检测结果。

十七、念株状链杆菌检测标准操作规程

1 目的　规范对实验动物中念珠状链杆菌的检测方法。

2 适用范围　本标准适用于对小鼠、大鼠、豚鼠和地鼠等实验动物中念珠状链杆菌的分离和鉴定。

3 依据　GB/T 14926.44—2001。

4 操作程序

4.1 材料

4.1.1 培养基　血琼脂培养基或哥伦比亚血琼脂培养基，10%马或小牛血清肉汤培养基。

4.1.2 鉴定试剂　10%马或小牛血清糖发酵培养基（葡萄糖、果糖、麦芽糖、淀粉、半乳糖、甘露糖、甘露醇、乳糖、阿拉伯糖、蔗糖、卫矛醇、肌醇、菊糖、棉籽糖、山梨醇、鼠李糖）；或直接使用相关商品化细菌生化鉴定试剂盒。

4.2 实验设备和器材

4.2.1 仪器设备　恒温培养箱、生物安全柜、显微镜、细菌鉴定仪。

4.2.2 器材　剪刀、镊子、灭菌棉签、接种环、接种针、载玻片、培养皿、培养管。

4.3 操作步骤

4.3.1 采样

4.3.1.1 剖检

（1）观察动物外观，核对编号；

（2）安乐死；

（3）将动物仰卧固定；

（4）消毒解剖部位；

（5）在动物颈部剪开一小口，用剪子剥开皮肤层后剪开肌肉，露出气管，用眼科剪在气管上剪开一T形小口，将接种环深入气管，沾取呼吸道分泌物，接种于血琼脂平皿。

4.3.1.2 或可采集病灶组织或浓汁接种于血琼脂平皿。

4.3.2 分离培养　将已接种的血琼脂平皿置（36±1）℃培养48小时。

4.3.3 鉴定

4.3.3.1 可疑菌落　在血琼脂平皿上（36±1）℃培养48小时形成的1mm左右，灰白色、不溶血、涂片不易乳化的菌落视为可疑菌落。

4.3.3.2 挑取可疑菌落再接种于血琼脂平皿（36±1）℃纯培养48小时；革兰染色为阴性细长杆菌，多形性，散在或成团排列；浓汁直接涂片染色，菌体为革兰阴性短杆菌。符合条件者进行生化鉴定。

4.3.3.3 符合上述条件的菌株进行生化鉴定或使用菌种自动生化分析系统鉴定。生化项目见表3-3-15念珠状链杆菌生化反应表。

表3-3-15　念珠状链杆菌生化反应表

生化检测项目	判定结果	生化检测项目	判定结果
葡萄糖	+	蔗糖	-
果糖	+	卫矛醇	-
麦芽糖	+	肌醇	-
分解淀粉	+	菊糖	-
半乳糖	+	棉籽糖	-
甘露糖	+	山梨醇	-
甘露醇	+	鼠李糖	-
乳糖	-	葡萄糖产气	-
阿拉伯糖	-		

注：+. 阳性；-. 阴性

4.3.3.4 液体培养基中生长状态　如在10%马或小牛血清肉汤培养基中，（36±1）℃培养12h，形成微白色颗粒，沿管壁逐渐沉淀至管底。

4.4 结果判定　检验结果符合4.3.3时，判定为念珠状链杆菌阳性，否则结果为阴性。

5 原始记录和报告单

5.1 念珠状链杆菌检测原始记录

5.1.1 首先记录本批检品编号以及待检样品的编号或编号范围。

5.1.2 填写念珠状链杆菌检测所依据的相关国家标准编号及名称。

5.1.3 填写所用仪器设备的固定资产编号和设备品牌型号。

5.1.4 填写所用培养基的品牌和批号。

5.1.5 如进行细菌的生化反应鉴定，需填写所用生化鉴定试剂的品牌和批号，包括生化鉴定管、生化鉴定条或自动细菌鉴定仪用生化鉴定试剂盒。

5.1.6 在操作步骤中，需对所用培养基进行说明。将实验条件补充完整，并指明对应的表格，书写要工整，清晰。

5.2 念珠状链杆菌原始记录表格

5.2.1 填写样品编号。

5.2.2 对初代培养所用培养基进行说明，对培养物中是否有可疑念珠状链杆菌菌落进行记录，有可疑菌落记“+”，无可疑菌落记“–”。

5.2.3 记录细菌鉴定仪或生化鉴定条或生化鉴定管的生化结果，阳性用“+”表示，阴性用“–”表示。

5.2.4 记录血清凝集结果，阳性用“+”表示，阴性用“–”表示。

5.2.5 根据鉴定试验填写念珠状链杆菌检测结果。

十八、犬布鲁杆菌检测标准操作规程

1 目的　规范对犬布鲁杆菌的检测方法。

2 适用范围　本标准适用于对犬布鲁杆菌的检测。

3 依据　GB/T 14926.45—2001。

4 操作程序

4.1 材料

4.1.1 布鲁杆菌标准抗原（R 型和 S 型）。

4.1.2 布鲁杆菌标准阴性、阳性血清。

4.1.3 生理盐水。

4.2 实验设备和器材

4.2.1 仪器设备　恒温培养箱、生物安全柜、恒温水浴箱、高速离心机、加样器。

4.2.2 器材　离心管、枪头、小试管。

4.3 操作步骤

4.3.1 采样　取血、分离血清。

4.3.2 “S”抗原试管凝集试验

4.3.2.1 血清稀释　参照表 3–3–16 进行。取小试管 5 只，置于试管架上，标明编号。第 1 管内加入生理盐水 0.84ml，第 2～5 管加入 0.5ml。取待检血清 0.16ml 加入第 1 管内，混匀；取 0.5ml 加入第 2 管内，混匀；取 0.5ml 加入第 3 管内……如此稀释至第 5 管，弃去 0.5ml。此时各管血清稀释倍数为 1:6.25，1:12.5，1:25，1:50，1:100。

4.3.2.2 加入抗原　将各管加入标准抗原 0.5ml，混匀，此时各管血清稀释倍数为 1:12.5，1:25，1:50，1:100，1:200。具体操作见表 3–3–16。置 37℃温箱 18～24 小时，取出后室温静置 2 小时，观察结果。

表 3–3–16　布鲁杆菌“S”抗原试管凝集试验操作方法

试管编号	1	2	3	4	5
生理盐水/ml	0.84	0.5	0.5	0.5	0.5
待检血清/ml	0.16↗	0.5↗	0.5↗	0.5↗	0.5↗弃去 0.5
标准抗原/ml	0.5	0.5	0.5	0.5	0.5
稀释度	1/12.5	1/25	1/50	1/100	1/200

4.3.3 “R”抗原试管凝集试验

4.3.3.1 血清稀释 参照表 3-3-17 进行。取小试管 5 只，置于试管架上，标明编号。第 1 管内加入生理盐水 0.95ml，第 2～5 管加入 0.5ml。取待检血清 0.05ml 加入第 1 管内，混匀；取 0.5ml 加入第 2 管内，混匀；取 0.5ml 加入第 3 管内……如此稀释至第 5 管，弃去 0.5ml。此时各管血清稀释倍数为 1:20，1:40，1:80，1:160，1:320。

4.3.3.2 加入抗原 将各管加入标准抗原 0.5ml，混匀，此时各管血清稀释倍数为 1:40，1:80，1:160，1:320，1:640。具体操作见表 3-3-17。置 37℃温箱 18～24 小时，取出后室温静置 2h，观察结果。

表 3-3-17 布鲁杆菌“R”抗原试管凝集试验操作方法

试管编号	1	2	3	4	5
生理盐水/ml	0.95	0.5	0.5	0.5	0.5
待检血清/ml	0.05↗	0.5↗	0.5↗	0.5↗	0.5↗弃去 0.5
标准抗原/ml	0.5	0.5	0.5	0.5	0.5
稀释度	1/40	1/80	1/160	1/320	1/640

4.3.4 对照管的制作 每次试验须作三种对照。

阴性血清对照：阴性血清的稀释和加抗原的方法与待检血清相同。

阳性血清对照：阳性血清须稀释到原有滴度，加抗原的方法与待检血清相同。

抗原对照 试验中所用的适当稀释抗原 0.5ml，加 0.5ml 石炭酸生理盐水。

4.3.5 比浊管的配制 每次试验须配制比浊管作为判定清亮程度（凝集反应程度）的依据。

配制方法：取本次试验用的抗原稀释液，加入等量的 0.5%生理盐水作倍比稀释，然后按表 3-3-18 配制比浊管。

表 3-3-18 比浊管配制

试管编号	1	2	3	4	5
抗原稀释液/ml	0.00	0.25	0.50	0.75	1.00
生理盐水/ml	1.00	0.75	0.50	0.25	0.00
清亮度/%	100	75	50	25	0
凝集度标记	++++	+++	++	+	-

4.3.6 结果判定 结果判定标准如下。

++++：液体完全透明，管底出现大片的伞状沉淀。

+++：液体几乎透明，管底出现明显的伞状沉淀。

++：液体不甚透明，管底出现片状沉淀，振荡时易碎成小絮片状。

+：液体不透明，管底有松散沉淀。

-：液体不透明，管底无伞状沉淀，菌体下沉呈圆点状。

4.3.6.1 对“S”抗原，待检血清凝集效价在 1:50 达到“++”或以上时，均判为阳性反应；凝集效价在 1:25 达到“++”或 1:50 达到“+”时，均判为可疑反应。

4.3.6.2 对“R”抗原，待检血清凝集效价在 1:160 达到“++”或以上时，均判为阳性反应；凝集效价在 1:80 达到“++”或 1:160 达到“+”时，均判为可疑反应。

4.3.6.3 可疑反应犬，间隔 3～4 周须重新采血，再次检验，如凝集价不断上升，可判为阳性；若重检仍为可疑反应，同时该犬群中既无本病流行情况，又无临床病例时，则可判为阴性。

4.3.7 结果报告 凡符合上述检测结果者作出阳性报告，不符合者作出阴性报告。

5 原始记录和报告单

5.1 布鲁杆菌检测原始记录

5.1.1 首先记录本批检品编号以及待检样品的编号或编号范围。

5.1.2 填写布鲁杆菌检测所依据的相关国家标准编号及名称。

5.1.3 填写所用仪器设备的固定资产编号和设备品牌型号。

5.1.4 填写凝集试验所用抗原和对照血清的来源和批号。

5.1.5 如进行布鲁杆菌血清凝集试验，需填写所用诊断血清的品牌及批号。

5.1.6 在操作步骤中，将实验条件补充完整，并指明对应的表格，书写要工整，清晰。

5.2 布鲁杆菌原始记录表格

5.2.1 填写样品编号。

5.2.2 记录凝集试验结果，凝集用“+”表示，用“++++”、“+++”、“++”、“+”表示凝集程度，不凝集用“-”表示。

5.2.3 根据鉴定试验填写布鲁杆菌检测结果。

十九、钩端螺旋体检测标准操作规程

1 目的 规范对实验动物钩端螺旋体的检测方法。

2 适用范围 本标准适用于实验动物钩端螺旋体的检测。

3 依据 GB/T 14926.46—2008。

4 材料和设备

4.1 材料

4.1.1 培养基 Korthof 培养基。

4.1.2 试剂

4.1.2.1 钩端螺旋体标准抗原。

4.1.2.2 显微镜凝集抗原 钩端螺旋体标准株接种 Korthof 培养基，28℃培养 5～7 天。取样做暗视野显微镜检查，每 400 倍视野不少于 50 条，运动活泼无自凝现象者，可作为显微镜凝集抗原。

4.1.2.3 ELISA 抗原 钩端螺旋体标准株接种 Korthof 培养基，28℃培养 5～7 天。生长良好的培养物用 10 000r/min 离心 30 分钟，沉淀用 PBS 在相同条件下洗 2 次。然后用 PBS 悬浮，超声波破碎后，10 000r/min 离心 20 分钟，上清即为 ELISA 抗原。

4.1.2.4 标准血清（包括阳性和阴性血清）。

4.1.2.5 生理盐水、包被液、洗液、稀释液、底物缓冲液、终止液、酶标二抗、底物。

4.2 实验设备和器材

4.2.1 仪器设备 恒温培养箱、生物安全柜、实体显微镜、恒温水浴箱、高速离心机、超声波细胞粉碎器、加样器、酶标仪。

4.2.2 器材　离心管、酶标板、枪头、96 孔板、载玻片、加样槽。

5 操作步骤

5.1 血清制备

5.1.1 无菌采集动物全血（无抗凝剂）1ml 左右。

5.1.2 室温静置 2h，8000r/min 离心 10 分钟，轻轻吸取上层血清到新的离心管中，－20℃冻存备用。

5.1.3 血清灭活　将待检血清以 56℃水浴灭活 30 分钟后备用。

5.2 检测方法　可用显微镜凝集抗原法或 ELISA 法。

5.2.1 显微镜凝集抗原法

5.2.1.1 待检血清稀释　取 96 孔板，第 1 孔加入生理盐水 0.16ml，以后每孔加入生理盐水 0.1ml，一直加到第 9 孔。在第 1 孔中加入血清 0.04ml，混匀后，吸取 0.1ml 到第 2 孔，如此类推，直到第 9 孔，弃去 0.1ml。

5.2.1.2 对照血清稀释　第 10 孔加入合适比例的阴性血清 0.1ml，第 11 孔加入合适比例的阳性血清 0.1ml，第 12 孔加入生理盐水 0.1ml。

5.2.1.3 加入抗原　各孔均加入标准抗原 0.1ml，混匀，此时各孔血清稀释度为 1:10，1:20，1:40，1:80，1:160，1:320，1:640，1:1280，1:2560。具体操作见表 3－3－19。置 37℃温箱 2h，取出后摇匀，用接种环挑取各孔中的反应物置于载玻片上，在暗视野下观察结果。

表 3－3－19　钩端螺旋体定量显微镜凝集试验操作方法

凹孔板编号	1	2	3	4	5	6	7	8	9	10	11	12
生理盐水/ml	0.16	0.1	0.1	0.1	0.1	0.1	0.1	0.1	0.1			0.1
待检血清/ml	0.04↗	0.1↗	0.1↗	0.1↗	0.1↗	0.1↗	0.1↗	0.1↗	0.1↗	弃去	0.1	
阴性血清/ml										0.1		
阳性血清/ml											0.1	
标准抗原/ml	0.1	0.1	0.1	0.1	0.1	0.1	0.1	0.1	0.1	0.1	0.1	0.1
血清最终稀释度	1/10	1/20	1/40	1/80	1/160	1/320	1/640	1/1280	1/2560			

5.2.1.4 结果判定　结果判定如下。

++++：几乎全部钩端螺旋体呈蝌蚪状或折光率高的团块，或有大小不等的点状或块状残片，仅有少数游离的钩端螺旋体；

+++：75%的钩端螺旋体被凝集，大部分呈块状或蜘蛛状，尚有 25%菌体游离；

++：50%左右的钩端螺旋体被凝集，尚有 50%菌体游离；

+：25%左右的钩端螺旋体被凝集，尚有 75%菌体游离；

－：全部菌体正常，分散，无凝集块，菌数与对照相同。

待检血清凝集效价在 1:20 达到“++”或以上时，均判为阳性反应。

5.2.2 酶联免疫吸附试验（ELISA）法

5.2.2.1 包被抗原　根据滴定的最适工作浓度，将抗原用包被液稀释，每孔 100μl，置

37℃ 1 小时后再 4℃过夜。用洗涤液洗 3 次，每次 5 分钟，叩干。

5.2.2.2 加样　待检血清和阴性、阳性血清分别用稀释液做 1:160 稀释，每孔 100μl，37℃ 1 小时，洗涤同上。

5.2.2.3 加酶结合物　用稀释液将酶结合物稀释至适当浓度，每孔加入 100μl，37℃ 1 小时，洗涤同上。

5.2.2.4 加底物溶液　每孔加入新配制的底物溶液 100μl，置 37℃ 1h，避光显色 10～15 分钟。

5.2.2.5 终止反应　每孔加入终止液 50μl。

5.2.2.6 测 *A* 值　在酶标仪上，于 490nm 处读出各孔 *A* 值。

5.2.2.7 结果判定　在阴性和阳性血清对照成立的条件下，进行结果判定。

5.2.2.7.1 同时符合下列 2 个条件者，判为阳性。

（1）待检血清的 *A* 值大于等于 0.2；

（2）待检血清的 *A* 值/阴性对照血清的 *A* 值大于等于 2.1。

5.2.2.7.2 均不符合上述两个条件者，判为阴性。

5.2.2.7.3 仅有一条符合者，判为可疑，需重试。如仍为阳性则判为阳性。

5.2.2.7.4 对阳性结果需重试，如仍为阳性则判为阳性。

6 结果判定　对阳性检测结果，选用同一种方法或另一种方法重试。如仍为阳性则判为阳性。

7 原始记录和报告单

7.1 钩端螺旋体检测原始记录

7.1.1 首先记录本批检品编号以及待检样品的编号或编号范围。

7.1.2 填写钩端螺旋体检测所依据的相关国家标准编号及名称。

7.1.3 填写所用仪器设备的固定资产编号和设备品牌型号。

7.1.4 填写所用培养基的品牌和批号。

7.1.5 如进行钩端螺旋体显微镜凝集试验，需填写所用凝集抗原的品牌及批号。

7.1.6 在操作步骤中，需对所用培养基进行说明。将实验条件补充完整，并指明对应的表格，书写要工整，清晰。

7.2 钩端螺旋体原始记录表格

7.2.1 填写样品编号。

7.2.2 记录显微镜抗原凝集结果，阳性用“+”表示，阴性用“-”表示。

7.2.3 记录 ELISA 结果，用酶标仪检测的 *A* 值表示。

7.2.4 根据鉴定试验填写钩端螺旋体检测结果。

二十、志贺菌检测标准操作规程

1 目的　规范对实验动物志贺菌的检测方法。

2 适用范围　本标准适用于对猴的志贺菌的检测。

3 依据　GB/T 14926.47—2008。

4 操作程序

4.1 材料

4.1.1 培养基　GN 增菌液、麦康凯琼脂、XLD 琼脂。

4.1.2 生化反应试剂　三糖铁琼脂培养基（TSI）、克氏双糖铁琼脂培养基（KI）、西蒙柠檬酸盐培养基、氨基酸脱羧酶试验培养基、尿素培养基、半固体动力试验培养基、糖发酵培养基、氰化钾生长培养基和葡萄糖胺培养基；或直接使用相关商品化细菌生化鉴定试剂盒。

4.1.3 志贺菌多价诊断血清。

4.2 实验设备和器材

4.2.1 仪器设备　恒温培养箱、生物安全柜、显微镜、细菌鉴定仪。

4.2.2 器材　镊子、灭菌棉签、接种环、载玻片、培养管。

4.3 操作步骤

4.3.1 采样　采取粪便或肛拭子样本，采样方法见 GB/T 14926.42—2001。

4.3.2 增菌分离培养　将已接种的 GN 增菌液置（36±1）℃培养 6～8 小时，转种麦康凯琼脂和 XLD 琼脂平皿，置（36±1）℃培养 18～24 小时。

4.3.3 鉴定

4.3.3.1 志贺菌可疑菌落　志贺菌在麦康凯琼脂平皿上形成无色、凸起、直径 2～3mm 的菌落。在 XLD 琼脂平皿形成红色、光滑、直径 1～2mm 的菌落。痢疾志贺菌 1 型在上述两种培养基上形成的菌落较其他志贺菌属的菌落要小。

4.3.3.2 菌体特征　革兰阴性小杆菌，无鞭毛，无芽孢。

4.3.3.3 生化鉴定　直接用全自动细菌鉴定仪进行鉴定；或将可疑菌落接种三糖铁或双糖铁琼脂、西蒙氏柠檬酸盐培养基、氨基酸脱羧酶试验培养基、尿素培养基、半固体动力试验培养基、糖发酵培养基、氰化钾生长培养基和葡萄糖胺培养基。生化项目见表 3-3-20 志贺菌生化反应表。

表 3-3-20　志贺菌生化反应表

生化检测项目	判定结果	生化检测项目	判定结果
三糖铁	N/A	鸟氨酸脱羧酶	–
H_2S	–	赖氨酸脱羧酶	–
半固体	–	KCN	–
葡萄糖胺	–	尿素	–
七叶苷	–	西蒙氏柠檬酸盐	–
水杨苷	–		

注：“+”表示阳性，“–”表示阴性

4.3.3.4 血清玻片凝集试验　生化鉴定和生化结果符合志贺菌特征时，进一步做志贺菌血清凝集试验，呈典型凝集结果判为血清玻片凝集试验阳性。

4.4 结果判定　检验结果符合 4.3.3 时，判定为志贺菌阳性，否则结果为阴性。

5 原始记录和报告单

5.1 志贺菌检测原始记录

5.1.1 首先记录本批检品编号以及待检样品的编号或编号范围。

5.1.2 填写志贺菌检测所依据的相关国家标准编号及名称。

5.1.3 填写所用仪器设备的固定资产编号和设备品牌型号。

5.1.4 填写所用培养基的品牌和批号。

5.1.5 如进行细菌的生化反应鉴定，需填写所用生化鉴定试剂的品牌和批号，包括生化鉴定管、生化鉴定条或自动细菌鉴定仪用生化鉴定试剂盒。

5.1.6 如进行志贺菌血清凝集试验，需填写所用诊断血清的品牌及批号。

5.1.7 在操作步骤中，需对所用培养基进行说明。将实验条件补充完整，并指明对应的表格，书写要工整，清晰。

5.2 志贺菌原始记录表格

5.2.1 填写样品编号。

5.2.2 对初代培养所用培养基进行说明，对培养物中是否有可疑志贺菌进行记录，有可疑菌落记“+”，无可疑菌落记“–”。

5.2.3 记录初代培养物在三糖铁或双糖铁斜面上的生长情况，用A（产酸）和K（产碱）表示。

5.2.4 记录细菌鉴定仪或生化鉴定条或生化鉴定管的生化结果，阳性用“+”表示，阴性用“–”表示。

5.2.5 记录血清凝集结果，阳性用“+”表示，阴性用“–”表示。

5.2.6 根据鉴定试验填写志贺菌检测结果。

二十一、结核分枝杆菌检测标准操作规程

1 目的　规范对实验动物中结核分枝杆菌的检测方法。

2 适用范围　本标准适用于对实验动物体内结核分枝杆菌感染的检测。

3 依据　GB/T 14926.48—2001。

4 操作程序

4.1 材料

4.1.1 鉴定用试剂　牛型提纯结核菌素（PPD），工作浓度2000U/ml；生理盐水。

4.1.2 实验设备和器材

4.1.2.1 仪器设备　恒温培养箱、生物安全柜。

4.1.2.2 器材　1ml注射器，离心管。

4.3 操作步骤

4.3.1 动物保定　用动物保定装置将猴子固定，特别是头部，不让其摆动。

4.3.2 注射　用乙醇棉球对眼睑局部进行消毒，将结核菌素以每只 0.1ml 注射于上眼睑皮内。

4.4 结果观察和判定

4.4.1 注射后 24、48、72 小时后观察结果。注射部位出现发红、肿胀、坏死、化脓等为阳性反应（+）。

4.4.2 结果判定标准

+++：肿胀严重，甚至全眼闭合，有明显的眼眦，常在数天后破溃，一周内不恢复。

++：肿胀明显，上眼睑发红，两只眼明显不一样，72 小时后逐渐消退。

+：肿胀不明显，发红波及到整个上眼睑，48 小时明显，72 小时后消退。

±：无肿胀，注射部位轻度发红，48 小时消退。

–：眼睑无任何反应，与未注射眼一样。

4.5 复检 对判定为可疑反应（±）的猴，须在上次检测后第 25～30 天进行复检，如结果仍为可疑（±），在第 25～30 天再进行复检。

如上述三次试验中，一次“±”或“+”，两次“-”，判为“-”；

两次以上“±”，判“±”；

一次“-”或“±”，两次“+”，判“+”。

5 原始记录和报告单

5.1 结核分枝杆菌检测原始记录

5.1.1 首先记录本批检品编号以及待检样品的编号或编号范围。

5.1.2 填写结核分枝杆菌检测所依据的相关国家标准编号及名称。

5.1.3 填写所用仪器设备的固定资产编号和设备品牌型号。

5.1.4 填写所用牛型结核菌素的来源和批号。

5.1.5 在操作步骤中，需对实验条件补充完整，并指明对应的表格，书写要工整，清晰。

5.2 结核分枝杆菌原始记录表格

5.2.1 填写样品编号。

5.2.2 记录眼睑反应结果，阳性用“+”表示，“+++”～“+”表示反应强度，阴性用“–”表示，可疑反应用“±”表示。

5.2.3 根据鉴定试验填写结核分枝杆菌检测结果。

二十二、空肠弯曲菌检测标准操作规程

1 目的 规范对实验动物空肠弯曲菌的检测方法。

2 适用范围 本标准适用于对犬和猴等实验动物空肠弯曲菌的检测。

3 依据 GB/T 14926.49—2001。

4 操作程序

4.1 材料

4.1.1 培养基 Skirrow 琼脂培养基、改良 Camp－BAP 琼脂培养基、血琼脂培养基。

4.1.2 鉴定试剂 三糖铁琼脂培养基（TSI）、克氏双糖铁琼脂培养基（KI）、氧化酶试剂、TTC 琼脂、过氧化氢酶试剂、甘氨酸培养基、硝酸盐培养基和硝酸盐甲乙液、1%马尿酸钠、3.5%氯化钠肉汤培养基、醋酸铅纸条、30μg 萘啶酮药敏纸片、革兰染色液；或直接使用相关商品化细菌生化鉴定试剂盒。

4.2 实验设备和器材

4.2.1 仪器设备 厌氧罐或厌氧培养箱、恒温培养箱、生物安全柜、显微镜、细菌鉴定仪。

4.2.2 器材 镊子、灭菌棉签、接种环、载玻片、培养管、培养皿。

4.3 操作步骤

4.3.1 采样 采取粪便或肛拭子样本，采样方法见 GB/T 14926.42—2001。

4.3.2 分离培养 将已接种的 Cary－Blair 运送培养基或 Skirrow 琼脂培养基尽快放入厌氧罐或厌氧培养箱，（42±1）℃培养 48 天。

4.3.3 鉴定

4.3.3.1 空肠弯曲菌可疑菌落 空肠弯曲菌在 Cary－Blair 运送培养基或 Skirrow 琼脂培养基平皿上形成不溶血，灰色，扁平，湿润，有光泽，似水滴样，在接种线上有向外扩散的倾向；或形成不溶血，分散凸起单个菌落，直径为 1～2mm，边缘完整，湿润，有光泽的菌落。

4.3.3.2 菌体特征　革兰阴性，呈 S 形、螺旋形或纺锤形；在固体培养基上长时间培养后，或不适宜条件下，常呈球形。（0.3～0.4）μm×（1.5～3）μm，动力明显。

4.3.3.3 生化鉴定　直接用全自动细菌鉴定仪进行鉴定；或将纯化后可疑菌落进行下列鉴定试验。见表 3－3－21 空肠弯曲菌鉴定表。

表 3－3－21　空肠弯曲菌鉴定表（42±1℃培养 48h）

生化检测项目	判定结果	生化检测项目	判定结果
过氧化氢酶	+	马尿酸钠水解	+
氧化酶	+	1%甘氨酸耐受	+
TSI 或 KI	K/K	3.5%氯化钠不耐受	+
硫化氢	+	萘啶酮酸	+
硝酸盐还原	+	TTC 琼脂上紫色光泽菌苔	+

注：“+”表示阳性，“−”表示阴性；K 表示产碱

（1）甘氨酸耐受试验　纯化后菌落或菌液（0.5 麦氏浊度）接种于 1%甘氨酸培养基，（42±1）℃培养 48 小时呈云雾状生长。

（2）不耐受 3.5%氯化钠试验　纯化后菌落或菌液（0.5 麦氏浊度）接种于 3.5%氯化钠肉汤培养基，（42±1）℃培养 48 小时不生长。

（3）萘啶酮酸试验　纯化后本菌菌液（0.5 麦氏浊度）涂布于血琼脂平皿，待菌液干燥后，在培养基表面贴上 30μg 萘啶酮酸药敏纸片，（42±1）℃培养 48 小时应出现抑菌环。

（4）TTC 琼脂试验　纯化后本菌菌液（0.5 麦氏浊度）涂布于 TTC 琼脂平皿，（42±1）℃培养 48 小时，应生长出紫色菌苔并有光泽。

4.4 结果判定　检验结果符合 4.3.3 时，判定为空肠弯曲菌阳性，否则结果为阴性。

5 原始记录和报告单

5.1 空肠弯曲菌检测原始记录

5.1.1 首先记录本批检品编号以及待检样品的编号或编号范围。

5.1.2 填写空肠弯曲菌检测所依据的相关国家标准编号及名称。

5.1.3 填写所用仪器设备的固定资产编号和设备品牌型号。

5.1.4 填写所用培养基的品牌和批号。

5.1.5 如进行细菌的生化反应鉴定，需填写所用生化鉴定试剂的品牌和批号，包括生化鉴定管、生化鉴定条或自动细菌鉴定仪用生化鉴定试剂盒。

5.1.6 在操作步骤中，需对所用培养基进行说明。将实验条件补充完整，并指明对应的表格，书写要工整，清晰。

5.2 空肠弯曲菌原始记录表格

5.2.1 填写样品编号。

5.2.2 对初代培养所用培养基进行说明，对培养物中是否有可疑空肠弯曲菌进行记录，有可疑菌落记“+”，无可疑菌落记“−”。

5.2.3 记录在三糖铁或双糖铁斜面上的生长情况，用 A（产酸）和 K（产碱）表示。

5.2.4 记录细菌鉴定仪或生化鉴定条或生化鉴定管的生化结果，阳性用“+”表示，阴性

用“–”表示。

5.2.5 根据鉴定试验填写空肠弯曲菌检测结果。

二十三、鸡白痢沙门菌检测标准操作规程

1 目的 规范对鸡白痢沙门菌检测方法。

2 适用范围 本标准适用于对鸡白痢沙门菌的分离、鉴定。

本标准适用于血清平板凝集试验（SPA）对鸡白痢沙门菌的抗体检测。

3 依据 GB/T 17999.4—2008、GB/T 17999.6—2008、GB/T 17999.8—2008。

4 操作程序

4.1 材料

4.1.1 培养基 营养肉汤培养基、DHL 琼脂、SS 琼脂、亚硫酸铋琼脂（BS）、三糖铁培养基（TSI）、营养琼脂、半固体琼脂。

4.1.2 生化反应试剂 糖发酵培养基、蛋白胨水、硝酸盐培养基、氧化酶试剂、氨基酸脱羧酶试验培养基、尿素培养基；或选用相关商品化细菌生化鉴定试剂盒。

4.1.3 沙门菌诊断血清 A–F 多价 O 血清、O9 因子血清、O12 因子血清、H–a 因子血清、H–d 因子血清、H–g.m 因子血清和 H–g.p 因子血清。

4.2 实验设备和器材

4.2.1 仪器设备 恒温培养箱、生物安全柜、双目显微镜

4.2.2 器材 剪刀、镊子、灭菌棉签、研磨器、接种环、接种针、载玻片。

4.3 操作步骤

4.3.1 采样 无菌采取卵巢、肝、脾、小肠和盲肠，活禽泄殖腔拭子。

4.3.2 分离培养 将采集的组织样品用灭菌研磨器制成匀浆，用少量蛋白胨水稀释，稀释后样品或泄殖腔拭子可直接接种培养基，或置（36±1）℃培养 18～24 小时后接种培养基；稀释后样品或活禽泄殖腔拭子分别接种于 SS 或 BS 和 DHL 琼脂平板培养基，置（36±1）℃培养 24～48 小时。在 DHL 培养基上若出现黄褐色透明小菌落；或在 SS 琼脂平板上出现无色半透明源性小菌落；或在 BS 琼脂平板上出现黑色或黑绿色小菌落，则为可疑菌落。如果经 24～48 小时培养后未发现可疑菌落，再取增菌培养物重复接种培养 1 次。

4.3.3 病原鉴定

4.3.3.1 挑取可疑单个菌落接种于 SS 或 BS 和 DHL 琼脂平板培养基，置（36±1）℃，18～24 小时进行纯培养。然后挑取单个菌落涂片作革兰染色，油镜镜检。如果镜检可见革兰阴性杆菌，大小在 [（0.3～0.5μm）×（1～2.5μm）]，无芽孢，则进行下面的生化鉴定。

4.3.3.2 生化鉴定

（1）初筛 挑取纯培养后的单个可疑菌落接种于 TSI，斜面划线，底部穿刺，置（36±1）℃，培养 24 小时。鸡白痢沙门菌生化反应为斜面红色，底层变黄，产气或不产气，不产生硫化氢（H_2S）。如果符合则进行其他项目的检测及血清学鉴定，不符合则判为该可疑菌为阴性。

（2）其他生化鉴定项目 取可疑菌落纯培养物接种各生化培养基，（36±1）℃，培养 24 小时，发酵葡萄糖产酸或产气，触酶、赖氨酸脱羧酶、鸟氨酸脱羧酶、硝酸盐还原试验阳性；乳糖、蔗糖、麦芽糖、氧化酶、尿素酶、吲哚试验、卫矛醇、动力试验阴性；或使用菌种自动生化分析系统进行鉴定。

4.3.4 血清玻片凝集试验 取可疑培养物接种于 TSI 斜面，（36±1）℃培养 18～24 小时；挑取单个菌落，用 A～F 多价 O 血清在载玻片上进行平板凝集反应，若凝集，则再分别用 O9、O12、H－a、H－d、H－g.m 和 H－g.p 单价因子血清作平板凝集反应，如果可疑菌落与 O9、O12 因子血清呈阳性反应，而与 H－a、H－d、H－g.m 和 H－g.p 因子血清呈阴性反应时，鉴定为鸡白痢沙门菌阳性。

凝集试验判定标准：

++++：出现大的凝集块，底质清亮；

+++：出现明显凝集块，底质稍有浑浊；

++：出现可见的凝集颗粒，底质浑浊；

±：出现轻微可见的凝集颗粒，底质极浑浊；

－：底质均匀一致极浑浊，无凝集现象。

4.4 结果判定 检验结果符合 4.3.2、4.33 或 4.3.2、4.3.4 时，判定为鸡白痢沙门菌阳性，否则结果为阴性。生化试验与血清学试验不一致时，以血清学试验为主。

二十四、副鸡嗜血杆菌检测标准操作规程

1 目的 规范对副鸡嗜血杆菌检测方法。

2 适用范围 本标准适用于对副鸡嗜血杆菌的分离、鉴定。

本标准适用于血清平板凝集试验（SPA）对副鸡嗜血杆菌的检测。

本标准适用于间接酶联免疫吸附试验（ELISA）对副鸡嗜血杆菌的血清抗体检测。

3 依据 GB/T 17999.4—2008、GB/T 17999.6—2008、NY/T 538—2002。

4 操作程序

4.1 材料

4.1.1 培养基 血琼脂培养基、巧克力琼脂培养基。

4.1.2 生化反应试剂 过氧化氢、邻硝基酚β－D－半乳糖苷（ONPG）、阿拉伯糖、麦芽糖、海藻糖、甘露醇、山梨醇，0.01mol/L 磷酸缓冲液（PH7.5），1%蛋白胨水；或选用相关商品化细菌生化鉴定试剂盒。

4.1.3 产烟酰胺腺嘌呤二核苷酸（或辅酶 I，NAD）表皮葡萄球菌。

4.1.4 副鸡嗜血杆菌抗原和对照血清 副鸡嗜血杆菌平板凝集试验抗原，阴性、阳性对照血清。

4.1.5 ELISA 试剂 根据“鸡酶联免疫吸附试验标准操作规程”制备 ELISA 检测抗原板，或购买副鸡嗜血杆菌 ELISA 检测试剂盒。

4.2 实验设备和器材

4.2.1 仪器设备 二氧化碳培养箱、生物安全柜、双目显微镜。

4.2.2 器材 剪刀、镊子、灭菌棉签、接种环、载玻片、加样器。

4.3 操作步骤

4.3.1 采样 洁净环境翅下静脉采取鸡血 0.5～1ml。

无菌采取咽拭子或眶下窦，用灭菌棉拭子取其中的黏液或浆液。

4.3.2 分离培养 将采集的棉拭子在血琼脂培养基上横向划线 5～7 条，然后取产 NAD 表皮葡萄球菌从横线中间划一挑纵线，置 5%二氧化碳（CO_2）中（36±1）℃培养 18～24 小时。

可疑菌落特征为：在血琼脂培养基上出现“卫星样”生长，即靠近产 NAD 葡萄球菌线处

菌落较大，直径约 0.3mm，离产 NAD 葡萄球菌线越远，菌落越小；露滴样、针尖大小的小菌落。

4.3.3 病原鉴定

（1）挑取可疑单个菌落接种于血琼脂平板培养基，置（36±1）℃，18～24 小时进行纯培养。

（2）生化鉴定　取可疑菌落纯培养物接种各生化培养基，（36±1）℃培养 18～24 小时，空气下不生长、过氧化氢酶、阿拉伯糖、半乳糖、海藻糖阴性；ONPG、麦芽糖、甘露醇阳性，蔗糖和山梨醇结果可变；或使用菌种自动生化分析系统进行鉴定。

4.3.4 血清平板凝集试验　副鸡嗜血杆菌平板凝集试验判定标准：

①强阳性+++　有明显絮状或片状凝集片，液体清亮；

②阳性++　有大量针尖样颗粒，量多，液体较清亮；

③弱阳性+　针尖样颗粒状，量较少，稍浑浊；

④阴性-　液体无颗粒，均匀而浑浊。

出现①、②、③反应者判为阳性，出现④反应者判为阴性。

4.3.5 酶联免疫吸附试验　ELISA 结果判定标准：S/N＝被检血清样品 OD490 值/阴性对照平均 OD492 值≥2，则结果判为阳性，记作“+”，否则判为阴性，记作“-”。

4.4 结果判定　检验结果符合 4.3.2、4.3.3 或 4.3.4 或 4.3.5 时，判定为鸡白痢沙门菌阳性，否则结果为阴性。

5 相关文件　SPF 鸡酶联免疫吸附试验标准操作规程。

二十五、鸡毒支原体检测标准操作规程

1 目的　规范鸡毒支原体（Mycoplasma gallisepticum）的检测。

2 适用范围　适用于对鸡血清中是否携带鸡毒支原体抗体的诊断检测。

3 依据　GB/T 17999.2—2008、GB/T 17999.4—2008、GB/T 17999.6—2008。

4 程序

4.1 鸡血清的采集与制备

4.1.1 75%乙醇棉球对鸡脚静脉或翅下静脉进行消毒。

4.1.2 无菌或一次性注射器，抽取鸡血 2ml 以上。37℃静置 1 小时或 4℃静置 2 小时。

4.1.3 将凝固的血块及析出的液体置离心管中，4000r/min，离心 10 分钟，取上清，即为鸡血清，可立即进行检测或-20℃贮存待检。

4.2 鸡毒支原体抗体检测

4.2.1 血清平板凝集试验　见血清平板凝集试验标准操作规程。

4.2.2 血凝抑制试验　见血凝抑制试验操作规程。

4.2.3 酶联免疫吸附试验　见酶联免疫吸附试验操作规程。

5 相关规程　血清平板凝集试验标准操作规程。

鸡血凝抑制试验。

鸡酶联免疫吸附试验标准操作规程。

二十六、鸡多杀巴氏杆菌检测标准操作规程

1 目的　规范对鸡的多杀巴氏杆菌的检测方法。

2 适用范围　本标准适用于对鸡中多杀巴氏杆菌的分离、鉴定。

本标准适用于琼脂扩散试验（AGP）对多杀巴氏杆菌的检测。

3 依据　GB/T 17999.5—2008、NY/T 563—2002。

4 操作程序

4.1 材料

4.1.1 培养基　血琼脂培养基，5%鸡血清葡萄糖淀粉琼脂，麦康凯琼脂培养基。

4.1.2 生化反应试剂　葡萄糖、蔗糖、果糖、半乳糖、甘露醇、鼠李糖、戊醛糖、纤维二糖、棉子糖、菊糖、赤藓糖、戊五醇、M-肌醇、水杨苷、吲哚、过氧化氢、尿素酶试剂、邻硝基酚 β-D-半乳糖苷（ONPG）、VP 试剂，蛋白胨水；或选用相关商品化细菌生化鉴定试剂盒。

4.1.3 琼脂扩散试验（AGP）相关试剂　多杀巴氏杆菌平板凝集试验抗原、阴性、阳性对照血清；琼脂糖、PBS、氯化钠、1%硫柳汞溶液。

4.2 实验设备和器材

4.2.1 仪器设备　恒温培养箱、生物安全柜、双目显微镜、微波炉。

4.2.2 器材　剪刀、镊子、灭菌棉签、接种环、载玻片、加样器。

4.3 操作步骤

4.3.1 采样　无菌采取下列一种或多种样本，鼻拭子、咽拭子、泄殖腔拭子、病灶组织或分泌物。

4.3.2 分离培养　将采取的样本接种于血琼脂培养基或 5%鸡血清葡萄糖淀粉琼脂培养基，置（36±1）℃培养 18～24 小时，可疑菌落直径为 1～3mm，呈散在、圆形，表面凸起呈奶滴状，如有上述菌落则进行纯培养。

4.3.3 病原鉴定

（1）挑取初代可疑单个菌落接种于血琼脂平板培养基，置（36±1）℃培养 18～24 小时。然后挑取单个菌落涂片作革兰染色，油镜镜检。如果镜检可见革兰阴性小杆菌，两端钝圆并浓染。新分离菌株荚膜染色有荚膜，则进行下面的生化鉴定。

（2）生化鉴定　取可疑菌落纯培养物接种各生化培养基，（36±1）℃培养 18～24 小时，葡萄糖、蔗糖、果糖、半乳糖、甘露醇阳性，葡萄糖不产气，鼠李糖、戊醛糖、纤维二糖、棉子糖、菊糖、赤藓糖、戊五醇、M-肌醇、水杨苷阴性，吲哚、过氧化氢酶阳性，尿素酶、邻硝基酚 β-D-半乳糖苷（ONPG），VP 阴性；或使用菌种自动生化分析系统进行鉴定。

4.3.4 琼脂扩散试验（AGP）　见琼脂扩散试验操作规程。

4.4 结果判定　检验结果符合 4.3.2、4.3.3 或 4.3.4 时，判定为多杀巴氏杆菌阳性，否则结果判定为阴性。

二十七、鸡滑液囊支原体检测标准操作规程

1 目的　规范滑液囊支原体（Mycoplasma synoviae）的检测。

2 适用范围　适用于对实验用鸡血清中是否携带滑液囊支原体抗体的诊断检测。

3 程序

3.1 鸡血清的采集与制备

3.1.1 75%乙醇棉球对鸡脚静脉或翅下静脉进行消毒。

3.1.2 无菌或一次性注射器，抽取鸡血 2ml 以上。37℃静置 1 小时或 4℃静置 2 小时。

3.1.3 将凝固的血块及析出的液体置离心管中，4000r/min，离心 10 分钟，取上清，即为

鸡血清，可立即进行检测或-20℃贮存待检。

3.2 滑液囊支原体抗体检测

3.2.1 血清平板凝集试验 见血清平板凝集试验操作规程。

3.2.2 血凝抑制试验 见血凝抑制试验操作规程。

3.2.3 酶联免疫吸附试验 见酶联免疫吸附试验操作规程。

4 相关规程 鸡血清平板凝集试验标准操作规程。

鸡血凝抑制试验标准操作规程。

鸡酶联免疫吸附试验标准操作规程。

二十八、实验动物无菌环境及粪便检测标准操作规程

1 目的 规范对实验动物中实验动物无菌环境和粪便的检测方法。

2 适用范围 本标准适用于对小鼠、大鼠、豚鼠、地鼠、兔、犬和猴等实验动物无菌环境和粪便的无菌检测。

3 依据 GB/T 14926.41—2001。

4 操作程序

4.1 材料

4.1.1 培养基 脑心浸液培养基，硫乙醇酸盐培养基，大豆蛋白胨培养基，血琼脂培养基。

4.1.2 其他试剂 革兰染色液，灭菌生理盐水。

4.2 实验设备和器材

4.2.1 仪器设备 恒温培养箱［25～28℃和（36±1）℃］、恒温水浴箱、生物安全柜、显微镜。

4.2.2 器材 剪刀、镊子、灭菌棉签、接种环、接种针、载玻片、培养皿、培养管。

4.3 操作步骤

4.3.1 采样 以无菌方式采集的实验动物设施内或隔离器内的饮水、饲料、垫料和新鲜粪便等。

4.3.2 分离培养

4.3.2.1 实验前先将硫乙醇酸盐培养基置45℃水浴箱平衡温度。

4.3.2.2 在生物安全柜中，按无菌操作程序向放有样品的试管中加入适量灭菌生理盐水（以没过样品为宜），然后用吸管吹打混匀。

4.3.2.3 分别吸取样品稀释液 0.1～0.5ml，加入到中管制备的脑心浸液培养基、硫乙醇酸盐培养基和大豆蛋白胨肉汤培养基中。

4.3.2.4 脑心浸液和硫乙醇酸盐培养基置（36±1）℃培养 14 天，在培养的第 7 天和第 14 天涂片，革兰染色镜检，并接种血琼脂平皿，（36±1）℃培养 48 小时，观察是否有细菌生长。

4.3.2.5 大豆蛋白胨培养基置 25～28℃培养 14 天，在此期间观察有无真菌生长。

4.4 结果判定 如镜检未观察到细菌、在血琼脂培养基上无细菌生长、在大豆蛋白胨培养基中无真菌生长，则判定无菌检测结果阴性，否则为阳性，判为无菌检测不合格。

5 原始记录和报告单

5.1 实验动物无菌环境和粪便检测原始记录

5.1.1 首先记录本批检品编号以及待检样品的编号或编号范围。

5.1.2 填写实验动物无菌环境和粪便检测所依据的相关国家标准编号及名称。

5.1.3 填写所用仪器设备的固定资产编号和设备品牌型号。

5.1.4 填写所用培养基的品牌和批号。

5.1.5 在操作步骤中，需对所用培养基进行说明。将实验条件补充完整，并指明对应的表格，书写要工整，清晰。

5.2 实验动物无菌环境和粪便原始记录表格

5.2.1 填写样品编号。

5.2.2 对初代培养所用培养基进行说明，对培养物中是否有细菌生长，有可疑菌落记“+”，无可疑菌落记“-”。

5.2.3 记录细菌鉴定仪或生化鉴定条或生化鉴定管的生化结果，阳性用“+”表示，阴性用“-”表示。

5.2.4 根据鉴定试验填写实验动物无菌环境和粪便检测结果。

二十九、血清平板凝集试验标准操作规程

1 目的　规范鸡白痢沙门菌、副鸡嗜血杆菌、鸡毒支原体和滑液囊支原体血清平板凝集试验检测方法。

2 适用范围　本规程适用于鸡白痢沙门菌、副鸡嗜血杆菌、鸡毒支原体和滑液囊支原体血清平板凝集试验血清抗体检测。

3 依据　GB/T 17999.4—2008。

4 试剂和材料

4.1 试剂　凝集抗原；阴性血清、阳性血清；被检血清。

4.2 材料　载玻片或其他玻璃板、移液器（10～200μl）及吸头。

5 程序

5.1 试验前 20 分钟，从冰箱中取出抗原、阴性和阳性标准对照血清及被检血清，使其达到室温（20～25℃），并确保后面的试验在此温度下进行。

5.2 用移液器吸取充分混匀的诊断抗原 1 滴（25～50μl），垂直滴加于玻璃板上，然后迅速在抗原旁边滴加等量的被检血清 1 滴。

5.3 用吸头或牙签使血清与抗原混合均匀，涂布成直径 1～2cm 的圆片状，不断摇动玻片，2 分钟内观察结果。

5.4 每批试验均应设阳性、阴性血清及生理盐水对照。

6 结果判定　2 分钟内出现 50%（++）以上者为阳性。2 分钟内不凝集（-）者为阴性，介于上述两者之间为可疑，需按相同方法进行复检，如仍为可疑，判为阳性。判读标准见表 3-3-22。

表 3-3-22　血液平板凝集试验判定标准

类别	试管所见	结果	判定
1	出现大的凝集块，底质清亮，即 100%凝集	++++	阳性
2	出现明显凝集块，底质有浑浊，即 75%凝集	+++	
3	出现可见的凝集颗粒，底质浑浊，即 50%凝集	++	
4	出现轻微可见的凝集颗粒，底质极浑浊，即 25%凝集	±	可疑
5	底质均匀一致，无凝集现象，即不凝集	-	阴性

三十、试管凝集试验检测鸡白痢沙门菌血清抗体标准操作规程

1 目的　规范鸡白痢沙门菌血清抗体检测的试管凝集试验检测方法。

2 适用范围　本规程适用于鸡白痢沙门菌血清抗体检测。

3 依据　GB/T 17999.9—2008。

4 试剂和器材

4.1 试剂　鸡白痢沙门菌抗原（含菌 10^9CFU），标准阳性、阴性血清，待检血清，0.5%石炭酸生理盐水。

0.5%石炭酸生理盐水配制方法　石炭酸 5g，氯化钠 8.5g，加蒸馏水至 1000ml，混合融化，121℃高压灭菌 20 分钟备用。

4.2 器材　试管（直径 8～10mm）、吸管（1ml）。

5 程序

5.1 取 5 支试管，第 1 管加入石炭酸生理盐水 1.8ml，其余各管加 1ml，第 1 管加被检血清 0.2ml，与石炭酸生理盐水混匀（1:10 稀释），取 1ml 移至第 2 管，连续倍比稀释至第 5 管，从第 5 管吸出 1ml 弃去，各管血清最后稀释度依次为 1:20，1:40，1:80，1:160，1:320。

5.2 每管加入抗原液 1ml。

5.3 抗原对照　在试管中加 1ml 抗原液，再加入 0.5%石炭酸生理盐水 1ml。

5.4 阳性血清对照　将阳性血清稀释至工作浓度（根据说明书使用）。在试管中加抗原液 1ml，加稀释的阳性血清 1ml。

5.5 阴性血清对照　同阳性血清稀释度使用。

5.6 试管震荡后，至 36±1℃培养箱中孵育，24h 后移入 4～8℃冰箱过夜。

5.7 结果观察　抗原对照结果与阴性血清对照均呈“–”，阳性血清对照成不同程度凝集，表明试验成立。凝集结果判定标准见表 3–3–23。凝集效价以呈现“++”凝集试管的血情最高稀释倍数作为该被检血清的凝集效价。

表 3–3–23　试管凝集试验判定标准

类别	试管所见	结果	判定
1	出现大的凝集块，上层液体完全透明	++++	阳性
2	出现明显凝集块，上层液透明度达 75%	+++	
3	出现可见的凝集颗粒，上层液透明度达 50%	++	
4	出现轻微可见的凝集颗粒，上层液透明度达 25%	±	可疑
5	无凝集块，液体均匀浑浊	–	阴性

6 结果判定

6.1 阳性：凝集效价≥1:80。

6.2 阴性：凝集效价≤1:20。

6.3 可疑：凝集效价 = 1:40；需对可疑结果的被检血清进行复检，复检仍为可疑的样品判为阳性。

三十一、实验用猪布鲁氏菌检测标准操作规程

1 目的　规范对实验用猪布鲁氏菌的检测方法。

2 适用范围　本标准适用于对实验用猪布鲁氏菌的检测。

3 依据　GB/T 14926.45—2001。

4 操作程序

4.1 材料

4.1.1 猪布鲁氏菌 ELISA 试剂盒。

4.1.2 磷酸盐缓冲液（PBS）、蒸馏水。

4.2 实验设备和器材

4.2.1 仪器设备　恒温培养箱、生物安全柜、恒温水浴箱、高速离心机、加样器。

4.2.2 器材　离心管、枪头、小试管。

4.3 操作步骤

4.3.1 采样　取血、分离血清。

4.3.2 按相应的试剂盒要求进行操作。

4.3.3 结果判定　如按照试剂盒判定结果，出现阳性，需复试，如仍为阳性，则判为阳性。

4.3.4 结果报告　凡符合上述检测结果者作出阳性报告，不符合者作出阴性报告。

5 原始记录和报告单

5.1 猪布鲁氏菌检测原始记录

5.1.1 首先记录本批检品编号以及待检样品的编号或编号范围。

5.1.2 填写猪布鲁氏菌检测所依据的相关国家标准编号及名称。

5.1.3 填写所用仪器设备的固定资产编号和设备品牌型号。

5.1.4 填写所用试剂盒的厂家及批号。

5.1.5 在操作步骤中，将实验条件补充完整，并指明对应的表格，书写要工整，清晰。

5.2 猪布鲁氏菌原始记录表格

5.2.1 填写样品编号。

5.2.2 附检测结果（OD 值）。

5.2.3 如出现首次检测阳性的，需复检，并附复检记录。

三十二、猪痢疾蛇样螺旋体检测标准操作规程

1 目的　规范对实验动物猪痢疾蛇样螺旋体的检测方法。

2 适用范围　本标准适用于猪痢疾蛇样螺旋体的检测。

3 依据　NY/T 545—2002，SN/T 1207—2003。

4 材料和设备

4.1 材料

4.1.1 试剂　结晶紫染色液/稀释的石炭酸复红，壮观霉素/多黏菌素。

4.1.2 培养基　含 5%～10%脱纤羊血和 400μg/ml 壮观霉素（或多黏菌素 B 200μg/ml 或多黏菌素 E 200μg/ml）的胰胨豆胨血液琼脂（TSA）。

4.2 实验设备和器材　恒温培养箱、厌氧装置、生物安全柜、显微镜、暗视野镜头、玻片

和盖玻片、酒精灯。

5 操作步骤

5.1 样品采集 采取新鲜粪便、肠内容物或病变黏膜，不要冰冻，迅速镜检或分离培养。粪便等拭子可置于含有 0.5ml PBS（pH7.2）的容器内，密封后 0～4℃保存，3 天内必须分离培养。两头结扎的结肠段，0～4℃可保存 5～7d。

5.2 检测方法

5.2.1 镜检

5.2.1.1 样品制作 取样品少许直接涂片，干燥，火焰固定，以结晶紫或稀释碳酸复红染色 2～3 分钟，水洗，吸干后待检。

5.2.1.2 每份样品至少制作 2 张。

5.2.1.3 显微镜检查 以油镜直接观察，每片样品至少观察 10 个视野。

5.2.1.4 结果判定 典型 Sh 菌体大小为（0.3～0.4μm）×（6～8.5μm），有 2～5 个弯曲，两端尖锐。

5.2.2 分离培养

5.2.2.1 样品接种 取镜检可疑的样品用生理盐水作 10 倍连续稀释，每一稀释度取 0.05ml（一般为 10^{-3} 及 10^{-4} 稀释度），接种添加了血和抗生素的 TSA，每一稀释度至少接种 3 块平皿，培养环境为 80%氮气，20%二氧化碳，42℃厌氧条件下培养 6d。

5.2.2.2 结果观察 培养基上一般看不见菌落，有明显的β溶血环，当培养条件适宜时，在溶血区可见到云雾状菌苔，如直接镜检认定为可疑，可取溶血区涂片镜检，如观察到典型的蛇形螺旋体，需进一步做确诊试验，以确定是否为致病性螺旋体。

5.2.3 致病性试验（可做生化试验或回归试验来确诊）

5.2.3.1 生化试验

表 3-3-24 致病性螺旋体和非致病性螺旋体的区别

生化项目	猪痢疾蛇样螺旋体	结肠菌毛样短螺旋体	非致病性蛇样螺旋体
溶血	强	弱	弱
吲哚	+	–	–
马尿酸盐	–	–	+
α-半乳糖苷酶	–	+	+
α-葡萄糖苷酶	+	–	–
β-葡萄糖苷酶	+	–	+

5.2.3.2 回归试验（参照 NY/T 545—2002 和 SN/T 1207—2003）

6 结果判定 如镜检、培养和生化结果均符合上述条件，可确诊为猪痢疾蛇形螺旋体。

7 原始记录和报告单

7.1 猪痢疾蛇形螺旋体检测原始记录

7.1.1 首先记录本批检品编号以及待检样品的编号或编号范围。

7.1.2 填写猪痢疾蛇形螺旋体检测所依据的相关标准编号及名称。

7.1.3 填写所用仪器设备的固定资产编号和设备品牌型号。

7.1.4 填写所用培养基的品牌和批号。

7.1.5 在操作步骤中，需对所用培养基进行说明。将实验条件补充完整，并指明对应的表格，书写要工整，清晰。

7.2 猪痢疾蛇形螺旋体原始记录表格

7.2.1 填写样品编号。

7.2.2 记录显微镜镜检结果，阳性用“+”表示，阴性用“-”表示。

7.2.3 记录培养结果，阳性用“+”表示，阴性用“-”表示。

7.2.4 记录生化结果，阳性用“+”表示，阴性用“-”表示。

7.2.5 记录回归试验结果，阳性用“+”表示，阴性用“-”表示。

三十三、猪链球菌 2 型检测标准操作规程

1 目的　规范对实验动物猪链球菌 2 型的检测方法。

2 适用范围　本标准适用于对猪及其产品中猪链球菌 2 型的检测。

3 依据　GB/T 19915.1～3—2005，GB/T 19915.7—2005，GB/T 4789.28，GB/T 19915.5—2005。

4 操作程序

4.1 分离培养

4.1.1 培养基　血琼脂培养基，THB 增菌液。

4.1.2 鉴定试剂

4.1.2.1 生化试剂　过氧化氢、5%乳糖、海藻糖、七叶苷、甘露醇、山梨醇、马尿酸钠；或商品化生化鉴定条；或其他经认证的自动生化鉴定试剂盒。

4.1.2.2 染色液　荚膜染色液、革兰染色液。

4.1.2.3 血清学试剂　标准抗原、标准阳性血清、标准阴性血清。

4.1.2.4 PCR 试剂　PCR 反应体系试剂（10×buffer、Mg^{2+}、dNTP、TaqDNA 聚合酶）、电泳级琼脂糖、溴乙锭（EB）、TAE、分子量标记、荚膜基因 PCR 引物和荚膜基因套式 PCR 引物、阴阳核酸对照、PCR 产物回收试剂盒、HindⅡ。

4.1.2.5 荧光定量 PCR 试剂　猪链球菌 2 型荧光定量 PCR 检测试剂盒。

4.2 实验设备和器材

4.2.1 仪器设备　匀质器和匀质杯、恒温培养箱、生物安全柜、显微镜、天平、恒温水浴锅、细菌鉴定仪、PCR 仪、荧光定量 PCR 仪、电泳仪、离心机、凝胶成像系统。

4.2.2 器材　剪刀、镊子、灭菌棉签、接种环、接种针、载玻片、培养管、1.5ml 离心管、移液器头、200μl PCR 管、移液器。

4.3 操作步骤

4.3.1 采样

4.3.1.1 最急性和急性病例无菌采集死亡猪的心、肝、肾、脾和淋巴结等。

4.3.1.2 慢性病例（如关节炎型）采取关节液及周围组织。

4.3.1.3 活体采样采取猪扁桃体拭子和鼻腔拭子。

4.3.2 分离培养　将采集的样品划线接种血琼脂平皿，置 36±1℃培养 24±2 小时，若菌落小则可延长至 48±2h。扁桃体和鼻腔拭子样品需加入到含有 5ml 灭菌选择性 THB 增菌液的

试管中，置 36±1℃培养 24±2h，然后再划线接种于血琼脂平皿。

4.3.3 鉴定

4.3.3.1 可疑菌落 血琼脂平皿上形成圆形，微凸，表面光滑、湿润、边缘整齐、半透明周围有 0.3～1mm α溶血环的菌落，部分菌株产生 β 溶血。

4.3.3.2 菌体特征 革兰阳性球菌、菌体直径约 1μm，固体培养物多为双球菌，少量 3～5 个短链排列。在液体培养基中，猪链球菌 2 型以链状为主，无芽孢，无荚膜。

4.3.3.3 荚膜染色 参照 GB/T 4789.28 进行。

4.3.3.4 初步鉴定

（1）革兰染色。

（2）过氧化氢酶试验：猪链球菌 2 型应为阴性。

4.3.3.5 生化反应 当可疑菌落的菌落生长特征、革兰染色、菌体形态和过氧化氢酶试验符合时，进行生化鉴定，鉴定项目见表 3-3-25。

表 3-3-25 猪链球菌 2 型生化反应表

过氧化氢酶	5%乳糖	海藻糖	七叶苷	甘露醇	山梨醇	马尿酸钠
-	+	+	+	-	-	-

注：+. 阳性；-. 阴性

4.3.4 玻片凝集试验 将可疑菌落接种 THB 肉汤，置 36±1℃培养 18±2 小时，取 1.5ml 培养物，经 10 000r/min 离心 3 分钟，弃上清用 100μl 生理盐水悬浮沉淀，取 25μl 菌体悬浮液分别和等体积的 25μl 生理盐水、猪链球菌 2 型阳性血清作玻片凝集试验，4 分钟内观察结果。同时设阳性菌株对照。在生理盐水对照不凝集、阳性菌株凝集时，待检菌株出现凝集为阳性反应。

4.3.5 猪链球菌 2 型多重 PCR 检测

4.3.5.1 方法概要 取培养菌液或从组织中提取的基因组 DNA 作为模板，加入到扩增猪链球菌和猪链球菌 2 型的 PCR 反应混合液中，进行 PCR 扩增；或直接将待检细菌培养进行 PCR 扩增。最后通过琼脂糖凝胶电泳检测 PCR 产物，与 DNA 标准分子量进行比较，来确定扩增产物的大小，在此基础上判定样品的检测结果。

4.3.5.2 样品采集 在实验室生物安全柜中操作，将采集的组织样本剔除包膜和其他结缔组织，选取内部实质部分，冻存于-20℃备用。

4.3.5.3 组织样本 DNA 的制备 采用商品化的组织基因组 DNA 提取试剂盒，按说明书进行操作。

4.3.5.4 多重 PCR 扩增

（1）引物

16SF-SS2：GCATAACAGTATTTACCGCATGGTAGAT

16SR-SS2：TTCTGGTAAGATACCGTCAAGTGAGAA

CPS2JF-SS2：TGTTGAGTCCTTATACACCTGT

CPS2JR-SS2：CAGAAAATTCATATTGTCCACC

（2）将培养的细菌纯培养物样品（不经过离心）1.2μl 或者将制备的各样品 DNA 以及阳性和阴性对照 DNA 各 1.5μl 分别加入到含有猪链球菌 2 型菌的 PCR 反应混合液的相应 PCR 反

应管中［缓冲液（含 Mg^{2+}），2μl；dNTP，1.6μl；16SF，0.6μl，16SR，0.6μl，CPS2JF，0.6μl，CPS2JR，0.6μl；酶 0.2μl；加水至总体积 20μl］，2000r/min 离心 10 秒，加入 Taq 酶（5U/μl）0.2μl，2000r/min 离心 10 秒，采用 PCR 仪立即进行 PCR 扩增。

（3）PCR 扩增条件　94℃ 7min；94℃ 30 秒，60℃ 30 秒，72℃ 1 分钟，40 个循环；72℃ 10 分钟。扩增反应结束后，取出放置于 4℃。

（4）多重 PCR 扩增产物的电泳检测　称取 2.0g 琼脂糖加入 100ml 电泳缓冲液中加热，充分溶化后加入适量的溴乙锭（0.5μg/ml）或替代染料，制成凝胶板。在电泳槽中加入电泳缓冲液，使液面刚刚没过凝胶。取 5～10μl PCR 扩增产物分别和适量加样缓冲液混合后，再分别加样到凝胶孔。9V/cm 恒压下电泳 30～35 分钟。将电泳好的凝胶放到紫外透射仪或凝胶成像系统上观察结果，进行判定并做好试验记录。

4.3.5.5 结果判定

（1）试验结果成立条件　猪链球菌 2 型阳性对照的 PCR 产物，经电泳后在 305bp 和 460bp 位置同时出现特异性条带，同时阴性对照 PCR 产物电泳后没有任何条带，则检测试验结果成立，否则结果不成立。

（2）阳性判定　在试验结果成立的前提下，如果样品中 PCR 产物电泳后在 305bp 和 460bp 的位置上同时出现特异性条带，判定为猪链球菌 2 型检测阳性；若 305bp 位置出现特异条带而 460bp 位置无特异条带，判定为猪源链球菌阳性，但不是 2 型菌。

（3）阴性判定　如果在 305bp 和 460bp 的位置上均未出现特异性条带，判定为猪链球菌检测阴性。

4.3.6 猪链球菌 2 型定型 PCR 检测

4.3.6.1 PCR 扩增

（1）引物

P1：5－GTTCTTCAGATTCATCAACGGAT－3

P2：5－TATAAAGTTTGCAACAAGGGCTA－3

（2）挑取单个可疑菌落至 25μl PCR 反应混合物的 PCR 管中、混匀。

（3）加入 TaqDNA 聚合酶（5U/μl）0.5μl，吹打混匀，立即进行 PCR 扩增，同时设立阳性和阴性对照。

（4）扩增条件　95℃预变性 3 分钟；95℃ 30 秒，55℃ 30 秒，72℃ 40 秒，30 个循环；72℃延伸 7 分钟，4℃保存。

4.3.6.2 PCR 产物回收　根据试剂盒说明进行。

4.3.6.3 酶切　0.5ml Eppendorf 管中加入 PCR 回收产物 8.0μl，Hind Ⅱ 1.0μl，10×Buffer，混匀，37℃反应 2 小时。

4.3.6.4 套式 PCR 反应

（1）挑取单个可疑菌落至 25μl PCR 反应混合物的 PCR 管中、混匀；

（2）加入 TaqDNA 聚合酶（5U/μl）1.0μl，吹打混匀，2000r/min 离心 10 秒，立即进行 PCR 扩增，同时设立阳性和阴性对照。

（3）扩增条件　95℃预变性 3 分钟；95℃ 40 秒，55℃ 30 秒，72℃ 40 秒，30 个循环；72℃延伸 7 分钟，4℃保存。

4.3.6.5 琼脂糖凝胶电泳　在电泳缓冲液（TAE）加入 1%琼脂糖，加热溶化后加入 0.5μg/ml EB，凝固后进行电泳。8μl 酶切产物加入 2μl 5×上样缓冲液，混匀后加入上样孔，

80V 恒压电泳 20 分钟，紫外分析仪下检测结果。

4.3.6.6 结果判定　当阳性对照样品中荚膜基因 PCR 产物酶切后出现 164bp 和 223bp 两条条带；套式 PCR 扩增结果出现 178bp 和 387bp 两条条带时，进行结果判读，否则结果不成立，须重试。

样品中荚膜基因 PCR 产物酶切后出现 164bp 和 223bp 两条条带；套式 PCR 扩增结果出现 178bp 和 387bp 两条条带，表明猪链球菌 2 型荚膜基因阳性。

4.3.7 荧光定量 PCR

4.3.7.1 实验前将相关物品高压灭菌，防止污染。

4.3.7.2 样品　咽喉拭子；1.0g 扁桃体、内脏和肌肉样品；血清或血浆。在 2～8℃下保存不超过 24 小时，长期保存置 -70℃，且最多冻融 3 次。

4.3.7.3 DNA 提取　按照成熟商品化 DNA 提取试剂盒进行。DNA 置 -70℃保存。

4.3.7.4 反应体系　总体积 25 μl，反应混合物 15 μl，DNA 模板 10 μl。盖紧盖后 500r/min 离心 30 秒。

4.3.7.5 反应条件

（1）预变性 92℃ 3 分钟。

（2）92℃ 5 秒，60℃ 30 秒，45 循环。

4.3.7.6 结果判定

（1）读取检测结果，阀值设定原则以阀值线刚好超过正常阴性对照品扩增曲线的最高点。

（2）质控标准

①阴性对照无 Ct 值，并无扩增曲线；

②阳性对照的 Ct 值应≤30.0，并出现特定扩增曲线；

③如阴性和阳性条件不满足以上条件，此次试验无效。

（3）阴性　无 Ct 值且无扩增曲线，判为样品中猪链球菌 2 型阴性。

（4）阳性　Ct 值≤30.0，且出现特定扩增曲线，判为猪链球菌 2 型阳性。

4.4 综合结果判定　检验结果符合 4.3.3、4.3.4 和 4.3.5 中的检测项目时，或符合 4.3.6 时判为猪链球菌 2 型阳性。

5 原始记录和报告单

5.1 猪链球菌 2 型检测原始记录

5.1.1 首先记录本批检品编号以及待检样品的编号或编号范围。

5.1.2 填写猪链球菌 2 型检测所依据的相关国家标准编号及名称。

5.1.3 填写所用仪器设备的固定资产编号和设备品牌型号。

5.1.4 填写所用培养基的品牌和批号。

5.1.5 如进行细菌的鉴定，需填写所用鉴定试剂的品牌和批号，包括生化鉴定管、生化鉴定条、药敏纸片、自动细菌鉴定仪用生化鉴定试剂盒。

5.1.6 在操作步骤中，需对所用培养基进行说明。将实验条件补充完整，并指明对应的表格，书写要工整，清晰。

5.2 猪链球菌 2 型原始记录表格

5.2.1 填写样品编号。

5.2.2 对初代培养所用培养基进行说明，对培养物中是否有可疑猪链球菌 2 型菌落进行记录，有可疑菌落记“+”，无可疑菌落记“-”。

5.2.3 记录细菌鉴定仪或生化鉴定条或生化鉴定管的生化结果，阳性用“+”表示，阴性用“-”表示。

5.2.4 普通 PCR 结果应附注 PCR 反应图，并注明检测样品。

5.2.5 荧光定量 PCR 结果应附注反应曲线图，并注明检测样品。

5.2.6 根据鉴定试验填写猪链球菌 2 型检测结果。

三十四、猪胸膜肺炎放线杆菌检测标准操作规程

1 目的　规范对实验动物中猪胸膜肺炎放线杆菌的检测方法。

2 适用范围　本标准适用于对实验用猪的猪胸膜肺炎放线杆菌的分离和鉴定。

3 依据　NY/T537—2002。

4 操作程序

4.1 材料

4.1.1 培养基　营养琼脂培养基、血琼脂培养基、尿素琼脂、巧克力琼脂培养基、PPLO 琼脂培养基。

4.1.2 生化反应试剂　革兰染液、糖发酵培养基、辅酶 A；或直接使用相关商品化细菌生化鉴定试剂盒。

4.1.3 菌种　鸡表皮葡萄球菌、金黄色葡萄球菌。

4.2 实验设备和器材

4.2.1 仪器设备　恒温培养箱、生物安全柜、显微镜、细菌鉴定仪。

4.2.2 器材　灭菌棉拭子、接种环、接种针、载玻片、培养皿、培养管。

4.3 操作步骤

4.3.1 采样

4.3.1.1 活体样品采集　用棉拭子伸入鼻腔采集分泌物，放入无菌试管中立即分离。

4.3.1.2 死后病料采集　无菌采集具有典型病变的肺气管、肺门淋巴结、鼻腔分泌物，在最急性感染死亡的小猪，除采集上述材料外，还可采取肝、脾。

4.3.1.3 样品运送　采集的样品应在 4℃条件下 24 小时内分离培养。

4.3.2 分离培养　将接种的血平板置 36±1℃培养 24～48 小时。采集的样品应置于 4℃保存至检测结束，如不能有效分离需重新划线培养。

4.3.3 鉴定

4.3.3.1 可疑菌落　在血琼脂平皿上 36±1℃培养 24～48 小时可形成 1～2mm 露滴样小菌落。见此菌落时判为可疑菌落，进行分离纯培养。

4.3.3.2 挑取可疑菌落再接种于血琼脂平皿纯培养，典型菌落革兰染色应为阴性小球杆菌，两极着色。继代培养中呈明显多形态，幼龄培养物中偶有成丝状。多数菌株β溶血，靠近鸡表皮葡萄球菌菌苔的菌落较大符合条件者进行生化鉴定。分离菌具以下特征初步判定为猪胸膜肺炎放线杆菌：

（1）染色镜检为革兰阴性杆菌或多形态。

（2）在血琼脂培养基上生长具有溶血现象。

（3）生长培养需要 V 因子，即具有“卫星现象”。

4.3.3.3 符合上述条件的菌株进行生化鉴定或使用菌种自动生化分析系统鉴定。生化项目见表 3-3-26 猪胸膜肺炎放线杆菌生化反应表。

表 3-3-26 猪胸膜肺炎放线杆菌生化反应表（36±1℃培养 1～3 天）

V 因子	尿素酶	溶血	过氧化氢酶	CAMP 试验	木糖	甘露醇	棉籽糖	阿拉伯糖	葡萄糖产酸	乳糖	蔗糖	半乳糖	甘露糖	山梨醇	麦芽糖
V	+	V	–（12）	+	+（88）	+	–	–	+	–（6）	+	+	+	–	+

注：V 为可变；+为阳性；–为阴性；（数字）为百分数

凡 CAMP 反应、尿素酶、木糖、甘露醇试验为阳性，棉籽糖、阿拉伯糖为阴性者，同时具有 4.3.3.2 的特性，则确认为猪胸膜肺炎放线杆菌。

4.4 ELISA 试验

4.4.1 抗原 猪放线杆菌胸膜肺炎 1～12 型 ELISA 多价抗原、葡萄球菌 A 蛋白辣根过氧化物酶标记物（HRP–SPA），标准阴、阳性血清。

4.4.2 操作方法 按照酶联免疫吸附试验操作规程进行。

4.5 结果判定

4.5.1 分离培养的检验结果符合 4.3.3 时，判定为猪胸膜肺炎放线杆菌阳性，否则结果为阴性。

4.5.2 ELISA 结果判定标准 每份血清 1:200 被稀释的 S/N 值≥4 为阳性，S/N≤3.5 的为阴性，S/N 介于 3.5～4 之间的判为可疑。可疑反应需用相同方法进行复试。如仍为可疑则判为阴性。

5 原始记录和报告单

5.1 猪胸膜肺炎放线杆菌检测原始记录

5.1.1 首先记录本批检品编号以及待检样品的编号或编号范围。

5.1.2 填写猪胸膜肺炎放线杆菌检测所依据的相关国家标准编号及名称。

5.1.3 填写所用仪器设备的固定资产编号和设备品牌型号。

5.1.4 填写所用培养基的品牌和批号。

5.1.5 如进行细菌的生化反应鉴定，需填写所用生化鉴定试剂的品牌和批号，包括生化鉴定管、生化鉴定条或自动细菌鉴定仪用生化鉴定试剂盒。

5.1.6 如进行猪胸膜肺炎放线杆菌血清凝集试验，需填写所用诊断血清的品牌及批号。

5.1.7 在操作步骤中，需对所用培养基进行说明。将实验条件补充完整，并指明对应的表格，书写要工整，清晰。

5.2 猪胸膜肺炎放线杆菌原始记录表格

5.2.1 填写样品编号。

5.2.2 对初代培养所用培养基进行说明，对培养物中是否有可疑猪胸膜肺炎放线杆菌菌落进行记录，有可疑菌落记“+”，无可疑菌落记“–”。

5.2.3 记录细菌鉴定仪或生化鉴定条或生化鉴定管的生化结果，阳性用“+”表示，阴性用“–”表示。

5.2.4 记录血清凝集结果，阳性用“+”表示，阴性用“–”表示。

5.2.5 根据鉴定试验填写猪胸膜肺炎放线杆菌检测结果。

（邢进 冯育芳 岳秉飞 张雪青）

参考文献

［1］张朝武，周宜开. 现代卫生检验［M］. 北京：人民卫生出版社，2005.

［2］王秀茹. 预防医学微生物学及检验技术［M］. 北京：人民卫生出版社，2002.

［3］党双锁. 医学常用实验技术精编［M］. 北京：世界图书出版社，2004.

［4］周庭银，赵虎. 临床微生物学诊断与图解［M］. 上海：上海科学技术出版社，2001.

［5］纪绍梅. 微生物培养基质控与图解［M］. 北京：北京科学技术出版社，2006.

［6］Hensyl WR. Bergey's manual of determinative bacteriology，9th edition. Maryland：Williams&Wilkins，1994.

［7］Prescott LM，Harley JP，Klein DA. Microbiolog. 5th edition. New York：McGraw－Hill，2002

［8］Waggie K，Kagiyama N，Allen AM，et al. Manual of Microbiologic monitoring of laboratory animals，2th edition. Tokyo：NIH Publication，1994.

［9］段鹏翔，汪传智，连国琦. 几种常见的猪静脉采血方法简介［J］. 湖北畜牧兽医，2016，37（7）：18－19.

［10］谢冲，王国民. Luminex 液相芯片的发展及应用［J］. 复旦学报（医学版），2010，37（2）：241－244.

［11］申剑，张宝让，魏华等. 三种粪便总 DNA 提取方法的比较［J］. 中国微生态杂志，2008，20（1）：28－35.

［12］袁亚男，刘文忠. 实时荧光定量 PCR 技术的类型、特点与应用［J］. 中国畜牧兽医，2008，35（3）：27－29.

［13］DB53/T 328.1—2010. 实验树鼩　第 1 部分：微生物学等级及监测［S］. 2014.

［14］SC/T 7201.2—2006. 鱼类细菌病检疫技术规程　第 2 部分：柱状嗜纤维菌烂鳃病诊断方法［S］. 北京：中国标准出版社，2006.

［15］Krieg NR，Staley JT，Brown DR，et al. Bergey's Manual of Systematic Bacteriology［M］. New York：Springer，2005，282－283.

［16］GB/T 18652—2002. 致病性嗜水气单胞菌检验方法［S］. 北京：中国标准出版社，2002.

［17］SC/T 7201.3—2006. 鱼类细菌病检疫技术规程　第 3 部分：嗜水气单胞菌及豚鼠气单胞菌肠炎病诊断方法［S］. 北京：中国标准出版社，2006.

［18］Brenner DJ，Krieg NR，Staley JT，et al. Bergey's Manual of Systematic Bacteriology，Vol2 Part B［M］. USA：Springer. 2005，557－577.

［19］GB/T 14922.2—2011. 实验动物　微生物学等级与监测［S］.

［20］DB11/T 828.1—2011. 实验用小型猪　第 1 部分：微生物学等级及监测［S］.

［21］DB11/T 828.1—2011. 实验用鱼　第 1 部分：微生物学等级及监测［S］.

［22］DB11/T 1459.1—2017. 实验动物　微生物学等级及监测　第 3 部分：实验用猪［S］.

［23］DB11/T 1459.2—2017. 实验动物　微生物学等级及监测　第 3 部分：实验用牛［S］.

［24］DB11/T 1459.3—2017. 实验动物　微生物学等级及监测　第 3 部分：实验用羊［S］.

［25］DB11/T 1459.5—2018. 实验动物　微生物学等级及监测　第 5 部分：实验用长爪沙鼠［S］.

[26] DB11/T 1459.4—2018. 实验动物　微生物学检测与评价　第 4 部分：实验用猕猴 [S] .

[27] T/CALAS 8—2017. 实验动物　树鼩微生物学等级与监测 [S] .

[28] T/CALAS 18—2017. 实验动物　实验动物 SPF 鸭微生物学监测总则 [S] .

第四章　实验动物寄生虫学检测

第一节　寄生虫检测技术与方法

在自然界中，有一类低级动物，它们在全部或部分的生活过程中，必须暂时或永久地寄居于另一种动物的体表或体内，夺取对方的营养物质、体液或组织维持自身的生命活动，同时以各种形式给对方造成不同程度的危害，这就是寄生虫的寄生生活。寄生虫会对被寄生的动物机体造成严重的损害。

一、形态学观察

形态学观察指的是对于体外寄生虫的常规检查。通常，体外寄生虫个体相对较大，采用肉眼或放大镜可直接进行初步观察。

（一）肉眼直接观察

用肉眼或借助于放大镜对动物进行仔细观察。体外寄生虫感染严重时，可引起动物脱毛、毛糙甚至由瘙痒引起溃疡、结痂。检查时尤其注意动物易感染部位，如耳根、颈后、眼周、背部、臀部及腹股沟等处。用梳子梳理动物毛发可发现蚤、虱和螨等节肢类寄生虫。当发现有疑似物时，将虫体挑出再做镜下观察。

（二）显微镜直接观察

对于体外寄生虫，取少量刮取的痂皮置于载玻片上，滴加 50%甘油水溶液或煤油，用牙签调匀，剔去大的痂皮，涂开，覆以盖玻片，低倍镜检查活动的虫体。煤油有透明皮屑的作用，使其中的虫体易被发现，但虫体在煤油中容易死亡；如欲观察活螨，可用 10%氢氧化钠溶液、液体石蜡或 50%甘油水溶液滴于病料上，在这些溶液中，虫体短期内不会死亡，可观察其活动。

二、体表检查

体表检查是针对体外寄生虫进行的检查，在动物生前或剖检以前应进行详细的体表检查，特别要注意耳根、颈后、眼周、背部、臀部、腹股沟及全身被毛深处，把发现的蜱、虱、蚤等小心摘取以供仔细鉴定检查。当遇到有皮肤病变时，则应按螨病和蠕形螨的检查方法进行检查。

（一）透明胶带粘取法（适用于小动物）

将透明胶带剪成与载玻片近等长的胶条，贴于载玻片上，将其一端胶面相对反折约 0.5cm（便于拉），用时拉住重叠部分揭开胶带（使其另一端仍粘在载玻片上），在待检动物的易感染部位依次按压，并逆毛向用力粘取，以拔下少许被毛为宜。然后将胶带复位于载玻片上，不要留有气泡或皱褶，编号待检。

此法简单易行，对动物伤害最小。

（二）拔毛取样（适用于较大动物）

用镊子在实验动物易感染部位分别拔取少许被毛，散放于载玻片上，用透明胶带压住（或加一滴生理盐水后，覆以盖玻片），编号待检。

（三）刀片刮取皮层物取样（适用于皮层内寄生螨类的检测）

首先详细检查病畜全身，找出所有患部，然后在新生的患部与健康部交界的地方（该处螨较多），剪去长毛，用解剖刀或刀片在体表刮取动物溃疡或结痂部位深层碎屑或挤破脓疮取其内容物（所用器械要在酒精灯上消毒后使用）。取病料的器械要与皮肤表面垂直，反复刮取表皮，直到稍微出血为止，此点对检查寄生于皮内的疥螨尤为重要。将刮到的病料置于干净载玻片上，取样处用碘酒消毒，加两滴 2.5mol/L 氢氧化钠溶液使之液化（或加两滴甘油使之透明），然后覆以盖玻片，编号待检。

在野外进行工作时，为了避免风将刮下的皮屑吹跑，刮时可将刀片蘸上甘油或甘油与水的混合液。这样可将皮屑粘在刀上。将刮取到的病料收集到容器内带回，准备进行检查与制作标本。

除以上方法外，其他方法（如适用于小动物的黑背景检查法、解剖镜下整体检查法等）可参考使用，以提高准确性。

三、肛周检查

肛周检查主要基于有些寄生虫如雌性蛲虫可在肛门周围产卵，虫卵散出黏附于肛门周围。常用的检查方法有棉签拭子法和透明胶带粘取法。

（一）棉签拭子法

先将棉签拭子浸入盛有生理盐水的试管内，取出时在试管内壁上挤去过多的盐水。用棉签擦拭肛门周围，随后将棉签放入原试管中，提起棉签，在试管内充分搅拌，使黏附在棉签上的虫卵脱落，挤尽棉签上的生理盐水，然后弃去棉拭子。将该试管静置 15 分钟或离心沉淀，弃上清，吸取沉淀物镜检或加饱和盐水浮聚后镜检。

（二）透明胶带粘取法

剪取长 6cm、宽 2cm 的透明胶带纸，一端向胶面折叠约 0.5cm 以便于揭开，然后贴于载玻片上，载玻片的一端贴上标签并注明受检编号等信息。取材时，从折叠的一端拉起胶纸，在肛门周围皱褶处粘贴数下，然后将胶带粘贴于原载玻片上，镜下检查。如果胶纸下有较多气泡，可揭开胶纸加一滴生理盐水或二甲苯，可使虫卵清晰，便于检查。

四、解剖检查

在麻醉处死实验动物后，需要对其实质脏器等进行寄生虫检查，主要涉及的是脑、肺脏、腹腔液。

（一）脑

用于检查有无兔脑原虫，可采用此法。

头部从枕骨后方切下，打开脑腔后，检查脑部。取脑组织固定，常规石蜡切片，HE 染色。检查有无兔脑原虫。

（二）肺脏

主要用于检查寄生于肺细胞内（或释放于细胞外）的卡氏肺孢子虫，经固定、染色，可直接在显微镜下观察。

1. 取样　麻醉处死动物，肺部消毒，切开胸腔，取出肺脏，用生理盐水冲洗。用手术刀切开肺脏的各叶，分别涂压在同一载玻片上，自然干燥。

2. 固定和染色　将自然干燥后的肺印片，用甲醇固定 5 分钟，然后自来水冲洗，自然干燥。用姬姆萨稀释液染色 15～20 分钟，自来水冲洗，干燥待检。

（三）腹腔液

其检查目的是检查兔脑原虫，麻醉处死动物后，立即打开腹腔，用吸管吸取少许腹腔液涂片，或用干净载玻片在动物腹腔脏器表面轻压一下，制成压印片，编号待检。

五、粪便检查

粪便检查是寄生虫病原学检查的主要手段。肠道寄生蠕虫、原虫和非肠道寄生蠕虫都可从粪便中排查病原体，它们的卵、幼虫和某些虫体或虫体断片通常和粪便一同排出，因此粪便检查法是诊断这类蠕虫病的主要方法。当实验动物不采取剖杀后再检查时，必须采集新鲜而未被尿液等污染的粪便，最好是在排粪后立即采取没有接触地面的部分，盛于洁净容器内。必要时，对大家畜可由直肠直接采取，其他家畜可用 50%甘油或生理盐水灌肠采粪。采集粪样，大家畜一般不少于 60g，并应从粪便的内外两层采取。采取的粪样，最好立即送检，如当天不能检查，应放在阴凉处或冰箱内（应不超过 5℃），但不宜加防腐剂。如需转寄到异地检查时，可浸于等量的 5%～10%甲醛液或石炭酸（苯酚）中。但是，这仅能阻止大多数蠕虫卵的发育及幼虫从卵内孵出，而不能阻止少数几种蠕虫卵的发育。为了完全阻止虫卵的发育，可把浸于 5%甲醛液中的粪便加热到 50～60℃，此时，虫卵即失去了生命力（将粪便固定于 25%的甲醛液中也可以取得同样的效果）。

粪便检查注意事项：保证粪便新鲜，送检时间一般不超过 24 小时，尤其对原虫滋养体检查，必须在粪便排出后 0.5 小时内进行，或暂时保存在 35～37℃条件下待查；盛粪便的容器必须干燥、洁净、无尿液或水混入，以及无药物、泥土或杂质污染；容器外贴上标签，注明受检者姓名和受检目的等；受检粪量一般为 5～10g（约拇指节大小），若要求做粪便自然沉淀，受检粪量一般不少于 30g，检查蠕虫成虫或绦虫节片则留检一天内全部粪量；要严格按照粪检程序进行操作，特别是镜检时要熟悉每个病原体形态特点，遵循顺序观察的原则，以免漏检。

（一）直接涂片法

1. 蠕虫卵检查　直接涂片法是检查虫卵的最简单和常用方法，但检查时因被检查的粪便少及粪便中虫卵数量少时则不易查到。本法用于产卵较多的蠕虫，如蛔虫等。一张涂片的检出率为 80%～85%，三张的检出率可达 90%～95%，同一粪样要求至少重复检查 3 次。

（1）操作方法 取 1～2 滴清水，滴在载玻片上；然后用竹签取黄豆大小的粪便与载玻片上的清水混匀；除去较粗的粪渣；将粪液涂成 1.5cm×2cm 大小、厚薄适宜的涂膜，薄膜的厚度以透过涂片隐约可见书上的字迹为宜；盖上盖玻片，置于低倍镜下检查，必要时用高倍镜观察，如用高倍镜检查，需加盖盖玻片（图 4－1－1）。

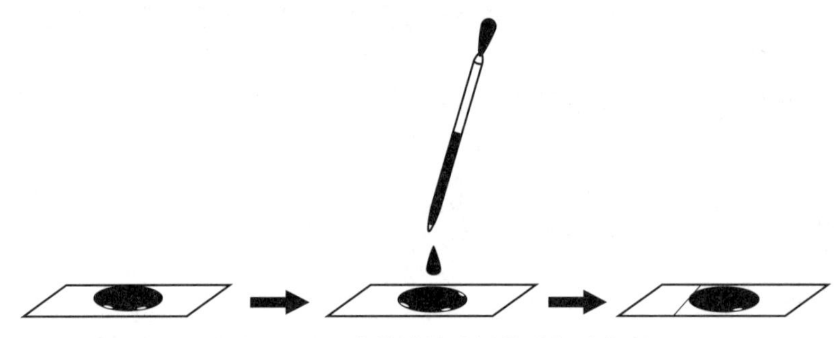

图 4－1－1 直接涂片法操作过程示意图

（2）注意事项 涂膜应位于玻片左侧，右侧便于手拿或必要时贴标签；涂片的厚薄以载玻片置于报纸上，能透过粪膜隐约辨认载玻片下的字迹为宜。否则，太厚或太薄，均易出现假阴性；该法简便、易行、快速、适合于虫卵量大的粪便检查，但对虫卵含量低的粪便检出率低，故此法每个样品必须检查 3～5 片；检查虫卵时，先用低倍镜顺序观察盖玻片下所有部分，发现疑似虫卵物时，再用高倍镜仔细观察。因一般虫卵（特别是线虫卵）色彩较淡，镜检时视野宜稍暗一些，观察虫卵宜用弱光源；注意虫卵与异物区别：虫卵具有一定形状和大小；卵壳表面光滑整齐，具有固定的色泽；操作中或结束后，均应及时清理，注意卫生。

2. 原虫检查

（1）活滋养体检查 取样方法同检查蠕虫卵，但涂片要薄而均匀。若检查溶组织内阿米巴，对其黏液粪便标本，要取黏液部分。在气温较低时，要注意保温，必要时可用保温台保持温度，或先将载玻片和生理盐水略加温，使滋养体保持活动状态便于观察。

（2）包囊检查 采用包囊碘液染色检查，以碘液代替生理盐水滴加于载玻片上，挑取米粒大小的粪便置于碘液中，均匀涂片，加盖玻片。若需同时检查滋养体，可在载玻片的另一端滴一滴生理盐水，与上述方法相同涂抹粪便标本，再加盖玻片。这样可使一端查活滋养体，而加碘液的另一端查包囊，染色后的包囊呈黄色或棕黄色，糖原泡为棕红色，囊壁、核仁和拟染色体均不着色。

碘液配方：碘化钾 4g，溶于 100ml 蒸馏水中，再加入碘 2g，溶解后置于棕色蒸馏瓶中即可使用。

（二）浮聚法

浮聚法的原理是用一些比重大于虫卵的盐类或糖类饱和溶液作漂浮液，将粪便中的虫卵浮集于液体表面，从而提高检出率。本法适用于检查大多数线虫卵和绦虫卵，操作时要根据所检查虫卵的比重选择相应的漂浮液。一般采用饱和氯化钠溶液，除特殊需要外，采用过大比重溶液是不适宜的。因为加大了比重会浮起更多的粪内杂质，反而影响检出率。另外，过浓的溶液黏稠度增加，使虫卵浮起的速度减慢。常见蠕虫卵和包囊的比重见表4-1-1。

表4-1-1　常见蠕虫卵和包囊的比重

蠕虫卵或包囊	比重	蠕虫卵或包囊	比重
蛲虫卵	1.105～1.115	结肠内阿米巴包囊	1.070
毛圆线虫卵	1.115～1.130	溶组织内阿米巴包囊	1.060～1.070
蓝氏贾第鞭毛虫包囊	1.040～1.060	姜片虫卵	1.200

1. 饱和盐水浮聚法　此法利用某些蠕虫卵的比重小于饱和盐水，虫卵可浮于水面的原理。

适用于检查线虫卵（未受精蛔虫卵例外），也可检查带绦虫卵及膜壳绦虫卵，但不适宜检查吸虫卵和原虫包囊。对检查钩虫卵效果尤佳，是诊断钩虫病的首选方法。

（1）操作方法　用竹签取黄豆大小的粪便（约 1g）置于含少量饱和盐水的浮聚瓶中，（高3.5cm，直径 2cm 的圆筒形小瓶）；将粪便充分捣碎并与饱和盐水搅匀后，除去粪中的粗渣；缓慢加入饱和盐水至液面略高于瓶口但不溢出为止；在瓶口覆盖一张载玻片，应无气泡；静置 15 分钟后，将载玻片平持向上提起后迅速翻转，使有饱和盐水一面向上，以防标本干燥和盐结晶析出妨碍镜检，应立即镜检（图4-1-2）。

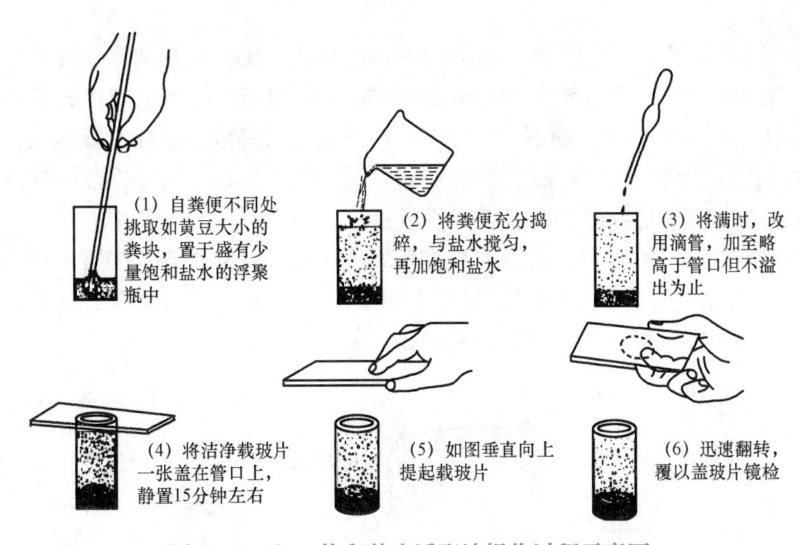

图4-1-2　饱和盐水浮聚法操作过程示意图

（2）注意事项　盐水的配制一定要饱和，将食盐徐徐加入盛有沸水的容器内不断搅动，直至食盐不再溶解为止（100ml 水中加食盐 35～40g），冷却后用两层纱布滤去杂质；粪便要充分搅拌，使虫卵分离出来，浮于液面，以提高检查效果。如有浮于液面的大块粪渣，应挑出；粪便太多太少都影响浓集效果；饱和盐水应加至瓶口，液面稍突出。过少易生气泡，过多则溢出，都会影响检查效果；玻片要清洁无油，防止玻片与液面间有气泡或漂浮的粪渣；漂浮的时间须按规定，漂浮时间不宜太长或短，太长则虫卵容易破裂变形，不容易识别，太短则难以完全漂浮；翻转玻片时要轻巧、适速。

2. 硫酸锌离心浮聚法 此方法适用于检查原虫包囊、球虫卵囊和蠕虫卵。取粪样约1g，放入小烧杯内，加10～15倍的水，充分搅拌。用2～3层纱布或细铜筛过滤，将过滤的粪液置于离心管内，以2500r/min离心1分钟，倾去上清液，加入2～3ml清水，摇动离心管，使沉渣与水混匀，离心，如此反复3～4次，至离心管中的水清澈为止。最后倾去离心管中的上清液，加比重1.18的硫酸锌液（约33%硫酸锌）至近管口，摇动离心管，使沉淀物与硫酸锌液混匀，离心1分钟，静置。用金属环蘸取液面的粪液置于载玻片上，加一滴碘液（查包囊），镜检。

3. 蔗糖溶液离心浮聚法 此法适用于检查隐孢子虫卵囊。取粪样约5g，放入小烧杯内，加15～20ml的水，充分搅拌，用4层纱布或细铜筛过滤，将过滤的粪液置于离心管内，以1500～2000r/min离心5～10分钟，弃上清液，加蔗糖溶液（蔗糖500g，蒸馏水320ml，石炭酸6.5ml）再离心，然后如同饱和盐水浮聚法，取其表面液镜检（高倍或油镜）。隐孢子虫卵囊无色透明，囊壁光滑，内含一个小暗点和淡黄色的子孢子。鉴于1小时后卵囊脱水变形，不容易辨认，应立即镜检。

（三）沉淀集卵法

沉淀集卵法的原理是比重大的虫卵和原虫包囊在水中沉淀于容器底部，从而使虫卵集中，检查沉淀物。

1. 自然沉淀法 自然沉淀法主要用于蠕虫卵的检查，蠕虫卵比重大于水，可沉聚于水底。

具体操作步骤为：取5～10g粪便放入50ml烧杯内，加入少量清水搅拌均匀，再加清水充分混匀后，用60目的铜筛过滤入500ml量杯内，加清水至满，静置10分钟后，倒去上层粪液，留下沉淀，再加水至满，静置10分钟，再倒去上层粪液，这样反复进行，直到上层液变清为止，最后倒去上层液，吸取沉渣于载玻片上镜检。也可以用离心管代替量杯，为加快沉淀，可在离心机上离心以代替自然沉淀（图4-1-3）。

检查蠕虫卵需静置10分钟，检查原虫包囊则需静置6～8小时。静置后将上清液弃去，换加清水。如此反复清洗、沉淀数次，直至上清液清澈为止。缓缓倾去上清液，用吸管吸取沉渣镜检。如检查原虫包囊，则需加碘液染色。

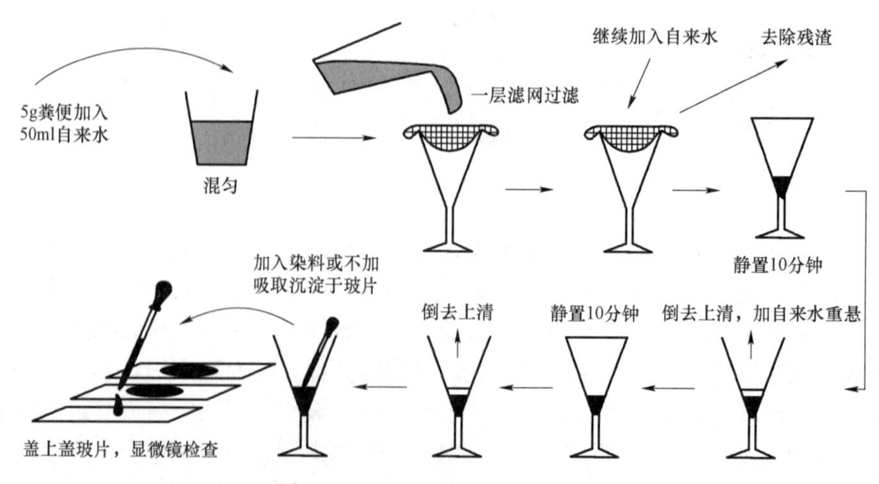

图4-1-3 沉淀法操作示意图

2. 离心沉淀法　将滤去粗粪渣的粪液离心（1500～2000r/min）1～2 分钟，倒去上层液体，注入清水，再离心沉淀，反复 3～4 次，至上层液体澄清为止，最后弃上清液，取下层沉渣镜检。本法对于实际检测应用上，较为省时。

（四）苏木素染色法

此法主要用于各种阿米巴和蓝氏贾第鞭毛虫滋养体和包囊的染色鉴定。

用竹签挑取少许粪便，按一个方向在洁净的载玻片上涂成薄粪膜，立即放入 60℃的肖氏固定液 2 分钟。依次将标本放入碘乙醇、70%乙醇及 50%乙醇，各 2 分钟，用自来水和蒸馏水各洗一次。再置入 40℃2%铁明矾溶液 2 分钟，流水冲洗 2 分钟，放入 40℃0.5%苏木精溶液中染色 5～10 分钟，再流水冲洗 2 分钟，放入 2%铁明矾溶液中褪色 2 分钟。将载玻片置显微镜下检查褪色情况（观察时勿干燥玻片），如颜色偏深，应继续褪色，直至核膜、核仁清晰可见为止。然后，流水冲洗 15～30 分钟，至标本显现蓝色，再用蒸馏水冲洗一次。继而，依次在 50%乙醇、70%乙醇、80%乙醇、95%乙醇（2 次）中逐渐脱水各 2 分钟。在二甲苯中透明 3～5 分钟后用中性树胶封片。染色后，原虫胞质呈灰褐色，胞核、包囊内的染色体及溶组织内阿米巴滋养体吞噬的红细胞均被染成墨色，糖原泡则被溶解呈空泡状。

（五）碘液染色法

此法主要用于检查原虫包囊，其原理为原虫包囊经碘液染色后，在显微镜下可观察到其形态、颜色及内部结构。

具体步骤和方法同前面包囊碘液染色检查。

六、血液检查

（一）血液涂片检查法

血液寄生虫的显微镜直接观察，可采用厚、薄两种血膜。厚血膜采血量大，容易发现病原体。但制片时血细胞堆积挤压，虫体变形，需要技术人员有一定的实践经验。薄血膜取血量少，涂面大，每个视野中虫体数量减少，但虫体形态学特征更易观察，是虫种鉴定的常规方法。

其方法是，用目测法将载玻片从右到左等分成 6 格，厚血膜涂在第 3 格中央，薄血膜涂在第 4 格前缘至第 6 格中部，第 1、2 格可用于贴标签及编号。为提高检查结果，可在同一张载玻片上同时制作厚、薄血膜，以利于观察比较。厚、薄血膜需用蜡笔画线分开，以免溶血时影响薄血膜或薄血膜用甲醇固定时影响厚血膜。

1. 薄血膜的制作　用左手拇指和中指夹持载玻片两端，在载玻片左 1/3 与 2/3 交界处蘸血一小滴（约 2μl）。选 1 张边缘平整、光滑的载玻片作推片，将推片边缘置于血滴之前，并与载玻片成 30°～45°夹角，待血滴沿推片边缘向两侧展开后，均匀而迅速地由右向左推成薄血膜。理想的薄血膜要求红细胞均匀地铺成一层，无裂痕，其末端凸出成舌尖形，血片充分晾干（图 4-1-4）。

2. 厚血膜的制作　于载玻片的另一端 1/3 处蘸血一滴（约 3μl），用推片的一角将血滴从里向外作旋转涂布，涂成直径为 0.8～1cm 的均匀圆形血膜，然后平置于桌上，自然干燥。厚血膜为多层血细胞的重叠，约等于 20 倍薄血膜的厚度。血膜太厚时易脱落，太薄时达不到浓集虫体的作用。血片充分晾干后滴加蒸馏水进行溶血，待血膜呈现灰白色时，将水倒去，晾干（图 4-1-4）。

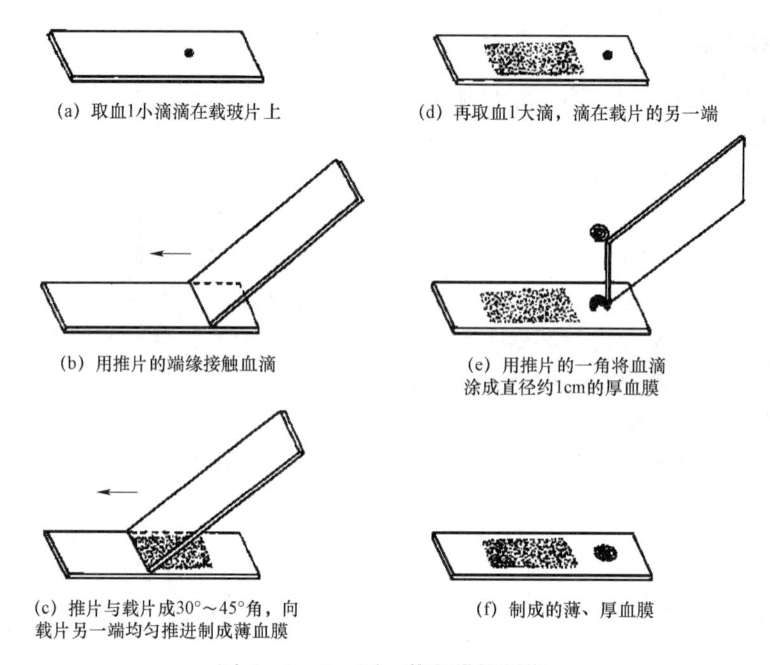

图 4-1-4 厚、薄血膜的制作

3. 血膜的显微镜检查 薄血膜首先用低倍镜（10×）浏览一遍，否则可能遗漏。薄血膜中原虫的检查应在放大 1000 倍下进行。如果在厚血膜中发现可疑物，在薄血膜上检查视野应超过 300 个。厚血膜中央血细胞密度最大，用低倍镜寻找容易。厚血膜片一般要求检查 100 个油镜视野。

（二）姬姆萨染液稀释液染色法

需要先固定后染色。

1. 固定 待血膜充分晾干后，用玻璃棒蘸取甲醇或无水乙醇轻轻抹过薄血膜，以使细胞固定。厚血膜固定前必须先进行溶血，用滴管滴水几滴于厚血膜上，待血膜呈灰白色，将水倒去，晾干后再用甲醇或无水乙醇固定。如厚、薄血膜在同一张载玻片上，可用蜡笔在薄血膜染色区两端划线，在厚血膜周边画圈，可避免在溶血和固定过程中互相影响。

2. 染色 采用的是姬姆萨染液稀释液染色法染色，染色时间长，但染色效果较好，血膜退色缓慢，保存时间较久。

姬姆萨染液配制：姬姆萨染剂粉 1g，甲醇 50ml，纯甘油 50ml。将姬姆萨染剂粉置于研钵中（最好用玛瑙研钵），加少量甘油充分研磨，加甘油再磨，直至 50ml 甘油加完为止，将研磨液倒入棕色玻璃瓶中，用 50ml 甲醇分几次冲洗研钵中的甘油染粉，倒入玻璃瓶内，直至用完为止。塞紧瓶塞并充分摇匀，置于 65℃温箱内 24 小时或室温一周后过滤，备用。

姬姆萨染液稀释液配制：15～20 份 PBS 液与 1 份姬姆萨染液充分混合。

（三）间接血凝法

间接血凝法（inderect haemagglutination test，IHA）是以绵羊的红细胞为载体，用可溶性寄生虫抗原或抗体使寄生虫致敏的检测方法。用致敏的红细胞与相应抗体或抗原发生反应，阳性者则出现吸附有抗原的红细胞，在抗体的作用下发生凝集，并可肉眼直接观察。

该方法可用于弓形虫、旋毛虫等寄生虫病诊断和流行病学调查。

（四）酶联免疫吸附试验法

酶联免疫吸附试验（ELISA）法是一种酶联免疫技术。用于检测包被于固相板孔中的待测抗原（或抗体）。即用酶标记抗体，并将已知的抗原或抗体吸附在固相载体表面，使抗原抗体反应在固相载体表面进行，用洗涤法将液相中的游离成分洗除，最后通过酶作用于底物后显色来判断结果。颜色反应的深浅与标本中相应抗体或抗原的量呈正比。此种显色反应可通过 ELISA 检测仪进行定量测定，这样就将酶化学反应的敏感性和抗原抗体反应的特异性结合起来，使 ELISA 法成为一种既特异又敏感的检测方法。

酶联免疫吸附试验法是酶免疫测定技术中应用最广泛的技术。常用 ELISA 法有双抗体夹心法和间接法，前者用于检测大分子抗原，后者用于测定特异抗体。在寄生虫病方面，它用于对疟原虫、阿米巴、利日曼原虫、锥虫、血吸虫、囊虫、弓形虫、肺吸虫、肝吸虫、血丝虫、旋毛虫病等血清学诊断，这对人医和兽医都很重要。

其基本方法是将已知的抗原或抗体吸附在固相载体表面，使酶标记的抗原抗体反应在固相表面进行，用洗涤法将液相中的游离成分洗除。

（五）间接荧光抗体试验法

间接荧光抗体试验（indirect fluorescent antibody，IFA）法既可测定抗原，也可测定抗体。本法具有敏感性高、特异性强和重复性好的特点，主要用于疟疾、丝虫病、吸虫病、包虫病及弓形虫病等寄生虫病的血清学诊断、流行病学调查和疫情监测。此外，本法也可用于组织切片中抗原定位及在细胞和亚细胞水平鉴定抗原、抗体和免疫复合物。

其原理是将抗原与待测血清中的特异性抗体（一抗）特异性结合，然后使之再与荧光素标记的抗免疫球蛋白抗体（二抗）结合，形成免疫荧光复合物，在荧光显微镜下观察结果。最常用的荧光素为异硫氰基荧光素（fluorescein isothiocyanate，FITC）。

（六）多聚酶链反应检测法

多聚酶链反应（polymerase chain reaction，PCR）是一种体外扩增特异性 DNA 的新技术，其基本原理是以待扩增 DNA 为模板，以一对与模板 DNA 5′末端和 3′末端互补的寡核苷酸为引物，在耐热 DNA 聚合酶的催化下，按照半保留复制的原理，经过高温变性、低温退火和适温延伸等反应组成的多个循环，使目的 DNA 在体外迅速扩增而被检测。它具有简易、快速、准确、灵敏和高度特异的优点。

目前，常规 PCR 技术多用于寄生虫病的基因诊断、分子流行病学研究和虫株鉴定、分析。尤其在一些原虫疾病的诊断中，由于虫体数量极少，用一般方法无法检测，而经 PCR 扩增 DNA 模板，可明显提高检出率。如在检测锥虫感染时，PCR 扩增纯化 DNA 可检测到血样中 1 个虫体，具有高度的敏感性。目前在经典 PCR 技术的基础上又发展了逆转录－PCR（reverse transcription PCR，RT－PCR），原位 PCR、巢式 PCR、多重 PCR、免疫 PCR 和实时定量 PCR（realtime－PCR）等，也已经用于寄生虫病的分子诊断。

1. 多重 PCR（multiplex PCR） 多重 PCR 是在一个反应中加入多对引物，同时扩增一份 DNA 样品中不同序列的 PCR 过程。在寄生虫学领域里一些混合感染或形态学上相似而难以鉴别的寄生虫感染常会被认为是单一的虫种感染，如溶组织内阿米巴（*E.histolytica*）。多重 PCR 对检测混合感染提供了良好的检测方法。

2. 巢式 PCR（nested－primer PCR） 巢式 PCR 是先用一对外侧引物扩增含靶基因的大片段，再用内侧引物以大片段为模板扩增获得靶基因。由于巢式 PCR 的第 2 次扩增是在第 1 次扩增的基础上进行的，因此相对于直接 PCR，巢式 PCR 具有更高的灵敏性和特异性，已广泛应用于寄生虫病诊断、虫种分类及流行病学研究。

3. 逆转录–PCR（RT－PCR） 从 RNA 水平通过对某种寄生虫基因表达量的观察，阐述该基因对虫种生长发育、疾病病理过程的影响，以及药物治疗对虫体某基因表达的影响。例如，抗蠕虫的药物苯并咪唑（benzimidazole）对虫体的肌蛋白具有抑制作用，而在产生抗药性的虫体如血矛线虫的肌纤维中微管蛋白的基因序列发生了突变，进而造成了药物与微管蛋白的亲和力下降，产生了抗药性。此外，通过 RT－PCR 检测血吸虫病肉芽肿细胞结缔组织生长因子（connective tissue growth factor，CTGF）mRNA 与转化生长因子－β_1（transforming growth factor－beta1，TGF－β_1）mRNA 表达，可以了解血吸虫病肉芽肿纤维化的病理状况等。

4. 实时定量 PCR（real－time quantitative PCR） 实时定量 PCR 是指在 PCR 指数扩增期间通过连续监测荧光信号强弱的变化来即时测定特异性产物的量，并据此推断目的基因的初始量，不需要取出 PCR 产物进行分离。该技术不仅实现了 PCR 从定性到定量的飞跃，而且与常规 PCR 相比，它有效地解决了 PCR 污染问题，具有特异性更强、自动化程度高等特点。目前，该技术已用于恶性疟原虫、隐孢子虫、弓形虫等多种寄生虫病的诊断和耐药性分析等领域。例如，抗药基因发生基因复制，进而表达量增加常常是虫体发生耐药的机制。长期受药物的作用，使虫体内位于细胞膜上的运输蛋白或细胞内的化合物降解蛋白的基因发生复制，进而导致 mRNA 转录水平和蛋白质表达提高。因此通过对这些耐药基因表达的检测可以了解虫体的耐药情况。

此外，免疫 PCR 具有高度敏感性，其敏感度是酶联免疫吸附试验（ELISA）的 10^5 倍以上，该技术已应用于弓形虫循环抗原的检测。原位 PCR 技术可以直接在组织、细胞或虫体原位研究基因变化，对形态学研究具有独到之处。

第二节 检测技术标准

作为检测的依据，GB/T 20000.1—2002 对标准的定义：为了在一定范围内获得最佳秩序，经协商一致制定并由公认机构批准，共同使用的和重复使用的一种规范性文件。根据《标准化法》的规定，我国的标准分为国家标准、行业标准、地方标准和团体标准、企业标准。按属性分，国家标准、行业标准可分为强制性标准、推荐性标准和指导性技术文件三种；按内容分为技术标准、管理标准和工作标准三大类。

用于实验动物检测工作的标准，大体分为国家标准、行业标准、地方标准和团体标准。

包括等级标准和检测方法，本节主要叙述用于寄生虫学质量控制的等级标准，具体检测方法见第三节。

一、国家标准

用于实验动物寄生虫检测的国家标准是 14922.1，1994 年发布，2001 年第一次修订，2001 版为现在执行的标准。见表 4－2－1 ~ 表 4－2－3。

表 4－2－1　小鼠、大鼠寄生虫学检测项目

动物等级			应排除寄生虫项目	动物种类 小鼠	动物种类 大鼠
无菌动物	无特定病原体动物	清洁动物	体外寄生虫（节肢动物）Ectoparasites	●	●
			弓形虫　*Toxoplasma gondii*	●	●
			兔脑原虫 *Encephalitozoon cuniculi*	○	○
			卡氏肺孢子虫 *Pneumocystis carinii*	○	○
			全部蠕虫　All Helminths	●	●
			鞭毛虫　Flagellates	●	●
			纤毛虫　Ciliates	●	●
			无任何可检测到的寄生虫	●	●

注：●必须检测项目，要求阴性；○必要时检查项目，要求阴性。

引自“中华人民共和国国家标准　实验动物　寄生虫学等级及监测 GB14922.1—2001”

表 4－2－2　豚鼠、地鼠、兔寄生虫学检测项目

动物等级				应排除寄生虫项目	动物种类 豚鼠	动物种类 地鼠	动物种类 兔
无菌动物	无特定病原体动物	清洁动物	普通级动物	体外寄生虫（节肢动物）Ectoparasites	●	●	●
				弓形虫　*Toxoplasma gondii*	●	●	●
				兔脑原虫 *Encephalitozoon cuniculi*	○		○
				爱美尔球虫 *Eimaria* spp.		○	○
				卡氏肺孢子虫 *Pneumocystis carinii*			●
				全部蠕虫　All Helminths	●	●	●
				鞭毛虫　Flagellates	●	●	●
				纤毛虫　Ciliates	●		
				无任何可检测到的寄生虫	●	●	●

注：●必须检测项目，要求阴性；○必要时检测项目，要求阴性。

引自“中华人民共和国国家标准　实验动物　寄生虫学等级及监测 GB 14922.1—2001”

表 4-2-3 犬、猴寄生虫学检测项目

动物等级		应排除寄生虫项目	动物种类	
			犬	猴
无特定病原体动物	普通级动物	体外寄生虫（节肢动物）Ectoparasites	●	●
		弓形虫 *Toxoplasma gondii*	●	●
		全部蠕虫 All Helminths	●	●
		溶组织内阿米巴 *Entamoeba* spp.	○	●
		疟原虫 *Plasmodium* spp.		●
		鞭毛虫 Flagellates	●	●

注：●必须检测项目，要求阴性；○必要时检测项目，要求阴性。

引自“中华人民共和国国家标准 实验动物 寄生虫学等级及监测 GB 14922.1—2001”

二、行业标准

原卫生部发布过医学实验动物系列标准，随着国家标准的颁布，不再执行。

三、地方标准

随着各地实验动物事业不断发展，特别是新资源实验动物的应用，国家标准不能满足需要，不同省市如北京、上海、江苏、云南、湖南、河北、吉林、黑龙江等地制定了地方标准。根据检测工作需要，这里主要介绍北京近几年制定的标准，见表 4-2-4～表 4-2-10。

表 4-2-4 实验用小型猪寄生虫学检测项目

等 级	项 目	检测要求
普通级	体外寄生虫 Ectoparasites	●
	弓形虫 *Toxoplasma gondii*	●
清洁级和 SPF 级	球虫 Coccidian	●
	肠道蠕虫 Entero-helminth	●

注：●必须检测项目，要求阴性。

引自“实验用小型猪 第 2 部分：寄生虫学等级及监测 DB11/T 828.2—2011”

表 4-2-5　实验用鱼寄生虫学检测项目

等　级		应排除的寄生虫病原体	检测要求
无特定病原级	普通级	原虫 Protozoan	
		微孢子虫 *Pseudoloma neurophilia*	●
		卵圆鞭毛虫 *Piscinoodinium pillulare*	●
		多子小瓜虫 *Ichthyophthirius multifiliis*	●
		寄生蠕虫 Helminth	
		头槽绦虫 *Bothriocephalidae*	○
		原虫 Protozoan	
		斜管虫 *Chilodonella*	●
		车轮虫 *Trichodina*	●
		杯体虫 *Apiosoma*	○
		黏孢子虫 Myxozoan	○
		寄生蠕虫 Helminth	
		指环虫 *Dactylogyrus*	●
		绒毛伪毛细线虫 *Pseudocapillaria tomentosa*	●
		三代虫 *Gyrodactylus*	○
		驼形线虫 *Camallanidae*	○
		寄生性甲壳动物 Crustacean	
		锚头鳋 *Lernaea*	○

注：● 必须检测项目：指在进行实验用鱼质量评价时必须检测的项目；
○ 必要时检测项目：指引进实验用鱼时或怀疑本病流行等必要时要求检测的项目。

引自“实验用鱼　第 2 部分：寄生虫学等级及监测 DB11/T 1053.2—2013”

表 4-2-6　实验用猪寄生虫检测指标

动物等级	寄生虫
普通级	体外寄生虫 ectoparasites
	弓形虫 toxoplasma
	旋毛虫 trichinella
	囊尾蚴 cysticercus
	囊等孢球虫 cystoisospora
无特定病原体级	艾美耳球虫 eimeria
	小袋纤毛虫 balantidium
	贾第虫 giardia
	阿米巴原虫 amoeba
	隐孢子虫 cryptosporidium
	蠕虫 helminths

注：检测项目要求阴性。

引自“实验动物　寄生虫学等级及监测　第 1 部分：实验用猪 DB11/T 1460.1—2017”

表 4-2-7 实验用牛寄生虫检测指标

动物等级	寄生虫
普通级	体外寄生虫 ectoparasites
	棘球蚴 echinococcus
	弓形虫 toxoplasma
	隐孢子虫 cryptosporidium
无特定病原体级	艾美耳球虫 eimeria
	新孢子虫 neospora
	梨形虫 piroplasma
	贾第虫 giardia
	锥虫 trypanosome
	蠕虫 helminths
注：检测项目要求阴性。	

引自"实验动物 寄生虫学等级及监测 第 2 部分：实验用牛 DB11/T 1460.2—2017"

表 4-2-8 实验用羊寄生虫检测指标

动物等级	寄生虫
普通级	体外寄生虫 ectoparasites
	棘球蚴 echinococcus
	弓形虫 toxoplasma
无特定病原体级	艾美耳球虫 eimeria
	隐孢子虫 cryptosporidium
	新孢子虫 neospora
	贾第虫 giardia
	蠕虫 helminths
注：检测项目要求阴性。	

引自"实验动物 微生物学等级及监测 第 3 部分：实验用羊 DB11/T 1460.3—2017"

表 4-2-9 实验长爪沙鼠寄生虫检测项目

动物等级	病原菌检测项目	检测要求
普通级	体外寄生虫 Ectroparasites	●
	弓形虫 Toxoplasma gondi	●

续表

动物等级	病原菌检测项目	检测要求
无特定病原体级	纤毛虫 Ciliares	●
	鞭毛虫 Flagellates	●
	鼠三毛滴虫 Tritrichomonas muris	●
	全部蠕虫 All Helminths	●
	卡氏肺孢子虫 Pneumocystis carinii（PCAR）	○
	兔脑原虫 Encephalitozoon cuniculi（ECUN）	○
无菌级	用现有的生物学技术，无任何可查到的寄生虫	●

注：●为必须检测项目：在进行实验用长爪沙鼠质量评价时必须检测项目；
○为必要时检测项目：在申请许可证、引进种源和疑有疾病流行时必须增加检测的项目。

引自“实验动物　寄生虫学检测与评价　第5部分：实验用长爪沙鼠 DB11/T 1460.5—2018”

表4-2-10　不同等级实验用猕猴病原菌检测项目

动物等级	病原菌	检测要求
普通级	体外寄生虫 Ectroparasites	●
	弓形虫 Toxoplasma	●
无特定病原体级	鞭毛虫 Flagellates	●
	全部蠕虫 All Helminths	●
	球虫 Coccidian	○
	疟原虫 *Plasmodium* spp	○

注：●必须检测项目；在进行实验猕猴质量评价时必须检测的项目；
○必要时检测项目：申请生产许可证、引进种源和疑有疾病流行等情况时必须检测的项目。

引自“实验动物　微生物学检测与评价　第4部分：实验用猕猴 DB11/T 1460.4—2018”

四、团体标准

团体标准作为适应行业快速发展、引领标准创新的新形式而受到高度重视。中国实验动物学会作为团体标准的试点单位，已经发布了60多项团体标准。这里仅介绍与质量检测有关的标准，见表4-2-11。

表 4-2-11 实验树鼩寄生虫检测项目

动物等级		应排除寄生虫项目	检测要求
无特定病原体级	普通级	体外寄生虫（节肢动物）Ectroparasites	●
		弓形虫 *Toxoplasma*	●
		全部蠕虫 All Helminths	●
		树鼩肉孢子虫 *Sarcocytistupaia. sp.*	●
		鞭毛虫 Flagellates	○

注：●必须检测项目：要求阴性；
○必要时检测项目：要求阴性。

引自“实验动物 树鼩寄生虫学等级与监测 T/CALAS 9—2017”。

第三节 标准操作规程

一、实验动物犬恶丝虫检测方法标准操作规程

1 目的 规范实验动物犬恶丝虫的取样、检测方法及结果判定标准。

2 范围 本标准适用于实验动物的检测。

3 依据 中华人民共和国国家标准 GB/T 18448.8—2001 实验动物犬恶丝虫检测方法。

4 原理 寄生部位取样，用显微镜观察，直接查找丝虫。

5 仪器和试验材料 显微镜、载玻片、盖玻片、取血针。

6 检测步骤

6.1 取样 取血样本，制片，待测。

6.2 镜检 用显微镜对样本进行检查。

7 结果判定 凡发现丝虫判为阳性，否则判为阴性。

8 结果报告 根据结果判定，作出报告。

9 相关记录 实验动物犬恶丝虫检测试验记录。

10 相关文件 中华人民共和国国家标准 GB/T 18448.8—2001 实验动物犬恶丝虫检测方法。

二、实验动物体外寄生虫检测方法标准操作规程

1 目的 规范实验动物体外寄生虫的取样、检测方法及结果判定标准。

2 范围 本标准适用于实验动物的检测。

3 依据 中华人民共和国国家标准 GB/T 18448.1—2001 实验动物体外寄生虫检测方法。

4 原理 寄生部位取样，用显微镜观察，直接查找体外寄生虫虫体或虫卵。

5 仪器和试验材料 显微镜、载玻片、剪刀、镊子、透明胶带。

6 检测步骤

6.1 取样 取毛发、皮屑等样本，制片，待测。

6.2 镜检 用显微镜对样本进行检查。

7 结果判定 凡发现体外寄生虫虫卵、幼虫、若虫、成虫判为阳性，否则判为阴性。

8 结果报告 根据结果判定，作出报告。

当出现阳性结果时，应在原始记录中明确描述发现阳性结果的样本名称。

9 相关记录 实验体外寄生虫检测试验记录。

10 相关文件 中华人民共和国国家标准 GB/T 18448.1—2001 实验动物体外寄生虫检测方法。

三、实验动物弓形虫检测方法标准操作规程

1 目的 规范实验动物弓形虫的检测方法和试剂等。

2 范围 本标准适用于小鼠、大鼠、地鼠、豚鼠、兔、犬及猴等实验动物弓形虫的检测。

3 依据 中华人民共和国国家标准 GB/T 18448.2—2008 实验动物弓形虫检测方法。

4 原理 根据免疫学原理，采用弓形虫抗原检测被检动物血清中的弓形虫抗体。

5 主要试剂和器材

5.1 试剂

5.1.1 ELISA 抗原

5.1.1.1 特异性抗原 弓形虫（RH 株）速殖子腹腔接种清洁级以上实验小鼠（KM、ICR、BALB／c 等均可），3～5 天后，以无菌生理盐水灌洗被接种小鼠的腹腔，收集含有虫体的小鼠腹腔液，3000r/min 离心 10 分钟，取沉淀，PBS 洗 3 次。沉淀物加适量蒸馏水反复冻融 5 次，或用超声波处理后，10 000r/min 离心 30 分钟，取上清液。上清液用葡聚糖凝胶 G200 进行纯化（柱内经×柱高：1.5cm×60cm），流速为 0.2ml/min。每管收集 2ml 左右。共收集 60 管以上。分别测定每个收集管中蛋白在 280nm 下的吸光度值分离纯化后，出现 2 个蛋白峰；将第一峰各管合并，即为弓形虫特异性抗原（也称弓形虫可溶性抗原）。

5.1.1.2 正常抗原 以无菌生理盐水注射清洁级以上实验小鼠（与制备抗原的小鼠同品种或品系）腹腔，3～5 天后，以无菌生理盐水灌洗被接种小鼠的腹腔，收集小鼠腹腔液，3000r/min 离心 10 分钟，取沉淀，PBS 洗 3 次。沉淀物加适量蒸馏水反复冻融 5 次，或用超声波处理后，10 000r/min 离心 30 分钟，取上清液，即为正常抗原。

5.1.2 抗原片 弓形虫（RH 株）速殖子腹腔接种清洁级以上实验小鼠（KM、ICR、BALB/c 等均可），3～5 天后处死，胰酶消化，以一定浓度涂片，充分晾干后冷丙酮固定，－20℃保存。

5.1.3 弓形虫抗原致敏绵羊红细胞 将绵羊红细胞与一定浓度的鞣酸液反应，制成鞣化红细胞，然后，用弓形虫可溶性抗原在适宜的条件下致敏鞣化红细胞，制成弓形虫抗原致敏绵羊红细胞。

5.1.4 正常对照绵羊红细胞

5.1.5 阳性对照血清 自然感染弓形虫的相应动物抗体阳性血清，或弓形虫免疫血清。

5.1.6 阴性对照血清 确证无弓形虫感染的动物血清。

5.1.7 酶结合物 辣根过氧化物酶标记的抗小鼠、大鼠、豚鼠、地鼠、兔、犬和猴 IgG 抗体；或辣根过氧化物酶标记葡萄球菌蛋白 A（SPA）。

5.1.8 荧光素结合物 异硫氰酸荧光素标记的抗小鼠、大鼠、地鼠、豚鼠、兔、犬和猴 IgG 抗体。

5.1.9 包被液（0.05mol/L，pH9.6）

碳酸钠	1.59g
碳酸氢钠	2.93g
蒸馏水	加至 1000ml

5.1.10 PBS（0.01mol/L，pH7.4）

氯化钠	8g
氯化钾	0.2g
磷酸氢二钠（$Na_2HPO_4 \cdot 12H_2O$）	2.83g
蒸馏水	加至 1000ml

5.1.11 洗涤液

PBS（0.01mol/L，pH7.4）	1000ml
Tween-20	0.5ml

5.1.12 稀释液

含 1%牛血清白蛋白的 PBS。

5.1.13 磷酸盐-枸橼酸缓冲液（pH5.0）

枸橼酸	3.26g
$Na_2HPO_4 \cdot 12H_2O$	12.9g
蒸馏水	700ml

5.1.14 ELISA 底物溶液

磷酸盐-枸橼酸缓冲液（pH5.0）	10ml
邻苯二胺（OPD）	4mg
30%过氧化氢	2μl

5.1.15 终止液（2mol/L 硫酸）

硫酸	58ml
蒸馏水	442ml

5.1.16 IEA 底物溶液

3,3-二胺基联苯胺盐酸盐（DAB）	40mg
PBS（0.01mol/L，pH7.4）	100ml
丙酮	5ml
30%过氧化氢	0.1ml

5.2 器材

5.2.1 酶标仪

5.2.2 荧光显微镜

5.2.3 常规的光学显微镜

5.2.4 37℃培养箱或水浴箱

5.2.5 微量血凝反应板（U 形或 V 形）

5.2.6 振荡器

5.2.7 微量加样器（5～100μl）

6 检测方法

6.1 间接血凝法（IHA）

6.1.1 取样

6.1.1.1 采血约 1ml（小鼠、大鼠、地鼠眼眶静脉窦采血；豚鼠心脏采血；兔耳部采血；犬和猴后肢静脉采血），凝血试管斜放待凝，置 4℃冰箱 2 小时。

6.1.1.2 2 小时后，从冰箱中取出凝血试管，轻轻吸取血清移入另一试管中。

6.1.1.3 将分离出的血清置 56℃水浴中灭活 30 分钟，备用。

6.1.2 加样　在微量反应板上，依次对每份血清进行倍比稀释，每份血清稀释两横排，每孔留量为 25μl。同时设阳性对照、阴性对照和空白对照。

6.1.3 加致敏红细胞　第一横排滴加弓形虫致敏红细胞 25μl，第二横排滴加正常对照绵羊红细胞 25μl。将加好样品的微量反应板置振荡器上振荡 3～5 分钟，使致敏红细胞与待检的稀释血清充分混合，15～28℃室温下过夜后判定结果。

6.1.4 结果记录　在对照系统（阴性血清对照、阳性血清对照、空白对照）成立的条件下判定结果。

6.1.4.1 红细胞呈膜状均匀沉于孔底，中央无沉点或沉点小如针尖，记为“++++”。

6.1.4.2 红细胞虽呈膜状沉着，但颗粒较粗，中央沉点较大，记为“+++”。

6.1.4.3 红细胞部分呈膜状沉着，周围有凝集团点，中央沉点大，记为“++”。

6.1.4.4 红细胞沉集于中心，周围有少量颗粒状沉着物，记为“+”。

6.1.4.5 红细胞沉集于中心，周围无沉着物，分界清楚，记为“-”。

6.1.5 出现“++”孔的血清最高稀释倍数定为本间接血凝试验的凝集效价。小于或等于 1:16 判为阴性；1:32 判为可疑；等于或大于 1:64 判为阳性。

6.2 酶联免疫吸附试验法（ELISA）

6.2.1 包被抗原　根据滴定的最适工作浓度，将特异抗原和正常抗原分别用包被液稀释。每孔 100μl，置 37℃ 2 小时，4℃过夜。

6.2.2 洗涤液洗 5 次，每次 3 分钟，叩干。

6.2.3 加样

6.2.3.1 采血约 1ml（小鼠、大鼠、地鼠眼眶静脉窦采血；豚鼠心脏采血；兔耳部采血；犬和猴后肢静脉采血），凝血试管斜放待凝，置 4℃冰箱 2 小时。

6.2.3.2 2 小时后，从冰箱中取出凝血试管，轻轻吸取血清移入另一试管中。

6.2.3.3 将待检血清用稀释液做 1:20 稀释，分别加入两孔（特异性抗原孔和正常抗原孔），每孔 100μl，同时做阴性、阳性对照和空白血清对照，置 37℃ 1～1.5 小时，洗涤同上。

6.2.4 加酶结合物　用稀释液将酶结合物稀释成适当浓度，每孔加入 100μl，置 37℃ 1～1.5 小时，洗涤同上。

6.2.5 加底物溶液　每孔加入新配制的底物溶液 100μl，置室温，避光显色 5～10 分钟。

6.2.6 终止反应　每孔加入终止液 50μl。

6.2.7 测 A 值　在酶标仪上，于 490nm 处读出各孔 A 值。

6.2.8 结果判定

6.2.8.1 在对照系统（阴性血清对照、阳性血清对照、空白对照）成立的条件下判定结果。

6.2.8.2 同时符合下列 3 个条件者，判为阳性：

a）待检血清与正常抗原和特异性抗原反应有明显颜色区别；

b）待检血清与特异性抗原反应 A 值≥0.2；

c）待检血清与特异性抗原反应的 A 值／阴性血清与特异性抗原反应的 A 值≥2.1。

6.2.8.3 均不符合上述 3 个条件者，判为阴性；仅有 1～2 条符合者，判为可疑；需选用同一种方法或另一种方法重试。

6.3 免疫荧光试验法（IFA）

6.3.1 取出抗原片（5.1.2），至室温干燥或冷风吹干。

6.3.2 将待检血清（6.2.3.1～6.2.3.2）用 PBS 按 1:10 稀释后，滴于抗原片上，置湿暗盒内，37℃ 45 分钟。同时做阴性、阳性血清对照和空白对照。

6.3.3 PBS 漂洗 3～5 次，每次 3 分钟，室温干燥或冷风吹干。

6.3.4 将适当稀释的荧光抗体滴加于抗原片上，置湿暗盒内，37℃ 45 分钟。

6.3.5 PBS 漂洗 3～5 次，每次 3 分钟，室温干燥或冷风吹干。

6.3.6 50%甘油 PBS 封片，荧光显微镜下观察。

6.3.7 结果判定：在对照系统成立的条件下，即阴性血清和 PBS 与抗原片上的弓形虫虫体反应均无荧光；阳性血清与弓形虫虫体反应有荧光，即可判定结果。

待检血清与弓形虫虫体反应无荧光，判为阴性。

待检血清与弓形虫虫体反应有荧光反应，判为阳性。根据荧光反应的强弱可判为+～++++。

6.4 免疫酶试验法（IEA）

6.4.1 取出抗原片（5.1.2），至室温干燥或冷风吹干。

6.4.2 将待检血清（6.2.3.1～6.2.3.2）用 PBS 按 1:10 稀释后，滴于抗原片上，置湿暗盒内，37℃ 45 分钟。同时做阴性、阳性血清对照和空白对照。

6.4.3 PBS 漂洗 3～5 次，每次 3 分钟，室温干燥或冷风吹干。

6.4.4 将适当稀释的酶结合物滴加于抗原片上，置湿暗盒内，37℃ 45 分钟。

6.4.5 PBS 漂洗 3～5 次，每次 3 分钟，室温干燥或冷风吹干。

6.4.6 将底物溶液滴加于抗原片上，置湿暗盒内，显色 5～10 分钟。PBS 漂洗 3 次，再用蒸馏水漂洗 1 次。

6.4.7 中性树脂封片，光学显微镜下观察。

6.4.8 结果判定：在对照系统成立的条件下，即阴性血清和 PBS 与抗原片上的弓形虫虫体反应均无色；阳性血清与弓形虫虫体反应呈棕褐色，即可判定结果。

待检血清与弓形虫虫体反应呈无色，判为阴性。

待检血清与弓形虫虫体反应呈棕褐色，判为阳性。根据颜色深浅可判为+～++++。

6.5 PCR 检测方法　见附录 A。

7 结果判定　待检样品用一种方法检测出现可疑或阳性时，应选用同一种或另一种方法重检，重检阳性则为阳性。

8 结果报告　根据判定结果，作出报告。

9 相关记录　实验动物弓形虫检测试验记录。

10 相关文件　中华人民共和国国家标准 GB/T 18448.2—2008 实验动物弓形虫检测方法。

附 录 A

（规范性附录）

实验动物 弓形虫检测方法（PCR 法）

A.1 目的

规范实验动物弓形虫 PCR 检测方法。

A.2 范围

适用于小鼠、大鼠、地鼠、豚鼠、兔、犬及猴等实验动物弓形虫的检测。

A.3 原理

虫体 DNA 加热变性后，人工合成的两条特异性引物分别与虫体 DNA 两翼序列特异变性，在合适条件下，由耐热 DNA 聚合酶催化引物引导的虫体 DNA 合成（即延伸），完全热变性—复性—延伸的 PCR 循环，通过 30 次左右的循环扩增，可通过琼脂糖凝胶电泳检查虫体 DNA 特异性条带。

A.4 主要试剂和器材

A.4.1 试剂

A.4.1.1 血细胞洗涤液：若样品为全血，采用 0.83% NH_4Cl 溶液洗涤。

A.4.1.2 DNA 裂解液 [10mmol/L Tris（pH7.4），10mmol/L EDTA，150mmol/L NaCl，0.4% SDS，100μg/ml 蛋白酶 K]。

A.4.1.3 苯酚 – 三氯甲烷抽提液 [苯酚 – 三氯甲烷为（1:1）]。

A.4.1.4 TE 缓冲液（1ml 1mol/L Tris – HCl pH8.0，0.2ml 0.5mol/L EDTA pH8.0，总体积 100ml）。

A.4.1.5 TBE 缓冲液。

A.4.1.6 Taq DNA 聚合酶。

A.4.1.7 引物

A.4.1.7.1 一次性 PCR 引物 按 B1 基因序列设计引物。

1. 上游引物：5′ – GGAACTGCATCCGTTCATGAG – 3′（694～714bp）；
2. 下游引物：5′ – TCTTTAAAGCGTTCGTGGTC – 3′（887～868bp）。

A.4.1.7.2 套式 PCR 引物 按 P30 基因序列设计引物。

P1 为 5′ – GCGAATTCATGTCAGATCCCCCT – 3′；

P2 为 5′ – GTGGATCCTCACGCGACACAAGCT – 3′；

P3 为 5′ – CGACAGCCGGTCATTCTC – 3′；

P4 为 5′ – GCAACCAGTCAGCGTCGTCC – 3′。

P1 和 P2 的预扩增产物为 889bp，P3 和 P4 的预扩增产物为 520bp。

A.4.1.8 10 × PCR 反应缓冲液（含 $MgCl_2$ 15mmol/L）。

A.4.1.9 dNTP：各为 10mmol/L。

A.4.1.10 阳性对照（模板 DNA）：弓形虫 DNA 片段。

制备方法（有条件的实验室可参考）：将 RH 株弓形虫速殖子接种小鼠腹腔，3～5 天后处死。用 NS 洗腹腔，收集腹腔液，离心弃上清，沉淀悬浮于裂解液（含 SDS 和蛋白酶 K）

中，55℃消化 2 小时，再 100℃处理 10 分钟。虫体消化液用苯酚、三氯甲烷抽提数次，70%乙醇沉淀 DNA，再溶解于 TE 溶液内。

A.4.1.11 阴性对照：蒸馏水或 TE 溶液。

A.4.1.12 DNA marker。

A.4.1.13 2%琼脂糖。

A.4.1.14 0.5×TBE 电泳缓冲液。

A.4.1.15 0.5mg/ml 溴乙锭。

A.4.2 器材

A.4.2.1 DNA 扩增仪。

A.4.2.2 微量移液器。

A.4.2.3 冷冻高速离心机。

A.4.2.4 电泳仪。

A.4.2.5 水浴锅。

A.4.2.6 紫外灯检测仪。

A.4.2.7 摄影器材。

A.4.2.8 0.5ml 和 1.5ml 塑料离心管。

A.5 操作步骤

A.5.1 待检标本的处理

A.5.1.1 抽取待检动物的血液或腹腔液，以及相关组织。

A.5.1.2 全血：取待检动物全血 0.2ml，加入 5×体积的 0.83% NH_4Cl 中，冰浴 20 分钟，6000r/min 离心 5 分钟，弃上清，在细胞沉淀中再加入 1ml 上述溶液，6000r/min 离心，重复 1～2 次（去除红细胞），在沉淀中加入 250μl 裂解液。消化、提纯过程同模板 DNA 的制备。

A.5.1.3 腹水：取待检动物腹水离心弃上清，在沉淀中加入 250μl 裂解液。消化、提纯过程同模板 DNA 的制备。

A.5.1.4 各种组织：取适量待检动物肝、脾、子宫、肾脏等制成匀浆，加入等体积裂解液，消化、提纯过程同模板 DNA 的制备。

A.5.2 PCR 试验

A.5.2.1 一次性 PCR

总体积 50μl，内含 10mmol/L pH8.3 Tris－HCl，50mmol/L KCl，2mmol/L $MgCl_2$，样品 3～5μl，引物 1、引物 2 各 10pmol。上述反应液先预变性，然后加入 *Taq* 酶 2U，混匀。覆盖液体石蜡 50μl，进行扩增。PCR 反应条件：预变性 94℃ 3 分钟；94℃ 30 秒；60℃ 30 秒；72℃ 30 秒，41 个循环，最后 72℃ 7 分钟。

A.5.2.2 套式 PCR

第一次扩增：总体积 50μl，内含 10mmol/L pH8.3 Tris－HCl，50mmol/L KCl，2mmol/L $MgCl_2$，样品 1～2μl，引物 P1、引物 P2 各 10pmol。上述反应液先预变性，然后加入 *Taq* 酶 2 U，混匀。覆盖液体石蜡 50μl，进行扩增。PCR 反应条件：预变性 94℃ 3 分钟；94℃ 30 秒；60℃ 30 秒；72℃ 30 秒，41 个循环，最后 72℃ 7 分钟。第二次扩增：取第一次扩增产物 1～2μl，引物 P3、引物 P4 各 10pmol，其他同第一次扩增。套式 PCR 反应条件：预变性 94℃ 3 分钟；94℃ 1 分钟；55℃ 1 分钟；72℃ 2 分钟，30 个循环，最后 72℃ 8 分钟。

A.5.3 扩增产物的检定

A.5.3.1 一次性 PCR：5μl 扩增产物经 2%琼脂糖凝胶电泳（含 0.5mg/L 溴乙锭）分离，（0.5×TBE 电泳缓冲液电泳，电压 5V/cm，1～1.5 小时），在紫外灯检测仪观察是否有 194bp 扩增条带。

A.5.3.2 套式 PCR：第一次扩增后（同一次性 PCR）产物，经第二次扩增后，电泳检测（同一次性 PCR），在紫外灯检测仪观察是否有 520bp 扩增带。

A.6 结果判断

A.6.1 一次性 PCR：在阳性、阴性对照成立的条件下，即模板 DNA 的扩增产物经电泳检测可见到 194bp 扩增带，阴性对照的扩增产物经电泳检测未见到 194bp 扩增时，可判定弓形虫检测结果。

琼脂糖凝胶电泳板在紫外灯检测仪上观察到 194bp 扩增带，弓形虫检测阳性。

琼脂糖凝胶电泳板在紫外灯检测仪上未观察到 194bp 扩增带，弓形虫检测阴性。

A.6.2 套式 PCR：在阳性、阴性对照成立的条件下，即模板 DNA 的第一次扩增产物经第二次扩增后，电泳检测，可以见到有 520bp 的扩增带；阴性对照未见到相应的扩增带，可判定弓形虫检测结果。

第一次扩增后产物经第二次扩增后见到有 520bp 扩增带，弓形虫检测阳性。

第一次扩增后产物经第二次扩增后未见到有 520bp 扩增带，弓形虫检测阴性。

A.7 注意事项

A.7.1 整个检测工作应遵循 PCR 实验室规范，加强安全防护，应有四个隔开的工作区域，分别从事试剂储存和准备、标本制备、扩增和扩增产物分析，以避免发生潜在的交叉污染。

A.7.2 整个检测工作应加强生物安全防护意识，特别是虫株攻击小鼠产生阳性腹水，并制备模板 DNA 的工作，必须在生物安全防护 2 级的条件下进行。

四、实验动物蠕虫检测方法标准操作规程

1 目的　规范实验动物蠕虫的取样、检测方法及结果判定标准。

2 范围　本标准适用于实验动物的检测。

3 依据　中华人民共和国国家标准 GB/T 18448.6—2001 实验动物蠕虫检测方法。

4 原理　寄生部位取样，用显微镜观察，直接查找蠕虫虫体或虫卵。

5 仪器和试验材料　显微镜、载玻片、盖玻片、剪刀、镊子、吸管、生理盐水。

6 检测步骤

6.1 取样　取新鲜粪便、肠内容物、肝脏、肾脏、膀胱等样本，制片，待测。

6.2 镜检　用显微镜对样本进行检查。

7 结果判定　凡发现蠕虫虫体或虫卵判为阳性，否则判为阴性。

8 结果报告　根据结果判定，作出报告。

当出现阳性结果时，应在原始记录中明确说明发现阳性结果的样本名称。

9 相关记录　实验蠕虫检测试验记录。

10 相关文件　中华人民共和国国家标准 GB/T 18448.6—2001 实验动物蠕虫检测方法。

五、实验动物鞭毛虫检测方法标准操作规程

1 目的　规范实验动物鞭毛虫的取样、检测方法及结果判定标准。

2 范围 本标准适用于实验动物的检测。

3 依据 中华人民共和国国家标准 GB/T 18448.10—2001 实验动物肠道鞭毛虫和纤毛虫检测方法。

4 原理 寄生部位取样，用显微镜观察，直接查找鞭毛虫滋养体或包囊。

5 仪器和试验材料 显微镜、载玻片、盖玻片、剪刀、镊子、吸管、生理盐水。

6 检测步骤

6.1 取样 取新鲜粪便、肠内容物等样本，制片，待测。

6.2 镜检 用显微镜对样本进行检查。

7 结果判定 凡发现鞭毛虫滋养体或包囊判为阳性，否则判为阴性。

8 结果报告 根据结果判定，作出报告。

当出现阳性结果时，在原始记录中应明确说明发现阳性结果的样本名称。

9 相关记录 实验动物鞭毛虫检测试验记录。

10 相关文件 中华人民共和国国家标准 GB/T 18448.10—2001 实验动物肠道鞭毛虫和纤毛虫检测方法。

六、实验动物纤毛虫检测方法标准操作规程

1 目的 规范实验动物纤毛虫的取样、检测方法及结果判定标准。

2 范围 本标准适用于实验动物的检测。

3 依据 中华人民共和国国家标准 GB/T 18448.10—2001 实验动物肠道鞭毛虫和纤毛虫检测方法。

4 原理 寄生部位取样，用显微镜观察，直接查找纤毛虫滋养体或包囊。

5 仪器和试验材料 显微镜、载玻片、盖玻片、剪刀、镊子、吸管、生理盐水。

6 检测步骤

6.1 取样 取新鲜粪便、肠内容物等样本，制片，待测。

6.2 镜检 用显微镜对样本进行检查。

7 结果判定 凡发现纤毛虫滋养体或包囊判为阳性，否则判为阴性。

8 结果报告 根据结果判定，作出报告。

当出现阳性结果时，在原始记录中应明确说明发现阳性结果的样本名称。

9 相关记录 实验动物纤毛虫检测试验记录。

10 相关文件 中华人民共和国国家标准 GB/T 18448.10—2001 实验动物肠道鞭毛虫和纤毛虫检测方法。

七、实验动物卡氏肺孢子虫检测方法标准操作规程

1 目的 规范实验动物卡氏肺孢子虫的取样、检测方法及结果判定标准。

2 范围 本标准适用于实验动物的检测。

3 依据 中华人民共和国国家标准 GB/T 18448.4—2001 实验动物卡氏肺孢子虫检测方法。

4 原理 寄生部位取样，固定染色，用显微镜检查卡氏肺孢子虫包囊或滋养体。

5 仪器和试验材料 显微镜、载玻片、盖玻片、剪刀、镊子、吸管、甲醇、姬姆萨染液稀释液、蒸馏水。

6 检测步骤

6.1 取样、固定染色　取肺脏等样本，制片，甲醇固定 5 分钟，蒸馏水洗涤并晾干，姬姆萨染液稀释液染色 20 分钟，蒸馏水洗涤并晾干，待测。

6.2 镜检　用显微镜对样本进行检查。

7 结果判定　凡发现卡氏肺孢子虫包囊或滋养体判为阳性，否则判为阴性。

8 结果报告　根据结果判定，作出报告。

当出现阳性结果时，在原始记录中应明确说明发现阳性结果的样本名称。

9 相关记录　实验动物卡氏肺孢子虫检测试验记录。

10 相关文件　中华人民共和国国家标准 GB/T 18448.4—2001 实验动物卡氏肺孢子虫检测方法。

八、实验动物兔脑原虫检测方法标准操作规程

1 目的　规范实验动物兔脑原虫的取样、检测方法及结果判定标准。

2 范围　本标准适用于实验动物的检测。

3 依据　中华人民共和国国家标准 GB/T 18448.3—2001 实验动物兔脑原虫检测方法。

4 原理　寄生部位取样，固定染色，用显微镜检查兔脑原虫孢子或滋养体。

5 仪器和试验材料　显微镜、载玻片、盖玻片、剪刀、镊子、吸管、生理盐水、甲醇、姬姆萨染液稀释液、蒸馏水。

6 检测步骤

6.1 取样、固定染色　取腹腔液、肾脏、脑等样本，制片，甲醇固定 5 分钟，蒸馏水洗涤并晾干，姬姆萨染液稀释液染色 20 分钟，蒸馏水洗涤并晾干，待测。

6.2 镜检　用显微镜对样本进行检查。

7 结果判定　凡发现兔脑原虫孢子或滋养体判为阳性，否则判为阴性。

8 结果报告　根据结果判定，作出报告。

当出现阳性结果时，在原始记录中应明确说明发现阳性结果的样本名称。

9 相关记录　实验动物兔脑原虫检测试验记录。

10 相关文件　中华人民共和国国家标准 GB/T 18448.3—2001 实验动物兔脑原虫检测方法。

九、实验动物疟原虫检测方法标准操作规程

1 目的　规范实验动物疟原虫的取样、检测方法及结果判定标准。

2 范围　本标准适用于实验动物的检测。

3 依据　中华人民共和国国家标准 GB/T 18448.7—2001 实验动物疟原虫检测方法。

4 原理　寄生部位取样，固定染色，用显微镜检查疟原虫。

5 仪器和试验材料　显微镜、载玻片、盖玻片、取血针、甲醇、姬姆萨染液稀释液、蒸馏水。

6 检测步骤

6.1 取样、固定染色　取血样本，制片，甲醇固定，晾干，姬姆萨染液稀释液染色 30 分钟，蒸馏水洗涤并晾干，待测。

6.2 镜检　用显微镜对样本进行检查。

7 结果判定 凡发现疟原虫判为阳性，否则判为阴性。

8 结果报告 根据结果判定，作出报告。

9 相关记录 实验动物疟原虫检测试验记录。

10 相关文件 中华人民共和国国家标准 GB/T 18448.7—2001 实验动物疟原虫检测方法。

十、实验动物肠道溶组织内阿米巴检测方法标准操作规程

1 目的 规范实验动物肠道溶组织内阿米巴的取样、检测方法及结果判定标准。

2 范围 本标准适用于实验动物的检测。

3 依据 中华人民共和国国家标准 GB/T 18448.9—2001 实验动物肠道溶组织内阿米巴检测方法。

4 原理 寄生部位取样，碘液染色，用显微镜检查溶组织内阿米巴包囊。

5 仪器和试验材料 显微镜、载玻片、盖玻片、剪刀、镊子、吸管、碘液（碘化钾 4g，碘 2g，蒸馏水 100ml）。

6 检测步骤

6.1 取样、染色 取新鲜粪便、肠内容物等样本，碘液染色，待测。

6.2 镜检 用显微镜对样本进行检查。

7 结果判定 凡发现溶组织内阿米巴包囊判为阳性，否则判为阴性。

8 结果报告 根据结果判定，作出报告。

当出现阳性结果时，在原始记录中应明确说明发现阳性结果的样本名称。

9 相关记录 实验动物溶组织内阿米巴检测试验记录。

10 相关文件 中华人民共和国国家标准 GB/T 18448.9—2001 实验动物溶组织内阿米巴检测方法。

十一、实验树鼩肉孢子虫检测方法标准操作规程

1 目的 规范实验树鼩肉孢子虫的取样、检测方法及结果判定标准。

2 范围 本标准适用于树鼩的检测。

3 依据 DB53/T 328.2—2010 云南省地方标准 实验树鼩 寄生虫学等级及监测。

4 原理 寄生部位取样，用显微镜观察，直接查找肉孢子虫卵囊或孢子囊。

5 仪器和试验材料 显微镜、载玻片、盖玻片、白瓷盘、剪刀、镊子、培养皿、吸管、生理盐水。

6 检测步骤

6.1 取样 在负压生物安全柜内，无菌剖解实验树鼩，取舌肌、膈肌、前腿肌、后腿肌、腹肌、背部肌、心肌、脑、脊髓样本，制片，待测。

6.2 镜检 用显微镜对样本进行检查。

7 结果判定 凡发现肉孢子虫的卵囊、孢子囊判为阳性，否则判为阴性。

8 结果报告 根据结果判定，作出报告。

9 相关记录 实验树鼩肉孢子虫检测试验记录。

10 相关文件 DB53/T 328.2—2010 云南省地方标准 实验树鼩 寄生虫学等级及监测。

十二、实验用鱼微孢子虫检测方法标准操作规程

1 目的 规范实验用鱼微孢子虫的取样、检测方法及结果判定标准。

2 范围 本标准适用于实验用鱼（斑马鱼和剑尾鱼）的检测。

3 依据 DB11/T 1053.2—2013 北京市地方标准 实验用鱼 寄生虫学等级及监测。

4 原理 寄生部位取样，用显微镜观察，直接查找微孢子虫的孢子。

5 仪器和试验材料 显微镜、载玻片、盖玻片、白瓷盘、剪刀、镊子、培养皿、吸管、生理盐水。

6 检测步骤

6.1 取样 在负压生物安全柜内，无菌剖解实验用鱼，取脑、脊髓，制片，待测。

6.2 镜检 用显微镜对样本进行检查。

7 结果判定 微孢子虫形态特征：胞内寄生，孢子为卵形或梨形，后端有一突出的液泡。孢子大小 5.4μm×2.7μm。

凡发现微孢子虫的孢子判为阳性，否则判为阴性。

8 结果报告 根据结果判定，作出报告。

9 相关记录 实验用鱼微孢子虫检测试验记录。

10 相关文件 DB11/T 1053.2—2013 北京市地方标准 实验用鱼 寄生虫学等级及监测。

十三、实验用鱼卵圆鞭毛虫检测方法标准操作规程

1 目的 规范实验用鱼卵圆鞭毛虫的取样、检测方法及结果判定标准。

2 范围 本标准适用于实验用鱼（斑马鱼和剑尾鱼）的检测。

3 依据 DB11/T 1053.2—2013 北京市地方标准 实验用鱼 寄生虫学等级及监测。

4 原理 寄生部位取样，用显微镜观察，直接查找卵圆鞭毛虫的营养体。

5 仪器和试验材料 显微镜、载玻片、盖玻片、白瓷盘、剪刀、镊子、培养皿、吸管、生理盐水。

6 检测步骤

6.1 取样 在负压生物安全柜内，无菌剖解实验用鱼，取皮肤、鳃样本，制片，待测。

6.2 镜检 用显微镜对样本进行检查。

7 结果判定 卵圆鞭毛虫的形态特征：营养体卵圆形，不透明，不能运动。大小约为（9～12）μm×（40～90）μm。

凡发现卵圆鞭毛虫的营养体判为阳性，否则判为阴性。

8 结果报告 根据结果判定，作出报告。

9 相关记录 实验用鱼卵圆鞭毛虫检测试验记录。

10 相关文件 DB11/T 1053.2—2013 北京市地方标准 实验用鱼 寄生虫学等级及监测。

十四、实验用鱼多子小瓜虫检测方法标准操作规程

1 目的 规范实验用鱼多子小瓜虫的取样、检测方法及结果判定标准。

2 范围 本标准适用于实验用鱼（斑马鱼和剑尾鱼）的检测。

3 依据 DB11/T 1053.2—2013 北京市地方标准 实验用鱼 寄生虫学等级及监测。

4 原理 寄生部位取样，用显微镜观察，直接查找多子小瓜虫的虫体。

5 仪器和试验材料 显微镜、载玻片、盖玻片、白瓷盘、剪刀、镊子、培养皿、吸管、生理盐水。

6 检测步骤

6.1 取样 在负压生物安全柜内，无菌剖解实验用鱼，取皮肤、鳃样本，制片，待测。

6.2 镜检 用显微镜对样本进行检查。

7 结果判定 多子小瓜虫形态特征：成虫卵圆形，乳白色。体有分布均匀的可运动的纤毛，胞口位于体前端腹面，体中部有一马蹄形大核。成虫大小为（0.3～0.8）mm×（0.35～0.5）mm。

凡发现多子小瓜虫的虫体判为阳性，否则判为阴性。

8 结果报告 根据结果判定，作出报告。

9 相关记录 实验用鱼多子小瓜虫检测试验记录。

10 相关文件 DB11/T 1053.2—2013 北京市地方标准 实验用鱼 寄生虫学等级及监测。

十五、实验用鱼头槽绦虫检测方法标准操作规程

1 目的 规范实验用鱼头槽绦虫的取样、检测方法及结果判定标准。

2 范围 本标准适用于实验用鱼（斑马鱼和剑尾鱼）的检测。

3 依据 DB11/T 1053.2—2013 北京市地方标准 实验用鱼 寄生虫学等级及监测。

4 原理 寄生部位取样，用显微镜观察，直接查找头槽绦虫的虫体。

5 仪器和试验材料 显微镜、载玻片、盖玻片、白瓷盘、剪刀、镊子、培养皿、吸管、生理盐水。

6 检测步骤

6.1 取样 在负压生物安全柜内，无菌剖解实验用鱼，取肠样本，制片，待测。

6.2 镜检 用显微镜对样本进行检查。

7 结果判定 头槽绦虫形态特征：头节有一个明显的顶端盘和两个较深的吸沟，成熟节片都有一套生殖系统。

凡发现头槽绦虫的虫体判为阳性，否则判为阴性。

8 结果报告 根据结果判定，作出报告。

9 相关记录 实验用鱼头槽绦虫检测试验记录。

10 相关文件 DB11/T 1053.2—2013 北京市地方标准 实验用鱼 寄生虫学等级及监测。

十六、实验用鱼斜管虫检测方法标准操作规程

1 目的 规范实验用鱼斜管虫的取样、检测方法及结果判定标准。

2 范围 本标准适用于实验用鱼（斑马鱼和剑尾鱼）的检测。

3 依据 DB11/T 1053.2—2013 北京市地方标准 实验用鱼 寄生虫学等级及监测。

4 原理 寄生部位取样，用显微镜观察，直接查找斜管虫的虫体。

5 仪器和试验材料 显微镜、载玻片、盖玻片、白瓷盘、剪刀、镊子、培养皿、吸管、

生理盐水。

6 检测步骤

6.1 取样　在负压生物安全柜内，无菌剖解实验用鱼，取体表、鳃样本，制片，待测。

6.2 镜检　用显微镜对样本进行检查。

7 结果判定　斜管虫形态特征：腹面呈卵形，左右各具纤毛带。胞口在前端，具漏斗状口管，末端紧缩，向左作螺旋状绕一圈。后端大、小核各一个。大小（40～60）μm×（25～47）μm。

凡发现斜管虫的虫体判为阳性，否则判为阴性。

8 结果报告　根据结果判定，作出报告。

9 相关记录　实验用鱼斜管虫检测试验记录。

10 相关文件　DB11/T 1053.2—2013 北京市地方标准　实验用鱼　寄生虫学等级及监测。

十七、实验用鱼车轮虫检测方法标准操作规程

1 目的　规范实验用鱼车轮虫的取样、检测方法及结果判定标准。

2 范围　本标准适用于实验用鱼（斑马鱼和剑尾鱼）的检测。

3 依据　DB11/T 1053.2—2013 北京市地方标准　实验用鱼　寄生虫学等级及监测。

4 原理　寄生部位取样，用显微镜观察，直接查找车轮虫的虫体。

5 仪器和试验材料　显微镜、载玻片、盖玻片、白瓷盘、剪刀、镊子、培养皿、吸管、生理盐水。

6 检测步骤

6.1 取样　在负压生物安全柜内，无菌剖解实验用鱼，取鳃、皮肤样本，制片，待测。

6.2 镜检　用显微镜对样本进行检查。

7 结果判定　车轮虫形态特征：虫体圆形，大小 20 ~ 40μm 构成齿环的齿体具有发达的空锥形部以及向外的齿钩和向中心的齿棘。

凡发现车轮虫的虫体判为阳性，否则判为阴性。

8 结果报告　根据结果判定，作出报告。

9 相关记录　实验用鱼车轮虫检测试验记录。

10 相关文件　DB11/T 1053.2—2013 北京市地方标准　实验用鱼　寄生虫学等级及监测。

十八、实验用鱼杯体虫检测方法标准操作规程

1 目的　规范实验用鱼杯体虫的取样、检测方法及结果判定标准。

2 范围　本标准适用于实验用鱼（斑马鱼和剑尾鱼）的检测。

3 依据　DB11/T 1053.2—2013 北京市地方标准　实验用鱼　寄生虫学等级及监测。

4 原理　寄生部位取样，用显微镜观察，直接查找杯体虫的虫体。

5 仪器和试验材料　显微镜、载玻片、盖玻片、白瓷盘、剪刀、镊子、培养皿、吸管、生理盐水。

6 检测步骤

6.1 取样　在负压生物安全柜内，无菌剖解实验用鱼，取鳃、皮肤样本，制片，待测。

6.2 镜检 用显微镜对样本进行检查。

7 结果判定 杯体虫形态特征：虫体呈杯状，前端粗，后端变窄。前端有 1 个圆盘形的口围盘，四周有纤毛。虫体大小为（14 ~ 80）μm×（11 ~ 25）μm。

凡发现杯体虫的虫体判为阳性，否则判为阴性。

8 结果报告 根据结果判定，作出报告。

9 相关记录 实验用鱼杯体虫检测试验记录。

10 相关文件 DB11/T 1053.2—2013 北京市地方标准 实验用鱼 寄生虫学等级及监测。

十九、实验用鱼粘孢子虫检测方法标准操作规程

1 目的 规范实验用鱼粘孢子虫的取样、检测方法及结果判定标准。

2 范围 本标准适用于实验用鱼（斑马鱼和剑尾鱼）的检测。

3 依据 DB11/T 1053.2—2013 北京市地方标准 实验用鱼 寄生虫学等级及监测。

4 原理 寄生部位取样，用显微镜观察，直接查找粘孢子虫的孢子。

5 仪器和试验材料 显微镜、载玻片、盖玻片、白瓷盘、剪刀、镊子、培养皿、吸管、生理盐水。

6 检测步骤

6.1 取样 在负压生物安全柜内，无菌剖解实验用鱼，取体表、鳃、肾脏、胆囊、输尿管、肠样本，制片，待测。

6.2 镜检 用显微镜对样本进行检查。

7 结果判定 粘孢子虫形态特征：孢囊白色，孢子有极囊。

凡发现粘孢子虫的孢子判为阳性，否则判为阴性。

8 结果报告 根据结果判定，作出报告。

9 相关记录 实验用鱼粘孢子虫检测试验记录。

10 相关文件 DB11/T 1053.2—2013 北京市地方标准 实验用鱼 寄生虫学等级及监测。

二十、实验用鱼指环虫检测方法标准操作规程

1 目的 规范实验用鱼指环虫的取样、检测方法及结果判定标准。

2 范围 本标准适用于实验用鱼（斑马鱼和剑尾鱼）的检测。

3. 依据 DB11/T 1053.2—2013 北京市地方标准 实验用鱼 寄生虫学等级及监测。

4 原理 寄生部位取样，用显微镜观察，直接查找指环虫的虫体。

5 仪器和试验材料 显微镜、载玻片、盖玻片、白瓷盘、剪刀、镊子、培养皿、吸管、生理盐水。

6 检测步骤

6.1 取样 在负压生物安全柜内，无菌剖解实验用鱼，取鳃样本，制片，待测。

6.2 镜检 用显微镜对样本进行检查。

7 结果判定 指环虫的形态特征：后吸器具 7 对边缘小钩，1 对中央大钩，眼点 2 对。虫体大小为（0.2～1.4）mm×（0.07～0.35）mm。

凡发现指环虫的虫体判为阳性，否则判为阴性。

8 结果报告 根据结果判定，作出报告。

9 相关记录 实验用鱼指环虫检测试验记录。

10 相关文件 DB11/T 1053.2—2013 北京市地方标准 实验用鱼 寄生虫学等级及监测。

二十一、实验用鱼绒毛伪毛细线虫检测方法标准操作规程

1 目的 规范实验用鱼绒毛伪毛细线虫的取样、检测方法及结果判定标准。

2 范围 本标准适用于实验用鱼（斑马鱼和剑尾鱼）的检测。

3 依据 DB11/T 1053.2—2013 北京市地方标准 实验用鱼 寄生虫学等级及监测。

4 原理 寄生部位取样，用显微镜观察，直接查找绒毛伪毛细线虫的虫卵、虫体。

5 仪器和试验材料 显微镜、载玻片、盖玻片、白瓷盘、剪刀、镊子、培养皿、吸管、生理盐水。

6 检测步骤

6.1 取样 在负压生物安全柜内，无菌剖解实验用鱼，取内脏样本，制片，待测。

6.2 镜检 用显微镜对样本进行检查。

7 结果判定 绒毛伪毛细线虫形态特征：雌虫 7 ~ 12mm，卵椭圆形，两头有塞子样的结构；雄虫 4 ~ 7mm，后部有一个黏液囊和平滑的交合刺。

凡发现绒毛伪毛细线虫的虫卵、虫体判为阳性，否则判为阴性。

8 结果报告 根据结果判定，作出报告。

9 相关记录 实验用鱼绒毛伪毛细线虫检测试验记录。

10 相关文件 DB11/T 1053.2—2013 北京市地方标准 实验用鱼 寄生虫学等级及监测。

二十二、实验用鱼三代虫检测方法标准操作规程

1 目的 规范实验用鱼三代虫的取样、检测方法及结果判定标准。

2 范围 本标准适用于实验用鱼（斑马鱼和剑尾鱼）的检测。

3 依据 DB11/T 1053.2—2013 北京市地方标准 实验用鱼 寄生虫学等级及监测。

4 原理 寄生部位取样，用显微镜观察，直接查找三代虫的虫体。

5 仪器和试验材料 显微镜、载玻片、盖玻片、白瓷盘、剪刀、镊子、培养皿、吸管、生理盐水。

6 检测步骤

6.1 取样 在负压生物安全柜内，无菌剖解实验用鱼，取体表、鳃样本，制片，待测。

6.2 镜检 用显微镜对样本进行检查。

7 结果判定 三代虫形态特征：后吸器具 1 对中央大钩，16 个边缘小钩，无眼点。虫体大小为（0.3～0.6）mm×（0.07～0.15）mm。

凡发现三代虫的虫体判为阳性，否则判为阴性。

8 结果报告 根据结果判定，作出报告。

9 相关记录 实验用鱼三代虫检测试验记录。

10 相关文件 DB11/T 1053.2—2013 北京市地方标准 实验用鱼 寄生虫学等级及监测。

二十三、实验用鱼驼形线虫检测方法标准操作规程

1 目的 规范实验用鱼驼形线虫的取样、检测方法及结果判定标准。

2 范围 本标准适用于实验用鱼（斑马鱼和剑尾鱼）的检测。

3 依据 DB11/T 1053.2—2013 北京市地方标准 实验用鱼 寄生虫学等级及监测。

4 原理 寄生部位取样，用显微镜观察，直接查找驼形线虫的虫体。

5 仪器和试验材料 显微镜、载玻片、盖玻片、白瓷盘、剪刀、镊子、培养皿、吸管、生理盐水。

6 检测步骤

6.1 取样 在负压生物安全柜内，无菌剖解实验用鱼，取肠样本，制片，待测。

6.2 镜检 用显微镜对样本进行检查。

7 结果判定 驼形线虫形态特征：虫体细长，尾部很尖细，活体为红色，肉眼可见。口囊由几丁质侧瓣组成，侧瓣有纵肋纹，旁有三角形几丁质突起，生殖孔位于体中部。

凡发现驼形线虫的虫体判为阳性，否则判为阴性。

8 结果报告 根据结果判定，作出报告。

9 相关记录 实验用鱼驼形线虫检测试验记录。

10 相关文件 DB11/T 1053.2—2013 北京市地方标准 实验用鱼 寄生虫学等级及监测。

二十四、实验用鱼锚头鳋检测方法标准操作规程

1 目的 规范实验用鱼锚头鳋的取样、检测方法及结果判定标准。

2 范围 本标准适用于实验用鱼（斑马鱼和剑尾鱼）的检测。

3 依据 DB11/T 1053.2—2013 北京市地方标准 实验用鱼 寄生虫学等级及监测。

4 原理 寄生部位取样，用显微镜观察，直接查找锚头鳋的虫体。

5 仪器和试验材料 显微镜、载玻片、盖玻片、白瓷盘、剪刀、镊子、培养皿、吸管、生理盐水。

6 检测步骤

6.1 取样 在负压生物安全柜内，无菌剖解实验用鱼，取体表样本，制片，待测。

6.2 镜检 用显微镜对样本进行检查。

7 结果判定 锚头鳋形态特征：头胸部分枝，具有 1 对角或 2 对角。颈部细长呈圆柱状，渐渐扩大为躯干部，腹部短，钝圆，在末端有 1 对小而分节的尾叉。

凡发现锚头鳋的虫体判为阳性，否则判为阴性。

8 结果报告 根据结果判定，作出报告。

9 相关记录 实验用鱼锚头鳋检测试验记录。

10 相关文件 DB11/T 1053.2—2013 北京市地方标准 实验用鱼 寄生虫学等级及监测。

（黄 健 岳秉飞）

参考文献

[1] 许金俊. 动物寄生虫病学实验教程 [M]. 南京：河海大学出版社，2007.

[2] 卢致民，李凤铭. 临床寄生虫学检验 [M]. 武汉：华中科技大学出版社，2013.
[3] 陆予云. 寄生虫检验技术 [M]. 武汉：华中科技大学出版社，2012.
[4] 赵建玲. 临床寄生虫学检验实验 [M]. 武汉：华中科技大学出版社，2013.
[5] 李克斌. 牛羊寄生虫病综合防治技术 [M]. 北京：中国农业出版社，1997.
[6] 谢拥军，崔平. 动物寄生虫病防治技术 [M]. 北京：化学工业出版社，2009.
[7] 路燕. 动物寄生虫病防治 [M]. 北京：中国轻工业出版社，2012.
[8] 李金福，金卫华. 动物疫病监测与控制 [M]. 昆明：云南科技出版社，2000.
[9] 卢静. 实验动物寄生虫学 [M]. 北京：中国农业大学出版社，2010.

第五章　实验动物遗传学检测

第一节　遗传检测技术与方法

一、生化标记法

1957 年，Humer 和 Markert 用酶组织化学染胶片，发现了酶的多分子形式，称为同工酶（isozyme）。基本原理是根据电荷性质的差异，通过蛋白质电泳或色谱技术，和专门染色反应显示出同工酶的不同形式，鉴定不同的基因型。这种利用蛋白质或同工酶差异来判定基因差异的方法，就发展成为遗传学中的经典生化标记法。

根据生化标记的多样性，可研究物种的分类、推测不同物种间的演化关系，在许多物种中均有报道。在 DNA 检测技术出现之前，生化标记法作为实验动物遗传质量控制重要方法得到了广泛应用。我国自 20 世纪七八十年代开始进行大小鼠的遗传生化标记研究，至八十年代中后期形成了以皮肤移植、生化标记等方法为主的实验用大小鼠遗传质量监测体系。

生化标记法具有基因位点明确、方法简便快速经济、结果易判读可重复等优点。经过长期的摸索，我国建立了常用近交系大小鼠生化标记的遗传概貌图谱，并在此基础上出台了用于定期进行近交系大小鼠遗传质量监测的国家技术标准 GB/T 14927.1 近交系大小鼠遗传生化标记检测法。

小鼠的同工酶和蛋白质的遗传变异是相当丰富的。但是只有一少部分的变异可以作为小鼠遗传质量检测的生化标记。作为遗传质量控制的常规方法，如果有些生化标记在品系之间的遗传多样性太低，将会大大降低该方法的效率。常用于遗传检测的生化标记位点详见表 5－1－1。表 5－1－1 中所有标记均能够通过电泳和组化染色进行检测。各品系在生化标记位点的多态性分布详见表 5－1－2。在表 5－1－2 中，字母 a 表示基因型是纯合的 a/a，字母 b 表示基因型是纯合的 b/b。例如：AKR 品系的动物在异柠檬酸脱氢酶－1 的基因型是 b/b。大量生化标记位点的遗传信息可以称之为该品系的遗传概貌。遗传概貌在进行品系鉴定的时候可以作为检测标准与遗传检测的结果进行比较。

表 5－1－1　常用于遗传检测的生化标记

位点缩写	位点名称	等位基因	染色体位置
Akp－1	碱性磷酸酶－1（Alkaline phosphatase－1）	a，b	1
Car－2	碳酸酐酶－2（Carbonic anhydrase－2）	a，b	3
Ce－2	过氧化氢酶－2（Kidney catalase－2）	a，b	17
Es－1	酯酶－1（Esterase－1）	a，b	8
Es－2	酯酶－2（Esterase－2）	a，b，c	8

续表

位点缩写	位点名称	等位基因	染色体位置
Es－3	酯酶－3（Esterase－3）	a，b，c	11
Es－10	酯酶－10（Esterase－10）	a，b，c	14
Gpd－1	6－磷酸－葡萄糖脱氢酶－1（Glucose－6－phosphate dehydrogenase－1）	a，b，c	4
Gpi－1	葡萄糖磷酸异构酶－1（Glucose phosphate isomerase－1）	a，b	7
Hbb	血红蛋白β链（Hemoglobin beta-chain）	d，p，s	7
Idh－1	异柠檬酸脱氢酶－1（Isocitrate dehydrogenase－1）	a，b	1
Ldr－1	乳酸脱氢酶－1（Lactate dehydrogenase regulator）	a，b	6
Mod－1	苹果酸酶－1（Malic enzyme supernatant）	a，b	9
Mup－1	尿主蛋白（Major urinary protein）	a，b	4
Pep－3	肽酶－3（Peptidase－3）	a，b，c	1
Pgm－1	磷酸葡萄糖转位酶－1（Phosphoglucomutase－1）	a，b	5
Trf	转铁蛋白（Transferrin）	a，b	9

表5－1－2　各品系小鼠的生化标记遗传概貌

染色体	1	1	1	3	4	4	5	6	7	7	8	8	9	9	11	14	17
品系	Idh－1	Pep－3	Akp－1	Car－2	Mup－1	Gpd－1	Pgm－1	Ldr－1	Gpi－1	Hbb	Es－1	Es－2	Mod－1	Trf	Es－3	Es－10	Ce－2
A	a	b	b	b	a	b	a	a	a	d	b	b	*	b	c	a	a
AKR	b	b	b	a	a	b	a	a	a	d	b	b	*	b	c	b	b
BALB/c	a	a	b	b	a	b	a	a	a	d	b	b	a	b	a	a	a
CBA	b	b	a	*	a	b	*	*	b	d	b	b	b	a	c	b	b
CL/Fr	a	b	b	a	a	b	b	a	a	d	b	b	a	b	c	·	·
C3H/He	a	b	b	b	a	b	b	a	b	d	b	b	a	b	c	b	b
C57BL/6	a	a	a	a	b	a	a	a	b	s	a	b	b	b	a	a	a
C57BL/10	a	a	a	a	b	a	a	a	b	s	a	b	b	b	a	a	a
C57L	b	a	a	b	b	a	a	a	a	s	a	b	b	b	a	a	a
DBA/1	b	b	a	a	a	a	b	a	a	d	b	b	a	b	c	·	·
DBA/2	b	b	a	b	a	b	b	a	a	d	b	b	a	b	c	b	a

续表

品系＼染色体	1	1	1	3	4	4	5	6	7	7	8	8	9	9	11	14	17
	Idh-1	Pep-3	Akp-1	Car-2	Mup-1	Gpd-1	Pgm-1	Ldr-1	Gpi-1	Hbb	Es-1	Es-2	Mod-1	Trf	Es-3	Es-10	Ce-2
KK	a	b	b	a	b	a	a	a	b	s	b	a	a	b	c	·	a
NC	b	b	a	a	b	b	a	a	a	s	b	b	a	b	c	·	·
NZB	a	c	*	a	*	b	b	a	a	*	*	b	b	b	*	b	b
NZW	b	b	b	a	a	b	b	a	a	d	b	b	a	b	c	·	·
P/J	b	c	b	a	b	a	b	a	a	d	b	b	b	b	a	·	·
RF/J	a	b	b	a	a	a	a	a	a	d	b	b	a	b	b	b	b
RIII	*	b	·	b	*	b	a	a	a	*	b	b	b	b	*	·	a
SJL/J	b	b	b	b	a	b	b	a	a	s	b	b	a	*	c	b	a
129	a	b	b	a	a	a	a	a	a	d	b	b	a	b	c	b	b

* 各亚系的等位基因不一致

表 5－1－1 中的所有生化标记都可以应用电泳的方法进行检测，特别需要强调的是每一个生化标记有其各自的缓冲液、电压和染色方法。

1. 样本的制备

Ⅰ类样本　血浆样本的制备：将抗凝血进行离心，3000r/min，15 分钟，然后分离血浆和红细胞。

Ⅱ类样本　血红素样本的制备：将红细胞用 4 倍体积的水稀释备用。

Ⅲ类样本　肾匀浆样本的制备：解剖后，将肾放入 2 倍体积的去离子水中，匀浆后离心，0℃，15000r/min，30 分钟，分离上清液备用。

Ⅳ类样本　肝匀浆样本的制备：解剖后，将肝放入 2 倍体积的去离子水中，匀浆后离心，0℃，15000r/min，30 分钟，分离上清液备用。

Ⅴ类样本　尿样本的制备：取尿液，放入 2 倍体积去离子水中稀释备用。

样品制备完成后，应立即开展检测。不使用的样本应放在－20℃冷冻保存。并在两个月内完成检测。反复冻融会降低酶的活性或者导致蛋白质变性。

2. 电泳方法（使用醋酸纤维素板）

（1）碱性磷酸酶－1（Alkaline phosphatase－1，Akp－1 位于 1 号染色体）

样本是Ⅲ类样本，2 倍体积去离子水稀释的肾匀浆。

上样量是 0.3μl。

缓冲液是 Tris citrate pH 8.3（16.64g Tris，4.2g 柠檬酸，定容到 1L 水中）。

电泳条件是 200V，40 分钟，泳动方向是从负极到正极（图 5－1－1）。

染色方法：染色前将 A 液（50mg β磷酸萘酯溶解在 5ml 蒸馏水中）和 B 液（50mg fast blue RR 盐，10mg 六水合氯化镁，10mg 四水合氯化锰，5ml tris HCl pH 9.0）混匀，染色后 37℃保温 20 分钟。再在 5%冰醋酸溶液中固定。

品系的基因型：Akp－1 A：　　C57BL/6

　　　　　　　Akp－1 B：　　BALB/c

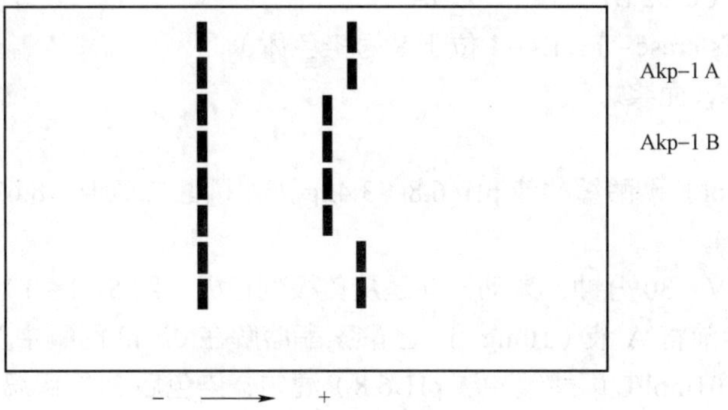

Akp-1 A

Akp-1 B

－　→　+

图 5－1－1　碱性磷酸酶－1 电泳模式图

（2）碳酸酐酶－2（Carbonic anhydrase－2，Car－2 位于 3 号染色体）

样本是Ⅱ类样本，4 倍体积去离子水稀释的血红素。

上样量是 0.3μl。

缓冲液是 Acetate EDTA pH 5.4［17.01g 无水乙酸钠，2.48g EDTA（自由酸），定容到 1L 水中］。使用时 5 倍稀释。

电泳条件是 240V，40 分钟，泳动方向是从正极到负极（图 5－1－2）。

染色方法：在 0.5%丽春红和 5%三氯乙酸中染色，在 5%冰醋酸中脱色。

品系的基因型：Car－2 A：　　C57BL/6

　　　　　　　Car－2 B：　　DBA/2

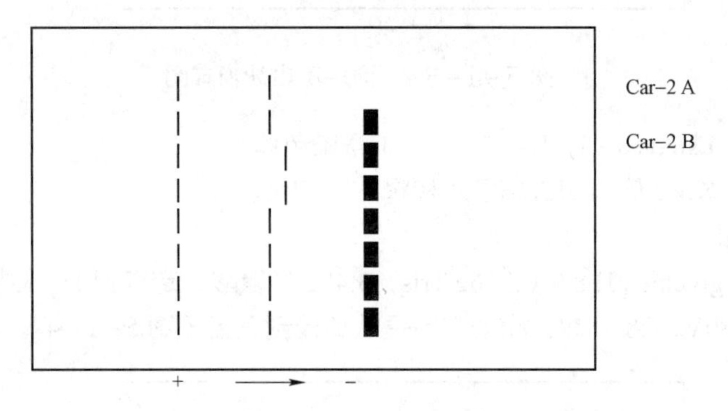

图 5－1－2　碳酸酐酶－2 电泳模式图

（3）过氧化氢酶－2（Kidney catalase－2，Ce－2 位于 17 号染色体）

样本是Ⅲ类样本，10 倍体积去离子水稀释的肾匀浆。

上样量是 0.3μl。

缓冲液是 Tris citrate pH 7.6（12.1g Tris，溶解在 600ml 水中，再用 10%柠檬酸调节 pH 至 7.6，定容到 1L 水中）。

电泳条件是 200V，30 分钟，泳动方向是从负极到正极。

染色方法：在 0.06%的过氧化氢中漂洗 1 分钟，然后用水冲洗。1:1 混合 1%三氯化铁和

1%铁氰化钾，染色。

品系的基因型：Ce－2 A:　　C57BL/6

Ce－2 B:　　CBA

（4）酯酶－1（Esterase－1，Es－1 位于 8 号染色体）

样本是Ⅰ类样本，血浆。

上样量是 0.3μl。

缓冲液是 0.01mol/L 磷酸缓冲液 pH 6.8（3.42g 无水磷酸二氢钾，8.63g 十二水合磷酸氢二钠，定容到 1L 水中）。

电泳条件是 140V，30 分钟，泳动方向是从负极到正极（图 5－1－3）。

染色方法：染色前将 A 液（10mg β－乙酸萘酯溶解在 0.5ml 丙酮中）和 B 液（50mg fast blue RR 盐，10ml 0.01mol/L 磷酸缓冲液 pH 6.8）混匀，染色后 37℃保温 20 分钟。再在 5%冰醋酸溶液中固定。

品系的基因型：Es－1 A:　　C57BL/6

Es－1 B:　　DBA/2

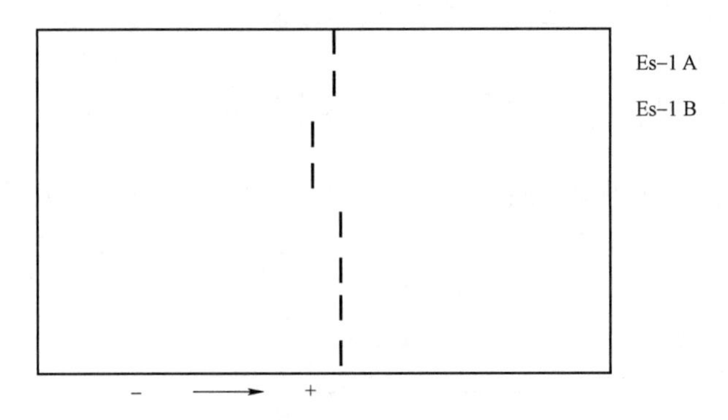

图 5－1－3　酯酶－1 电泳模式图

（5）酯酶－3（Esterase－3，Es－3 位于 11 号染色体）

样本是Ⅲ类样本，2 倍体积去离子水稀释的肾匀浆。

上样量是 0.3μl。

缓冲液是 Tris glycine pH 8.9（5.16g Tris，3.48g 甘氨酸，定容到 1L 水中）。

电泳条件是 280V，28 分钟，泳动方向是从负极到正极（图 5－1－4）。

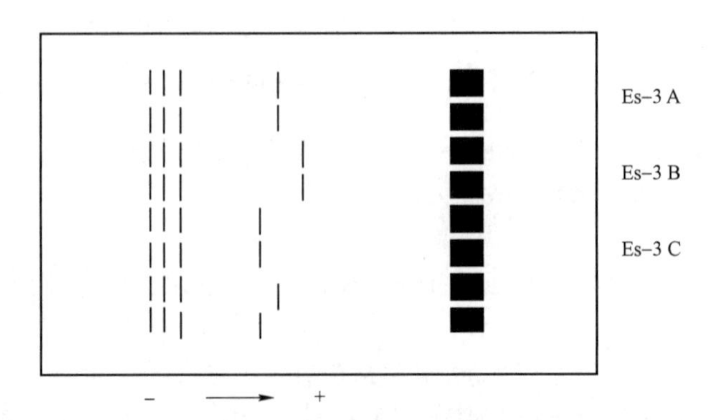

图 5－1－4　酯酶－3 电泳模式图

染色方法：5ml 1%溶解的琼脂，3mg 4－Methylumbelliferyl acetate 溶解在 0.4ml 丙酮中，5ml 0.01mol/L 磷酸缓冲液 pH 6.8（3.42g 无水磷酸二氢钾，8.63g 十二水合磷酸氢二钠，定容到 1L 水中）。染色后 37℃保温 15 分钟。紫外灯下观察结果。

品系的基因型：Es－3 A:　　C57BL/6
　　Es－3 B:　　RF/J
　　Es－3 C:　　DBA/2

（6）酯酶－10（Esterase－10，Es－10 位于 14 号染色体）

样本是Ⅲ类样本，2 倍体积去离子水稀释的肾匀浆。

上样量是 0.3μl。

缓冲液是 Tris glycine pH 8.9（5.16g Tris，3.48g 甘氨酸，定容到 1L 水中）。

电泳条件是 280V，28 分钟，泳动方向是从负极到正极。

染色方法：5ml 1%溶解的琼脂，3mg 4－Methylumbelliferyl acetate 溶解在 0.4ml 丙酮中，5ml 0.01mol/L 磷酸缓冲液 pH 6.8（3.42g 无水磷酸二氢钾，8.63g 十二水合磷酸氢二钠，定容到 1L 水中）。染色后 37℃保温 15 分钟。紫外灯下观察结果。

品系的基因型：Es－10 A:　　C57BL/6
　　Es－10 B:　　DBA/2
　　Es－10 C:　　BUB/BnJ

（7）6－磷酸葡萄糖脱氢酶－1（Glucose－6－phosphate dehydrogenase－1，Gpd－1 位于 4 号染色体）

样本是Ⅲ类样本，2 倍体积去离子水稀释的肾匀浆。

上样量是 0.6μl。

缓冲液是 Tris glycine pH 8.9（5.16g Tris，3.48g 甘氨酸，定容到 1L 水中）。

电泳条件是 200V，40 分钟，泳动方向是从负极到正极（图 5－1－5）。

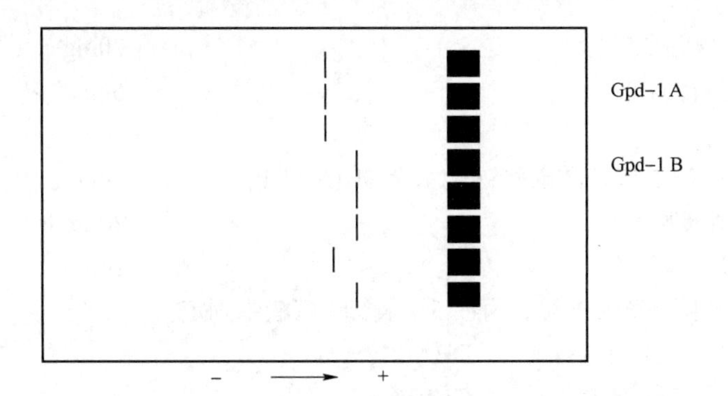

图 5－1－5　6－磷酸葡萄糖脱氢酶－1 电泳模式图

染色方法：

10ml Tris－HCl pH8.0（24.2g Tris 溶解在 800ml 水中，浓盐酸调节 pH 至 8.0，定容到 1L）。

D－葡萄糖－6－磷酸二钠盐	20mg
吩嗪硫酸甲酯 (PMS)	2mg
噻唑蓝 (MTT)	4mg

β－烟酰胺腺嘌呤二核苷酸磷酸钠盐水合物 (NADP)　　8mg
六水合氯化镁　　5mg
染色后37℃保温15分钟。再在5%冰醋酸溶液中固定。
品系的基因型：Gpd－1 A：　　C57BL/6
Gpd－1 B：　　DBA/2
Gpd－1 C：　　野生鼠

（8）葡萄糖磷酸异构酶－1（Glucose-phosphate isomerase－1，Gpi－1位于7号染色体）
样本是Ⅱ类样本，2倍体积去离子水稀释的血红素。
上样量是0.3μl。
缓冲液是Tris glycine pH 8.5（3.0g Tris，14.4g甘氨酸，定容到1L水中）。
电泳条件是200V，30分钟，泳动方向是从正极到负极（图5－1－6）。

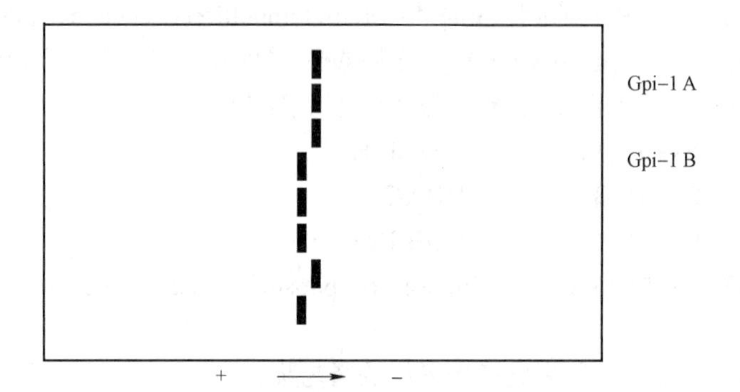

图5－1－6　葡萄糖磷酸异构酶－1电泳模式图

染色方法：10ml Tris－HCl pH8.0（24.2g Tris溶解在800ml水中，浓盐酸调节pH至8.0，定容到1L）。

D－果糖－6－磷酸二钠盐　　20mg
吩嗪硫酸甲酯 (PMS)　　6mg
噻唑蓝 (MTT)　　4mg
β－烟酰胺腺嘌呤二核苷酸磷酸钠盐水合物 (NADP)　　8mg
葡萄糖－6－磷酸脱氢酶　　20 units
六水合氯化镁　　16mg
染色后37℃保温至条带出现。再在5%冰醋酸溶液中固定。
品系的基因型：Gpi－1 A：　　DBA/2
Gpi－1 B：　　C57BL/6

（9）血红蛋白β链（Hemoglobin beta-chain，Hbb位于7号染色体）
样本是Ⅱ类样本，2倍体积去离子水稀释的血红素。
上样量是0.3μl。
缓冲液是Tris glycine pH 8.5（3.0g Tris，14.4g甘氨酸，定容到1L水中）。
电泳条件是200V，30分钟，泳动方向是从负极到正极（图5－1－7）。
染色方法：在0.5%丽春红和5%三氯乙酸中染色，在5%冰醋酸中脱色。
品系的基因型：Hbb D：　　DBA/2

Hbb P:　　AU/SsJ

Hbb S:　　C57BL/6

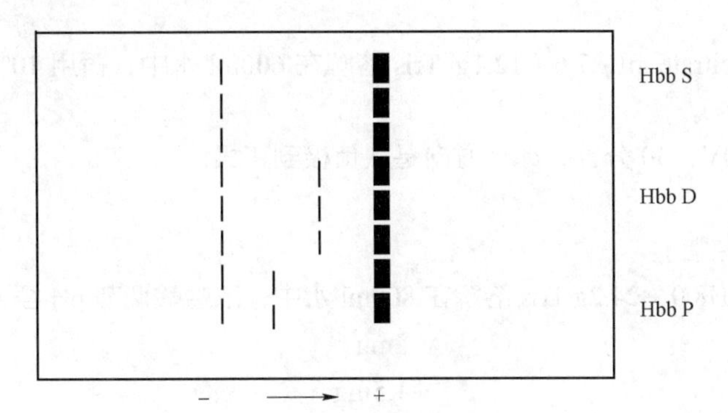

图 5-1-7　血红蛋白β链电泳模式图

（10）异柠檬酸脱氢酶-1（Isocitrate dehydrogenase-1，Idh-1 位于 1 号染色体）

样本是Ⅲ类样本，2 倍体积去离子水稀释的肾匀浆。

上样量是 0.3μl。

缓冲液是 Tris citrate pH 7.6（12.1g Tris，溶解在 600ml 水中，再用 10%柠檬酸调节 pH 至 7.6，定容到 1L 水中）。

电泳条件是 200V，30 分钟，泳动方向是从负极到正极（图 5-1-8）。

染色方法：

MTT	4mg
PMS	3mg
NADP	4mg
DL-异柠檬酸三钠盐	40mg
四水合氯化锰	50mg
10ml 去离子水	

染色后 37℃保温至条带出现。再在 5%冰醋酸溶液中固定。

品系的基因型：Idh-1 A:　　C57BL/6

　　　　　　　Idh-1 B:　　DBA/2

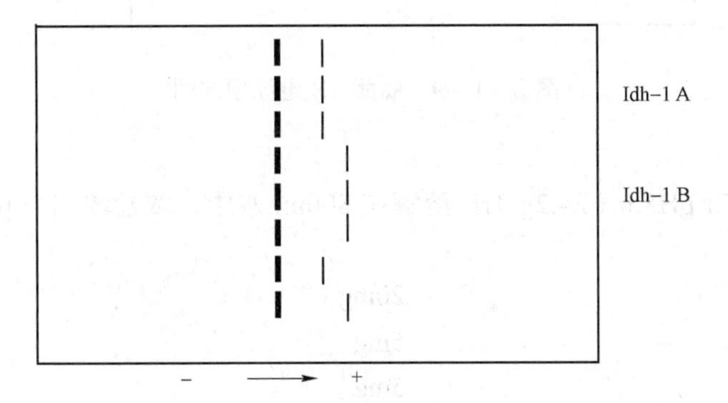

图 5-1-8　异柠檬酸脱氢酶-1 电泳模式图

（11）苹果酸酶－1（Malic enzyme supernatant，Mod－1 位于 9 号染色体）

样本是Ⅲ类样本，2 倍体积去离子水稀释的肾匀浆。

上样量是 0.3μl。

缓冲液是 Tris citrate pH 7.6（12.1g Tris 溶解在 600ml 水中，再用 10%柠檬酸调节 pH 至 7.6，定容到 1L 水中）。

电泳条件是 200V，30 分钟，泳动方向是从负极到正极。

染色方法：

3ml 1%溶解的琼脂

2ml Tris－HCl pH8.0（24.2g Tris 溶解在 800ml 水中，浓盐酸调节 pH 至 8.0，定容到 1L）。

MTT	2mg
PMS	1.5mg
NADP	2mg
0.5mol/L DL－苹果酸	0.48ml
四水合氯化锰	25mg

染色后 37℃保温至条带出现。

品系的基因型：Mod－1 A：　DBA/2

Mod－1 B：　C57BL/6

（12）肽酶－3（Peptidase－3，Pep－3 位于 1 号染色体）

样本是Ⅲ类样本，2 倍体积去离子水稀释的肾匀浆。

上样量是 0.3μl。

缓冲液是 Tris glycine pH 8.5（3.0g Tris，14.4g 甘氨酸，定容到 1L 水中）。

电泳条件是 200V，30 分钟，泳动方向是从负极到正极（图 5－1－9）。

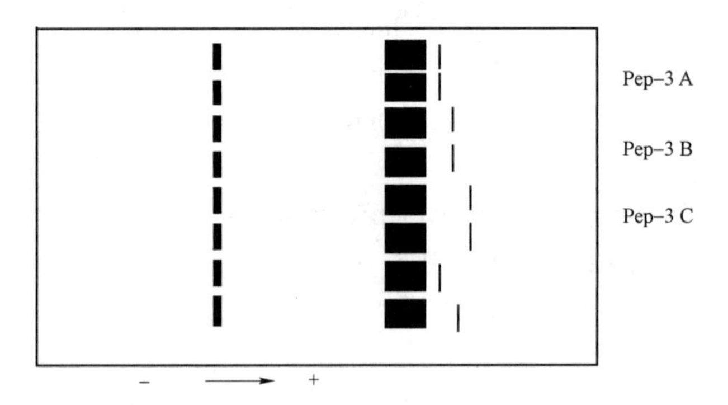

图 5－1－9　肽酶－3 电泳模式图

染色方法：

10ml Tris－HCl pH8.0（24.2g Tris 溶解在 800ml 水中，浓盐酸调节 pH 至 8.0，定容到 1L）。

亮氨酸	20mg
PMS	5mg
MTT	5mg
L－氨基酸氧化酶	5mg

过氧化物酶　5mg

染色后37℃保温至条带出现。再在5%冰醋酸溶液中固定。

品系的基因型：Pep－3 A：　C57BL/6

Pep－3 B：　DBA/2

Pep－3 C：　NZB，DD

（13）磷酸葡萄糖转位酶－1（Phosphoglucomutase－1，Pgm－1位于5号染色体）

样本是Ⅲ类样本，2倍体积去离子水稀释的肾匀浆。

上样量是0.3μl。

缓冲液是Tris glycine pH 8.5（3.0g Tris，14.4g甘氨酸，定容到1L水中）。

电泳条件是200V，30分钟，泳动方向是从负极到正极（图5－1－10）。

染色方法：

3ml 1%溶解的琼脂

2ml Tris－HCl pH8.0（24.2g Tris溶解在800ml水中，浓盐酸调节pH至8.0，定容到1L）。

PMS	2mg
MTT	2.5mg
NADP	2.5mg
1,6－二磷酸葡萄糖	0.25mg
葡萄糖－6－磷酸脱氢酶	10 units
1－磷酸葡萄糖	40mg
$MgCl_2 \cdot H_2O$	40mg

染色后37℃保温至条带出现。再在5%冰醋酸溶液中固定。

品系的基因型：Pgm－1 A：　C57BL/6

Pgm－1 B：　DBA/2

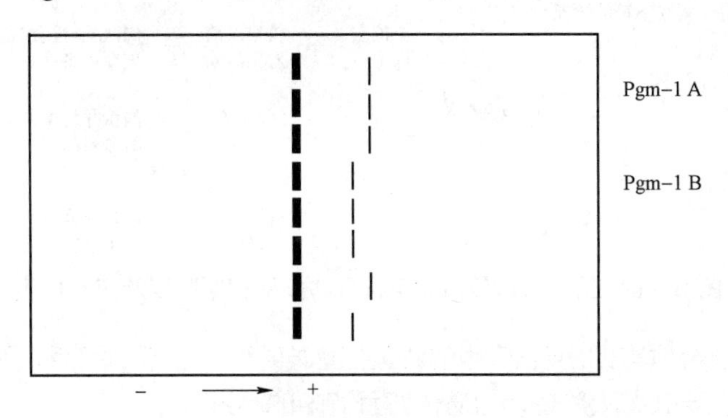

图5－1－10　磷酸葡萄糖转位酶－1电泳模式图

（14）转铁蛋白（Transferrin，Trf位于9号染色体）

样本是Ⅰ类样本，血浆。

上样量是0.3μl。

缓冲液是Tris glycine pH 8.5（3.0g Tris，14.4g甘氨酸，定容到1L水中）。

电泳条件是200V，30分钟，泳动方向是从负极到正极（图5－1－11）。

染色方法：在0.5%丽春红和5%三氯乙酸中染色，在5%冰醋酸中脱色。

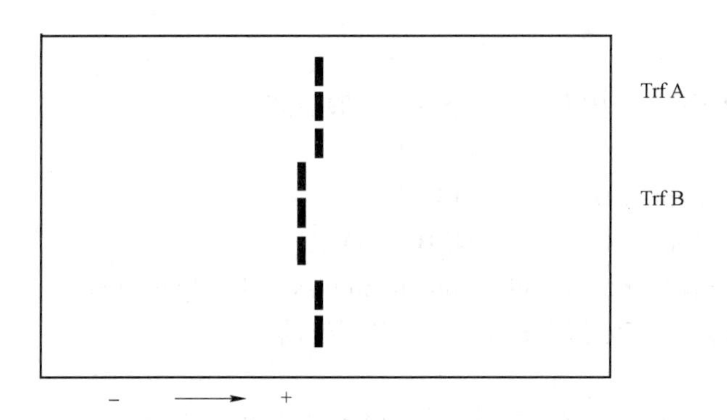

图 5-1-11 转铁蛋白电泳模式图

品系的基因型：Trf A: CBA

Trf B: C57BL/6

数据分析：生化标记检测结果的分析采用将测试品系的每一个生化标记位点的基因型与遗传概貌进行比较的方式。如果测试品系的所有位点的基因型都与遗传概貌相符，那就是满意的检测结果。但是，当测试品系的一些位点的基因型与遗传概貌不相符的时候，主要归因于三种情况：遗传污染；在近交培育未完成之前形成的亚系；发生突变。一些可疑基因型出现的类型和原因以及需要采取的相应措施详见图 5-1-12。

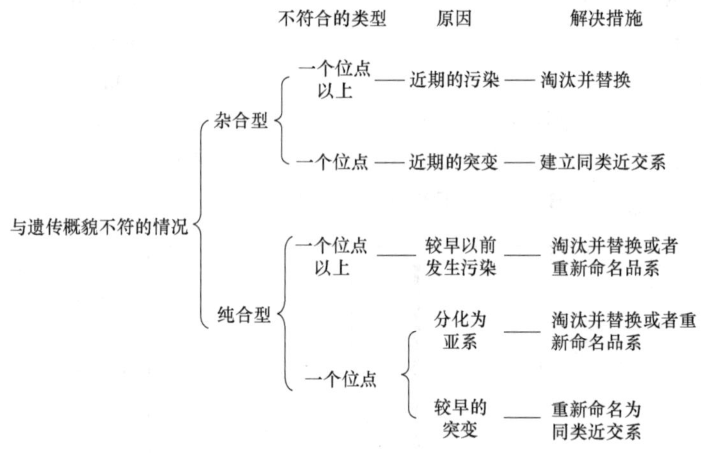

图 5-1-12 与遗传概貌不符合的类型和原因以及应对措施

情况 1：大量杂合位点的出现表明近期发生过遗传污染（不同品系之间发生意外交配）。发生污染的品系必须予以淘汰并替换为遗传背景清晰的品系。

情况 2：如果只有一个杂合位点出现，说明近期发生了一个突变。这种情况下，可以以下两种措施任选其一：淘汰该品系；在该品系的基础上重新建立一个新品系。

情况 3：当所有生化标记位点都是纯合的，但是有一个以上位点的基因型与标准对照结果不一致的时候，有两种可能的情况发生。一种情况是较早以前发生过遗传污染，许多位点持续几代表现为杂合。但是污染没有被及时发现，继续进行近交繁育，生化标记位点的基因型被随机固定下来，一些位点与该品系的标准基因型一致，另一些位点与标准基因型不一致。那么该品系已经不是原有品系的动物，这样的品系已经不能用于科研工作了。另一种情况是生化标记位点纯合，但与遗传概貌不符，由于近交繁育早期形成的支系。这种情况下，淘汰该品系并替换为遗传背景清晰的品系。或者，如果打算继续保留该品系作为新品系的话，需要对该品系进行重新命名。

情况 4：还有一种情况是，仅有一个位点的基因型与遗传概貌不一致，并且该位点为纯合的时候，可能是由于较早以前曾发生过突变，该位点固定在这个突变基因上。这种情况下，应对品系重新命名为一个新的同类近交系。

二、免疫标记检测技术

在近交系大小鼠的遗传质量监测中，同时被确立为国家标准的还有免疫遗传标记法。该方法起源于对主要组织相容性复合物的研究。

1936 年，Gorer 在鉴定近交系小鼠血型时检出了Ⅰ～Ⅳ组抗原，并把血型Ⅱ抗原视为组织相容性抗原，编码Ⅱ组织相容性抗原的基因命名为 H－2（histocompatibility－2）。目前已知 H－2 复合体由彼此独立又紧密连锁的一些基因位点组成，包括 K、I、S、L、D 等几个亚区，其中Ⅰ类基因：即 H－2K、H－2D 和 H－2L 基因，各含 20 个以上的复等位基因，决定排斥反应是否发生。人们将编码特异性不同的Ⅰ类分子或称Ⅰ类抗原，又根据小鼠品系间 H－2K、H－2D 基因型异同，利用相应的单克隆抗体技术，通过 H－2 单倍型的免疫反应结果，实现了对特定近交系小鼠的免疫遗传质量监测。

该法利用商品化的单克隆抗体，仅需 1 天就可以完成检测，速度更快，操作简单，准确率达 95%以上，更适于现代化的快检需求，在免疫遗传监测上也发挥着重要作用。本部分即参照国家技术标准 GB/T 14927.2—2008，对微量细胞毒法进行详细介绍。

（一）适用范围

适用于近交系小鼠培育和繁殖饲养过程中的遗传监测，主要检测 H－2 复合体 D 区和 K 区的抗原分型。

（二）技术原理

在免疫遗传学中，能引起强烈移植排斥反应的抗原系统称为主要组织相容性抗原系统。小鼠的主要组织相容性抗原系统称为 H－2 复合体（major histocompatibility complex，H－2 Complex），是定位于第 17 号染色体上的一个区段。不同品系的近交系小鼠，其 H－2 复合体组成不同，表现在 H－2 单倍型的不同。H－2 单倍型可以通过抗原抗体反应进行判别。

单克隆抗体能够特异性地与抗原进行反应，具有专一性，能够识别出对应的抗原物。利用 H－2 复合体 D 区和 K 区所对应的单抗，通过微量细胞毒法可以判定 D 区和 K 区的类型。

（三）试剂与设备

1. 试剂

（1）单克隆抗体　单克隆抗体 H－2D^{b}（27－11－13S）、H－2D^{d}（34－5－8S）、H－2D^{k}（15－5－5）、H－2K^{k}（16－3－22S），SouthernBiotechnology Associates，Inc 公司生产。

（2）小牛血清。

（3）补体制备　2～3 周龄新西兰仔兔，取动脉血，4℃冰箱静置 12 小时，3000r/min 离心 15 分钟分离血清，筛选不致小鼠脾细胞死亡的兔血清，分装，－70℃低温冰箱保存。

（4）PBS（pH 7.2）

$Na_2HPO_4 \cdot 12H_2O$　　1.27g

KH_2PO_4	0.21g
NaCl	3.40g
蒸馏水	至 500ml

（5）Hank 液

NaCl	8.00g
$MgSO_4 \cdot 7H_2O$	0.41g
KCl	0.40g
KH_2PO_4	0.10g
$NaHCO_3$	1.27g
葡萄糖	2.00g
蒸馏水	至 100ml

（6）伊红染色液（6%）

伊红 B（水溶性）	0.6g
蒸馏水	至 10ml

（7）甲醛溶液（10%）

甲醛	1ml
蒸馏水	至 10ml

2. 设备耗材

（1）水平离心机。

（2）倒置显微镜。

（3）37℃恒温水浴箱。

（4）其余耗材　细胞计数板、盖玻片、无菌巴氏管、15ml 离心管、无菌细胞过滤器、眼科手术剪及镊子、灭菌玻璃培养皿。

（四）技术流程

1. 脾细胞的制备

（1）取待检小鼠脾剥去脂肪等附着物。

（2）置于盛有 1ml 10% 小牛血清（9ml PBS，1ml 小牛血清）的平皿中，用小镊子撕碎。

（3）将此混合物转移至离心管中，再用 1ml 10%小牛血清清洗平皿转移至同一离心管中，静置 15 分钟。

（4）吸上清于另一离心管中，弃去沉淀。

（5）离心上清液，3000r/min 离心 5 分钟。

（6）弃掉上清液，保留沉淀。在沉淀中加入 4.5ml 蒸馏水用吸管充分吸打搅匀，从加入蒸馏水时严格计时，40 秒后加入 0.5ml Hank 液，用吸管充分吸打搅匀，静置 10 分钟。

（7）吸上清于另一离心管中，弃掉下部沉淀团块，离心上清液，3000r/min 离心 5 分钟。

（8）弃掉上清液，保留沉淀。在沉淀中加入 0.5ml 20%小牛血清（8ml PBS，2ml 小牛血清）。

（9）细胞计数，使细胞终浓度为（1～5）$\times 10^6$/ml。

2. 细胞反应程序

（1）采用 2.0ml 离心管，每一动物品系均设立空白对照和补体对照。

（2）每管中加入 20μl 充分摇匀的细胞悬液，然后加入 20μl 抗体（对照管中只加 20%小牛血清）充分摇匀，37℃水浴中保温 15 分钟。

（3）每管加 30μl 补体（用 20%小牛血清 2 倍稀释），空白对照只加 20%小牛血清，37℃水浴中反应 30～40 分钟。

（4）每管中加入 20μl Eosin（伊红）染色液（6%Eosin 用 20%小牛血清等倍稀释）37℃保温 10 分钟。

（5）加入 20μl 10%甲醛（固定液）以提高实验结果的稳定性。

（6）摇匀，从每管中取细胞悬液 10μl 加在细胞板上，在倒置显微镜下观察结果。

（五）结果判定

1. 细胞形态判别　阳性细胞（死亡细胞）体积较大，伊红着色后失去折光性，阴性细胞（仍存活细胞）不着色，体积较小，而有折光性。

2. 计算公式

$$细胞死亡率（\%）=\frac{死细胞数}{全部细胞数}\times 100\%$$

$$细胞毒指数=\frac{实验组淋巴细胞死亡率（\%）-阴性对照组淋巴细胞死亡率}{100\%-阴性对照组淋巴细胞死亡率（\%）}$$

3. 判别标准　H-2 单抗的细胞毒指数＞0.70，判为同一单倍型。常用近交系小鼠的 H-2 单倍型见表 5-1-3。

表 5-1-3　常用近交系小鼠 H-2 单倍型

品系	H-2D	H-2K	H-2 单倍型
129	b	b	b
615	k	k	k
C3H	k	k	k
C57BL/6	b	b	b
C57BL/10	b	b	b
FVB	b	b	b
TA1	b	b	b
TA2	b	b	b
T739	b	b	b
BALB/c	d	d	d
DBA/2	d	d	d
Scid	d	d	d

三、皮肤移植法

皮肤移植法是国际上用于遗传质量检测中最早也是经典的方法之一，具有操作比较简单、不需要贵重的仪器设备等优点。在我国制定国家标准时也被采纳，作为评价实验动物遗传质量的一项重要指标一直沿用至今。

（一）适用范围

本法适用于近交系大、小鼠在培育过程中纯度的检查以及在饲养繁殖过程中的遗传检测。

（二）技术原理

遗传背景完全相同的个体间进行的细胞、组织或器官移植。如同卵双生子或同类系动物不同个体间的移植，移植后不发生排斥反应。这种移植称为同系移植或者同基因移植，可分为如下情况：

移植物在同一近交系中可以被互相接受，即同系移植（isograft）是成功的；

移植物在不同近交系中互相排斥，亦即同种移植（allograft）是不成功的；

F1 代动物可以接受任何一个双亲的组织移植物，双亲则不能接受 F1 代的移植物；

F1 代动物可以接受 F2 代以后各代动物的移植物；

亲本品系可以接受某些 F2 代以后各代动物的移植物，但是绝大部分被排斥。

通过皮肤移植是否成功，则可以判定受试动物是否来自相同的遗传背景。

（三）技术流程

皮肤移植法分背部和尾部两种操作方式。背部的皮肤移植更适合于近交系小鼠，尾部的皮肤移植法可适用于近交系大鼠和小鼠。两者具有等同的判定效力。

基本的技术流程可分为动物选择、麻醉、手术、术后观察几部分。其中在麻醉和手术方法上，国家标准 GB/T 14927.2—2008 中采用了戊巴比妥麻醉，背部用纱布包扎法、尾部用玻璃套管法进行包扎。此外，各地根据自己的实验需求，也进行了相应改良。张青峰等为适应教学实验时间长、学生操作不熟练等需要，使用了 10%的水合氯醛麻醉，比较了创可贴和玻璃套管法两种包扎方法，也取得了较好的实验效果。但在实际的检验检测中，我们仍需按照标准的技术流程进行操作，从而使所得结果更为科学可靠。下面给出的近交系大、小鼠皮肤移植法操作规程（包含背部移植法和尾部移植法）均参照 GB/T 14927.2—2008《实验动物 近交系小鼠、大鼠免疫标记检测法》，并对其中的一些技术要点进行了说明。

1　近交系大、小鼠背部皮肤移植法操作规程

1.1　动物选择　随机取同性别 4～12 周龄动物 10 只。动物可来自基础群，血缘扩大群或生产群。

1.2　试剂

1.2.1　医用戊巴比妥钠（麻醉剂）：700mg 戊巴比妥钠加入 100ml 无菌生理盐水充分溶解。

1.2.2　75%乙醇。

1.2.3　无菌生理盐水。

1.2.4　3%碘酒。

1.2.5　医用凡士林。

1.2.6　粉剂青霉素 G 钠（80 万 U，人用或兽用）。

1.3　手术器材

1.3.1　眼科剪刀。

1.3.2　眼科镊子。

1.3.3　5 号注射针头。

1.3.4　固定板（18cm × 12cm）。

1.3.5　1ml 玻璃注射器（蓝芯）。

1.3.6　纱布（40mm 长、9.5mm 宽若干条），其上涂医用凡士林。

1.3.7　脱脂棉球。

1.3.8　医用橡皮膏　将以上的手术器具材料置于高压锅内 121℃ 40 分钟高压灭菌。

1.4　操作

1.4.1　称重　每只动物分别编号并称量体重，并详细记录动物品系名称、性别、周龄、谱系及其他特征。

1.4.2　麻醉　左手抓取大鼠或小鼠，右手持注射器，按大鼠 0.1ml/20g 体重、小鼠 0.1ml/10g 体重的剂量，经腹腔注射。因不同品系动物对麻醉剂敏感性不同，注射量可根据动物对麻醉剂的敏感度适当增减。手术时，室温应控制在 25～28℃。

1.4.3　消毒　待动物麻醉失去知觉后，将其背部朝上固定四肢，用弯剪刀剪去背毛，并用 3%碘酒棉球消毒两遍，再用 75%乙醇棉球擦拭两次。

1.4.4　剪皮　左手拿眼科镊子，将皮肤剪下直径 5～10mm，放入带入少量生理盐水的双碟（直径=6cm）中。用眼科剪刀，剪去皮下组织至真皮，然后再用无菌生理盐水冲洗一次。

1.4.5　移植　两只动物的皮片，左边的一片做自身移植外，右边的一片互相交换，为交叉移植。注意，要将皮下的结缔组织液用生理盐水冲洗干净，逆毛方向移植并使之吻合。逆毛方向放置，有助于术后观察移植部位。

1.4.6　包扎　覆盖涂有凡士林和青霉素 G 钠的纱布块，然后围绕腰部用纱布包扎 2～3 圈，用 1cm 宽橡皮膏固定，松紧适度。

1.4.7　术后处理　手术结束，待动物苏醒后，放入鼠盒内，并挂上标记卡片，十天后拆除包扎。

1.5　结果观察　拆包后，发现皮片干瘪、脱落，则为技术失败。如皮片脱痂、手术部位平整，则为手术成功。对照自体移植，手术失败率不得大于 10%。

如果皮片在 2～3 周内脱落，则为急性排斥。遗传污染通常引起急性排斥。

如果皮片在 3 周脱落，则为慢性排斥。移植动物是否有慢性排斥至少观察 100 天，遗传突变通常引起慢性排斥。

如果对结果怀疑，则要进行重新移植。可以使用一批新的动物，也可以使用已做过移植但对结果产生怀疑的动物。如果是后者，则排斥更迅速、更典型。

2　近交系大、小鼠尾部皮肤移植法操作规程

2.1　动物选择　随机取同性别 4～12 周龄动物 10 只。动物可来自基础群，血缘扩大群或生产群。

2.2　试剂　同 1.2 所述。

2.3　手术器材

2.3.1　11 号手术刀柄及刀片。

2.3.2　玻璃套管（直径 8mm，长 4cm，大鼠可适当大些）。

其他材料见 1.3 所述。手术器械同样需要高温灭菌处理。

2.4　操作

2.4.1　称重　每只动物分别编号并称量体重，并详细记录动物品系名称、性别、周龄、谱系及其他特征。

2.4.2　麻醉　左手抓取大鼠或小鼠，右手持注射器，按大鼠 0.1ml/20g 体重、小鼠

0.1ml/10g 体重的剂量，经腹腔注射。因不同品系动物对麻醉剂敏感性不同，注射量可根据动物对麻醉剂的敏感度适当增减。手术时，室温应控制在 25～28℃。

2.4.3 消毒 待动物麻醉失去知觉后，将 5 只一组按顺序采取仰卧式放在一块滤纸上，并用 3%碘酒棉球消毒两遍，再用 75%乙醇棉球消毒鼠尾两遍。

2.4.4 剪皮 用左手示指按住动物尾巴，左手拇指按住尾尖，固定鼠尾并使其微微伸展，然后左手持解剖刀，刃面朝上，与尾部皮肤成 20°～30°夹角，在离尾静脉上部或两条尾静脉之间，距尾部 5mm 处削下一片宽约 2～3mm、长约 7～8mm 的皮肤，其厚度前者以没有严重出血、后者能足以暴露出白色的肌腱但又不割伤血管为宜。

2.4.5 右手将刀片逆时针方向交给左手，附着在刀片上的皮片相应旋转 180°，将皮片用眼科镊子取下贴在原创面上，并尽量使其吻合。用一小片滤纸覆盖，再轻轻按压一下，然后去掉滤纸片，该移植作为自体移植对照。

2.4.6 按照 2.4.4 和 2.4.5 的步骤，完成另 4 只动物的自体移植对照。

2.4.7 按照 2.4.4 和 2.4.5 步骤，参照皮肤移植相互循环系统图示，进行循环皮肤移植。亦即前边鼠的第三片皮和后边相邻鼠的第二片皮进行相互交换植皮（图 5－1－13）。

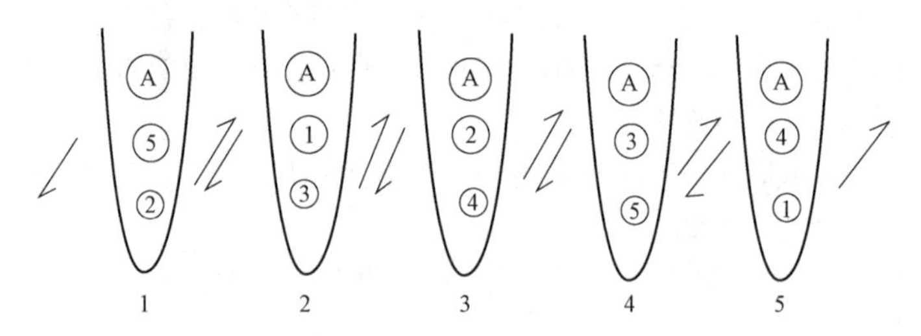

图 5－1－13 皮肤移植相互循环系统图

A 表示自体移植对照；圆圈中的阿拉伯数字表示编号小鼠共体的皮片

2.4.8 取五支玻璃套管，分别轻轻套入动物尾巴至根部 3mm 处，用医用胶布在尾巴远端靠近套管处将尾巴粘住，胶布往返粘贴 2～3 圈，使套管可做轻微上下活动但不脱落。

2.4.9 套好玻璃管后，用落地手术灯照射动物大约 15～30 分钟。然后把动物仰卧着放入鼠盒中挂上标记卡片。

2.4.10 24 小时后取下套管，此时可看到皮片已粘在创面上。

2.5 结果观察

皮片在第 1 周内苍白、干瘪、脱落，则为技术失败。如皮片脱痂，手术部位平整则为技术成功。对照自体移植，技术失败率不得高于 10%。

皮片在第 2～3 周内发炎、水肿、坏死、结痂直至脱落，则为急性排斥。遗传污染通常引起急性排斥。

皮片在第 3～9 周内逆毛逐渐脱落，直至无毛；或者因排斥留下凹陷瘢痕，都为慢性排斥。遗传突变通常引起慢性排斥。

皮片在 100 天的观察期内，始终有逆毛，则为永久接受的标志。

如果对结果有怀疑，则要进行重新移植，以得出明确结果。

四、DNA 检测技术

在实验动物的饲养繁育过程中，动物容易积累自发突变，也可能由于饲养和人为失误引入遗传污染，进而导致实验动物的遗传特性发生改变。而使用遗传特性发生改变的动物进行的动物实验导致实验结果的重复性差，甚至得出错误结论的风险极大。

实验动物品系之间在遗传组成上存在一定的差异，这种差异从本质上讲是 DNA 的差异。遗传污染和遗传漂变是影响实验动物遗传稳定性的两个最大影响因素。遗传检测的目的是为了检查是否发生遗传突变，是否混入其他血缘动物，发生错误交配造成遗传污染，实验动物遗传质量检测是实验动物遗传质量控制的重要手段。

与传统方法相比，DNA 检测技术不需要处死动物，更符合动物福利原则，且方法反映的遗传概貌更为全面，易于重复。本节就实验动物遗传质量控制 DNA 水平上的检测技术的研究进展进行简要概述。

（一）限制性片段长度的多态性

1980 年 Botstein 等首次提出了限制性酶切片段长度多态性检测技术（restriction fragment length polymorphism，RFLP）。RFLP 技术的应用和发展标志着 DNA 分子水平上检测技术的开始，RFLP 是第一代 DNA 遗传标记。RFLP 技术的原理是检测 DNA 经过限制性内切酶酶切以后形成的特定 DNA 片段的大小。因此凡是可以引起酶切位点变异的突变，如点突变（新产生和去除酶切位点）或一段 DNA 的重新组织（如插入和缺失造成酶切位点间的长度发生变化）等均可导致 RFLP 的产生。

RFLP 的技术路线如图 5-1-14 所示。

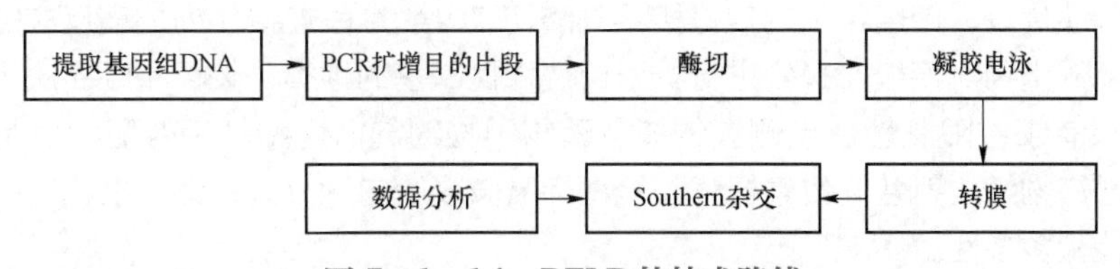

图 5-1-14 RFLP 的技术路线

RFLP 存在以下几方面的局限性：RFLP 分析对样品纯度要求较高，样品用量大；DNA（＞50kb）至少 1μg，且 RFLP 多态信息含量低，多态性水平过分依赖于限制性内切酶的种类和数量，加之 RFLP 分析技术步骤繁琐、工作量大、耗时长，一般需 7～14 天，成本较高。所以其应用受到了一定的限制。

1985 年 PCR（polymerase chain reaction，聚合酶链反应）技术诞生。PCR 技术在体外模拟自然 DNA 复制的过程，能把极少量的目标基因在几个小时之内扩增上百万倍。PCR 技术耗费较低、易于操作、克隆速度快、需要模板量小，这些优点特别适于对大量个体进行遗传变异的筛选。PCR 技术的出现极大地促进了 DNA 检测技术的发展。

（二）随机扩增多态性 DNA 技术

随机扩增多态性 DNA（random amplified polymorphic DNA，RAPD）技术是建立在 PCR 技术基础之上的。使用一系列具有 10 个左右碱基的单链随机引物，对基因组的 DNA 进行 PCR 扩增，进一步检测其多态性。引物结合位点 DNA 序列的改变以及两个扩增位点之间 DNA 的碱基缺失、插入或置换均可导致扩增片段数目和长度的差异，经聚丙烯酰胺凝胶电泳分离后检测 DNA 片段的多态性。RAPD 的技术路线如图 5-1-15 所示。

RAPD 的缺点：RAPD 结果的重复性差，引物长度、引物序列、引物数目和扩增反应条件等方面未能标准化，影响了结果的可比性；每个标记包含的信息量小；有假阳性或假阴性结果。

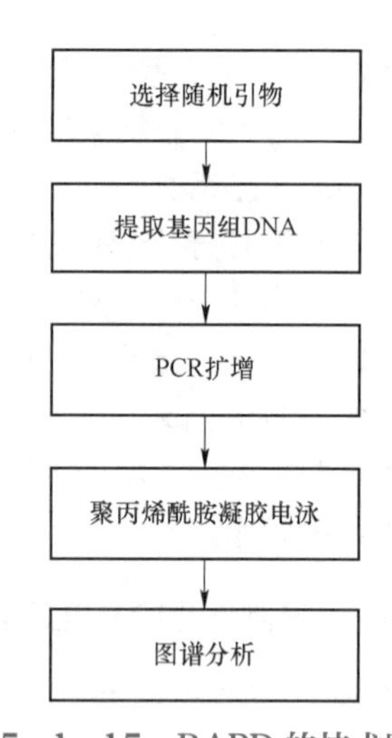

图 5-1-15 RAPD 的技术路线

（三）扩增片段长度多态性技术

1995 年，荷兰科学家 Pieter Vos 等发明的分子标记技术 AFLP（amplified fragment length polymorphism，扩增片段长度多态性）。AFLP 是基于 PCR 技术扩增基因组 DNA 限制性片段，基因组 DNA 先用限制性内切酶切割，然后将双链接头连接到 DNA 片段的末端，接头序列和相邻的限制性位点序列，作为引物结合位点。限制性片段用两种酶切割产生，一种是罕见切割酶，一种是常用切割酶。AFLP 结合 RFLP 和 PCR 技术的特点，具有 RFLP 技术的可靠性和 PCR 技术的高效性。由于 AFLP 扩增可使某一品种出现特定的 DNA 谱带，而在另一品种中可能无此谱带产生，因此，这种通过引物诱导及 DNA 扩增后得到的 DNA 多态性可作为一种分子标记。AFLP 可在一次单个反应中检测到大量的片段。AFLP 技术是一种有很大功能的 DNA 指纹技术。

AFLP 技术原理：AFLP 技术是基于 PCR 反应的一种选择性扩增限制性片段的方法。由于不同物种的基因组 DNA 大小不同，基因组 DNA 经过限制性内切酶酶切以后，产生分子量大小不同的限制性片段。使用特定的双链接头与酶切 DNA 片段连接作为扩增反应的模板，用含有选择性碱基的引物对模板 DNA 进行扩增，选择性碱基的种类、数目和顺序决定了扩增片段的特殊性，只有那些限制性位点侧翼的核苷酸与引物的选择性碱基相匹配的限制性片段才可被扩增。扩增产物经放射性同位素标记、聚丙烯酰胺凝胶电泳分离，然后根据凝胶上 DNA 指纹的有无来检验多态性。

AFLP 技术的主要特点：①分析所需 DNA 量少，仅需 0.5μg。②可重复性好。③多态性强。④分辨率高。⑤不需要 Southern 杂交，无放射性危害，且不需要预先知道被分析基因组 DNA 的序列信息，是一种半随机的 PCR。⑥样品适用性广。⑦稳定的遗传性。AFLP 标记在后代中的遗传和分离中符合 Mendel 式遗传规律，种群中的 AFLP 标记位点遵循 Hardy-Weinberg 平衡。

总之，在技术特点上，AFLP 实际上是 RAPD 和 RFLP 相结合的一种产物。它既克服了 RFLP 技术复杂、有放射性危害和 RAPD 稳定性差，标记呈现隐性遗传的缺点；同时又兼有二者之长。

（四）微卫星 DNA 技术

微卫星 DNA 多态性的研究是继 RFLP 之后，发展起来的一种新型分子遗传标记技术。属于第二代 DNA 遗传标记。微卫星 DNA（microsatellite DNA），又称短串联重复序列（short tandem repeat，STR），是一类广泛存在于原核、真核生物基因组的 DNA 串联重复序列。每个微卫星 DNA 位点均由两部分组成：核心序列和两侧保守的侧翼序列。STR 核心序列（重复单位）2～6bp，重复次数为 10～60 次，为头尾相连的串联重复序列，故称为微卫星，又称为简单序列重复（simple sequence repeat，SSR）。微卫星存在于几乎所有真核生物的基因组中，且呈随机均匀分布；在染色体上，除着丝粒及端粒区域外，其他区域均有广泛分布。微卫星能参与遗传物质结构的改变、基因调控及细胞分化等过程，有自身特异结合蛋白，能直接编码蛋白质。通过 PCR 扩增并使用凝胶电泳分离可产生大量含有微卫星 DNA 片段。微卫星 DNA 技术可应用于分析物种遗传多样性、分析群体的遗传结构、建立遗传图谱和基因定位。

生物的遗传变异主要是体内 DNA 的差异造成的，而 DNA 的差异主要表现在碱基排列顺序的不同。由于微卫星 DNA 的孟德尔遗传特性及共显性的特征，因而可以根据多个微卫星位点在不同群体中出现的等位基因频率计算杂合度、遗传距离等，从而描述群体的遗传结构和确定种群的遗传变异。实验动物种群遗传结构的差异主要来自核心序列重复次数的变化，由此构成了 STR 的多态性，也形成了实验动物的群体遗传结构。

微卫星 DNA 的特点是数目多、分布广、突变率低、高度多态性、高信息含量并且检测方便快捷，在实验动物群体遗传质量评价方面正发挥着积极的作用。微卫星 DNA 以其较高的多态性和稳定性、可多基因座复合扩增、DNA 使用量少、检测效率高、检测迅速以及成熟的检测技术、低廉的检测费用等优点广泛应用于 DNA 检测的各个领域。

实验流程如下。

收集标本（血液、脏器或鼠尾等实验动物组织），提取 DNA。

选择微卫星位点，合成荧光标记引物。

PCR 扩增，琼脂糖电泳检测结果。

PCR 产物通过测序仪进行 STR 扫描。

利用统计软件对 STR 扫描结果进行分析，计算实验动物的杂合度、多态信息含量等群体遗传结构指标。

如表 5-1-4 所示，实验小鼠的 30 个微卫星位点的引物序列、退火温度、等位基因片段长度等信息。对于近交系小鼠而言，可以根据等位基因片段的大小来衡量近交系动物是否发生遗传污染或者遗传漂变。如果是封闭群小鼠的话，可以根据群体内所有动物个体的等位基因片段的大小来计算群体的杂合度和多态信息含量等指标。再根据这些指标进一步分析群体的遗传结构。

表 5-1-4　30 个微卫星座位的扩增条件、等位基因数及等位基因分布

位点	引物序列（5′-3′）	染色体	镁离子浓度（mmol/L）	退火温度（℃）	等位基因数	等位基因范围
D1Mit365	ATCACCTGCAATAGTACCCCC TTAATCAGTCATCATAGGCTTTTCC	1	1.5	54	4	91～105
D2Mit15	ATGCCTTAGAAGAATTTGTTCCC CTTGAAAAACACATCAAAATCTGC	2	1.5	54	4	154～170
D3Mit29	GATGAGAGATTCTGATGTGGAGG CCAGCCTCAGTATCTCAAAACC	3	1.5	64	2	143～145
D4Mit235	AGGCCAAAGGTTGGATTTCT GAGACTTGAAATTGAAGCATTTAGG	4	1.5	55	3	95～123
D5Mit48	GACTATCATCCAAGCCAAGACC AAAAGACACTTTCCCTGACATAGC	5	1.5	60	4	198～210
D6Mit102	CCATGTGGATATCTTCCCTTG GTATACCCAGTTGTAAATCTTGTGTG	6	1.5	54	6	137～177
D6Mit8	TGCACAGCAGCTCATTCTCT GGAAGGAAGGAGTGGGGTAG	6	1.5	60	5	175～187
D6Mit15	CACTGACCCTAGCACAGCAG TCCTGGCTTCCACAGGTACT	6	1.5	60	4	195～255

续表

位点	引物序列（5′-3′）	染色体	镁离子浓度（mmol/L）	退火温度（℃）	等位基因数	等位基因范围
D7Mit281	TTCCTCTACCTCCTGAGCCA GCCACAAGGAAGACACCATT	7	1.5	60	2	110～136
D7Mit12	GCTGGGTTTATTCATTGCAA TCCAGCTCATGGGTAGAAGA	7	1.5	58	5	201～235
D8Mit33	TTTGAGCAAAGGACTTGCCT TTATTCTGCCTCAACACCACC	8	1.5	60	3	222～226
D8Mit14	TTTTCACACTCACGTGTGCG GTCTCTCCTTCCTGGCGCTG	8	1.5	63	2	131～139
D9Mit23	AAGAAGTTTCCATGACATCATGAA AGAAGAAAATTCTTGACAGCTCTG	9	1.5	65	4	202～208
D9Mit21	CAGTCCCTGGTTAATAACAACAAC TATAGTCCATTGTGGCAGAGGAGT	9	1.5	59	6	194～218
D10Mit12	ATGTCCAAAACACCAGCCAG GGAAGTGATGGAGCTCTGTT	10	1.5	54	2	216～238
D11Mit4	CAGTGGGTCATCAGTACAGCA AAGCCAGCCCAGTCTTCATA	11	1.5	54	4	247～297
D12Mit7	CCGGGGATCTAAAACTACAT TCTAATCTCAGCCCAATGGT	12	1.5	60	2	106～122
D12Nds11	CATTTGAGGACAGTCAGGATC GGAACTTTCATGCAGTACTAG	12	1.5	54	2	175～180
D13Mit3	TCAGGCTCATCCCAGATACC TTTTGCAGAGAACACACACC	13	1.5	60	5	173～199
D14Mit3	GCAATTACACCTCCTCGGAG CACAAGGGCATATGGTACCC	14	1.5	54	4	227～239
D15Mit5	CTTCCTAATTCCTGTCAAGCAAAT GTTTCATTGGTCAATGGAAACTTA	15	1.5	54	4	91～125
D15Mit15	AGCATACACTCTCTTGTTCCTGCT AATAAATACCAGAGAAGCACCGTG	15	1.5	60	4	144～158
D16Mit9	TCTTGCTCTGGTATCAACTACAGG CCTCCTTGCCCAGCTAAAC	16	1.5	55	2	124～132
D17Mit11	TGAATTTATGAGGGGGGTCA TGTCCCATATCTCTCTTTATACACA	17	1.5	54	8	145～173
D17Nds3	TTCCTGTGGCGGCCTTATCAG AGACAATGGGTAACAGAGGCA	17	1.5	58	9	119～135
D18Mit19	ATTGGGTGTTCAGGTGCAG ATGCACAATAGCTCATAGCTTCT	18	1.5	55	4	130～158
D18Mit9	AGAGGCATTGCACACACAAG GCCCCTTGGAGAGTTGGT	18	1.5	60	6	148～174
D19Mit16	TCTTAGGTAATCTCCCTTAGGGG TGGTAAATGTAAAACTGAAGCATG	19	1.5	54	2	113～133
D19Mit3	CTTCCCCTACTGCAGTGCTC TTGCATAGTTGGCCAAAGTG	19	1.5	60	3	198～216
DXMit16	CTGCAATGCCTGCTGTTTTA CCGGAGTACAAAGGGAGTCA	20	1.5	58	8	84～112

（五）单核苷酸多态性技术

单核苷酸多态性（single nucleotide polymorphisms，SNP）是指基因组DNA序列中由于单个核苷酸（A，G，C，T）替换而引起的多态性，它是一种单核苷酸的变异，是继限制性酶切片断长度多态性RFLP和微卫星多态性STR之后的新一代多态性遗传标记。自从1994年第一次被提出之后，它渐渐成为与分子标记有关各领域研究的焦点。SNP属于第三代DNA遗传标记。具有密度高、稳定遗传等优点。缺点是就单个位点而言其提供的遗传信息量低于微卫星DNA。作为第三代遗传标记，SNP在基因组中具有高密度和高保守的特点。

单核苷酸多态性是基因组中最常见、最丰富的序列变化形式，是一种最常见的可遗传变异。由于遗传污染涉及的染色体数量较多，可以在各染色体上分别选择SNP位点进行检测，很容易确定检测的小鼠品系中是否存在其他品系的污染。

实验流程：

提取基因组DNA。

根据相应引物进行PCR扩增。

对PCR产物进行测序。

分析测序结果。

确定SNP分型。

如表5-1-5所示，实验小鼠的28个SNP位点的引物序列、退火温度、等位基因片段大小。

表5-1-5　28个SNP位点的引物序列、退火温度、等位基因片段大小

位点	引物序列（5′-3′）	退火温度（℃）		等位基因片段
AF067836_350A_1	AF067836_350A_1-F:GAGGACTCCCTGGCAACTAATGAG AF067836_350A_1-R:CTCGCTCACTTCTTCTGAGAGCT	60	60	578
M22381_169_2	M22381_169_2-F:CCTCTCCAGGCCAGCAATAC M22381_169_2-R:GGTCTCTCAGCTGGGTTCTG	58	58	582
M-09011_1	M-09011_1-F:GACTCTCACCAGCACTGCCTC M-09011_1-R:CACCAAGTTTAATCAGTCCTGGG	61	57	522
M-02707_1	M-02707_1-F:CTGGTGTGAGGTTCTCACTGAC M-02707_1-R:CTAGGAGAATGGTGAATGTCAGC	58	57	645
M-01609_1	M-01609_1-F:GATCTTACCCATTCTGTAGCCTACC M-01609_1-R:CCTTGCTCAACTATCAGGAATGTG	58	57	574
M-02187_2	M-02187_2-F:CTTTAGTAACACAGCAGTGCAAG M-02187_2-R:CTTGCTTAACCCTGAATGGGC	56	58	499
M-05233_3	M-05233_3-F:CATGTCCAGGTCCTCAGGTC M-05233_3-R:GGTCCTGAGGGCACACTCTC	58	60	506
M-02094_1	M-02094_1-F:GCTGCGGTTATAAGCATGAATC M-02094_1-R:TCCATGTGACATTCTGTATGTATGTG	56	57	586
M-05782_1	M-05782_1-F:GTCCATGCTGGCCATAAGCTCT M-05782_1-R:CTGAGTTGCAGGTAGAGAAGGACA	61	60	555
M-08396_1	M-08396_1-F:GTGCCATGTGACACAGATTCAC M-08396_1-R:CACTCAGGAGGAAGAGGCAGG	58	60	502

续表

位点	引物序列（5′-3′）	退火温度（℃）		等位基因片段
M-11559_2	M-11559_2-F:CAGTGTGGCGTCTCAGAATCC M-11559_2-R:GATGTCACTGCACCAGTGCAG	59	60	509
M-05537_1	M-05537_1-F:CCAGTACAGGGGAATGCCAG M-05537_1-R:GTGTGAGGTGGGTTTCTGAACAG	58	59	554
M-04819_1	M-04819_1-F:AAGCCACATTATCTTACCCATGC M-04819_1-R:GGAATCATAGTTGACTGAATCAGGC	57	57	473
M-09526_2	M-09526_2-F:AGCAGAAGTGCGTTACAGAACG M-09526_2-R:GCATCTGCCTTGGCTGGAATC	59	60	529
M-05799_1	M-05799_1-F:GCCATACACTCCTGCCATCAG M-05799_1-R:CCATTGCTGGGGCTCTATCTACC	59	60	543
M-08924_1	M-08924_1-F:GTTCCTGCTGTTGCTTAGCAAG M-08924_1-R:CTGCTTCCAATAAGGCTGGTAGC	58	59	514
M-05727_1	M-05727_1-F:CAACTTGAGTCCTAGGGCCAG M-05727_1-R:GTAGCTATGAATCTGCCAGTCATC	58	57	440
M-07403_3	M-07403_3-F:CATTGGCAAAGGCAAGTCTCAAG M-07403_3-R:GAAGCTGACCAATGCAGAGTGG	58	60	558
M68896_151_1	M68896_151_1-F:CCTGGGCTCAAGTAAGTACCTAC M68896_151_1-R:CACTCACCTTCAAGAAGGTGAAG	58	57	530
M-05495_2	M-05495_2-F:AGCATGCAGGAGGCAGTCTG M-05495_2-R:CCATCAGTGTCTAGCCTTCTACTC	61	58	433
M-07251_1	M-07251_1-F:CCTCTCTGCAACAGAGTCGTC M-07251_1-R:CTCACAGCCTGTGCAGAGTG	58	59	490
M-07646_1	M-07646_1-F:GCACTTCCCAACCAATCAACC M-07646_1-R:GCATCTGTGTGGTTGTTCTGCC	58	60	555
M-01322_2	M-01322_2-F:CGAGAGAATAGTGTTCACTATGTGAAG M-01322_2-R:GCTATGAACAAATGGTGTCTCCAAG	57	58	472
AF027865_1	AF027865_1-F:GCTTCAGGTACTGTCTACCCATC AF027865_1-R:CACCAGTGTTATTGTCCAGGGAC	58	59	537
M-04659_1	M-04659_1-F:CCATGGTAGAGGCTCTTGCG M-04659_1-R:AATGCCAGCCTATGCCTTTGG	59	60	432
M-09844_1	M-09844_1-F:GCAAATCCAGCATGCCAAATC M-09844_1-R:GGCCAAGCTCTTAGCTTCTCTAG	57	58	534
M-02162_1	M-02162_1-F:TGCCATCCTCCATATCATTCTG M-02162_1-R:ATTTGGAGGTGGTGTCAGGCTC	56	61	392
M-05810_1	M-05810_1-F:GGGACAACAAATGTCCCAGAATC M-05810_1-R:GGAAATGGTTCATCCCATCACAGC	58	60	542

综上，每一种 DNA 检测技术都是优势和劣势并存的，有些 DNA 技术的成本较高，限制了该技术在出现初期的应用。随着测序仪器和自动化分析设备的不断更新，分子生物学技术的检测成本已经大大降低。目前，国际上采用微卫星 DNA 技术和 SNP 技术来评价实验动物

的遗传结构特征。DNA 检测技术正在逐步取代生化标记方法，成为实验动物遗传质量监测的重要手段。

第二节 检测技术标准

作为检测的依据，GB/T 20000.1—2002 对标准的定义：为了在一定范围内获得最佳秩序，经协商一致制定并由公认机构批准，共同使用的和重复使用的一种规范性文件。用于实验动物检测工作的标准，大体分为国家标准、行业标准、地方标准和团体标准。包括等级标准和检测方法，本节主要叙述用于遗传质量控制标准，具体检测方法及操作见第三节。

一、国家标准

用于实验动物遗传学检测的国家标准是 GB 14923，1994 年发布，2001 年第一次修订，2010 年进行了第二次修订，同时对两个检测方法标准进行修订，分别是 GB/T 14927.1—2008 和 GB/T 14927.2—2008。遗传检测的重点是对近交系动物的检测，对基础群，凡在子代留有种鼠的双亲动物都应进行检测。对生产群，按 100 只以下抽样 6 只，大于 100 只按 6%抽样，从每个近交系中随机抽取成年动物，雌雄各半。主要近交系小鼠遗传标记见表 5-2-1，大鼠遗传标记见表 5-2-2，判定标准见表 5-2-3。

表 5-2-1 常用近交系小鼠的遗传标记基因

遗传标记			主要近交系小鼠的标记基因										
生化位点	染色体	中文名称	A	AKR	C3H/He	C57BL/6	CBA/J	BALB/c	DBA/1	DBA/2	TA1/TM	TA2	615
Akp1	1	碱性磷酸酶-1	b	b	b	a	a	b	a	a	b	b	a
Car2	3	碳酸酐酶-2	b	a	b	a	b	b	a	b	b	a	a
Ce2	17	过氧化氢酶-2	a	b	b	a	b	a	b	a	b	b	b
Es1	8	酯酶-1	b	b	b	a	b	b	b	b	a	b	b
Es3	11	酯酶-3	c	c	c	a	c	a	c	c	c	c	c
Es10	14	酯酶-10	a	b	b	a	b	a	b	b	b	a	a
Gpd1	4	葡萄糖-6-磷酸脱氢酶-1	b	b	b	a	b	b	a	b	b	b	b
Gpi1	7	葡萄糖磷酸异构酶-1	a	a	b	b	b	a	a	a	b	b	a
Hbb	7	血红蛋白β链	d	d	d	s	d	d	d	d	s	d	s
Idh1	1	异柠檬酸脱氢酶-1	a	b	a	a	b	a	b	b	a	a	a
Mod1	9	苹果酸酶-1	a	b	a	b	b	a	a	a	b	b	b
Pgm1	5	磷酸葡萄糖变位酶-1	a	a	b	a	a	a	b	b	a	b	b

续表

遗传标记			主要近交系小鼠的标记基因										
生化位点	染色体	中文名称	A	AKR	C3H/He	C57BL/6	CBA/J	BALB/c	DBA/1	DBA/2	TA1/TM	TA2	615
Pep3	1	肽酶-3	b	b	b	a	b	a	b	b	c	b	a
Trf	9	转铁蛋白	b	b	b	b	a	b	b	b	b	b	b
H-2D	17	组织相容性抗原-2D	-	k	k	b	k	d	q	d	b	b	k
H-2K	17	组织相容性抗原-2K	-	k	k	b	k	d	q	d	b	b	k

引自“中华人民共和国国家标准　实验动物　哺乳类实验动物遗传质量控制 GB 14923—2010”

表 5-2-2　常用近交系大鼠的生化标记基因

遗传标记			主要近交系大鼠的标记基因						
生化位点	染色体	中文名称	ACI	BN	F344	LEW/M	LOU/C	SHR	WKY
Akp1	9	碱性磷酸酶-1	b	a	a	a	a	a	b
Alp	9	血清碱性磷酸酶	b	b	b	b	b	a	b
Cs1	2	过氧化氢酶	a	a	a	a	a	b	b
Es1	19	酯酶-1	b	a	a	a	a	a	a
Es3	11	酯酶-3	a	d	a	d	a	b	d
Es4	19	酯酶-4	b	b	b	b	b	a	b
Es6	8	酯酶-6	b	b	a	a	b	a	a
Es8	19	酯酶-8	b	a	b	b	b	b	a
Es9	19	酯酶-9	a	c	a	c	a	a	c
Es10	19	酯酶-10	a	b	a	a	a	a	b
Hbb	1	血红蛋白	b	a	a	b	a	a	a

引自“中华人民共和国国家标准　实验动物　哺乳类实验动物遗传质量控制 GB 14923—2010”

表 5-2-3　遗传检测结果判定

检测结果	判断	处理
与标准遗传概貌完全一致	未发现遗传变异，遗传质量合格	—
有一个位点的标记基因与标准遗传概貌不一致	可疑	增加检测位点数目和增加检测方法后重检，确实只有一个标记基因改变可命名为同源突变系
两个或两个以上位点的标记基因与标准遗传概貌不一致	不合格	淘汰，重新引种

引自“中华人民共和国国家标准　实验动物　哺乳类实验动物遗传质量控制 GB 14923—2010”

对于封闭群动物，采取生化位点法等方法随机抽取雌雄各 25 只以上动物进行基因型检测。按照哈代 – 温伯格（Hardy-Weinberg）定律，无选择的随机交配群体的基因频率保持不变，处于平衡状态。根据各位点的等位基因数计算封闭群体的基因频率，进行 χ^2 检验，判定是否处于平衡状态。处于非平衡状态的群体应加强繁殖管理，避免近交。

另外，对于杂交群动物，由于 F1 动物遗传特性均一，不进行繁殖而直接用于试验，一般不对这些动物进行遗传质量监测，需要时参照近交系的检测方法进行质量监测。

二、行业标准

原卫生部发布过医学实验动物系列标准，随着国家标准的颁布，不再执行。

三、地方标准

随着各地实验动物事业不断发展，特别是新资源实验动物的应用，国家标准不能满足需要，不同省市如北京、上海、江苏、云南、湖南、河北、吉林、黑龙江等地制定了地方标准。根据检测工作需要，这里主要介绍北京近几年制定的标准。

实验用小型猪近交系基因型应符合表 5–2–4，没有新的等位基因出现为合格实验用小型猪近交系，否则判为不合格。实验用小型猪封闭群按表 5–2–5 进行检测，平均杂合度在 0.5～0.7 时，且期望杂合度与观测杂合度经 χ^2 检验无明显差异时，群体为合格的封闭群实验用小型猪群体。或者，首先得到各个位点上各基因频率、基因型频率的实际值，然后可计算出基因频率和基因型频率的预期值。用实际值和预期值比较，通过 χ^2 检验，可知被监测群体是否达到平衡状态。如果没有达到平衡状态，说明群体的基因频率或基因型频率发生变化，该封闭群实验用小型猪群体判为不合格。

表 5–2–4　实验用五指山小型猪近交系、广西巴马小型猪和贵州小型猪近交系培育过程中，遗传质量控制的微卫星座位及优势等位基因

群体	等位基因	座位 CGA	等位基因	座位 SW 769	等位基因	座位 SW 857	等位基因	座位 S0 005	等位基因	座位 SW 240	等位基因	座位 S0 355	等位基因	座位 SW 72	等位基因	座位 S0 090	等位基因	座位 S0 218	等位基因	座位 SW .24
五指山小型猪近交系	189	0.023	105	0.093	150	0.163	238	0.671	116	0.171	258	0.750	106	0.588	241	0.756	173	0.012	104	0.631
	199	0.872	129	0.907	158	0.837			124	0.537	266	0.138	114	0.238	247	0.012	179	0.547		
	203	0.023															181	0.419		
	293	0.081																		
等位基因频率合计		1.000		0.907		1.000		0.671		0.707		0.888		0.825		0.756		0.547		0.631
广西巴马小型猪	271	0.490	123	0.194	146	0.146	216	0.223	94	0.531	258	0.083	110	0.698	241	0.032	167	0.115	102	0.750
	277	0.281	127	0.806	154	0.573	226	0.660	98	0.333	260	0.427	120	0.083	243	0.117	173	0.740	104	0.021
	297	0.229							104	0.115	262	0.427			247	0.489	179	0.125		
															249	0.117	187	0.021		
等位基因频率合计		1.000		1.000		0.719		0.883		0.979		0.854		0.781		0.606		0.854		0.750

续表

群体	等位基因	座位CGA	等位基因	座位SW 769	等位基因	座位SW 857	等位基因	座位S0 005	等位基因	座位SW 240	等位基因	座位S0 355	等位基因	座位SW 72	等位基因	座位S0 090	等位基因	座位S0 218	等位基因	座位SW 24
贵州小型猪	271	0.011	105	0.291	156	0.167	202	0.558	96	0.227	252	0.183	102	0.170	247	0.045	181	0.151	100	0.114
	283	0.136	121	0.267	160	0.452	204	0.244	102	0.182	254	0.098			249	0.580	187	0.186	104	0.114
	285	0.364	129	0.093	166	0.202	214	0.186			272	0.110	112	0.625	253	0.375	195	0.023	108	0.216
	305	0.295	133	0.151							274	0.341	118	0.045			197	0.500	112	0.136
			139	0.081																
			145	0.116																
等位基因频率合计		0.795		0.907		0.821		0.988		0.409		0.732		0.841		0.955		0.709		0.466

表5-2-5 各微卫星座位的引物序列、染色体位置、最佳扩增条件、等位基因数及等位基因分布范围

位点	引物序列（5′-3′）	所在染色体	镁离子浓度（mmol/L）	退火温度（℃）	等位基因数	等位基因范围
SW974	GGTGAAGTTTTGCTTTGAACC GAAAGAAATCCAAATCCAAACC	1	2.0	58	17	129～175
S0091	TCTACTCCAGGAGATAAGCCAGAT CAGTGACTCCATGCACAGTTATGA	2	1.5	55	14	96～174
SW240	AGAAATTAGTGCCTCAAATTGG AAACCATTAAGTCCCTAGCAAA	2	1.5	58	11	92～114
SW1066	GCAGGATGAACCACCCTG CTCTTGAGGCAACCTGCTG	3	2.0	60	19	166～214
SW1089	TTTTCCCCTTCACTCACCC GATCAAAGTCCCTTACTCCGG	4	1.5	58	10	142～190
S0005	TCCTTCCCTCCTGGTAACTA GCACTTCCTGATTCTGGGTA	5	2.0	54	11	204～244
SW1057	TCCCCTGTTGTACAGATTGATG TCCAATTCCAAGTTCCACTAGC	6	2.0	58	14	142～191
SW632	TGGGTTGAAAGATTTCCCAA GGAGTCAGTACTTTGGCA	7	2.0	54	9	148～173
OPN	CCAATCCTATTCACGAAAAAGC CAACCCACTTGCTCCCAC	8	2.0	59	12	138～170
SW29	AGGGTGGCTAAAAAAGAAAAGG ATCAAATCCTTACCTCTGCAGC	8	2.0	61	12	133～187
SW911	CTCAGTTCTTTGGGACTGAACC CATCTGTGGAAAAAAAAAGCC	9	2.0	60	14	151～178
SW511	AAGCAGGAATCCCTGCATC CCCAGCCACCAGTCTGAC	9	1.5	62	12	161～196
SWr158	TCCAATTCAACTCCTGGCTC GAATGTGCACATACCACATGC	10	2.0	60	18	158～200

续表

位点	引物序列（5′-3′）	所在染色体	镁离子浓度（mmol/L）	退火温度（℃）	等位基因数	等位基因范围
SW951	TTTCACAACTCTGGCACCAG GATCGTGCCCAAATGGAC	10	1.5	58	14	108～142
SW271	TTCCAGTGGCTTTCTGTGC CATTCATTCCCAGTGAAACTTG	3	1.5	58	13	111～144
S0386	TCCTGGGTCTTATTTTCTA TTTTTATCTCCAACAGTAT	11	2.0	48	12	155～178
S0068	CCTTCAACCTTTGAGCAAGAAC AGTGGTCTCTCTCCCTCTTGCT	13	2.0	62	10	210～256
SWr1008	ACAGCCACCAACAGTGTTTG GAACTTCCATATGCTGCAAGTG	13	2.0	62	16	98～256
S0007	TTACTTCTTGGATCATGTC GTCCCTCCTCATAATTTCTG	14	2.0	54	15	142～192
SW857	TGAGAGGTCAGTTACAGAAGACC GATCCTCCTCCAAATCCCAT	14	2.0	58	16	129～173
SWr312	ATCCGTGCGTGTGTGCAT CTGGTGGCTACAGTTCCGAT	15	1.5	64	11	116～136
SW81	GATCTGGTCCTGCACAGGG GGGGCTCTCAGGAAGGAG	16	1.5	60	8	128～144
SWr1120	CAAATGGAACCCATTACAGTCC ACTCCTAGCCCAGGAGCTTC	17	1.5	60	11	147～178
S0062	AAGATCATTTAGTCAAGGTCACAG TCTGATAGGGAACATAGGATAAAT	18	2.0	56	12	144～204
S0218	GTGTAGGCTGGCGGTTGT CCCTGAAACCTAAAGCAAAG	X	1.5	54	11	158～196

引自“实验用小型猪　第 3 部分：遗传质量控制　DB11/T 828.3—2011”

实验用鱼微卫星及 SNP 标记见表 5-2-6、表 5-2-7，取样 100 尾以下为 6 尾，大于 100 尾按 5%，最多为 30 尾。结果判定参照表 5-2-3 执行。

表 5-2-6　实验用斑马鱼微卫星分子标记的遗传特征

引物名	位点	引物序列（5′-3′）	品系片段长度（bp）				
			AB	TU	LF	WIK	本地短尾
Z24	LG15	CACCTTCACGGTGAGTAGCA GTGGAATGGTGTGACTAATGTCA	150	150	150		
Z928	LG18	CAGTCCAGGCTGAACATTCA ACACCTTCGGCAGTTTTCAC	134 94	134 126			
Z1059	LG7	AACAGGTGACAGAGCACACG GGGAGAGGGCAGGACAATAT	150/122	150/122			
Z1265	LG6	ATATGTGCTGCTCATGATGAGT AACAGACGAAGGGTGAAGGA	90～110	90～110			

续表

引物名	位点	引物序列（5′-3′）	品系片段长度（bp）				
			AB	TU	LF	WIK	本地短尾
Z1637	LG8	GGCTTTTGGATGAAGGTTGAGC GGAATCACAATGGCAGCAGA	143 105	133 103			
Z3725	LG3	ACTAAATCGCACTTCAGCAGCG GGTGTCCTCACATCAGCTGCA	262 256 248	248			
Z3782	LG19	AATTCTGGGGGGTAATTCTGGC AAGGGGGCTAAACCTTCAACTG	200 90	170	120	90	
Z4299	LG5	AGGAATGCGCTATGGGACGA CACATCTGCCACTGAACCGG	370 260 230	260 230	280 260	300 260 190	
Z5223	LG15	AACAGAGCCGATCTGCCACC AGCACAGCGGAGGAAATAAAGC	178 150	178 150			
Z9384	LG19	CCGACTGGAGAAGACCTGAG AGCATAATCAGACAACCGGG	134 177,190 134,177, 190		134 177,190 134,177, 190		134 177,190 134,177, 190
Z24244	LG12	TGGTCACTGAGGGTCTGATG CAGGGCTGCATTACTGTGATT	180 170	180 160	160	210 190 170	
Z10508	LG21	AGCAGATCACAGGCCTTTCC AGATCTCCTGCTGCCAGTGT	98 105 98,119		98 105 98,119		98 105 98,119
Z20046	LG20	TTCAGGTTTAAGGTTATAAAAACGA AACCAATATGTCATGGCATCC	184 270 302 184,270 184,302		184 270 302 184,270 184,302		184 270 302 184,270 184,302

表5-2-7 常用实验用斑马鱼品系SNP分子标记的特征

染色体：位点	SNP ID	AB	TU	引物（5′-3′）	dbSNP ID
01:018595529	DS043503-5	T	C	GGCGATTCCTACAATTCTTC GAAAGTCCTGTGTTGAAGGTG	ss49838906
01:049159399	DS036502-3	G	C	GGCACATCGTCATATAATGC ACAATACTGGAATGACACTGG	ss49838640
02:025012321	DS042554	A	G	GAAGTCCATGTTGGCATCTAC AGTGTTGAGAAACGGTCAGG	ss49824928
02:027720831	DS040180-3	T	G	AACACTGGCACGTACACAAG GGGAATCGTGAACTCGTAAC	ss49838788
03:048073042	DS032197-8	A	T	TCATTGTAATAGCAGTAATGACG TGCAATGTTTGTTTCAGACC	ss49838454
03:048073049	DS032197-7	G	A	TCATTGTAATAGCAGTAATGACG TGCAATGTTTGTTTCAGACC	ss49838453

续表

染色体：位点	SNP ID	AB	TU	引物（5′-3′）	dbSNP ID
04:003254191	DS036864-20	T	G	CTGCTGTTACTGGGTCAGTG ACTGCATGATAATGCCAAAC	ss49838683
04:003254203	DS036864-19	G	A	CTGCTGTTACTGGGTCAGTG ACTGCATGATAATGCCAAAC	ss49838682
05:015736030	DS002778-2	T	C	AAACGTGGCAGAAATGAAAC CCCATTTGTAGAAGAATCCAG	ss49837738
05:025044903	DS009184-1	T	C	TTGCATTAGAGCCTTATCCTG TGTTCTTATGCTCTGTGACTG	ss49837839
06:001111132	DS014169-1	T	G	GAGCAGCGATACTCACACAG TTCACTAGGTAAGACTCTTGAAGC	ss49837929
06:024875905	DS032220-5	C	T	TCTCTTTAATGTTGGACTGCTG CCTTTAATCCATAGCCTTAGC	ss49838470
07:018909158	DS033959	C	T	GACACATACCTGGCACTCG TCTCCTGAGAAGGATTCCAC	ss49816684
07:019711091	DS023709	C	T	CAGTTGAGAAGGGAGAAACG GCTGTTGGGTTGACTTGC	ss49806847
08:010818674	DS023589-1	G	A	AGGAAAGACACCATCACTGAG CTTTAGGCGCAATAACAAGG	ss49838126
08:026974745	DS030842-1	A	T	TATCTCGGTTAACGGGAGTG GCAGGGATATTTGACTTGAATG	ss49838389
09:050927124	DS048415-2	G	A	TTCCCAAATACTGAATCTGC GGATCTGTTCATCGAGGTTC	ss49838964
10:012029287	DS027483-3	T	G	CATTTAATAAAGGAATCACTACTCTT AGTCAGTTTACTAACCTTGCTTT	ss49838277
10:012029405	DS027483-4	T	C	CATTTAATAAAGGAATCACTACTCTT AGTCAGTTTACTAACCTTGCTTT	ss49838278
11:019554122	DS025015-3	A	G	AAAGAGCGTCAAGATGTGTG GCCTAACAGTACCATTCTTGG	ss49838173
11:026314774	DS033040	C	T	ATCTCGACAACTCTGCTTCC AGTCCAGCAGAAATTGCAC	ss49815810
13:031899918	DS043886	T	G	AGCTGGTTAGACTTGTTTAGGC ATGCATCATGCTTGACATC	ss49826172
13:032178269	DS000403-1	C	G	CAGATCAGTGCTGGTTATGC ATCCAGTTGTTTGGCATTG	ss49837711
14:004513656	DS032450-2	G	A	GGACATCACAGATTCACCAC TTTAAGGCGAAACACCAAAC	ss49838479
14:005313477	DS012829-1	A	T	CAGCACCACCTTTCAGTTTC AGCGGCACACTTAACACC	ss49837900
15:010293376	DS015929	A	T	AGTTGGCTGTTACCTTGTTTG AAAGTACAGCGGTAAGAAGC	ss49800707
15:010293397	DS015929-2	T	G	AGTTGGCTGTTACCTTGTTTG AAAGTACAGCGGTAAGAAGC	ss49837983
16:033752188	DS008553-2	T	C	TTGGACTAGCACTGTCCTTTAC CAAACACATCAGTGCACAAAC	ss49837830
16:033752204	DS008553-3	T	G	TTGGACTAGCACTGTCCTTTAC CAAACACATCAGTGCACAAAC	ss49837831

续表

染色体：位点	SNP ID	AB	TU	引物（5′-3′）	dbSNP ID
17:012930563	DS039606	G	A	TGGTGTGGTGACATATCCTG GGCTTCTTCTCCACAGAGG	ss49822129
17:034535215	DS036410	T	A	ATAAAGCCTGGCCGTAAATC TGTGTTCAAACTACGACAAGC	ss49819043
18:022831195	DS060504-2	C	G	AGAGCTTCAGGTTCTTCTGG CAAGCAGTGCGACAGGTAG	ss49839280
18:024123890	DS058385-11	G	A	CATTTCAGGAACTTCTCCTTG TTTGTTGGAGCTTCATGC	ss49839225
19:003358005	DS027083-1	G	A	TGAGGAACTTGCAGAAACAG GCTGAGACATTAATCTTACTGAGG	ss49838251
19:021918111	DS035045-1	C	A	AGGAGGTTCTGCTGAGGAC AATGTTGGCACAATCATGG	ss49838553
20:027753447	DS036331-1	A	G	TATCCAGGGTCTGGAATCAC TGTGAAAGTTCAGTCATCTGC	ss49838617
20:031443053	DS053166-2	G	A	TTAGGACACTCCACCATGAG TGCATGAAGACAGAGCAGAG	ss49839067
21:013840265	DS028819-10	G	A	GTCCTTCCTGAAGCACTGAG TGTGAAAGGTTTTACTGTATTTC	ss49838329
21:017891301	DS023849-2	C	A	TCTGACACAGGAAATAGTATGG CGAATCATATGGGAGTCGTT	ss49838138
22:002853759	DS036535-2	G	T	AACTATGAGGCAGTCCGTTC AACTGATCCGTGAGTTGTCC	ss49838647
22:022530591	DS020970-1	A	T	AAGCTGCTCATGTCACTCG GGGACAGGGTACAGGTAAGG	ss49838044
23:009386243	DS022349-1	T	C	GATGAGGACATGAGCTTGG TGACCAAACACCCTTAAATG	ss49838099
23:009386361	DS022349-7	A	T	GATGAGGACATGAGCTTGG TGACCAAACACCCTTAAATG	ss49838105
24:017922488	DS055282-4	A	G	GAGACGGGCACTGAACAC GGATGTTTGTCACCCAAAG	ss49839131
24:017922536	DS055282-5	A	G	GAGACGGGCACTGAACAC GGATGTTTGTCACCCAAAG	ss49839132
25:033544463	DS024735-2	A	G	TCTTGACATCGGTGGTGAG TTGTATTGGTGCTGTGACC	ss49838169

引自“实验用鱼　第 3 部分：遗传质量控制　DB11/T 1053.3—2013”

实验用猪牛羊的群体分析参照 NY/T 1673 畜禽微卫星 DNA 遗传多样性检测技术规程执行，不再赘述。

实验用长爪沙鼠的微卫星位点见表 5-2-8，群体在 100 只以下抽样 15 只，100 只以上抽 30 只，结果判定群体内遗传变异采用平均杂合度或群体平衡状态方法进行评价。当用杂合度来判定时，当平均杂合度在 0.5～0.7 时，群体为合格的封闭群群体。当用群体是否达到平衡状态来判定时，按照哈代－温伯格（Hardy-Weiberg）定律，根据各位点的等位基因数计算封闭群的基因频率，进行 χ^2 检验。如果没有达到平衡状态，说明群体的基因频率或基因型频率发生变化，该封闭群群体判为不合格。

表 5-2-8 实验用长爪沙鼠微卫星位点的引物序列、最佳扩增温度、等位基因数及等位基因分布范围

位点	引物序列（5′-3′）	Mg²⁺浓度（mmol/L）	退火温度（℃）	等位基因数	等位基因分布范围
AF200942	CAGGCACCCCCAGTTT GTCTACACAGGCTGAGGATGT	2.0	54	15	180～215
AF200943	GGCTCCTGATTCTACATTTCT CAACCATTGGCAACTCTC	2.0	57	17	154～181
AF200944	GCTGGGCTTTAATGTTTATTT GGTGGCTCACACTTTCTGT	2.0	54	19	113～134
AF200946	TTTCTGGGGTCTCTTTCTCTC CCATTCTGCAAGACTCCTCT	2.0	57	28	195～242
AF200945	AGTCCCTATTACATCCACAAG TTATCCTGCAAAGCCTAAG	2.0	57	12	166～186
AF200941	TGGGTCCTTTGGAAGA TGGCTTAAAATGAATCACTTA	2.0	55	24	115～153
AF200947	GACAGAGTGGGAGGGGTATGT TGGCAAGTTTGGTTTGTTTGA	2.0	55	17	188～212
D16Mit7	CTGCCACCCCTGAACCATTA CTACAAGATGTGGGGCATGA	2.0	52.6	15	480～529
D16Mit26	CAGGAATAAAGTATAATGGGGTGC CCCATGATCAGTTGGGTTTT	2.0	49.1	9	207～266
D1Mit362	TGTGTGACTGCTTGGAAGATG CTGAGTCCCTAAAGTTGTCCTTG	1.5	50.0	16	476～504
D8Mit184	GTTTTTCTCAGAAGAATGCAATATACC TGAGAAGAATGAGGAATTTGTCC	2.0	48.1	11	196～229
D7Mit33	TCTGAAGTTTGAATGGTTGTGG TTTCAAAATCGTGTCATTTTGC	2.0	47.3	15	376～394
D6Mit37	AAAGAATTGCACATCCACTGG TGCCCAGGATGTTTAAGAGG	2.0	47.0	14	246～265
D5Mit31	TCAGGGCTCTCTAAGGGACA ACTATGCAGCCACCAAATCC	2.0	53.1	9	318～350
D12Mit201	CCACTGGATGGCAACAGAC TATGTGTTTCAAAACCACACTCG	2.0	53.1	18	245～283
D2Mit22	GCTCCCTTTCCTCTTGAACC GGGCCCTTATTCTATCTCCC	2.0	49.1	9	173～192
D15Mit124	AGGAGAGAACCAACTGCTGC GGCCAGTGATGACTTTATAATGC	2.5	59.8	17	232～258
D11Mit36	CCAGAACTTTTGCTGCTTCC GTGAGCCCTAGGTCCAGTGA	2.0	58.7	15	234～256
D7Mit71	CCACCTGGAATACATGTAACCC TAAGATCCAAGAGATGGGTTAAGC	2.0	49.1	11	165～200
D2Mit76	CTCAAGTCTCACTTCTCTGCACA ACACCCAAGGTTGACCTCTG	2.0	47.3	19	281～328

续表

位点	引物序列（5′-3′）	Mg^{2+}浓度（mmol/L）	退火温度（℃）	等位基因数	等位基因分布范围
D3Mit130	AACACATGAAACGTGTGCGT TGATAGGCATGCTTAAGCCC	2.0	50.6	11	213～251
D19Mit1	AATCCTTGTTCACTCTATCAAGGC CATGAAGAGTCCAGTAGAAACCTC	2.0	49.1	15	133～165
D11Mit35	AGTAACATGGAACATCGACGG TGCTCAGCTCTGGAGTGCTA	2.0	48.1	13	287～307
D17Mit38	CCTCTGAGGAGTAACCAAGCC CACAGAGTTCTACCTCCAACCC	2.0	52.6	14	195～251
DXMit17	CCTGTTTGGGCACCTAGATT TAATAACCCATGTTTCTGTGGG	2.0	48.1	9	234～251
D8Mit56	ACACTCAGAGACCATGAGTACACC GAGTTCACTACCCACAAGTCTCC	2.0	50.6	9	100～126
D10Mit66	TCTCCTTGGAATTCACAGCC GACATTCCTTAAGAGAGACAGTCC	2.0	54.7	14	272～298
D13Mit1	TCATTCAACATTCTGTCAATCG CACAACAAGGTTAACCTCTAGACA	2.0	49.0	14	104～132

引自“实验动物　繁育与遗传监测　第 5 部分：实验用长爪沙鼠 DB11/T1461.5—2018”

实验用狨猴的微卫星位点见表 5-2-9，采样数量、结果判定同实验用长爪沙鼠。

表 5-2-9　实验狨猴微卫星位点的引物序列、最佳扩增温度、等位基因数及等位基因分布范围

位点	引物序列（5′-3′）	Mg^{2+}浓度（mmol/L）	退火温度（℃）	等位基因数	等位基因分布范围
CAJA1	GAAGACGGGGGCGTAAATA TGTGGTGGCTCATACCTGAA		55	5	383～391
CAJA5	GGCCCACAGCATTTAATTTG CAACTTTACTGCCACCAGCA		53	3	246～250
CAJA6	GAGCACCAAGATTGGCATTT CCAATACACATCGGCTTTGA		53	6	220～230
CAJA9	GCTCCCAGACACAAGCTCAT TGCTTTTCTTCTGCCCAATC		52	3	188～200
CAJA10	ACCCTACATTGCCAAATTGC GCCTCTTCTGAGGGAAGTGA		55	9	178～203
CAJA11	CGAAAGTGTGCTCAACAGGA AAGGTGGGATTCTGAAAGCA		54	6	243～258
CAJA13	TGAGCCAACGTACCTGGTTA CTTTTCCAATGCGAGAGGAG		58	5	365～375
CAJA14	AGCACATGAACACCCAGGTT AGTGAAAACAGGCTGGGAGA		50	5	201～219
CAJA16	AGGGCCTTCCACAGAGTGTA CCTCTGCACTCTTCCTTTGG		52	6	365～396

续表

位点	引物序列（5′-3′）	Mg^{2+}浓度（mmol/L）	退火温度（℃）	等位基因数	等位基因分布范围
CAJA17	GGGCACTCCAAGGTCAGTAA TTGCCCCCTGCTTATTGTAG		53	9	315～382
CAJA18	ACTTGCAGGCCAGTGTTCTT TGGACAGCTGAGGTTTCCTT		54	7	288～317
CAJA19	AGTTCTCCGAGCTCCTCCTC TGGGTGATTTTCATCCCTGT		55	6	329～373
D10qham51	CGGGAATTCAAAGGCGTTCT AGGAGGATTTCGCATTTGGG		56	10	197
D11ham187	TGGAAGAACTTTCTGCCAAACC GCTTGTTCAGGCAGACTGAC		52	4	210
D1p ham6	GAGCTGTTGGGTAGTTTTCACCA CGCTCAAATTTCCACTCACTGCT		52	3	278
D2 ham55	GAGAGCTATTACCAACGAACAC CCGTGGAGATATTCTTAACTGG		53	4	268
D12qham107	GTACATGTCCAGTGAGCACTT AATTGGTGCCCCTAAACTCTG		54	3	284
Ham157	CAGCCAACATGCTTCTCAGT GGTGGAATAAATCAGGCTACCAG		55	2	181
Ham60	TGCTCTAGAGGTTCCACTCTG GGCATGTTACCTAACCTCTCTG		55	3	135
Ham65	TGAGAACGACTGCTCTAGGT TGGAAGTGGCTTCATTCCTG		56	2	163
Ham181	CAATGAGATGTGTCCAAGTGAG CCAAACACCCAATATGCAGT		52	3	214
Ham146	CTTAATTCTGCCACAGTAGCAC GAGAGTCCCTAAATGCAAGGA		53	3	138
Ham184	GGCGCAGCTCATCTCTTCAC CCTCCCCAGCATCTTCAAGAC		53	3	176
Ham125	GTGGGTAAATGCTGCCATCT GTTTCAACTCCTGCGTCTAGTC		54	3	145
Ham137	CCAAAGGAGCCCTCTTTCCTCA TTACCTGCAGCTGAGTCCCTT		55	2	226
Ham101	AGACCAAGCATCTTCTTGGAC CACCTTTAAACTGCTGTGGTTG		55	3	282
Ham61	CAAAGATGCTTGGGGATGGA AAGATCTTGCAGGGCGTAAG		52	2	260
Ham32	GCCCAAATCCTGTTTGACAC CCACCTAGATCATCGAGAGTAG		52	3	170
Ham100	GACCAACTCCAAAGCTAGCA GGTAACATGCTCTCGACCTT		54	3	229
Ham26	GCAAATTCGTGAAGCATTCC AACAGTTGGATGAGTTCCAG		55	3	166

引自“实验动物　繁育与遗传监测　第 4 部分：实验用狨猴　DB11/T1461.4—2018”

四、团体标准

团体标准作为适应行业快速发展，引领标准创新的新形式而受到高度重视。中国实验动物学会作为团体标准的试点单位，已经发布了 60 多项团体标准。这里仅介绍与质量检测有关的标准，实验树鼩的微卫星位点见表 5-2-10，采样数量、结果判定等参照前述长爪沙鼠。此外，还发布了 SPF 鸡、SPF 猪以及 SPF 鸭的遗传质量控制标准，请参见相关资料，不再赘述。

表 5-2-10 实验树鼩微卫星座位的引物序列、最佳扩增温度、等位基因数及等位基因分布范围

位点	引物序列（5′-3′）	等位基因分布范围（bp）	等位基因数	Mg^{2+}浓度（mmol/L）	退火温度（℃）
TG 4	F：TGAAAACTGGCAATTCATATGC R：CAATCCTTTTTCGTTAGTTTTGTG	134～152	4	1.5	52
TG 22	F：GTGAGTGCACTTGCCCTGTA R：TCCTGAACCTGGTGGCTAAC	162～198	5	1.5	55
JS188	F：ACACACACAAAACTCATTTTATCC R：TCTACACGAATGTGCCAACC	182～190	5	1.5	57
SKTg22	F：GAGTGCACTTGCCCTGTAAC F：TCCTGAACCTGGTGGCTAAC	160～172	5	1.5	57
TB1	F：ATCAGAATCTGGTTTCAAAGGT R：GCACACCATGATGTAGCTGT	123～129	3	1.5	56
TB6	F：AGACAGAATGCAAGAAATCAC R：ATGTGCAATGTAATAGTTCCAG	418～432	4	1.5	56
TBC15	F：ACTCAACCCGATTCCAAAC R：GAGCTTATGTGCCCAAGA	380～450	6	1.5	54
TBC16	F：AGACAGTGCTGCAATGTG R：CTCCTTTTCTTTATCATACAGT	390～440	7	1.5	53
TBC17	F：AGCAGATAATAACAAACA R：TAAACTGTAAAGGAAAGA	320～340	3	1.5	52
TBC18	F：TTTTGGTATGGATCTCCT R：AGTGAAATCAACAGCCTTC	283～291	3	1.5	52
TBC19	F：AGGGAACCAAATGAACAA R：GTCACCGAAGTCACAACC	196～208	6	1.5	53
TBC20	F：TTTAATTTGACCAGACAC R：TGGCAATATGACATAGAC	178～190	4	1.5	53
TBC21	F：AGGAAAAGGGACTTACTG R：TTGGGAATCAAATGACTATA	234～246	4	1.5	52

续表

位点	引物序列（5′-3′）	等位基因分布范围（bp）	等位基因数	Mg^{2+}浓度（mmol/L）	退火温度（℃）
TBC22	F：TGGCTTATCCTACTGGTC R：CTTTGTAGTTGCTGCTTT	266～290	12	1.5	51
TBC23	F：GCTTTGTCACTTTCCTTCCCTA R：TGCGCTCGTGGCTATTTT	166～262	16	1.5	53
TBC24	F：TGGAAATAACAGCCACAA R：ACCTGCCCCAGTAATAAG	480～507	3	1.5	53
TBC25	F：TGTCTCCCTGGTCATATT R：GTGCTCTTCTCAGCGTTT	386～426	8	1.5	54
TBC26	F：CATCCCTGAATCCAAGCC R：CACCAGCAAGGTAACTCC	206～236	6	1.5	53
TBC27	F：GTTAAGGCACTGGACATT R：GTGAACCCACAAATAATCTA	220～246	3	1.5	55
TBC28	F：TGGGCTGGAAATACATAA R：GCTGTGAGACCCTGTTGG	173～191	6	1.5	54
TBC29	F：CAAATCAAAATGAGCCAAAA R：TCGGGACTCAAACTGTGG	123～127	2	1.5	53
TBC30	F：AGCCTGGGCTGGAAATAC R：GCTGTGAGACCCTGTTGG	178～194	5	1.5	53

引自“实验动物　树鼩遗传质量控制　T/CALAS 11—2017”

第三节　标准操作规程

一、实验小鼠生化标记检测标准操作规程

1 目的　确定实验小鼠各品系生化标记的遗传概貌。

2 适用范围　本标准适用于对实验小鼠遗传概貌的鉴定。

3 依据　GB/T 14927.1—2008 实验动物 近交系小鼠、大鼠生化标记检测法。

4 操作程序

4.1 试剂和方法

4.1.1 碱性磷酸酶 – 1（Alkaline phosphatase – 1，*Akp1*）Chr.1

4.1.1.1 样品　肾匀浆，0.6μl。

4.1.1.2 缓冲液　Tris – Citrate　pH 8.3

Tris	16.64g
枸橼酸	4.20g
蒸馏水	加至 1000ml

4.1.1.3 电泳支持物 醋酸纤维硬膜。

4.1.1.4 电泳条件 U=200V，T=40 分钟，移动方向由负极至正极。

4.1.1.5 染色方法 琼脂覆盖法。

4.1.1.6 染色液

β－磷酸萘酯	10mg
固蓝 RR 盐	20mg
$MnCl_2 \cdot 4H_2O$	10mg
$MgSO_4 \cdot 7H_2O$	20mg
蒸馏水	加至 5ml
2%琼脂（热）	3ml

4.1.2 碳酸酐酶－2（Carbonic anhydrase－2，*Car2*）Chr.3

4.1.2.1 样品 溶血素，0.3μl。

4.1.2.2 缓冲液 $NaC_2H_3O_2$－EDTA pH 5.4（用时 1:4 稀释）

无水 $NaC_2H_3O_2$	17.01g
EDTA 自由酸	2.48g
蒸馏水	加至 1000ml

4.1.2.3 电泳支持物 醋酸纤维素膜。

4.1.2.4 电泳条件 U=200V，T=40 分钟，移动方向由正极至负极。

4.1.2.5 染色方法 蛋白染色法。

4.1.2.6 染色液

丽春红 S	100mg
三氯乙酸	1.5g
蒸馏水	50ml

4.1.3 肾过氧化氢酶－2（Kidney catelase，*Ce2*）Chr.17

4.1.3.1 样品 肾匀浆以蒸馏水 1:3 稀释，0.3μl。

4.1.3.2 缓冲液 Tris－Citrate pH 7.6（用时 1:5 稀释）

Tris	12.10g
蒸馏水	600ml
10%枸橼酸	适量调至 pH7.6
蒸馏水	加至 1000ml

4.1.3.3 电泳支持物 醋酸纤维素膜。

4.1.3.4 电泳条件 U=200V，T=25 分钟，移动方向由负极至正极。

4.1.3.5 染色方法 酶显色板法。

4.1.3.6 染色液

$FeCl_3$	500mg 溶于 50ml 蒸馏水中，取 4ml
$K_3[Fe(CN)_6]$	500mg 溶于 50ml 蒸馏水中，取 4ml
2%琼脂（热）	3ml

电泳后将膜浸入 3‰的 H_2O_2 中 30 秒，再用蒸馏水漂洗 2 遍后贴在染色液显色板上。

4.1.4 酯酶－1（Esterase－1，*Es1*）Chr.8

4.1.4.1 样品 血清，0.3μl。

4.1.4.2 缓冲液　磷酸缓冲液　pH 7.0

$Na_2HPO_4 \cdot 12H_2O$	8.63g
无水 KH_2PO_4	3.42g
蒸馏水	加至 1000ml

4.1.4.3 电泳支持物　醋酸纤维膜。

4.1.4.4 电泳条件　U=140V，T=30 分钟，移动方向由负极至正极。

4.1.4.5 染色方法　酶显色板法。

4.1.4.6 染色液

β－乙酸萘酯	5mg
丙酮	0.5ml
固蓝 RR 盐	20mg
0.05mol/L 磷酸缓冲液（pH7.0）	9.5ml

过滤使用 2%琼脂。

4.1.5 酯酶－3（Esterase－3，*Es3*）Chr.11

4.1.5.1 样品　肾匀浆。

4.1.5.2 缓冲液　Tris－Glycine　pH 8.9

Tris	5.16g
Glycine	3.48g
蒸馏水	加至 1000ml

4.1.5.3 电泳支持物　醋酸纤维硬膜。

4.1.5.4 电泳条件　U=280V，T=28 分钟，移动方向由负极至正极。

4.1.5.5 染色方法　琼脂覆盖法。

4.1.5.6 染色液

β－乙酸萘酯	5mg
丙酮	0.5ml
固蓝 RR 盐	20mg
0.05mol/L 磷酸缓冲液（pH7.0）	9.5ml
过滤使用	
2%琼脂	3ml

4.1.6 酯酶－10（Esterase－10，*Es10*）Chr.14

4.1.6.1 样品　肾、肝匀浆。

4.1.6.2 缓冲液　Tris－Glycine　pH 8.9

Tris	5.16g
Glycine	3.48g
蒸馏水	加至 1000ml

4.1.6.3 电泳支持物　醋酸纤维素膜

4.1.6.4 电泳条件　U=280V，T=28 分钟，移动方向由负极至正极。

4.1.6.5 染色方法琼脂覆盖法。

4.1.6.6 染色液

0.05mol/L 磷酸缓冲液（pH7.0）	5ml

4－甲基伞形酮酰醋酸酯	5mg
丙酮	0.2ml
2%琼脂（热）	3ml

紫外监测仪下观察。

4.1.7 葡萄糖－6－磷酸脱氢酶－1（Glucose－6－phosphate dehydrogenase－1，*Gpd1*）Chr.4

4.1.7.1 样品　新鲜肝或肾匀浆，0.9μl。

4.1.7.2 缓冲液　Tris－Glycine　pH 8.9

Tris	5.16g
甘氨酸	3.48g
蒸馏水	加至 1000ml

4.1.7.3 电泳支持物　醋酸纤维素板（硬膜）。

4.1.7.4 电泳条件　U＝200V，T＝45 分钟，移动方向由负极至正极。

4.1.7.5 染色方法　琼脂覆盖法。

4.1.7.6 染色液

0.2mol/L Tris－HCl（pH8.0）	2ml
$Mg(C_2H_3O_2)_2$	15mg
6－磷酸葡萄糖	50mg
MTT	2mg
PMS	1mg
NAPD	2mg
2%琼脂（热）	3ml

4.1.8 葡萄糖磷酸异构酶－1（Glucosephosphate isomerase－1，*Gpi1*）Chr.7

4.1.8.1 样品　溶血素，0.3μl。

4.1.8.2 缓冲液　Tris－Glycine　pH 8.5

Tris	3.00g
甘氨酸	14.40g
蒸馏水	加至 1000ml

4.1.8.3 电泳支持物　醋酸纤维素硬膜。

4.1.8.4 电泳条件　U＝200V，T＝30 分钟，移动方向由正极至负极。

4.1.8.5 染色方法　琼脂覆盖法。

4.1.8.6 染色液

0.2mol/L Tris－HCl（pH8.0）	2ml
$Mg(C_2H_3O_2)_2$	10mg
D－果糖－6－磷酸二钠盐	20mg
MTT	2mg
NAPD	2mg
葡萄糖－6－磷酸脱氢酶	5IU
PMS	1mg
2%琼脂（热）	3ml

4.1.9 血红蛋白－β链（Hemoglobinβ－chain，*Hbb*）Chr.7

4.1.9.1 样品　溶血素内加入 1/4 体积的烷化剂 0.3μl。

胱胺二盐酸盐	112.5mg
1,4－二硫苏糖醇	5mg
NH_4OH	25μl
蒸馏水	1ml

4.1.9.2 缓冲液　Tris－Glycine　pH 8.5

Tris	3.00g
甘氨酸	14.40g
蒸馏水	加至 1000ml

4.1.9.3 电泳支持物　醋酸纤维素膜。

4.1.9.4 电泳条件　U＝200V，T＝30 分钟，移动方向由负极至正极。

4.1.9.5 染色方法　蛋白染色法。

4.1.9.6 染色液

丽春红 S	100mg
三氯乙酸	1.5g
蒸馏水	50ml

4.1.10 异柠檬酸脱氢酶－1 和苹果酸酶－1（Isocitrate dehydorgenase－1，Malic enzyme－1，*Idh1* 和 *Mod1*）Chr.1，9

4.1.10.1 样品　肾匀浆 0.3μl。

4.1.10.2 缓冲液（Tris－Citrate　pH 7.6）

Tris	12.10g
蒸馏水	600ml
10%枸橼酸	适量调至 pH7.6
蒸馏水	加至 1000ml

4.1.10.3 电泳支持物　醋酸纤维素硬膜。

4.1.10.4 电泳条件　U＝200V，T＝35 分钟，移动方向由负极至正极。

4.1.10.5 染色方法　琼脂覆盖法。

4.1.10.6 染色液

0.2mol/L Tris－HCl（pH8.0）

MTT	1mg
NADP	1mg
$MnCl_2 \cdot 4H_2O$	20mg
0.5mol/L DL－苹果酸（pH8.0）	600μl
DL－异柠檬酸三钠盐	13mg
PMS	1mg
2%琼脂（热）	3ml

4.1.11 肽酶－3（peptidase－3，*Pep3*）Chr.1

4.1.11.1 样品　肾匀浆，0.6μl。

4.1.11.2 缓冲液　Tris－Glycine　pH 8.5

Tris	3.00g

甘氨酸	14.40g
蒸馏水	加至 1000ml

4.1.11.3 电泳支持物 醋酸纤维硬膜。

4.1.11.4 电泳条件 电压=200V，T=30 分钟，移动方向由负极至正极。

4.1.11.5 染色方法 琼脂覆盖法。

4.1.11.6 染色液

0.2mol/L Tris–HCl（pH8.0）	5ml
亮氨酸	7mg
PMS	2mg
MTT	2mg
过氧化物酶	2mg
L–氨基酸氧化酶	4mg

4.1.12 磷酸葡萄糖转位酶–1（Phosphoglcomulase–1，*Pgm1*）Chr.5

4.1.12.1 样品 肾匀浆，0.6μl。

4.1.12.2 缓冲液（Tris–Glycine pH 8.5）

Tris	3.00g
Glycine	14.40g
蒸馏水	加至 1000ml

4.1.12.3 电泳支持物 醋酸纤维素膜。

4.1.12.4 电泳条件 U=200V，T=40 分钟，移动方向由负极至正极。

4.1.12.5 染色方法 琼脂覆盖法。

4.1.12.6 染色液

0.2mol/L Tris–HCl（pH8.0）	5ml
$Mg(C_2H_3O_2)_2$	15mg
1,6–二磷酸葡萄糖	1mg
1–磷酸葡萄糖	40mg
MTT	2mg
NADP	2mg
葡萄糖–6–磷酸脱氢酶	20IU
PMS	1mg
2%琼脂（热）	3ml

4.1.13 转铁蛋白（Transferrin，*Trf*）Chr.9

4.1.13.1 样品 血清，0.3μl。

4.1.13.2 缓冲液 Tris–Glycine pH 8.5

Tris	3.00g
甘氨酸	14.40g
蒸馏水	加至 1000ml

4.1.13.3 电泳支持物 醋酸纤维素膜。

4.1.13.4 电泳条件 U=200V，T=25 分钟，移动方向由负极至正极。

4.1.13.5 染色方法 蛋白染色法。

4.1.13.6 染色液

丽春红	100mg
三氯乙酸	1.5g
蒸馏水	50ml

4.2 实验设备和器材

4.2.1 仪器设备　常压电泳仪（0～600V），4℃冰箱，－20℃或－40℃冰箱，4℃低温高速离心机，组织匀浆机，毛细管离心机，微波炉，37℃保温箱。pH 计，紫外成像仪，分析天平。

4.2.2 器材　普通滤纸，7cm×9cm 玻璃板，玻璃器皿，竹镊子，手术剪，手术镊，解剖板，小砂轮，吸耳球，抗凝毛细管，抗凝毛细管塞子，电泳槽，点样装置，醋酸纤维素膜（7cm×9cm）。

4.3 操作步骤

4.3.1 采样

4.3.1.1 观察动物外观，核对编号。

4.3.1.2 以抗凝毛细管行眼眶采血术，12000r/min，离心 2 分钟，分离血浆和血细胞，吸出血浆备用。

4.3.1.3 在去除血浆的富含红细胞的试管内加入蒸馏水，红细胞与蒸馏水的比例一般为 1:4（*V*/*V*），振荡 1 分钟，成为红色透明液体，即为溶血素。

4.3.1.4 采用安死术处死动物，剖腹，小鼠取肾脏 1 只；大鼠取肾脏 1 只，小肠 6～8cm，睾丸 1 只，并开胸取肺脏 1 叶。分别加入适量预冷蒸馏水，蒸馏水与组织的比例一般为 2:1（*V*/*W*）。分别用组织匀浆器匀浆。匀浆液置 4℃低温高速离心机中，15000r/min，离心 30 分钟。以吸管吸取上清液存入小试管中备用。

4.3.1.4 上述制备样品均宜新鲜使用，在 4℃普通冰箱中只能保存一天，在－20℃或－40℃低温冰箱中保存不超过一个月。

4.3.2 电泳步骤

4.3.2.1 浸膜　将醋酸纤维素膜轻轻浸入相应的电泳缓冲液中，浸入时应避免膜上出现气泡。

4.3.2.2 点样　将浸透的膜，取出以滤纸吸干，纤维素膜面朝上，平置在点样板上，以点样器取预置在样品槽内的编号样品，在膜上点样。一次点样量为 0.3μl，为增加膜上的样品量，可重复点样，最适点样量不宜超过 0.9μl（三次）。

4.3.3 电泳　以记号笔在膜上标明原点，泳动方向，迅速将膜搭在事先放入缓冲液的电泳槽纸桥上，盖上电泳槽，接通电源。

4.3.4 染色

4.3.4.1 蛋白染色法　电泳结束后取出膜置入 0.2%丽春红染液中，5 分钟后以竹镊子取出换以 5%冰醋酸脱色直至电泳区带清晰可见。

4.3.4.2 酶显色板法　将酶显色液新鲜混合。加入 2%热琼脂 3～4ml，迅速混匀，均匀倒置在 7cm×9cm 的玻璃板上，制成酶显色板。

电泳结束后取出膜将点样面贴在酶显色板上，注意将膜与酶显色板间的气泡排尽，但不可移动膜的位置。

将带膜显色板移至 37℃保温箱保温，直至酶区带清晰显现。

取下已显色的膜浸入 5%冰醋酸中终止反应。

4.3.4.3 琼脂覆盖法 电泳结束后取出醋酸纤维素膜。

新鲜混合酶显色液，迅速与 2～3ml 2%热琼脂混匀，均匀倒放在水平放置的醋酸纤维素膜上。

待琼脂冷却固定后，将醋酸纤维素膜移入 37℃保温箱，直至酶区带清晰显现。

将醋酸纤维素膜放入 5%～7%醋酸中终止反应。

4.4 结果判定

4.4.1 近交系小鼠的结果判定 检测结果与标准结果一致时，判定为合格结果；检测结果与标准结果不一致时，执行 OOS（out of specification）程序，必要时需进行复检，并填写实验动物生化标记检测复检原始记录 R－NIFDC－SOP－C－T－2001－01。复检结果与标准结果仍然不一致时，判定为不合格结果。

4.4.2 封闭群小鼠的结果判定 将检测结果输入相应软件分析群体的杂合度和多态性信息含量，从而进一步评价封闭群小鼠的遗传结构。

二、实验大鼠生化标记检测标准操作规程

1 目的 确定实验大鼠各品系生化标记的遗传概貌。

2 适用范围 本标准适用于对实验大鼠遗传概貌的鉴定。

3 依据 GB/T 14927.1—2008 实验动物 近交系小鼠、大鼠生化标记检测法。

4 操作程序

4.1 试剂和方法

4.1.1 碱性磷酸酶－1（Alkaline Phosphatase－1，*Akp1*）Chr.9

4.1.1.1 样品 肾匀浆，0.3μl。

4.1.1.2 缓冲液 Tris－EDTA－Borate－$MgCl_2$ pH 7.6

Tris	1.81g
Na_2EDTA	1.86g
Boric Acid	0.33g
$MgCl_2 \cdot 6H_2O$	2.03g
蒸馏水	加至 1000ml

4.1.1.3 电泳支持物 醋酸纤维素硬膜。

4.1.1.4 电泳条件 U＝200V，T＝40 分钟，移动方向由负极至正极。

4.1.1.5 染色方法 琼脂覆盖法。

4.1.1.6 染色液

0.2mol/L Tris－HCl（pH8.0）	5ml
β－磷酸萘酯	10mg
固蓝 BB 盐	10mg
$MnCl_2 \cdot 4H_2O$	4mg
2%琼脂（热）	3ml

4.1.2 血清碱性磷酸酶－1（Plasma alkaline phophatase－1，*Alp1*）Chr.9

4.1.2.1 样品 血清，0.3μl。

4.1.2.2 缓冲液 Tris－EDTA－Borate pH 8.4

Tris	10.90g
EDTA－2Na	0.60g
Boric acid	3.10g
蒸馏水	加至 1000ml

4.1.2.3 电泳支持物　醋酸纤维硬膜。

4.1.2.4 电泳条件　电压＝200V，时间＝30 分钟，移动方向由负极至正极。

4.1.2.5 染色方法　琼脂覆盖法。

4.1.2.6 染色液

0.2mol/L Tris－HCl（pH8.0）	5.0ml
β－磷酸萘酯	5.0mg
固蓝 RR 盐	8.0mg
$MgSO_4 \cdot 7H_2O$	6.0mg

4.1.3 过氧化氢酶－1（Catalase－1，*Cs1*）Chr.2

4.1.3.1 样品　溶血素，0.6μl。

4.1.3.2 缓冲液　Tris－EDTA－Borate　pH 8.4

Tris	10.90g
EDTA－2Na	0.60g
Boric acid	3.10g
蒸馏水	加至 1000ml

4.1.3.3 电泳支持物　醋酸纤维素膜。

4.1.3.4 电泳条件　U＝200V，T＝30 分钟，移动方向由负极至正极。

4.1.3.5 染色方法　酶显色板法。

4.1.3.6 染色液

$FeCl_3$	500mg，溶于 50ml 蒸馏水中，取 4ml
$K_3[Fe(CN)_6]$	500mg，溶于 50ml 蒸馏水中，取 4ml
2%琼脂（热）	3ml

电泳后将膜浸入 3‰的 H_2O_2 中 30 秒，再用蒸馏水漂洗 2 遍后贴在染色液显色板上。

4.1.4 酯酶－1 和酯酶－3（Esterase－1，Esterase－3，*Es1* 和 *Es3*）Chr.19，11

4.1.4.1 样品　小肠组织匀浆，0.3μl。

4.1.4.2 缓冲液　Tris－EDTA－Borate　pH 8.4

Tris	10.90g
EDTA－2Na	0.60g
Boric acid	3.10g
蒸馏水	加至 1000ml

4.1.4.3 电泳支持物　醋酸纤维素硬膜。

4.1.4.4 电泳条件　U＝200V，T＝35 分钟，移动方向由负极至正极。

4.1.4.5 染色方法　琼脂覆盖法。

4.1.4.6 染色液

β－乙酸萘酯	5mg
丙酮	0.5ml

固蓝 RR 盐	20mg
0.05mol/L 磷酸缓冲液（pH7.0）	9.5ml
过滤使用	
2%琼脂	3ml

4.1.5 酯酶-4（Esterase-4，*Es4*）Chr.19

4.1.5.1 样品　肾匀浆，0.3μl。

4.1.5.2 缓冲液　Tris-EDTA-Borate　pH 8.4

Tris	10.90g
EDTA-2Na	0.60g
Boric acid	3.10g
蒸馏水	加至 1000ml

4.1.5.3 电泳支持物　醋酸纤维素硬膜。

4.1.5.4 电泳条件　U=200V，T=35 分钟，移动方向由负极至正极。

4.1.5.5 染色方法　琼脂覆盖法。

4.1.5.6 染色液

β-乙酸萘酯	5mg
丙酮	0.5ml
固蓝 RR 盐	20mg
0.05mol/L 磷酸缓冲液（pH7.0）	9.5ml
过滤使用	
2%琼脂	3ml

4.1.6 酯酶-6，8，9（Esterase-6，8，9，*Es6，8，9*）Chr.8，19，19

4.1.6.1 样品　睾丸匀浆，0.6μl。

4.1.6.2 缓冲液　Tris-EDTA-Borate　pH 8.4

Tris	10.90g
EDTA-2Na	0.60g
Boric acid	3.10g
蒸馏水	加至 1000ml

4.1.6.3 电泳支持物　醋酸纤维素板（硬膜）。

4.1.6.4 电泳条件　U=200V，T=35 分钟，移动方向由负极至正极。

4.1.6.5 染色方法　琼脂覆盖法。

4.1.6.6 染色液

β-乙酸萘酯	5mg
丙酮	0.5ml
固蓝 RR 盐	20mg
0.05mol/L 磷酸缓冲液（pH7.0）	9.5ml
过滤使用	
2%琼脂	3ml

4.1.7 酯酶-10（Esterase-10，*Es10*）Chr.19

4.1.7.1 样品　肺匀浆，0.6μl。

4.1.7.2 缓冲液　Tris－EDTA－Borate　pH 8.4

Tris	10.90g
EDTA－2Na	0.60g
Boric acid	3.10g
蒸馏水	加至 1000ml

4.1.7.3 电泳支持物　醋酸纤维素硬膜。

4.1.7.4 电泳条件　U＝200V，T＝35 分钟，移动方向由负极至正极。

4.1.7.5 染色方法　琼脂覆盖法。

4.1.7.6 染色液

β－乙酸萘酯	5mg
丙酮	0.5ml
固蓝 RR 盐	20mg
0.05mol/L 磷酸缓冲液（pH7.0）	9.5ml
过滤使用	
2%琼脂	3ml

4.1.8 血红蛋白－β链（hemoglobin β－chain，*Hbb*）Chr.1

4.1.8.1 样品　溶血素，0.6μl（溶血素:6mol/L 尿素＝1:3）。

4.1.8.2 缓冲液　Tris－EDT A－Borate　pH 8.4

Tris	10.90g
EDTA－2Na	0.60g
Boric acid	3.10g
蒸馏水	加至 1000ml

4.1.8.3 电泳支持物　醋酸纤维硬膜。

4.1.8.4 电泳条件　电压＝200V，时间＝35 分钟，移动方向由负极至正极。

4.1.8.5 染色方法　蛋白染色法。

4.1.8.6 染色液

丽春红	100mg
三氯乙酸	1.5g
蒸馏水	50ml

4.2 实验设备和器材

4.2.1 仪器设备　常压电泳仪（0～600V），4℃冰箱，－20℃或－40℃冰箱，4℃低温高速离心机，组织匀浆机，毛细管离心机，微波炉，37℃保温箱。pH 计，紫外成像仪，分析天平。

4.2.2 器材　普通滤纸，7cm×9cm 玻璃板，玻璃器皿，竹镊子，手术剪，手术镊，解剖板，小砂轮，吸耳球，抗凝毛细管，抗凝毛细管塞子，电泳槽，点样装置，醋酸纤维素膜（7cm×9cm）。

4.3 操作步骤

4.3.1 采样

4.3.1.1 观察动物外观，核对编号。

4.3.1.2 以抗凝毛细管行眼眶采血术，12000r/min，离心 2 分钟，分离血浆和血细胞，吸出血浆备用。

4.3.1.3 在去除血浆的富含红细胞的试管内加入蒸馏水，红细胞与蒸馏水的比例一般为 1:4（V/V），振荡 1 分钟，成为红色透明液体，即为溶血素。

4.3.1.4 采用安死术处死动物，剖腹，小鼠取肾脏 1 只；大鼠取肾脏 1 只，小肠 6～8cm，睾丸 1 只，并开胸取肺脏 1 叶。分别加入适量预冷蒸馏水，蒸馏水与组织的比例一般为 2:1（V/W）。分别用组织匀浆器匀浆。匀浆液置 4℃低温高速离心机中，15000r/min，离心 30 分钟。以吸管吸取上清液存入小试管中备用。

4.3.1.5 上述制备样品均宜新鲜使用，在 4℃普通冰箱中只能保存一天，在－20℃或－40℃低温冰箱中保存不超过一个月。

4.3.2 电泳步骤

4.3.2.1 浸膜　将醋酸纤维素膜轻轻浸入相应的电泳缓冲液中，浸入时应避免膜上出现气泡。

4.3.2.2 点样　将浸透的膜，取出以滤纸吸干，纤维素膜面朝上，平置在点样板上，以点样器取预置在样品槽内的编号样品，在膜上点样。一次点样量为 0.3μl，为增加膜上的样品量，可重复点样，最适点样量不宜超过 0.9μl（三次）。

4.3.3 电泳　以记号笔在膜上标明原点，泳动方向，迅速将膜搭在事先放入缓冲液的电泳槽纸桥上，盖上电泳槽，接通电源。

4.3.4 染色

4.3.4.1 蛋白染色法　电泳结束后取出膜置入 0.2%丽春红染液中，5 分钟后以竹镊子取出换以 5%冰醋酸脱色直至电泳区带清晰可见。

4.3.4.2 酶显色板法　将酶显色液新鲜混合。加入 2%热琼脂 3～4ml，迅速混匀，均匀倒置在 7cm×9cm 的玻璃板上，制成酶显色板。

电泳结束后取出膜将点样面贴在酶显色板上，注意将膜与酶显色板间的气泡排尽，但不可移动膜的位置。

将带膜显色板移至 37℃保温箱保温，直至酶区带清晰显现。

取下已显色的膜浸入 5%冰醋酸中终止反应。

4.3.4.3 琼脂覆盖法　电泳结束后取出醋酸纤维素膜。

新鲜混合酶显色液，迅速与 2～3ml 2%热琼脂混匀，均匀倒放在水平放置的醋酸纤维素膜上。

待琼脂冷却固定后，将醋酸纤维素膜（硬模）移入 37℃保温箱，直至酶区带清晰显现。

将醋酸纤维素膜放入 5%冰醋酸中终止反应。

4.4 结果判定

4.4.1 近交系大鼠的结果判定　检测结果与标准结果一致时，判定为合格结果；检测结果与标准结果不一致时，执行 OOS（out of specification）程序，必要时需进行复检。复检结果与标准结果仍然不一致时，判定为不合格结果。

4.4.2 封闭群大鼠的结果判定　将检测结果输入相应软件分析群体的杂合度和多态性信息含量，从而进一步评价封闭群大鼠的遗传结构。

三、实验小鼠微量细胞毒检测标准操作规程

1 目的　确定实验小鼠各品系单倍型的免疫遗传概貌。

2 适用范围　本标准适用于对实验小鼠的免疫遗传概貌测定。

3 依据　GB/T 14927.2—2008 实验动物 近交系小鼠、大鼠免疫标记检测法。

4 操作程序

4.1 试剂和方法

4.1.1 单克隆抗体　单克隆抗体 $H-2D^b$（27–11–13S）、$H-2D^d$（34–5–8S）、$H-2D^k$（15–5–5）、$H-2K^k$（16–3–22S），Southern Biotechnology Associates，Inc 公司生产。

4.1.2 小牛血清。

4.1.3 补体制备　2～3 周龄新西兰仔兔，取动脉血，4℃冰箱静置 12 小时，3000r/min 离心 15 分钟分离血清，筛选不致小鼠脾细胞死亡的兔血清，分装，–70℃低温冰箱保存。

4.1.4 PBS　pH 7.2

$Na_2HPO_4 \cdot 12H_2O$	1.27g
KH_2PO_4	0.21g
NaCl	3.40g
蒸馏水	加至 500ml

4.1.5 Hank 液

NaCl	8.00g
$MgSO_4 \cdot 7H_2O$	0.41g
KCl	0.40g
KH_2PO_4	0.10g
$NaHCO_3$	1.27g
葡萄糖	2.00g
蒸馏水	加至 100ml

4.1.6 伊红染色液（6%）

伊红 B（水溶性）	0.6g
蒸馏水	加至 10ml

4.1.7 甲醛溶液（10%）

甲醛	1ml
蒸馏水	加至 10ml

4.2 实验设备和器材

4.2.1 仪器设备　离心机，倒置显微镜，37℃恒温水浴箱。

4.2.2 器材　15ml 无菌离心管，一次性无菌吸管（3ml），细胞计数板，玻片，细胞计数器，细胞筛，研磨棒，手术剪，手术镊，解剖板，1.5ml 离心管（灭菌）。

4.3 操作步骤

4.3.1 采样

4.3.1.1 观察动物外观，核对编号。

4.3.1.2 二氧化碳处置动物安乐死，背部解剖取脾脏，剥去脂肪等附着物。

4.3.2 脾细胞的制备

4.3.2.1 取待检小鼠脾剥去脂肪等附着物。

4.3.2.2 置于盛有 1ml 10%小牛血清（9ml PBS，1ml 小牛血清）的平皿中，用小镊子撕碎。

4.3.2.3 将此混合物转移至离心管中，再用 1ml 10%小牛血清清洗平皿转移至同一离心管中，静置 15 分钟。

4.3.2.4 吸上清于另一离心管中，弃去沉淀。

4.3.2.5 离心上清液，3000r/min 离心 5 分钟。

4.3.2.6 弃掉上清液，保留沉淀。在沉淀中加入 4.5ml 蒸馏水用吸管充分吸打搅匀，从加入蒸馏水时严格计时，40 秒后加入 0.5ml Hank 液，用吸管充分吸打搅匀，静置 10 分钟。

4.3.2.7 吸上清于另一离心管中，弃掉下部沉淀团块，离心上清液，3000r/min 离心 5 分钟。

4.3.2.8 弃掉上清液，保留沉淀。在沉淀中加入 0.5ml 20%小牛血清（8ml PBS，2ml 小牛血清）。

4.3.2.9 细胞计数，使细胞终浓度为（1～5）$\times 10^6$/ml。

4.3.3 细胞反应程序

4.3.3.1 采用 2.0ml 离心管，每一动物品系均设立空白对照和补体对照。

4.3.3.2 每管中加入 20μl 充分摇匀的细胞悬液，然后加入 20μl 抗体（对照管中只加 20%小牛血清）充分摇匀，37℃水浴中保温 15 分钟。

4.3.3.3 每管加 30μl 补体（用 20%小牛血清 2 倍稀释），空白对照只加 20%小牛血清，37℃水浴中反应 30～40 分钟。

4.3.3.4 每管中加入 20μl Eosin（伊红）染色液（6%Eosin 用 20%小牛血清等倍稀释）37℃保温 10 分钟。

4.3.3.5 加入 20μl 10%甲醛（固定液）以提高实验结果的稳定性。

4.3.3.6 摇匀，从每管中取细胞悬液 10μl 加在细胞板上，在倒置显微镜下观察结果。

4.4 结果判定

4.4.1 细胞形态判别　阳性细胞（死亡细胞）体积较大，伊红着色后失去折光性，阴性细胞（仍存活细胞）不着色，体积较小，而有折光性。

4.4.2 计算公式

$$\text{细胞死亡率（\%）} = \frac{\text{死细胞数}}{\text{全部细胞数}} \times 100\%$$

$$\text{细胞毒指数} = \frac{\text{实验组淋巴细胞死亡率（\%）} - \text{阴性对照组淋巴细胞死亡率}}{100\% - \text{阴性对照组淋巴细胞死亡率（\%）}}$$

4.4.3 判别标准　H－2 单抗的细胞毒指数大于 0.70，判为同一单倍型。

5 参考文献　国家质量监督检验检疫总局 GB/T 14927.2—2008 实验动物 近交系小鼠、大鼠免疫标记检测法。

四、实验动物皮肤移植标准操作规程

1 目的　确定实验动物各品系的遗传纯度。

2 适用范围　本标准适用于对实验动物各品系遗传纯度的检查。

3 依据　GB/T 14927.2—2008 实验动物 近交系小鼠、大鼠免疫标记检测法。

4 操作程序

4.1 试剂　戊巴比妥钠、粉剂青霉素 G 钠（80 万 U，人或兽用）、酒精。

4.2 实验设备和器材

4.2.1 仪器设备　高压灭菌锅，超净工作台。

4.2.2 器材

4.2.2.1 医用凡士林、眼科剪刀、眼科镊子、纱布（剪成 40mm 长，25mm 宽若干条；厚 2～3 层若干块，其上涂医用凡士林及粉剂青霉素 G 钠）、脱脂棉做成的棉球。以上材料置于高压锅内 121℃、40 分钟高压灭菌。

4.2.2.2 固定板（18cm×12cm）、医用橡皮膏、3%碘酒棉球、75%乙醇棉球、一次性注射器（1ml）。

4.3 操作步骤

4.3.1 随机取同性别 4～8 周龄的动物 10 只，动物可来自基础群或血缘扩大群。

4.3.2 每只动物分别编号并称取体重，详细记录品系名称、性别、出生年月日、谱系及其他特征。

4.3.3 用无菌生理盐水配制 0.7%戊巴比妥钠溶液。

4.3.4 采用腹腔注射 0.7%戊巴比妥钠溶液麻醉动物。小鼠每 10g 体重注射 0.1ml，大鼠每 20g 体重注射 0.1ml。因不同品系动物对麻醉剂敏感性不同，注射量可适当增减（手术时室温应控制在 25～28℃之间）。

4.3.5 待动物麻醉失去知觉后，将其背部朝上放在固定板上，固定动物，剪去被毛，并用 3%碘酒棉球和 75%乙醇棉球消毒。

4.3.6 在背部剪下直径 5～10mm 的皮肤左右各一块（其中一块用做自体移植，另一块用做异体移植）。

4.3.7 将剪好的皮片翻转过来放入带少量生理盐水的双碟（直径为 6cm）中，用眼科剪刀，轻轻地切去皮下组织至真皮，然后放在无菌生理盐水中冲洗一下。

4.3.8 两只动物的皮片，除左侧皮片做自体移植外，右侧皮片循环交换，逆毛方向移植并使之吻合。

4.3.9 覆盖涂过凡士林和青霉素 G 钠的纱布块，3～4 层，用 1cm 宽橡皮膏固定，松紧适度。

4.3.10 手术结束待动物苏醒后，把动物放入鼠盒内，并挂上标记卡片，10 天后拆除包扎。

4.4 结果判定

4.4.1 拆包后，发现皮片干瘪、脱落则为技术失败。如皮片脱痂，手术部位平整、一周后有新毛长出则为手术成功。对照自体移植，技术失败率不得大于 10%。

4.4.2 如果皮片在 2～3 周内脱落，则为急性排斥。遗传污染通常引起急性排斥。

4.4.3 如果皮片在 3 周脱落，则为慢性排斥。移植物有否慢性排斥至少观察 100 天，遗传突变通常引起慢性排斥。

4.4.4 如果对结果怀疑，则要进行重新移植，可以使用一批新的动物，也可以使用已做过移植但对结果产生怀疑的动物。如果是后者，则排斥更迅速、更典型。

五、实验用封闭群小型猪微卫星 DNA 标记检测标准操作规程

1 目的　用 25 个分布于猪 17 条常染色体和 X 性染色体上的微卫星位点检测封闭群小型猪的遗传概貌。

2 适用范围　本标准适用于对封闭群小型猪遗传概貌的鉴定。

3 依据　DB11/T 828.3—2011 实验用小型猪　第 3 部分：遗传质量控制。

4 操作程序

4.1 试剂　DNA 提取试剂盒，PCR 反应试剂盒，琼脂糖。

4.2 实验设备和器材

4.2.1 仪器设备 电泳仪、离心机、PCR 仪。

4.2.2 器材 剪刀、镊子、移液器、离心管、PCR 管、滤纸。

4.3 操作步骤

4.3.1 采样

4.3.1.1 观察动物外观，核对编号。

4.3.1.2 实验用小型猪耳静脉或前腔静脉采血 2ml，加等量的血液裂解液；或者采集大小>0.5g 的耳组织样，放入 75%乙醇保存。

4.3.1.3 提取基因组 DNA 用苯酚氯仿法或试剂盒提取基因组 DNA。

4.3.2 聚合酶链式反应（PCR）

4.3.2.1 PCR 扩增体系 PCR 总反应体积为 15μl，其中含 10×PCR 缓冲液：1.5μl，上下游引物（10pmol/μl）各 1μl，4×dNTP 100μmol/L：1μl，Taq 酶 1U：1μl，50～100ng 基因组 DNA：1μl，镁离子终浓度 1.5～2.0mmol/L，纯水补齐体积。

4.3.2.2 PCR 反应程序 95℃预变性，4 分钟；94℃变性，30 秒；退火温度（各位点退火温度参见表 5-2-5），30 秒；72℃延伸，30 秒；35 个循环；72℃继续延伸 7 分钟；扩增产物 4℃保存。

4.3.3 电泳

4.3.3.1 制胶 1*TAE 制备 2%～2.5%琼脂糖凝胶。

4.3.3.2 点样 取 PCR 扩增结果 5μl，用移液器在凝胶上点样。

4.3.4 凝胶成像系统记录检测结果。

4.3.5 扩增产物的 STR 扫描 扩增产物经过琼脂糖凝胶电泳检测确保扩增出目的片断后，选择分别以 FAM、HEX、TAMRA 标记的三个位点的扩增产物，以 1:3:5 体积比混合，取 1μl 上样进行 STR 扫描。

4.4 结果判定

4.4.1 扩增产物的电泳结果判读

如果扩增产物在琼脂糖凝胶上清晰可辨、多态性丰富可以直接判读，则根据条带电泳的快慢直接定为 a，b，c，d……型。根据带型结果进行遗传学分析。

如果带型模糊或者无扩增则需要调整条件重新试验；经重试仍不能正确扩增的则舍弃该位点。

如果在琼脂糖电泳判读中带型单一，则需要进一步进行 STR 扫描。

4.4.2 STR 扫描结果的判读 扫描结果出现两种波形：一种为纯合基因型，只有一个主波；另一种为杂合基因型，有两个主波。同时，根据软件读出波峰处的扩增产物的 bp 数。由基因分型软件读出每个样本在每个微卫星位点的扩增片断大小。每个位点的等位基因根据扩增片断从小到大顺序排列记录为 a，b，c，d 等。

4.4.3 运用群体遗传分析软件对数据进行统计分析 将所有样本的每个微卫星位点的基因型以 ab，bb 等形式输入群体遗传分析软件的数据文件，计算样品在各微卫星位点上的基因频率、平均观察等位基因数、平均有效等位基因数（Ne）、相隆指数、平均杂合度（H）等。

4.4.4 结果判定 平均杂合度在 0.5～0.7 时，且期望杂合度与观测杂合度经 χ^2 检验无明显差异时，群体为合格的封闭群实验用小型猪群体。

或者，首先得到各个位点上各基因频率、基因型频率的实际值，然后可计算出基因频率和基因型频率的预期值。用实际值和预期值比较，通过 χ^2 检验，可知被监测群体是否达到平衡状态。如果没有达到平衡状态，说明群体的基因频率或基因型频率发生变化，该封闭群实验用小型猪群体判为不合格。

4.4.5 复检 如果样品不能正常扩增或者分型后与标准型有差异，则需要进行复检；复检后，将复检结果与初检结果合并分析后可进行遗传质量评价。

5 参考文献 北京市质量技术监督局 DB11/T 828.3—2011 实验用小型猪 第 3 部分：遗传质量控制。

（王洪 魏杰 岳秉飞）

参考文献

[1] Edwards A，Civitello A，Hammond HA，et al.DNA typing and genetic mapping with trimeric and tetrameric tandem repeats [J]. Am J Hum Genet，1991，49 (4)：746－756.

[2] 方喜业，邢瑞昌，贺争鸣. 实验动物质量控制 [M]. 北京：中国标准出版社，2008.

[3] 王洪，杜小燕，徐平，等. 上海 KM 小鼠种子群体遗传状况分析 [J]. 中国比较医学杂志，2014，24 (12)：27－32.

[4] GB/T 14927.1—2008 近交系小鼠、大鼠生化标记检测方法 [S].

[5] GB 14923—2010 哺乳类实验动物的遗传质量控制 [S].

[6] DB11/T 828.3—2011 实验用小型猪 第 3 部分：遗传质量控制 [S].

[7] DB11/T 1053.3—2013 实验用鱼 第 3 部分：遗传质量控制 [S].

[8] DB11/T1461.5—2018 实验动物 繁育与遗传监测 第 5 部分：实验用长爪沙鼠 [S].

[9] DB11/T1461.4—2018 实验动物 繁育与遗传监测 第 4 部分：实验用狨猴 [S].

[10] T/CALAS 11—2017 实验动物 树鼩遗传质量控制 [S].

[11] Tatsuji Nomura, Kozaburo Esaki, Takeshi Tomita. ICLAS Manual for Genetic Monitoring of Inbred Mice [M]. Japan: University of Tokyo Press，1984.

[12] Tatsuji Nomura, Kozaburo Esaki, Takeshi Tomita. ICLAS Manual for Genetic Monitoring of Inbred Mice [M]. University of Tokyo Press, 1980.

[13] 马丽颖，刘双环，岳秉飞. 微量细胞毒法在近交系小鼠遗传检测中的应用 [J]. 实验动物科学与管理，2004，21 (4)：6－8.

[14] 张青峰，李文宇，李官成，等. 一种简易小鼠尾部皮肤移植教学实验改良方法的建立 [J]. 四川动物，2008，27 (1)：154－160.

第六章　实验动物环境检测

第一节　概　述

实验动物设施是以实验动物生产、研究、试验、教学以及药品、医疗器械、食品等相关产品生产、检定等为目的的建筑物及设备的总和。实验动物较长时间甚至终生被限制在一个极其有限的环境范围内生活，实验动物设施环境条件改变将会影响实验动物健康福利、动物质量品质和动物实验效果。实验动物设施环境的标准化设计、建造、运行管理对动物福利、动物质量和动物实验结果可靠性、可重复性和科学性，以及工作人员的健康和安全都至关重要。对饲养环境进行必要的监测是验证和保障实验动物环境符合标准和设计要求的重要手段。

我国在实验动物环境研究以及实验动物环境的标准化、改进实验动物建筑环境设施、笼器具设计和检测技术方面做了大量的工作，经历了长时间的探索并借鉴国外经验，1992 年卫生部颁布了《医学实验动物标准》，1994 年国家标准《实验动物 环境及设施》（GB/T 14925—1994）的发布，在我国实验动物建筑设施和实验动物环境检测方面起到了积极作用。此后，国家质量监督检验检疫总局先后于 2001 年和 2010 年对国家标准《实验动物 环境及设施》进行了两次修订，标准类别由推荐标准变更为强制标准，规定了实验动物生产及实验条件和设施的技术要求及检测方法，同时规定了垫料、饮水和笼具的要求。根据全国标准信息服务平台的公开信息，江苏、广东、广西、北京、河北、海南、湖南、青海等地方也制定了系列实验动物的环境设施标准，《实验动物 环境及设施》（GB 14925—2010）目前正在进行修订进程中。此外，一些学会团体还制定发布了团体标准，相关标准目前也已纳入全国标准信息服务平台系统中。

由科学技术部、卫生部、教育部、农业部、国家质量监督检验检疫总局、国家中医药管理局、中国人民解放军总后勤部卫生部等 7 部门联合发布的国科发财字［2001］545 号文件：《实验动物许可证管理办法（试行）》对《实验动物 环境及设施》相关标准的推广实施和我国实验动物设施环境的标准化起到了关键促进作用。从中国实验动物信息网实验动物许可证查询管理系统查询得知，截至 2019 年 8 月 8 日，全国共有 2097 个设施获得行政许可且在有效期内（其中生产类设施 418 个，使用类设施 1679 个）。2016 年 12 月 31 日统计数据分别为 1985 个、398 个和 1587 个。根据《实验动物许可证管理办法（试行）》的规定，这些设施均应已经检测评估符合相应的实验动物设施环境质量标准。

第二节　设施环境标准

中华人民共和国国家标准《实验动物 环境及设施》（GB 14925—2010）按照空气净化控制程度，将实验动物设施环境分为：普通环境、屏障环境和隔离环境等三类，详见表 6-2-1。该标准覆盖小鼠、大鼠、地鼠、豚鼠、犬、猴、猫、兔、小型猪、鸡 10 种常用实验动物，环境技术指标包括温度、最大日温差、相对湿度、最小换气次数、动物笼具处气流速度、空气洁净度、沉降菌最大平均浓度、氨浓度、噪声、照度（分最低工作照度和动物照度）以及昼夜明暗交替时间等项目。同时，标准也对常用实验动物所需居所最小空间进行了规定，具体详见表6-2-2～表6-2-5。

表6-2-1　实验动物环境的分类

环境分类		使用功能	适用动物等级
普通环境	—	实验动物生产、动物实验、检疫	普通动物
屏障环境	正压	实验动物生产、动物实验、检疫	清洁动物、SPF动物
	负压	动物实验、检疫	清洁动物、SPF动物
隔离环境	正压	实验动物生产、动物实验、检疫	SPF动物、悉生动物、无菌动物
	负压	动物实验、检疫	SPF动物、悉生动物、无菌动物

表6-2-2　实验动物生产间的环境技术指标

<table>
<tr><th rowspan="3" colspan="2">项目</th><th colspan="9">指标</th></tr>
<tr><th colspan="2">小鼠、大鼠</th><th colspan="3">豚鼠、地鼠</th><th colspan="3">犬、猴、猫、兔、小型猪</th><th>鸡</th></tr>
<tr><th>屏障环境</th><th>隔离环境</th><th>普通环境</th><th>屏障环境</th><th>隔离环境</th><th>普通环境</th><th>屏障环境</th><th>隔离环境</th><th>屏障环境</th></tr>
<tr><td colspan="2">温度/℃</td><td colspan="2">20～26</td><td>18～29</td><td colspan="2">20～26</td><td>16～28</td><td colspan="2">20～26</td><td>16～28</td></tr>
<tr><td colspan="2">最大日温差/℃ ≤</td><td colspan="9">4</td></tr>
<tr><td colspan="2">相对湿度/%</td><td colspan="9">40～70</td></tr>
<tr><td colspan="2">最小换气次数/（次/h）≥</td><td>15</td><td>20</td><td>8</td><td>15</td><td>20</td><td>8</td><td>15</td><td>20</td><td>–</td></tr>
<tr><td colspan="2">动物笼具处气流速度/（m/s）≤</td><td colspan="9">0.20</td></tr>
<tr><td colspan="2">相通区域的最小静压差/Pa≥</td><td>10</td><td>50</td><td>–</td><td>10</td><td>50</td><td>–</td><td>10</td><td>50</td><td>50</td></tr>
<tr><td colspan="2">空气洁净度/级</td><td>7</td><td>5或7</td><td>–</td><td>7</td><td>5或7</td><td>–</td><td>7</td><td>5或7</td><td>5或7</td></tr>
<tr><td colspan="2">沉降菌最大平均浓度/（CFU/0.5h・ϕ90mm平皿）≤</td><td>3</td><td>无检出</td><td>–</td><td>3</td><td>无检出</td><td>–</td><td>3</td><td>无检出</td><td>3</td></tr>
<tr><td colspan="2">氨浓度/（mg/m³）≤</td><td colspan="9">14</td></tr>
<tr><td colspan="2">噪声/dB（A）≤</td><td colspan="9">60</td></tr>
<tr><td rowspan="2">照度（lx）</td><td>最低工作照度≥</td><td colspan="9">200</td></tr>
<tr><td>动物照度</td><td colspan="5">15～20</td><td colspan="3">100～200</td><td>5～10</td></tr>
<tr><td colspan="2">昼夜明暗交替时间/h</td><td colspan="9">12/12或10/14</td></tr>
</table>

注：省略原标准备注内容

表 6-2-3 动物实验设施环境指标

项目	指标								
	小鼠、大鼠		豚鼠、地鼠			犬、猴、猫、兔、小型猪			鸡
	屏障环境	隔离环境	普通环境	屏障环境	隔离环境	普通环境	屏障环境	隔离环境	隔离环境
温度/℃	20～26		18～29	20～26		16～28	20～26	16～26	
最大日温差/℃ ≤	4								
相对湿度/%	40～70								
最小换气次数/（次/h）≥	15	20	8	15	20	8	15	20	–
动物笼具处气流速度/（m/s）≤	0.20								
相通区域的最小静压差/Pa ≥	10	50	–	10	50	–	10	50	50
空气洁净度/级	7	5 或 7	–	7	5 或 7	–	7	5 或 7	5 或 7
沉降菌最大平均浓度/（CFU/0.5h · ф 90mm 平皿）≤	3	无检出	–	3	无检出	–	3	无检出	3
氨浓度/（mg/m^3）≤	14								
噪声/dB（A）≤	60								
照度（lx） 最低工作照度≥	200								
照度（lx） 动物照度	15～20					100～200			5～10
昼夜明暗交替时间/h	12/12 或 10/14								

注：省略原标准备注内容

表 6-2-4 屏障设施辅助用房主要技术指标

房间名称	温度/℃	相对湿度/%	噪声/dB（A）≤	最低照度/lx ≥	洁净度级别	最小换气次数/（次/h）≥	相通区域的最小静压差/Pa≥
洁物储存室	18～28	30～70	60	150	7	15	10
洁净走廊							
二更		–					
入口缓冲间						15 或 10	
无害化消毒室					7 或 8		
污物走廊							
出口缓冲间							
清洗消毒室					–	4	–
淋浴室				100			
一更						–	

注：省略原标准备注内容

表 6-2-5　常用实验动物所需居所最小空间

项目	小鼠			大鼠			豚鼠		
	<20g单养时	>20g单养时	群养（窝）时	<150g单养时	>150g单养时	群养（窝）时	<350g单养时	>350g单养时	群养（窝）时
底板面积/m²	0.0067	0.0092	0.042	0.04	0.06	0.09	0.03	0.065	0.76
笼内高度/m	0.13			0.18			0.18	0.21	
项目	地鼠			猫		猪		鸡	
	<100g单养时	>100g单养时	群养（窝）时	<2.5kg单养时	>2.5kg单养时	<20kg单养时	>20kg单养时	<2kg单养时	>2kg单养时
底板面积/m²	0.01	0.012	0.08	0.28	0.37	0.96	1.2	0.12	0.15
笼内高度/m	0.18			0.76（栖木）		0.6	0.8	0.4	0.6
项目	兔			犬			猴		
	<2.5kg单养时	>2.5kg单养时	群养（窝）时	<10kg单养时	10～20kg单养时	>20kg单养时	<4kg单养时	4～8kg单养时	>8kg单养时
底板面积/m²	0.18	0.3	0.42	0.6	1	1.5	0.5	0.6	0.9
笼内高度/m	0.35	0.4		0.8	0.9	1.1	0.8	0.85	1.1

除《实验动物 环境及设施》（GB 14925—2010）外，在适用时，实验动物设施的设计、施工和运行还需要遵循《实验动物设施建筑技术规范》GB 50447、《实验室生物安全通用要求》GB 19489、《生物安全实验室建筑技术规范》GB 50346 等现行有效国家标准的要求，但在日常设施检测中均以 GB 14925 为主要参考标准。

《实验动物许可证管理办法（试行）》在实验动物生产许可证申请书的填报说明中进行了补充说明："尚未制定国家标准的，可依次执行行业或地方标准。"全国标准信息服务平台的公开信息显示，部分行业及北京、河北、黑龙江、江苏、浙江、湖南、云南、海南、青海等地方政府制定了一系列实验动物的环境设施相关标准，涉及猫、猪、牛、羊、狨猴、树鼩、雪貂、喜马拉雅旱獭、长爪沙鼠、东方田鼠、鸭、鱼等动物以及笼器具、垫料等。其中部分在国标中有涉及，还有部分在国标中未涉及，地标分别进行了完善或全新制定，部分现行有效的标准清单见表 6-2-6。

表 6-2-6　部分涉及实验动物环境的行业、地方及团体标准

序号	标准编号	标准名称	标准分类
1	SN/T 3992—2014	进境非人灵长类实验动物指定隔离场建设规范	SN|出入境
2	DB11/T 828.6—2011	实验用小型猪　第 6 部分：环境及设施	DB|北京
3	DB11/T 1053.6—2013	实验用鱼　第 6 部分：环境条件	DB|北京
4	DB11/T 1125—2014	实验动物　笼器具	DB|北京
5	DB11/T 1126—2014	实验动物　垫料	DB|北京

续表

序号	标准编号	标准名称	标准分类
6	DB11/T 1464.1—2017	实验动物　环境条件　第 1 部分：实验用猪	DB|北京
7	DB11/T 1464.2—2017	实验动物　环境条件　第 2 部分：实验用牛	DB|北京
8	DB11/T 1464.3—2017	实验动物　环境条件　第 3 部分：实验用羊	DB|北京
9	DB11/T 1464.4—2018	实验动物　环境条件　第 4 部分：实验用狨猴	DB|北京
10	DB11/T 1464.5—2018	实验动物　环境条件　第 5 部分：实验用长爪沙鼠	DB|北京
11	DB13/T 2411—2016	实验动物　猫的饲养与管理	DB|河北
12	DB13/T 2547—2017	实验动物　垫料	DB|河北
13	DB23/T 2057.1—2017	实验动物　生物安全型小鼠、大鼠独立通风笼具通用技术要求	DB|黑龙江
14	DB23/T 2057.6—2017	实验动物　鸭饲养隔离器通用技术要求	DB|黑龙江
15	DB23/T 2057.8—2017	实验动物　运输隔离器通用技术要求	DB|黑龙江
16	DB32/T 967—2006	实验动物笼器具　塑料笼箱	DB|江苏
17	DB32/T 968—2006	实验动物笼器具　金属笼箱	DB|江苏
18	DB32/T 969—2006	实验动物笼器具　笼架	DB|江苏
19	DB32/T 970—2006	实验动物笼器具　层流架	DB|江苏
20	DB32/T 971—2006	实验动物笼器具　饮水瓶	DB|江苏
21	DB32/T 1215—2008	实验动物笼器具　代谢笼	DB|江苏
23	DB32/T 1216—2008	实验动物笼器具　隔离器	DB|江苏
22	DB32/T 2730—2015	实验动物笼器具　集中排风通气笼盒系统	DB|江苏
24	DB32/T 2731.1—2015	实验用雪貂　第 1 部分：环境及设施	DB|江苏
25	DB32/T 2129—2012	实验动物　垫料	DB|江苏
26	DB32/T 2910—2016	实验动物设施运行管理规范	DB|江苏
27	DB33/T 2110.6—2018	实验动物　长爪沙鼠　第 6 部分：环境及设施	DB|浙江
28	DB43/T 951—2014	实验东方田鼠饲养与质量控制技术规程	DB|湖南
29	DB43/T 958.5—2014	实验用小型猪　第 5 部分：环境与设施	DB|湖南
30	DB43/T 959.5—2014	异种移植用无指定病原体（Designated Pathogen Free，DPF）医用供体猪　第 5 部分：环境与设施	DB|湖南
31	DB46/T 252—2013	实验动物　五指山猪　环境及设施（普通环境）	DB|海南
32	DB53/T 328.5—2010	实验树鼩　第 5 部分：环境及设施	DB|云南
33	DB53/T 802.6—2016	实验小型猪　第 6 部分：环境及设施	DB|云南
34	DB63/T 1694—2018	实验用喜马拉雅旱獭　环境与设施	DB|青海
35	T/CALAS10—2017	实验动物　树鼩环境及设施	T |CALAS
36	T/CALAS 58—2018	实验动物　长爪沙鼠环境设施	T |CALAS
37	T/CALAS 62—2018	实验动物　猕猴属动物饲养繁育规范	T |CALAS

第三节 设施环境检测技术

按照 CNAS 和 CMA 双认证体系开展的动物设施和设备环境技术指标检测方法常见《实验动物 环境及设施》(GB 14925—2010)中附录 A–附录 I，其中设备环境除检测设备内部技术指标外，还应检测设备所处房间环境的温湿度、噪声指标。如该标准的版本更新后则按最新版本执行。GB 14925—2010 推荐方法如下。

一、温湿度测定

1. 测定条件

(1)在设施竣工空调系统运转 48 小时后或设施正常运行之中进行测定。测定时，应根据设施设计要求的空调和洁净等级确定动物饲育区及实验工作区，并在区内布置测点。

(2)一般饲育室应选择动物笼具放置区域范围为动物饲育区。

(3)恒温恒湿房间离围护结构 0.5m，离地面高度 0.1～2m 处为饲育区。

(4)洁净房间垂直平行流和乱流的饲育区与恒温恒湿房间相同。

2. 测量仪器 测量仪器精密度为 0.1 以上标准水银干湿温度计及热敏电阻式数字型温湿度测定仪。测量仪器应在有效检定期内。

3. 测定方法

(1)当设施环境温度波动范围大于 2℃，室内相对湿度波动范围大于 10%，温湿度测定宜连续进行 8 小时，每次测定间隔为 15～30 分钟。

(2)乱流洁净室按洁净面积不大于 $50m^2$ 至少布置测定 5 个测点，每增加 20～$50m^2$ 增加 3～5 个位点。

二、气流速度测定

1. 测定条件 在设施运转接近设计负荷，连续运行 48 小时以上进行测定。

2. 测量仪器 测量仪器为精密度为 0.01 以上的热球式电风速计，或智能化数字显示式风速计，校准仪器后进行检测。测量仪器应在有效检定期内。

3. 测定方法

(1)布点 应根据设计要求和使用目的确定动物饲育区和实验工作区，要在区内布置测点。一般空调房间应选择放置在实验动物笼具处的具有代表性的位置布点，尚无安装笼具时在离围护结构 0.5m，离地高度 1.0m 及室内中心位置布点。

(2)测定方法 检测在实验工作区或动物饲育区内进行，当无特殊要求时，于地面高度 1.0m 处进行测定。乱流洁净室按洁净面积不大于 $50m^2$ 至少布置测定 5 个测点，每增加 20～$50m^2$ 增加 3～5 个位点。

4. 数据整理

每个测点的数据应在测试仪器稳定运行条件下测定，数字稳定 10 秒后读取。乱流洁净室内取各测定点平均值，并根据各测定点各次测定值判定室内气流速度变动范围及稳定状态。

三、换气次数测定

1. 测定条件 在实验动物设施运转接近设计负荷连续运行 48 小时以上进行测定。

2. 测量仪器 测量仪器为精密度为 0.01 以上的热球式电风速计，或智能化数字显示式风速计，或风量罩，校准仪器后进行检测。测量仪器应在有效检定期内。

3. 测定方法

（1）通过测定送风口风量（正压式）或出风口（负压式）及室内容积来计算换气次数。

（2）风口为圆形时，直径在 20mm 以下者，在径向上选取 2 个测定点进行测定；直径在 20～30mm 时，用同心圆做 2 个等面积环带，在径向上选取 4 个测定点进行测定；直径为 30～60mm 时，做成 3 个同心圆，在径向上选取 6 个点；直径大于 60mm 时，做成 5 个同心圆测定 10 个点，求出风速平均值。

（3）风口为方形或长方形者，应将风口断面分成 100mm×150mm 以下的若干个等分面积，分别测定各个等分面积中心点的风速，求出平均值，作为平均风速。

（4）在装有圆形进风口的情况下，可应用与之管径相等、100mm 长的辅助风道或应用风斗型辅助风道，按（2）中所述方法取点进行测定；如送风口为方形或长方形，则应用相应形状截面的辅助风道，按（3）中所述方法取样进行测定。

（5）使用风量罩测定时，直接将风量罩扣到送（排）风口测定。

4. 结果计算 按式（6-3-1）求得换气量。

$$Q=3600S\bar{v} \quad (6-3-1)$$

式中：Q——所求换气量，单位为立方米每小时（m^3/h）；

S——有效横截面积，单位为平方米（m^2）；

$\bar{v}$——平均风速，单位为米每秒（m/s）。

换气量再乘以校正系数即可求得标准状态下的换气量。校正系数进风口为 1.0，出风口为 0.8，以 20℃为标准状态按式（6-3-2）进行换算：

$$Q_0=3600\,[(273+20)/(273+t)]\,S\bar{v} \quad (6-3-2)$$

式中：Q_0——标准状态时的换气量，单位为立方米每小时（m^3/h）；

t——送风温度，单位为摄氏度（℃）；

$\bar{v}$——平均风速，单位为米每秒（m/s）。

换气次数则由式（6-3-3）求得：

$$n=Q_0/V \quad (6-3-3)$$

式中：n——换气次数，单位为次每小时（次/h）；

Q_0——送风量，单位为立方米每小时（m^3/h）；

V——室内容积，单位为立方米（m^3）。

四、静压差测定方法

1. 检测条件

（1）静态检测 在洁净实验室动物设施空调系统运转 48 小时以上，已经处于正常运行状态，工艺设备已安装，设施内无动物及工作人员的情况下进行检测。

（2）动态检测 在洁净实验动物设施处于正常使用状态下进行检测。

2. 测量仪器 测量仪器精度可达 1.0Pa 的微压计。测量仪器应在有效检定期内。

3. 测定方法

（1）检测在实验动物设施内进行，根据设施设计和布局，按人流、物流、气流走向依次布点测定。

（2）每个测点的数据应在设施与仪器稳定运行的条件下读取。

五、空气洁净度检测方法

1. 检测条件

（1）静态检测　在实验动物设施内环境净化空调系统正常连续运转48小时以上，工艺设备已安装，室内无动物及工作人员的情况下进行检测。

（2）动态检测　在实验动物设施处于正常生产或实验工作状态下进行检测。

2. 检测仪器　尘埃粒子计数器。测量仪器应在有效检定期内。

3. 测定方法

（1）静态检测　应对洁净区及净化空调系统进行彻底清洁。测量仪器充分预热，采样管必须干净，连接处严禁渗漏。采样管长度，应为仪器的允许长度，当无规定时，不宜大于1.5m。采样管口的流速，宜与洁净室断面平均风速相接近。检测人员应在采样口的下风侧。

（2）动态检测　在实验工作区或动物饲育区内，选择有代表性测点的气流上风向进行检测，检测方法和操作与静态检测相同。

4. 测点布置

（1）检测实验工作区时，如无特殊实验要求，取样高度为距地面1.0m高的工作平面上。

（2）检测动物饲育区内时，取样高度为笼架高度的中央，水平高度约为0.9～1.0m的平面上。

（3）测点间距为0.5～2.0m，层流洁净室测点总数不少于20点。乱流洁净室面积不大于50m^{2}的布置5个测点，每增加20～50m^{2}应增加3～5个测点。每个测点连续测定3次。

5. 采样流量及采样量

（1）5级要求洁净实验动物设施（装置）采样流量为1.0L/min，采样量不小于1.0L。

（2）6级及以上级别要求的实验动物设施（装置）采样流量不大于0.5L/min，采样量不少于1.0L。

6. 结果计算

（1）每个测点应在测试仪器稳定运行条件下采样测定3次，计算求取平均值，为该点的实测结果。

（2）对于大于或等于0.5μm的尘埃粒子数确定：层流洁净室取各测定点的最大值，乱流洁净室取各测点的平均值作为实测结果。

六、空气沉降菌检测方法

1. 检测条件　实验动物设施环境空气中沉降菌的测定应在实验动物设施空调净化系统正常运行48小时，经消毒灭菌后进行。

2. 测点选择　每5～10m^{2}设置1个检测点，将平皿放在地面上。

3. 营养琼脂培养基的制备　将已经灭菌的营养琼脂培养基（pH 7.6），隔水加热至完全溶化。冷却至50℃左右，轻轻摇匀（勿使有气泡），立即倾注灭菌平皿内（直径为90mm），每皿注入15～25ml。待琼脂凝固后，翻转平皿（盖在下），放入37℃恒温箱内，经24小时无菌培养，无细菌生长后方可用于检测。

4. 测点方法　平皿打开后放置30分钟，加盖，放于37℃恒温箱内培养48小时后计算菌落数（个/皿）。

七、噪声检测方法

1. 检测条件

（1）静态检测 在实验动物设施内环境通风、净化、空调系统正常连续运转48小时后，工艺设备已安装，室内无动物及生产实验工作人员的条件下进行检测。

（2）动态检测 在实验动物设施处于正常生产或实验工作状态条件下进行检测。

2. 检测仪器 测量仪器为声级计。测量仪器应在有效检定期内。

3. 测定方法

（1）测点布置 面积小于或等于 $10m^2$ 的房间，于房间中心离地1.2m高度设一个点；面积大于 $10m^2$ 的房间，在室内离开墙壁反射面1.0m及中心位置，离地面1.2m高度布点检测。

（2）实验动物设施内噪声测定以声级计A档为准进行测定。

八、照度测定方法

1. 测定条件 实验动物设施内照度，在工作光源接通，并正常使用状态下进行测定。

2. 测定仪器 测定仪器为便携式照度计。测量仪器应在有效检定期内。

3. 测定方法

（1）在实验动物设施内选定几个具有代表性的点测定工作照度。距地面0.9m，离开墙面1.0m处布置测点。

（2）关闭工作照度灯，打开动物照度灯，在动物饲养盒笼盖或笼网上测定动物照度，测定时笼架不同层次和前后都要选点。

（3）使用电光源照明时，应注意电压时高时低的变化，应使电压稳定后再测。

九、氨气浓度测定方法

1. 测定条件 在实验动物设施处于正常生产或实验工作状态下进行，垫料更换符合时限要求。

2. 测定原理 实验动物设施环境中氨浓度检测应用纳氏试剂比色法进行。其原理是氨与纳氏试剂在碱性条件下作用产生黄色，比色定量。

此法检测灵敏度为2μg/10ml。

3. 检测仪器 检测仪器为大型气泡吸收管，空气采样机，流量计0.2～1.0L/min，具塞比色管（10ml），分光光度计。基于纳氏试剂比色法的现场氨测定仪。

检测仪器应在有效检定期内。

4. 样品采集

（1）试剂 吸收液：0.05mol/L硫酸溶液。

纳氏试剂：称取17g氯化汞溶液于300ml蒸馏水中，另将35g碘化钾溶于100ml蒸馏水中，将氯化汞溶液滴入碘化钾溶液直至形成红色不溶物沉淀为止。然后加入600ml 20%氢氧化钠溶液及剩余的氯化汞溶液。将试剂贮存于另一个棕色瓶内，放置暗处数日。取出上清液放于另一个棕色瓶内，塞好橡皮塞备用。

标准溶液：称取3.879g硫酸铵[$(NH_4)_2SO_4$]（80℃干燥1小时），用少量吸收液溶解，移入1000ml容量瓶中，用吸收液稀释至刻度，此溶液1ml含1mg氨（NH_3）贮备液。

量取贮备液20ml移入1000ml容量瓶，用吸收液稀释至刻度，配成1ml含0.02mg氨

（NH_3）的标准溶液备用。

（2）样品采集方法 应用装有 5ml 吸收液的大型气泡吸收管安装在空气采样器上，以 0.5L/min 速度在笼具中央位置抽取 5L 被检气体样品。

5. 分析步骤 采样结束后，从采样管中取 1ml 样品溶液，置于试管中，加 4ml 吸收液，同时按表 6-3-1 配置标准色列，分别测定各管的吸光度，并绘制标准曲线。

表 6-3-1 氨标准比色管的配制

管号	0	1	2	3	4	5	6	7	8	9	10
标准液/ml	0	0.2	0.4	0.6	0.8	1.0	1.2	1.4	1.6	1.8	2.0
0.05mol H_2SO_4/ml	5	4.8	4.6	4.4	4.2	4.0	3.8	3.6	3.4	3.2	3.0
纳氏试剂/ml	0.5	0.5	0.5	0.5	0.5	0.5	0.5	0.5	0.5	0.5	0.5
氨含量/mg	0	0.004	0.008	0.012	0.016	0.02	0.024	0.028	0.032	0.036	0.04

向样品管中加入 0.5ml 纳氏试剂，混匀，放置 5 分钟后用紫外分光光度计在 500nm 处比色，读取吸光度值，从标准曲线表中查出相对应的氨含量。

6. 计算

（1）将采样体积按公式（6-3-4）换算成标准状态下采样体积。

$$V_0 = V_t \times \frac{t_0}{273+t} \times \frac{P}{P_0} \tag{6-3-4}$$

式中：V_0——标准状态下的采样体积，单位为升（L）；

V_t——采样体积，单位为升（L）；

t——采样点的气温，单位为摄氏度（℃）；

t_0——标准状态下的绝对温度 273K；

P——采样点的大气压，单位为千帕（kPa）；

P_0——标准状态下的大气压，101kPa。

（2）空气中氨浓度，按公式（6-3-5）计算。

$$X = \frac{C \times \text{稀释倍数} \times \text{取样量}}{V_0} \tag{6-3-5}$$

式中：X——空气中氨浓度，单位为毫克每立方米（mg/m^3）；

C——样品溶液中氨含量，单位为μg；

V_0——换算成标准状况下的采样体积，单位为升（L）。

7. 注意事项 当氨含量较高时，则形成棕红色沉淀，需另取样品，增加稀释倍数，重新分析，甲醛和硫化氢对测定有干扰；所有试剂均需用无氨水配置。

在 GB 14925 推荐的以上技术方法中，涉及一些试剂的配置或者制备方法，对于不具备制备条件或者无意自行制备的实验室，可以自行在市场上采购成熟的商品试剂或产品。对于采购的成品或者半成品，检测实验室（或用户）有必要对其进行验证。

除 GB 14925—2010 推荐方法外，按照 CMA 认证体系或实验室自行开展的动物设施和设备环境技术指标检测，也可采用经验证可靠的其他方法，比如 ATP 法检测环境洁净状况、电化学法（仪器）检测氨浓度等。

第四节 标准操作规程

无论实验动物设施用户和运行管理单位还是检测机构，为了解或检测设施运行情况，均需要根据自身管理体系、设施条件和人员团队情况，将标准规定或技术要求转化为可实施的标准操作规程（SOP），用于指导日常工作的开展。

一、实验动物设施运行机构环境检测相关标准操作规程示例

（一）实验动物室物理环境检测标准操作规程示例

1. 序言

（1）动物室物理环境指标包括：温度、相对湿度、照度、噪声、氨气浓度和尘埃粒子。检测时间间隔为每 3 个月 1 次。

（2）检测人员进入实验动物区域依照标准操作规程执行。

（3）除空气洁净度仅检测一个位点，数据从检测设备导出后直接填写在《实验动物环境检测报告书》（表 6-4-1）外，其他项目、每个位点检测后读数填写在《多位点物理检测指标原始记录》（表 6-4-2）上。

（4）检测完毕后，检测人员应填写《实验动物环境检测报告书》并交实验动物管理负责人，动物管理负责人签字后存档备查。

（5）若检测结果不符合国家标准要求，由动物管理负责人负责联系有关人员解决。

2. 温度、湿度测定

（1）温、湿度测定使用 KANOMAX 电子温湿度计。

（2）按 POWER 键开机，使电子温湿度计进入工作状态。

（3）将温湿度计置于动物房中间距地面 1m 处静置 30 秒，按 START/STOP 键，读取显示数值，记录温、湿度数值。

（4）温、湿度的正常范围：相对湿度标准 40%～70%，温度标准为屏障环境 20～26℃，普通环境 16～26℃。

3. 照度测定

（1）实验动物房每天早上 8:00 开灯，晚上 8:00 关灯，设定昼夜交替为 12 小时:12 小时，从早 8:00 到晚 8:00 的照度必须确保能达到 150～300lx。

（2）照度测定使用 ANA-9 照度计。

（3）测定开始，轻按开关键，打开照度计。置于动物房中间距地面 1m 处，静置 10 秒钟。照度计正面向上，身体尽量不遮挡照度计。

（4）再按开关键所显示的为测定照度。记录完毕后再按一次开关键，关闭照度计。

4. 噪声测定

（1）噪声测定使用 FSL-1350 型噪声测定仪。

（2）打开电源开关，拨至 Lo 挡。测定时间间隔设为 F，间隔时间为 0.2 秒测定一次，频率测定设为 C。

（3）将设定好的噪声测定仪置于动物房中间距地面 1m 处静置测定。同时房间内停止所有活动，保持安静。当显示读数相对稳定时读取并记录。关闭电源。

5. 氨浓度的测定

（1）氨浓度的检测使用管式气体检测器。

（2）首先检查气体检测管是否完整。先将气体检测管在空气采样器上折断两端。按箭头所指的进气方向，将检测管连接到气体采样器上。

（3）将连接好的气体检测器，置于动物房中间距地面 1m 处，抽取空气 100ml，静置 1 分钟。

（4）检测管由粉色变为黄色，读取黄色到达的刻度数值，为氨浓度值，单位为 ppm。

6. 空气洁净度测定

（1）粒子浓度测定使用 SIBATA 的 GT－521 型粒子检测仪。

（2）使用前充电 8 小时。

（3）根据使用说明书，设置采样时长、流量和采样次数。

（4）测定开始时，将检测仪置于动物房中间距地面 1m 处，取下采样管帽，轻按 START/STOP 键，等待抽气结束，系统自动读取数据平均值。

（5）读取≥0.5μm、≥1.0μm、≥5.0μm 平均检测值数直接记录在《实验动物环境检测报告书》上。

（二）动物实验设施内部定期校准标准操作规程示例

1. 目的　通过校准压力梯度计和数控温湿度程序，确保压力梯度和温度、相对湿度的准确性。

2. 适用范围　适用于动物实验室内所有挂于墙上的压力梯度计和数控温湿度传感器。

3. 程序

（1）每个季度对所有机械式压力梯度计和数控温湿度传感器进行校准。

表 6－4－1　实验动物环境检测报告书（示例）

检测日期：　　　　　　　　　　　　　检测人员：

检测区域	平均温度	平均湿度	平均噪声	平均照度	尘埃粒子	氨浓度
房 1						
房 2						
…						
结果评价： 签名：　　　　日期：						
温度标准：屏障系统 20～26℃，普通环境 16～26℃；湿度标准：40%～70%； 噪声标准：≤60dB；照度标准：150～300lx；氨浓度标准：≤14mg/m³； 读取并记录≥0.5μm、≥1.0μm、≥5.0μm 等 3 种粒径尘粒子，在动态检测中作为参考评估指标						

表 6-4-2 多位点物理检测指标原始记录（示例）

检测日期： 检测人员：

检测区域		温度	湿度	噪声	照度
房 1	1				
	2				
	3				
	4				
	5				
	平均				
房 2	1				
	2				
	3				
	4				
	5				
	平均				
…	1				
	2				
	3				
	4				
	5				
	平均				

采样位点示例

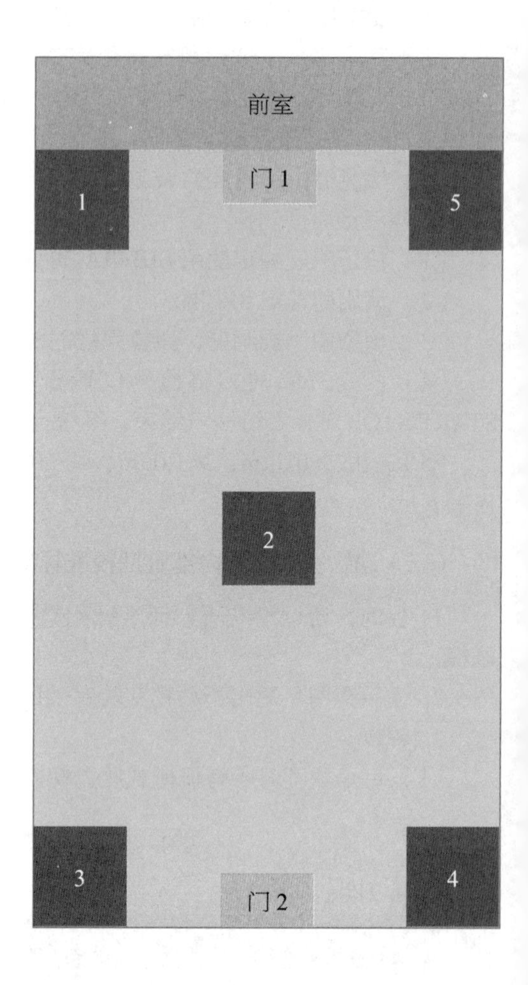

（2）校准时，将实验区内所有门都完全闭合。

（3）校准机械式压力梯度计　使用多功能风速计测定待测房间与其相邻空间之间的静压差记录于《动物实验设施内部定期校准原始记录》。将实测静压差数据与机械式压力梯度计进行比对，将“一”字形螺丝刀插入机械式压力梯度计的指针根部，通过适当转动，按照实测值对机械式压力梯度计进行校准（表 6-4-3）。若压力梯度计已经无法进行校准，需更换新的压力梯度计并对其进行校准。

（4）校准温湿度传感器　使用温湿度计测定待测房间的温度和相对湿度，并记录于《动物实验设施内部定期校准原始记录》。将实测温度和相对湿度与中控系统相比较，对中控系统的温度和相对湿度进行校准（表 6-4-4）。

表 6-4-3　机械式压力梯度计校准表

压力梯度计位置	实测值	调整前显示值	调整后显示值	操作人	备注
清洁走廊→实验室 1	15	9	15	***	+6
实验室 1→污染走廊	12	20	12	***	-8
…	…	…	…	…	…

校准日期：年　月　日

表 6-4-4　温度和相对湿度校准表

校准日期：年　月　日

房间名称			
检测开始时间		检测结束时间	
温度		相对湿度	
位点 1		位点 1	
位点 2		位点 2	
…		…	
平均值		平均值	
同时间点中控系统显示值			
温度		相对湿度	
温度偏离平均值		湿度偏离平均值	

温度、相对湿度检测人：　　　　　　　　系统校准人：

年　月　日　　　　　　　　年　月　日

（三）实验动物环境落下菌检测标准操作规程示例

（1）实验动物管理室对实验动物区域定期进行落下菌检测，检测间隔约为 3 个月。

（2）每次检测前，检测负责人根据本 SOP“落下菌检测位点分布示意图”（图 6-4-1）上所标示的数量及实验动物房的实际使用情况确定落下菌检测计划，检测计划包括检测日期和预期时间以及检测位点的数量。

（3）根据检测计划购入检测用平皿，或者根据中华人民共和国国家标准 GB 14925—2010 制备。

（4）制成或者购入平皿后，落下菌检测人员将平皿（盖在下）放入 37℃恒温箱内无菌培养约 24 小时，无细菌生长后方可用于检测。

（5）在检测前一个工作日，动物管理室贴出“落下菌检测通知”。在执行落下菌检测期间，检测区域不得有检测人员以外的人员出入，实验人员如果发现检测时间与实验时间发生冲突，请在检测开始前联系动物管理室负责人。

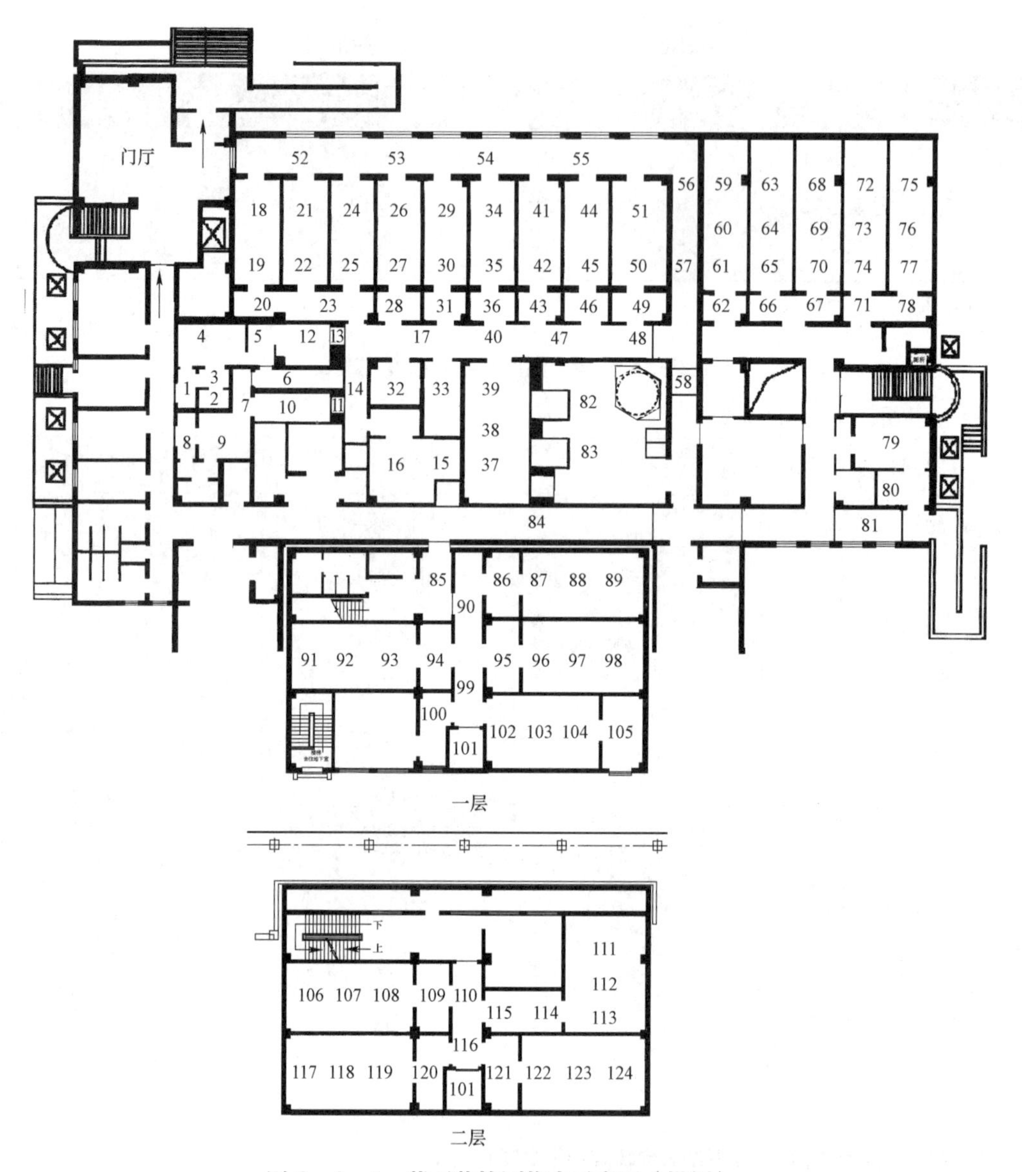

图 6－4－1　落下菌检测位点示意图（样例）

（6）在检测当日，采样人员在预定时间按照“落下菌检测位点示意图”放置打开的平皿，并按放置位点给平皿编号。

（7）30 分钟后加盖，放于 37℃恒温箱内培养约 48 小时后计算菌落数（个/皿）。

（8）计数人员（检测负责人必须参与计数）计数并填写检测报告书交实验动物管理室负责人并汇报检测结果，动物管理室负责人负责存档（表 6－4－5）。

（9）如果检测结果出现超标，实验动物管理室负责人在收到检测报告后下达书面指示要求负责相关区域的动物管理人员重新清洁落下菌超标的区域，并进行落下菌检测确认。

（10）备注：普通实验动物区域内饲养有普通级实验动物的房间可不参与落下菌检测，但这些动物房的前室将依计划检测。

表 6-4-5　落下菌检测报告（样例）

采集日期：　　　　　　　　　　　　　　采集人：

计数日期：　　　　　　　　　　　　　　计数人：

平皿编号（同位点编号）	放置地点	落下菌数	检测位点状态说明
1	男前室		—
2	男洗澡间		—
3	男洗澡更衣		—
4	男一更		—
…	…	…	…
17	清洁走廊		—
18	饲养室 1		○有动物 ○无动物
19	饲养室 1		○有动物 ○无动物
20	饲养室 123 前室		—
…	…	…	…
备注：			
结论：			
检测负责人：		最终报告日期：	

二、实验动物设施环境检测机构相关标准操作规程示例（部分不局限于实验动物设施）

（一）实验动物设施环境受托检测标准技术流程示例

1. 目的　通过制定本标准规范实验动物设施环境受托检测的程序，提高检测工作前期沟通效率，方便现场检测工作的开展。

2. 适用范围　适用于各种实验动物生产设施和实验设施受托检测。

3. 程序

（1）接受委托　询问委托方设施环境等级及检测目的和项目；根据委托方的要求和平面图纸计算检测费用。

（2）委托方接受报价后，进一步询问待检设施基本情况，包含但不限于：设施建成时间；设施使用时间；主送风机最大功率及额定送风量；照明系统基本情况（灯具布置数量和功率、动物照明有无调节开关等）；要求委托方提前准备委托材料（检测申请函、施工图均需加盖委托单位公章）；确定现场检测时间。

（3）现场检测　现场检测前 3 个工作日再次确认检测时间和委托方需准备的书面材料；提醒委托方检测时的注意事项，如保持房间清洁、按时更换垫料等。

（4）检测项目　依据国标《实验动物 环境及设施》的要求，检测指标可分为动态检测指标和静态检测指标，静态检测除氨浓度外所有检测指标，动态检测包含温度、相对湿度、压差、噪声、气流速度、照度、氨浓度等，设施设备调试和（或）更换过滤器后检测空气洁净度、换气次数、沉降菌最大平均浓度等（表 6-4-6）。

表 6-4-6 实验动物环境及设施检测项目提示表

项目\环境等级	普通环境	屏障环境	隔离环境
温度	动/静	动/静	动/静
相对湿度	动/静	动/静	动/静
最小换气次数	静	静	静
动物笼具处气流速度	动/静	动/静	动/静
相通区域静压差	动/静	动/静	动/静
空气洁净度	静	静	静
沉降菌最大平均浓度	静	静	静
氨浓度	动	动	动
噪声	动/静	动/静	动/静
最低工作照度	动/静	动/静	动/静
动物照度	动/静	动/静	动/静

（5）检测条件

①静态检测：在实验动物设施通风系统、空调系统、照明系统、净化系统（不包含普通环境）等连续运行 48 小时以上，设施运转达到设计负荷要求并稳定，工艺设备已完成安装，设施内无实验动物及工作人员的条件下进行的检测。

②动态检测：在实验动物设施处于正常生产或实验工作状态条件下进行的检测。

（6）检测步骤

①房间尺寸；

②温度、相对湿度；

③动物笼具处气流速度（简称“气流速度”）；

④沉降菌平均最大浓度（简称“沉降菌”）；

⑤氨浓度；

⑥噪声；

⑦照度（工作照度、动物照度）；

⑧最小换气次数（简称“换气次数”）；

⑨相通区域的最小静压差（简称“静压差”）；

⑩空气洁净度。

实验动物设施环境检测原始记录样表见表 6-4-7。

表 6-4-7 实验动物设施环境检测原始记录（样表）

1. 检测依据 GB 14925 实验动物 环境及设施

2. 检测设备

设备名称	设备型号	资产编号	使用人	备注
激光测距仪				
温湿度仪				
多功能参数仪				
照度计				
声级计				
氨浓度仪				
大气采样器				
风量仪				
尘埃粒子计数器				
恒温培养箱				
超净工作台				
紫外分光光度计				
…				

3. 检品编号

4. 操作步骤

（1）在动物设施竣工空调系统运转 48 小时后或设施正常运行之中进行测定。

（2）根据待测设施具体情况，选择具有代表性的检测位点，位点布置记录于附图。

（3）在附图的各个检测位点上，分别检测各项指标，并记录于表格。

（此处附位点布置示意图）

设施类别	□生产设施 □实验设施		环境等级	□普通环境 □屏障环境 □隔离环境	
设施名称					
房间名称					
房间尺寸	长/m	宽/m	高/m	面积/m^2	容积/m^3

续表

检测项目	位点 1	位点 2	位点 3	位点 4	位点 5	平均值
温度/℃						
相对湿度/%						
气流速度/（m/s）						
噪声/dB（A）						
工作照度/lx						
动物照度/lx						
氨浓度/（mg/L）						
房间大气压	hPa	采样量	L	氨浓度	mg/m^3	
*沉降菌/CFU·90mm·$0.5h^{-1}$						
（*普通环境不检沉降菌） 检验人: 年 月 日				复核人: 年 月 日		

*空气洁净度			
位点/粒径	≥0.5μm pc/m^3	≥1.0μm pc/m^3	≥5.0μm pc/m^3
位点 1			
位点 2			
位点 3			
…			
平均值			
（*普通环境不检） 检验人: 年 月 日		复核人: 年 月 日	

整改前进气量/（m^3/h）	进气口 1	进气口 2	进气口 3	进气口 4	进气口 5	进气口 6
进气总量			换气次数/（次/h）			
整改后进气量/（m^3/h）	进气口 1	进气口 2	进气口 3	进气口 4	进气口 5	进气口 6
进气总量			换气次数/（次/h）			

*整改前静压差/Pa				
相通区域	→	→	→	
*整改后静压差/Pa				
（*普通环境不检） 检验人: 年 月 日		复核人: 年 月 日		

（二）环境氨气浓度检测标准操作规程示例

1. 目的　规范实验动物设施及洁净室等环境氨气浓度检测的操作，保障环境氨气浓度检测结果的准确性。

2. 适用范围　适用于实验动物设施及洁净室环境内氨气浓度的检测。

3. 程序

（1）试剂要求

测定所需试剂如无特特殊说明，均为分析纯。

无氨蒸馏水、高锰酸钾、硫酸、氢氧化钠、硫酸铵、氯化铵。

纳氏试剂法：纳氏试剂、酒石酸钾钠。

靛酚蓝法：水杨酸、枸橼酸钠、亚硝基铁氰化钠、次氯酸钠、碘化钾、盐酸、硫代硫酸钠。

（2）检测仪器

大型气泡吸收管，大气采样器，流量计（0.2～1.0L/min），具塞比色管（10ml），紫外分光光度计以及符合纳氏试剂检测原理的设备。检测仪器应定期检定。

（3）纳氏试剂法

①检测原理　空气中的氨与纳氏试剂在碱性条件下作用产生黄色，比色定量。

②测定条件　在实验动物设施处于正常生产或实验工作状态下进行，垫料更换符合时限要求；符合委托方要求的环境条件。

③检测试剂的配制　吸收液：0.05mol/L 硫酸溶液。

纳氏试剂：称取 17g 氯化汞溶于 300ml 蒸馏水中，另将 35g 碘化钾溶于 100ml 蒸馏水中，将氯化汞滴入碘化钾直至形成红色不溶物沉淀出现为止。然后加入 600ml 20%氢氧化钠溶液及剩余的氯化汞溶液。将试剂贮存于另一个棕色瓶内，放置暗处数日。取出上清液放于另一个棕色瓶内，塞好橡皮塞备用。

标准溶液：称取 3.879g 硫酸铵［$(NH_4)_2SO_4$］（80℃干燥 1 小时），用少量吸收液溶解，移入 1000ml 容量瓶中，用吸收液稀释至刻度，此溶液 1ml 含 1mg 氨（NH_3）贮备液。量取贮备液 20ml 移入 1000ml 容量瓶，用吸收液稀释至刻度，配成 1ml 含 0.02mg 氨（NH_3）的标准溶液备用。

预制检测试剂盒：将吸收液按照试剂盒说明书用无氨水稀释，倒入密封的玻璃管内备用。

④样品采集　应用装有 5～10ml 吸收液的大型气泡吸收管安装在采样器上。不足 50m^2 房间选取 2 个检测位点，每增加 20m^2 增加 1 个检测位点。实验动物设施中检测位点应在各笼具中央，如无特殊要求应选择避开进风口正下方的位点。以 0.5L/min 速度抽取被检气体样品，并记录采样点的温度和大气压力。采样后，样品应尽快进行分析，室温下最长保存时间不超过 24 小时。

⑤分析步骤

a. 绘制标准曲线：采样结束后，从采样管中取 1ml 样品溶液，置于试管中，加 4ml 吸收液，同时按表 6-4-8 配置标准色列管，分别测定各管的吸光度，并绘制标准曲线。

表 6-4-8　氨标准色列管的配制

管号	0	1	2	3	4	5	6	7	8	9	10
标准液/ml	0	0.2	0.4	0.6	0.8	1.0	1.2	1.4	1.6	1.8	2.0
0.05mol H_2SO_4/ml	5	4.8	4.6	4.4	4.2	4.0	3.8	3.6	3.4	3.2	3.0

续表

管号	0	1	2	3	4	5	6	7	8	9	10
纳氏试剂/ml	0.5	0.5	0.5	0.5	0.5	0.5	0.5	0.5	0.5	0.5	0.5
氨含量/mg	0	0.004	0.008	0.012	0.016	0.020	0.024	0.028	0.032	0.036	0.040

向样品管中加入 0.5ml 纳氏试剂，混匀，放置 5 分钟后用紫外分光光度计在 500nm 处比色，读取吸光度值，从标准曲线表中查出相对应的氨含量。

b. 仪器直接读取：依据设备使用 SOP，设立空白对照后，直接测定样品中氨含量。

⑥计算　将采样体积按公式（6-4-1）换算成标准状态下采样体积。

$$V_0 = V_t \times \frac{T_0}{273+T} \times \frac{P}{P_0} \qquad (6-4-1)$$

式中：V_0——标准状态下的采样体积，单位为升（L）；

V_t——采样体积，单位为升（L）；

T_0——标准状态下的绝对温度 273K；

T——采样点的气温，单位为摄氏度（℃）；

P——采样点的大气压，单位为千帕（kPa）；

P_0——标准状态下的大气压，101kPa。

空气中氨浓度，按公式（6-4-2）计算。

$$X = \frac{C \times \text{取样量}}{V_0} \qquad (6-4-2)$$

式中：X——空气中氨浓度，单位为毫克每立方米（mg/m^3）；

C——样品溶液中氨含量，单位为微克（μg）；

V_0——换算成标准状况下的采样体积，单位为升（L）。

（4）靛酚蓝分光光度法

①检测原理　空气中的氨被稀硫酸吸收，在亚硝基铁氰化钠及次氯酸钠存在条件下，与水杨酸生成蓝绿色的靛酚蓝染料，根据着色深浅，比色定量。

②试剂和材料

无氨蒸馏水：在普通蒸馏水中加少量的高锰酸钾至浅紫红色，再加少量氢氧化钠至呈碱性。蒸馏，取其中间蒸馏部分的水，加少量硫酸溶液呈微酸性，再蒸馏一次。

吸收液［$c(H_2SO_4 = 0.005mol/L)$］：量取 2.8ml 浓硫酸加入无氨蒸馏水中，并稀释至 1L。临用时再稀释 10 倍。

水杨酸溶液（$\rho[C_6H_4(OH)COOH] = 50g/L$）：称取 10.0g 水杨酸和 10.0g 枸橼酸钠（$Na_3C_6O_7 \cdot 2H_2O$），加水约 50ml，再加 55ml 氢氧化钠［$c(NaOH) = 2mol/L$］，用无氨蒸馏水稀释至 200ml。此试剂稍有黄色，室温下可稳定 1 个月。

亚硝基铁氰化钠溶液（10g/L）：称取 1.0g 亚硝基铁氰化钠［$Na_2Fe(CN)_3 \cdot NO \cdot 2H_2O$］，溶于 100ml 无氨蒸馏水中。贮于冰箱中冷藏可稳定 1 个月。

次氯酸钠溶液［$c(NaClO) = 0.05mol/L$］：取 1ml 次氯酸钠试剂原液，根据碘量法标定的浓度用氢氧化钠溶液［$c(NaOH) = 2mol/L$］稀释成 0.05mol/L 的次氯酸钠溶液，贮于冰箱中可保存 2 个月。

氨标准储备液［$\rho(NH_3)$=1.00g/L］：称取 0.3142g 经 105℃干燥 1 小时的氯化铵（NH_4Cl），用少量水溶解，移入 100ml 容量瓶中，用吸收液稀释至刻度。此溶液 1.00ml 含 1.00mg NH_3。

氨标准工作液［$\rho(NH_3)$=1.00mg/L］：临用时，从标准储备液中吸取 100μl，移入 100ml 容量瓶中，再用吸收液稀释至刻度。此溶液 1.00ml 含 1.00μg 氨。

③采样　室内面积不足 50m² 的设置 1 个测点，50～200m² 的设置 2 个测点，200m² 以上的设置 3～5 个测点。室内 1 个测点的设置在中央，2 个采样点的设置在室内对称点上，3 个测点的设置在室内对角线四等分的 3 个等分点上，5 个位点的按梅花布点，其他的按均匀布点原则布置。测点离地面高度 1～1.5m，距离墙壁不小于 0.5m。测点应避开通风口、通风道等。用 1 个内装 10ml 吸收液的大型气泡吸收管，以 0.5L/min 流量采样 5L。记录采样点的温度及大气压力。采样后，样品在室温下保存，并于 24 小时内分析。

④分析步骤

a. 标注曲线的绘制：取 10ml 具塞比色管 7 支，按表 6-4-9 制备标准系列管。

表 6-4-9　洁净室靛酚蓝法使用氨标准色列管的配制

管号	0	1	2	3	4	5	6
标准工作液/ml	0	0.50	1.00	3.00	5.00	7.00	10.00
吸收液/ml	10.00	9.50	9.00	7.00	5.00	3.00	0
氨含量/μg	0	0.50	1.00	3.00	5.00	7.00	10.00

在各管中加入 0.50ml 水杨酸溶液，再加入 0.10ml 亚硝基铁氰化钠溶液和 0.10ml 次氯酸钠溶液混匀，室温下放置 1 小时。用 1cm 比色皿，于波长 697.5nm 处，以水作参比，测定各管溶液的吸光度。

以氨含量（μg）为横坐标，吸光度为纵坐标，绘制标准曲线，并计算校准曲线的斜率。标准曲线斜率应为 0.081 ± 0.003 吸光度/μg 氨，以斜率的倒数作为样品测定时的计算因子（B_s）。

b. 样品测定：将样品溶液转入具塞比色管内，用少量的水洗吸收管，合并，使总体积为 10ml。再按标准曲线绘制中的操作步骤测定样品的吸光度。在每批样品测定的同时，用 10ml 未采样的吸收液作试剂空白测定。如果样品溶液吸光度超过标曲范围，则可用空白吸收液稀释样品液后再分析。

⑤结果计算

采气体积换算：将实际采气体积按公式（6-4-1）换算成标准状态下的采气体积 V_0。

浓度计算：空气中氨的质量浓度按公式（6-4-3）计算。

$$\rho=\frac{(A-A_0)\times B_s}{V_0}\times k \qquad (6-4-3)$$

式中：ρ——空气中氨的质量浓度，单位为毫克每立方米（mg/m³）；

A——样品溶液的吸光度；

A_0——空白溶液的吸光度；

B_s——计算因子，μg/吸光度；

V_0——标准状态下的采气体积，单位为升（L）；

k——样品溶液的稀释倍数。

结果表达：一个区域的测定结果以该区域内各采样点质量浓度的算术平均值给出。

（5）注意事项

①含量较高时，则形成棕红色沉淀，需另取样品，增加稀释倍数，重新分析，甲醛和硫化氢对测定有干扰。

②所有试剂均需用无氨水配制。

（三）环境换气次数检测标准操作规程示例

1. 目的 规范环境送风量或排风量检测的操作，保障环境风量检测结果的准确性。

2. 适用范围 适用于实验动物设施、洁净厂房、洁净室、生物安全实验室、医院洁净手术部等环境检测新风量、换气次数的操作。

3. 程序

（1）实验动物设施

①检测条件 在实验动物设施运转接近设计负荷连续运行 48 小时以上进行检测。

测量仪器：精密度为 0.01 以上的热球式电风速计，或智能化数字显示式风速计，或风量罩，校准仪器后进行检测。

②检测步骤

a. 通过测定送风口风量（正压式）或出风口风量（负压式）及室内容积来计算换气次数。

b. 风口为圆形时，直径在 200mm 以下者，在径向上选取 2 个测定点进行测定；直径在 200～300mm 时，用同心圆做 2 个等面积环带，在径向上选取 4 个测定点进行测定；直径为 300～600mm 时，做成 3 个同心圆，在径向上选取 6 个点；直径＞600mm 时，做成 5 个同心圆测定 10 个点，求出风速平均值。

c. 风口为方形或长方形者，应将风口断面分成 100mm×150mm 以下的若干个等分面积，分别测定各个等分面积中心点的风速，求出平均值，作为平均风速。

d. 在装有圆形进风口的情况下，可应用与之管径相等、1000mm 长的辅助风道或应用风斗型辅助风道，按 b 中所述方法取点进行测定；如送风口为方形或长方形，则应用相应形状截面的辅助风道，按 c 中所述方法取样进行测定。

e. 使用风量罩测定时，直接将风量罩扣到送（排）风口测定。

③计算结果 按公式（6-4-4）求得换气量。

$$Q = 3600 \times \sum_i (S_i \times \overline{V_i}) \qquad (6-4-4)$$

式中：Q——所求换气量，单位为立方米每小时（m^3/h）；

S_i——有效横截面积，单位为平方米（m^2）；

$\overline{v}_i$——平均风速，单位为米每秒（m/s）。

换气量再乘以校正系数即可求得标准状态下的换气量。校正系数进风口为 1.0，出风口为 0.8，以 20℃为标准状态按公式（6-4-5）进行换算：

$$Q_0 = 3600 \{ (273+20) / (273+t) \} Sv \qquad (6-4-5)$$

式中：Q_0——标准状态时的换气量，单位为立方米每小时（m^3/h）；

t——送风温度，单位为摄氏度（℃）；

v——平均风速，单位为米每秒（m/s）。

换气次数则由公式（6-4-6）求得：

$$n=Q_0/V \qquad (6-4-6)$$

式中：n——换气次数，单位为次每小时（次/h）；

Q_0——送风量，单位为立方米每小时（m^3/h）；

V——室内容积，单位为立方米（m^3）。

（2）洁净室或洁净厂房　风量检测前，必须检查风机运行是否正常，系统中各部件安装是否正确，有无障碍，所有阀门应固定在一定的开启位置上，且必须实际测量待测风口、风管的尺寸。

①单向流洁净室　采用室截面平均风速和截面积乘积的方法确定送风量，参照公式（6-4-4）。风速测定方法参照气流速度测定的SOP。

②非单向流洁净室

a. 风量罩法：风量罩面积应将过滤器或出风口完全罩住，且风量罩边与接触面应严密无泄漏。通过风量罩示数获取风口风量。

b. 风口法：在安装有高效过滤器的风口处，根据风口形状连接辅助风管进行测量。即用镀锌钢板或其他不产尘材料做成与风口形状及内截面相同，长度等于 2 倍风口长边的直管段，连接与风口外部。

在辅助风管出口平面上，按最少测点数不少于 6 点均匀分布，使用风速仪测定各测点之风速。然后，以求取的风口截面平均风速乘以风口净截面积求取测定风量。

c. 风管法：对于风口上风侧有较长的支管段，且已经或可以钻孔时，可用风管法确定风量。测点断面应位于大于或等于局部阻力部件前 3 倍管径或长边长、局部阻力部件后 5 倍管径或长边长的部位。

对于矩形风管，是将测定截面分割成若干个相等的小截面，每个小截面尽可能接近正方形，边长不应大于 200mm，测点应位于小截面中心，但整个截面的测点数不宜少于 3 个。

对于圆形风管，应根据管径大小，将截面划分为若干个面积相同的同心圆环，每个圆环测 4 点。根据管径确定圆环数量，不宜少于 3 个。

d. 注意：风口上有网、孔板、百叶等配件时，测定面应距其约 50mm，测定面积按风口面积计算，测点数不少于 6 点。对于百叶风口，也可在每两条百叶中间选不少于 3 点，并使测点正对叶片间的斜向气流。测点面积应按百叶风口通过气流的净面积计算。

（3）医院洁净手术部　对Ⅱ级和Ⅲ级洁净手术室应先确保满足送风面平均风速，然后按公式（6-4-4）和公式（6-4-6）进行计算。

对Ⅳ级洁净手术室和洁净辅助用房的分散送风口应通过检测送风口风量换算得出换气次数。

（4）注意事项　测量仪器应定期检定。

（四）环境空气洁净度检测标准操作规程示例

1. 目的　规范环境空气洁净度检测的操作，保障环境空气洁净度检测结果的准确性。

2. 适用范围　适用于使用尘埃粒子计数器对实验动物设施、洁净厂房、洁净室、生物安全实验室、医院洁净手术部、洁净工作台等环境的空气洁净度检测的操作。

3. 程序

（1）实验动物设施

①检测条件

a. 静态检测：在实验动物设施内环境净化空调系统正常连续运转 48 小时以上，工艺设备已安装，室内无动物及无工作人员的情况下进行检测。

b. 动态检测：在实验动物设施处于正常生产或实验工作状态下进行检测。

②检测步骤

a. 静态检测：应对洁净区及其净化空调系统进行彻底清洁；测量仪器充分预热，采样管必须干净，连接处严禁渗漏。采样管长度，应为仪器的允许长度，当无规定时，不宜大于 1.5m。采样管口的流速，宜与洁净室断面平均风速相接近。检测人员应在采样口的下风侧。

b. 动态检测：在实验工作区或动物饲育区内，选择有代表性测点的气流上风向进行检测，检测方法和操作与静态检测相同。

③测点布置　检测实验工作区时，如无特殊实验要求，取样高度为距地面 1.0m 高的工作平面上。检测动物饲育区内时，取样高度为笼架高度的中央，水平高度约为 0.9～1.0m 的平面上。测点间距为 0.5～2.0m，层流洁净室测点总数不少于 20 点。乱流洁净室面积不大于 $50m^2$ 的布置 5 个测点，每增加 20～$50m^2$ 应增加 3～5 个测点。每个测点连续测定 3 次。

④采样流量及采样量　5 级要求洁净实验动物设施（装置）采样流量为 1.0L/min，采样量不少于 1.0L。6 级及以上级别要求的实验动物设施（装置）采样流量≤0.5L/min，采样量不少于 1.0L。

⑤结果计算　每个测点应在测试仪器稳定运行条件下采样测定 3 次，计算求取平均值，为该点的实测结果。对于大于或等于 0.5μm 的尘埃粒子数确定：层流洁净室取各测定点的最大值，乱流洁净室取各测点的平均值作为实测结果。

（2）洁净厂房

①室内检测人员数量不宜超过 2 人，且人员必须穿着洁净服，位于测点下风侧并远离测点。

②房间测点数可按如下公式（6－4－7）计算求出：

$$n_{\min} = \sqrt{A} \qquad (6-4-7)$$

式中：$n_{\min}$——最少测点数；

A——待测房间面积（m^2），对于非单流向洁净室，指房间面积，对于单向流洁净室，指垂直于气流的房间截面积，对于局部单向流洁净区，指送风面积。

③每一受控环境的采样点不宜少于 3 点。对于洁净度 5 级及优于 5 级以上的洁净室，应适当增加采样点，并得到委托方同意并记录在案。

④采样点应均匀分布于洁净室或洁净区的整个面积内，并位于工作区高度（距地 0.8m，或根据设计需要协商确定），当工作区分布于不同高度时，可以有 1 个以上的测定平面。

⑤乱流洁净室采样点不得布置在送风口正下方。

⑥每一测点上，每次的采样量必须满足最小采样量。最小采样量根据“非零检测原理”由如下公式（6－4－8）计算得出：

$$最小采样量 = \frac{3}{级别浓度下限(粒/L)} \qquad (6-4-8)$$

也可按照表 6－4－10 选用对应的最小采样量。

表 6-4-10　最小采样量

洁净度等级	不同等级下，大于等于所采粒径的最小采样量					
	0.1μm	0.2μm	0.3μm	0.5μm	1μm	5μm
1 级浓度下限	1	0.24	–	–	–	–
采样量/L	3000	12500	–	–	–	–
2 级浓度下限	10	2.4	1	0.4	–	–
采样量/L	300	1250	3000	7500	–	–
3 级浓度下限	100	24	10	4	–	–
采样量/L	30	125	294	750	–	–
4 级浓度下限	1000	237	102	35	8	–
采样量/L	3	12.7	29.4	86	375	–
5 级浓度下限	10000	2370	1020	352	83	–
采样量/L	2	2	3	8.6	36	–
6 级浓度下限	100000	23700	10200	3520	832	29
采样量/L	2	2	2	2	3.6	102
7 级浓度下限	–	–	–	35200	8320	293
采样量/L	–	–	–	2	2	10.2
8 级浓度下限	–	–	–	352000	83200	2930
采样量/L	–	–	–	2	2	2
9 级浓度下限	–	–	–	3520000	832000	29300
采样量/L	–	–	–	2	2	2

⑦每点采样数应满足可连续记录下 3 次稳定的相近数值，3 次平均值代表该点数值。

⑧当怀疑现场计算出的检测结果可能超标时，可增加测点数。

⑨测单向流时，采样头应对准气流；测非单向流时，采样头一律向上。

⑩若采样口流速与室内气流速度不相等，其比例应在 0.3:1～7:1 之间。

⑪当因测定差错或微粒浓度异常低下（空气极为洁净）造成单个非随机的异常值，并影响结果计算时，允许将该异常值删除，但应在原始记录中注明。

每一测定空间只许删除一次测定值，并且保留的测定值不少于 3 个。

⑫对于需要很多采样量、耗时很大的某粒径微粒的检测，可采用顺序采样法，即将每次测定结果标注于图 6-4-2 中。

标注点落入不合格区时，即停止检测，结果为不达标；当标注点落入合格区时，停止检测，结果为达标；当标注点一直在继续区中延伸，而总采样量已达到表 6-4-10 的最小采样量，累计微粒数仍小于 20，即停止检测，结果为达标；当标注点一直在继续区中延伸，而总采样量未达到最小采样量，但累计微粒数超过 20，即停止检测，结果为不达标。

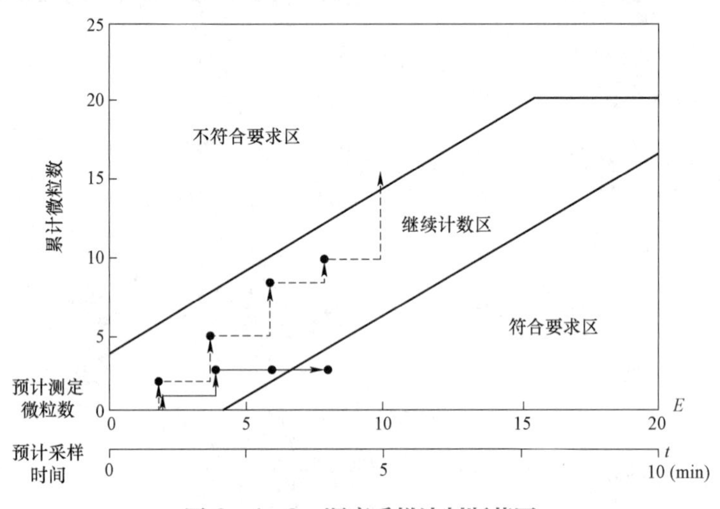

图 6-4-2 顺序采样法判断范围

（3）医院洁净手术部

①洁净手术室和洁净辅助用房洁净度级别的检测，应在系统至少运行 30 分钟，并确认风速、换气次数、检漏和静压差的检测无明显问题后进行。

②当检测时，房间内不得多于 2 人，且必须身着洁净服。房间内打开除无影灯以外的所有光源。

③对于粒径≥0.5μm 和≥5μm 的微粒，检测结果应同时满足下列条件。

应由各点平均含尘浓度 $\overline{C}$ 和室平均浓度 $\overline{N}$ 按如下公式（6-4-9）和公式（6-4-10）计算出 N:

$$N = \overline{N} + t \cdot \sigma_{\overline{N}} \qquad (6-4-9)$$

$$\sigma_{\overline{N}} = \sqrt{\frac{\sum \overline{(C_i - \overline{N})^2}}{k(k-1)}} \qquad (6-4-10)$$

式中：t——单侧分布系数，置信度上限达 95%时，应按表 6-4-11 取值。

表 6-4-11 系数 t

测点数 k	2	3	4	5	6	7	8	9
系数 t	6.31	2.92	2.35	2.13	2.02	1.94	1.90	1.86

当送风口集中布置时，应对手术区和周边区分别检测，测点数和位置应符合表 6-4-12 的规定，测点数不少于 3 点；当附近有显著障碍物时，可适当避开；应避开送风口正下方；当送风口分散布置时，应按全室统一布点检测，测点可均布，但不应布置在送风口正下方。

表 6-4-12　测点位置表

区域	最少测点数	测点位置
Ⅰ级洁净手术室手术区和洁净辅助用房局部 100 级区	5 点	距墙面 0.12m，四角选点
Ⅰ级周边区	8 点，每边内 2 点	
Ⅱ级～Ⅲ级洁净手术室手术区	3 点	距墙面 0.12m，四角任选两角
Ⅱ级～Ⅲ周边区	6 点，长边内 2 点，短边内 1 点	
Ⅳ级洁净手术室及分散布置送风口的洁净室	参照公式（6-4-7）	—

每次粒子计数器采样的最小采样量 5 级区域应为 8.6L，以下各级区域应为 2.83L。

测点布置应在距地面 0.8m 高的平面上，在手术区检测时应无手术台。当手术台已经固定时，台面上测点应高出台面 0.25m，并应记录在案。

当在 5 级区域检测时，采样口应对着气流方向；当在其他区域检测时，采样口均应向上。

（4）洁净工作台

洁净工作台操作区空气洁净度应在环境洁净度≤8 级的条件下进行，否则应按公式（6-4-11）进行换算。

$$C_u = \frac{C_8 \cdot C_e}{C_0} \quad (6-4-11)$$

式中：C_8——洁净度 8 级的浓度上限（粒/L）；

C_u——操作空间的换算含尘浓度（粒/L）；

C_0——试验时洁净工作台空气吸入口的平均含尘浓度（粒/L）；

C_e——操作空间的评价含尘浓度（粒/L），即取各测点平均含尘浓度 $\overline{C_i}$ 的最大值与统计值 N［经公式（6-4-9）和公式（6-4-10）计算，k=5］两者中的最大值。

待测洁净工作台置于正常工作条件下运行 10 分钟，洁净度的测量边界距离内表面或工作窗 100mm。粒子计数器的采样口置于工作台面，向上 200mm 的高度位置，测点数量不少于 5 个。

依据公式（6-4-8）计算，需满足最少采样量。

操作空间洁净度级别 L 由公式（6-4-12）计算得出。

$$L = \lg C_u - 2.08\lg(0.1/D) \quad (6-4-12)$$

式中：D——评价对象粒径；

L——洁净度级别。

（5）注意事项　粒子计数器粒径分辨率应≤10%，粒径设定值的浓度允许误差应为 ±20%，并应按所测粒径进行标定。

（五）环境内照度检测标准操作规程示例

1. 目的　规范环境内照度检测的操作，保障环境内照度检测结果的准确性。

2. 适用范围　适用于实验动物设施、洁净厂房、洁净室、生物安全实验室、医院洁净手术部等环境的温度和相对湿度的检测。

3. 程序

（1）检测仪器　便捷式照度计。

（2）设施类别

①实验动物设施　实验动物设施内工作照度，应在工作光源全部接通，并正常使用状态下进行检测。在实验动物设施内选定几个具有代表性的点进行检测。距地面 0.9m，离开墙面 1.0m 处测定。关闭工作照度灯，打开动物照度灯，在动物饲养盒笼盖或笼网上测定动物照度，测定时笼架不同层次和前后都要选点。使用电光源照明时，应注意电压时高时低的变化，应使电压稳定后再测。

②洁净室　室内照度检测应为测定除局部照明之外的一般照明的照度。室内照度必须在室温趋于稳定之后进行，并且荧光灯已有 100 小时以上的使用期，检测前点亮 15 分钟以上，白炽灯有 10 小时以上的使用期，检测前点亮 5 分钟以上。测点距地面高 0.8m，按 1～2m 的间距布点，$30m^2$ 以内的房间测点距墙面 0.5m，超过 $30m^2$ 的房间测点离墙面 1m。

③医院洁净手术部　照度检测应在光源趋于稳定时，不开无影灯，且无自然采光条件下进行。测点距地面 0.8m，离墙面 0.5m，应按间距不超过 2m 均匀布点，不刻意在灯下或避开灯下选点。

（3）测量仪器应定期检定。

（六）环境温度和相对湿度检测标准操作规程示例

1. 目的　规范设施环境温度、相对湿度检测的操作，保障环境温度和相对湿度检测结果的准确性。

2. 适用范围　适用于实验动物设施、洁净厂房、洁净室、生物安全实验室、医院洁净手术部等环境的温度和相对湿度的检测。

3. 程序

（1）测定仪器　精密度为 0.1 以上热敏电阻式数字型温湿度测定仪，测定仪器应在检定有效期内。

（2）设施类别

①实验动物设施检测　在设施竣工空调系统运转 48 小时后或设施正常运行之中进行测定。测定时，应根据设施设计要求的空调和洁净等级确定动物饲育区及实验工作区，并在区内布置测点。一般饲育室应选择动物笼具放置区域范围为动物饲育区。恒温恒湿房间离围护结构 0.5m，离地高度 0.1～2.0m 处为饲育区。洁净房间垂直平行流和乱流的饲育区与恒温恒湿房间相同。

检测步骤：当设施环境温度波动范围＞2℃，室内相对湿度波动范围＞10%时，温湿度测定宜连续进行 8 小时，每次测定间隔为 15～30 分钟。乱流洁净室按洁净面积不大于 $50m^2$ 至少布置测定 5 个测点，每增加 20～$50m^2$ 增加 3～5 个位点。

②非实验动物设施检测

a. 无恒温恒湿要求的房间：室内空气温度和相对湿度测定之前，空调净化系统应已至少连续运行 8 小时。测点为房间中间一点，应在温湿度读数稳定后记录。测完室内温湿度，还应同时测出室外温湿度。

b. 有恒温恒湿要求的房间：空调系统已连续运行至少 12 小时。根据表 6-4-13，选择相应数量仪表进行测定。根据由低到高的精度，测定宜连续进行（8～48 小时），每次测定间隔不应大于 30 分钟。室内测定可在送回风口处或在恒温恒湿工作区具有代表性的地点布置。测点一般应布置在距外墙表面大于 0.5m、距地 0.8m 的同一高度上；也可以根据恒温恒湿区的大小，分别布置在离地不同高度的几个平面上。

表 6-4-13　有恒温恒湿要求的房间温、湿度测点数

波动范围	室内面积≤$50m^2$	每增加 $20\sim50m^2$
温度波动$\Delta t=+0.5℃\sim\pm2℃$	5 个	+3～5 个
相对湿度波动$\Delta RH=+5\%\sim\pm10\%$		
温度波动$\Delta t\leqslant|0.5|℃$	点间距不应大于 2m，点数不应少于 5 个	
相对湿度波动$\Delta RH\leqslant|5|\%$		

③医院洁净手术部的检测要求　温湿度测定结果仅代表所测时间的工况，应同时注明当时的室外温湿度条件。测量值应通过调试达到测定时气象条件下静态能力的极值，如有疑问或委托方有要求，可在动态或最不利季节复核。当必须测定夏季或冬季工况的温湿度时，只能在当年最热月份或最冷月份进行。

（3）数据整理

①室内温度、相对湿度波动范围　按照各测点的各次温度和相对湿度中偏离控制点温度和相对湿度最大值的测点数，占测点总数的百分比，以温度或相对湿度波动范围为 x 轴，测点百分数（占测点总数%）为 y 轴，整理成累计统计曲线。

②区域温差、区域相对湿度差　按测点中最低或最高的一次测定值与各测点的平均温度和平均相对湿度的差值的测点数，占测点总数的百分比，以温度或相对湿度差值为 x 轴，测点百分数（占测点总数%）为 y 轴，整理成累计统计曲线。

③测量仪器应定期检定。

（七）环境噪声检测标准操作规程示例

1. 目的　规范环境噪声检测的操作，保障环境噪声检测结果的准确性。

2. 适用范围　适用于实验动物设施、洁净厂房、洁净室、生物安全实验室、医院洁净手术部等环境的噪声的检测。

3. 程序

（1）检测仪器　声级计。一般情况下，噪声测定以声级计 A 档位进行测定，如委托方有额外需求可与其协商使用相应计权网络。

（2）设施分类

①实验动物设施

a. 检测条件

静态检测：在实验动物设施内环境通风、净化、空调系统正常连续运转 48 小时后，工艺设备已安装，室内无动物及生产实验工作人员的条件下进行检测。

动态检测：在实验动物设施处于正常生产或实验工作状态条件下进行检测。

b. 测点布置：面积小于或等于 $10m^2$ 的房间，于房间中心离地 1.2m 高度设一个点；面积

大于 $10m^2$ 的房间，在室内离开墙壁反射面 1.0m 及中心位置，距地面 1.2m 高度布点检测。

②洁净室　测点位置：测点附近 1m 内不应有反射物，测点距地高 1.1m。面积＜$15m^2$ 的洁净室，可只测室中心 1 点；面积≥$15m^2$ 的除中心 1 点外，应再测对角 4 点，距侧墙各 1m，测点朝向各角。

当为混合流洁净室时，应分别测定单向流区域、非单向流区域的噪声。有条件时，宜测定空调净化系统停止运行后的本底噪声，室内噪声与本底噪声相差小于 10dB（A）时，应对测点值按照表 6-4-14 进行修正。

表 6-4-14　洁净室噪声读数修正

噪声测量值与背景噪声间的差值/dB（A）	从测量值中减去的数值
6～9	1
4～5	2
3	3
＜3	降低背景噪声，重新测试

③医院洁净手术部　若条件允许，噪声宜在外界干扰较小的晚间进行。

位点布置：房间面积＜$15m^2$ 的选在室中心测 1 点，房间面积≥$15m^2$ 的应在室中心和四角共测 5 点。洁净手术室测点高度为地上 1.5m，其他房间在地上 1.1m。

全部噪声测定后，应关闭净化空调系统测试背景噪声，当背景噪声与室内噪声相差＜10dB 时，室内噪声应按表 6-4-14 予以修正。

（3）注意事项　测量仪器应定期检定。

（八）环境静压差测定标准操作规程示例

1. 目的　规范静压差测定操作。

2. 适用范围　适用于实验动物设施、洁净厂房、洁净室、生物安全实验室、医院洁净手术部等环境静压差测定的操作。

3. 程序

（1）设施状态

①静态检测：在洁净设施空调送风系统连续运行 48 小时以上，已处于正常运行状态，工艺设备已安装，设施内无运行设备和工作人员的情况下进行检测。

②动态检测：在洁净设施已处于正常使用状态下进行检测。

（2）测量仪器　精度可达 1.0Pa 的微压计。

（3）检测步骤　在进行静压差检测前，应确定洁净室送、排风量符合设计要求。

静压差测试时，应关闭洁净区内所有的门，并应从洁净区最里面或空气洁净度级别最高的房间开始向外或向低级别的房间依次检测。

检测根据设施设计与布局，按人流、物流、气流走向依次布点测定。

仅对于洁净厂房，当洁净室有排风时，应在最大排风量条件下进行静压差检测。

测定高度应距地面 0.8m 高，测孔截面应平行于气流方向，测点应选在无涡流、无回风口的位置。

有不可关闭的开口与邻室相通的洁净室，与委托方协商是否按一整间来评估，如果功能不同，应测定开口处的气流流速和流向。

每个测点的数据应在设施与仪器稳定运行的条件下读取。

对于洁净度 5 级或优于 5 级的单向流洁净室，还应测定在门开启的状态下，离门口 0.6m 处的室内侧工作面高度的粒子数。

（4）测量仪器应定期检定。

（九）环境空气沉降菌检测标准操作规程示例

1. 目的　规范沉降法检测空气中细菌浓度检测的操作，保障沉降菌浓度检测结果的准确性。

2. 适用范围　适用于实验动物设施、洁净厂房、洁净室、生物安全实验室、医院洁净手术部等环境内空气沉降菌浓度的检测。

3. 程序

（1）检测程序通则

①测试步骤

a. 静态测试时，室内测试人员最多 2 人。

b. 布皿和收皿的检测人员必须穿着无菌服，但不得穿大褂。头、手均不得裸露，裤管应塞在袜套内，不得穿拖鞋。

c. 将准备好的培养皿按采样点布置图逐个放置，培养皿布放应从内到外，回收应从外到内。

d. 每布置完一个平皿，皿盖只能斜放在皿边上，对照皿盖挪开后马上再盖上。

e. 布置采样点时，至少要尽量避免尘粒集中的回风口。

f. 采样时，测试人员应站在采样口的下风侧，并尽量少走动。

g. 布皿前和收皿后，均应采用双层包装保护培养皿，以防污染。

h. 收皿后应倒置摆放，并应及时放入培养箱内培养，在培养箱外时间不宜超过 2 小时。如无专业标准规定，对于检测细菌总数，培养温度采用 35～37℃，培养时间 24～48 小时；对于检测真菌，培养温度采用 26～29℃，培养时间 3 天。

②菌落计数

a. 对培养后的皿上菌落计数时，应采用 5～10 倍放大镜查看，若有两个或更多菌落重叠，可分辨时则以 2 个或多个菌落计数。

b. 当单皿菌落数太大受到质疑时，可按以下原则之一进行处理，所有处理方法需记录在案：作为坏点剔除；重测，如结果仍大，以两次平均值为准，如结果很小，可再重测；重测该处微粒浓度，参考此结果做出判断。

c. 用计数方法获得各个培养皿的菌落数。

d. 每个测点的沉降菌平均菌落计数采用算术平均值方法计算，每皿平均菌落数取到小数点后 1 位。

（2）实验动物设施

①使用 ϕ 90mm 营养琼脂培养基进行实验动物设施沉降菌检测。

②实验动物设施环境空气中沉降菌的测定应在实验动物设施空调净化系统正常运行至少 48 小时，经消毒灭菌后进行。

③测点选择　每 5～10m^2 设置 1 个测定点，将培养皿放于地面上。

④测定时间　平皿打开后放置 30 分钟，加盖，放于 37℃培养箱内培养 48 小时后计算菌

落数（个/皿）。

（3）洁净室

①使用 φ 90mm 胰蛋白酶大豆琼脂培养基进行洁净室沉降菌检测。

②培养皿表面应经适当消毒清洁处理后，布置在有代表性的地点和气流扰动极小的地点。在乱流洁净室内培养皿不应布置在送风口正下方。

③当委托方没有特殊要求时，培养皿应布置在地面及其以上 0.8m 之内的任意高度。

④每一间洁净室或每一个控制区应设 1 个阴性对照皿。

⑤动态监测时也可协商布点位置和高度。

⑥最少测点数可按如下公式求出：

$$n_{\min} = \sqrt{A} \qquad (6-4-13)$$

式中：$n_{\min}$——最少测点数（小数一律进位为整数）；

A——被测对象的面积（m^2）。对于非单向流洁净室，指房间面积；对于单向流洁净室，指垂直于气流的房间截面积；对于局部单向流洁净区，指送风面积。

⑦如工艺无特殊，在满足最少采样点的同时，培养皿数量应不少于表 6-4-15 中规定的数量。

表 6-4-15　洁净室最少培养皿数

洁净度级别	所需 φ 90mm 培养皿数（以沉降 0.5 小时计）
>5	44
5	13
6	4
7	3
8	2
9	2

⑧当延长沉降时间时，可按比例减少最少培养皿数量，为防止培养皿脱水，最长沉降时间不宜超过 1 小时，当所需沉降时间超过 1 小时，可重叠多皿连续采样。

⑨动态检测时每点叠放多个平皿，每点采满 4 小时以上，每皿可采 30 分钟。当只放 1 个皿时，可<4 小时，但须≥1 小时。

（4）医药工业洁净室（区）

①使用 φ 90mm 大豆酪蛋白琼脂培养基（TSA）或沙氏培养基（SDA）或委托方认可并经验证的培养基。

②培养皿表面应经适当消毒清洁处理后，布置在有代表性的地点和气流扰动极小的地点。

③工作区采样点位置离地 0.8～1.5m 左右（略高于工作面），可在关键设备或关键工作活动范围处增加测点。

④在满足最少采样点的同时，还应满足最少培养皿数，见表 6-4-16。

表 6-4-16　医药工业洁净室（区）最少培养皿数

洁净度级别	所需φ90mm 培养皿数（以沉降 0.5 小时计）
100	14
10000	2
100000	2
300000	2

⑤在空态或静态 a 测试时，对单向流洁净室（区）而言，测试宜在净化空调系统正常运行时间不少于 10 分钟后进行。对非单向流洁净室（区），测试宜在净化空调系统正常运行不少于 30 分钟后进行。

⑥在静态 b 测试时，对单向流洁净室（区），测试宜在生产操作人员撤离现场并经过 10 分钟自净后进行；对非单向流洁净室（区），测试宜在生产操作人员撤离现场并经过 20 分钟自净后进行。

⑦静态测试时，培养皿暴露时间为 30 分钟；动态测试时，培养皿暴露时间为不大于 4 小时。

⑧采用大豆酪蛋白琼脂培养基（TSA）配置的培养皿经采样后，在 30～35℃培养箱中培养不少于 2 天；采用沙氏培养基（SDA）配置的培养皿经采样后，在 20～25℃培养箱中培养不少于 5 天。

⑨培养期间，需对培养基进行观察并记录。

（5）医院洁净手术部

①细菌浓度宜在其他项目检测完毕，对全室表面进行常规消毒后进行，不得进行空气消毒。

②当送风口集中布置时，应对手术区和周边区分别检测；当送风口分散布置时，应全室统一检测。

③最少测点数量见表 6-4-17。

表 6-4-17　医院洁净手术部测点位置表

区域	最少测点数
Ⅰ级洁净手术室手术区和洁净辅助用房局部 100 级区	5
Ⅰ级周边区	8 点，每边内 2 点（距墙面 0.12m）
Ⅱ级～Ⅲ级洁净手术室手术区	3 点
Ⅱ级～Ⅲ级周边区	6 点，长边内 2 点，短边内 1 点
Ⅳ级洁净手术室及分散布置送风口的洁净室	照公式（6-4-13）计算

④测点数应满足最少测点数，且满足最少培养皿数量的要求，见表 6-4-18。

表 6-4-18 医院洁净手术部最少培养皿数

待测区域洁净度级别	每区最少 φ90mm 培养皿数（以沉降 30 分钟计）
5 级	13
6 级	4
7 级	3
8 级	2
8.5 级	2

⑤采样点可布置在地面或不高于 0.8m 的任意高度。

⑥应有 2 次空白对照，第 1 次应对用于检测的培养基做对比试验，每批一个对照皿。第 2 次是在检测时，应每室或每区 1 个对照皿，对操作过程做对照测试。两次结果都应为阴性。

⑦培养期间，需对培养基进行观察并记录。

（6）注意事项

①测试所用物品要作灭菌处理，以确保测试的可靠性、准确性。

②采取一切必要措施防止人为因素对样本的污染。

③每批培养基使用前一天，放入 37℃生化培养箱内，经 24 小时无菌培养，无细菌生长，方可用于检测。

④采样前应仔细观察每个培养皿的质量，如发现变质、破损或污染的应剔除。

⑤对培养基、培养条件及其他参数作详细记录。

⑥由于细菌种类繁多，差别甚大，计数时一般用透射光于培养皿背面或正面仔细观察，不要漏计培养皿边缘生长的菌落，并须注意细菌菌落和培养基沉淀物的区别，必要时用显微镜鉴别。

⑦必须定期对生化培养箱进行校验。

（十）环境气流速度测定标准操作规程示例

1. 目的 规范环境气流速度测定的操作，保障环境气流速度测定结果的准确性。

2. 适用范围 适用于实验动物设施环境等洁净室（区）气流速度测定的操作。

3. 程序

（1）实验动物设施

①检测条件 在实验动物设施运转接近设计负荷，连续运行 48 小时以上进行测定。

②检测仪器 测量仪器为精密度 0.01 以上的热球式电风速计，或智能化数字显示式风速计，校准仪器后进行检测。测量仪器应在有效检定期内。

③测定方法 布点：应根据设计要求和使用目的确定动物饲育区和实验工作区，要在区内布置测点。

一般空调房间应选择放置在实验动物笼具处的具有代表性的位置布点，尚无安装笼具时在离围护结构 0.5m，离地高度 1.0m 及室内中心位置布点。

检测在实验工作区或动物饲育区内进行，当无特殊要求时，于地面高度 1.0m 处进行测定。乱流洁净室按洁净面积不大于 $50m^2$ 至少布置 5 个测点，每增加 $20～50m^2$ 增加 3～5 个位点。

④数据整理　每个测点的数据应在测试仪器稳定运行条件下测定，数字稳定 10 秒后读取。乱流洁净室内取各测点平均值，并根据各测定点各次测定值判定室内气流速度变动范围及稳定状态。

（2）洁净室

①垂直单向流洁净室的测定截面取距地面 0.8m 的无阻隔面（孔板、格栅除外）的水平截面，如有阻隔面，该测定截面应抬高至阻隔面之上 0.25m。

②水平单向流洁净室取距送风面 0.5m 的垂直于地面的截面，截面上测点间距不应大于 1m，一般取 0.3m。

③测点数不少于 20 个，均匀布置。

④测定风速时，宜用测定架固定风速仪，不得不手持风速仪测定时，手臂应伸直至最长位置，使人远离探头。

（3）洁净厂房

①单向流设施　测试平面垂直于送风气流，距高效过滤器出风面应为 0.15～0. 3m，宜采用 0.3m。

将测试平面分为若干面积相等的栅格，栅格数量不应少于测试截面面积（m^2）10 倍的平方根，测点应在每个栅格的中心，全部测点不少于 4 个。

直接测量过滤器面风速时，测点距离过滤器出风面应为 150mm。应将测试面划分为面积相等的栅格，每个栅格尺寸宜为 600mm × 600mm 或更小，测点在每个栅格的中心。

每一点的持续测试时间至少为 10 秒，并记录最大值、最小值和平均值。

风速分布测试应选择空态测试，并应与委托方协商确定。

选取工作面高度为测试平面，平面上划分的栅格数量应不少于测试截面面积（m^2）的平方根，测点应在每个栅格的中心点。

风速分布的不均匀度 β_0 按公式（6-4-14）进行计算，结果不宜大于 0.25。

$$\beta_0 = s / v \qquad (6-4-14)$$

式中：v——各测点风速的平均值；

s——标准差。

②非单向流设施　每个空气过滤器或送风散流器的风速测试，参照单向流设施。

（4）医院洁净手术部

①对Ⅰ级洁净手术室达到 5 级洁净度的手术区和有局部 5 级的Ⅰ级洁净辅助用房中达到 5 级洁净度的区域，应在送风温度稳定的情况下测定其距地面 1.2m 的截面风速，并由公式（6-4-14）计算不均匀度。

测点范围应为集中送风面正投影区边界 0.12m 内的面积，均匀布点，测点平面布置，测点高度距地 1.2m，应无手术台或工作面阻隔，测点间距不应大于 0.3m。当有不能移动的阻隔时，应记录在案。

检测仪器应固定位置，不应手持，每点检测时间不少于 5 秒，每秒记录 1 次，取平均值。

②Ⅱ级～Ⅳ级手术室，测点高度在送风面下方 0.1m 以内，测点之间距离不应超过 0.3m。

送风面速度测点断面布置：最外边测点应在送风口边界内 0.05m，均匀布点。

（十一）独立通风笼（IVC）系统检测标准操作规程示例

1. 目的 规范独立通风笼（IVC）系统检测的流程，保证检测结果的准确性和科学性。

2. 适用范围 适用于IVC及类似产品的合同及委托检测、内部检测参考执行。

3. 检测前准备程序

（1）向委托方了解检测相关的背景信息，内容包括但不限于：

①用于安置IVC的房间背景环境级别（普通环境、屏障环境）；

②所检IVC的生产厂家；

③IVC运行时笼盒内外压差设置（正压或负压）；

④IVC饲养动物种类（小鼠、大鼠、豚鼠等）；

⑤主机负载（如有无主机、每台主机负载笼架数、笼架为单面或双面、每面笼架笼位数量）；

⑥检测目的（如到货验收、实验动物生产/使用许可证申领、实验动物生产/使用许可证换证申请、运行监测等）；

⑦如有可能，还需了解主机控制的调节反馈机制（如压差、进风风速、排风风速或其他参数调节）。

（2）根据了解的背景信息，与委托方协商确定检测项目（表6-4-19）。

表6-4-19 IVC检测项目

<table>
<tr><th>项目</th><th colspan="2">检测项目</th><th>检测区域</th><th>备注</th></tr>
<tr><td>1</td><td colspan="2">笼盒内空气沉降菌</td><td>盒内指标</td><td>营养琼脂平皿（静态）</td></tr>
<tr><td>2</td><td colspan="2">笼盒内空气洁净度</td><td>盒内指标</td><td>尘埃粒子计数器，5笼位（静态）</td></tr>
<tr><td>3</td><td colspan="2">笼盒内外平均静压差</td><td>盒内指标</td><td>压差计，5笼位（平均）</td></tr>
<tr><td rowspan="2">4</td><td rowspan="2">换气次数</td><td>换气量</td><td>盒内或风管</td><td>测量5笼位内进气风量（正压模式）或排气风量（负压模式）</td></tr>
<tr><td>笼盒尺寸</td><td>笼盒</td><td>采信厂家数据或现场测量获得</td></tr>
<tr><td rowspan="2">5</td><td colspan="2">温度</td><td rowspan="2">背景环境指标</td><td rowspan="2">静态时检测房间背景温湿度
动态时检测笼内或总排气管内温湿度</td></tr>
<tr><td colspan="2">湿度</td></tr>
<tr><td>6</td><td colspan="2">工作照度</td><td>背景环境指标</td><td>检测室内工作照度</td></tr>
<tr><td>7</td><td colspan="2">动物照度</td><td>盒内指标</td><td>在动物照明状态下，检测笼盒处照度</td></tr>
<tr><td>8</td><td colspan="2">噪声</td><td>盒内指标</td><td>盒内，模拟铺放有垫料时的噪声；
并同时检测房间背景噪声</td></tr>
<tr><td>9</td><td colspan="2">氨浓度</td><td>盒内指标</td><td>有动物时检测5笼盒或总排气管内</td></tr>
<tr><td>10</td><td colspan="2">气流速度</td><td>盒内</td><td>由于条件不具备，在受托检测中不测</td></tr>
</table>

（3）无论1台主机负载多少和笼架，以及笼架是单面或者双面，在委托检验中均以其中某个笼架的单面检测情况代表整体运行情况。

（4）其他准备程序同常规设施环境检测。

4. 检测流程

（1）首先记录主机（如有）的显示参数，至少包括压差和换气次数。

（2）笼盒内空气沉降菌检测

①位点选取原则，每台主机随机选择 5 个不同高度、不同列的位点；

②从主机上取下无动物的笼盒，在洁净环境（超净台、生物安全柜或屏障环境）下；

③用 75%乙醇或其他表面消毒剂擦拭平皿表面；

④轻轻掀开笼盒盒盖一侧，将平皿轻放入盒底，并将平皿盖外沿搭在平皿外沿倾斜放置，同时应保证培养基充分暴露；

⑤迅速盖上笼盖，并放回笼架，使培养基在笼盒内暴露 30 分钟；

⑥30 分钟后，通过倾斜笼盒使平皿盖滑落盖住培养基；

⑦如果无法滑落盖住培养基，需使用 75%乙醇或其他表面消毒剂擦拭笼盒表面，同时清洁双手，在洁净环境下打开笼盒用手迅速盖上平皿盖；

⑧收集所有培养基，置于 37℃培养 48 小时后观察结果并记录。

（3）笼盒内空气洁净度检测

①笼盒选取原则为每个笼架依对角线选择，选取不少于 5 个位点；

②对于有测试接口的笼盒（如外置水瓶的水瓶插嘴），将采样软管一端插入测试接口，设法保证密封性（如软性胶质物填塞），每面笼架不少于 5 个位点；

③对于没有测试接口的笼盒，打开每个笼架的送风主管道远端封口，将仪器采样软管伸入管道内，用软质物品封住封口，仅留采样软管伸出的缝隙，待采样完毕重新封口；

④设备操作参照实验动物设施空气洁净度检测标准操作规程，待机器读数稳定后记录平均值。

（4）笼盒内外平均静压差检测

①将笼架上所有笼盒都安装到位；

②对于笼盒有测试口（如外置水瓶的水瓶插嘴口，检测笼盒等），将压差测试软管一端插入测试接口，尽量保证密封性；设备操作参照静压差测定标准操作规程，待机器示数稳定后记录，每个笼架取不少于 5 个位点，取点应以笼架对角线为原则，将所测数据取平均值，即为待测系统平均静压差；

③对于笼盒没有测试口型号，需要与委托方协商用一个盒盖打孔作为测试笼盒进行检测，用同一笼盒参照②的原则检测不少于 5 个位点。

（5）笼盒平均换气次数检测

①对于正压笼盒，应测定其进风管风速；对于负压笼盒，应测定其排风管风速（m/s）。

②测量笼盒尺寸（长度单位 cm，面积单位 cm^2，体积单位 cm^3）。

IVC 笼盒通常为笼底小，笼口大，横截面为长方形，竖截面为梯形，在笼壁与笼底间结合处圆弧状，以该类型为例，随机取 3 个笼盒用于检测。为测量规范，本规程定义：

a. 笼底面积“$S_{下}$”：以笼壁与笼底圆弧角交界处横截面作为笼底面积的测量截面，测量长 $L_{下}$和宽 $W_{下}$，$S_{下}=L_{下}\times W_{下}$；

b. 隔栏下笼盒高度“$H_{隔下}$”：以直尺、卷尺或激光测距仪测量 $H_{隔下}$，取 3 个笼盒的平均值用于评估动物的活动高度；

c. 笼口面积“$S_{上}$”：测量笼底盒上口的长 $L_{上}$和宽 $W_{上}$，$S_{上}=L_{上}\times W_{上}$；

d. 笼盖下笼盒高度“$H_{盖下}$”：以直尺、卷尺或激光测距仪测量，取 3 个笼盒的平均值，$H_{盖下}$用于计算笼盒容积；

e. 笼盒体积 V 计算公式：

$$V = H_{盖下} \times \frac{S_{上} + S_{下} + \sqrt{S_{上} + S_{下}}}{3} \tag{6-4-15}$$

③将笼架上所有笼盒都安装到位。

（6）正压笼盒换气次数测定

①将风机控制模式由“自动”切换到“手动”，需保证切换模式前后，测试笼盒的压差、换气次数前后一致；

②将主机送风管道与送风软管分开，用游标卡尺测量主机送风管内径 d 重复三次并记录，然后计算平均值 $\bar{d}$ ；

③在送风管内，按十字形选取五个位点，测量每处的风速（测量时维持风管的通风工况，避免从检测处泄露）并记录，然后计算平均值 $\bar{v}$ ，并分别测量主机每侧送风管平均风速；

④依据公式（6-4-16）计算平均换气次数 Q。

$$Q = \frac{\pi(\bar{d}/2)^2 \times 10^{-4} \times \bar{v} \times 3600}{N\bar{V} \times 10^{-6}} \tag{6-4-16}$$

式中：N 代表待测检测笼架负载笼盒总数。

（7）负压笼盒换气次数测定

①将主机排风管道与排风软管分开，用游标卡尺测量主机排风管内径 d 三次记录，然后计算平均值 $\bar{d}$ ；

②在排风管内，按十字形选取五个位点，测量每处的风速并记录，然后计算平均值 $\bar{v}$ ；

③据公式（6-4-16）计算平均换气次数 Q。

（8）独立通风笼温度、相对湿度

①在静态条件下笼盒内环境可参照房间内温度及相对湿度；

②动态时候则检测笼内或总排气管内温湿度；

③检测流程参照环境温湿度检测标准操作规程执行。

（9）照度

①工作照度，同室内工作照度，独立检测 IVC 性能时无需检测；

②动物照度，在室内开启动物照明状态下，检测笼盒处照度。

（10）运行噪声检测

①将待测房间内所有独立通风笼手动停机；

②按照环境噪声检测标准操作规程对独立通风笼所处房间进行背景噪声检测并记录；

③每次检测噪声时，只将待测主机启动，剩余主机依旧处于停机状态；

④在待测主机所负载的笼架靠近主机一侧，按照笼架高度在顶部、中部、底部选择三个笼盒，将声级计紧贴靠近主机的笼盒外侧，测量其噪声并记录；

⑤计算噪声平均值；

⑥如果房间内不止一台主机，需在测量完本房间内所有主机后，检查房间所有已用于饲养动物的主机是否都启动。

（11）氨浓度检测　在有动物的情况下检测，每个笼架取 5 个笼盒采样检测，或通过总排风管采样检测。

（十二）实验动物笼器具底板面积和笼内高度检测标准操作规程示例

1. 目的　规范实验动物笼器具底板面积和笼内高度检测的操作，保障实验动物生存空间，确保笼器具底板面积和笼内高度检测结果的准确性。

2. 适用范围　适用于对实验动物笼器具，包括但不限于不锈钢笼器具、塑料笼器具、独立通风笼盒等笼器具尺寸的检测。

3. 程序

（1）笼器具各面衔接处采用直角　将笼盒靠墙或使用其他不透明的平整物体作为激光反射平面，放于笼盒内侧或外侧。

使用激光测距仪测量笼内部底边边线长度 L（单位：m）和笼内高度 H（单位：m）。

使用激光测距仪（或经过计量的其他长度测量工具）测量笼盒内部底边边线长 L 和笼内高度 H。若不方便直接操作（笼内有动物等情况），可测量笼外边线长度 a（单位：m），再用游标卡尺获取笼器具框架的管径或厚度 d（单位：m），计算得到笼内底边边线长度（或笼内高度 H）$L=a-d$。

笼盒底板面积 $S=L\times L$。

（2）笼器具各面衔接处采用圆角　将坐标纸平整的铺放在笼盒底部，用笔将笼盒底部完整的拓写到坐标纸有刻度的区域内，必要时可对坐标纸进行剪裁。

从动物活动空间的顶部，使用激光测距仪测量笼内高度 H。

将笼盒底部拓片分解为两类，第一类区域为面积尽可能大的矩形，用油性笔在拓片画线，第二类区域为矩形外侧至笼盒底部边线处。

如图 6－4－3 所示，空白区为第一类区域，阴影区为第二类区域。

图 6－4－3　笼盒底部拓片

通过数完整格子的方式，先数出矩形长边 a 和短边 b 格子数量，计算获得矩形面积 S_1（m^2）。

通过数格子的方式，数出阴影区格子数量，规定阴影不足 1/2 格的不计入总数，获得阴影面积 S_2（m^2）。

笼盒底部面积 $S=S_1+S_2$。

（3）每一种笼盒应检测不少于 3 个，取其各项平均值作为检测结果。

（刘巍　侯丰田　梁春南）

参考文献

[1] 方喜业，邢瑞昌，贺争鸣. 实验动物质量控制 [M]. 北京：中国标准出版社，2008.

[2] 国家科技基础条件平台中心. 中国实验动物资源调查与发展趋势 [M]. 北京：科学出版社，2018.

[3] 中华人民共和国国家科学技术委员会. 实验动物管理条例. 1988.

[4] 孙靖. 祝贺我国第一个实验动物法规的诞生——《实验动物管理条例》公布实施 [J]. 北京实验动物科学，1989，6（1）：3.

[5] GB 14925—2010，实验动物　环境及设施 [S].

[6] GB 50447—2008，实验动物设施建筑技术规范 [S].

[7] DB11/T 1125—2014，实验动物　笼器具 [S].

[8] DB32/T 2730—2015，实验动物笼器具　集中排风通气笼盒系统 [S].

[9] GB/T 18204.2—2014，公共场所卫生检验方法　第 2 部分：化学污染物 [S].

[10] GB/T 16292—2010，医药工业悬浮粒子测试方法 [S].

[11] GB 50333—2013，医院洁净手术部建筑技术规范 [S].

[12] JG/T 292—2010，洁净工作台 [S].

[13] GB/T 16294—2010，医药工业洁净室（区）沉降菌的测试方法 [S].

第七章　动物实验技术与应用

第一节　抓取与固定

一、小鼠抓取与固定

小鼠性情较温顺，一般不会咬人，比较容易抓取固定。

（一）徒手抓取固定

用拇指和示指轻轻地捏起鼠尾中部，缓缓上提（图 7–1–1），用左手拇指和示指捏住小鼠尾巴中部放在隔板或铁笼上，趁着小鼠试图挣脱的瞬间，迅速用另外 3 个手指压住小鼠的尾巴根部握入手掌，放松拇指和示指，用另外 3 个手指控制小鼠，然后用示指和拇指捏住小鼠头部两边松弛的皮肤提起小鼠，完成抓取保定（图 7–1–2）。注意：不要抓尾尖和尾根。抓得不能太松，否则易回头咬人，也不能太紧以致其窒息，应使头颈部与身体保持伸展状态。

图 7–1–1　提起小鼠

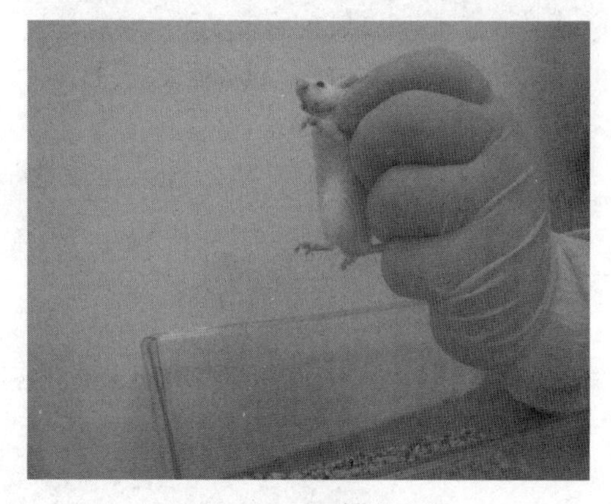

图 7–1–2　抓取小鼠

（二）固定器固定

如要进行手术或心脏采血应先行麻醉，使其仰卧于木板或金属板上，伸展四肢并固定。在一些特殊实验中，如进行尾静脉注射时，可用盒式固定装置进行固定。

二、大鼠抓取与固定

大鼠的门齿很长，当抓取方法不当而受到惊吓或激怒时易将操作者手指咬伤，所以不要突然袭击式地去抓取，实验者应戴上防护手套（有经验者也可不戴）。

（一）抓取

右手轻轻抓住大鼠的尾巴向后拉，但要避免抓其尖端，以防尾巴尖端皮肤脱落，左右抓紧大鼠两耳和头颈部的皮肤，并将大鼠固定在左手中，右手即可进行操作（图 7-1-3）。注意：不要用力过大，以免窒息致死，而过松容易挣脱被咬伤。

（二）固定器固定

（1）若进行手术，可麻醉后固定在大白鼠固定板上（图 7-1-4）。

（2）需尾静脉注射时，固定在大鼠固定笼里（图 7-1-5）。

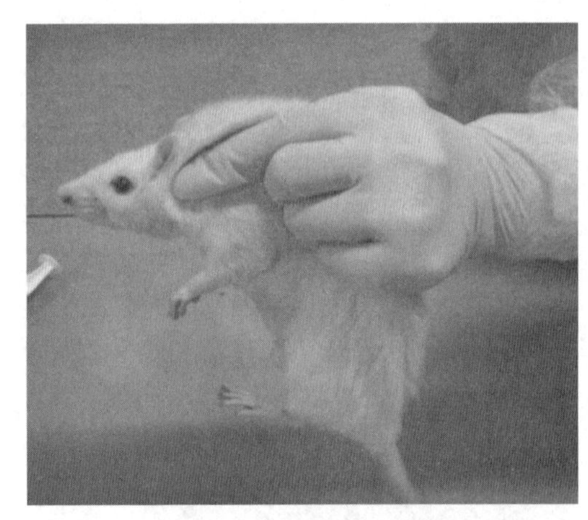

图 7-1-3　大鼠的抓取

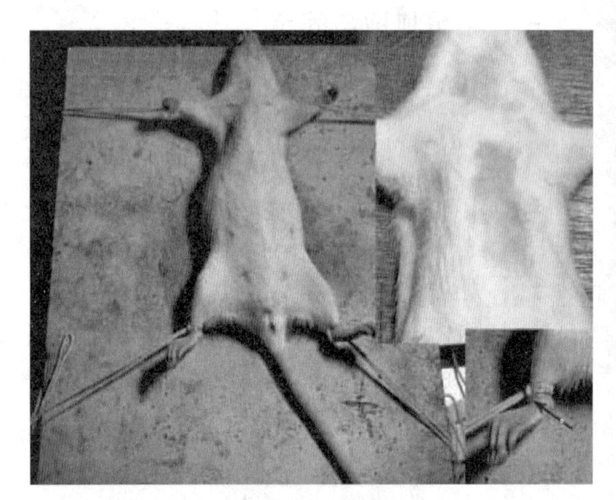

图 7-1-4　大鼠的固定（固定板）

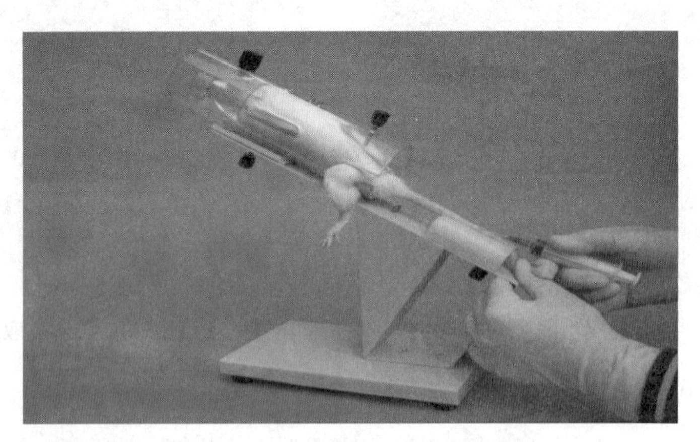

图 7-1-5　大鼠的固定（固定笼）

三、豚鼠抓取与固定

豚鼠的固定一般由两名实验人员完成，一人用双手固定，另一个人给药。

先用手掌以稳、准的手法迅速扣住豚鼠背部，抓住其肩胛上方，将手张开，用手指握住颈部，或握住身体的四周，再拿起来。怀孕或体重较大的豚鼠，应以另手托其臀部（图 7-1-6，图 7-1-7）。

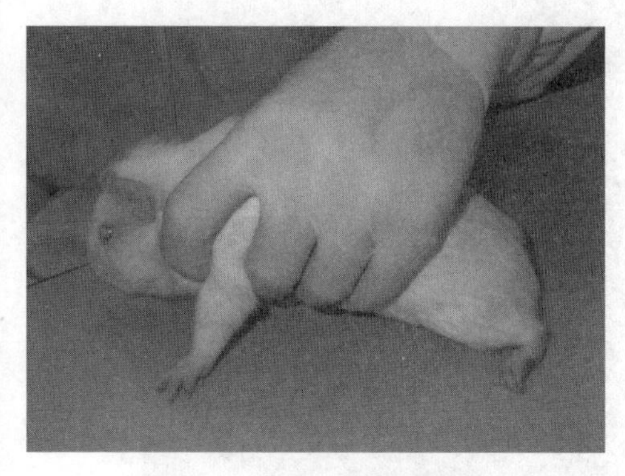

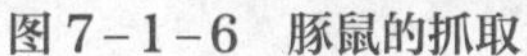

图 7-1-6　豚鼠的抓取

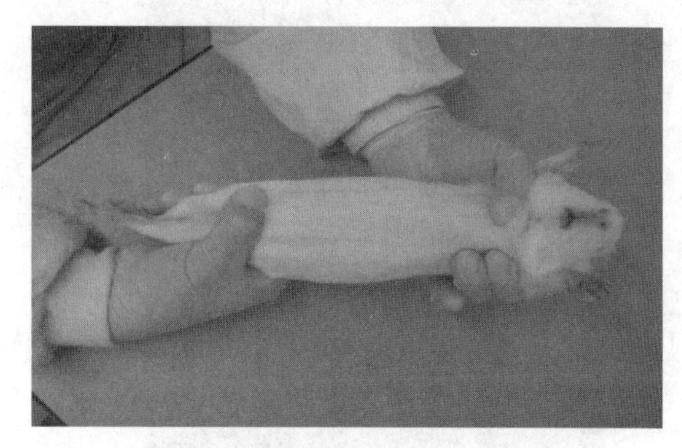

图 7-1-7　豚鼠的抓取与固定

四、家兔抓取与固定

（一）抓取

家兔一般不会咬人，但爪较锋利。实验家兔饲养在笼内，抓取较为方便。抓取时，家兔会使劲挣扎，要特别注意其四肢，尤其是后肢，防止被其抓伤。抓取家兔时，应轻轻打开兔笼门，待其呈安静状态时，一般以右手伸入笼内，抓住颈部皮肤，轻轻将动物提起，把兔轻拉至笼门口，然后左手托起其臀部，让其体重的大部分集中在左手上，并从笼中取出，这样就避免了抓取过程中的损伤（图 7-1-8）。

图 7-1-8　家兔的抓取

（二）固定

盒式固定适用于采血和耳部血管注射，台式固定适用于测量血压、呼吸和进行手术操作等。马蹄形固定适用于颅脑部的精细手术。

家兔固定架按如下操作方法固定家兔（图 7-1-9、7-1-10、7-1-11）。

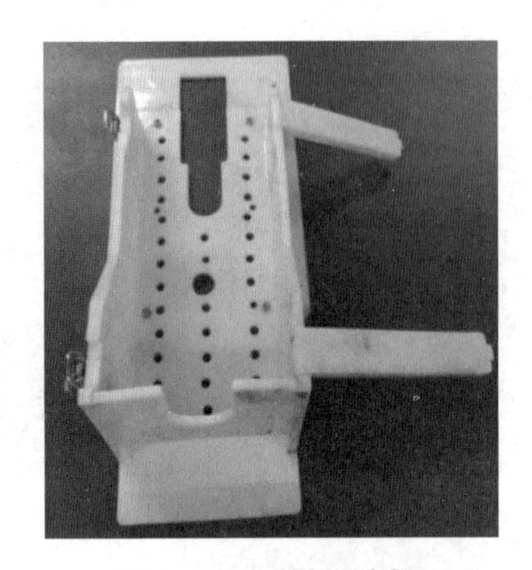

图 7-1-9 放好固定架

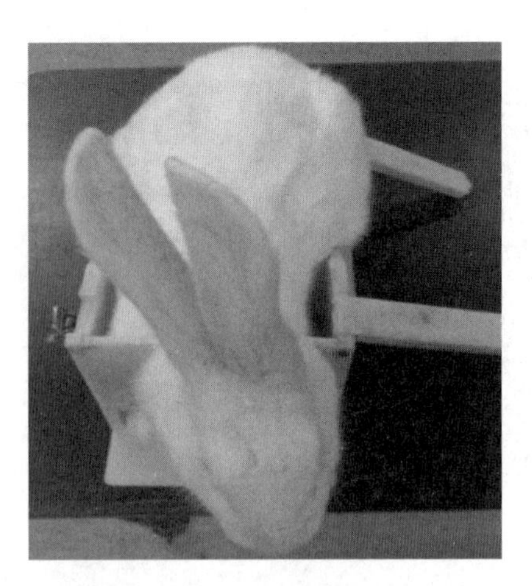

图 7-1-10 将家兔放入固定架中（注意将头部卡好）

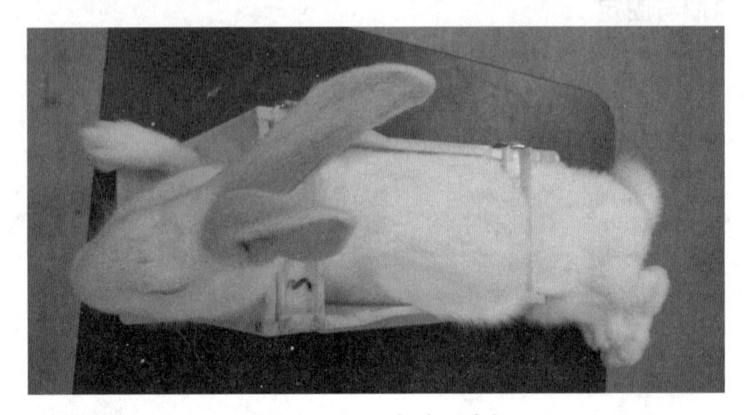

图 7-1-11 扣上固定扣

五、地鼠抓取与固定

抓取地鼠时，应使地鼠处于清醒状态，尽量避免其受惊，双手围合在一起伸到笼内，把地鼠捧出来，用左手拇指、示指、中指抓住地鼠背部皮肤固定于手掌间。地鼠的皮肤很松弛，可以在皮肤内完全翻转一周，因此，如仅抓住少量皮肤，地鼠会翻转过来咬人。温顺的地鼠可在笼底部抓住颈背部直接取出。具有攻击性的地鼠可用毛巾围住，从笼内取出，让其在毛巾内转动，同时设法抓住其颈背部。

六、猪抓取与固定

（一）倒背两前肢保定法

用一条长约 1m 左右、直径 0.3～0.5cm 的细绳，一头先拴住患猪左（或右）前肢系部，然后绕过脊背再绑住右（或左）前肢系部，松紧适中，这样猪就处于爬卧状态，不能随意活动。个别猪剧烈挣扎不安静时，还可再用一条绳如法拴住两后肢。

（二）前后肢交叉保定法

用长 1m，直径 0.3～0.5cm 的细绳，将猪的任何一前肢与对侧的另一后肢拉紧绑在一起，这样保定也非常方便、牢靠，无须再按压保定。

（三）四肢叉开保定法

利用可能利用的条件，将猪的四条腿向前后两个方向分四点固定即可。如将猪四条腿分别固定起来，猪呈爬卧状态，输液、换药、打针、灌肠都很方便。

（四）绳套上腭保定法

此法对大猪很适用。对缺少犬齿的母猪，由于母猪后坐时绳结容易滑脱，经过改进，保定更为方便牢靠。具体方法是：用一根长 3m、直径 0.5～1cm 的线绳，先打一个活结，套在猪的上腭上，向前拉紧即可。对缺少犬齿而容易滑落的猪，在绑活结时，另一绳头留长点，经过猪两耳后在另一侧打活结再绑紧就不会滑脱了。此法对猪很安全。

七、猫抓取与固定

（一）抓取方法

抓取和保定过程中，应戴头盔、帆布手套和防护眼镜。用于手术需捕取猫时，一般使用捕获网，对成年猫注射时可使用捕捉钳，用捕捉钳卡住猫颈部，然后用麻袋裹住猫的身体，然后注射。

（二）固定方法

麻醉后，用立体定位仪将猫腹卧位固定好。

八、犬抓取与固定

（一）抓取

（1）抓取犬只时必须戴手套，穿长袖工作服，动作尽量轻柔，禁止突发动作。

（2）以正常步速进入饲养室，以友善的目光观察犬只 1～2 秒，用一只手跟犬打招呼问好，与犬建立初步信任，打开门后用手轻拍犬脸侧或者抚摸其头，加深犬只对人的信任后，一手迅速抓住犬两前肢上臂部，另一手抚摸其后颈部，然后一手用力将犬往上提，另一手托住腹部将犬只抱至运输车或保定架。

（3）将犬抱到保定架后停留 1～2 秒，将后肢放入固定孔位，由助手抚摸犬后背帮助保定，然后两手将犬的两前肢分别放入固定孔位，抚摸犬后颈部，使之安定。

（4）对工作人员信任不够或者兴奋度高的犬，可以采取抓取两前肢和后颈部皮肤的办法，防止犬嘴部靠近前肢的手造成误伤。

（5）禁止以抓犬只后颈部皮肤、提尾巴、抓耳朵的方式抓取，禁止单手抓提犬只。

（二）保定

（1）铁质犬钳法。双手持钳，小心靠近，迅速用长柄捕犬夹夹住颈部将犬按倒在地，由助手用纱布绑带，将嘴绑好，并在犬耳后打结或者给犬戴上金属网口罩，将四肢固定。

（2）皮质项圈法。皮质项圈的大小为项圈与犬颈部的空间可插入 4 指，将链绳与项圈连接，另外一端拴在笼门上，拉动犬只时，一边与犬交流，一边轻拉链绳拉出室内，需要时可用纱布绑带将嘴绑好或戴上金属网口罩。

（3）不锈钢笼保定法。保定笼的一边可以移动，慢慢移动挤压装置，将犬压缩至不能转身，如要移动出笼外，肌内注射盐酸氯氨酮 5～15mg/kg。麻醉需要时可用纱布绑带，将嘴绑好或戴上金属网口罩。

九、猴抓取与固定

（一）抓取

1. 猴房内或露天大笼内捕捉 采用捕猴网进行捕捉，捕猴网是用尼龙绳编织成的网袋，网孔直径以不超过 3cm 为宜，网口系在直径 50cm 大小的钢筋圈上（钢筋直径约 1cm），捕猴网连有 1.5m 长的木柄。捕捉时动作要迅速准确，不要损伤头部及其他要害部位。猴入网后，将圈网按在地上，紧紧压住猴头或抓住颈后部（以防回头咬人），再将猴双前肢反背于猴的身后，捉住后将猴由网中取出，在捕捉凶猛的雄猴时应戴上防护皮手套，并由 2～3 个人紧密配合。

2. 笼内提取猴 操作人员应以右手持短柄网罩，左臂紧靠门侧，以防笼门敞开时猴逃出笼外，难以捕捉。右手将网罩塞入笼内，由上而下罩捕，在猴被罩到后，应立即将网罩翻转取出笼外，罩猴在地，由罩外抓住猴的颈部，轻掀网罩，再提取猴的手臂反背握住，此时猴即无法脱逃。在大笼内或在室内提取时，则须两人合作，用长柄网罩，最好一次罩住，因为猴受惊后，第二次捕捉更困难。

（二）固定

猴固定椅基本上是由头枷和座椅构成，座椅可升降，头枷可固定猴头。可根据猴体型的大小随意旋转升降杠调整椅子的高低；猴头枷上颈孔的大小可根据猴脖子的粗细作调整。固定后，猴的头部与身体以枷板分开，操作者可避免被咬伤和抓伤，枷板同时又是工作台，可放少量器械。

第二节 动物编号及实验准备

一、动物编号

动物在实验前常常需要做适当的分组，那么就要将其标记使各组加以区别。标记的方法有很多，良好的标记方法应满足标号清晰、耐久、简便、适用的要求。

在实施动物实验分组时，为使动物个体间或实验组动物之间区别开来，需要对实验动物进行编号和标记。标记的方法很多，可根据不同的动物、实验需要和实验方法来选择合适的标记方法；编号的方法也没有一定的统一规则，但应以各只共通时不发生混乱为原则。总之，不论采用何种标记方法，最好都应遵守“清楚、持久、简便、易认和实用”的基本原则，使用对实验动物无毒性、操作简单且能长期识别的方法。

（一）毛发染色

这种标记方法在实验室最常使用，也很方便，使用的颜料一般有 3%～5%苦味酸溶液（黄色），2%硝酸银（咖啡色）溶液和 0.5%中性品红（红色）等，标记用毛笔或棉签蘸取上述溶液，在动物体的不同部位涂上斑点，以示不同号码。

编号的原则是，先左后右，从上到下，一段把涂在左前腿上的计为 1 号，左侧腹部计为 2 号，左后腿为 3 号，头顶部计为 4 号，腰背部为 5 号，尾基部为 6 号，右前腿为 7 号，右侧腹部计为 8 号，右后腿为 9 号。若动物编号超过 10 或更大数字时，可使用上述两种不同颜色的溶液，即把一种颜色作为个位数，另一位颜色作为十位数，这种交互使用可编到 99 号，假如把红的记为十位数，黄的记为个位数，那么右后腿黄点，头顶红点，则表示是 49 号鼠，其余类推（图 7-2-1）。

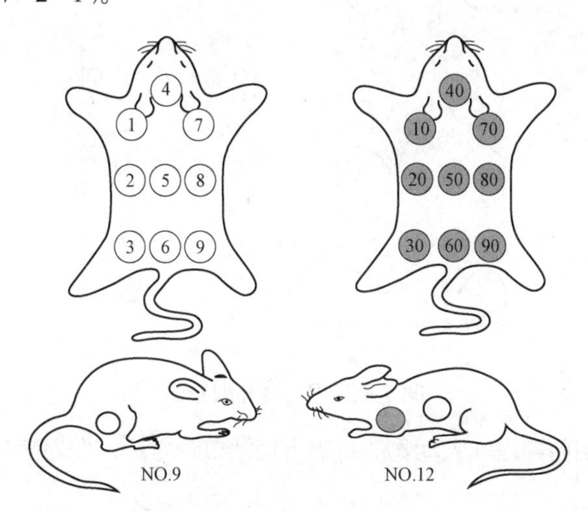

图 7-2-1　毛发染色编号法

该方法对于实验周期短的实验动物较合适，时间长了染料易褪色；对于哺乳期的子畜也不适合，因母畜容易咬死子畜或把染料舔掉。

由于安全性等方面的考虑，3%～5%苦味酸溶液已经不建议在实验室使用，目前市场上可购买到一种动物编号专用的“Animal Marker”，可在毛发上涂色或直接写上数字编号，维持时间可达 6～12 周。

（二）尾部环状涂色法

可用黑色记号笔标记，单一使用，适用于 10 只以下且实验周期短的大、小鼠。这种方法操作简单方便，易识别，不会给动物造成损伤及痛苦。但时间太长易模糊，要再次标记。

（三）针刺染色

用七号或八号针头蘸取少量碳素墨水，在耳部、前后肢以及尾部等处刺入皮下，在受刺部位留有一黑色标记。该法适用于大、小鼠、豚鼠等。在实验动物数量少的情况下，也可用于兔、犬等动物。

（四）耳孔法

耳孔法是用打孔机直接在实验动物的耳朵上打孔编号，根据打在动物耳朵上的部位和孔的多少来区分实验动物的方法（图 7-2-2）。用打孔机在耳朵打孔后，必须用消毒过的滑石粉抹在打孔局部，以免伤口愈合过程中将耳孔闭合。耳孔法可标记三位数之内的号码。

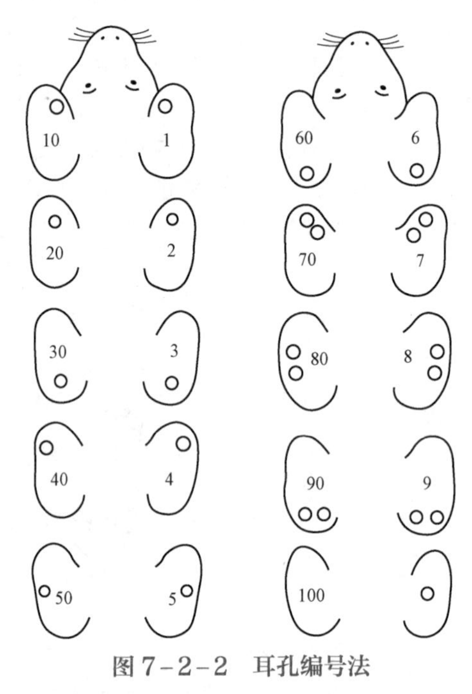

图 7-2-2 耳孔编号法

另一种耳孔法是用剪刀在实验动物的耳廓上剪缺口的方法，作为区分实验动物的标记。

（五）耳标法

通常采用在塑料、铝片或者钢片刻上号码，再借用专用的器械订于大、小鼠的耳部。

（六）挂牌法

将号码烙压在圆形或方形金属牌上（最好用铝或不锈钢的，可长期使用不生锈），或将号码按实验分组编号烙在栓动物颈部的皮带上，将此颈圈固定在动物颈部。该法适用于狗等大型动物。

还可用金属制的牌号固定于实验动物的耳上，大动物可系于颈上。对猴、犬、猫等大型动物有时可不做特别标记，只记录它们的外表和毛色即可。

（七）被毛剪号法

用剪刀在动物背部剪毛、标记，该法适用于开展短期进行的动物实验。

（八）笼子编号法

把笼号作为个体编号，代替动物编号，该法对动物影响最小，但在动物换笼时注意不要颠倒顺序，换错笼子。

（九）电子标签法

无线射频识别技术（RFID）是一种非接触式的自动识别技术，它通过射频信号自动识别目标对象并获取相关数据，识别工作无需人工干预，可工作于各种恶劣环境。其具有数据存储量大、穿透力强、读写距离远、读取速度快、使用寿命长及环境适应性好等优点。

RFID 的核心是电子标签和读写器，电子标签由标签天线和标签芯片组成，标签天线是读写器和标签芯片之间进行信号和能量传递的终结。标签芯片则根据读写器的指令，做出相应的操作和响应。读写器通过射频信号同电子标签进行通信，系统通过读写器给电子标签发送指令，并通过读写器分析电子标签返回的有关信息。

动物电子标签系统中的电子标签储存了动物的各种信息，并有一个严格按国际标准化组织（ISO）编码标准编制的 64 位（8Bit）识别代码，做到全球唯一。我国于 2006 年 12 月 1 日实施的 GB/T 20563—2006《动物射频识别代码结构》国家标准赋予纳入管理的动物个体（家禽、宠物、实验动物等）一个终生可用的全球唯一的代码标识。

1. 项圈式　该种电子标签可移动性大，能很容易从一只动物转换到另一只动物身上。在实验动物领域主要用于猴、猪和狗等大动物的标识跟踪。

2. 耳标（钉）式　耳标（钉）式标签存储信息远比一般条码耳标数据多，而且耐脏、耐湿，可应用于兔、豚鼠、大鼠、小鼠等动物的编号和识别，可替代传统使用的耳环标签。

3. 注射式　将电子芯片装入玻璃管内，通过无线频率标识系统对电子芯片进行标识，包括动物的各种信息，消毒后通过注射植入动物体内。使其与躯体之间建立一个固定的联系，这种联系仅通过手术才能解除。可应用于慢性毒性、周期性给药、术后恢复等长时间的动物追踪和观察。

二、实验准备

（一）理论准备

1. 了解有关实验动物方面的理论知识

（1）了解实验动物科学方面的基础理论，特别是熟悉实验动物的生物学特性。

（2）掌握有关动物实验方法学方面的基础知识和基本技能。

2. 正确选题立项和设定假设

（1）选题应遵循的原则：科学性、目的性、创造性、可行性。

（2）假说是预先假定的答案或解释，即实验的预期结果。

（二）实验研究计划和方案的制订

实验研究和方案的制订是指对动物实验研究中涉及的各项基本问题的合理安排。

（三）实验方法的选定

无论选择何种实验方法，均应保证以下几点：可靠性、优越性、创造性。

1. 条件准备　动物实验室的准备应根据实验目的、实验规模、动物实验周期来确定。

笼盒及盖至少准备 2 套，以便换洗；饮水瓶至少准备 2 套以上，以防被动物咬破。

在实验前应对实验室、笼盒及盖、饮水瓶进行彻底的清洗与消毒。还应准备好笼卡、记录表、垫料、饲料、温度计、湿度计等必需物品。

2. 预实验　预实验目的在于检查各项准备工作是否完善，实验方法和步骤是否切实可行，测试指标是否稳定可靠，初步了解实验结果与预期结果的距离，从而为正式实验提供补充、修正的意见和经验，是动物实验必不可少的重要环节。

预实验可以用少量动物进行，实验方法和观测指标与正式实验一样。

第三节 给药技术

一、小鼠给药技术

（一）皮下注射

1. 抓取及固定 用左手的拇指和示指捏住颈背部的皮肤上提。用中指、无名指和小拇指抓背部到腰部的皮肤，将小鼠按在铁箅或类似界面固定。

2. 给药 从头侧的颈背部呈三角形的皮肤皱褶处刺入注射针。针头稍向左右摆动，如容易摆动则说明已进入皮下。轻拉针筒，确认没有血液流入后将溶液注入。注射后拔出针，按压片刻确认无注射液漏出，用酒精棉消毒注射部位。

（二）皮内注射

1. 脱毛 用电推剃掉背部背毛。

2. 抓取及固定 最好为两人操作，一人将小鼠俯卧于稳定平面上，最好为铁箅或类似界面，将身体伸展，固定头部和臀部，露出背部脱毛部位。

3. 给药 75%乙醇消毒注射部位，另一人将注射针稍倾斜于皮肤浅浅刺入皮内，感觉一直有些阻力，注入液体后，可见局部形成球状隆起。注射后稍等几秒再拔出针头，若小泡不马上消失，证明药液已注入皮内。

（三）经口给药（灌胃）

1. 抓取及固定 双手固定法：用右手捏鼠尾，移至铁箅上将尾向后拉，小鼠会反射性的向前奔。用左手的拇指和示指抓住颈部上提，手掌和小拇指夹住臀和尾部。将左后肢夹在左手的无名指和小拇指之间。头部在上，尾部在下，腹侧面向操作人员。动物全身，特别是从颈部到胸部笔直地伸展开来。

单手固定法：用左手的拇指和示指捏尾的中间，将小鼠置于铁箅上将尾向后拉，小鼠前奔。用小拇指和无名指夹住鼠尾，用无名指、中指和示指第三个关节的背侧固定小鼠身体，拇指和示指抓住颈部皮肤固定头部。头部在上，尾部在下，腹侧面向操作人员。动物全身，特别是从颈部到胸部笔直地伸展开来。

2. 给药 将灌胃针的前端插入小鼠口腔，使体轴保持平行慢慢插入。灌胃针的前端到达咽喉部时感到略有抵抗感，这时将灌胃针的前端稍偏向腹侧，插入时若无抵抗感说明进入食道。如小鼠出现呼吸困难，挣扎明显，则表明灌胃针进入气管。立即拔出灌胃针。灌胃针插入 2/3～3/4 时，则表明已经到达胃部。将注射器内药物缓慢注入。若药物未从鼻腔流出，则说明药物进入胃部。

（四）腹腔注射

1. 抓取及固定 步骤同小鼠经口给药，尽量将头处于低位，使脏器移向横膈处。

2. 给药 在下腹部的下 1/4～1/3 部位，离中线左右约 0.5cm 处用酒精棉消毒。将注射针刺入皮下。针头沿皮下进 3～5mm。然后针头对皮肤呈 45° 倾斜刺入腹膜。进入腹腔后没有抵抗感。刺入后轻拉针筒，确认没有尿液、血液、肠液流入后将药液注入。

（五）肌内注射

1. 抓取及固定 选择单手或双手抓取固定小鼠，并将小鼠左后爪夹在小拇指和无名指之间，以固定其左后肢。（若是右手固定小鼠则固定其右后肢）

2. 给药 用酒精棉球消毒大腿内侧，注射器进针稍稍深于皮下注射，确认针尖没有活动，轻轻回抽注射器，确认注射器无回血后注入药液。

（六）尾静脉注射

1. 抓取及固定 将小鼠放入专用保定器中，露出尾部。

2. 给药 选择尾部左右侧面的静脉，将刺入部位附近用酒精棉消毒，使静脉扩张。在距鼠尾根约 1/3 的血管处，与尾部呈 30° 进针。轻拉针筒，确认有血液流入后将药液注入。

（七）颅内注射

1. 抓取及固定 将小鼠放在铁箅或类似界面，左手固定夹住小鼠尾部，拇指和示指置头部两侧固定头部，中指和无名指压住小鼠身体。

2. 给药 在小鼠前额正中，眼耳连线中点，用酒精棉消毒；然后手持注射器，垂直刺入颅骨，推入药液。

二、大鼠给药技术

（一）皮下注射

1. 抓取及固定 将大鼠放在粗糙面上，用左手拇指和示指轻轻提起动物颈背皮肤，使其与头部形成一三角区域。

2. 给药 右手持注射器，使针头水平刺入三角区域内，若针头容易摆动，证明针头已在皮下。推送药液使注射部位隆起。

（二）皮内注射

1. 脱毛 同小鼠给药技术中皮内注射。

2. 抓取及固定 最好为两人操作，一人将大鼠俯卧于稳定平面上，最好为铁箅或类似界面，将身体伸展，固定头部和臀部，露出背部脱毛部位。

3. 给药 另一人用左手拇指和示指按住皮肤并使之绷紧，在两指之间，右手用针头，紧贴皮肤表层刺入皮内，然后再向上挑起并再稍刺入，即可注射药液，此时可见皮肤表面鼓起一白色小皮丘。

（三）经口给药（灌胃）

1. 抓取及固定 将大鼠放在粗糙面上，左手拇指和示指捏住两耳及前颈部皮肤，其余手指与手掌握住背部皮肤。头部在上，尾部在下，腹侧面向操作人员。动物全身，特别是从颈部到胸部笔直地伸展开来。

2. 给药 右手持灌胃针，将灌胃针从大鼠的口腔插入，使体轴保持平行慢慢插入。灌胃针的前端到达咽喉部时感到略有抵抗感，这时，将灌胃针的前端稍偏向腹侧，插入时若无抵抗感说明已进入食道。如大鼠出现呼吸困难，挣扎明显，则表明灌胃针进入气管。立即拔出灌胃针。大约插入灌胃针的 2/3 或 3/4，使其前端到达膈肌水平。将药液缓慢注入。若药物未从鼻腔流出，则说明药物进入胃部。

（四）腹腔注射

1. 抓取及固定 步骤同经口给药，尽量将头处于低位，使脏器移向横膈处。

2. 给药 用酒精棉球消毒腹部，右手持注射器从下腹左或右侧向头部方向刺入皮下，针尖稍向前进针 3～5mm，再将注射器沿 45° 角斜向穿过腹肌进入腹腔，此时有落空感。回抽无血液、尿液、肠液，即可注入药液。

（五）肌内注射

1. 抓取及固定 最好两人配合进行，一人按照经口给药的方法将大鼠抓起，另一人抓住大鼠一后肢，充分暴露大腿内侧。

2. 给药 同小鼠肌内注射。用酒精棉球消毒大腿内侧，注射器进针稍稍深于皮下注射，确认针尖没有活动，轻轻回抽注射器，确认注射器无回血后注入药液。

（六）尾静脉注射

1. 抓取及固定 将大鼠放入专用保定器中，露出尾部。

2. 给药 以左手拇指和示指捏住鼠尾两侧，使静脉充盈，用中指从下面托住鼠尾，以无名指和小指夹住鼠尾的末梢。右手持注射器，使针头与尾部近似平行刺入尾静脉，将针头刺入血管（即针头与尾部约 3°～5° 夹角），缓慢给药。

三、豚鼠给药技术

（一）皮下注射

1. 脱毛 将豚鼠背部或肩部用电推脱毛。

2. 抓取及固定 最好两人配合操作，将豚鼠俯卧，一人双手分别固定头部和尾部露出背部或肩部，另一人注射。

3. 给药 注射时，用左手拇指和示指轻轻提起动物皮肤，右手持注射器，将注射针刺入皮下，若针头容易摆动则证明针头已在皮下，推送药液。

（二）皮内注射

1. 脱毛 同皮下注射。

2. 抓取及固定 同皮下注射。

3. 给药 用左手拇指和示指按住皮肤并使之绷紧，在两指之间，右手用针头紧贴皮肤表层刺入皮内，然后再向上挑起并再稍刺入，即可注射药液，此时可见皮肤表面鼓起一白色小皮丘。

（三）腹腔注射

1. 抓取及固定 最好两人配合操作，将豚鼠仰卧，一人双手分别固定头部和尾部，露出腹部，另一人注射。

2. 给药 75%乙醇消毒注射部位，在左或右侧腹部将针头刺入皮下，沿皮下向前推约0.5cm，再使针头与皮肤呈 45°角方向穿过腹肌刺入腹腔，此时有落空感，回抽无肠液、尿液后，缓缓推入药液。

（四）肌内注射

1. 抓取及固定 最好两人配合操作，将豚鼠仰卧，一人将双手分别固定豚鼠头部和腹部，露出一后肢，另一人注射。

2. 给药 用酒精棉球消毒大腿内侧，注射器进针稍稍深于皮下注射，确认针尖没有活动，轻轻回抽注射器确认注射器无回血后注入药液。

（五）静脉注射

1. 抓取及固定 最好由两人配合操作，将豚鼠俯卧，一人双手分别固定头部和尾部露出后肢，另一人注射。

2. 给药 将后肢外侧皮肤剪开，但不要剪破筋膜，找到皮下静脉，将注射器插入静脉中，回抽注射器，有血液，即可注射药液。药液注射完毕，拔出注射器后按住针孔止血。

（六）皮肤给药

1. 脱毛 同皮下注射。

2. 抓取及固定 同皮下注射。

3. 给药 将药液涂在皮肤上，用纱布和医用胶布将涂抹药液的部位包扎好。

四、家兔给药技术

（一）皮下注射

1. 脱毛 将家兔背部用电推脱毛。

2. 抓取及固定 将家兔保定在专用固定架内。

3. 给药 消毒给药部位，然后用左手拇指、示指将皮肤提起，右手将针头刺进提起的皮肤下 1.5～2cm 深，注入药液即可。

（二）皮内注射

1. 脱毛 同皮下注射。

2. 抓取及固定 同皮下注射。

3. 给药 消毒给药部位，用左手拇指和示指按住皮肤并使之绷紧，在两指之间，用细针头，紧贴皮肤表层刺入皮内，然后再向上挑起并再稍刺入，即可注射药液，此时可见皮肤表面鼓起一白色小皮丘。

（三）腹腔注射

1. 脱毛 将腹部需要注射的部位剪毛

2. 抓取及固定 最好为两人操作，一人固定住家兔的头，前肢和后肢，暴露腹部。

3. 给药 选择脐后部腹底壁，偏腹中线左侧 3cm。剪毛消毒后，使兔后躯抬高，对着脊柱方向刺针，回抽活塞，如无气体、液体或血液后注射。刺针不应过深，以免损伤内脏。

（四）肌内注射

1. 脱毛 将腿或臀部需要注射的部位用电推脱毛。

2. 抓取及固定 同皮下注射。

3. 给药 75%乙醇消毒后，左手固定一后肢，右手持注射器，与肌肉呈60°角一次刺入肌肉中，回抽针栓如无回血，即可进行注射。

（五）耳缘静脉注射

1. 抓取及固定 同皮下注射。

2. 给药 先除去耳缘部位的被毛，75%乙醇消毒后，用手指按住耳根部的静脉，使血管充盈，左手示指和中指夹住静脉的近端，拇指绷紧静脉的远端，无名指及小指垫在下面，右手持注射器，平行于血管，从静脉的远端刺入，针头刺入血管后，再稍微向前推进，轻轻推动针栓，若无阻力和局部皮肤发白隆起现象，即可继续注药。注射完毕后拔出针头，用手压迫针眼片刻。如推注时有阻力，局部出现肿胀，表明针头不在血管内，应立即拔出，向耳根部前进0.5cm再次刺入。

（六）皮肤给药

1. 脱毛 同皮下注射。

2. 抓取及固定 同皮下注射。

3. 给药 将药液涂在皮肤上，用纱布和医用胶布将涂抹药液的部位包扎好。

五、金黄地鼠给药技术

腹腔注射

1. 抓取及固定 金黄地鼠比较凶猛，抓取时需戴上防咬手套。从颈部开始，抓住地鼠背部的皮肤，固定其头部和臀部，使其腹部面向实验人员。

2. 给药 注射方法同大鼠腹腔注射。

六、犬给药技术

（一）灌胃给药

1. 固定 一人将犬直立，用腿夹住犬的身体。一手抓紧犬的耳朵及其耳根的皮肤，往下压，使犬的头部仰起，嘴自然张开一定的角度。另一只手扶住犬的嘴，不要让其随意张合。将开口器放入犬口中并固定好。

2. 给药 另一人选取适当容量的注射器，抽取需要的药量。选用合适口径的导尿管，穿过开口器插入犬食道，插入合适的长度后，将外露的一端插入水中，观察是否有气泡冒出，如遇胃管送入不顺或犬剧烈挣扎，即不要再向里插。若有，则说明插入气管，应拔出后重新进行操作，直至正确插入。将抽取药液的注射器与导尿管外端连接，推入药液。给药完毕，再推入适量的蒸馏水，将药液完全冲入犬胃中。

（二）皮下给药

犬的前肢内侧腋窝部位皮下、后肢腹股沟部位皮下均可作为皮下注射给药用。当重复给药时，最好多部位轮流皮下注射给药，以减少由于注射刺激引起的注射部分损伤等。

1. 剃毛　最好在给药前一天用推剪剃去给药部位的毛。剃毛时，一人让犬采取站立姿势。另一位试验人员手持电动推剪剃除给药部位毛发，完毕后，把动物放回饲养笼。

2. 固定　取出动物后，一只手持紧犬颈后部毛发（不要弄疼动物）固定住头部，另一只手持一前肢，另外一名工作人员持另一只前肢和注射给药侧腿将动物固定稳妥。

3. 给药　注射给药人员首先将给药部位用碘酊消毒后，再用酒精棉消毒一次。然后一只手捏住注射部位皮肤将皮肤提起，另一只手持注射器将注射器针头刺入大约 1.5～2cm，将药液推入。

（三）静脉滴注

1. 犬的固定　将犬放入固定架中，四肢穿过相应的网孔。尽量使犬放松，确保实验顺利进行。

2. 剃毛　注射部位进行剃毛。

3. 给药　用 75%的乙醇进行消毒，犬静脉滴注通常采用后肢小隐静脉（也可采取其他浅表静脉，如颈部静脉，颈沟内，颈部上 1/3 与中 1/3 交界处，此处静脉浅在，易寻找；腕关节以上的内侧或腕关节以下掌中部内侧的静脉，或跗关节外侧、跗关节上方的静脉、股内侧的静脉等）。消毒后，将针头沿静脉纵轴平行刺入静脉内，若刺入正确到位，马上可见到血液回流，将针头顺血管腔再刺入少许。注射时，用胶管结扎注射部位静脉的向心端，使静脉血管充盈。此时松开扎紧的胶管，打开输液器的调速阀，然后固定针头。静脉滴注的速度应合理调节，减少药物不良反应和输液反应为宜。一般药物静脉滴注的速度为 30～60 滴/分。但基于用药个体化，针对不同犬的具体情况合理调节输液速度。注射完毕后，须用干棉球按压注射处，然后拔出针头，继续摁紧棉球 0.5～2 分钟，进行止血，以免血液顺针流入皮下形成血肿。

（四）皮肤给药

1. 犬的固定　将犬放入固定架中，四肢穿过相应的网孔。尽量使犬放松，确保实验顺利进行。

2. 剃毛　给药前将动物背部或其他给药部位毛用剃刀（或脱毛剂）脱去，脱毛面积根据药物情况而定。

3. 给药　如果供试品为膏剂或液体一般不稀释，可直接给药，若供试品为固体粉末则需用适量水或适宜的赋形剂（如羊毛脂、凡士林、橄榄油等）混匀以保证供试品与皮肤的良好接触；一次或多次将供试品区涂于脱毛区，涂完药后用二层无菌纱布和一层玻璃纸覆盖，再用无刺激性胶布加以固定（可根据药物特点选择需不需要固定）。多次给药时，给药前应将前一次药物清洗干净。

（五）腹腔注射

1. 犬的固定　一人将犬直立，用腿夹住犬的身体，使其腹部向上。

2. 给药　在其脐后腹白线左侧或右侧 1～2cm 处，注射部位用酒精棉球消毒，将注射针头垂直刺入腹腔，回抽针栓观察是否插入脏器或血管。在准确判定已插入腹腔时，可固定针头，进行注射。注射完毕，用干棉球轻轻压住注射部位，拔出针头。

（六）肌内注射

1. 犬的固定　将犬放入固定架中，四肢穿过相应的网孔。尽量使犬放松，确保实验顺利进行。

2. 给药 一般选用臀部或大腿部的肌肉。注射时，将被毛剪去，消毒，然后将注射针头以 60°插入肌肉中。回抽针栓，如无回血，即可将药物慢慢注入。注射完毕后，用干棉球轻轻压住注射部位，拔出针头。

七、猴给药技术

猴反应迅速、动作敏捷。特别是成年猴，在受到威胁时会有很强的攻击性。因此，在抓取猴前，饲养人员和实验人员必须穿戴好防护工作服，戴好口罩、防护手套和工作帽。做好必要的防护准备。

猴子的抓取工作经常需要两个以上的工作人员协同完成，要求工作人员之间有良好的默契。

（一）抓取

（1）在室内或大型运动笼内抓取猴时，至少需两人合作，用长柄网罩，最好一次罩住，因为猴受惊后，第二次抓取更为困难。网罩可用麻线或尼龙绳编成，先将直径 0.8～1.2cm 的铁丝弯成腰圆形，长 35～50cm，宽 30～40cm，柄长 80～120cm（可由专门的笼具厂加工）。网罩深度为 60～100cm，否则，罩住的动物容易从网中逃逸。柄长可以因需要适当加长，亦可采用可伸缩柄。罩住动物后，另一工作人员由罩外抓住猴的颈部，轻掀网罩，再提取猴的手臂反背握住，此时猴便无法逃出。在执行此项抓取工作时，还应注意的是同室或同笼内其他猴的报复性攻击。所以在两人实施抓取的同时，最好还有一人协助，将其他猴限制在一定的活动区域内。

（2）从无活动推板的笼中抓取猴时，最好也能由两个饲养人员协作完成。人员甲应以右手持短柄网罩，左臂紧靠门侧，以防笼门敞开时猴逃出笼外，将猴罩住。人员乙由罩外抓住猴的颈部，轻掀网罩，再提取猴的手臂反背握住，此时猴便无法逃出。

（3）从有活动推板的笼中抓取猴时，操作就变得相对简单。人员甲将活动推板拉至笼子前面，将动物活动范围限制在前区；人员乙通过笼间空隙抓住动物右臂：人员甲将活动杆推回，打开笼门，利用其右手抓住动物颈背部皮肤，将动物的左臂握于其左手间；人员乙慢慢将动物的右臂递给人员甲的左手；人员甲将动物握于其左手。

（二）固定

1. 徒手固定 对于徒手固定，传统的描述是：“将猴两前肢反背在其背后，操作者用一只手握住两前肢，用另一只手将猴两后肢捉住，即可将猴固定。”实践的过程中我们认为固定猴的头颈部更为重要。所以建议使用如下方法：“将猴两前肢反背在其背后，操作者用一只手握住两前肢，用另一只手从头后将猴头部捉住，即可将猴固定（大拇指和示指或中指分别位于猴子的两耳部）。”

2. 固定架固定 在猴清醒状态下进行较长时间的操作时，固定猴一般使用固定架。称为“猴限制椅”或“猴固定架”。目前商业途径可以获得的猴固定架样式很多，可以根据实验操作的不同进行订购。总的来说，固定架固定的部位主要是颈部和髋部。

（三）给药

1. 皮下注射 猴的颈后、腰背皮肤疏松，可大量注射。上眼睑、大腿内侧上 1/3 处及臂内侧皮内也可进行皮下注射。注射时，先用酒精棉球消毒需注射部位的皮肤，然后用左手拇指及中指将背部皮肤提起使成一皱折，并用示指压皱折的一端，使成三角形，增大皮下空隙。右手持注射器，自皱折下刺入。证实在皮下后，松开皱折，将药物注入。使用 6 号针头，一次给药量为 1.0～3.0ml/只。

2. 经口、鼻给药

（1）液体药物　先将猴嘴掰开，把外径 5～7mm 的橡皮管插入食道（多用 12～16 号导尿管）。托起猴子下颌使其嘴紧闭，从鼻孔将塑料管（最好涂上液状石蜡）慢慢插入食道内，特别注意不要插入气管。判定插管是否进入食道或胃中的办法是：放好插管后，用注射器回抽。如果在食道或者在胃中的话，应抽出胃液或根本回抽不动。如果插管在气管中，回抽将有很多气体抽出，且动物挣扎剧烈。应拔出重插。确认插管无误，可将药物徐徐注入。投药体积应控制在 40ml/kg 之内。否则会引发呕吐，引起投药量不准的结果。另外，投药结束时拔管也不要太快，太快也会引发咽喉瘙痒，诱发呕吐。

（2）固体药物　一般在非麻醉情况下投予片剂或胶囊。给药方法类似于狗、猫，但非麻醉状态下，需要特别注意咬伤。操作时，事先由助手固定好猴，投药者把右掌贴在猴的头顶部到脑后部的部位。用拇指及示指压迫猴的左右面颊，使其上下颚的咬合处松开，然后用右手拿长镊把固形药物送入猴的舌根部。迅速抽出镊子，把猴子下颚向上一推，使其闭上嘴，让猴子自己咽下即可。

3. 肌内注射　猴常选用前肢肱二头肌和臀部肌内注射。注射时，固定动物勿使其活动，右手持注射器，使注射器与肌肉成 60°，一次刺入肌肉中。为防止药物进入血管，在注入药物之前应回抽针栓。如无回血，即可注药。

4. 静脉注射　猴静脉注射常选用前肢桡静脉或后肢隐静脉。注射方法同犬。

第四节　常用诱导、手术模型

通过物理、化学、生物等致病手段，人为地造成动物组织、器官或全身形成类似人类疾病的动物模型，是近代医学研究中所常用的动物实验方法。

一、肿瘤动物模型

（一）传统诱发性肿瘤动物模型

用化学致癌物、射线或病毒均可在各类动物中诱发不同类型的肿瘤。强化学致癌物二甲基苯蒽（DMBA）和甲基胆蒽诱发乳癌、二苯苄芘诱发纤维肉瘤均已列为美国 NCI 第二筛瘤株。现举 DMBA 诱发大鼠乳腺癌试验为例，取鼠龄 2 月的 Sprague－Dawley 雄鼠，单次灌喂麻油溶解 DMBA 20mg，肿瘤自 60 天开始生长，至 120 天癌发生率达 63%～100%。此时开始分组给药，并每周测瘤大小及记录死亡时间作为疗效指标。还可用 DMBA 诱发乳头状瘤，实验用丙酮溶解 DMBA 150μg/小鼠，隔 14 天两侧背部皮肤各涂一处，第 3 周用巴豆油 0.5mg，在同一部位每周涂 2 次共 3～4 月。当瘤＞4mm 开始治疗，每天腹注或口服一次，共 5 次，每周一次共 2～6 周，用测量瘤大小办法来观察抑制率。用二乙基硝胺（DEN）0.005%掺入饮水中口服 8 个月诱发大鼠肝癌。此外 15μg/L 黄曲霉素 AFB，或 0.06%奶油黄连续口服 4 个月均可诱发大鼠肝癌。于诱发期肿瘤形成之前观察药物的抗致癌作用。用于化疗研究的还有α－萘腰等诱发田鼠和狗的膀胱癌，*N*－甲基－*N*－硝基－*N*－亚硝基胍（MNNG）诱发大鼠胃癌，此外用 1%DEN 皮下注射，每天按体重 50mg/kg，连续 3 周再观察半年内小鼠肺癌发生率也可达 94%。食管癌和鼻咽癌等也用致癌物诱发成功，部分也已用于药物作用的研究。但致癌的诱癌过程需时较长，成功率多数达不到 100%，肿瘤发生的潜伏期个体变异较大，不易同时获得病程或癌块大小较均一的动物供实验治疗之用，再加之肿瘤细胞的形态学特征常是多种多样，且致癌多瘤病毒常诱发多部位肿瘤，故不常用于药物筛选，但从病因学角度分析，它与人体肿瘤较为近似，故此模型常用于特定的深入研究。由于该类型肿瘤生长较慢，瘤细胞增殖比率低，倍增时间长，更类似于人肿瘤细胞动力学特征，常用于综合化疗或肿瘤预防方面的研究。

（二）移植性肿瘤模型

移植性肿瘤模型是目前抗癌药物研制中使用最多的一类肿瘤模型，只要用于肿瘤药物筛选和药效学研究。这类肿瘤通常接种一定数量的肿瘤细胞（包括皮下、腹腔、静脉、颅内等），甚至是无细胞滤液（病毒性肿瘤），使一组动物在几乎相同的时间内发生同样的肿瘤，其成功率接近 100%。肿瘤形态、生长率、对药物的敏感性、死亡时间等非常相近。现在全世界保种的肿瘤株有 500 株以上。其中经常使用的有 40 种左右，大多数是小鼠肿痛，少数为大鼠或仓鼠肿瘤。如：小鼠白血病 P388 和 L1210（动物宿主为 DBA/2 小鼠）、Lewis 肺癌和 B16 黑色素瘤（动物宿主为 C57BL/6 小鼠）、Erlish 腹水瘤、肉瘤 180（S180）、白血病 L5170Y、Friend 白血病、腺癌 755、Ridaway 骨肉瘤、小鼠肝癌 2HAC、肉瘤 37、脑瘤 22、小鼠宫颈癌、白血病 615 以及大鼠肿瘤 W256、吉田肉瘤等。

（三）人源肿瘤异种移植瘤模型

人源肿瘤异种移植瘤（patient deried tumor xenograft，PDX）模型，即以患者手术切除或活检的原代肿瘤组织在免疫缺陷小鼠体内建立动物移植瘤模型。这种模型已在非小细胞肺癌、结直肠癌等肿瘤有 13%～90%的植入成瘤率，仅乳腺癌因激素环境植入成瘤率在 20%左右，多数肿瘤在 50%以上。PDX 模型较传统的细胞系接种模型更能反映人类肿瘤的生物学特征，此模型不仅保留和来源肿瘤组织相似的增殖和组织病理学特征，而且在基因突变、蛋白分子表达等分子特征与来源肿瘤具有高度的一致性。PDX 模型已在多种类型的肿瘤中被证实是研究肿瘤生物学及评价抗肿瘤药物疗效的有效平台，包括评估新的抗肿瘤药物及临床前药物组合的疗效、生物标志物的鉴定及耐药机制研究等。PDX 模型以及基于 PDX 原理的拓展模型应用是目前的热点研究方向。

二、高血脂和动脉粥样硬化模型

高胆固醇、高脂肪饲料饲喂诱导法是目前常用的造成血脂紊乱，进而引起动脉粥样硬化的方法。死亡率低，可以长期观察，且与临床有较好的相关性。在饲料中增加蛋黄、猪油、胆酸等，有促进高脂血症的作用。这种高脂饲料诱导的高血脂和动脉粥样硬化模型常用于猪、大鼠、猴和兔等。

（一）猪

猪是动脉粥样硬化比较理想的动物模型，某些品种的猪在饲喂高胆固醇、高脂饲料后，能在较短时间内产生大动脉、冠状动脉及脑血管的粥样硬化，与人类疾病非常相似，如果设法损伤主动脉或冠状动脉，则形成效率更高。猪心血管的解剖和生理类似于人，特别是小型猪体型合适，便于实验研究，是动脉粥样硬化比较理想的动物模型。

（二）大鼠

在饲料中加入胆固醇、胆酸和抗甲状腺类药物，可形成理想的病理模型。

大鼠抵抗力较强，食性与人相似，饲养方便，比较常用，但其病理改变类似于人的早期病变，不易形成后期病变。

（三）猴

猴的解剖、生理、血脂、动脉粥样硬化的部位及性质、症状以及对各种药物的疗效等均与人相似。高脂饮食仅 1～3 个月即可产生动脉粥样硬化，血中胆固醇高达 7.8～15.6mmol/L，可同时伴发心肌梗死和脑、肾病变。

三、手术性缺血和高血压动物模型

（一）肾动脉狭窄型高血压模型

选用大鼠、犬或家兔，经手术使一侧或双侧肾动脉狭窄，均可产生持续性高血压，也可采用肾门结扎造成高血压。

（二）心肌缺血动物模型

选择猪、犬、兔等，通过手术结扎冠状动脉可造成心肌缺血坏死，注射油质、塑料微粒，以及利用遇水膨胀的纤维环也可造成冠状动脉闭塞。

四、糖尿病动物模型

化学试剂诱发型高血糖动物模型：糖尿病的本质是胰岛素绝对或者相对不足，实验动物以啮齿类为主，兔和小型猪也常用。常用四氧嘧啶引起各种动物胰岛素 B 细胞功能抑制，这种化学试剂诱发型高血糖动物模型与人类 1 型糖尿病非常相似，是进行降糖药物研究的良好模型。但因为四氧嘧啶直接损伤 B 细胞，故不适宜用于诸如磺酰脲类刺激胰岛素分泌的降糖药研究。

第五节　样本采集及检验

样品采集通常简称采样，是一种取样的方式，一种科学的研究方法，用于研究分析和疾病诊断，采样是分析的首项工作。实验动物的采样是从活体动物或者动物尸体采集生物样品，包括血样、粪样、尿样、脑髓液等其他各种体液、分泌物以及自身组织，采样技术必须尽可能保留所采样品的在体性状和生物活性。

一、血液样品采集

实验动物的采血方法很多，按采血部位可不同分为：尾部、耳部、眼部、心脏、颈部、四肢部位采血。采血方法大体可分为：心脏采血、动脉采血、静脉采血和其他采血方法 4 大类。选择什么采血部位与使用何种采血方法，需视动物种类、检测目的、试验方法及所需血量而定。不同动物采血部位与采血量见表 7-5-1。

表 7-5-1 不同动物采血部位与采血量

采血量	采血部位	动物种类
少量	尾静脉	小鼠、大鼠
	耳缘静脉	豚鼠、兔
	眶静脉丛（窦）	小鼠、大鼠
	背跃静脉	豚鼠
中量	后肢外侧小隐静脉	犬、猫
	前肢内侧皮下头静脉	犬、猫
	耳中央动脉	兔
	颈静脉	兔、犬、猫
	心脏	小鼠、大鼠、豚鼠
	断头	小鼠、大鼠
大量	颈动脉	兔、犬
	股动脉	兔、犬
	心脏	兔、犬、猫
	摘眼球	小鼠、大鼠

对动物实施采血时应当注意以下几点。

①采血场所要有充足的光线；

②采血用具和采血部位需要进行消毒，若需抗凝血，应在注射器或试管内预先加入抗凝剂；

③动物的一次采血量应控制在最大安全采血量范围内，一次采血过多或连续多次采血都可能影响动物健康，甚至导致贫血或死亡；

④需要麻醉后采血的动物，麻醉剂量最好减半，这样会更好地触摸到心尖部的跳动，有利于取血。常见实验动物的最大安全采血量与最小致死采血量见表 7-5-2。

表 7-5-2 常见实验动物的最大安全采血量与最小致死采血量

动物种类	最大安全采血量（ml）	最小致死采血量（ml）
小鼠	0.1	0.3
大鼠	1	2
豚鼠	5	10
家兔	10	40
狗	50	300
猴	14	60

有些采血途径需要麻醉动物或对动物健康有较大影响，引起较严重的后遗症。这些可能给研究带来明显的干扰，并严重影响动物福利，特别是在需要重复采血时。因此这些采血途径仅限于在没有其他替代途径时使用。如啮齿类的推荐采血途径为尾侧静脉、舌下静脉和跗外侧静脉（隐静脉），在需要动物存活的研究中，从眼部采血仅限于无法采用其他途径时；从心脏采血仅用于需要同时处死动物时，并在动物麻醉状态下进行。

（一）大鼠和小鼠采血方法

1. 割尾采血　需血量较少时采用此法采血。先将动物固定或麻醉，并露出鼠尾，将鼠尾浸在 45℃左右温水中数分钟或将鼠尾放在电取暖前烤数分钟或用 75%乙醇涂擦鼠尾，使鼠尾血管充盈，然后将鼠尾擦干，用锐器（刀或剪刀）割去尾尖 1～2mm（小鼠）或 3～5mm（大鼠），让血液自由顺管壁流入试管或用血红蛋白吸管吸取，为采取较多的血，用手自尾根部向尾尖按摩。采血结束时，伤口消毒，并压迫止血，也可用火烧灼（电器烧灼）止血或 6%火棉胶涂敷止血。也可在尾部做一横切口，割破尾动脉或静脉，收集血液及止血方法同上。此法采血每鼠一般可采血 10 余次，小鼠每次可采血 0.1ml 左右，大鼠可采血 0.3～0.5ml，如方法合适，室温较高，小鼠也可采血 0.5ml 以上，大鼠可采血 3ml 以上。

地鼠尾极短，因此不能从尾部采血，其他采血途径和要求与大鼠类似。

2. 鼠尾刺血法　大鼠采血量很少时（用于做白细胞计数、血红蛋白检查或血糖测试），可采用本法。先将鼠尾用温水擦拭，再用 75%乙醇消毒和擦拭，使鼠尾充血，用 7 号或 8 号注射针头，刺入鼠尾静脉，拔出针头时即有血滴出，如长期反复采血，应先靠近鼠尾末端穿刺，以后逐渐向近心端穿刺。

3. 眼眶后静脉丛采血　左手抓住鼠两耳之间的头部皮肤，使头部固定，并轻轻向下压迫颈部两侧，引起头部静脉血液回流困难，使眼球充分外突，眶后静脉丛充血。右手持长为 7～10cm 的玻璃制采血管或连接 7 号针头的 1ml 注射器，使采血器与鼠面成 45℃的夹角，将针头刺入下眼睑与眼球之间，轻轻向眼底部方向移动，在此处旋转采血管以切开静脉丛。把采血管保持水平位，稍加吸引，即可取出血液。当得到所需的血量后，即除去加于颈部的压力，同时将采血器拔出，以防止术后穿刺孔出血。一般刺入深度小鼠约 2～3mm，大鼠约 4～5mm，刺入时，当感到有阻力时即停止推进，同时，将针退出约 0.1～0.5mm，可边退边抽采血液。

注：小鼠、大鼠、豚鼠、家兔皆可自眼眶后静脉丛采血，根据实验需要，可在数分钟后在同一穿刺孔重复采血，一般两眼轮换采血，小鼠每次可采血 0.2～0.3ml，大鼠每次可采血 0.5～1.0ml。

4. 心脏采血　鼠类心脏较小，且心率较快，心脏采血较困难，一般较少用，小鼠几乎不用活体心脏采血。大鼠采血时将大鼠仰卧固定于固定板上，将心前区部位毛剪去，并用碘酒、75%乙醇消毒此处皮肤，在左侧第 3～4 肋间，用左手示指触摸心搏动处，右手取连接有 4 或 5 号针头的注射器，选择心搏最强处穿刺，当针刺入心脏时，血液由于心脏跳动的力量自动进入注射器，也可由左手抓住大鼠，右手选择心搏最强处直接将针刺入心腔，心脏采血时最好一次刺中心脏，反复刺心脏，会引起动物死亡。

也可开胸一次死亡采血，先将动物作深麻醉，打开胸腔，暴露心脏，用针头刺入右心室，吸采血液。

5. 摘眼球采血　先将动物用左手倒持固定，压迫颈（背）部，使眼球突出并充血，以弯头小止血钳（或镊子）迅速钳取眼球（或挖取眼球），并用镊子头部捅破眼球后包膜，眼眶内很快流出或喷出血液，将血滴入预先加有抗凝剂的器皿内，直至达到要求的采血量，一般可取动物体重的 4%～5%血液量。如采血时眼部血液凝固，可再挖取对侧眼球，并做规律性松紧挤压胸腔，以促使血液流出。此种采血方法为一次性采血，采血后动物大多数会死亡。

6. 颈静脉或颈动脉采血 将动物麻醉后背部固定，剪去一侧颈部外侧毛，解剖颈部，并分离暴露颈静脉或颈动脉，用注射针沿颈静脉或颈动脉平行方向刺入，抽取所需血量，此种方法小鼠可采血 0.6ml 左右，大鼠可取 8ml 左右。也可把颈静脉或颈动脉剪断，以注射器（不带针头）吸取流出来的血液，或用试管采血。

7. 股静脉或股动脉采血 动物麻醉后背位固定，切开左或右腹股沟的皮肤，分离股静脉或股动脉，将注射针平行于血管刺入静脉或动脉内，徐徐抽动针栓，即可采血。也可不麻醉动物，先由助手握住动物，采血者左手拉直动物下肢，使静脉充盈，或者以搏动为指标，右手用注射器刺入血管采血。一般小鼠可采血约 0.2～0.8ml，大鼠可采血约 0.4～1.6ml。如连续多次股静脉采血时，则采血部位要选择尽量靠离心端。

8. 腹主动脉采血 动物麻醉后仰卧位固定，从腹正中线皮肤切开腹腔，使腹主动脉暴露，用注射器抽采血液，也可结扎腹主动脉远心端，用阻断器阻断腹主动脉近心端，然后在其间平行刺入，并松开近心端的阻断，立即采血。

9. 断头采血 左手拇指和示指从背部较紧地握住鼠颈部皮肤，并将动物头部朝下，右手用剪刀猛剪鼠颈，剪断约 1/2～4/5 的颈部，让血液流入容器，小鼠可采血 0.8～1.2ml，大鼠 5～10ml。采血时应注意防止动物毛等杂物流入容器引起溶血。

（二）豚鼠采血方法

1. 耳缘剪口采血 将耳消毒后，用锐器（刀或刀片）割破耳缘血管，血液会从血管中流出，此法能采血 0.5ml，采血后用消毒纱布压迫止血 5～10 秒。

2. 心脏采血 将豚鼠仰卧固定于固定板上，将心前区部位毛剪去，并用碘酒－75%乙醇消毒此处皮肤，在左侧第 4～6 肋间，用左手示指触摸心搏动处，右手取连接有 4 或 5 号针头的注射器，选择心搏最强处穿刺，当针刺入心脏时，血液由于心脏跳动的力量自动进入注射器。

3. 背中足静脉采血 固定动物，将其右或左后膝关节伸直提到术者面前。术者将动物脚背用 75%乙醇消毒，找出背中足静脉后，以左手的拇指和示指拉住豚鼠的趾端，右手拿注射针刺入静脉。拔针后立即出血，用吸管吸血供实验用。采血后，用纱布或脱脂棉压迫止血。反复采血时，两后肢宜交替使用。

此外，豚鼠还可采用股动脉采血、眼眶静脉丛采血、颈静脉采血等，方法参照大、小鼠采血法。

（三）家兔采血方法

1. 心脏采血 兔心脏取血法和大、小鼠心脏取血法类似，比较容易掌握。家兔仰卧固定，用左手触摸心脏搏动处，选择心跳动最明显处做穿刺，针头刺入心脏后即有血液涌入注射器，取得所需血量后，迅速将针头拔出，这样心肌上的穿孔易于闭合。穿刺部位是第 3 肋间隙，胸骨右缘 3mm 处，每次采血不超过 20～25ml，应用此法可进行心腔内注射和采血，一般经 6～7 天后，可以重复进行心脏穿刺术。

2. 耳缘静脉采血 将动物固定后，露出两耳，选静脉清晰的耳朵去毛，常规消毒，压迫耳根部，使静脉充盈，即可用针头穿刺静脉采血。

注：如取少量血液做一般常规检查时，可待耳缘静脉充血后，在靠近耳尖部血管，用 5 1/2 号针头刺破血管，即从刺破口流出血液。

3. 兔耳中央动脉采血 将兔置于兔固定盒内，在兔耳的中央有一条较粗，颜色较鲜红的中央动脉，用左手固定兔耳，右手取注射器，在中央动脉的末端，沿着动脉平行地向心方向刺入动脉，即可见动脉血进入针筒，采血后用药棉压迫止血，此法一次抽血可达 15ml。采血用的针头一般用 6 号针头，不宜太细，针刺部位应从中央动脉末端开始，不要在近耳根部采血，因耳根部软组织厚，血管位置略深，易刺透血管导致皮下出血。兔耳中央动脉易发生痉挛性收缩，因此在抽血前，必须让兔耳充分充血，当动脉扩张，未发生痉挛收缩前，立即进行抽血。

4. 后肢胫部皮下静脉采血 将兔仰卧固定后（或由一人将兔固定好），去除胫部被毛，在胫部上端股部扎以橡皮管后，在胫部外侧浅表皮下可清楚见到皮下静脉。用左手两指固定好静脉，右手取带有 5 1/2 号针头的注射器由皮下静脉平行方向刺入血管，抽动针栓如血进入注射器，即可采血，一次可取 2～5ml。采血后用棉球压迫采血部位止血，时间一般需 1 分钟。如止血不妥，易造成皮下血肿，影响连续多次采血。

5. 股静脉采血 动物麻醉仰卧固定后，作股静脉暴露分离手术股静脉采血时，注射器平行于血管，从股静脉下端向心方向刺入，抽动针栓即可采血。采血量较多，一般一次可取 10ml 以上。采血完毕后，用干纱布或棉球轻轻压迫采血部位以止血。

6. 颈静脉采血 动物麻醉仰卧固定后作颈静脉暴露分离手术，注射器由近心端（距静脉分支 2～3cm 处）向头侧端顺血管平行方向刺入，使注射针一直引申到主颈静脉分支分叉处，即可采血，此处血管较粗，采血量较多，一般一次可取 10ml 以上。采血完毕后，应用干纱布轻轻压迫采血部位以止血。

此外，还可以从颈动脉、股动脉、眼底（一般不常采用）取血。

（四）犬和猫采血方法

1. 后肢外侧小隐静脉和前肢内侧皮下头静脉采血 此种采血方法最为常用。后肢外侧小隐静脉在后肢胫部下 1/3 的外测浅表的皮下。抽血时将犬固定在犬架上或使犬侧卧，由助手将犬固定，将抽血部位被毛剪去，碘酒－75%乙醇消毒，采血者用左手拇指和示指握紧剪毛区上部，使下肢静脉充盈，右手用连有 6 号或 7 号针头的消毒注射器迅速穿刺入静脉，左手放松将针固定，以适当速度抽血（以无气泡为宜），也可将胶皮带绑在犬股部或由助手握紧股部即可。若仅需少量血液，只需用针头直接刺入静脉，待血从针孔自然滴出，放入盛器或做涂片。

采集前肢内侧皮下的头静脉血时，操作方法同上。一只犬一般一次可采 10～20ml 血。

2. 耳缘静脉采血 本法适用于取少量血的实验。有训练的犬一般不必绑嘴，剪去耳尖部短毛，即可见耳缘静脉，用 75%乙醇消毒局部，用手指轻轻摩擦耳部，使静脉扩张，用连有 5 1/2 号针头的注射器在耳缘静脉末端刺破血管，待血液漏出采血或将针头逆血流方向刺入耳缘静脉采血，采血后用棉球压迫止血。

3. 颈静脉采血 犬不需麻醉，经训练的犬不需固定，未经训练的犬应固定，取侧卧位，剪去颈部毛，碘酒、75%乙醇消毒皮肤，将犬颈部拉直，头尽量后仰，左手拇指压住静脉注入胸部位的皮肤，使颈静脉怒张，右手取连有 6 1/2 号针头的注射器，针头沿血管平行方向向近心端刺入血管。左手固定针头，此法一次可取较多的血。但此静脉在皮下易滑动，针头刺入时要准确，进针后用手固定。对易怒的犬采血时尚需对犬进行麻醉。

4. 股动脉采血 本法为犬动脉采血常用方法。有训练的犬，在清醒状态下将犬卧位固定于犬解剖台上，伸展后肢向外伸直，暴露腹股沟三角动脉搏动的部位，剪去毛，碘酒－75%乙醇消毒，左手中指、示指探摸股动脉跳动部位，并固定好血管，右手取连有 5 1/2 号针头的注射器，针头由动脉跳动处直刺入血管，如未见血，可轻微转动针头或上下轻微移动针头，血可自动进入针管。如刺入静脉，必须抽出重新穿刺，抽血后，迅速拔出针头，用干药棉压迫局部 2～3 分钟以止血。

5. 心脏采血 犬麻醉后固定在手术台上，前肢向背侧方向固定，暴露胸部，将左侧第 3～5 肋间的毛剪去，碘酒－75%乙醇消毒皮肤，采血者用左手触摸左侧 3～5 肋间处，选心跳最明显处进针，一般在胸骨左缘外 1cm 第 4 肋间处，取连有 6 1/2 号针头（或 7 号针头）的注射器，向动物背侧方向垂直刺入心脏，采血者可随针接触心跳的感觉，随时调整刺入的方向和深度，摆动的角度应尽量小，避免损伤心肌过重，或造成胸腔大出血。当针头正确刺入心脏时，血可自动进入注射器，此法可抽取多量的血液。

注：猫的采血方法与犬基本一致。常用的方法有前肢皮下头静脉、后肢股静脉、耳缘静脉采血，需较大量血样时可从颈静脉或心脏采血，方法同前。

（五）猴采血方法

猴的采血方法与人相似。

少量采血途径：耳垂、指尖、足跟。

中量采血途径：后肢皮下静脉、颈外静脉、前肢头静脉。

大量采血途径：股动脉。

常用者有如下几种。

1. 毛细血管采血 经局部消毒后，刺破猴拇指或足跟等处采血，此法采血量较少。

2. 静脉采血 采血量较大时采用静脉采血，最宜部位是后肢皮下静脉及外颈静脉。外颈静脉采血时，把猴固定在猴台上，侧卧，头部略低于台面，助手固定猴的头部与肩部，先剪去颈部毛，碘酒－75%乙醇消毒后，用左手拇指按住位于上颌角与锁骨中点之间怒张的外颈静脉，右手持连 6 1/2 号针头的注射器同人静脉采血方法采血，采血后药棉压迫局部止血。

也可在肘窝、腕骨、手背及足背选静脉采血，但这些部位静脉较细，易滑动、穿刺难、血流较慢，采血稍困难。另外，猴后肢皮下静脉采血与犬相似。

二、粪样采集

用于病毒检验的动物粪便样品采集方法如下操作。器材准备：包括灭菌处理的棉拭子、灭菌试管、pH 7.4 的磷酸缓冲液、记号笔、乳胶手套、压舌板等等。采样方法：少量采集时，以灭菌的棉拭子从直肠深处或泄殖腔黏膜上蘸取粪便，并立即投入灭菌的试管内密封，或在试管内加入少量磷酸缓冲液后密封。采集较多量的粪便时，可将动物肛门周围消毒后，用器械或用戴上胶手套的手伸入直肠内取粪便，也可用压舌板插入直肠，轻轻用力下压，刺激排粪，收集粪便。所收集的粪便装入灭菌的容器内，经密封并贴上标签。样品采集后立即冷藏或冷冻保存。

用于细菌检验的动物粪便样品采集采样方法与供病毒检验的方法相同，但采集的样品最好是在动物使用抗菌药物之前的，从直肠或泄殖腔内采集新鲜粪便。粪便样品较少时，可投入0.9%氯化钠注射液中，较多量的粪便则可装入灭菌容器内，贴上标签后冷藏保存。

粪样的采集可使用粪便收集装置（如代谢笼，一种动物粪便收集器），包括有固定装置和收集装置。固定装置包括有第一固定件、第二固定件及收集装置固定件。第一固定件、第二固定件及收集装置固定件之间通过连接件连接；收集装置固定件通过第一固定件和第二固定件固定于动物的臀部，收集装置固定件至少包括有一个收集装置放置口，收集装置通过收集装置放置口活动设置于收集装置固定件内。收集装置为可一次性结构，使得动物在排泄时直接被收集到收集装置内，并且收集装置可以随时更换，方便有效的收集动物粪便。

粪便标本的采集直接影响结果的准确性，通常采用自然排出的粪便，标本采集时注意事项如下：粪便检验应取新鲜的标本，盛器应洁净、不得混有尿液、不可有消毒剂及污水，以免破坏有效成分；采集标本时应用干净的竹签选取含有黏液、脓血等病变成分的粪便；外观无异常的粪便须从表面、深处及粪端多处取材，其量至少为指头大小；另外标本采集后应于1小时内检查完毕，否则有可能有其他因素影响导致成分破坏分解。

（一）大鼠和小鼠

大鼠和小鼠可用代谢笼，下部有粪尿分离器，当处于仰卧固定时，会排出少量粪便。

（二）豚鼠和兔

豚鼠采集少量新鲜粪便时，将其仰卧固定，用手托住臀部，大拇指压住肛门，可采集少量粪球。

兔粪样也可用代谢笼采集粪便。采集少量新鲜粪便时，将兔仰卧固定，用手托住臀部，大拇指压住肛门，可采集少量粪球。

（三）犬和猴

对犬和猴可将消毒拭子插入动物肛门或者泄殖腔内，采取直肠黏液或者粪便，放入装有缓冲液的试管或者瓶中，尽快送到实验室检查。也可直接取新鲜粪，分析前剔去表层，取内层粪分析。若检查消化系统寄生虫，则需采取5～20g新鲜粪便。

三、尿液采集

实验动物尿液常用的采集方法较多，一般在实验前需给动物灌服一定量的水。

（一）自然排尿收集法

1. 代谢笼法　代谢笼依靠下部的粪尿分离漏斗可把动物的粪便和尿液分开。将动物饲养于代谢笼内可收集其自然排出的尿液，可采集一段时间内的尿液，但动物进入代谢笼后需要适应一段时间才开始排尿。用于小鼠时需注意小鼠尿液量较少容易挥发而减少收集量。此法较常用，适用于大、小鼠。由于大、小鼠尿量较少、操作中的损失和蒸发、不同鼠膀胱排空不一致等原因，都可造成较大的误差，因此一般需收集5小时以上的尿液，最后取平均值。

2. 压迫法采集尿液　在实验研究中，有时为了某种实验目的，通过从体表对动物膀胱施压迫使动物排尿并收集即时排出的尿液。操作时将动物保定后按压骶骨两侧的腰背部或者膀胱对应的体表位置，要求间隔一定的时间收集一次尿液，以观察药物的排泄情况。动物轻度麻醉后，实验人员用手在动物下腹部加压，手要轻柔而有力。当加的压力足以使动物膀胱括约肌松弛时，尿液会自动由尿道排出。此法适用于兔、犬等体型较大的动物。

3. 反射法采集尿液 利用动物的反射性排尿习性收集即时排出的尿液，适用于啮齿类。尤其是小鼠被人抓住尾巴提起时排便反射比较明显，当提起小鼠尾根时小鼠即反射性地排尿，可用平皿等器具收集。

（二）插管采集法

1. 输尿管导管法 动物麻醉后，固定于手术台上。剪毛、消毒，于耻骨联合上缘之上，在正中线做皮肤切口（长约 3～4cm），沿腹中线切开腹壁及腹膜，找到膀胱翻出腹外。辨认清楚输尿管进入膀胱背侧的部位（膀胱三角）后，细心地分离出两侧输尿管，分别在靠近膀胱处穿线结扎。在离此结扎点约 2cm 处的输尿管近肾段下方穿一根丝线，用眼科剪在管壁上剪一斜向肾侧的小切口，分别插入充满 0.9%氯化钠注射液的细塑料管（插入端剪成斜面），用留置的线结扎固定。可见到尿滴从插管中流出（头几滴是 0.9%氯化钠注射液），塑料管的另一端与带刻度的容器相连或接在记滴器上，以便记录尿量。在适用过程中应经常活动一下输尿管插管，以防阻塞。在切口和膀胱处应盖上温湿的 0.9%氯化钠注射液纱布。这种方法只适用于动物急性实验，常用于雄性兔、犬。

2. 膀胱导尿管法 腹部手术同输尿管插管。将膀胱翻出腹外后，用丝线结扎膀胱颈部，阻断其与尿道的通路。然后在膀胱顶部避开血管剪一小口，插入膀胱漏斗，用丝线缝合固定。漏斗最好正对着输尿管的入口处。注意不要紧贴膀胱后壁而堵塞输尿管。下端接橡皮管，插入带刻度的容器内以收集尿液。

3. 膀胱穿刺引流采集尿液 经体表行膀胱穿刺术采集尿液快速简便，对尿道损伤小，常用于犬、兔。以犬为例，将犬麻醉后仰卧保定，剃除腹正中区域被毛，从耻骨联合前正中部位以手探触固定膀胱，用穿刺针（长 10cm，粗针头，后连接注射器）刺入皮下并稍改变角度后刺入膀胱，缓慢进针，边进边抽，至有尿液出现时固定针头取下注射器，取导管从针头内插入膀胱，直到尿液从导管内流出，拔出针头留置导管，并缝针固定导管，在导管尾端使用静脉滴注夹可控制尿液排放，进行定时收集。

（三）剖腹采尿法

做好术前准备，术部皮肤准备范围应大一点。剖腹暴露膀胱，操作者的左手用无齿小平镊夹住一小部分膀胱，右手持针在小镊夹住的膀胱部位直视穿刺抽取尿液。可避免针头贴在膀胱壁上而抽不出尿液。

四、脑脊液采集

（一）大鼠脑脊液的采集

可采用枕骨大孔直接穿刺法。大鼠麻醉后，头部固定。去被毛、消毒。手术暴露枕骨大孔。由枕骨大孔进针直接抽取脑脊液。缝合皮肤，处理刀口。

（二）小鼠脑脊液的采集

需手术暴露采集部位，将小鼠麻醉后俯卧，用胶带固定头部使头向腹侧屈曲与身体成 45°角，充分暴露枕颈部位，从头部至枕骨粗窿做中线切开 4mm，再至肩部 1mm，进行钝性分离，剪去枕骨至寰椎的肌肉，烧灼止血，暴露白色的硬脑膜。用针头在椎骨和寰椎间 2mm 处刺破，用微量吸管吸取脑脊液（一次约采集 2.5μl）。

（三）犬、兔脑脊液的采集

通常采取脊髓穿刺法，穿刺部位在两髂连线中点稍下方第七腰椎间隙。动物麻醉后侧卧位固定，头尾部尽量弯向腰部，去被毛。消毒后一手固定穿刺部位的皮肤，腰部穿针垂直刺入，当有落空感及动物的后肢跳动时，针已达椎管内，抽去针芯，即见脑脊液流出。如无脑脊液流出，轻轻调节进针方向及角度。避免脑脊液流出太快形成脑疝。

五、样品的保存

样品采集后应于当天分析，以防止其中水分或挥发性物质的散失以及待测组分含量的变化。如不能马上分析则应妥善保存，不能使样品出现受潮、挥发、风干、变质等现象，以保证测定结果的准确性。

制备好的样品应装在洁净、密封的容器内，必要时贮存于避光处，容易失去水分的样品应先取样测定水分。

容易腐败变质的样品可用以下方法保存，使用时可根据需要和测定要求选择。

1. 冷藏　短期保存温度一般以 0～5℃为宜。

2. 干藏　可根据样品的种类和要求采用风干、烘干、升华干燥等方法。其中升华干燥又称为冷冻干燥，它是在低温及高真空度的情况下对样品进行干燥（温度：－100～－30℃，压强：10～40Pa），保存时间也较长。

3. 罐藏　不能即时处理的鲜样，在允许的情况下可制成罐装贮藏。例如，将一定量的试样切碎后，放入乙醇（浓度为 96%）中煮沸 30 分钟（最终乙醇浓度应在 78%～82%的范围内），冷却后密封，可保存一年以上。

一般样品在检验结束后应保留一个月以备需要时复查，保留期从检验报告单签发之日起开始计算，易变质样品不予保留。保留样品应封存入适当的地方，并尽可能保持原状。采样时，必须注意样品的代表性和均匀性，要认真填写采样记录。

第六节　麻醉、镇痛及安乐死

一、麻醉与镇痛

麻醉就是用物理或化学的方法，使动物全身或局部暂时痛觉消失或痛觉迟钝，以利于实验顺利进行。在进行各类动物实验时，各种强刺激（疼痛）持续地传入大脑皮质，会引起大脑皮质的抑制，使其对皮质下的中枢调节作用减弱或消失，致使机体生理机能发生障碍，甚至发生休克及死亡，因此术前麻醉和安乐死之间需要严格控制麻醉剂及给药量。此外，有的动物性情凶猛，容易伤及操作者，为保障实验人员的安全，并使动物在试验中服从操作，确保实验顺利进行，对动物的麻醉是非常必要的。

超前镇痛（包括术前和术中镇痛的管理）有利于提高手术中动物的稳定，以及通过降低术后疼痛来优化术后护理和动物福利。镇痛效果可以通过即时使用肠内或肠外镇痛剂，也可通过利用局部麻醉剂（如布比卡因）来阻断痛觉信号。由于动物对镇痛剂的反应个体差异性很大，因此，无论最初是如何制定疼痛缓解计划的，在做会引起动物疼痛的手术时以及术后均应密切监测动物，如有必要，应使用额外的药物以确保动物得到了适宜的镇痛管理。

应根据兽医专业判断来选用最适宜的镇痛剂和麻醉剂，既能最大限度地满足临床和人道方面的要求，又不至有损研究方案的科学水平。其选择取决于许多因素，例如动物的物种、年龄、品种（品系）或血统；疼痛的性质和程度；具体药物对特定器官系统的可能作用；手术或诱发疼痛的操作所持续的时间和性质；以及药物对动物的安全性，特别是在外科或其他实验操作诱发生理性缺陷的情况下。

大多数麻醉剂会引起动物生理上的药物依赖性抑郁，这种变化会因麻醉剂的不同而不同。在评估麻醉方案的适用性时应考虑以下因素：意识水平；抗伤害感受（即对有害刺激缺乏反应）的程度；动物心血管系统、呼吸系统、肌肉骨骼系统和体温调节系统的状态。对各种测量参数均需由对麻醉方案及动物种类非常熟悉和培训过的人员来解释和做出相应调整。动物意识的丧失一般发生在麻醉初期，痛感丧失之前，这时已足以满足对动物进行限制或小型且创伤小的操作要求了，但疼痛刺激可诱使动物重新获得意识。而疼痛丧失一般发生麻醉的中期并且在进行手术之前必须确定达到该程度。动物对麻醉的个体反应差异很大，单一动物的生理或疼痛反射反应可能并不适合评估整个镇痛水平。

对于麻醉传递来说，精确的蒸发器及监控装置（如确定动脉血氧饱和度水平的脉冲血氧计）能够增加啮齿类和其他种类小型动物的麻醉安全性。针对注射用麻醉剂方案，特殊的拮抗剂能够最大限度地减少由于长时间恢复和侧卧造成的一些副作用的发生概率。麻醉和镇痛药物必须在有效期内使用，合法且安全地进行采购、储存、使用、记录，以及处理。

有些如镇静剂、抗焦虑剂和神经传导阻滞剂的药物，都没有镇痛作用或麻醉作用，因而并不能缓解疼痛；然而，这类药物却可与相应的镇痛剂和麻醉剂配伍使用，从而在手术中尽量减少动物的紧张。神经肌肉传导阻滞剂（如泮库溴铵）有时可在已经施用了全身麻醉剂的外科手术过程中用于骨骼肌肉麻醉。在外科手术或其他产生疼痛的操作中使用这类药物时，其麻痹作用会消除许多可反映麻痹深度的征象，然而，自律神经系统的一些变化（如心率或血压的突然改变）可作为与麻醉深度不充分有关的疼痛现象的指标。因此，任何使用神经肌肉传导阻滞剂的提案都必须由兽医和 IACUC 仔细评估，以确保动物福利。据推测，在清醒状态下发生麻痹的后果可能出现急性精神紧张反应，已知人在清醒状态下使用这类药物引发麻痹时，会经受痛苦。因而，在使用麻醉性药物时，建议首先根据使用麻醉剂但不用传导阻滞剂进行同样操作的结果，来确定适宜的麻醉剂用量。

（一）麻醉的分类

1. 根据临床应用

（1）局部麻醉　利用某些药物，有选择性地暂时阻断神经末梢、神经纤维以及神经干的冲动传导，从而使其分布或支配的相应局部组织暂时丧失痛觉的一种麻醉方法。

（2）全身麻醉　利用某些药物对中枢神经系统产生广泛的抑制作用，从而暂时地使机体的意识、感觉、反射和肌肉张力部分或全部丧失的一种麻醉方法。

2. 根据麻醉剂进入体内的方法　吸入麻醉、非吸入麻醉、静脉内麻醉法、肌肉内麻醉法、内服麻醉法、直肠内麻醉法、腹腔内麻醉法。

（二）局部麻醉

局部麻醉对全身生理干扰少，是比较安全的麻醉方法。患有心、肝、肺、肾疾病的动物尤为适宜。麻醉时动物神志保持清醒，需注意保定。

1. 局部麻醉药　不同局部麻醉药的组织渗透性、显效时间、作用时间、毒性等均有差别。常见局部麻醉药如下。

（1）盐酸普鲁卡因（Procaine hydrochloride）　此药毒性小，见效快，临床上最多用做浸润麻醉剂，使用药液浓度为 0.5%～1%，传导麻醉一般采用 2%～5%溶液，脊髓麻醉用 2%～3%溶液，关节内麻醉可用 4%～5%溶液。

按每 250～500ml 量加入 lml 的 0.1%肾上腺素溶液。延长局部麻醉作用时间、减少出血量并减低因吸收药物过多、过速而引起中毒。

（2）盐酸利多卡因（Lidocaine hydrochloride）　此药见效快，组织穿透性好，表面麻醉，2%～5%；传导麻醉，2%；浸润麻醉，0.25%～0.5%；硬膜外麻醉，2%。

（3）盐酸丁卡因（Tetracaine hydrochloride）　用于表面麻醉，不适于浸润麻醉。点眼时不散大瞳孔，不妨碍角膜愈合，常用浓度为 0.5%溶液；鼻、喉、口腔等黏膜表面麻醉，可用 1%～2%。

2. 局部麻醉方法

（1）表面麻醉（topical anesthesia）　利用麻醉药的渗透作用，使其透过黏膜而阻滞浅在的神经末梢。一般每隔 5 分钟用药一次，共 2～3 次。眼部用药液滴入结膜囊内，其他可将药液涂布，填塞或喷雾于术部。

（2）局部浸润麻醉（infiltration anesthesia）　沿手术切口线皮下注射或深部分层注射麻醉药，阻滞神经末梢，称局部浸润麻醉。

（3）传导麻醉（conduction anesthesia）　又称神经阻滞（nerve block），在神经干周围注射局部麻醉药，使其所支配的区域失去痛觉。

要求掌握所麻醉神经干的位置、外部投影等局部解剖知识，熟悉操作的技术，才能正确作好传导麻醉。

（4）脊髓麻醉（spinal anesthesia）　将局部麻醉药注射到椎管内，阻滞脊神经传导，使其支配的区域无痛。要求熟悉椎管及脊髓的局部解剖，以及由于脊神经阻滞所致的生理干扰。

分硬膜外腔麻醉和蛛网膜下腔麻醉。临床多用硬膜外腔麻醉，少用蛛网膜下腔麻醉。

①硬膜外腔麻醉：大动物第 1 尾椎常与荐骨紧密联接或融合，不便注射操作，常用第 1、2 尾椎间隙；犬，猫等中小动物常用腰、荐间隙并可使用硬膜外留置管。

犬，猫的腰荐麻醉：侧卧于诊台，使腰背弓起，注射点是两侧髂骨翼内角横线与脊柱正中轴线的交点。在该处最后腰椎棘突顶和紧靠其后的相当于腰荐孔的凹陷部垂直刺入针头，感觉弓间韧带的阻力。

②蛛网膜下腔麻醉：又称脊髓麻醉或腰麻，是麻醉药注入腰椎蛛网膜下腔，麻醉该部位的脊神经根。首先被阻断的是交感神经纤维，其次是感觉纤维，最后是运动纤维。常用于下腹部和下肢手术。常用药物为利多卡因、丁卡因和普鲁卡因。

（三）全身麻醉

1. 吸入麻醉　麻醉气体吸入法是最常用的麻醉方法，各种动物都可应用。其麻醉量和致死量相差大，所以其安全性大。但由于乙醚局部刺激作用大，可刺激上呼吸道黏液分泌增加；通过神经反射还可扰乱呼吸、血压和心脏的活动，并且容易引起窒息，在麻醉过程中要注意。但总起来说乙醚麻醉的优点多，如麻醉深度易于掌握，比较安全，而且麻醉后恢复比较快。其缺点是需要专人负责管理麻醉，在麻醉初期出现强烈的兴奋现象，对呼吸道又有较强的刺激作用，因此，需在麻醉前给予一定量的吗啡和阿托品（基础麻醉），通常在麻醉前20～30分钟，皮下注射盐酸或硫酸吗啡（按体重5～10mg/kg）及阿托品（按体重0.1mg/kg）。盐酸吗啡可降低中枢神经系统兴奋性，提高痛阈，还可节省乙醚用量及避免乙醚麻醉过程中的兴奋期。阿托品可对抗乙醚刺激呼吸道分泌黏液的作用，可避免麻醉过程中发生呼吸道堵塞，或手术后发生吸入性肺炎。

进行手术或使用过程中，需要继续给予吸入麻醉气体，以维持麻醉状态。慢性实验预备手术的过程中，仍用麻醉口罩给药，而在一般急性使用，麻醉后可以先进行气管切开术，通过气管套管连接麻醉瓶继续给药。在继续给药过程中，要时常检查角膜反射和观察瞳孔大小（如发现角膜反射消失，瞳孔突然放大，应立即停止麻醉）。万一呼吸停止，必须立即施行人工呼吸。待恢复自动呼吸后再进行操作。

（1）麻醉前给药　目的：提高麻醉安全性，减少麻醉药用量和麻醉的副作用，消除麻醉和手术中的一些不良反应，使麻醉过程平稳，给动物以神经安定药、镇静药、镇痛药和肌松药。

①神经安定剂、镇静剂

氯丙嗪：临床最常用的一种，一般在麻醉前30分钟时肌内注射给药。可使动物安静，加强麻醉效果，减少麻醉药的用量。即所谓“强化麻醉”。

乙酰丙嗪：可产生轻度至中等程度的镇静，但存在个体差异。静脉注射或肌内注射时，不得任意加大剂量企图使动物产生较深的镇静，这样往往导致作用时间延长和副作用增加。

地西泮：肌内注射给药45分钟后或静脉注射5分钟后，产生安静、催眠和肌松作用。临床已开始用的另一个新药——咪达唑仑效果亦好。

氮哌酮：对猪有很好的镇静作用，常用做吸入麻醉的麻醉前用药。高剂量可引起暂时性的多泡和气喘，故多同时给予阿托品。

麻保静：2,6–二甲苯胺噻嗪，国外名隆朋，于1986年合成。不是神经安定剂，但具有中枢性镇静、镇痛和肌松作用，小剂量就可产生镇静和镇痛作用，大剂量时中枢性抑制作用明显。

羊则常选用麻保静、静松灵等。猪使用氮哌酮、咪达唑仑。犬、猫等多给予隆朋麻保静或是使用安定、咪达唑仑。

②镇痛剂　单独应用不普遍，因有成瘾性，属于严格控制药品。

吗啡（Morphine）：镇痛药的代表性药物。小剂量时抑制，大剂量时可能兴奋，并有种属间和个体间的差异。在剖腹产和助产时不用，因其可抑制新生仔畜的呼吸。对马、犬、兔较好，对反刍动物、猪、猫要小心。

哌替啶（Pethidinum）：人工合成的吗啡样药物。作用类似吗啡，具有镇静，锁痛和解痉作用。使用过量引起兴奋时可用戊巴比妥钠对抗。可增强其他中枢抑制药（如巴比妥类）的作用。

喷他佐辛（Pentazocine）：镇痛作用约为吗啡的1/2，但比哌替定要强，用大量可发生运动失调或惊厥。

③抗胆碱药　M胆碱受体阻断药，可松弛平滑肌，抑制腺体分泌，减少呼吸道黏液和唾液腺的分泌，有利于保持呼吸道的通畅，减少体液的丢失。此外，还有抑制迷走神经反射的作用，可使心率增快。

阿托品是常用的代表性抗胆碱药。临床常规是在吸入麻醉之前 20～30 分钟，将阿托品或与神经安定药等一并注射。除阿托品外，属本类药物的还有东莨菪碱，临床上应用较少。

新的肌松药在不断地研制筛选，有些新药已在临床应用，如阿曲库铵、维库溴铵等。

（2）吸入麻醉装置及气管插管　为便于吸入麻醉药和输氧，将特制的导管经动物口腔插入气管，称气管插管术。

这种技术有利于保持呼吸道通畅，减少解剖死腔，及时清除气管内分泌物，防止吸入性肺炎，也便于过度通气，控制和辅助呼吸，是麻醉和抢救危急动物的一个重要措施。

①器械准备　需准备喉镜、气管导管及套囊。

气管导管：规格用导管周长的毫米（mm）数来编号，用 F 表示，F= 导管直径 ×3.1416。编号愈大，导管愈粗。成年犬、猫根据体重选用导管。导管选好后，再用导管测量鼻端到肩胛骨的长度。导管应超出鼻端 1～2cm，多余者剪除。

套囊：一种防漏装置，附着于导管壁，距斜面开口 0.5～1.0cm。套囊充气后，与气管紧密相贴，不漏气，防止胃内容物反流入气管。

②插管前麻醉　动物麻醉前准备及用药。

静脉快速诱导麻醉：硫喷妥钠，6～25mg/kg；硫戊巴妥钠，16～20mg/kg；甲己炔巴比妥钠，10～12mg/kg。猫可用氯胺酮诱导麻醉，先肌内注射 10～20mg/kg，3～5 分钟后，缓慢静脉注射 1～2mg/kg。

吸入诱导麻醉：常用面罩或诱导麻醉箱吸入诱导，适用于幼犬和猫。

③气管插管方法　动物胸卧保定，头抬起伸直，使下颌与颈呈一直线。助手打开口腔，拉出舌头，使会厌前移。麻醉师左手持喉镜插入口腔，其镜片压住舌根和会厌基部，暴露会厌背面、声带和杓状软骨；在直视情况下，右手持涂过润滑剂的气管导管经声门裂插入气管至胸腔入口处。触摸颈部，若触到两个硬质索状物，提示气管导管插入食道，应退出重新插入。

导管后段于切齿后方系上纱布条，固定在上颌上，以防滑脱。挤压连接套囊上的注气球或用注射器连接套囊上的胶管注入空气，30～45 分钟后再充气一次。将气管导管与麻醉机上螺形管接头连接，施自主呼吸或辅助呼吸。

对上、下颌骨折或口腔和面部手术的动物，不能经口腔插管，需施咽切开术或气管切开术插管。

④气管导管拔除方法　停止麻醉药吸入，持续输 100%氧 3～5 分钟。出现吞咽，咀嚼及咳嗽动作，意识完全恢复和呼吸正常时拔管。松开固定导管的纱布条，吸除口腔、咽喉内的分泌物、呕吐物及血凝块等。放掉套囊内的空气，迅速将导管拔出，以防导管被咬坏。

注意：以上为小动物使用技术。大动物多采用盲目插管法或喉部触摸插管法。

（3）临床应用

①开放点滴法　将一面罩套在动物口鼻部，外覆盖数层纱布。滴麻醉药于纱布上，让其吸入。常用乙醚、氟烷和甲氧氟烷等。

缺点：耗药量大，污染环境。

②吹入法　将混合气体麻醉药引近动物鼻孔吸入。

如关在笼内的野生动物经麻醉枪注射药物镇静后，将连接麻醉机上一软管放入动物鼻孔诱导。一旦动物失去意识，再用面罩麻醉直至能气管插管为止。

③麻醉箱法　将动物放入由有机玻璃等材料制成的密闭箱内。引入氧气和气体麻醉药诱

导。将动物从箱内取出继续用面罩吸入诱导到能气管插管为止。

适于猫的诱导麻醉，也可用于体重在 6～7kg 以下，难以静脉用药诱导麻醉的动物，如啮齿类动物、兔、雪貂和蛇等。

（4）对吸入麻醉动物的监护　临床麻醉失误，意外的发生，都与实施麻醉后对动物的观察、监测及管理不当有直接关系。

吸入麻醉必须有专人管理。麻醉和生理监测系统可快速反应出机体在麻醉下的总体状况，但设备需要很大的投资。临床观察是绝对必要的，结合各项生理指标测定结果进行综合分析。

由于条件的限制，很多观察还是以临床生理学观察为主。

①呼吸的观察　呼吸通畅度、频率和幅度是观察的重点，善于发现异常变化，推断出变化的原因。呼吸变深、变浅和频率增快等，都是呼吸功能不全的表现。较为理想的方法是监测潮气量和做血气分析。

②循环系统的观察　心区听诊，心率快慢，心音强弱收缩力，判断有无异常变化。血压是心脏功能的一个重要指标，但测量动物血压有一定的困难。外周循环的观察，结膜和口色的变化，用手指按压齿龈黏膜观察毛细血管再充盈时间。有条件时，可装置心电图机监测。

③全身状态的观察　注意神志的变化，对痛觉的反应以及其他一些反射，如眼睑反射、角膜反射、眼球位置等。

④体温的观测　麻醉使动物的基础代谢下降，一般体温下降 1～2℃或 3～4℃不等。用肛门内测量为好。

⑤眼球的位置，瞳孔的变化　是重要的观察内容，如果出现动物的眼球不再偏转而是处于中间位置，且凝视不动，又瞳孔放大，对光反射微弱，甚或消失，乃是高深度抑制的表现，表示麻醉已过深。

⑥体位的变化　由于体位的改变，或因强力保定，或因用绳索拴缚不当，可对呼吸和循环带来不利的影响。

⑦可视黏膜的观察　了解体内缺氧和二氧化碳的蓄积情况。缺氧会使黏膜和口色发绀，但严重贫血的动物常常表现不明显。二氧化碳蓄积早期，血压上升，脉频数，呼吸加深加快，肌肉的紧张度增加；由于末梢毛细血管扩张，皮肤潮红色素淡的动物表现明显。

严重缺氧并二氧化碳增多时，表现为呼吸不规则、血压下降、心律失常、脉搏减少，会招致呼吸和心跳停止。

在手术中如果发现口色结膜苍白、四肢厥冷、出冷汗，则常常会死于手术之中。

2. 非吸入麻醉

（1）常用的非吸入麻醉剂

①非巴比妥类

静松灵：2, 4－二甲苯胺噻唑，国产品，作用与特点同隆朋。

保定宁：静松灵与乙二胺四乙酸 EDTA 的复合剂。

氯胺酮：分离麻醉剂，不同剂量可产生镇静、催眠、麻醉作用，用于马、猪、羊、犬及多种野生动物的化学保定药，基础麻醉和全身麻醉。可兴奋循环系统，使心率增快，BP 和 CVP 升高，静注宜缓慢。

噻胺酮：复方氯胺酮，由氯胺酮、隆朋、苯乙哌酯类阿托品药组成。肌内注射给药用于动物、家禽、实验动物、野生动物的化学保定和手术麻醉。对食肉兽有突出的优点。

巴乌拉坦（urethane）：又名氨基甲酸乙酯，作用性质温和，易溶于水，对动物麻醉作用强大而迅速，安全范围大，多数动物实验都可使用，更适用于小动物麻醉。可导致较持久的浅麻醉，对呼吸无明显影响。特别是对血压、心电、呼吸影响较大的实验尤为适合。优点是价廉，使用简便，一次给药可维持 4～5 小时，且麻醉过程较平稳，动物无明显挣扎现象；缺点是苏醒慢，麻醉深度和使用剂量较难掌握。乌拉坦对兔的麻醉作用较强，是家兔急性实验常用的麻醉药，对猫和犬则奏效较慢，在大鼠和兔能诱发肿瘤，不宜用于长期存活的慢性实验动的麻醉，本药易溶于水，使用时配成 10%～25%的溶液。若注射剂量过大，则可致动物血压下降，且对呼吸影响也很大。用此药麻醉时动物保温尤为重要。兔：静脉注射，750～1000mg/kg，30%；大、小白鼠：皮下或肌内注射，800～1000mg/kg，30%。

水合氯醛（水合三氯乙醛）：白色晶体，水合氯醛容易分解，吸收空气中的水分而潮解。水合氯醛为催眠药、抗惊厥药。催眠剂量 30 分钟内即可诱导入睡，催眠作用温和，不缩短 REMS 睡眠时间，无明显后遗作用。催眠机理可能与巴比妥类相似，引起近似生理性睡眠，无明显后作用。消化道或直肠给药均能迅速吸收，1 小时达高峰，维持 4～8 小时。脂溶性高，易通过血脑屏障，分布全身各组织。血浆 $t_{1/2}$ 为 7～10 小时。在肝脏迅速代谢成为具有活性的三氯乙醇。三氯乙醇的蛋白结合率为 35%～40%，三氯乙醇 $t_{1/2}$ 约为 4～6 小时。口服水合氯醛 30 分钟内即能入睡，持续时间为 4～8 小时。三氯乙醇进一步与葡萄糖醛酸结合而失活，经肾脏排出，无滞后作用与蓄积性。水合氯醛注射液可自行配制，通常用 0.9%氯化钠注射液，最好是 5%～l0%葡萄糖注射液或 5%葡萄糖硫酸镁注射液（5%葡萄糖液 l00ml 加硫酸镁 5g），注射常用浓度为 10%。配制时用灭菌容器，加入所需的溶媒煮沸 15 分钟。待冷至 60～80℃时，加入所需的水合氯醛，充分振荡，使药品充分溶解，经无菌过滤后应用。兔：静脉注射，80～100mg/kg，2%；大白鼠：腹腔注射，50mg/kg，2%。

②常用巴比妥类麻醉剂　各种巴比妥类药物的吸收和代谢速度不同，其作用时间亦长短不一。巴比妥类对呼吸中枢有较强的抑制作用，麻醉过深时，呼吸活动可完全停止。故应注意防止给药过多、过快。对心血管系统也有复杂的影响，故这类药物不用于研究心血管功能的实验动物麻醉。

兽医临床常用硫喷妥钠、硫戊巴比妥钠和戊巴比妥钠与神经安定剂或其他麻醉剂协同用做复合麻醉。可少量多次给药，作维持麻醉。超短时作用型可做有效的基础麻醉，用做吸入麻醉的麻醉前用药或进行麻醉诱导更为合理。

a. 硫喷妥钠（Thiopentalum Natrium）：为浅黄色粉末，其水溶液不稳定，故需在使用之前临时配制成 2.5%～5%溶液经静脉注射。一次给药可维持 0.5～1 小时。实验时间较长时可重复给药，维持量为原剂量的 1/l0～1/5。适用于较短时程的实验，属短效或超短效类。

一次用药后麻醉持续时间、麻醉深度与剂量和注射速度密切相关。注射愈快，麻醉愈深，维持时间愈短。

实验剂量和方法：狗静脉注射 20～25mg/kg；兔静脉注射 7～10mg/kg。静脉注射速度以 15 秒钟注射 2ml 左右进行。小鼠 1%溶液腹腔注射 0.1～0.3ml/只；大鼠 0.6～0.8ml/只。

静脉注射，将全量的 12%～23%在 30 秒内迅速注入，停注 30～60 秒，观察。如麻醉深度不够，再将剩余量用 1 分钟左右注入，边注边观察动物的麻醉体征，一经达到所需麻醉程度即停止给药。

b. 戊巴比妥钠（Pentobarbitalum Natrium）：在实验中最为常用。该品为白色粉末，常配成 1%～3%水溶液由静脉或腹腔给药。一次给药麻醉的有效作用时间持续为 3～5 小时，属中效巴比妥类。静脉注射时，前 1/3 剂量可快速注射，以快速度过兴奋期；后 2/3 剂量则应缓慢注射，并密切观察动物的肌肉紧张状态、呼吸频率和深度及角膜反射。动物麻醉后，常因麻醉药作用、肌肉松弛和皮肤血管扩张，致使体温缓慢下降，所以应设法保温。

狗、兔：静脉注射，30mg/kg，3%；腹腔注射，40～50mg/kg，3%；大、小鼠、豚鼠：腹腔注射，40～50mg/kg，2%；临床上肝功能不全动物、孕畜剖腹产手术时禁用。

犬麻醉苏醒阶段不可静脉注射葡萄糖液，有的犬在静脉注射葡萄糖液后又会重新进入麻醉状态，即所谓"葡萄糖反应"，甚至造成休克死亡。

可在给本药之前注射氯丙嗪以强化麻醉。

使用戊巴比妥钠也可采用下列处方。

Nembutal 麻醉液：

戊巴比妥钠 5.0g；

1, 3—丙二醇 40.0g；

96%乙醇 10.5ml；

蒸馏水加至 100ml。

静脉注射，用于犬、猫、兔、大鼠的麻醉，0.5ml/kg，也应注意对呼吸的抑制。

用于羊和猪，麻醉持续时间 100 分钟以上。

c. 苯巴比妥钠：此药作用持久，应用方便，在普通麻醉用量情况下对于动物呼吸、血压和其他功能无多大影响。通常在实验前 0.5～1 小时用药。使用剂量及方法为：狗腹腔注射 80～100mg/kg，静脉注射 70～120mg/kg（一般每千克体重给 70～80mg 即可麻醉，但有的动物要 100～120mg 才能麻醉，具体用量可根据各个动物的敏感性而定）。兔腹腔注射 150～200mg/kg。

（2）非吸入麻醉的临床应用

①狗的全身麻醉

吗啡：用于犬的比较好的麻醉剂。阿托品 0.03～0.05mg/kg，皮下注射，20 分钟后按 1mg/kg 皮下注射吗啡。

硫喷妥钠：2.5%浓度，25mg/kg，静脉注射，1/2～2/3 以较快的速度静注，大约 1ml/s。后半量需较慢给药，并密切注意观察动物在麻醉后的临床表现，直至所需要的深度。如果静脉注射给药过快，或是剂量偏大，会严重抑制呼吸，甚至会呼吸停止。为防止意外，应准备好呼吸兴奋剂以及人工呼吸装置。常把静脉注射针（头皮针因有连续软管较为方便）留置在静脉内（注意应固定好），当动物有所觉醒、骚动或有叫声时，再从静脉适量推入。

氯胺酮：皮下注射阿托品 0.03～0.05mg/kg 15 分钟后，肌内注射氯胺酮 10～15mg/kg。

氯丙嗪+氯胺酮：先给予阿托品，5 分钟后氯丙嗪 3～4mg/kg 肌内注射，15 分钟后再肌内注射氯胺酮 5～9mg/kg，麻醉平稳，持续 30 分钟。

隆朋+氯胺酮：先给阿托品，肌内注射隆朋 1～2mg/kg，15 分钟后肌内注射氯胺酮 5～15mg/kg。持续 20～30 分钟，这种方法有更多的兽医工作者愿意采用。

地丁泮+氯胺酮：安定 1～2mg/kg 肌内注射，15 分钟后再肌内注射氯胺酮也能产生平稳的全身麻醉。

戊巴比妥钠：用葡萄糖盐水配制成 5%溶液，按 25～30mg/kg 静脉注射。方法同硫喷妥钠。

安定镇痛麻醉：846 合剂，保定 1 号，保定 2 号等都会有满意的效果。均配有相应的苏醒剂。

②猫的全身麻醉

氯胺酮：单独使用时有不足之处，现复合其他药物应用。

隆朋+氯胺酮：麻醉前给予阿托品，这对猫很重要，15分钟后肌内注射隆朋1～2mg/kg，再经15分钟，肌内注射氯胺酮5～15mg/kg。给予不同的剂量可使麻醉期长短不一。

氯丙嗪+氯胺酮：先肌内注射氯丙嗪 1mg/kg，15 分钟后再肌内注射氯胺酮 15～20mg/kg。

巴比妥类：硫喷妥钠和戊巴比妥钠较常用。对患有心、肺、肝、肾疾病的猫要慎用。

噻胺酮：使用本品不表现流涎因含有苯乙哌酯。猫对噻胺酮有较好的耐受性，实验证明，肌内注射2～10mg/kg是安全的。

846合剂配有苏醒灵4号以作为催醒之用。

二、安乐死

安乐死就是采用可迅速引起动物意识丧失并致其死亡的方法，而毫无疼痛或痛苦地处死动物的手段。在评估各种方法的可行性方面应注意若干依据，包括可引起意识丧失和死亡而没有或仅有瞬间疼痛、痛苦或焦虑的能力；可靠性；不可逆性；引起意识丧失所需的时间；动物种类和年龄的限制；与研究课题的兼容性；以及对工作人员的安全性和情感效应。

在研究结束时，或在用镇痛剂、镇静剂或其他措施无效时，作为解除疼痛或痛苦的一种手段，可能都必须采用安乐死术。研究方案的内容包括实施安乐死术的判定依据，如躯体或行为缺陷的程度或肿瘤的大小，都是兽医人员和研究人员判断的依据，以保证其终点既人道，又能尽可能地达到研究方案的目标。

实施可预见和可控的安乐死术必须由主治兽医和 IACUC 制定和批准其标准方法。安乐死术应避免动物遭受痛苦。

安乐死术的具体药物和方法的使用，需依据动物的种类、年龄以及研究方案的目标而定。通常化学药物（如巴比妥酸盐类、无爆炸性吸入麻醉剂类）要优于物理学方法（如颈椎脱臼法、断头法和击晕穿刺法）。然而，从科学研究方面考虑，有些研究方案可能不宜使用化学药物。

尽管二氧化碳（CO_2）安乐死术是啮齿类安乐死术实施的常用方法，但作为一种吸入式安乐死剂，针对该方法的一些缺点一直有所争议，这方面至今仍是非常值得研究的领域，并且今后的研究需要寻求优化啮齿类 CO_2 安乐死术。对 CO_2 是否能够被接受作为啮齿类安乐死剂，应该有新的文献数据可以查阅时才能评定。另外，由于啮齿类新生儿对 CO_2 的缺氧诱导作用能够耐受，因此，在对该类动物实施安乐死术时，需要更长时间地暴露在 CO_2 中，或采用其他方法（如注射化学试剂、颈椎脱臼法或断头法）。

安乐死术必须由对有关动物种类所用方法熟练的人员来实施，并且必须以专业的、抱有同情心的态度进行操作。特别需要注意的是，当使用物理学方法时，要确保该种安乐死术方法是可行的。动物的死亡必须由那些能够识别被实施安乐死术的动物生命终止特征的人员来确认。另外，也可通过安乐死术的再次实施（如开胸法或放血法）来确保动物的死亡。所有安乐死术的实施方法均必须由兽医和 IACUC 进行审阅和批准。

有些动物饲养人员、兽医人员和研究人员对于处死动物在心理上难以承受，特别是反复参与实施安乐死术或对将要处死的动物已经产生感情的人员。因此，在分派安乐死术任务时，负责人应注意到这种情况。

（一）颈椎脱臼法

颈椎脱臼就是用外力将动物颈椎脱臼，使脊髓与脑髓断开，致使实验动物无痛苦死亡。由于其能使实验动物很快丧失意识、减少痛苦、容易操作、动物内脏不受损害等优点，被认为是很好的实验动物安乐死方法。

颈椎脱臼法常用于小鼠、大鼠、沙鼠、豚鼠、家兔等小型实验动物的安乐死操作。

1. 大鼠、小鼠的颈椎脱臼 将小鼠固定在饲养盒盖上，一手抓住鼠的尾巴，稍用力向后拉，另一只手的拇指和示指迅速用力往下按住其头部，或使用手术剪刀、镊子快速压住小鼠的颈部，两只手用力，使之颈椎脱臼，从而造成脊髓与脑髓断离。也可以用拇指和示指或木棒、金属置于小鼠颈的背侧并向一坚硬面猛压产生颈椎脱位。颈椎脱位的有效性由颈部组织的分离予以证实。脱位后心脏继续搏动，利于临终前采取样品。

大鼠的颈椎脱臼同小鼠。

2. 豚鼠、仓鼠的颈椎脱臼 该种动物由于颈部肌肉发达、颈肩部皮肤松弛，用此法困难较大。可使用从前方抓住动物的头再猛拉其身体，致使其颈椎脱臼。

3. 家兔的颈椎脱臼 1kg 以下的家兔可用一只手在腰部抓住其后肢，另一只手抓住其头颅，并用力拉伸其颈部致使其颈椎脱臼。

（二）断头法

断头法虽然残酷，但由于其过程是一瞬间的，且脏器含血量少，故也被列于实验动物安乐死的一种，主要用于哺乳纲啮齿目、兔形目、两栖纲、鸟纲、鱼纲等实验动物的安乐死。

断头时通常使用断头器快速切断延髓，使头颅与身体迅速分离。操作时将断头器固定于实验台上，用左手按住实验动物的脊背部，拇指放在右腋下部，用示指和中指夹住左前腿。将实验动物的颈部放在断头器的开口部，慢慢放下刀柄。接触到实验动物时，用力按下刀柄切断其颈部即可。

注意防止血液的喷出对实验人员的影响。

（三）吸入法

1. 二氧化碳吸入窒息法 将待安乐死处死的实验动物置于可封闭的箱中，按 SOP 规划、释放二氧化碳使实验动物窒息而亡。此法较常用于哺乳纲啮齿目、兔形目、两栖纲、鸟纲、鱼纲等实验动物的安乐死。

2. 麻醉药物吸入窒息法 可将实验动物投入盛有乙醚、氟烷等挥发性气体的干燥的玻璃缸中，按 SOP 规定释放麻醉药物使实验动物过量吸入麻醉剂而死亡。

注意液态麻醉剂应不与实验动物身体接触。

（四）注射法

传统上实验动物注射法安乐死的主要化学药物有巴比妥钠类、乌拉坦类、甲磺酸三卡因等。常见化学药物安乐死主要有过量戊巴比妥钠注射法等，也可采用麻醉后追加静脉注射氯化钾达到安乐死的效果。

1. 小鼠、大鼠、豚鼠、沙鼠、仓鼠 使用腹腔注射该药物 150～200mg/kg 可使动物呼吸停止，必要时要检查动物的心脏是否跳动。

2. 家兔 首选静脉注射（注射剂量为 100mg/kg）给药途径，既人道、又安全有效。腹腔、胸腔、心内注射也可安乐处死家兔。

3. 犬　给药途径同家兔。用 3 倍于麻醉剂量的戊巴比妥钠可以保证犬先呼吸停止，然后心跳停止。静脉注射是最佳的安乐死给药方法，其静脉注射剂量为 90～100mg/kg。

4. 猴　给药途径同家兔。将动物保定或挤压于笼内一侧，静脉注射 100mg/kg 实施安乐死。

5. 猪　给药途径同家兔。静脉注射该药用于猪的安乐死很有效。通常使用剂量为 100mg/kg。

（五）空气栓塞法安乐死

该方法过去常用于家兔。

通过静脉注射 5～50mg/kg 的空气就可导致家兔迅速死亡，但动物伴有抽搐、角弓反张、嘶叫等现象，对施术者、周边的动物和工作人员均会造成比较大的心理伤害，通常不建议使用。

由于编者水平和章节篇幅的限制，关于动物安乐死更全面的方法，也可参考美国兽医协会编写的《动物安乐死指南》一书。

（赵明海　刘巍　张潇　陈磊　黄慧丽　梁春南）

参考文献

［1］方喜业，邢瑞昌，贺争鸣. 实验动物质量控制［M］. 北京：中国标准出版社，2008.

［2］窦如海. 实验动物与动物实验技术［M］. 济南：山东科学技术出版社，2006.

［3］方喜业. 医学实验动物学［M］. 北京：人民卫生出版社，1995.

［4］郑振钰. 最新实验动物实验技术操作规范、手术创新与评价及实验动物全面质量管理实用手册［M］. 北京：中国医药科技出版社，2006.

［5］魏泓. 医学实验动物学［M］. 成都：四川科学技术出版社，1998.

［6］杨斐. 实验动物学基础与技术［M］. 上海：复旦大学出版社，2010.

［7］吴晓晴. 动物实验基本操作技术手册［M］. 北京：人民军医出版社，2008.

［8］孙以方，白德成，张文慧. 医学实验动物学教程［M］. 郑州：河南医科大学出版社，1998.

［9］张才乔，曾卫东. 动物生理学实验教程［M］. 杭州：浙江大学出版社，2004.

［10］赵宁宁，张正，王彦博，等. 基于人源化免疫重建的患者来源肿瘤组织异种移植模型的研究进展［J］. 中国实验动物学报，2018，26（6）：135－139.

［11］张贺，陈薛，谭邓旭，等. 基于肿瘤个体化治疗药物筛选的异种移植模型评价策略［J］. 中国实验动物学报，2018，26（4）：116－120.

［12］王建飞译. 实验动物饲养管理和使用指南. 8 版［M］. 上海：上海科学技术出版社，2012.

［13］卢选成译，美国兽医协会编著. 动物安乐死指南. 2013 版［M］. 北京：人民卫生出版社，2019.

第八章　遗传修饰动物模型在药品质量控制与安全评价中的应用

第一节　人类疾病的动物模型概述

通过对选定的生物物种进行科学研究，用于揭示某种具有普遍规律的生命现象。此时，这种被选定的生物物种就是模式生物。而人类疾病的动物模型（Animal Model of Human Disease）是指各种医学科学研究中建立的具有人类疾病模拟表现的动物。疾病动物模型使用可以追溯到 19 世纪，那时候人们在研究中发现，利用动物模型能把复杂问题简单化，能回答部分生命现象与规律，能帮助人们对看似无从下手的生物问题着手研究。在基因组测序及后基因组时代，由于通过测序，发现了大量与人类遗传性疾病相关的基因，研究这些基因的功能，致病机制更离不开动物模型。历史上，众多知名人物都曾推动疾病动物模型发展，包括亚里士多德、首先开启活体解剖的盖伦、号称实验动物之父的 Abbie E.C. Lathrop，建立第一个近交系小鼠 DBA 的 C.C.Little 等。

一、疾病动物模型应用意义

（一）能够复制人类疾病特征

临床上一些疾病不常见，如放射病、毒气中毒、烈性传染病、外伤、肿瘤等。还有一些如遗传性、免疫性、代谢性和内分泌、血液等疾病，发生发展缓慢、潜伏期长，病程也长，可能几年或几十年，在人体很难进行连续观察。人们可有意选用动物种群中发病率高的动物，通过不同手段复制出各种模型，在人为设计的实验条件下反复观察和研究，甚至可进行几十世代的观察，同时也避免了人体实验造成的伤害。

（二）能够根据需要取样

动物模型作为人类疾病的“复制品”，可按研究者的需要随时采集各种样品或分批处死动物收集标本，以了解疾病全过程，这是临床难以办到的。

（三）能够纵向和横向对比

一般疾病多为零散发生，在同一时期内，很难获得一定数量的定性材料，而模型动物不仅在群体数量上容易得到满足，而且可以在方法学上严格控制实验条件，在对饲养条件及遗传、微生物、营养等因素严格控制的情况下，通过物理、化学或生物因素的作用，限制实验的可变因子，并排除研究过程中其他因素的影响，取得条件一致的、数量较大的模型材料，从而提高实验结果的可比性和重复性，使所得到的成果更准确、更深入。

（四）有助于全面认识疾病的本质

在临床上研究疾病的本质难免带有一定局限性。许多病原体除人以外也能引起多种动物的感染，其症状、体征表现可能不完全相同。但是通过对人畜共患病的比较，则可以充分认识同一病原体给不同机体带来的各种危害，使研究工作上升到立体的水平来揭示某种疾病的本质。

动物疾病模型主要用于实验生理学、实验病理学和实验治疗学（包括新药筛选）研究。人类疾病的发展十分复杂，以人本身作为实验对象来深入探讨疾病发生机制，推动医药学的发展来之缓慢，临床积累的经验不仅在时间和空间上都存在局限性，而且许多实验在道义上和方法上也受到限制。而借助于动物模型的间接研究，可以有意识地改变那些在自然条件下不可能或不易排除的因素，以便更准确地观察模型的实验结果并与人类疾病进行比较研究，有助于更方便，更有效地认识人类疾病的发生发展规律，研究防治措施。

二、疾病动物模型的特点

良好的疾病动物模型，具有以下特点：一是再现性好，可再现所要研究的人类疾病，动物疾病表现应与人类疾病相似；二是动物背景资料完整，生命周期满足实验需要；三是复制率高，能够重复；四是专一性好，即一种方法只能复制出一种模型。应该指出，任何一种动物模型都不能全部复制出人类疾病的所有表现，动物毕竟不是人体，模型实验只是一种间接性研究，只可能在一个局部或一个方面与人类疾病相似。所以，模型实验结论的正确性是相对的，最终还必须在人体上得到验证。复制过程中一旦发现与人类疾病不同的现象，必须分析差异的性质和程度，找出异同点，以正确评估。

三、疾病动物模型的设计原则

（一）易行性和经济性原则

在建立动物模型时，所采用的方法、选取的动物模型应尽量做到容易执行和合乎经济原则。灵长类动物与人最近似，复制的疾病模型相似性好，但稀少昂贵，即使猕猴也不可多得，更不用说猩猩、长臂猿。很多小动物如大（小）鼠、地鼠、豚鼠等也可以复制出十分近似的人类疾病模型。它们容易做到遗传背景明确，体内微生物可加控制、模型性显著且稳定，年龄、性别、体重等可任意选择，而且价廉、便于饲养管理，因此可尽量采用。除非不得已或一些特殊疾病（如痢疾、脊髓灰质炎等）研究需要外，尽量不用灵长类动物。除了在动物选择上要考虑易行性和经济性原则外，而且在模型复制的方法上、指标的观察上也都要注意这一原则。

（二）相似性原则

在动物身上复制人类疾病模型，目的在于从中找出可以推广（外推）应用于患者的有关规律。外推法（Extrapolation）要冒风险，因为动物与人到底不是一种生物。例如在动物身上无效的药物不等于临床无效，反之亦然。因此，设计动物疾病模型的一个重要原则是所复制的模型应尽可能近似于人类疾病的情况。

与人类完全相同的动物自发性疾病模型毕竟不可多得，往往需要人工加以复制。为了尽量做到与人类疾病相似，首先要注意动物的选择。例如，小鸡最适宜做高脂血症的模型，因为小鸡的血浆甘油三酯、胆固醇以及游离脂肪酸水平与人十分相似，低密度和极低密度脂蛋白的脂质构成也与人相似。其次，为了尽可能做到模型与人类相似，还要在实践中对方法不断加以改进。例如结扎兔阑尾血管，固然可能使阑尾坏死穿孔并导致腹膜炎，但这与人类急性梗阻性阑尾炎合并穿孔和腹膜炎不一样，如果给兔结扎阑尾基部而保留原来的血液供应，由此而引起的阑尾穿孔及腹膜炎就与人的情况相似，因而是一种比较理想的方法。

如果动物型与临床情况不相似，在动物身上有效的治疗方案就不一定能用于临床，反之亦然。例如，动物内毒素性休克（Endotoxin Shock，单纯给动物静脉输入细菌及其毒素所致的休克）与临床感染性（脓毒症）休克（Septic Shock）就不完全一样，因此对动物内毒素性休克有效的疗法长期以来不能被临床医生所采用。有人改向结扎胆囊动脉和胆管的动物胆囊中注入细菌，复制人类感染性休克的模型，认为这样动物既有感染又有内毒素中毒，就与临床感染性休克相似。

为了判定所复制的模型是否与人相似，需要进行一系列的检查。与临床特征相似，又能用于评价治疗效果的模型，是理想的模型。

（三）重复性原则

理想的动物模型应该是可重复的，甚至是可以标准化的。例如用一次定量放血法可百分之百造成失血性休克，百分之百死亡，这就符合可重复性和达到了标准化要求。

为了增强动物模型复制时的重复性，必须在动物品种、品系、年龄、性别、体重、健康情况、饲养管理；实验及环境条件，季节、昼夜节律、应激、室温、湿度、气压、消毒灭菌；实验方法步骤；药品生产厂家、批号、纯度规格、给药剂型、剂量、途径、方法；麻醉、镇静、镇痛等用药情况；仪器型号、灵敏度、精确度；实验者操作技术熟练程度等方面保持一致，因为一致性是重现性的可靠保证。

（四）可靠性原则

复制的动物模型应该力求可靠地反映人类疾病，即可特异地、可靠地反映某种疾病或某种功能、代谢、结构变化，应具备该种疾病的主要症状和体征，经化验或 X 光照片、心电图、病理切片等证实。若易自发地出现某些相应病变的动物，就不应加以选用，易产生与复制疾病相混淆的疾病者也不宜选用。例如铅中毒可用大白鼠做模型，但有缺点，因为它本身容易患动物地方性肺炎及进行性肾病，后者容易与铅中毒所致的肾病相混淆，不易确定该肾病是铅中毒所致还是它本身的疾病所致。

（五）适用性和可控性原则

供医学实验研究用的动物模型，在复制时，应尽量考虑到临床应用和便于控制其疾病的发展，以利于研究的开展。如雌激素能终止大鼠和小鼠的早期妊娠，但不能终止人的妊娠。因此，选用雌激素复制大鼠和小鼠终止早期妊娠的模型是不适用的，因为在大鼠和小鼠筛选带有雌激素活性的药物时，常会发现这些药物能终止妊娠，似乎可能是有效的避孕药，但一旦用于人体则并不成功。所以，如果知道一个化合物具有雌激素活性，用这个化合物在大鼠或小鼠观察终止妊娠的作用是没有意义的。又如选用大（小）鼠作实验性腹膜炎就不适用，因为它们对革兰阴性菌具有较高的抵抗力，很不容易造成腹膜炎。有的动物对某致病因子特别敏感，极易死亡，也不适用。如狗腹腔注射粪便滤液引起腹膜炎很快死亡（80%的动物 24 小时内死亡），来不及做实验治疗观察，而且粪便剂量及细菌菌株不好控制，因此不能准确重复实验结果。

遗传修饰动物是指通过人工诱发突变或者特定类型基因组改造，使用现代基因工程手段，如转基因技术、基因打靶技术或者基因组编辑技术等各种手段，人为地修饰、改变或者干预生物原有 DNA 的遗传组成，并且能稳定遗传的新品系，包括转基因动物、基因定点突变动物、诱变动物等。遗传修饰动物不但能从动物整体水平和组织器官水平上进行研究，还能深入到细胞水平和分子水平，为疾病的发病机制、药物筛选及临床医学研究提供了比较理想的实验体系。

四、遗传修饰小鼠、大鼠的模型构建

（一）起源

基因敲除是 80 年代后半期应用 DNA 同源重组原理发展起来的。80 年代初，胚胎干细胞（ES 细胞）分离和体外培养的成功奠定了基因敲除的技术基础。1985 年，首次证实的哺乳动物细胞中同源重组的存在奠定了基因敲除的理论基础。1987 年，Thompsson 首次建立了完整的 ES 细胞基因敲除的小鼠模型。2013 年来，CRISPR－Cas9 被证实在哺乳动物中具有 DNA 切割活性后，被广泛应用于多种类型的基因组修饰。

（二）制作方法

1. 常规基因敲除　常规基因敲除是通过基因打靶，把需要敲除的基因的几个重要的外显子或者功能区域用 Neo Cassette 替换掉（图 8－1－1）。这样得到的小鼠全身所有的组织和细胞中都不表达该基因产物。此类基因敲除鼠一般用于研究某个基因在对小鼠全身生理病理的影响，而且这个基因没有胚胎致死性。

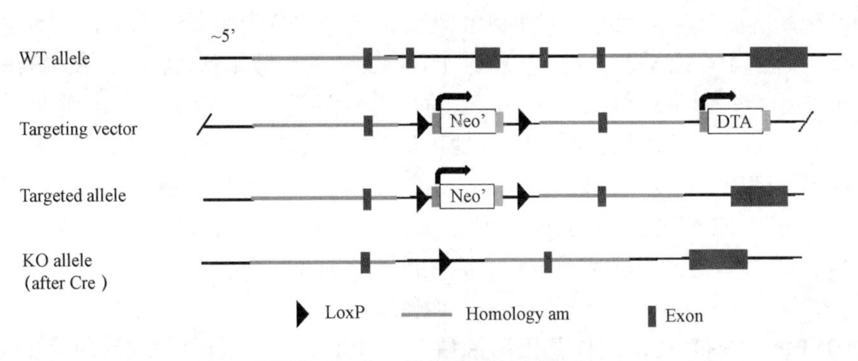

图 8－1－1　常规基因敲除策略

2. ZFN 技术制作基因敲除鼠　锌指核酸酶（Zinc Finger Nuclease，ZFN），又名锌指蛋白核酸酶（ZFPN），是第一代基因编辑技术。其核心设计思想是将 2 个有特定功能的结构域，即特异性识别模块和功能模块融合，形成具有特定功能的蛋白。ZFN 由锌指蛋白（Zinc Finger Protein，ZFP）和 Fok Ⅰ 核酸内切酶组成。其中，由锌指蛋白 ZFP 作为特异性识别模块。Fok Ⅰ 核酸内切酶是Ⅱ型的核酸内切酶的一种，其切割和识别功能分别由酶蛋白的不同结构域完成。锌指核酸酶利用了 Fok Ⅰ 核酸内切酶的这一特点，在保留它的非特异性酶切割功能结构域的基础上，将其 DNA 识别结构域用能够识别特定核苷酸序列的一系列锌指结构单元代替，从而组成了根据人们的需要而识别特定 DNA 序列并进行切割的人工核酸酶。Fok Ⅰ 需要形成二聚体才具有酶切活性，虽然 Fok Ⅰ自身二聚化也能产生对 DNA 的切割作用，但切割效率低并且容易产生非特异切割，所以在设计 ZFN 时，通常还需要对 Fok Ⅰ进行突变，使之不能形成同源二聚体。每个 Fok Ⅰ单体与 1 个锌指蛋白相连构成 1 个 ZFN，识别特定的位点，当 2 个识别位点相距 6～8bp 距离时，2 个单体 ZFN 相互作用产生酶切功能。在此特异位点产生 1 个 DNA 双链切口（Double Strands Breaks，DSB），然后利用同源重组或非同源末端连接修复机制进行切口修复。ZFN 这种基因编辑方法取得了广泛的成功，相对传统的同源重组，其效率得到了显著的提高。

目前，在大量植物、果蝇、斑马鱼、蛙、大（小）鼠及牛等物种中，ZFN 技术已被广泛应用于靶向基因的突变，通过人工修改基因组信息可以产生遗传背景被修改的新物种。该技术在医学领域也具有非常重大的价值，对于疾病的基因治疗有潜在意义，具有非常广泛的应用前景。

但是它还存在一些不足之处，一个突出的问题是“脱靶效应（Off Target）”，即核酸酶并没有对特异的目标 DNA 序列进行识别和切割。出现这种情况的原因在于组成人工核酸酶的各个锌指结构单元之间存在相互影响，也就是说将不同锌指结构单位连接起来后，其 DNA 识别序列并不是它们单独存在时分别识别的核苷酸序列的简单相加，这种现象被称为上下文效应（Context-Dependant）。由于脱靶效应的存在，再加上 ZFN 制备复杂，成本昂贵，且该技术的专利被掌握在少数商业公司的手里，因此第二代基因编辑技术人工核酸酶-转录激活因子效应物核酸酶（Transcription Activator-Like Effector Nuclease，TALEN）应运而生了。

3. TALEN 技术制作基因敲除鼠 类转录激活因子效应物核酸酶（Transcription Activator like Effector Nuclease，TALEN）技术是既 ZFN 之后的第二代基因编辑技术，被 Science 杂志选为 2012 年年度十大科学突破的新技术。TALEN 系统是由转录激活因子样效应物（Transcription Activator Like Effector，TALE）代替 ZF 作为 DNA 结合域与 Fok Ⅰ酶组合形成。TALE 来自于植物黄单胞菌（Xanthomonas），是特异识别 DNA 序列的基础。设计 TALEN 时，需在靶位点的编码区选择两处相邻（间隔 13～22 个碱基）的靶序列（一般 16～20bp）来分别构建识别模块。然后，将这 2 个相邻的靶点识别模块分别融合到 Fok Ⅰ的 N 端，形成真核表达载体，得到 1 个 TALEN 质粒。将这个 TALEN 质粒转化到细胞中，表达的融合蛋白将分别和靶位点结合，再由二聚体化的 Fok Ⅰ对其进行切割，从而完成基因编辑操作。TALEN 技术已在犬、小鼠、人等多种生物中成功地进行了基因组定点编辑。其中以在模式动物斑马鱼中的应用最为突出。与 ZEN 技术不同，TALEN 成功克服了识别序列经常受上下游序列影响的问题，而具有与 ZEN 相比有更好的活性，无基因序列、细胞、物种限制，实验设计简单准确，成本低，成功率高，使基因操作变得更加简单、方便。然而同样因为脱靶的问题，利用 TALEN 技术进行小鼠的基因修饰仍然无法取代传统技术。

4. CRISPR-Cas9 技术制作基因敲除鼠 CRISPR（Clustered，Regularly Interspaced，Short Palindromic Repeats）是一种来自细菌降解入侵的病毒 DNA 或其他外源 DNA 的免疫机制。早在 1987 年，日本的研究人员就发现 E.coli 中存在一些 29bp 的重复序列，但当时并不清楚这些序列的具体功能。2002 年，这些间隔排列的重复序列被命名为 CRISPR，鉴定出了与 CRISPR 序列位于同一基因簇的 CRISPR 相关蛋白 Cas，并且将 CRISPR 基因簇分为三个不同的类型（Ⅰ型、Ⅱ型与Ⅲ型）。直至 2007 年，首次用实验证明了嗜热链球菌（Streptococcus Thermophilus）Ⅱ型 CRISPR 系统具有获得性免疫防御功能。随后的研究进一步表明 CRISPR 系统是一种原核生物特有的针对外源性遗传物质的免疫系统，这些外源性遗传物质包括噬菌体或者外源性质粒。在三种不同类型的 CRISPR 系统中，Ⅱ型 CRISPR-Cas 9 系统最为简单，仅需要核酸酶 Cas9、TracrRNA、CrRNA 就可启动对特定外源 DNA 序列的切割，该系统被改造成为基因组辑工具。

CRISPR－Cas9 的基因组编辑技术的基本原理为：首先，TracrRNA 与 CrRNA 形成 TracrRNA:CrRNA 复合体，Cas9 识别并与该复合体结合，在 CrRNA 的引导下对靶位点进行切割。为了简化操作过程，研究人员依据 TracrRNA 与 CrRNA 复合体的结构特征设计了一条 single guide RNA（sgRNA），该 sgRNA 能够被 Cas9 蛋白识别并引导 Cas9 蛋白结合于靶位点上，从而发挥定点编辑的功能（图 8－1－2）。该技术关键在于设计引导 RNA 从而实现对特异靶 DNA 序列的敲除、插入与定点突变等修饰。

在制作基因敲除模型鼠中，Cas9 对 DNA 切割后形成的双链断裂，通过非同源性末端连接造成随机的碱基插入或缺失，导致基因的移码突变。基因敲除技术主要应用于动物模型的建立，而最成熟的实验动物是小鼠。

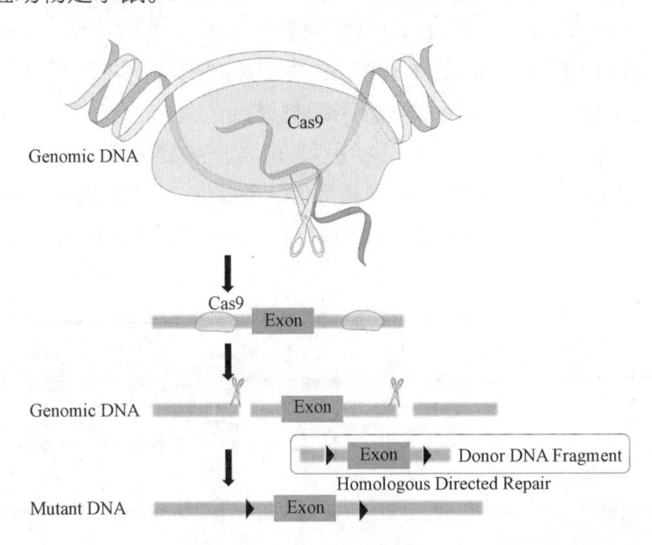

图 8－1－2　CRISPR－Cas9 的组成及工作原理示意图

（1）全身性敲除（Knock Out）　全身性敲除是通过分子生物学的方法，将某一基因进行敲除，或者通过同源重组将外源基因定点整合入靶细胞基因组上某一确定的位点，以达到定点修饰改造染色体上某一基因的目的的一种技术。其特征是全身性的基因片段直接敲除。

（2）条件性敲除（Conditional Knock Out）　条件性敲除是指将某个基因的修饰限制于小鼠某些特定类型的细胞或发育的某一特定阶段，实现对小鼠基因组的时空特异性修饰。与常规的敲除相比，条件性敲除能够与不同组织特异性的 Cre 交配而得到不同组织特异性的敲除模型，能够避免传统基因敲除动物的不足而用于具有胚胎致死性目的基因的研究，并用于研究基因在特定的组织或细胞中的病理生理功能，因而具有更大的应用价值。

条件性敲除位点特异性的同源重组发生在两条 DNA 上，该系统主要由两部分构成，一段同源序列以及可以特异性识别这一同源序列的重组酶，其中，最常用的就是 Cre－LoxP 和 FLP－FRT 两个系统。

Cre－LoxP 系统来源于 F_1 噬菌体。其中，LoxP 是一段长 34bp 的 DNA 序列，由重组 Cre 特异性识别，该序列含有两个 13bp 的反向重复序列和一个 8bp 的核心序列；Cre 重组酶是由 343 个氨基酸组成的单体蛋白，可以使两个 LoxP 位点之间的 DNA 发生重组，当两个 LoxP 的方向相同时，该 DNA 在 Cre 重组酶的作用下被缺失，当两个 LoxP 的方向相反时，该 DNA 在

Cre 重组酶的作用下被倒转。利用 Cre–LoxP 重组酶系统形成基因剔除小鼠需要在 ES 细胞内通过同源重组和位点特异性重组对靶基因进行修饰，将两个方向相同的 LoxP 位点分别插入靶基因两侧的内含子区域，形成 LoxP–靶基因–LoxP 的 Floxed 靶基因，这样既不影响目的基因的表达，又可使两个方向相同的 LoxP 位点之间的靶序列为所要敲除的目标基因，因此，可以产生正常表型的小鼠。最后与表达 Cre 重组酶的小鼠交配，利用 Cre 酶对 LoxP 位点的特异性识别即可产生目的基因敲除的转基因小鼠。

FLP–FRT 系统的基本工作原理与 Cre–LoxP 系统相同，也是由一个重组酶和一段特殊的 DNA 序列组成。从进化的角度上考虑，FLP/FRT 系统是 Cre–LoxP 系统在真核细胞内的同源系统。其中，重组酶 FLP 是酵母细胞内的一个由 423 个氨基酸组成的单体蛋白，FLP 与 LoxP 位点相似，同样有两个 13bp 的反向重复序列和一个 8bp 的核心序列构成。该系统发挥作用时，FRT 位点的方向同样决定目的片段的缺失或倒转。

1981 年，英国科学家 Evans 和 Kaufman 成功提取出小鼠胚胎干细胞，在这个基础上，1994 年有学者利用 Cre–Loxp 系统对胚胎干细胞进行了改造，完成第一例条件性基因敲除的研究，至今为止，条件性敲除的技术已经发展成熟，主要步骤如下：①打靶载体的设计和构建（图 8–1–3）；②打靶载体导入同源胚胎干细胞，并筛选发生同源重组的阳性克隆；③显微注射；④F_0 鉴定，阳性鼠与 Cre 工具鼠杂交；⑤F_1 代的繁殖和鉴定。

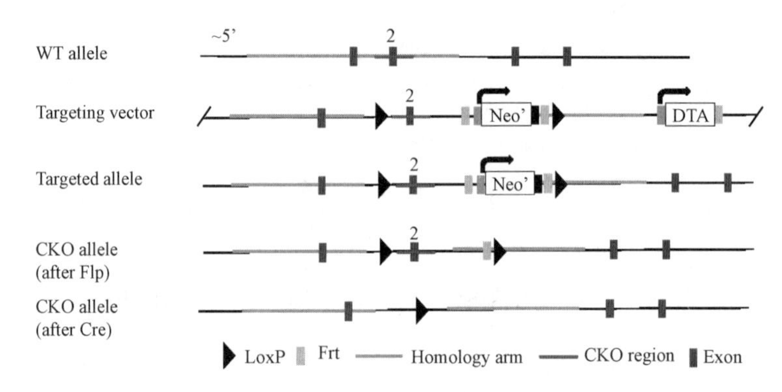

图 8–1–3 条件性敲除模型打靶策略

（三）现有的模型及应用

目前，条件性敲除小鼠广泛应用于免疫学、毒理学（神经系统、生殖系统、呼吸系统）以及临床医学（糖尿病、心脏病、肝病）等领域。以腺瘤性结肠息肉病（Adenomatous Polyposis Coli，APC）为例。APC 基因是家族性腺瘤性息肉病的致病基因，APC 基因突变会导致小鼠多处产生肿瘤。通过 Cre–LoxP 重组酶系统，在肠道绒毛和隐窝上皮细胞条件性敲除 APC 基因后，成功构建出小鼠肠道条件性敲除 APC 基因腺瘤模型，为进一步研究 APC 基因在肠道发育及肠道肿瘤的作用提供了工具。

通过构建打靶载体及同源重组得到一条染色体的 ZBTB45 基因第二个外显子两侧分别插入两个位点方向相同的 LoxP 位点，且带有 Neo 基因，另一条染色体完全正常的 Founder 小鼠。并且在此基础上，获得 ZBTB45 基因全身敲除小鼠模型并对其进行了表型鉴定。

中国食品药品检定研究院实验动物资源研究所自主建立的 $p53^{+/-}$基因敲除小鼠在致癌性实验研究中得到了广泛的应用，已经得到人用药品注册技术规范国际协调会（International

Conference on Harmonization of Technical Requirements of Pharmaceuticals for Human Use，ICH）、美国食品药品管理局（Food and Drug Administration，FDA）、欧洲专利药品委员会、日本厚生省认可，成为新药创制体系中的重要一环。通过打靶技术敲除 p53 基因第 2～5 外显子后获得敲除小鼠，初步验证了自主建立的 $p53^{+/-}$基因敲除小鼠对尿烷的致癌敏感性高于野生型小鼠，说明该模型有望成为临床前药物安全评价致癌性实验短期体内实验的候选模型之一。

五、基因敲入小鼠的模型构建

（一）转基因

1. 起源　转基因（transgenic）一词最早由 Gordon 和 Ruddle 创建于 1981 年，是利用现代分子生物学手段，通过将外源性目的基因整合到动物基因组中，以获得表达能稳定遗传该外源基因的动物的一门技术。自 1982 年第一只转基因动物——一只因导入大鼠生长激素基因而使生长速度倍增的转基因鼠诞生以来，各种转基因动物，如鱼、兔、猪、羊、牛等先后问世，1997 年，举世轰动的"多莉（Dolly）"克隆羊的诞生使转基因克隆动物成为现实，其相关研究得到了进一步的发展。

2. 转基因动物的制备方法

（1）逆转录病毒转染法　逆转录病毒是第一个用于基因转移的病毒载体，1974 年，有学者用逆转录病毒作为转基因载体，成功感染胚胎并获得了转基因动物。其主要过程是将目的基因整合到逆转录病毒的 RNA 载体上，制成高滴度的病毒颗粒，人为感染着床前或着床后的胚胎，RNA 病毒感染宿主细胞后反转录成相应的 DNA，并在整合酶和其末端特殊核酸序列的作用下整合到宿主细胞的基因组中进行表达和遗传，从而得到转基因动物。

利用这种方法能够有效地将基因整合到受体细胞基因组中，其优点在于：①宿主范围广，基因整合率高；②使用方便，可直接进行囊胚腔注射，也可通过去除透明带与胚胎共同培养；③外源基因为单拷贝整合，易于表达调节，不破坏目的基因，不易发生大的突变，易于分析插入位点。但同时也有缺点：①受逆转录病毒的限制，只能导入小片段基因（8kb 左右）；②外源 DNA 在各个组织中分布不均，因此不易得到纯系的转基因动物；③由于载体设计为复制缺陷型，产生大量载体 DNA 所必须的逆转录病毒品系（辅助病毒，Helper Virus）的基因组，因此很可能将其一起整合到同一个细胞核上，从而产生辅助病毒，影响外源基因的表达。

（2）显微注射法　由于逆转录病毒转染法存在的缺点，近年来显微注射法成为一种建立转基因小鼠更好的方法。1980 年底，首次通过纤维注射将纯化的外源基因转入到小鼠的受精卵原核，为建立转基因小鼠奠定了基础。利用该方法制作出 sFat-1 转基因小鼠，其原理是利用显微操作技术将外源基因直接注射到实验动物的受精卵中，注射的外源基因与胚胎基因组融合，再通过胚胎移植技术将整合有外源基因的受精卵移植到受体子宫内发育，这样分娩得到的动物体内的细胞含有外源性 DNA 片段。显微注射方法是目前转基因动物技术应用最普遍、最可靠、效果比较稳定、商业化程度最高的转基因方法。

显微注射法的优点是：①转移率高，整合率可达 30%；②试验周期短，可导入目的基因长；③基因导入的速度快。但其也有缺点：①操作复杂，设备昂贵；②整合具有较大的随机性，造成表达效果的不确定性，导致动物的利用率低；③在反刍动物中，时间长，需要大量的供体和受体动物。

（3）精子载体介导法　精子载体介导法是将精子反复冷冻或经过化学物质处理后与外源

DNA 共同孵育，使外源 DNA 与精子结合，通过人工授精得到转基因个体。精子载体介导法分为体外受精法和胞质内显微注射法。体外受精法是一种直接用精子作为外源 DNA 载体的转基因方法，其过程主要是将成熟的精子与外源 DNA 进行预培养，因为在一定条件下，精子核后帽区有自发结合 DNA 的能力，因此，精子能够携带外源 DNA 进入受精卵，使之受精，从而使外源性 DNA 整合到受体染色体中得到转基因动物。目前通过该方法已经得到了转基因小鼠、大鼠、猪、牛等。

精子载体介导法的优点是：①利用精子的自然属性可以克服人为机械操作给胚胎造成的损伤；②易于操作和实验，不涉及动物手术；③成本低，不需要昂贵的设备和复杂的操作；但是该方法制备的动物可重复性不高，且体外受精法的整合率低，DNA 和精子结合容易受到许多因素的影响，使结果不稳定。

（4）胚胎干细胞介导法　胚胎干细胞（Embryonic Stem Cells，ES）是早期胚胎内细胞团分离出来的能在体外长期培养的高度未分化的全能细胞系，这种细胞能够无限繁殖，并且高度分化，最早是从小鼠的胚胎中获得的。通过各种方法将外源基因导入 ES，外源基因通过随机插入或同源重组的方式整合到 ES 基因组中，再以显微注射的方式把转基因 ES 植入正常发育的囊胚中，然后将囊胚移植到受体动物的子宫内。由于胚胎干细胞参与了胚胎生殖系统的发育，因此产生的嵌合体的生殖细胞中一部分细胞含有目的基因，再将嵌合体与正常动物交配，就会得到转基因动物。目前，这种方法在小鼠中应用比较成熟。

胚胎干细胞介导法的优点是：①能够将外源重组 DNA 准确地整合到受体染色体的某一特定部位，从而克服了原核显微注射法随机整合的缺点；②稳定传代的细胞系能用于各种目的基因的转移，可在植入前筛选出合适的细胞；③可以对胚胎干细胞进行遗传修饰，也可以控制外源基因的表达，还可以使某些自身基因失活；④可以进行基因打靶或剔除从而产生基因缺失动物。其缺点是胚胎干细胞株不易建立。目前，利用该方法生产转基因动物有两个最大的限制条件：一是只有小鼠的胚胎干细胞可供商业应用，二是即使有了胚胎干细胞，对家畜来说繁殖嵌合体还有一定的困难。

3. 转基因小鼠的应用

（1）基因表达与调控的研究　将外源基因导入到动物的受体细胞，研究该基因在体内的表达调控特征及其相应的生物学效应，这是转基因动物的一种应用途径。外源基因可以在转基因动物的细胞中整合并表达，并且受整体制约和基因组遗传背景的调控，所以可以把转基因当作一种功能标记，因此，转基因动物可以用于研究基因的表达与调控、结构和功能的关系。

（2）生产可供人类移植的器官　1906 年，人类第一例同种肾脏的移植成功是人类生命中一场伟大的革命，器官移植的成功虽然挽救了许多患者的生命，但同时也存在问题：①供移植用的器官来源不足；②人类移入的器官多发生免疫排斥现象，这使得人们越来越重视异种器官的移植，利用转基因动物是解决器官移植短缺最有效的途径之一。在人体器官供体培育方面，最早是用小鼠进行试验的，但目前最为理想的转基因动物是猪，主要是由于猪的解剖和生理及器官的形状、体积和遗传物质与人类相似。

（3）转基因动物在医药产业方面的作用　转基因动物的一个重要用途是其能够生产出具有医用价值的生物活性蛋白质药物。转基因动物制药具有设备简单、无污染、品种多、产量多、质量好、生产周期短、成本低等特点，主要是通过血液、尿液和乳腺等收集转基因蛋白；其中，乳腺是外源基因在转基因动物体内最理想的表达场所，此外还有肾脏和膀胱。目前，从转基因动物中生产出的主要有多肽药物、蛋白质疫苗以及酶类。

（4）人类疾病与遗传病的转基因动物模型研究　转基因动物的成功为人类疾病模型的构建提供了良好的基础，转基因动物模型是一种较高层次的研究体系，将产生某些疾病或遗传病的基因作为外源基因，构建出人类疾病和遗传病的转基因动物模型，有助于研究人类疾病的发病机制和发展过程，并为其治疗提供实验依据。由于模型在活体动物内构建，所以可以按照人们的意愿来设计和培育，同时，由于这样可以最大限度地模拟人体内的各种因素，所以研究结果具有较高的真实性。目前，人们已经建立起的动物模型主要是针对以下疾病：动脉粥样硬化、地中海贫血、镰刀形红细胞贫血症、自身免疫病、高血压等。

（5）动物品种的改良　转基因动物技术可以改善动物本身的基因组，从而改变其遗传本质。通过 DNA 重组技术，构建出各种载体，利用转基因技术，植入动物的卵细胞，从而培育出新品种。通过转基因技术改造动物基因组，可以使家畜、家禽的生长速度加快，并提高肉、奶及蛋产量和质量，提高饲料利用率及动物的抗病能力等。此外，还能够对濒危物种进行资源保护，具有深远的意义。

4. 转基因技术存在的问题　目前，转基因技术已经取得了较大进展，研究也不断深入，但依然存在着一些问题：①难以控制转基因在宿主基因组中的行为。随机整合可能会引起宿主细胞染色体的插入突变，还会造成插入位点的基因片段丢失，插入位点周围序列的倍增及基因的移位，或者激活正常状态下应该关闭的基因。②转基因表达水平低。由于宿主染色体上整合位点的影响，许多转基因的表达可能会出现异位表达或基因表达的组织特异性，从而使大部分转基因表达水平极低，极少部分基因表达水平过高。③制作转基因动物的效率低。这是目前几乎所有从事转基因动物研究的实验人员都面临的问题，同时也是制约着这项技术广泛应用的关键。④对于传统伦理是一种挑战。美国国立卫生研究院公布了《重组 DNA 分子研究准则》，美国 FDA 出台了《生产和检验来自转基因动物的人用药品参考条例》，联合国经济发展组织还颁布了《生物技术管理条例》，我国国家科学技术委员会颁布了《基因工程安全管理办法》，农业部制定了《农业生物基因工程安全管理实施办法》，这些条文的出台无疑会加速和正确引导转基因动物的研究和开发。在不久的将来，转基因动物的生产将成为造福人类的一大产业。

（二）基因敲入

基因敲入（Knock In）是利用基因同源重组，将外源有功能基因（基因组原先不存在或已失活的基因），转入细胞与基因组中的同源序列进行同源重组，插入到基因组中，在细胞内获得表达的技术。基因敲入包括两种，一种是原位敲入，即在原基因敲除的位点插入新基因，它是基因敲除的逆过程；另一种是定点敲入，即无论敲除基因的位点在哪里，敲入的基因是在特定启动子下，以转移载体的形式转座进去，所以插入的位点是一定的。目前常见的插入位点是 Rosa26 和 Hipp11 位点。

1. Rosa26 位点基因敲入小鼠模型

（1）发现　Rosa26 基因敲入技术最早是由 Phillipe Soriano 及其同事建立并发展起来的。20 世纪 90 年代末，他们发现一只命名为 Rosa β geo26 的小鼠品系。该品系的小鼠因为一个随机插入的基因，在所有组织中都能检测到高水平的β半乳糖苷酶的表达。随后，定位到了第 6 号染色体的基因插入位点。该位点表达一个编码转录本和两个非编码的转录本，只有非编码转录本的序列受到外源插入的干扰。虽然带有外源插入片段的纯合子小鼠幼崽的出生率略低于杂合子幼崽，但纯合子幼崽也能正常发育繁殖。因此，“Rosa26”位点可被用于基因安全敲入，该位点的基因敲入对细胞及小鼠的健康无副作用，并能保证转入基因的正常稳定表达。

（2）原理及方法　Rosa26 位点有两个外显子，外源 DNA 序列插入两个外显子之间。在最初的设计中，目的基因 cDNA 上游带有一段转录终止序列“STOP”，转录终止序列的两端各有一个 Loxp 位点，将此结构定点嵌入 Rosa26 基因位置，整个结构的转录受 Rosa26 启动子控制。在没有 Cre 的情况下，由于 Rosa26 启动子与目的基因之间“STOP”的存在，目的基因不能被表达。如果有 Cre 表达，Cre 重组酶将去除“STOP”，Rosa26 启动子就可以启动目的基因表达。大量研究证实，Rosa26 基因几乎在所有组织中都能编码一种非必需的核 RNA，且为外源基因的插入热点。而 Rosa26 位点基因嵌入技术可以非常有效地建立多用途的条件性转基因小鼠模型，所以越来越受到科学家的青睐。但是，由于 Rosa26 启动子在某些组织中的启动能力有限，目的基因经常达不到研究人员需要的表达水平。为了解决这一问题，对原 Rosa26 基因敲入系统做了改进，引入一个强效的启动子，如 CAG 启动子，该启动子由鸡 Actin 启动子和 CMV 增强子融合而成，用这一杂合启动子代替 Rosa26 启动子，能够高效地启动目的基因表达。基因敲入策略如图 8-1-4，与随机转基因相比，Rosa26 位点基因敲入模型需要的小鼠量小，结合 Cre-LoxP 系统，可以使外源基因在特定组织及特定时间表达，并且只有 1 个拷贝的插入，因此，外源基因的重组位置是确定的。但相对于随机转基因，Rosa26 位点插入的构建需要时间更长，遗传背景也受到 ES 细胞背景的限制。

（3）现有的模型应用　基因敲入模型的应用主要在两个方面：①基因的过表达研究；②外源基因在小鼠体内表达及功能研究。

中国食品药品检定研究院通过构建 hRas 打靶载体，电击法转染入小鼠 ES 细胞，用正负法筛选阳性 ES 细胞，通过 PCR Southern 鉴定后，将正确重组 hRas 基因的 ES 细胞导入 C57BL/6J 小鼠囊胚，移入同步发育的受体鼠子宫，妊娠足月出生的嵌合体小鼠与 C57BL/6J 小鼠交配获得杂合子 $hRas^{fl/+}$小鼠，再将杂合子 $hRas^{fl/+}$小鼠间交配获得纯合子小鼠 $hRas^{fl/fl}$，然后与全身组织细胞表达 Cre 重组酶的 Tg（EⅡa-Cre）小鼠进行交配，获得全身细胞表达 hRas 基因的 hRas-EⅡa-Cre 小鼠，并通过荧光定量 PCR 方法检测不同日龄胚胎期仔鼠的 hRas 基因表达水平，结果在第 10～15 天胚胎中发现 hRas 基因的表达，为进一步利用 $hRas^{fl/fl}$ 小鼠模型建立其他组织特异性的条件性基因敲入模型做好了技术准备。

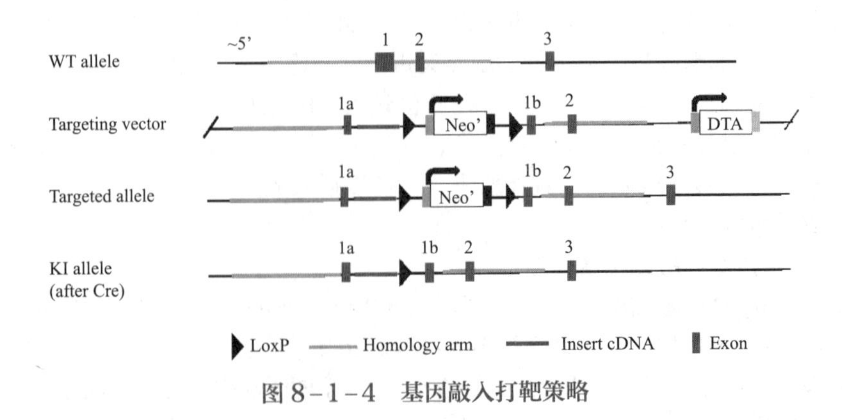

图 8-1-4　基因敲入打靶策略

2. 其他位点制备基因敲入小鼠模型

（1）Hipp11 位点　Hipp11 位点（也叫 H11）位于小鼠第 11 号染色体，是 Eif4enif1 与 Drg1 这两个基因之间的一个位点，由 Simon Hippenmeyer 于 2010 年发现并命名。由于

H11 位点位于两个基因之间，故外源基因插入后影响内源基因表达的风险很小。同时 H11 位点所在的 Eif4enif1 与 Drg1 这两个基因的侧翼序列区域具有广泛的空间和时间 EST（Expression Sequence Tag）表达模式，能够使整合在此的外源基因受指定启动子的驱动而稳定表达。该位点的纯合敲入小鼠可正常发育和繁殖。因此成为可与 Rosa26 位点相媲美的新的插入位点。

（2）Col1a1 位点　Col1a1 位点是 2006 年由 Caroline Beard 首先使用作为四环素诱导调控外源基因表达的整合位点。Col1a1 位点实际上位于第 11 号染色体的 Col1a1 基因 3′UTR 下游约 500bp。在四环素调控模型中，在 TetO 启动子之前往往加上 SA-polyA 来阻隔上游启动子的影响，防止不依赖于四环素的转录调控。

（3）TIGRE 位点　TIGRE 是 Tightlyregulated 的缩写，也是一个适用于四环素调控的整合位点，位于小鼠第 9 号染色体 AB124611 和 Carm1 两个基因之间。

第二节　遗传修饰动物模型的生产繁殖与资源保存

遗传修饰动物模型是人类疾病动物模型的一大类别，是指通过生物技术与生物工程手段，将外源基因转入动物基因组，或者将动物基因组中特定基因敲除，并通过验证，表型分析获得的能稳定遗传、具有特定表型的动物模型。

由于不同的转入基因、敲除基因导致不同的表型，或易感病毒，易发肿瘤，免疫缺陷，生存与繁育能力较一般野生型动物而言较弱，故需要更加关注模型动物的繁殖生产。由于大（小）鼠模型是数量最多，用途最广泛的模型，故以大（小）鼠模型为例，说明模型动物的生产供应体系。

1. 转基因小鼠　在获得转基因首建鼠之后，由于一些转座酶系统如 Piggybac 介导的基因可能存在多位点整合的可能，在首建鼠后续传代过程中，会伴随多位点的分离。因此，每个首建鼠与野生型小鼠需要交配 2～3 代以获得外源基因的单位点整合，且稳定表达的转基因小鼠。其具体繁殖方案如图 8-2-1 所示，即杂合子小鼠（Heterozygous +/-）与野生型小鼠（Wildtype +/+）交配，其后代阳性鼠与野生型小鼠的比例各半。

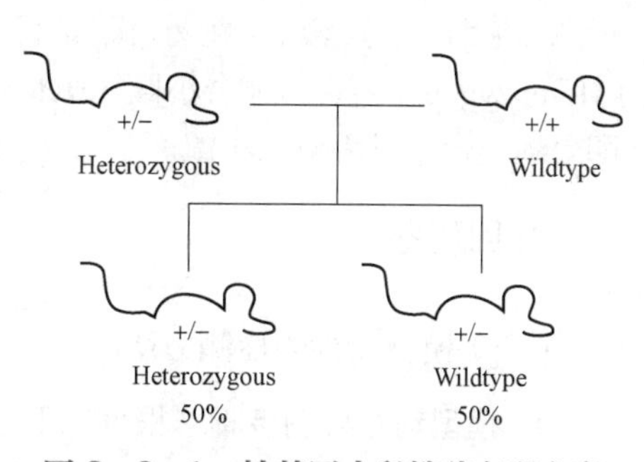

图 8-2-1　转基因小鼠繁殖交配方案

2. 普通基因敲除小鼠　对于近交系背景的基因敲除或基因突变小鼠而言，得到首建鼠（杂合）后，将其与野生型交配，得到的 F_1 杂合（如图 8-2-1）再进行自交，从而得到纯合子基因敲除（或突变）小鼠，如图 8-2-2 所示。

3. 条件性基因敲除小鼠　条件性基因敲除小鼠，是指在目的基因中插入含有成对的 Loxp 位点的小鼠，在与 Cre 工具鼠交配后可在特定的组织或细胞中敲除目的基因。如果与广泛表达或生殖细胞特异 Cre 小鼠交配，则可以获得全身基因敲除小鼠，如果与组织特异性 Cre 小鼠交配，那么得到组织特异性敲除的小鼠，其繁育流程如图 8-2-3 所示。在得到 F_0 阳性鼠后，将其与野生型小鼠交配，得到能够稳定遗传的杂合 F_1 代阳性鼠（flox/+），经过自交，得到纯合的 F_2 小鼠（flox/flox），同时，将 F_1 杂合小鼠与 Cre+交配得到 F_2 小鼠（flox/+ Cre+），然后，将两个 F_2 小鼠交配，即得到敲除目的片段的阳性小鼠。

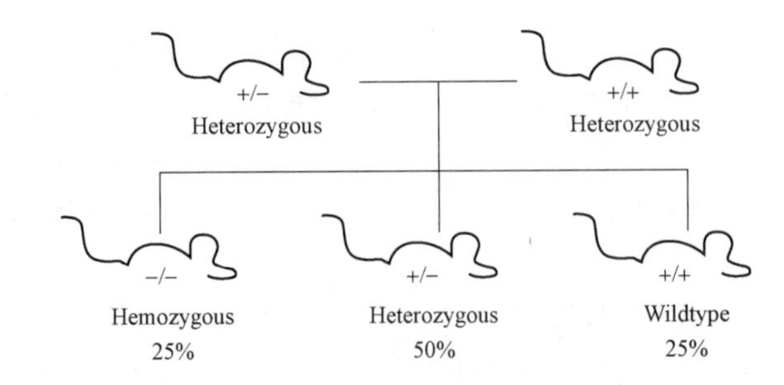

图 8-2-2 条件性基因敲除小鼠繁殖交配方案

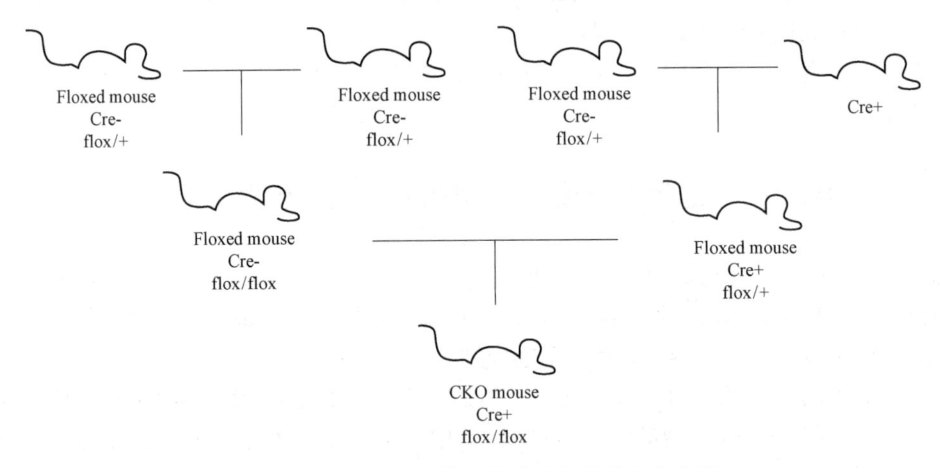

图 8-2-3 条件性基因敲除小鼠繁殖交配方案

4. 基因敲入小鼠 基因敲入小鼠繁殖策略同基因敲除小鼠类似，在得到 F_1 杂合子小鼠后，将两只杂合阳性小鼠交配，如图 8-2-2 所示，那么后代中纯合小鼠（Homozygous –/–）:杂合小鼠（Heterozygous +/–）: 野生型小鼠（Wildtype +/+）=1:2:1，即得到纯合子基因敲入小鼠。

基因型鉴定

（一）模型动物的检测方法

1. 模型动物检测步骤 根据以下方法提取鼠尾 DNA。

（1）每只鼠尾剪在一个 1.5ml 的 EP 管中。

（2）每管加入 250μl 配制好的裂解液（含蛋白酶 5μl），蛋白酶 K 要现用现加，55℃水浴锅过夜。

（3）水浴锅中拿出，室温放置 10～15 分钟（降温），将 EP 管颠倒混匀，离心机瞬离后再开盖，加入提前配好沉淀酚氯仿 250μl（Tris 平衡酚和三氯甲烷 1:1 混合液分层取下层）。

（4）室温离心 15 分钟，13 000rpm。

（5）吸取 250μl 上清液至另一个新的 EP 管中，加入等体积的异丙醇，试管上下颠倒混匀（轻轻操作），室温放置 10 分钟。

（6）看到有 DNA 析出后，12 000rpm 离心 10 分钟，弃上清液。

（7）加入冰冷的 75%乙醇 700μl 轻混，漂洗一次，12 000rpm 离心 5 分钟，将上清液全部倒掉。

（8）在超净台中风干约 10 分钟。

（9）用 100μl GIBCO 纯水（根据 DNA 量确定用水量），在 55℃溶解 2 小时即可用做 PCR 模板。

2. 检测所需液体的配置方法

（1）裂解液

1mol/L 裂解液	Tris－HCl	pH 8.0	稀释：10 倍
0.5mol/L 裂解液	EDTA	pH 8.0	稀释：100 倍
3mol/L 裂解液	NaCl		稀释：15 倍
10%裂解液	SDS		稀释：50 倍

（2）蛋白酶 K（PK） 储存浓度：10mg/ml；终浓度：100μg/ml。

（3）配制例子 10ml 裂解液。

Tris－HCl，1ml；EDTA，100μl；NaCl，667μl；SDS，200μl；蛋白酶 K，100μl。

$$10\,000\mu l\ (10ml) - 1967\mu l = 8033\mu l\ (H_2O)$$

3. 鼠尾检测要求

（1）抽提的鼠尾 DNA 要自己从新编号，并将所编号码与原始的小鼠编号对应好，记录在实验记录本上。

（2）以 2μl 抽提的 DNA 为模板做 PCR 检测，PCR 管上要标好序号。

（3）每对检测引物要同时做阳性野生及水的对照 PCR。

（4）电泳检测要求条带清晰，确定阳性 DNA 的条带要和阳性对照的条带亮度基本一致，分离小条带要用 2%的琼脂糖凝胶跑。

（5）PCR 要重复一次，两次结果一致才能确定阳性。

（6）做完实验要将阳性鼠尾编号记录好，不同的课题要分开记录，以免弄混。

4. 设计检测引物摸索 PCR 条件

（1）根据设计的检测引物（一对或者两对引物用于检测）分别以阳性 DNA 和野生型 DNA 为模板进行 PCR 条件的摸索。

（2）PCR 体系

模板 DNA	2μl
10×Taq Buffer	3μl
dNTP	0.75μl
Primer－F	0.75μl
Primer－R	0.75μl
Taq	0.75μl
H_2O	22μl
Total	30μl

（3）注意 做基因型鉴定的酶、Buffer、dNTP、H_2O 都要是专用的，每个课题用独立的一套新体系，防止交叉污染。

（4）条件摸索要选择 2 个阳性 DNA，2 个野生型 DNA 和 1 管水做模板进行扩增。

（5）PCR 反应条件

95℃	5 分钟
95℃	30 秒
cycle	30～35
X℃	30 秒
72℃	*Y* 秒
72℃	10 分钟
4℃	10 分钟

注意：条件中的 *X* 根据设计引物的 TM 值进行调节，一般在给定的 TM 值上下做正负10℃的温度梯度。*Y* 值根据产物大小进行调节，根据 1kb/min 的合成速率设定延伸时间。

（6）条件摸索要求　在合适退火温度下有特异的目的条带，没有其他杂带污染；野生型对照不能有阳性条带，且水对照不能扩出条带。

5. PCR 体系配置

（1）体系（15μl）　要多配出 1～2 管，防止分装时损失使体系不够。

模板	1μl	X100
10×Taq Buffer	1.5μl	150μl
dNTP（10mM）	1.2μl	120μl
F	0.3μl	30μl
R	0.3μl	30μl
Taq	0.15μl	15μl
H_2O	10.55μl	1055μl

（2）配好体系分装 8 联排 PCR 管，每管 14μl。

（3）PCR 管 1～5 加入 DNA 待测样品，每管 1μl；6 加阳性 DNA；7 加入野生型 DNA；8 加水对照。

6. 电泳用 TAE 缓冲液的配制

（1）储存液（1L）

50×：242g Tris 碱

57.1ml 冰乙酸

100ml 0.5mol/L EDTA－2Na（pH8.0）

（2）使用液（终浓度）

1×：0.04mol/L Tris－乙酸

0.001mol/L EDTA

如果要将 50×母液稀释成 1L 工作液，需要取 20ml 母液，加入 980ml 水混匀即可。

7. 琼脂糖凝胶的配制（100ml）　普通片段检测用 1%琼脂糖凝胶。具体配制步骤如下。

（1）电子天平准确称量 1g 琼脂糖粉末。

（2）量筒量取 100ml 配制好的 1×TAE。

（3）将 1g 琼脂糖与 100ml TAE 同时倒入干净的三角瓶内。

（4）微波炉加热使琼脂糖充分溶解。

（5）将溶解好的琼脂糖凝胶转移入一个新的三角瓶，温度降至 55℃左右时，加入 4μl EB，充分混匀后倒制胶板。

8. 进入电泳室注意事项

（1）进入电泳室要戴好一次性 PE 手套，电泳室中的移液器、枪头、管架、手套等物品均不能带出。

（2）PCR 产物跑胶后，PCR 管要盖好盖子扔掉。

（3）不同样品之间要更换枪头，防止污染。

（4）切胶戴防护头盔，注意头盔不要被污染（取用时换手套）。

（5）注意保持电泳室的卫生，PE 手套、扫描后的凝胶要放入指定的垃圾桶内，用过的梳子及胶板要放入抽屉，保持桌面的干净整洁。

（6）电泳室要注意随手关门。

9. 电泳结果分析　常规电泳条带如图 8-2-4 所示。

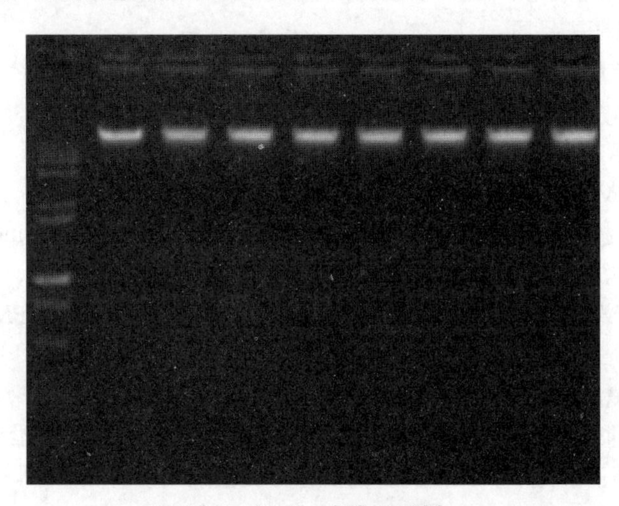

图 8-2-4　电泳图示例

根据电泳结果按着动物脚标编号处理动物，阴性动物可以直接安乐死处理，阳性动物保留生产繁殖。

（二）模型动物的资源保存

1. 精子冻存　精子冻存是指把雄性小鼠的精子利用超低温技术冻存起来，日后根据实验需要再进行解冻复苏，流程如下。

（1）材料及设备　一只 12 周龄以上的雄鼠、维纳斯剪、眼科镊、眼科剪、R18S3、HTF、移液器及枪头（10μl、200μl）、35mm 培养皿、60mm 培养皿、冻存管、解剖镜、封口机、热台、浮漂、菊形杯、L 提手、M2、滤纸。

（2）在 35mm 培养皿中加入 60μl R18S3，底部覆盖石蜡油（不能覆盖液滴），在加入 60μl R18S3，石蜡油将液滴全部盖住。

（3）实验动物　待保种雄鼠。

（4）热台预热，分别制备 HTF（每滴 80μl/35mm 皿）、CPA 或者 R18S3（每滴 120μl/35mm 皿）微滴培养皿。

（5）处死或麻醉一只雄鼠，迅速分离附睾尾，尽量去除脂肪和血管，附睾尾在 M2 中清洗 1 次（M2 清洗滴可以临时制作，不需要覆盖石蜡油），放在滤纸上吸干液体，迅速转入 R18S3

微滴培养皿。

（6）体视显微镜下用维纳斯剪在附睾尾上剪开 3～5 个切口，放至热台 3 分钟，每分钟轻摇一次。

（7）取洁净 35mm 空皿，将精子悬液在皿盖上做成 10μl 液滴。

（8）标记冻存管并插入对应的注射器，吸入 M2 至棉塞下方约 7.5cm，吸入 2cm 气柱，然后吸入 10μl 精子悬液至冻存管中部，此时 M2 已浸湿顶部棉塞，用封口机将麦管另外一端密封。

（9）将冻存管在液氮蒸汽上放置 10 分钟后，立即将冻存管投入液氮，然后放入冻存杯里，记录冻存位置。

（10）另取的 10μl 精子加入到 HTF 液滴中，10 分钟后，观察 HTF 液滴边缘的精子运动，初步判断该只雄鼠的精子品质。

2. 精子复苏 流程如下。

（1）37℃水浴锅，预热 30 分钟。

（2）50ml 离心管加水放入水浴锅中预热。

（3）制作 90μl PM 获能液。

（4）复苏操作，提前制备 PM 或者 HTF 微滴培养皿（每滴 90μl/35mm 皿），从液氮中取出冻存管，在空气中放置 5 秒，立即投入 37℃水浴锅，定时 10 分钟，10 分钟后取出冻存管，擦净后剪断棉塞端，插入注射器剪断精子端封口，将精子悬液推入 PM 或者 HTF 微滴，放入 37℃、5% CO_2 培养箱中。

（5）通常将冷冻精子放入 PM 或 HTF 中获能 30 分钟后即可用于 IVF。

3. 胚胎冷冻 对于多对基因纯合小鼠如果仅仅冻存精子想要快速得到一批可以使用的多基因纯合子，冻存精子的方法就做不到，需要冻存受精的 2cell，这样再复苏进行得到的都是多基因纯合子。流程如下。

（1）收集小鼠胚胎，将胚胎放入 KSOM 微滴培养皿，于 5%CO_2、37℃培养箱培养。

（2）将冰盒、胚胎冻存管提前放置 −20℃冰箱预冷，使用前 10～30 分钟将冰盒取出（胚胎冻存管若没有预冷，可放入冰盒内预冷），将 DAP213 放到冰盒里预冷（DAP213 预冷至少 5 分钟），将 1M DMSO 预冷放置待用。

（3）1mol/L DMSO 用 0.22μm 滤器过滤（去除 DMSO 储存过程中可能形成的结晶，以免影响冻存效果，用 DMSO 做微滴时，将滤芯润湿，丢弃最先滤出的几滴），在 35mm 平皿里做微滴（每滴 100μl），根据胚胎数量 n 确定微滴数量，每个微滴包含 40 个胚胎，另加上一个清洗滴（通常选择第一个），即 $n/50+1$ 个微滴。

（4）用口吸管将胚胎放入清洗滴，同时更换新的玻璃毛细管，胚胎加入 1M DMSO 后会随着渗透压变化沉至皿底，待胚胎沉降到平皿底部时，将胚胎转移到其他 1M DMSO 液滴中，每个微滴放置 50 个胚胎。

（5）用移液器吸取 50 枚胚胎及 1M DMSO 至体积 5μl，然后将胚胎及 1M DMSO 转移至胚胎冻存管（冻存管上标明胚胎品系、个数及冻存日期等信息），将胚胎冻存管放入冰盒中，计时 5 分钟（转移时间要尽可能短，保证胚胎在 0℃环境中 5 分钟，最长不能超过 20 分钟），然后在显微镜下观察胚胎冻存管里是否有胚胎，将枪头在空滴里吸吹几次，检查是否有胚胎粘壁。

（6）胚胎在 0℃冰盒中放置 5 分钟后，向胚胎冻存管中加入 45μl 预冷 DAP213，盖上胚胎冻存管盖，盖拧紧后，反向松开半圈即可，随后在0℃中平衡5分钟。

（7）5分钟后，快速将冻存管放入到冻存管架上，立即投入液氮，记录胚胎及冻存位置数据。

4. 冻存胚胎复苏　流程如下。

（1）取KSOM在35mm平皿里做3个100μl微滴，加入3ml石蜡油覆盖，37℃、5%CO_2环境平衡30分钟待用，0.25mol/L蔗糖溶液放入37℃培养箱中预热，将定时器定时30秒，同时1000μl移液器量程调至900μl。

（2）从液氮中取出胚胎冻存管，打开盖子，倒出里面的液氮，立即按下计时器。同时用移液器吸取预热的0.25mol/L蔗糖溶液（吸取900μl蔗糖时避免气泡，以免对胚胎造成物理损伤），吸取过程须在30秒内完成。

（3）将枪头置于胚胎冻存管底部上方约1cm位置，定时完成后立即加入蔗糖溶液，轻缓吸吹8～10次（避免产生气泡，30秒定时要求精确，同时快速吸出胚胎加入到KSOM里，以免DAP213的毒性损害胚胎）。

（4）随即将胚胎冻存管内液体转至35mm空皿，用500μl新鲜蔗糖溶液清洗胚胎冻存管壁，确保所有的胚胎全部收回（枪头及胚胎冻存管暂不丢弃，以便清洗回收贴壁的胚胎；如有气泡产生，可将解剖针加热刺破气泡）。

（5）将解冻后的胚胎转移至预先准备好的KSOM微滴培养皿中1号微滴，略微多加蔗糖溶液以保持渗透范围，吹出时慢速吹出，将培养皿放入37℃、5%CO_2培养箱培养10分钟。

（6）培养10分钟后，将胚胎转移至2号KSOM微滴中清洗。统计、分析并记录复苏胚胎（异常胚胎、已死亡胚胎、单个细胞死亡的胚胎、细胞内缩胚胎、透明带增大胚胎）结果。计算方式如下。

胚胎回收率=（回收胚胎总数/冻存胚胎总数）%

胚胎复苏率=（正常胚胎数/回收胚胎总数）%

5. 活体保存　即是阳性动物在IVC笼盒中饲养繁殖，同时周龄偏大要定期淘汰，及时更换交配对，这样能有效地保证种群的大小以及繁殖能力；不利条件就是需要人力、物力比较多，成本比较高。

第三节　用于安全性评价的遗传修饰动物模型

一、遗传修饰动物在致癌性安全评价中的相关政策及指导原则

药物安全评价又称非临床药物安全性评价，是指通过实验室研究和动物体外系统对治疗药物的安全性进行评估，是新药品进入最终临床试验和最终批准前的必要程序和重要步骤。其中致癌性试验是创新药物安全性评价和上市风险控制内容的重要组成部分。其目的是考察药物在动物体内的潜在致癌作用，从而评价和预测其可能对人体造成的危害。根据经济合作与发展组织指导原则规定（OECD TG 451）的要求，传统的评价方法是通过两年期大、小鼠致癌性实验完成的，但其存在试验周期长、花费高的局限性，且实验结果较难判断，需要后期研究者和管理机构进行专门的讨论；而采用遗传修饰动物模型的短期致癌性评价实验则较好地解决了这些问题。1996年开始，国际先进的药物管理机构ICH、EMEA、美国FDA等就

开始了对药物短期致癌性试验的研究并制定了相关指南和技术指南；随着我国制药行业的发展，我国也于 2010 年正式发布实施《药物致癌试验必要性的技术指导原则》，鼓励国内的遗传修饰动物模型开展新药的短期致癌性评价实验。

（一）遗传修饰动物在致癌性安全评价领域的进展

癌症是基因引起的疾病，当调控细胞生长的基因发生突变或损坏时，使得细胞失去控制，持续的生长及分裂而产生肿瘤。调控细胞生长主要有两大类基因，原癌基因是指细胞癌基因在正常细胞以非激活形式存在的基因，其产物对细胞的正常生长、繁殖、发育及分化有着精密的调控作用。一旦原癌基因的结构发生异常，必然导致细胞生长增殖及分化的异常，使细胞发生恶变而形成癌症。抑癌基因是指存在于正常细胞内的一大类可抑制细胞生长并有潜在抑制细胞癌变作用的基因，其去活化也在肿瘤的发生与进行中扮演了重要的角色。在肿瘤当中，p53 是突变率最高的抑癌基因，Ras 是突变率最高的原癌基因。

针对着两大类基因，科学家开展了大量的研究。目前常用于致癌实验评价的动物有转入原癌基因小鼠和肿瘤抑制基因敲除小鼠，主要有 Tg.rasH2 转基因鼠，杂合 $p53^{+/-}$ 基因敲除鼠，Tg.AC 转基因鼠，纯合 XPA 基因敲除鼠 4 种。

鉴于传统致癌性评价方法存在不足，国际上已经建立基于遗传修饰动物为基础的新的评价体系。虽然早在 1996 年，ICH 就已发布了采用转基因动物作为附加试验的指导原则，但国内转基因动物至今尚未作为标准实验广泛用于药物上市申请。随着国内的药企、GLP 中心和管理层方面对新药致癌性评价重视程度的提高，开展新药致癌性试验已经取得了广泛的共识，目前国内的致癌性试验平台建设也在具体品种的致癌性试验中推进，相信转基因动物模型在药物致癌性评价中必将得到越来越广泛的应用。

（二）国外致癌性安全评价中的相关政策及指导原则

国外新药的致癌性试验和评价起步较早，目前在致癌性试验方面已经积累了大量评价研究经验，并建立了技术研发平台。国际上，对于预期长期使用的药物已经要求进行啮齿类动物致癌试验。ICH 规定预期临床连续用药至少为 6 个月的药物都应进行致癌试验；在日本，根据 1990 年《药物毒性研究指导原则手册》，如果临床预期连续用药超过 6 个月或更长时间，则需要进行致癌试验。但如果存在其他因素，用药少于 6 个月时也需要进行致癌试验；在美国，大多数药物在广泛应用于人体之前，已进行了动物致癌试验。根据美国 FDA 要求，一般药物使用超过 3 个月或更长时间需要进行致癌试验；在欧洲，《欧共体药品管理条例》规定了需要进行致癌试验的情况，包括患者长期应用的药物，即至少 6 个月的连续用药或频繁的间歇性用药以致总的暴露量与前者相似的药物，这些试验也可帮助理解无遗传毒性药物的潜在致癌作用。

20 世纪末，由美国、欧盟和日本三方药品监管部门组成的 ICH 就新药致癌性试验和结果评价形成了一系列的技术指导原则，主要包括：ICH 的《S1A：药物致癌试验必要性的指导原则》(《S1A: Guideline on the Need for Carcinogenicity Studies of Pharmaceuticals》)，提出了药物致癌试验的必要性；ICH 的《S1B：药物致癌试验》(《S1B: Testing for Cacinogenicity of Pharmaceuticals》)，提出了药物致癌试验的基本原则及方法，明确了可以用短期的遗传修饰模型的短期实验代替 2 年期的普通小鼠实验；ICH 的《S1C：药物致癌试验的剂量选择和剂量限度》(《S1C: Dose Selection for Carcinogenicity Studies of Pharmaceuticals & Limit Dose》)，具体介绍了药物致癌试验；美国 FDA 随后也提出了《啮齿类动物致癌性试验设计和结果分析的统计学考虑》(《Draft Guidance for Industry–Statistical Aspects of the Design, Analysis and Interpretation of Chronic Rodent Carcinogenicity Studies of Pharmaceuticals》)及《致癌性试验设计方案的提交》(《Carcinogenicity Study Protocol Submissions》)的技术指导原则；EMEA 的《致癌性风险潜力》(《Note for Guidance on Carcinogenic Potential》)；EMEA–CHMP–SWP 的《对采用转基因动物开展致癌性试验的建议》(《Conclusions and Recommendations on the Use of Genetically Modified Animal Models for Carcinogenicity Assessment》)；EMEA 的《治疗 HIV 药品的致癌性风险》(《Guideline on Carcinogenicity Evaluation of Medicinal Products for the Treatment of HIV Infection》)中也提出了药物潜在致癌性指南的注解。这些致癌性试验技术指导原则内容涉及致癌性试验设计、结果分析等，为新药开展必要的致癌性试验提供了技术支持。

（三）国内致癌性安全评价中的相关政策及指导原则

国内在新药致癌性安全评价研究方面起步较晚，与欧美等国制药领域相比，处于“四无”状态：无商业化动物模型可售，无技术标准可查，无关键技术可用，无背景数据可考。这明显有碍于我国新药创制体系的建设，削弱了我国医药产品的国际竞争力。但随着我国药品监督管理部门对其重视程度的提高，特别是 2017 年原国家食品药品监督管理总局（CFDA）正式加入国际人用药品注册技术协调会（ICH），中国的药品监管部门、制药行业和研发机构，越来越重视与国际接轨，将逐步转化和实施国际最高技术标准和指南，提升国内制药产业创新能力和国际竞争力。目前，国内短期致癌性试验研究、试验技术和评价能力有待加强，开展必要的新药致癌性试验已经在药企、GLP 中心和管理层取得了广泛的共识，国内的致癌性试验平台建设将在具体品种致癌性试验中边实行边推进。

2005 年以来，国内就新药致癌性试验和结果评价形成了一系列的法规及指导原则，主要包括:《药品注册管理办法》，其附件中规定预期临床连续用药 6 个月或经常间歇使用的药物，应进行致癌试验并指出了进行致癌试验的多个考虑因素。2000 年 10 月药品审评中心组织毒理学专家、企业和研究单位代表召开了制订“药物致癌试验必要性技术指导原则”专题讨论会，会上基本认同了 ICH 的 S1A 中内容的适用性，并结合国内情况进行了一些调整。在多次协调的基础上，原国家食品药品监督管理局于 2010 年 4 月 1 日颁布了《药物致癌试验必要性的技术指导原则》，该指导原则的目的在于阐述何种情况下需要进行药物致癌试验，以及进行致癌试验的相关实验细节安排等。这个指导原则的颁布为转基因小鼠在药物致癌性实验中的应用提供了广阔的前景，促进了我国药品临床前的安全性评价领域的发展。

二、用于短期致癌性安全评价的遗传修饰动物模型

（一）药物致癌性评价中常用的替代小鼠模型

用于短期致癌性安全评价的遗传修饰动物模型分为转入原癌基因小鼠和肿瘤抑制基因敲除小鼠，目前广为使用的替代小鼠模型（转基因和基因敲出模型）有 Tg.rasH2 转基因鼠，杂合 $p53^{+/-}$基因敲除鼠，Tg.AC 转基因鼠，纯合 XPA 基因敲除鼠 4 种。2002 年国际生命科学学会健康和环境科学研究所（The Health and Environmental Sciences Institute of the International Life Sciences Institute, ILSI /HESI）完成了共包含甲基亚硝脲、*P*–3–氨基对甲苯甲醚、12–*O*–十四烷酰佛波醋酸酯–13 等 21 个已知致癌受试物的致癌实验项目，21 个受试物均使用了 CB6F1–Tg–rasH2 及 p53 模型。虽然有个别实验的结果不确定，但总体认为这 2 个模型

可用于评价候选物的致癌风险。Tg.AC 及纯合 XPA 基因敲除动物模型不能完全一致地反映已知人类阳性致癌物的结果。这四种遗传修饰小鼠模型应用于短期致癌实验的相关比较见表 8-3-1。本书重点关注癌症动物 rasH2 和杂合 $p53^{+/-}$ 基因敲除鼠动物模型。

表 8-3-1 遗传修饰小鼠模型应用于短期致癌实验的相关比较

检测项目	Tg.rasH2	$p53^{+/-}$	Tg.AC	$Xpa^{-/-}$
致癌剂呈阳性	21/28	21/31	17/23	8/10
致癌剂呈阴性	7/28	10/31	6/23	2/10
非致癌物呈阳性	5/23	1/28	10/39	1/8
非致癌物呈阴性	18/23	27/28	29/39	7/8
总准确率	76（39/51）	81（48/59）	74（46/62）	83.3（15/18）
适合的致癌剂类型	遗传毒和非遗传毒致癌剂	遗传毒致癌剂	经皮肤给非遗传毒致癌剂	遗传毒致癌剂
人类非鼠类致癌剂敏感性	较敏感	较敏感	*N/A*	*N/A*
鼠类非人类致癌剂敏感性	不敏感	不敏感	不敏感	不敏感
常见肿瘤发生部位	肺、前胃、皮肤	骨头、淋巴组织	皮肤	肝脏、淋巴组织
肿瘤自发时间	12 月前低	9 个月前低	9 个月前低	12 月前低

1. Tg.rasH2 转基因鼠 rasH2 转基因小鼠是由日本实验动物中心研究所（Central Institute for Experimental Animals）研究建立。Tg.rasH2 转基因小鼠携带了人的 *c-Ha-ras* 基因，该基因的多表达是由于其最后一个内含子处发生点突变从而导致，是转基因致癌性动物模型的典型代表之一，它具有高灵敏度、高重复性、能识别广谱致癌物等诸多优点。在研究中证实了 Tg.rasH2 小鼠对遗传毒性和非遗传毒性的人类致癌物是敏感的，并显示对非致癌物质无反应。因此，Tg.rasH2 小鼠已被接受作为一个短期致癌性实验模型，使传统的为期两年的实验期减少至 26 周，在 26 周内 rasH2 转基因小鼠模型就可以检测各种类型的生殖毒性和非生殖毒性致癌物质。有学者评价了 rasH2 模型对于鉴定人类致癌物质和非致癌物质的灵敏度和特异性。根据传统两年的啮齿类动物的生物试验数据，在对 27 种化学品进行的 26 周分析研究中，rasH2 转基因小鼠模型准确预测了 81%化学品的致癌反应。此外，转基因小鼠在接触非致癌物质后不显示明显的肿瘤诱导。虽然该模型肿瘤发生的机制还需进一步研究，但基本被接受作为长期致癌实验的补充用于中期致癌实验评价化合物潜在致癌风险。近几年，rasH2 小鼠的研究热点趋于细化，多数研究集中在背景肿瘤的研究，以期增加该小鼠模型的背景数据库，增加实验的准确性。

2. 杂合 $p53^{+/-}$ 基因敲除鼠 p53 基因是被公认度最高的抑癌基因，超过 50%的人类肿瘤有 p53 基因的突变。在许多发达国家，p53 基因敲除小鼠已经成为药物致癌加速实验的标准模型动物。

p53 基因敲除小鼠模型具有发癌率高、实验周期短的特点，是较理想的实验动物模型。自从这些 p53 基因小鼠模型被构建后，它们就一直被广泛用于药物致癌性的评估和研究。B6. 129 N5-Trp53 杂合子基因敲除小鼠，由美国 Donehower 构建，仅携带单个有功能的

p53 allele（另一个 5 号外显子缺失，不表达），一般采用回交到 C57BL/6 遗传背景的第 5 代，进行 26 周致癌实验。但该模型对非基因毒性致癌剂不敏感。早在 2004 年美国食品药品管理局已经批准用 p53 基因敲除小鼠作为药物致癌性加速实验的模型动物。截至 2011 年 1 月，美国食品药品管理局药物评估和研究中心收到 211 件致癌性实验模型的变通实验程序，其中一半左右涉及 p53 基因突变的实验模型。

（二）国内相关遗传修饰动物模型现状

2003 年，针对 *c-Ha-ras* 原癌基因，日本实验动物中心研究所构建的 rasH2 转基因小鼠模型被世界各地的监管机构接受用于 26 周的致癌性试验，作为常规小鼠 2 年标准试验的替代方案。然而，由于知识产权的限制，如用于商业用途和法定检验工作，需要支付高昂的知识产权费用。中国食品药品检定研究院作为国家检验药品、生物制品质量的法定机构和最高技术仲裁机构，有义务也有责任建立适应我国药物安全性评价、药品检定中的此类模型；其从 2000 年左右就开始着手建立自主的人源 *c-Ha-ras* 基因的转基因动物模型，并开展了该模型的相关研究工作，以期借助自身的技术平台，如临床前药物安全评价平台，国家啮齿类实验动物平台等，在中国建立具有自主知识产权的符合 ICH 规范的新药临床前致癌性安全评价替代方法，促进我国的新药临床前致癌性安全评价的发展，打破日本等国家在此领域的垄断，从而降低国人安全用药成本。

中国食品药品检定研究院从正常人血液中，采用 PCR 方法分段扩增、T-A 克隆测序，然后拼接成完整基因的策略，获得了含有启动子和 poly A 的 6.5 kb 的 *c-Ha-ras* 基因，并将其通过原核注射整合到小鼠基因组中，构建了 *c-Ha-ras* 的转基因小鼠，命名为 TgC57-*ras*-NIFDC。近年，国内也有关于 *c-Ha-ras* 转基因动物建立的报道，由于其是以作为抗肿瘤药物筛选的模型为目的，因此转入的是人工突变的 *c-Ha-ras* 基因，亦未见后续研究。

获得 TgC57-*ras*-NIFDC 转基因首建小鼠后，中国食品药品检定研究院进一步在分子水平对转基因的插入表达进行验证，转入目的基因测序分析后证明其与人源 *c-Ha-ras* 一致，而不同于小鼠 *c-Ha-ras* 基因。截至目前该模型传代达 10 代以上，转入的人类 *c-Ha-ras* 基因均能稳定遗传和表达。*c-Ha-ras* 基因的结构示意图与克隆策略见图 8-3-1。

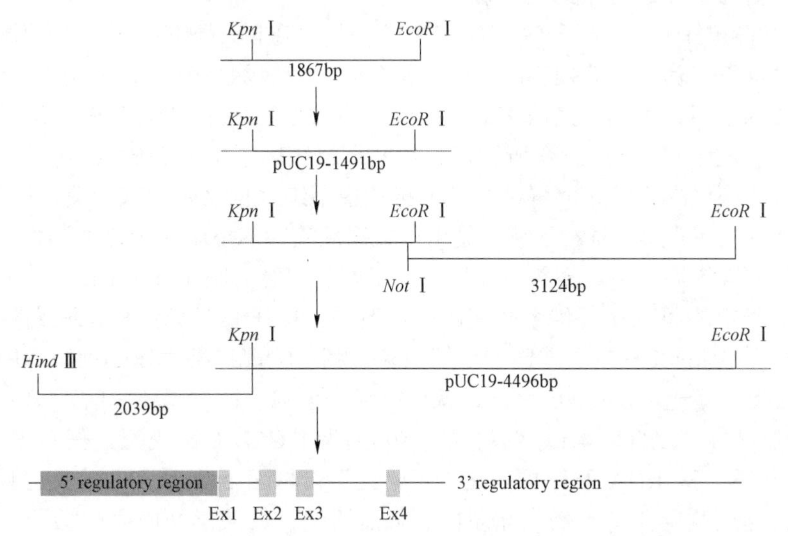

图 8-3-1　*c-Ha-ras* 基因的结构示意图与克隆策略

通过日常观察，建立的 TgC57–*ras*–NIFDC 转基因小鼠出现自发肿瘤现象。中国食品药品检定研究院获得的首建鼠 1 号即在出生后 2 周发现背部出现瘤状物，生长速度快并且由一处发展成多处，其未能繁殖成系，而另外建系成功的首建鼠及后代中也出现自发肿瘤的现象，如 3 号首建鼠肺部也出现腺瘤伴出血、坏死及纤维组织增生。文献调研发现，日本建立的 rasH2 转基因小鼠在 18 个月内有 50%发生自发肿瘤，中国食品药品检定研究院也发现 6 只 *c*–*Ha*–*ras* 转基因小鼠中有 3 只在出生 1 年内，出现颈部、肺部等多处肿瘤。自发肿瘤是该转基因动物模型应有的特性，但是自发肿瘤过高，必然会影响其应用。就这个原因，我们在实际致癌性安全性评价实验中，使用的是 *c*–*Ha*–*ras* 转基因动物与 BALB/c 小鼠的杂交 F_1 代，目的是降低自发肿瘤的背景值，保证实验数据的准确性。

经过对生长曲线及脏器、血液学参数测定，自主建立的 TgC57–*ras*–NIFDC 转基因小鼠癌症模型，有较好的繁殖和适应能力，其平均窝仔鼠、断乳成活率、后代公母性别比例、血液学参数、脏器重量及脏器系数与非转基因小鼠相比无明显差异，这对该模型将来在临床前安全评价中应用将是有利的。

模型传代稳定后，中国食品药品检定研究院多次联合国内多家药物安全评价中心开展了针对阳性致癌物的验证性实验，以明确该模型能否用于临床前药物安全性评价致癌性实验。实验结果统计后表明，自主建立的转基因小鼠淋巴瘤、肺腺瘤组织病理学特征与文献报道特征一致，而且脾脏、肝脏、肺脏和肾脏受累。另外，我们也开展了 MNU 阳性药诱导的与日本模型比对的一致性评价实验，初步结果显示期末的生存率、期末雌雄动物体表肿瘤率有高有低，但均比野生型动物更为敏感，且均高于阴性对照组，阳性结果成立。综合结果表明转基因小鼠对遗传毒性致癌物比野生型小鼠更敏感，提示其是临床前药物安全性评价致癌性实验快速替代实验的候选模型。当然模型验证是一条漫长的道路，从 2002 年开始日本的 rasH2 模型陆续完成了共包含甲基亚硝脲、*P*–3–氨基对甲苯甲醚、12–*O*–十四烷酰佛波醋酸酯–13 等 21 个已知致癌受试物的致癌实验项目，我们下一步的工作也是希望进行多中心多药物的验证实验，推动该模型的应用，从而逐步形成自有技术标准体系，服务于国内的新药短期致癌性实验市场。

针对 p53 抑癌基因，美国于 1992 年完成了 $p53^{+/-}$敲除小鼠的构建。仿照同一思路，中国食品药品检定研究院利用 ES 打靶技术构建了 $p53^{+/-}$敲除小鼠（B6–Trp53tm1/NIFDC）。限于当时的技术水平，美国在完成构建的敲除小鼠模型时采用的是 129 干细胞系，随后回交到 C57BL/6 背景中的办法。众所周知，129 小鼠使用不及 C57BL/6 广泛，回交费时费力，而且如果回交代次不够，将导致模型遗传背景不纯。据文献记载，美国的 $p53^{+/-}$敲除小鼠模型仅回交 5～6 代，显然不够，其用于致癌性实验的小鼠遗传背景不均一，这可能影响致癌性实验结果的均一性。随着生物技术的发展，已经克服了 C57BL/6 干细胞系建立难点，成功获得稳定的可以实现种系传递的干细胞系。中国食品药品检定研究院设计打靶方案，将 $p53^{+/-}$基因的 2～5 个外显子全部敲除，测序验证打靶载体序列正确后，直接转化 C57BL/6 干细胞，经过 Southern 筛选，获得重组干细胞，通过囊胚注射入 BALB/c 受体，移植入 KM 假孕鼠，产仔获得嵌合鼠，并将嵌合鼠与 C57BL/6 交配，获得 F_1 代，后期与 B6 小鼠交配建系。从 RNA 及蛋白表达水平验证了转基因 p53 基因的缺失也测定了其生物学特性，而且通过测定尿烷给药后体质量、脏器质量、血液学及血生化指标，表明建立的小鼠模型对毒性致癌物比野生型小鼠更敏感。

三、用遗传修饰动物模型开展短期致癌性安全评价的试验设计及注意事项

致癌性试验是一项较为复杂的安全性评价内容，需考虑一组潜在致癌性关键信息来设计试验，这包括遗传毒性试验研究结果、附加遗传毒性试验结果、预期患者人群、临床给药方案、动物和人体药效动力学的相关剂量-反应关系、重复给药毒性试验等。

由于应用遗传修饰动物的短期致癌试验的试验周期相对较短、动物数较少、对致癌化合物更敏感等优势而应用逐渐广泛，目前遗传性动物模型已成为了药物致癌性研究评价的重要选择之一。采用转基因动物进行的短期致癌试验，一方面可以对化合物致癌作用进行初步测试；另一方面，转基因动物试验可为标准大鼠致癌性试验提供补充信息。本节主要参考 ICH、美国 FDA、EMEA、EPA 等先进的组织及药品管理机构发布的有关药物致癌试验指导原则、已上市药品评价资料，讨论开展致癌性实验设计的关注点、开展实验的时间安排等来进行简介，旨在对我国致癌性实验的开展提供一定的参考。

（一）遗传修饰动物模型开展短期致癌性安全评价实验分组规则

1. 动物种属和品系 目前常用于致癌试验评价的动物有转癌基因小鼠和肿瘤抑制基因敲除小鼠，主要分为以下几类。

（1）Tg rasH2 转基因小鼠模型 Tg rasH2 转基因小鼠携带了人的 *c-Ha-ras* 基因，该基因最后一个内含子处发生点突变从而导致了转基因的多表达。该动物模型暴露于致癌剂环境中 6 个月内，与非转基因对照组相比，恶性肿瘤的发生显著加快、发生率显著提高。肿瘤诱发部位主要限于肺、皮肤和前胃，泌尿、生殖及内分泌器官则不十分理想。

（2）p53 基因敲除小鼠模型 野生型的 p53 蛋白可抑制人和啮齿类动物体内的肿瘤发生。p53 作为一种转录因子可调控与细胞周期停滞、细胞凋亡、血管生成抑制、分化修复和基因稳定性的一系列基因的活性。综合 ILSLHES 项目与其他文献报道，C57BLp53$^{+/-}$小鼠模型对非基因毒性致癌剂不敏感。

（3）TG.AC 小鼠模型 该小鼠模型将激活状态 *v-Ha-ras* 原癌基因（12、59 位密码子点突变），由 FVB/N 小鼠系通过原核内注射而建立。该模型中，未给药小鼠皮肤中检测不到转基因的表达，而表达激活后诱导的肿瘤优先在分层的表皮上形成。一般通过在剃毛的背部局部应用待测化合物，6 个月内引起表皮鳞状细胞癌或皮肤乳头瘤，来确定其致癌潜能，不推荐经口给药试验。

（4）XPA$^{-/-}$小鼠模型 该模型完全缺乏核苷切除修复（NER），因此，遗传毒性化合物检测时可以选择此小鼠，对于诱导与 NER 通路有关的 DNA 损伤的化合物有更精确的反应。ILSI/HESI 项目中关于 XPA$^{-/-}$模型数据有限，故无法对该模型的价值做出最终判断，总之使用该模型作为常规评价还不成熟，目前不推荐使用。

2. 动物饲养 由于致癌性研究时间跨度大、费用高，所以试验中动物的饲养环境至关重要，各种物理、生物的因素都会影响到试验的结果。物理因素主要包括光照、温度、相对湿度、通风、环境条件、噪声、饲料、笼具、垫料等，生物因素包括能引起感染和疾病的各种细菌和病毒。致癌试验动物应采用单独房间饲养，防止动物之间的交叉污染。饲养室应保持安静、通风良好。温度控制在 20～26℃、湿度控制在 40%～60%，保持 12 小时光照、12 小时黑暗。

动物饲料应能满足动物日常营养需求及各项国家相关标准指标或饲料生产企业的营养标

准要求，饮用水也应做相关的检测，饲料和饮水的检测结果应附于试验报告中。目前，在致癌试验中普遍采用的是商品化实验动物饲料，实验时还需要了解不同生长阶段动物的营养需求；另外，在整个致癌试验期间，要尽量保持饲料的一致性；同期对照组和给药组采用同一批次饲料，严格注意饲料的有效期，严禁使用发霉变质饲料。对于饲料污染物，OECD TG451要求尽可能的进行残留杀虫剂、持久性有机污染物、植物雌激素、重金属和霉菌毒素等项目的检测；国家标准（GB 14924.2—2001）也明确了动物饲料 7 项化学污染物和 4 项微生物指标的检测要求。致癌试验中的动物饮用水，要采用过滤纯化水且水瓶和瓶塞要在高压灭菌后使用。对于饮用水的污染物检测，检测指标要求已经由 GB 5749—1985 的 35 项增加到 GB 5749—2006 的 106 项；目前我国已经与美国、日本在饮水监测要求方面无明显区别。饮水检测频率上同样要根据每个机构的实际情况做出合理评估，感官性状和微生物指标可选择每月进行一次检测，而包括各项污染物在内的毒理指标可选择每年检测一次；检测结果要在致癌试验的总结报告中进行描述和分析。

另外，光照的时间、强度和性能会影响很多生理反应，包括肿瘤发生率。过度的光照会造成眼睛损害，如视网膜萎缩和浑浊，饲养在架子顶层和两侧的大鼠所受的影响可能最为严重。光照对动物的影响可以通过以下几种办法解决：将动物随机分配于饲养笼具中，使每一列笼具中的动物为同一个剂量组；也可以将每一列饲养笼具随机摆放，均衡光照对各剂量组的影响。调整架子时，可以定期将每列饲养笼具从顶层挪到底层循环摆放。

生物学因素包括细菌和真菌等造成的动物疫病，应该参照国家标准（GB 14922.2—2011）中关于微生物检测指标的具体要求，监测致癌试验中微生物情况，要求至少进行小鼠肺炎病毒、仙台病毒、汉坦病毒、鼠痘病毒、小鼠细小病毒、小鼠脑脊髓炎病毒、沙门菌、泰泽病原体等 SPF 级动物要求。遗传修饰动物的短期致癌试验中，微生物监测可通过设立哨兵鼠的方式来进行，哨兵鼠要合理分布在饲养室，采取最大暴露的原则，即可以在房间风口、门口和笼架底层等位置来设哨兵鼠；动物购入前，要向动物供应商索取最近一次的动物微生物检测报告，动物购入后也要尽早进行一次自检，特别是当检测结果显示阳性时，要及时查找原因，必要时进行复测，不论哪种结果，都要在致癌试验的总结报告中进行描述和分析。

（二）遗传修饰动物模型开展短期致癌性安全评价分组及剂量规则

1. 短期致癌实验的分组规则　一般为低、中、高三个给药组加一个溶剂对照组和一个阳性对照组。如果使用特别的溶剂或赋形剂，本身需要进行毒理学评价时，可以增加一个阴性对照组。阳性对照组一般为 15 只/性别，除阴性对照组外的组别至少每性别 25 只动物。

2. 短期致癌实验的剂量选择　剂量选择通常以一个月使用同一种给药途径的同种动物模型的试验为基础，而且同等试验的动物管理条件下其受试化学物的杂质含量应与正式试验相似。剂量选择主要遵守如下原则：首先，剂量水平应基于短期的重复给药毒性研究或剂量范围查找研究；其次，最高剂量应能充分显示受试化合物的最低毒性，但又不至于明显影响动物的生存寿命，同时兼顾代谢及药代动力学其他因素，应该对包括靶器官有明确毒性，但避免严重毒性反应、致病性或导致死亡；最后，剂量水平的选择应反映实验目的。致癌试验中高剂量确定了最高推荐人用剂量，则也需将此因素列入致癌试验的高剂量选择范围内。高剂量一般选择为最大耐受剂量（MTD），此外，啮齿类与人类在最高推荐人用剂量的暴露比应大于 25:1。通常低剂量接近临床暴露水平，中剂量在高剂量与低剂量之间，如有可能可根据受试物的毒代动力学资料确定。总体而言，适当的高剂量应该不产生因非肿瘤因素或明显对营养和健康的影响导致死亡率的作用。

3. 试验设计的注意事项

（1）试验人员及其职责　致癌试验是一项非常复杂的系统工程，需要各个部门的通力协作，并在符合 GLP 原则下完成，才可以保证致癌试验高质量并具有评估价值。专题负责人对试验各个环节总负责，撰写试验方案并总结报告，在设计试验时应与技术人员、动物管理部、生物分析、供试品管理、临床病理、病理、兽医及质量保证部门（QAU）积极沟通。技术人员主要负责试验期间的给药及观察等操作，进行该试验的人员应经过给药和观察的培训并考核合格，试验期间试验人员应相对稳定，避免由于主观判断差异造成的试验结果的误差。动物管理部主要负责试验动物的采购及饲养，饲养条件不合格会导致动物死亡率增加，从而使得试验结果不可靠甚至试验无法完成。生物分析需完成受试化合物分析方法的建立，建立的分析方法应在特异性、准确性、线性、绝对回收率、检测限和相对误差等方面满足要求。由于致癌试验中往往伴随毒代动力学试验，因此，还需建立生物样品中受试化合物的检测方法。对于掺加在饲料及饮水中给药的供试品，需对掺加后饲料及饮水中受试化合物的均一性进行检测分析。

（2）给药途径及试验期限　动物的给药途径一般选用临床拟用途径，如果不同的给药途径下代谢及系统暴露量相似，可采用其中一种给药途径开展致癌试验，药代动力学分布数据可提供受试药是否得到充分暴露的证据。

常用的给药方法有三种：经皮、经口与吸入。方法的选择主要考虑人群接触方式，其次应考虑供试品的理化性质，如果供试品可通过胃肠道吸收，最好选用经口途径。通常的给药方式是灌胃或饲料给药，一般饲料拌饲给药最常用。掺加在饲料中给药的方式可以显著减少工作量，但对于在动物咀嚼过程中不稳定的药物无法采用此种给药方式；同时，由于给药剂量仅可根据体重及摄食量进行估算，没有灌胃给药精确。也可采用灌胃途径，最好是每周 7 天给药，但考虑到实际工作方便，可每周灌胃 5 天，但给药停顿可使动物得到恢复，或会影响结果及最后的评价。给药时间从给药达到预定浓度开始计算，无论哪种暴露方式，浓度都要求恒定。

（3）临床观察与检查　给药前至少进行一次全身检查，开始给药后每周一次。摄食量及体重均每周称量一次。开始给药后 3 个月，追踪并详细记录出现的肿块。动物出现异常，需详细记录肉眼所见病变性质时间、部位大小、外形和发展等情况，对濒死动物要详细描述。由于早期毒理试验已经在较高暴露水平下针对临床病理检查进行过测试，因此一般情况下致癌试验不进行临床病理检查。

必要时还应增加观察的次数，并采取适当的措施尽量减少动物损失，如对死亡动物进行解剖，对体弱或濒死动物隔离、处死、冷藏并剖验，记录毒性作用的开始时间及其进展情况，减少因疾病、自溶或被同类所食造成的动物损失。应记录所有动物临床体征和死亡情况，特别注意肿瘤的发生和发展，如肿瘤出现的时周、部位、大小、外观和进展情况。另外，应记录所有动物的体重变化，前 13 周每周称体重一次，此后每 4 周称一次。饲料消耗量在前 13 周每周称一次，此后如动物健康状况或体重无异常改变可 3 个月记录一次。经饮水给药时应记录饮水消耗量，以便计算供试品的摄入量。对死亡动物要及时剖检；对有病或濒死的动物需分开放置或处死，并采集所需脏器。

（4）毒代动力学　致癌试验过程中各个剂量组的暴露量都应该被评估，使用野生型同窝动物进行一次毒代动力学的评价，实验选择在动物给药后 3 个月时间，进行血药浓度检测即可，如有可能出具独立的毒代动力学报告。

（5）试验终点及病理学检查　对于试验终点各国规定不一致，OECD 认为对照组或低剂量组动物存活率到 25%可以考虑提前终止试验，不能仅因高剂量发生明显毒性而终止试验；美国药品管理部门不推荐因动物过多死亡而终止试验，其规定对于 50 只/性别/组的试验设计而言，当 100 周前，如果存活动物不足 15 只时，处死所有给药组所有性别动物；对某些项目来说，当高剂量组某性别动物低至 20 只时停止该剂量组该性别动物的给药，当高剂量组某性别动物低至 15 只时，处死该剂量组该性别所有动物；如果对照组动物存活低于 20 只，则处死该性别所有剂量组所有动物；致癌试验应尽量覆盖动物的生命期，曾有建议致癌试验应终生给药，但考虑到部分动物的寿命比平均寿命长许多，如果到全部动物死亡才结束，则试验可能不必要拖长；ICH、EPA 指导原则对此没有相关规定。如果处死动物，处死前应收集其血样，进行血细胞分类计数。保存所有肉眼可见肿瘤或可疑肿瘤组织，并分析大体解剖与病理组织学检查结果的对应情况。

（6）大体解剖及脏器重量　大体解剖应该包括所有非计划死亡动物（包括濒死）及给药期末麻醉后计划解剖动物。大体解剖包括：肌肉、体表、腔道、颅腔、大脑表面的器官、胸腔、腹腔、盆腔的器官，如胸腺、脾脏、肝脏、心脏、肾上腺、肾脏、卵巢（雌性）、子宫（雌性）、睾丸（雄性）、附睾（雄性）、主动脉、骨髓（胸骨）、骨及关节（股骨）、脑（延髓、脑桥、大脑和小脑）、食管、眼（包括视网膜）、泪腺、大肠（盲肠、结肠、直肠）、肺脏及气管、淋巴结、乳腺、坐骨神经、输卵管、胰腺、垂体、前列腺、唾液腺、精囊腺、骨骼肌、皮肤、小肠（十二指肠、空肠、回肠）、脊髓（颈、胸、腰）、胃、甲状腺/甲状旁腺、气管、鼻甲骨（颅）、舌、膀胱、阴道、胆囊等。若发现异常，应记录异常组织或脏器的部位、颜色、形状并取材切片，如常规取材、石蜡包埋、切片和 H&E 染色，进行病理组织学检查。同时记录体重和要求的脏器重量，计算脏器/体重和大小。双侧的脏器则一并称重，对死亡动物的脏器不称重。

理论上应对所有脏器进行全面的检查，但为了节省人力、物力和时间，可遵循以下顺序检查：①所有组别所有肉眼可见的肿瘤和怀疑肿瘤组织器官；②对以下动物所有保存的器官和组织进行镜下检查，详细描述其病变情况特别是增生、癌前病变和情况：试验过程中死亡或处死的动物，所有最高剂量组和对照组动物；③如果数据显示高剂量组动物某些组织器官增生、癌前病变和癌变与对照组比较显著增加，所有组别动物相同的器官均应检查（但如果高剂量组动物生存率很低，则应检查其较低剂量组，然后再作比较）；④如果数据显示高剂量组动物的生存期明显缩短，肿瘤的发生可能因而受到影响时，应再检查其较低剂量组；⑤参考受试动物自发肿瘤或可疑癌变方面的资料（如相同试验条件下的历史资料），以便评估暴露组动物病变的变化情况。

（7）致癌性研究中的临床体征评价　致癌性研究中一般临床体征的评价与长期毒性试验的评价一致，此外应注重对肿瘤情况的评价，需要统计各种肿瘤的数量（包括良性和恶性）及任何少见的肿瘤、带肿瘤的动物数、每只动物的肿瘤数及肿瘤的潜伏期等。肿瘤潜伏期即为从给药开始发现肿瘤的时间，如果为内脏的肿瘤，那么将由于该肿瘤引起动物死亡或濒死的时间定为发现肿瘤的时间，要进行仔细的分析，如剂量－反应关系、致癌性研究中的临床病理学评价。致癌性研究中一般不进行临床病理学检查，但有时需进行血液学和血清生化的检测，尤其是白细胞分类的检测，这些指标的评价方法与长期毒性试验的评价并无差异。

（8）致癌性研究中的病理学评价　致癌性研究中最重要的部分就是病理学的评价，常规的病理学检查与长期毒性试验的病理学评价并无明显差异，但是最难的部分就是关于肿瘤合并的问题。病理学检查（包括大体解剖及组织病理学检查）是致癌试验研究的核心，大体解剖及组织病理学检查中的发现均应一一详细记录并将诊断结果记录于报告中。

通常致癌性实验开展周期长、研究费用高、实验设计及结果讨论比较复杂，目前我国还没有完成的致癌性实验上报药审部门，可见其研究的长期性及复杂性。基于此，开展此项研究需要研究申报者、实施评价机构以及药品审评管理机构等多方面加强沟通，经常交流讨论从而减少评价误区。同时也希望本文所列出的开展新药临床前致癌性实验的关注点能够对我国致癌性实验的开展提供一定的参考。标准致癌试验及转基因动物短期致癌试验的试验设计比较见表 8－3－2。

表 8－3－2　标准致癌试验及转基因动物短期致癌试验的试验设计比较

特点	哺乳动物长期致癌试验	转基因动物短期致癌试验
种属和品系	常用的大鼠为：Wistar：Han（W），Fisch－er344 常用的小鼠为：Swiss（CD－1），B6C3F1	转基因动物类别：rasH2，$p53^{+/-}$，Tg.AC（局部给药），$XPA^{-/-}$
组数及每组动物数	3 个给药组＋1 个溶剂对照组 每组每性别至少 50 只动物	3 个给药组＋1 个溶剂对照组＋1 个阳性对照组 每组每性别 25 只动物
给药周期	104 周	26 周
给药途径	按照临床给药方式确定给药途径，环境化合物或者动物饲料添加剂最好加在动物饲料中	按照临床给药方式确定给药途径（还未被认可支持兽药、食品添加剂、杀虫剂、除草剂等化合物的致癌性评价）
剂量	高剂量为动物最大耐受剂量（MTD），该剂量组动物相对于对照组动物体重下降不超过 10%；同时需考虑是否达吸收饱和、剂量可行性及与人体暴露量之间的关系	考虑动物的 MTD、是否达吸收饱和、剂量可行性的因素
毒代动力学	在试验第 6～12 个月内对暴露情况评估一次，通常取 3～4 个时间点，每个剂量组每个时间点取 3～4 只动物进行	试验期间使用野生型同窝出生动物做一次 TK
结果评价	需有足够的存活率（理想情况下试验末仍有 25/性别/组动物存活） 统计分析病变发生率 评价一般观察结果及病理组织学检查结果	统计分析病变发生率 评价一般观察结果及病理组织学检查结果（阳性对照组通常仅检查靶器官）

第四节　用于病毒学研究、疫苗、抗病毒药物评价的遗传修饰动物模型

一、引言

病毒（Virus）是一种个体微小、结构简单，只含有一种核酸的专性活细胞内寄生的非细胞生命体。病毒寄生于活细胞，能够引起活细胞自身的功能丧失，导致细胞死亡。从而导致机体细胞功能紊乱，引起疾病。

病毒性疾病不仅发病率高、死亡率高，且具有传染性，很多疾病目前尚且不能完全控制，其中最常见的流感病毒，每年感染超过 300 万人，导致超过 5%的感染者成为重症患者而死亡。

病毒在不断的被人发现，早期的脊髓灰质炎病毒、小儿麻痹症病毒到这几年的人免疫缺陷病毒、冠状病毒、肠道病毒、汉坦病毒、埃博拉病毒等。病毒结构简单，易发生变异从而产生新的突变株，在早期的病毒中，也发现多个新型变种，病毒的种类以及变种在不断被发现，这些给我们的防控带来巨大的挑战。

目前，人类对病毒感染主要的治疗方式为疫苗和抗病毒药两种方式。

二、疫苗和抗病毒药物的研究进展

长期以来，病毒性疾病一直困扰着人们，但人们在与之长期的斗争中取得了不少重要成就，一是研发了不少预防病毒感染的疫苗；二是开发了许多治疗病毒感染的药物。

（一）疫苗研究进展

疫苗（Vaccine）是一种用于健康人群，通过免疫机制预防疾病发生的生物制品，疫苗属于一种特殊的药物，通过疫苗免疫，能够彻底控制和消灭一种疾病。

1796 年，英国医生 Edward Jenner 吸取正在出牛痘女孩皮肤上的水泡中的液体，将其接种到一个 8 岁健康男孩身上。男孩发烧几天，然后再次接种天花，男孩不再发病。这一发现成为疫苗的基础，至 1980 年，世界卫生组织宣布，通过 2 个多世纪的牛痘接种，全世界已消灭了天花。

1881 年，法国科学家巴斯德在羊身上进行了炭疽疫苗实验，实验结果表明疫苗能够很好地保护羊，使其免遭病毒感染，该实验出色地证明了疫苗的效果。19 世纪，美国人科赫发明了科赫法则，为微生物学奠定了基础，也明确了部分传染病的病因，逐渐找到了一些方法，疫苗的研制开始越来越普遍。时至今日，疫苗已经在我们的生活中日渐普遍，越来越多的疫苗应用于疾病的预防当中。

早期生产的疫苗，基本以灭活疫苗、减毒疫苗为主。随着分子生物学的发展，重组 DNA 技术不断突破，也出现了一些新型疫苗，如 DNA 疫苗、遗传重组疫苗、合成肽疫苗以及可控缓释疫苗等，可预防的疾病也越来越多。这其中，DNA 疫苗由于其容易制造、免疫刺激持久且可以用于治疗等优点，应用越来越广泛。可以说，疫苗对消灭和控制传染病有十分巨大的贡献。

（二）抗病毒药物的研究进展

由于疫苗是针对已经发现的传染病进行免疫，而对一些变异高、新发现的病毒难以发挥作用，抗病毒药（Antiviral Drugs）则是疫苗很好的补充，在对抗病毒的战斗中扮演着十分重要的角色。病毒为专性寄生物，其侵染的途径基本上分为吸附、侵入、增殖、装配、释放五个过程，如图 8-4-1。抗病毒药物一般通过对上述病毒的感染途径进行抑制，如干扰病毒吸附、阻止病毒穿入细胞、抑制病毒生物合成、抑制病毒释放或增强宿主抗病毒能力等；主要类型有：阻止病毒的吸附穿透（抗体）、干扰病毒脱壳（金刚烷胺）、抑制病毒核酸合成（嘌呤或嘧啶核苷类似剂、逆转录酶抑制剂）、抑制病毒蛋白质合成（干扰素）、干扰病毒组装（干扰素、金刚烷胺）、抑制病毒释放（神经酰胺酶抑制剂）。

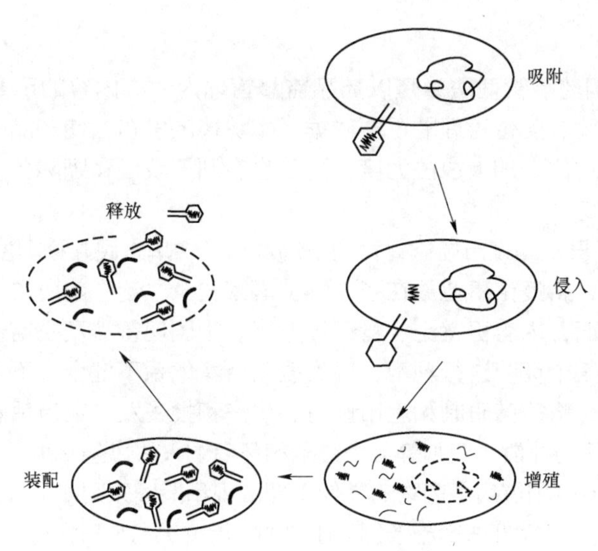

图 8-4-1 病毒的侵染途径

作为抗病毒药物，首先是应用的有效性，即对细胞内的病毒有抑制作用，而对细胞正常的代谢无明显影响。但是，由于病毒的结构与侵染过程简单，与宿主细胞很难有明显的区别，因而导致大多数的抗病毒药物治疗效果不明显或者靶向性不强。相比疫苗，抗病毒药物开发的成就尚远不尽人意。

目前已有的抗病毒药物，主要针对以下几种病毒。

1. 抗逆转录病毒药 分为核苷类似物，如拉米夫定，该药对 HIV 和乙型肝炎病毒有很好的抑制作用；非核苷类似物：奈韦拉平，主要针对耐药的 HIV 病毒；蛋白酶抑制剂奈非那韦，同样是针对 HIV，可与核苷类似物药物联合作用以增强药效。

2. 抗巨细胞病毒药 如开环核苷类似物西多福韦、反义寡核苷酸药物福米韦生等。

3. 抗肝炎病毒药 主要是以干扰素为主要治疗用药，恩替卡韦对未突变的 HBV 毒株有效。

4. 抗疱疹病毒药 主要是 DNA 聚合酶抑制剂类药物，如伐昔洛韦、溴乙烯基脱氧尿苷等。

5. 抗流感及呼吸道病毒药 包括神经氨酸酶抑制剂扎那米韦、奥司他韦，非核苷类化合物盐酸阿比朵尔以及抑制呼吸道合胞病毒的帕利珠单抗。

随着对疾病的深入研究，发现越来越多的疾病与病毒感染有密切的相关。而从临床上看，一种病毒对不同的人感染后的临床表现差异很大，这对我们研制新的抗病毒药物有了更多的启发。同时，先进的生物学技术的加入，加速了新药物开发。

但是，就目前来看，抗病毒药物的开发仍处在早期阶段，临床选择很少，对于某些严重的病毒性疾病仍缺乏有效的治疗药物。同时，新开发的抗病毒药物没有很好的动物模型，也制约了抗病毒药物的开发进程。

三、疫苗和抗病毒药物相关的法规、指导原则

疫苗和抗病毒药物其归根到底仍属于药品，故我国对这两类对抗病毒传染病的制品仍按照药品进行管理。而疫苗属于生物制品，应用在健康的人身上，其安全性必须要得到保证。我国对疫苗和抗病毒药的监管一直都很重视。目前，我国已经形成了以《中华人民共和国药品管理法》为核心的法律法规体系。加强了对药品的监管，保证药品的质量，维护用药人的

权益。

《中华人民共和国药品管理法》是以药品监督管理为中心内容的重要法律，是药品的研制、生产、使用、检验、监督管理的重要依据。本法律的发布，使药品的管理有法可依，提高了药品监管的法律地位，加大执法力度，同时也有利于我国和国际药品管理接轨，提高我国的药品管理规范程度。

2019 年 6 月 29 日，国家市场监督管理总局发布《中华人民共和国疫苗管理法》，此为我国第一部疫苗管理法，将疫苗事业放在了"维护国家安全"这个前所未有的高度之上。其高于管理条例且更加全面，内容更宽泛、管理更严格。中国现行涉及疫苗监管的法律法规有多部，但均是仅对其中某个环节进行规范，导致疫苗监管体系不健全、不顺畅。而本法则是一部"集大成"的法律，将疫苗研制和上市许可、生产和批签发、上市后研究管理、流通、预防接种、异常反应检测与补偿、罚则等各个链条和环节纳入法律条文中。

同时，我国对于疫苗和抗病毒药物的其他管理法规和指导原则如下。

《中华人民共和国药品管理法实施条例》于 2002 年 9 月 15 日执行，2016 年 2 月 6 日修订，是根据《中华人民共和国药品管理法》，在总结我国 3 年来对药品依法进行监督管理实践经验的基础上制定的重要法规，对《中华人民共和国药品管理法》进行进一步的规范和解释。

《疫苗流通和预防接种管理条例》2005 年发布，2016 年修订，为加强对疫苗流通和预防接种的管理，预防、控制传染病的发生、流行，保障人体健康和公共卫生，根据《中华人民共和国药品管理法》而制定。主要规定了疫苗的流通和接种办法，明确各部门在疫苗生产到接种各环节的职责。

为配合《疫苗流通和预防接种管理条例》的贯彻实施，原卫生和计划生育委员会和原国家食品药品监督管理总局于 2017 年 12 月发布《疫苗储存和运输管理规范》，主要对疫苗的存储运输方面进行管理。原卫生和计划生育委员会于 2016 年 12 月发布执行《预防接种工作规范》，对疫苗使用、预防接种服务以及异常反应的处理做了详细规范说明。

《生物制品批签发管理办法》由原国家食品药品监督管理总局发布，于 2018 年 2 月 1 日执行，对生物制品批签发进行详细的规范说明。该办法强化企业主体责任，优化批签发流程，明确批签发方式，明确批签发工作时限要求，强化了批签发机构和人员管理。

《药品经营质量管理规范》由原国家食品药品监督管理总局发布，2016 年 7 月 13 日执行，是药品经营管理和质量控制的基本准则。《药品注册管理办法》规范药品的注册行为，保证药品的安全、有效和质量可控。

这些法律法规和指导原则对疫苗和抗病毒药物的研发、注册、运输、使用等各个环节进行了规范，对控制疫苗和抗病毒药物的品质，提高疫苗和抗病毒药物的质量，促进疫苗和抗病毒药物的发展有深远的意义。

四、遗传修饰动物模型用于病毒、疫苗、药物方面研究的进展

（一）用于病毒研究的遗传修饰动物模型情况

以自然发生作为人类疾病研究的动物模型已经不能够满足现在人类的需要，而利用现代分子生物学技术，创建遗传修饰动物，进行人类疾病的动物学研究越来越多。1974 年，Rudolf Jaenisch 通过将 SV40 病毒的 DNA 注射到小鼠的囊胚中，创造了第一只携带外源基因的小鼠。至今，遗传修饰动物的研究一直在进行。遗传修饰包括对动物自带基因的敲除、插

入。目前已获得的转基因动物包括小鼠、大鼠、家兔、鱼、山羊、牛、猪等。

由于实验动物对病毒的敏感性、发病情况与人有较大的区别，很多病毒在动物身上不易感或者感染后症状不明显，从而很难成为优良的病毒学研究工具。在传染病研究领域，不可或缺的研究工具就是模式动物。所谓模式动物是指用各种方法把需要研究的生理或病理活动相对稳定地展示出来的标准化的实验动物。模式动物可以避免了人体实验造成的风险和伦理问题，充分展现一些潜伏期长、病程长和发病率低的疾病。通过构建病毒易感的遗传修饰动物模型，使得本身对病毒不易感或感染后症状不明显、感染途径与人不一致的实验动物成为与人一样的易感染，且感染后有相似的症状，从而便于进行病毒的流行病学研究，开发出用于对抗相关病毒的疫苗以及抗病毒药物，降低病毒对人类的感染，减少病毒性疾病的发生。

构建一种病毒易感的遗传修饰动物模型，应该确保该模型满足以下几点：

1. 相似性　即动物模型发病应尽可能地与人感染类似，从而使动物模型尽可能的模拟人。

2. 均一性　即动物模型被感染同一株病毒后，应该出现相同的症状，从而保证试验的可重复性。

3. 安全性　即动物模型本身应该是清洁的，清洁等级应满足作为实验动物的要求。动物模型在攻毒后，不会出现对人不可控的威胁。

4. 经济性　即选用的动物价格低廉、生长繁殖快、易饲养，能够保证一定的动物数量。

5. 稳定性　即对病毒易感的性状应是可遗传的。

一般用于实验的模式动物有很多，例如：斑马鱼、果蝇、大鼠、小鼠等。其中，最好、使用最广泛的模式动物是小鼠。这主要取决于以下 4 个方面：①小鼠的遗传背景明确，基因组计划已基本完成。基因组序列的大量信息为研究基因功能及其表达调控、胚胎发育和人类疾病的分子机制提供了条件基础和技术手段。②小鼠生理生化和发育过程和人类相似，基因组和人类 98%同源，所以很多小鼠疾病模型可以基本上真实的模拟人类疾病的发病过程及对药物的反应。③小鼠的基因改造技术成熟；从 20 世纪七八十年代基因改造技术诞生以来到最新的技术突破，基因改造技术在小鼠模型构建方面日趋完善。④小鼠繁殖能力强，性成熟早，体型小巧且易于管理，用于实验更加方便快捷。

（二）几种常见人感染病毒的遗传修饰动物模型研究进展

1. 乙肝病毒（HBV）的遗传修饰动物模型研究进展　我国为肝炎高发国家之一，乙型肝炎是威胁全世界的传染病之一，但是 HBV 的宿主特异性对病毒的研究有较大的障碍。黑猩猩是用于研究 HBV 最具代表性的动物模型，但是其不能表现疾病的所有症状，且使用费昂贵，限制了使用数量。土拨鼠、松鼠虽能够感染 HBV，但是与人有一定差距。

1985 年有科学工作者等构建了携带 HBV 全基因的转基因小鼠，但 HBV 复制水平和抗原表达量偏低，随后其他科学工作者制备了高水平复制的 HBV 转基因小鼠，为 HBV 抗感染治疗提供了较好的模型基础。将 HBV 转基因小鼠与重症联合免疫缺陷病（Severe Combined Immunodeficiency Disease，SCID）小鼠杂交后重建正常的免疫系统，构建 HBV/SCID 小鼠模型，克服单纯 HBV 转基因小鼠对 HBV 抗原天然免疫耐受的缺点，小鼠在急性肝损伤后进展为慢性肝炎。自首先发现钠离子–牛磺胆酸共转运蛋白（Na^+–Dependent Sodium Taurocholate Cotransporter Protein，NTCP）为肝细胞感染 HBV 的功能受体以来，有多课题组尝试构建 NTCP 受体敲入动物模型，但受小鼠肝细胞内缺乏与 HBV 作用的某些蛋白和存在某些限制因子影响，难以获得有效的感染。将尿激酶型纤溶酶原激活物（uPA）基因转入 SCID 小鼠，构建了第一例人源化遗传修饰小鼠模型。该模型较高的重建了人源化的肝脏，并且可以感染HBV。构建肝脏和免疫系统双人源化的小鼠模型，弥补了单一人源化小鼠模型免疫系统受损的不足。有学者在此基础上做了改进，得到的模型 HBV 感染率接近 75%，且感染能够持续 4 个月以上。

2. 肠道病毒 71 型（EV71）的遗传修饰动物模型研究进展 手足口病是我国新生儿多发疾病，近几年发病一直高居丙类传染病之首。手足口病主要由人肠道病毒 71 型（EV71）和柯萨奇病毒 A16 型（Cox A16）病毒感染最为常见，我国是 EV71 病毒型高发区域，建立有效的 EV71 感染模型是研制疫苗和抗病毒药物的关键。小于 4 天的初生乳鼠对 EV71 易感，而小鼠出生 6 天后，则完全有抵抗病毒的能力。非肥胖型糖尿病/重症联合免疫缺陷病转基因小鼠（NOD/SCID）模型和 IFN 受体缺陷的 AG129 小鼠可作为 EV71 病毒感染模型，但无法模拟人感染 EV71 后的神经和心肺重症。目前建立的 EV71 感染模型都是基于乳鼠阶段的感染模型，有学者对 1 日龄的 ICR 小鼠进行 EV71 病毒的攻毒，感染乳鼠出现一系列的典型症状，并在 10 天内死亡。然而，该模型所感染的乳鼠发病和死亡日龄偏低，极大地限制了其在相关领域的应用。

日本两课题组报道了人体内存在 EV71 病毒感染的两个受体 SCARB2 和 PSGL1，中国食品药品检定研究院模式动物研究室尝试将两个受体基因分别转入小鼠中，成功构建 EV71 易感型小鼠。通过研究，该小鼠在 7 周龄内能够很好地表现出对 EV71 病毒的易感性，并且感染呈很明显的手足口发病症状，这一模型的建立为手足口病疫苗和抗病毒药物的筛选提供良好的技术平台。

3. Epstein–Barr 病毒（EBV）的遗传修饰动物模型研究进展 Epstein–Barr 病毒（EBV）被认为是易致癌的人类肿瘤病毒之一，能够导致人细胞恶变。该病毒具有专一性感染人及灵长类 B 细胞的生物学特性，其宿主范围非常狭窄。研究发现，人 B 细胞表面存在 EB 病毒受体 CR2，CR2 原为补体 C3d 的受体，因 EB 病毒主要壳膜糖蛋白 gp350/220 的分子结构与 C3d 高度相似，故可经过该受体进入细胞。为了构建 EB 病毒的易感模型，有学者研究构建了 CR2 的表达载体，通过显微注射构建表达人 CR2 的遗传修饰小鼠，发现在小鼠体内不到 5%的外周血 B 淋巴细胞能够感染 EBV。有研究发现 LMP1 等少数蛋白基因能在被 EBV 感染后形成的永生化淋巴母细胞系中表达，构建 LMP1 基因修饰小鼠，在 42%的小鼠中诱发了 B 细胞淋巴瘤。目前，尚无真正意义上的 EBV 易感的基因修饰动物模型。

4. 登革病毒（Dengue Virus，DENV）遗传修饰动物模型研究进展 登革病毒（Dengue Virus，DENV）是以蚊为传播媒介的 RNA 病毒，能够引起登革出血热（Dengue Hemorrhagic Fever，DHF）。DHF 主要流行于热带和亚热带地区，威胁近 40%的世界人口，目前已成为世界流行的主要传染病的之一。由于 DENV 不能在野生小鼠体内复制，小鼠感染后，并不表现出与人相类似的症状。干扰素（IFN）受体敲除的 AG129 小鼠对 DENV 的易感性高，是目前唯一能支持四型 DENV 体内复制的小鼠模型。将高滴度的 DENV 通过腹腔感染 AG129 小鼠后，小鼠可出现严重的血浆渗漏并且伴有多脏器的损伤，同时能够产生与人类似的细胞嗜性。将人外周血淋巴细胞植入到缺乏 T、B 细胞的重症联合免疫缺陷病（SCID）小鼠腹腔中，构建人源化小鼠，产生功能性细胞因子和人类免疫细胞，虽然 DENV 可感染该小鼠并在细胞中复制，但该模型对 DENV 敏感性并不高，且出现时间较晚。K562 细胞是对 DENV 敏感的细胞，将 K562 细胞移植入 4 周龄的 SCID 鼠体内，构建了 K562/SCID 小鼠。在感染 DENV 临床分离株 2 周后，所有小鼠出现后肢无力及瘫痪，并在感染后 2～4 周死亡。树突状细胞被认为是登革病毒的靶细胞，将人造血干细胞 CD34 移植至 RAG2 基因敲除的小鼠，可以持续产生各种亚型的人树突状细胞。将临床分离的登革病毒通过腹腔攻毒，能得到病毒的有效复制，能够持续 21 天在小鼠体内检测到病毒血症。

5. 呼吸道合胞病毒（RSV）遗传修饰动物模型研究进展　呼吸道合胞病毒（RSV）主要以感染婴幼儿和老年人为主，可引起其呼吸道感染病。据统计，而全球每年有 6400 万儿童感染 RSV，其中有 16 万儿童死亡。而用于 RSV 感染动物模型各有优缺点，黑猩猩在攻毒后虽然可以检测到较高的病毒滴度，但是作为实验动物价格昂贵，数量稀少。小鼠在感染 RSV 后的免疫应答与人类相似，但是 RSV 在鼠体内复制效率低，需要用高的病毒滴度攻毒才有可能产生有效的感染，进而产生临床病例症状。有研究使用 T 细胞缺陷的遗传修饰小鼠感染 RSV 病毒，攻毒后出现严重的肺组织病理学损伤，并且气道中出现白细胞浸润。

6. HPV（Human Papillomavirus）遗传修饰动物模型研究进展　HPV（Human Papillomavirus）可引起人生殖道、肛门、口腔、食道等皮肤、黏膜良性和恶性肿瘤，HPV 疫苗也在近几年被开发上市。E6、E7 分别是 HPV 早期编码区的两个基因，其过量表达是诱发宫颈癌的关键。建立 HPVl6 E6E7 转基因鼠，用 HPVl6 E6 基因建立转基因动物模型，为 HPV 感染相关疾病的研究提供动物模型。

五、遗传修饰动物模型用于病毒、疫苗药物方面研究的优势

理想的动物模型是研究人类病毒病的基础，是研究抗病毒药物和疫苗开发的有力保障。而由于动物与人在基因上有较大的区别，基因编码的蛋白，特别是编码病毒感染的受体蛋白，在种类、空间构象上有很大的不同。导致多数人类易感染的病毒，在常规的实验动物上感染后与人类感染症状不同或者感染症状不明显，更有多数病毒其宿主范围窄，仅能够感染人类或其他与人类基因相近的动物，而对常规的实验动物不易感，这就较大地限制了对病毒相关感染的研究，更严重地妨碍了抗病毒药物评价以及疫苗研制。可见，构建一种对病毒易感的、易获得的、价格低廉的动物模型，是研究传染病病毒、抗病毒药物和预防传染病疫苗的基础。

（一）传统研究方法

传统的研究方法主要有以下几种。

1. 构建小鼠适应的病毒株　有研究将甲型 IFV 病毒，通过鼠适应传代获得鼠适应毒株，从而得到鼠感染 IFV 的动物模型。也有研究将临床分离的登革病毒在小鼠脑内连续传代后获得对小鼠神经毒力强的病毒株，将这一毒株接种于小鼠大脑，从而构建出鼠脑适应毒株颅内感染的小鼠。这种方法虽然能够得到病毒感染动物模型，但是在多次鼠适应传代的过程中，病毒与出发毒株是否有差异，病毒的感染机制是否有改变等信息均无法获得，而且多次病毒传代耗费大量时间和精力，不适用短期突发传染病的易感动物模型构建。

2. 高压水动力注射　有研究将小鼠血液 1.3 倍的 HBV 基因组全长质粒，在短时间内快速通过尾静脉注射的方式注入小鼠体内，使大量含有质粒的血液聚集在小鼠的下腔静脉并通过肝门静脉逆流进入肝脏与肝细胞接触，从而成功构建了急性小鼠 HBV 模型。但该模型病毒复制仅持续 15 天便检测不到。由于其表达时间短，无法用于慢性 HBV 感染实验的研究。

3. 乳鼠模型　研究发现，部分品系的大（小）鼠在其乳鼠时期，由于自身免疫力低下，会对很多病毒易感，也能够出现感染症状。于是部分研究者尝试建立乳鼠感染模型。但是由于乳鼠与成年鼠体内各项生理指标差异较大，且乳鼠周龄太小，进行抗病毒实验操作难度

大，不稳定因素多，给药途径和用量都有很大的限制，故乳鼠用于病毒学实验并不是一个非常好的选择。

4. 非人灵长类易感动物 一些非人灵长类动物由于与人类的基因同源性较高，能够感染一些人易感的病毒，并且表现出与人感染后相近的症状。然而这些实验动物不易获得，饲养价格昂贵，很难作为常规实验模型进行推广使用。并且由于饲养费用高，实验动物的数量通常比较少，很难得到较为全面的数据。

（二）遗传修饰动物模型

与普通动物模型相比，遗传修饰动物模型具有如下的特点。

1. 遗传修饰动物是通过基因工程的方法，对 DNA 进行体外操作，添加或者删除一个特殊的 DNA 序列，导入到早起胚胎细胞中，从而产生修饰了遗传结构、并且能够遗传该性状的动物。由于改造了实验动物的基因，其表型能够很好地稳定遗传，克服了部分实验方法易感期很短的缺点。

2. 用于遗传修饰的实验动物，要求具有遗传背景明确、本身无特定的病原体、生理周期短、饲养成本低等特点，通过遗传修饰方法，对现有的品系进行改造，其仍然具备野生型实验动物所具备的特点。

3. 遗传修饰动物用于病毒的感染的过程中，不需要病毒传代形成动物模型的适应毒株，可以极大地节省时间。同时，遗传修饰动物可感染病毒的适应范围更广。

可见，遗传修饰动物模型能够很好地克服普通动物模型的不足，非常适合用于病毒感染机理研究、抗病毒药物和疫苗的研制。

六、遗传修饰动物模型在新病毒研究方面的应用

用于制作病毒易感模型的动物一般是遗传背景明确、体内病原菌明确、易获得、饲养价格低廉的实验动物，而大鼠、小鼠则成为最优的选择。为了让野生型实验动物易感，一般制作病毒易感动物模型主要通过以下三种方法来实现。

1. 敲除野生型实验动物体内免疫基因 野生型大鼠、小鼠存在针对一种或多种不同病毒感染的免疫基因，这些基因表达的蛋白能够让野生型实验动物抵御部分病毒的入侵。而敲除这些基因，破坏其天然保护屏障，能够使遗传修饰小鼠对病毒更加的易感。

例如，已知 Mx1 蛋白可能具有由已知干扰素诱导基因产生抗病毒作用的特点，而 Mx1 基因在小鼠身上存在抗 H5N1 亚型高致病性禽流感病毒的能力。有研究利用 CRISPR/Cas9 基因编辑技术构建 $Mx1^{-/-}$小鼠，并且发现 $Mx1^{-/-}$小鼠比 WT 小鼠对 H5N1 流感病毒更易感，且感染症状与死亡率更接近于人类的感染情况。

在淋巴细胞发育过程中，DNA 重组有助于免疫球蛋白可变区的多样性以及 T 细胞受体（TCR）基因序的多态性，以便其能与千变万化的抗原相结合，在免疫反应的启动阶段中十分重要。Rag1 和 Rag2 为淋巴系统的特异性基因，参与调控 VDJ 重组活性。目前已有成熟的 $Rag^{-/-}$小鼠，由于其本身存在 T、B 细胞缺陷，不能产生成熟的淋巴细胞，可尝试感染多种新发、突发传染病病毒。

干扰素是一种具有广谱抗病毒的细胞因子，干扰素系统是机体内重要的抗病毒系统。干扰素若要发挥生物学作用，首先必须要与特异性受体结合，而敲除了干扰素受体基因的小鼠则可以对多种病毒有较高的易感性。目前已经有干扰素受体敲除的小鼠模型 AG129

（$IFN-\alpha\beta\gamma^{-/-}$），AG129 免疫缺陷型小鼠缺乏类型Ⅰ和Ⅱ干扰素受体，容易感染非小鼠适应性的部分毒株。中国食品药品检定研究院模式动物研究室经过研究，目前已成功构建出国产的干扰素受体敲除（$IFN-\alpha\beta^{-/-}$，$IFN-\gamma^{-/-}$，$IFN-\alpha\beta\gamma^{-/-}$）的遗传修饰动物模型，该模型已被尝试用于多种病毒感染，取得一些进展。

2. 转入能够应答病毒的受体基因 病毒受体是细胞表面参与病毒识别和结合，并促进病毒感染的一组分子复合物。病毒在感染细胞的过程中，第一个关键的步骤就是病毒与宿主细胞表面的受体结合，这种结合能够让病毒特异性的吸附在细胞表面，并在受体的介导下进入细胞内。由于病毒对宿主细胞具有很强的复制依赖性，只有当病毒与受体结合后，病毒才能进入到宿主细胞内进行复制。此外，细胞表面受体的数量对病毒的结合、侵入也起一定的作用，当细胞表面的受体低于一定数量时，病毒就很难感染细胞。因此，对于部分病毒，在充分研究其感染细胞的机制，明确其感染的受体后，可以将已知受体片段敲入野生型小鼠的方法，制作易感的基因修饰模型。

例如，有研究表明，人类清道夫受体 B2（hSCARB2）和人类 P－选择素糖蛋白配体 1（hPSGL1）可能与肠道病毒 71 型（EV71）感染有关。这两个受体都可以与 EV71 结合，且其抗体均可以阻止 EV71 的感染。于是构建含有 hSCARB2 和 hPSGL1 的质粒，转入野生小鼠体内，转入两个受体的小鼠，明显表现出对 EV71 的易感性，且易感性一直能够持续到 7 周龄。

3. 人免疫系统重建 该方法首先要破坏实验动物本身的免疫细胞，然后转入人源化的细胞，重建人免疫系统，从而构建人源化动物模型。

目前市面上有已经成熟的基因敲除免疫缺陷小鼠，如重症联合免疫缺陷病（SCID）小鼠。SCID 小鼠外观与普通小鼠差别不大，体重发育正常。但胸腺、脾、淋巴结的重量不及正常的 30%，组织学上表现为淋巴细胞显著缺陷，本身缺乏免疫细胞。

目前有利用人造血干细胞（CD_{43}）、人外周血单个核细胞（hPBMC）、人类外周血淋巴细胞（h－PBL）、人慢性粒细胞白血病细胞（K562）等转入，构建人源化小鼠。由于使用了人类细胞重建小鼠部分免疫系统，小鼠体内的部分免疫系统与人类相同，从而会对部分人类易感的病毒产生与人类相似的易感性。这里需要注意的是，移植什么样的人类细胞，是要根据不同病毒的靶细胞来决定的，如登革病毒对人慢性粒细胞白血病细胞（K562）敏感，移植了 K562 细胞的小鼠在感染登革病毒后，出现后肢无力及瘫痪，并在感染 2～4 周后死亡。

七、利用遗传修饰动物模型进行疫苗和抗病毒药物保护力评价

疫苗的保护力评价试验，可以按照如下方法进行。

1. 免疫 对病毒易感实验动物在适合的周龄接种疫苗免疫，同时设对照组。小鼠疫苗接种的剂量一般为人接种剂量的 10%～15%，免疫接种的次数与人一致。接种方式推荐尾静脉注射、腹腔注射，不同的疫苗接种方式，产生的抗体效果会有较大的差别，一般多途径免疫比单一途径免疫效果要好。

2. 检测 免疫接种的过程中，可进行多次活体采血（一般可采用眼眶取血），离心取血清。检测被免疫的小鼠体内是否产生抗体以及产生抗体的量。一般通过检测抗病毒中和抗体和抗病毒蛋白结合抗体。

抗病毒中和抗体的检测通常采用易感细胞的体外培养法，首先需要获得对病毒易感的细胞，得到体外的纯培养。有 TCID50 和噬斑实验两种方法，TCID50 方法操作如下。

（1）将采血得到的血清于 56℃灭活 30 分钟，然后将血清接入 96 孔板中，进行多次倍比

稀释至适合的浓度。

（2）将已知滴度的病毒稀释到一个合适的滴度（一般推荐 $CCID_{50}$ 在 100 左右），接入 96 孔板与抗体等体积混合，然后 37℃孵育 2 小时。

（3）加入 10^4～10^5 个/ml 的病毒敏感细胞，细胞用含有 2%的胎牛血清稀释，之后转入 CO_2 培养箱中，培养 3～7 天，期间逐日观察细胞的病变情况。

（4）将能够抑制 50%细胞病变的最高抗体稀释度判定为该中和抗体的效价，以稀释倍数的倒数表示。

噬斑实验方法如下。

（1）将培养好的易感细胞消化，计数后吹打混匀，然后接入 6 孔板，培养至细胞长成单层。

（2）弃去 6 孔板中的培养液，加入不同滴度的病毒，同时设不加病毒的对照，转入 37℃培养箱中，孵育 1 小时。

（3）准备含有 0.75%琼脂糖或 0.75%羧甲基纤维素的细胞培养液，培养液加入 2%的胎牛血清，加热至 50℃保温备用。

（4）加入制备好的培养液，每孔 1ml，覆盖病毒，之后转入 CO_2 培养箱中，培养 3～7 天，期间逐日观察细胞的病变情况。

（5）弃去培养液，然后每孔加入 1%结晶紫染色液 2ml，染色 2 分钟，之后于显微镜下观察噬斑，计算噬斑滴度。空斑形成单位（PFU/ml）= 每孔平均空斑数×病毒稀释度/每孔接种病毒量。

抗病毒蛋白结合抗体的检测一般采用酶联免疫吸附测定（ELISA）的方法，该方法需要获得纯度比较高的病毒特异性蛋白，其他试剂可通过市售获得。

（1）使用一定浓度的病毒特异性蛋白包被 96 孔酶标板，一般每孔加 100μl，37℃孵育 2 小时后转 4℃过夜。

（2）洗板后，用无关蛋白液（如 1%的牛血清白蛋白）进行封闭，每孔加 200μl，然后 37℃孵育 2 小时，洗板拍干，放入 4℃备用。

（3）将得到的血清稀释一定倍数，加入已经包被了病毒特异性蛋白的酶标板中，一般每孔加 100μl，37℃孵育 1～2 小时。

（4）洗板后，加入辣根过氧化物酶（HRP）标记的羊抗鼠二抗，37℃孵育 0.5～1 小时。

（5）洗板后，加入 TMP 底物显色液，37℃避光孵育 15～30 分钟。

（6）待充分显色后，加入 10%浓硫酸终止显色，读取 450nm 的吸光度值。

（7）根据读取的吸光度与空白对照和标准品对照的数值，进行计算结合抗体的浓度。

3. 攻毒 动物模型在接种疫苗产生足够的抗体后，就可以进行攻毒。目前比较多的攻毒方式有：腹腔注射、皮下注射、尾静脉注射、颅内注射、胸腔注射、滴鼻等方式。要根据病毒的传播途径，来选择合适的攻毒途径。对于呼吸道病毒，一般通过胸腔注射或滴鼻攻毒；对于肠道病毒，可通过尾静脉注射或腹腔注射攻毒；对于肝脏病毒，可通过腹腔注射攻毒等。攻毒注射时，要和免疫对照组交叉设置对照。

4. 评价 一般攻毒后数小时至数日，基本能看到未免疫动物的病发情况，同时观察免疫后动物的病症，以对免疫进行评价。同时可以采取活体采血，提取全血中的 RNA，通过 QPCR 等方法测定血液中病毒滴度。待未免疫的小鼠体重严重下降或者濒死等情况出现，可处死后剖检病毒靶器官。

抗病毒药物保护力的评价方法与疫苗保护力评价方法类似，只是疫苗多用于防护，需要提前免疫，在动物体内有一定抗体水平后进行攻毒。而抗病毒药物多以治疗为主，即在动物感染病毒之后，再注射药物，以评价药物的治疗效果。

八、遗传修饰动物模型用于病毒学研究的展望

遗传修饰技术的诞生，标志人类在生命科学发展史上进入一个崭新的阶段，利用基因修饰技术，为其他学科奠定了实验动物模型基础，极大地促进了其他学科的发展。目前，已经有一些遗传修饰的动物模型用于人传染病病毒的研究，然而目前还存在着很大的不足。

1. 目前，虽然已经成功开发出了近百种遗传修饰动物模型，但是很多遗传修饰动物的存活率低，部分模型的死胎或者畸形率高，同时也有很多不可预料的先天性疾病。且遗传修饰动物存在理论基础积累不足，在一种病毒易感模型制作出来后，该动物模型的生理指标与野生型动物是否有较大差异，还需要进一步研究。

2. 随着居住环境的卫生条件改善，在一定程度上控制了传染病的发生和传播，但是传染病仍然是当今世界上对人类威胁巨大、致死量高的疾病。据统计，2017 年，全国（不含港、澳、台地区）共报告法定传染病发病率为 509.54/10 万，报告死亡率为 1.43/10 万。全球范围，霍乱、流感、MERS、登革热等仍是防控的重中之重。虽然已经有一定的遗传修饰动物模型，但是还有很多已知病毒传染病尚无合适的动物模型。尤其是一些烈性、致死率高的病毒传染病，由于缺少合适的动物模型，极大地制约了对病毒的研究和疫苗、抗病毒药物的开发。

3. 新的传染病病毒不断被发现。1973 年发现轮状病毒，1977 年发现埃博拉病毒，1981 年发现艾滋病毒，1988 年发现 C 型肝炎病毒，2003 年发现 SARS 病毒，2015 年科学家从 70 种节肢动物中新发现 112 种全新病毒，2019 年底发现新型冠状病毒等。新的病毒，对建立遗传修饰动物易感模型以及疫苗和抗病毒药物的研制带来新的挑战。

4. 目前，已有的部分遗传修饰动物模型，其在感染病毒所表现的病症与人存在较大差异，不能很好地展示病毒的发病情况，所以需要更贴切的模仿人类疾病和评价药物效果的模型。

遗传修饰动物模型用于病毒学研究的时间虽然很短，但是却解决了很多以前难以解决的问题，显示了广阔的应用前景与重大的应用价值。对病毒的感染、传染病的治疗有十分重要的作用，对消灭病毒性传染病有不可替代的作用。目前，遗传修饰动物模型还处在发展的初期，很多技术尚不完善，需要更多的科学家参与研究。相信在不久的将来，遗传修饰动物模型能够应用于更多的病毒，帮助人类战胜病毒。

第五节　人源化动物模型抗肿瘤血管生成的研究

一、人源化小鼠模型

1. 人源化小鼠模型的演变过程　人源化小鼠是指将人的细胞、组织或器官移植给小鼠，或表达人类基因的小鼠。由于进化上的差异，小鼠免疫系统对于异种细胞和组织一般具有很强的排斥作用。为了解决这一障碍需要破坏受体小鼠的自身免疫系统，再通过移植入人的组织或细胞以构建人源化小鼠。因此，早期新型免疫缺陷小鼠的产生常常是人源化小鼠模型进步的重要推动力。

最早的免疫缺陷小鼠是裸鼠（Nude Mouse），其 foxn1 基因缺陷使胸腺不能发育，因此，缺乏成熟的 T 细胞和依赖 T 细胞的免疫排斥反应。但由于其仍具有 B 细胞和 NK 细胞，因此

不能接受人细胞重构。随后出现了重症联合免疫缺陷病（SCID）小鼠，该小鼠 T 细胞和 B 细胞均存在严重缺陷，胸腺和外周淋巴组织严重萎缩，使人的细胞在该小鼠上重建成为可能，如构建成功的 PBL-SCID 和 SCID-Hu。随着免疫缺陷小鼠的优化，非肥胖型糖尿病/重症联合免疫缺陷病（NOD/SCID）小鼠出现，NOD/SCID 小鼠出现具有划时代的意义。其具有如下特点：①NK 细胞水平很低，杀伤功能明显降低；②缺乏补体 C5，使补体活化受到抑制；③LPS 诱导下巨噬细胞分泌 IL-1 存在缺陷。这些特点使更高水平的人细胞和移植组织能够在该小鼠中存活。但该模型仍有一定缺陷，如因对放射性敏感只能接受较小的辐照剂量，且较大周龄的小鼠会发生 T 细胞和 B 细胞渗漏，平均寿命只有 8 个月。Rag 基因缺陷小鼠的出现克服了 SCID 小鼠的一些缺点，Rag 基因包括 Rag1 和 Rag2，两者缺陷会使小鼠 T 细胞和 B 细胞生成受阻，因此能作为人细胞的受体，并且对射线不敏感，无渗漏现象。但这些小鼠的 NK 细胞活性较高，因而限制了人的造血干细胞重构。为了进一步降低 NK 细胞的杀伤功能，NOD/SCID B2m$^{-/-}$小鼠应运而生，该模型小鼠比 NOD/SCID 小鼠具有更高水平的人源细胞重建。为了优化模型小鼠，研究人员通过干扰白细胞介素-2（IL-2）受体，制备出一系列更适合人细胞移植的小鼠品系，如 Rag2$^{-/-}$γc$^{-/-}$、Rag1$^{-/-}$γc$^{-/-}$（RG）、NOD/shi-scid/γc$^{-/-}$ null（NOD）和 NOD/SCID/γc$^{-/-}$（NSG）。

2. 人源化动物模型 近年来，实验动物研究的一个热点是实验动物人源化，期望在一定程度上提升动物模型与人类疾病的相似性。实验动物人源化有两种方式。一种方式是基因人源化，将人类的抗体、病原受体、药物代谢基因等敲入到动物（主要是大、小鼠）基因组中，代替动物原有的基因，使动物可以分泌人类抗体，可以感染人传染病病原，可以与人类有相似的药物代谢行为和毒理表型。用于人源化抗体生产，传染病模型制备，靶点药评价或药物安全评价等。另一种方式是细胞人源化，在免疫缺陷的动物中，例如 NSG 小鼠或严重免疫缺点大鼠，注射一定数量的人类细胞或干细胞，使动物的组织有一定量的人类细胞，形成细胞人源化动物模型，例如血液组织人源化的小鼠可以感染 HIV，肝组织人源化小鼠可以感染 HBV 等。但是，由于小鼠和人类之间交叉反应不充分，导致人源化小鼠模型有一定的局限性。在过去的数十年中，应用新型基因工程技术使人源化小鼠的研究进展突飞猛进，使得其更易操作，更具有经济价值，成为人类健康和疾病临床前期研究的重要模型系统。人源化小鼠模型的应用前景广阔，例如疾病特异性胚胎干细胞的产生，诱导多能干细胞以及其后代组织特异性躯体干细胞。未来人源化小鼠模型的研究将会更多应用于高特异性有效的临床前期实验。

（1）Hu-PBL-SCID 小鼠模型 将人的成熟外周血淋巴细胞（Peripheral Blood Lymphocyte，PBL）注入成年重症联合免疫缺陷病小鼠（SCID 小鼠）体内构建模型，这种人源化小鼠模型称为 Hu-PBL-SCID 小鼠模型。在该系统中，PBL 细胞通过腹腔注射或者静脉注射的方式注入非照射或者是亚致死量照射后的小鼠，接受移植后细胞产生的初始细胞群是 T 细胞。1 周后所有引入的 T 细胞均会获得一种活化表型，还可以检测到少量的 B 细胞、髓系细胞或其他免疫细胞。移植入的人源细胞会存在几周，并表达相应的效应作用。这些小鼠可以有效地感染人造血系统细胞的 HIV-1 等病毒。C.B17-SCID 小鼠建立 Hu-PBL-SCID 小鼠模型，该模型具有以下特点：①能检测到 T 细胞、B 细胞和单个核细胞；②能够分泌特异性抗体；③会出现人类疱疹病毒（EBV）感染导致的 B 细胞淋巴瘤。目前常用的模型小鼠为 NSG 或 RG 小鼠，Hu-PBL-SCID 小鼠模型常用于研究 T 细胞的活性，适用于介导人类皮肤和胰岛异种免疫排斥。该模型的优点是人 PBL 容易获得，但也有不足，如人类淋巴细胞重建水平较低且不稳定；人细胞重建后小鼠缺乏正常的淋巴组织结构，脾脏中亦无囊泡状结构；大量注射人源细胞后导致多数小鼠产生 EBV 相关淋巴细胞增生疾病；存在异种移植排斥反应，移植后的小鼠均在几周内会发生致死性移植物抗宿主病（Graft Versus Host Disease，VGHD）。

（2）SCID－Hu 小鼠模型　1988 年，有学者通过移植人的胚胎胸腺，注射人胚胎肝脏细胞和移植人淋巴结的方式，首次实现了不通过照射破坏宿主免疫系统的情况下实现人到小鼠的异种移植。该模型中人源胚胎胸腺提供人 T 细胞的发育场所，胚胎肝脏细胞提供前体造血细胞，淋巴结提供 T 细胞和 B 细胞相互作用场所，该模型为 SCID－Hu 模型。植入小鼠肾被膜下的人胚胎胸腺体积明显增大，在一段时间内外周血出现了人 T 细胞，并存在一定水平的人 IgG 抗体，说明该模型中存在人 T 细胞和 B 细胞的相互作用，进而产生 T 细胞依赖的抗体，即将含有人造血干细胞的胚胎胸腺植入到 SCID 小鼠的肾被膜下可产生具有功能性人类胸腺的小鼠模型。小鼠首先产生人胸腺细胞和初始 T 细胞，T 细胞主要定植于胸腺/肝脏等器官，这些部位缺乏外周 T 细胞循环。由于不能完全产生一整套的免疫细胞，因此这些小鼠缺少产生人免疫反应的能力。作为第 1 个人源化小鼠模型，SCID－Hu 小鼠模型有明显的缺陷，如人源细胞重建水平低，人 T 细胞发育不稳定且存活时间短等。但该模型仍然是研究某些病毒如 HIV 和人类 T 淋巴细胞白血病病毒（Human T－cell Leukemia Virus，HTLV）等病原学的有效工具，并为后期新型人源化小鼠模型的构建打下基础。

（3）Hu－HSC（Hu－SRC－SCID）小鼠模型　为了满足研究造血干细胞的需求，Hu－HSC 小鼠模型应运而生。早期研究干细胞的动物模型包括胚胎绵羊和裸鼠等，但这些模型中人干细胞的重组水平非常低。随着 NOD/SCID 小鼠的出现，这一问题得到有效的解决。该模型首先将人 CD_{34}^{+}造血干细胞（Hematopoietic Stem Cells，HSCs）通过静脉注射或者骨髓腔注射的方式注入新生或者成年免疫缺陷受体小鼠中。HSCs 通过骨髓、脐带血和粒细胞集落刺激因子（G－CSF）动员后的外周血或胚胎肝脏获得。其中，胚胎肝脏和脐带血最常用，因为其较成年人 HSCs 更容易定植于免疫缺陷小鼠。在该小鼠模型中，人 T 细胞在小鼠胸腺中发育并经过阳性和阴性选择，具有小鼠 MHC（H2）限制性。该模型已经被广泛应用到研究人类造血发育、细胞介导的免疫反应以及 HIV 和 EBV 等病毒感染性疾病中。

（4）FLC（BLT）小鼠模型　FLC（BLT）模型小鼠被认为是人源化小鼠发展中的一个里程碑，在 2009 年于阿姆斯特丹举行的关于人源化小鼠国际会议简报中，将其称为 NOD/SCID－Fetal Liver Cell（FLC）MIC。早期的 BLT 模型采用的是 NOD/SCID 小鼠，改良后的模型更多地采用 NSG、NOG 或者 RG 小鼠，这样就会有更多的 T 细胞、B 细胞、巨噬细胞、NK 细胞和树突状细胞通过人源化的移植组织产生。

FLC（BLT）小鼠模型是对之前的 SCID－Hu 模型和 Hu－HSC－SCID 模型进行改进得到的。将二者的优势结合，提出在亚致死剂量照射下的 NOD/SCID 小鼠于肾被膜下移植人的胚胎胸腺和胚胎肝脏组织块，并且通过尾静脉注射输入同源胚胎肝脏分离 CD_{34}^{+}HSCs 的手段构建新的人源化小鼠模型，结果显示：当仅移植胚胎胸腺和胚胎肝脏组织块时，小鼠体内只产生人 T 细胞发育（12 周后约为 5%），而且小鼠整体的人源化水平非常低（12 周后约为 5%）；如果同时移植人 HSCs，则人 T 细胞重建水平提高（12 周后约为 20%），整体的人源化细胞水平也明显提高（12 周后约为 40%），并含有大量 B 细胞和单个核细胞等髓系细胞，同时该模型小鼠脾脏和淋巴结明显增大，产生了大量的 IgM 和 IgG（16 周时约为 150mg/L），说明 T 细胞和 B 细胞能在次级免疫组织中发生相互作用。该模型还能够排斥异种皮肤，这也是首次有研究报道具有免疫功能的人源化小鼠能够排斥组织，从另一角度说明了人免疫系统具有较强功能。另外，该模型能产生针对 T 细胞依赖抗原 DNP23－KLH 的抗体，并发生从 IgG1 到

IgG2、IgG3 和 IgG4 的抗体类型转换，且该类型转换的频率和时间跨度也与人免疫系统自然状态相似。这也是首次报道人源化小鼠模型产生 T 细胞以来的体液免疫反应。

（5）斑马鱼　作为生物实验室应用较为广泛的模式动物，斑马鱼有着生长速度快、成本低廉的优势。但是，相比于啮齿动物，它们在进化史上与人类相差较远。通过对斑马鱼移植瘤模型进行研究，发现了血管内皮生长因子受体 2 信号转导通路的新型抑制剂，能够抑制肿瘤生长和肿瘤血管生成。通过斑马鱼模型研究，发现复方苦参注射液联合顺铂具有协同作用，在一定程度上可以抑制肿瘤血管的生成。以斑马鱼为实验动物模型，观察马钱子的水提物对肿瘤细胞和新生血管生成活性的影响，研究最终发现马钱子的水提物具有较显著的抗血管生成活性，对肿瘤细胞的生长和新生血管生成具有显著抑制作用。

二、抗肿瘤血管生成

随着社会及环境的发展变化，越来越多的疾病威胁着人类的健康。2018 年 7 月 5 日，世界卫生组织（WHO）将运动神经元症（渐冻人症）、癌症、艾滋病、白血病及类风湿列为全球五大疑难杂症。同时，随着科技的不断进步，新的治疗方法也应运而生，CAR-T 治疗、免疫治疗、使用靶向药物等各种方法将患者的生存率不断提高，部分肿瘤甚至可以治愈。其中，抗肿瘤血管生成已经成为治疗肿瘤的重要策略之一。

血管生成是指由内皮细胞形成的脉管通过出芽的方式从现存血管系统生成新生血管的过程，该过程由刺激或抑制血管生成因子间的相互作用调控完成，已知的血管生成因子有数十种，包括血管内皮生长因子（VEGF）家族及其受体、成纤维细胞生长因子家族、血管生成素家族及其受体家族等。其中，VEGF 家族及其受体能够特异性的作用于内皮细胞生长因子，在肿瘤血管生成中发挥了重要的作用。

1. VEGF 的生物学效应　VEGF（Vascular Endothelial Growth Factor）又称血管通透因子，是一种选择性的内皮细胞有丝分裂原，能特异性地作用于血管内皮细胞，是重要的促血管生成因子。有研究表明，其在肿瘤的发生发展过程中起着重要的作用，实体瘤直径超过 1～2mm 后，其生长和转移必须依赖于血管形成。因此，VEGF 是肿瘤生长、侵袭和转移的重要调控因子。肿瘤细胞能够分泌大量 VEGF，直接作用于血管内皮细胞，促进其分泌血管生成促进因子，抑制其分泌血管生成抑制因子，通过调节这两种因子的表达，可在体内诱导血管新生。Judah Folkman 将肿瘤细胞的这种调节作用称为血管性开关作用。由于肿瘤生长初期缺乏新生血管，肿瘤细胞增殖和凋亡速度相当，肿瘤处于休眠状态。然而一旦血管性开关作用开启，随着肿瘤组织内新生血管的生成与构建，肿瘤组织血供加快，组织代谢也随之加快，肿瘤不再受到抑制而快速生长，侵袭力及转移能力显著增强。临床研究发现，越靠近肿瘤血管的肿瘤细胞，分裂周期越短，没有新生血管生成的肿瘤细胞，生长的体积越来越小。因此临床上普遍认为血管生成与肿瘤的发生密切相关。

人类 VEGF 基因定位于染色体 6p21.1，VEGF 是机体分泌，由二硫键共价相连的同源二聚体所构成的糖蛋白，VEGF 家族包括 VEGF-A、VEGF-B、VEGF-C、VEGF-D、VEGF-E、VEGF-F 等几种亚型，其受体在诱导血管生成中也有重要的作用。VEGF-A 包括 VEGF121、VEGF165、VEGF145 和 VEGF189。其中 VEGF165 和 VEGF121 在促进内皮细胞的增殖和血管生成方面占有主要作用。在生理状态下，VEGF 的主要作用与促进血管发育和组织修复有关。在病理条件下，VEGF 主要通过促进内皮细胞增殖，诱导血管新生来维持肿瘤的生长。有研究发现，骨肉瘤的肺部转移灶中 VEGF mRNA 表达高，这提示了 VEGF 参与了肿瘤的血管生成，与肿瘤生长、浸润、转移相关。

2. KDR 的生物学效应　VEGF 受体主要有三种：VEGFR-1（Flt-1）、VEGFR-2（Flk-1/KDR）、VEGFR-3。其中，Flt-1 主要与胚胎期内皮细胞形态形成相关，介导细胞骨架重排引起的细胞迁移，以及单核细胞趋化；Flt-1/KDR 与胚胎期内皮细胞的分化有关，主要介导内皮细胞的增殖，使血管通透性增高，并阻止内皮细胞凋亡，维持内皮细胞的生长；VEGFR-3 的表达与内皮细胞形成静脉或者淋巴管有关。Flt-1 缺陷小鼠主要表现为血管内皮细胞损害，但其血管内皮细胞分化正常，Flt-1/KDR 是 VEGF 发挥促血管生成作用的主要功能性受体，具有明显的趋化性和促分裂活性。如果 Flt-1/KDR 基因表达缺陷，能干扰内皮细胞分化，阻止新生血管的形成，使 8～9 天的胚胎死亡。有研究发现，纯合子动物编码 Flt-1/KDR 基因突变会减少已有的血管内皮细胞以出芽方式生成的血管及功能，但不影响间质原位细胞分化，提示 KDR 是血管形成的主要调控因子。研究发现，KDR 蛋白在卵巢浆液性癌组织中的表达高于卵巢交界性浆液性瘤。而且 KDR 蛋白在卵巢浆液性癌和卵巢交界性浆液性瘤组织中均高于卵巢良性浆液性瘤及正常的卵巢组织，说明 KDR 在维持癌细胞的生长过程中发挥了重要的作用。

3. VEGF/KDR 与肿瘤血管生成　VEGF 对血管生成的生物学效应主要是通过与其受体 KDR 结合来实现，通过促进血管内皮细胞增殖，诱导新生血管生成，增加血管通透性，使肿瘤细胞不断生长、渗出及转移。

目前，抗肿瘤血管生成的相关研究较多，针对 VEGFR 的抗血管生成机制大致可分为两大类，一类是 VEGFR 抗体或 VEGFR 抑制剂，能够与 VEGFR 特异性结合从而阻止其磷酸化诱导新生血管生成；另一类通过模拟 VEGF 生物学功能，代替 VEGF 与 VEGFR 进行无功能结合从而阻断下游通路的激活。这些都为制备人源化小鼠模型提供了基础。

三、KDR 人源化小鼠模型抗肿瘤血管生成的研究

小鼠 Kdr 基因位于 5 号染色体，人类 KDR 基因位于 4 号染色体，人与鼠 VEGF、KDR 有较大的差异，因此，建立人源化 KDR 小鼠模型进行相关研究迫在眉睫。KDR 作为 VEGF 的受体，在抗肿瘤血管生成的研究中起着重要的作用。为了进一步研究模型小鼠对肿瘤血管生成作用的影响，中国食品药品检定研究院与赛业生物科技有限公司合作研究，使用 CRISPR-Cas9 技术，将小鼠的 Kdr 基因替换为人的 KDR 基因，通过一系列的模型验证，历时半年多，已经成功制作出人源化 KDR 小鼠模型，并且初步确定了 KDR 模型小鼠的稳定性，其能够稳定传代并建群，对于进一步研究抗肿瘤药物提供了基础。

（范昌发　曹愿　谷文达　王辰飞　吴勇　刘甦苏）

参考文献

[1] 袁伯俊，廖明阳，李波. 药物毒理学实验方法与技术［M］. 北京：化学工业出社，2007.

[2] 王海学，刘洋，闫莉萍，等. 国际上新药致癌性试验技术要求介绍［J］. 药物评价研究，2010，33（5）：329-331.

[3] Acobson-Kram D，Sistare F，Jacobs A. Use of transgenic mice in carcinogenicity hazard assessment［J］. Toxicol Pathol，2004，3（6）：49-52.

[4] Hennings H，Shores R，Wenk M L，et al. Malignant conversion of mouse skin tumours is increased by tumour initiators and unaffected by tumour promoters［J］. Nature，1983，

304：67－69.

[5] D，Malkin，F P，et al. Germline p53 mutations in a familial syndrome of breast cancer，sarcomas，and other neoplasms [J]. Science，1990，250（4985）：1233－1238.

[6] Gaylor D W，Kodell R L. Dose－response trend tests for tumorigenesis adjusted for differences in survival and body weight across doses [J]. Toxicol Sci.，2001，59：219－225.

[7] DeLellis R A，Nunnemacher G，Bitman W R，et al. C－cell hyperplasia and medullary thyroid carcinoma in the rat. An immunohistochemical and ultrastructural analysis [J]. Lab Invest 40，1979，40（2）：140－154.

[8] Pritchard J B，French J E，Davis BJ，et al. The role of transgenic mouse models in carcinogen identification [J]. Environmental Health Perspectives，2003，4：444－454.

[9] Storer R D，Cartwright M E，Cook W O，et al. Short－term carcinogenesis bioassay of genotoxic pro－carcinogens in PIM transgenic mice [J]. Carcinogenesis，1995，16：285－293.

[10] Sass B，Vlahakis G，Heston W E. Precursor lesions and pathogenesis of spontaneous mammary tumors in mice [J]. Toxicol Pathol，1982，10：12－21.

[11] Sheldon W G，Curtis M，Kodell R L，et al. Primary harderian gland neoplasms in mice [J]. J Natl Cancer Inst，1983，71（1）：61－68.

[12] Yamamoto S，Mitsumori K，Kodama Y，et al. Rapid induction of more malignant tumors by various genotoxic carcinogens in transgenic mice harboring a human prototype *c－Ha－ras* gene than in control non－transgenic mice [J]. Carcinogenesis，1996，17（11）：2455－2461.

[13] Ohnishi T，Fukamachi K，Ohshima Y，et al. Possible application of human *c－Ha－ras* proto－oncogene transgenic rats in a medium－term bioassay model for carcinogens [J]. Toxicol Pathol，2007，35（3）：436－443.

[14] Holden H E，Stoll R E，Spalding J W，et al. Hemizygous Tg. AC transgenic mouse as a potential alternative to the two－year mouse carcinogenicity bioassay：evaluation of husbandry andhousing factors [J]. Appl Toxicol，1998，8（1）：19－20.

[15] Bruner R，Kuttler K，Bader R，et al. Integumentary system [M]. Berlin：Mohr. U. ed. Springer－Verlag，2001：2－22.

[16] 范昌发，岳秉飞，王军志，等. 含有人源原癌基因 *c－Ha－ras* 的转基因小鼠的制作方法及其用途：200810101666 [P]. 2009－09－16.

[17] 吕建军，刘甦苏，左琴，等. C57－ras 转基因小鼠模型的 MNU 验证实验 [J]. 药物分析杂志，2013，33（11）：1935－1940.

[18] Hoeijmakers J H. Genome maintenance mechanisms for preventing cancer [J]. Nature，2001，411：366－374.

[19] Saitoh A，Kimura M，Takahashi R，et al. Most tumors in transgenic mice with human *c－Ha－ras* gene contained somatically activated transgenes [J]. Oncogene，1990，5（8）：1195.

[20] 卢一凡，邓继先. 转基因动物鉴定技术的研究进展 [J]. 生物工程进展. 2000，

20（3）：60－61.
[21] 杨继山，潘庆杰，董晓. 转基因动物检测方法的研究进展［J］. 中国农业科技导报，2010，12（3）：45－49.
[22] 范昌发，李波，王军志. 遗传修饰致癌性动物模型与药物临床前安全性评价［J］. 实验动物科学，2009，26（06）：66－68.
[23] 张素才，芮志佩，张冬霞，等. 长期致癌试验动物饲养管理技术关注要点［J］. 中国新药杂志 2017，26（2）：162－168.
[24] FDA. Pharmacology /Toxicology Review：TRULICITY（Dulaglutide）［R］. 2013.
[25] 王三龙，吕建军，杨艳伟，等. 新药临床前致癌性实验设计的关注点［J］. 药物分析杂志，2013，33（12）：2034－2038.
[26] Spalding J W，French J E，Tice R R，et al. Development of a transgenic mouse model for carcinogenesis bioassays：Evaluation of chemically induced skin tumors in Tg.AC mice［J］. Toxicological Science，1999，49：241－254.
[27] Macdonald J，French J E，Gerson R J，et al. The utility of genetic tally modified mouse assays for identifying human carcinogens：abased understanding and path forward［J］. Toxicological Science，2004，77：188－194.
[28] Ando K，Saitoh A，Hino O，et al.Chemically induced forestomach papillomas in transgenic mice carry mutant human *c－Ha－ras* transgenes［J］. Cancer Res，1992，52（4）：978.
[29] 沈银忠，潘孝彰，卢洪洲. 病毒学研究与抗病毒治疗药物［J］. 上海医药，2012（5）：3－6.
[30] 杨悦，许智慧，刘妍，等. HBV 动物模型研究进展［J］. 传染病信息，2016，9（4）：236－241.
[31] Ma Y，Zhang X，Shen B，et al. Generating rats with conditional alleles using CRISPR/Cas9［J］. Cell Research，2014，24（1）：122－125.
[32] 连晶瑶，丁苗慧，秦国慧，等. 免疫系统人源化小鼠模型的研究进展［J］. 中国比较医学杂志，2017，27（10）：113－119.
[33] Sekiya T，Prassolov V S，Fushimi M，et al. Transforming activity of the c－*Ha－ras* oncogene having two point mutations in codons 12 and 61［J］. Gann Japanese Journal of Cancer Research，1985，76（9）：851.
[34] Friedel R H，Wurst W，Wefers B，et al. Generating Conditional Knockout Mice［J］. Methods in molecular biology（Clifton，N.J.），2011，693：205－231.
[35] 廖超男，杨治平，林良武，等. 条件性敲除 APC 基因小鼠肠道腺瘤模型的构建［J］. 生命科学研究，2016，20（5）：424－428.
[36] Brault V，Besson V，Magnol L，et al. Cre/loxP－Mediated Chromosome Engineering of the Mouse Genome［J］. Handbook of experimental pharmacology，2007，178（178）：29－48.
[37] Takeuchi T，Nomura T，Tsujita M，et al. Flp recombinase transgenic mice of C57BL/6 strain for conditional gene targeting［J］. Biochemical and Biophysical Research Communications，2002，293（3）：1－957.
[38] 霍桂桃，杨艳伟，刘甦苏，等. $p53^{+/-}$基因敲除小鼠对尿烷致癌性验证试验的敏感性研

究 [J]. 药物分析杂志，2017（07）：50－57.

[39] 周舒雅，左琴，刘甦苏，等. C57－ras 转基因小鼠模型的建立 [J]. 药物分析杂志，2013（11）：1928－1934.

[40] Linda Madisen，Aleena R. Garner，et al. Transgenic mice for intersectional targeting of neural sensors and effectors with high specificity and performance [J]. Neuron，2015，85（5）：942－958.

[41] Changfa Fan，Xi Wu，Qiang Liu，et al. A Human DPP4－Knockin Mouse's Susceptibility to Infection by Authentic and Pseudotyped MERS－CoV [J]. Viruses，2018，10（9）：448.

[42] 李爽，邹建玲，鲁智豪，等. 免疫系统人源化小鼠模型的建立、应用及挑战 [J]. 中国医学前沿杂志（电子版），2017，9（10）：15－20.

[43] 冉宇靓，钟星，胡海，等. 人源化肿瘤血管移植瘤模型的建立及应用 [J]. 癌症，2006，25（11）：1323－1328.

[44] Mosier D E. Human Xenograft Models for Virus Infection [J]. Virology，2000，271（2）：215－219.

[45] Mccune J M，Namikawa R，Kaneshima H，et al. The SCID－Hu mouse：murine model for the analysis of human hematolymphoid differentiation and function [J]. Science，1988，241（4873）：1632－1639.

[46] Mccune J M. Development and applications of the SCID－hu mouse model [J]. Seminars in Immunology，1996，8（4）：187－196.

[47] Lan P，Tonomura N，Shimizu A，et al. Reconstitution of a functional human immune system in immunodeficient mice through combined human fetal thymus/liver and CD_{34}^{+} cell transplantation [J]. Blood，2006，108（2）：487－492.

[48] Chicha L，Tussiwand R，Traggiai E，et al. Human adaptive immune system Rag2$^{-/-}$gamma（c）$^{-/-}$mice. [J]. Annals of the New York Academy of Sciences，2005，1044（1044）：236－243.

[49] Zhao J，Zhang Z R，Zhao N，et al. VEGF Silencing Inhibits Human Osteosarcoma Angiogenesis and Promotes Cell Apoptosis via PI3K/AKT Signaling Pathway [J]. Cell Biochemistry & Biophysics，2015，73（2）：519.

[50] 倪媛媛，赵崇军，冯娅茹，等. 基于斑马鱼模型探讨马钱子的抗血管生成活性 [J]. 世界科学技术－中医药现代化，2016，18（9）：1534－1538.

第九章　实验动物的设施、饲料、饮水及垫料

第一节　实验动物的设施

实验动物设施广义上是指进行实验动物生产和从事动物实验设施的总和；狭义上是指保种、繁殖、生产育成实验动物的场所，而将实验研究、试验检定等设施称为动物实验设施。实验动物设施包括以实验动物本身的研究和繁育生产为主的动物生产设施和用实验动物来研究、试验、教学、生物制品研发、药品生产等用途为主的动物实验使用设施，两者在环境要求以及运行管理上基本一致。

实验动物设施的设计与建造目标就是要求使人和动物有一个最适宜的环境和相应的面积，必备的设施及仪器；实验动物设施的施工、验收等工作必须执行国家现行标准、规范，符合实用、安全、经济和注重节省能源、保护环境的要求；对于实验动物设施运行的全过程必须制定一系列的运行规程和各岗位操作标准规范（SOP）。

一、设施分类及特点

（一）按微生物控制等级分类

按照微生物控制等级可将实验动物设施分为以下三类。

1. 普通环境　普通环境是指可以进行清洁级以下的实验动物生产、实验和检疫的设施环境。该种环境设施与外界相通，虽不能完全有效控制传染因子，但符合动物居住的基本要求。通过人工通风，对室内的温湿度和换气次数进行控制；采用一些防疫措施，避免进入设施的人员、动物、饲料、垫料、笼具以及其他物品对设施的污染；并能有效地防止野生动物的进入。

2. 屏障环境　屏障环境是指洁净度能够达到 7 级封闭式的，可以进行无特定病原体（Specific Pathogen Free，SPF）级以下清洁级以上的实验动物生产、实验和检疫的设施环境。该种环境设施是在实际工作中应用最多，最为广泛的一类实验动物设施。具有密闭的建筑物或者设备、配套的净化控制系统；通过严格实施配套的管理措施，能够对进出设施内部的人员、动物、饲料、垫料、空气以及其他物品进行严格地把控。既能通过控制设施内的温湿度、换气次数、噪声频率、光照时长来适应动物的需求，又可以有效地避免生物性、化学性、放射性等危害性因素对设施内外环境带来的危害。

3. 隔离环境　隔离环境是指洁净度能够达到 5 级或者无菌状态的带有隔离装置的，可以进行无菌级（含悉生动物）以下无特定病原体（SPF）级以上的实验动物生产、实验和检疫的设施环境。该种环境设施是与外界环境保持绝对的隔离，空气需先经过外围设备的温湿度调

节，再经过自身高效过滤器的过滤后才能进入和排出；物品（饲料、垫料、水以及其他用具）均应先进行灭菌处理，再经过自身传递系统的无菌化传入和传出；动物需经过自身传递系统的无菌化传入和传出。需要操作的人员不得直接接触动物，使用其所附的手套进行隔离操作。

（二）按设施功能分类

按照设施的功能用途可将实验动物设施分为以下三类。

1. 实验动物生产设施　实验动物生产设施主要用于各种实验动物品种（品系）以及基因工程实验动物的保种、育种、繁殖、生产以及供应。该设施的生产区的环境指标应该符合《实验动物　环境及设施》（GB 14925—2010）要求，具体见第六章第二节。

2. 动物实验使用设施　动物实验使用设施主要适用于以实验动物为原材料进行临床前药物研究，以及药品、生物制品等动物实验研究。该设施的实验区的环境指标应该符合《实验动物　环境及设施》（GB 14925—2010）要求。

3. 特殊实验动物设施　主要包括应用放（辐）射污染设施、感染动物实验设施以及其他特殊化学污染的动物实验设施。

（三）按设施的平面布局分类

为了适应原有设施的建筑结构和条件，同时能够达到等级实验动物微生物学和寄生虫学控制标准，将实验动物设施的平面布局分为以下四类。

1. 无走廊式（图 9-1-1）　此类设施一般由于面积较小或是其他原因，能最大限度地利用空间，用来进行饲养品种单一的普通级实验动物或者小型的动物研究。由于该类设施、设备简陋，人流、物流交叉，进出路线交叉，所以在运营中很难达到微生物和寄生虫的控制标准。

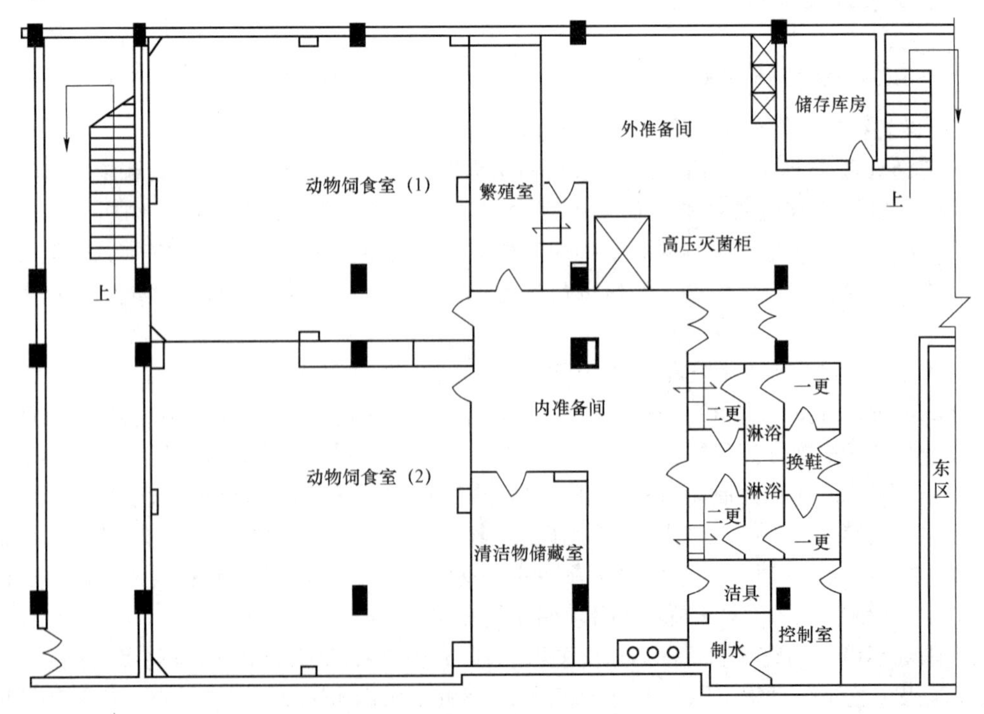

图 9-1-1　无走廊式示意图

2. 单走廊式（图 9-1-2） 此种布局可以广泛地应用在普通环境、屏障环境和隔离环境中。充分使用了有效面积，可以提供最大空间，小型的屏障系统一般会采用此种方式。但由于污染区和清洁区没有做到有效的分离，容易形成废弃物与清洁物品的运行交叉，人流、物流的交叉，动物易受到污染，很难达到微生物和寄生虫控制标准。故此种类型设施需要加强管理，才能做到安全运行。

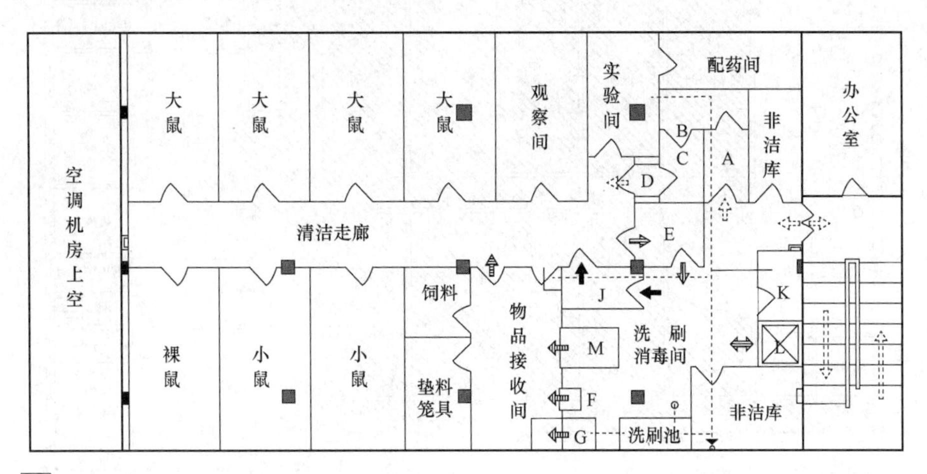

图例　⇨人员流向，➡物品流向，➡动物流向，⇒物品、动物合流，⇒人员、物品、动物合流，⇢下水流向；A. 一更间，B. 手消毒间，C. 二更间，D. 风淋室，E. 出口缓冲间，F. 物品传递窗，G. 物品传递渡槽，H. 动物药浴池，J. 动物传递窗，K. 淋浴、卫生间，L. 货梯，M. 高压锅。

图 9-1-2　单走廊式示意图

3. 双走廊式（图 9-1-3） 此种布局是一种常用的实验动物屏障设施类型。有效的区分了清洁区和污染区，避免了交叉感染，有利于长期实验以及动物生产。但是对于有效面积的利用率很低。

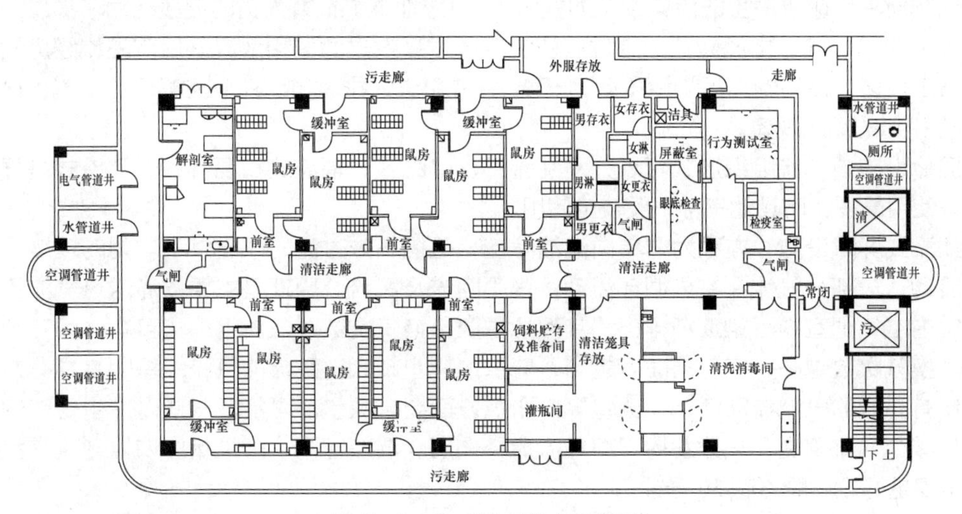

图 9-1-3　双走廊式示意图

4. 三走廊式（图 9-1-4） 此种布局使人流、物流和气流达到了单向流动，一般是由一个清洁走廊和两个污染走廊组成。可有效避免污物和清洁物品的交叉，人员和物品进出互不干扰，有利于大量长期饲养实验动物。但是空间利用率极低，而且需要更多资金来建设以及后期维护。

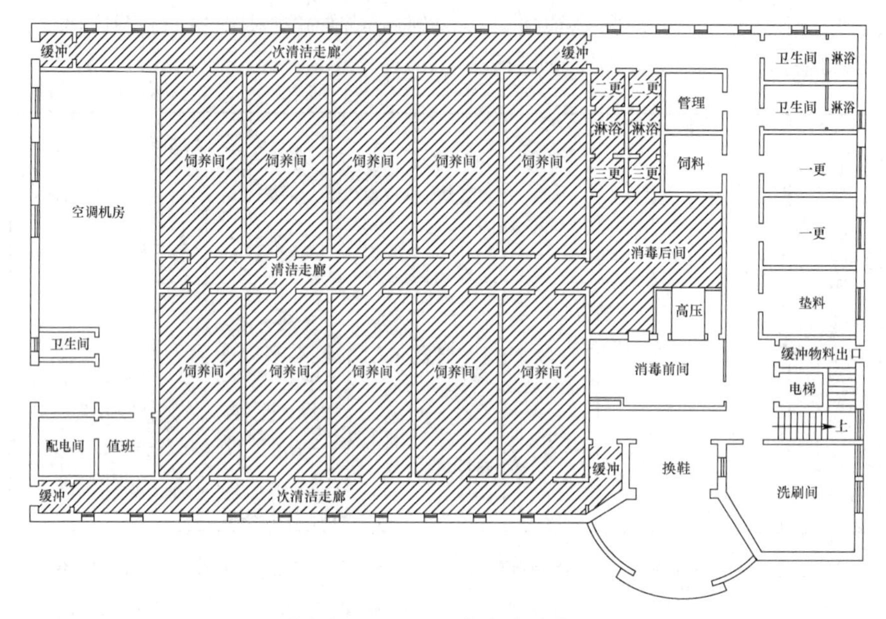

图 9-1-4　三走廊式示意图

（四）按屏障设施内气流组织形式分类

所谓气流组织，是指对气流流向和均匀度按一定要求进行组织，使其在室内合理地流动和分配。使室内空气的温度、湿度、气流速度及空气的洁净度等技术参数可以很好地满足实验室的工作要求和人们舒适度的需求。对于屏障实验动物设施，良好的气流组织可以有效地去除动物新陈代谢所产生的污染物（如氨气），更好地维护饲育人员的健康。为了提供最佳的气流组织形式，送、排风装置的定位应使空气经过高效过滤器和散流器后首先流经房间中饲育人员工作区，然后到达污染源（动物笼架），最后进入排风口。还应注意避免气流死区、停滞和送/排风的短路现象。

屏障设施内气流组织形式可划分为乱流式、单流式、辐流式和混合式。乱流式是屏障设施系统使用最多，而其他三种一般较少使用。

乱流式屏障设施，亦称为非单向流洁净室，是指高效过滤的气流以不均匀的速度、不平行的流动，一部分气流在室内循环流动，产生回流及涡流。原理是主要依靠送风气流不断地稀释室内空气把室内污染逐渐排出，其性能主要以换气次数、气流组织和自净时间三项指标为主。换气次数越多，空气洁净度越高，能量消耗也越大；乱流的气流组织因其具有方向多变、伴有涡流的气流流动性，在全室风口布置方面要求数量尽可能多一些以产生足够的扩散作用，减少气流回旋，充分发挥干净气流稀释作用。洁净室内从污染状态恢复到正常状态时间应越短越好，一般不超 30 分钟。

乱流式气流组织在设计时要确保正压，在局部尘埃量大时，应采取格栏或罩式控制尘粒。在风机选择上应选用高效率低噪声的风机。

二、饲养设备及其特点

1. 制作基本要求

（1）制作基本原则　不锈钢材料以及塑料树脂是用于制造常规实验动物饲养设备的材料主要，应无毒、无公害。制成的笼盒应能容纳一定数量的实验动物，并保证实验动物所占空间不小于国标要求的最小空间值。内外边角圆滑无毛刺，不损伤实验动物，尤其是足踝部，制作的设备要有利于通风、散热，给实验动物以舒适的环境。

（2）便于清洗和消毒　制作的设备应具有耐高温、耐腐蚀的特性，并且做到无死角、易清理。

（3）操作方便　制作的设备要便于搬运、贮存和清理，易于观察实验动物活动，在日常饲养和实验过程中，便于加水加料、更换垫料和抓取实验动物。

（4）坚固耐用、经济便宜　制作的设备大部分采用通用型为佳，即一种设备可适用于饲养多种实验动物，造价低廉，工艺简单，开启自如，防护可靠，不易受损变形。

2. 笼架　笼架是放置笼盒的用具，适用于小鼠、大鼠、地鼠、豚鼠、兔等中小型实验动物笼具的放置。一般采用防腐蚀的不锈钢或者其他适宜材料。

（1）基本类型

①平板式：笼盒直接放于笼架的各层上，常用 4～8 层。

②悬挂式（抽屉式）：将笼盒悬吊在笼架上，使实验动物粪尿落于托盘上。

③自动冲洗式：一般由架体、托盘、水箱、落水口、自动饮水器组成，笼架一般做成三层，呈 S 型，层层相连，顶上层装有水箱，水箱设有浮球控制一定水位，利用人工或定时器使水箱的水定时排放，将粪便冲入下水道。

（2）技术要求

①笼架大小应根据实验动物种类、笼盒大小、数量、实验饲育要求确定尺寸，应外形美观，空间利用率高，架体稳定、牢固、平整、易拆装、移动方便。

②架体外观表面光洁、耐腐蚀。

③抽屉式架体尺寸偏差 ± 3mm。

④自动式冲洗笼架托盘，采用塑料或不锈钢材料制作，应平整、光滑，有一定坡度，一般在 2° 以上。

⑤水箱采用塑料或者不锈钢材料制作，应密封不漏。

⑥饮水器，采用不锈钢制作，应无渗漏、不堵塞、无锈。

（3）质量检测方法

①外观：手触，目测。尺寸：用钢尺、卷尺、卡尺测量。

②耐腐蚀：取少量制作原材料分别在 pH 2、pH 10 的溶液中浸泡 24 小时，观察有无腐蚀现象。

③密闭性：水箱盛满净水后，静置，应无漏水、不堵塞、无锈。

④检验规则：产品生产单位以每一个生产单元为一批，每批按 1%随机抽取进行检验，最少不少于 1 个。应对产品进行检验，检验合格并附有合格证方可出厂。笼架经检验如有不合格项目，允许在同批次产品中修复一次，对不合格项进行复检，复检结果仍不合格，则批判该批产品不合格。

3. 笼盒　笼盒应由无毒、耐腐蚀、耐高温、易清洗、易消毒灭菌的耐用材料制成，便于人员操作，其内外边角均应圆滑、无锐口。各类实验动物笼具的最小空间应符合表 9－1－1 的标准。

表 9－1－1 各类动物所需居所最小空间

项目	小鼠（g）		大鼠（g）		豚鼠（g）		地鼠（g）		兔（kg）	
	＜20	＞20	＜150	＞150	＜350	＞350	＜100	＞100	＜2.5	＞2.5
单养时（m²）	0.0067	0.0092	0.015	0.025	0.03	0.065	0.01	0.012	0.20	0.46
群养时（m²）（母＋同窝仔）	0.0042		0.08		0.09/只		0.09		0.93	
最小高度（m）	0.13	0.13	0.18	0.18	0.18	0.22	0.18	0.18	0.40	0.45

项目	猫（kg）		犬（kg）			猴（kg）		小型猪（kg）		鸡（kg）		
	＜2.5	＞2.5	＜10	10～20	＞20	＜4	4～6	＞6	＜20	＞20	＜2	＞2
单养时（m²）	0.28	0.37	0.60	1.0	1.5	0.5	0.6	0.75	0.96	1.2	0.12	0.15
最小高度（m）	0.76（栖木）		0.8	0.9	1.5	0.6	0.7	0.8	0.6	0.8	0.4	0.6

注：表中数据引自《实验动物 环境及设施》（GB 14925—2010）

三、设施设备的运行

（一）通风空调系统

通风空调系统是实验动物设施的核心设备，直接关系到整个设施的安全运行，设计时必须给予足够的重视。通风空调系统通常由冷、热源设备，通风空调设备，加、除湿设备及其配套的风道系统组成。

1. 通风净化设备的运行管理 不同设施所配备的通风净化系统各不相同，空调系统就包括中央空调、独立空调、区域空调等，冷、热源供应以及加、除湿方法也多种多样，但其功能都应该包括通风净化、空气调节两大方面。下面从不同设施的角度进行阐述。

（1）普通设施的通风设备 普通设施通常为开放环境，人流和空气流的净化不作要求。在温度适宜的季节，打开门窗就可以进行自然通风。在低温和高温季节则需要人工辅助通风，既要满足换气次数和换气量保持设施内空气的新鲜，又要注意温湿度的变化。在日常管理中，应注意检查门、窗是否完好；送、排风机及其控制系统的性能是否安全可靠；发现问题是否能及时解决。其中，换季检查和保养是最需要重视的环节。

（2）屏障设施的通风净化设备 屏障设施属于全人工环境，设施内的空气交换全部由送、排风机和初、中、高效过滤器三级净化来完成。为确保连续送风，必须有不低于二级负荷电力供电以及完善的报警装置和备用电源。在日常管理中，风速、风量和洁净度是需要重点处理好的相互关联的指标。设施在启用后需要将三者的指标调试到最合理的状态，但是在长期的运行后，风速和风量都会产生一些误差，导致各个区域的梯度压差改变、空气交换量出现不足或者不均衡。为了保障合理的通风，除了随时观察各区域压差和调节各区域送风量之外，还需要对各级滤材尤其是初、中、高效过滤器材进行定期的清理或者更换。高效滤材需要每 1～2 年进行更新（根据实际情况而定），更换时应有可靠的防污染措施；中效滤材每 1～3 个月清洗或更新一次（根据实际情况而定），每年至少更新一次；初效滤材每周清洗一次。遇到特殊天气（如风沙，柳絮等），为了有效保护高效滤材，即使风量和压差指标正常，也应减少初、中效滤材的清洗间隔。日常管理中，应每个月至少检查一次送、排风机及其控制装置的性能是否安全；配电线路接点是否安全；风量调节阀的开启位置是否合适。一旦发现问题及时解决，以保证设施的通风净化符合国家标准要求。

（3）隔离设施的通风净化设备　一般隔离设施的进风源于洁净环境，日常工作中，在确保洁净环境空气温湿度合格的前提下，应重点注意保持隔离器的通风设备及其高效过滤器的性能，同时还应有断电和压力的报警装置和备用电源，以确保隔离器通风和净化的连续性。

2. 空气调节设备的运行管理　由于实验动物对所处环境的温湿度非常敏感，在做好通风净化工作的同时，必须保持内环境的温湿度符合所饲养动物的需要。

（1）加温、加湿季节温湿度的保持　以北京为例，每年的 10 月到次年的 4 月是需要加温、加湿的季节。在此期间，要保持设施内温度不低于 20℃，相对湿度不低于 40%，就必须有可靠的供暖措施和完善的加湿措施。

在温度保障方面，对于全程使用电加热供暖的设施，每年 9 月份就要对电热设备进行故障排查，如供电线路、电热控制装置和电热发热装置等；对于暖气供暖的设施，尽管每年 11 月到次年 3 月可以利用暖气采暖，但每年的 10 月份至供暖前以及次年 3 月停暖之后至 4 月份，也要启用辅助加热设备。在启用供暖系统之前，要将供暖系统检查一遍，如供暖管路是否出现老化，是否漏水，有无积气，供暖阀门开关是否顺畅，辅助加热设备的供电线路、电热控制装置和电热发热装置等是否安全完好，做到早发现、早处理。在日常运行中，要做到根据外环境温度实时调整供暖控制系统的运行参数，以保证设施内的温度和温差达到国家标准。停止供暖后，要做好全面检查工作，及时切换阀门。

在湿度保障方面，每年 10 月份开始，空气中的湿度开始明显降低，经过加热后相对湿度通常在 20%以下。每年 9 月份就要做好加湿的准备工作，如检查加湿系统中各个环节是否完好，发现问题要及时解决。在日常管理工作中，尽管国家标准对设施湿度的范围要求比较宽，但实际执行时，每天相对湿度差不宜超过 20%，以保证湿度的相对稳定。日常维护中，应注意水源（或蒸汽源）供电线路及其控制装置是否完好，同时也要注意加湿器是否出现水垢。停止加湿后，要对整个加湿系统进行全面检查，并做好如切断电源、水源，清理水垢等善后工作。

（2）降温、除湿季节温湿度的保持　以北京为例，一般每年 5 月至 9 月是需要降温除湿的季节。此时要保持设施内温度不超过 25℃、相对湿度不超过 70%，就必须配备降温、除湿设备。

在温度保障方面，每年 4 月底就应该将冷水机组、表冷器盘管等制冷设备检查一遍。重点注意冷媒（水或者氟利昂）及其管路、设备的供电、控制系统是否完好，发现问题及时解决。在日常管理工作中，应严格按照使用说明规范操作，要做到根据外环境温度实时调整制冷控制系统的运行参数，以保证设施内的温度和温差达到国家标准。停止制冷后，要全面检查，及时放掉冷媒水和冷却水，做好加机油保养设备等维护工作。

在湿度保障方面，根据自身空调系统的特点，采用不同的除湿方案。制冷时缺乏辅助加热的空调系统，由于在制冷的同时不能加热，使得表冷器只能将送风温度降低到动物所需要的数值，冷凝而析出的水分有限，送入屏障内的空气湿度较高；而对于制冷的同时又能辅助加热的空调系统，由于可将送风温度降至低于动物所需要的数值，从而使空气中的水分在表冷器上大量冷凝而析出，保证了送风湿度降到动物所需湿度，再通过辅助加热将送风温度提升到动物所需要的数值。当屏障内的空气相对湿度达到 70%时，启用辅助加热设备以除湿。每年 5 月份就应该做好除湿准备工作，检查初始设备（表冷器、辅助加热设备）、供电线路及其控制装置是否完好，发现问题及时解决。在日常管理工作中，尽管国家标准对设施湿度的范围要求比较宽，但实际执行时，每天相对湿度不宜超过 20%，以保证湿度的相对稳定。此外，为了保证表冷器的除湿效果，冷媒的温度应该设定在较低状态。日常维护中，除应注意检查除湿设备、供电线路及其控制装置是否完好外，还应注意冷凝水排水管道是否通畅，以避免冷凝水堆积于空调箱内产生二次加湿或者影响空调设备的正常运行。加湿结束后，要对整个除湿系统进行全面检查，并做好诸如清洁表冷器、切断辅助加热设备电源等维护工作。

（二）物料洗消传递系统

1. 预真空高压蒸汽灭菌器的运行管理

（1）结构、工作原理及技术标准　预真空高压蒸汽灭菌器是实验动物设施所必备的灭菌设备，用于各种耐高温物料的灭菌处理。其主要结构包括内室（盛装被消毒物料）、夹层、真空泵、配套水电气管路和各种操控装置；原理是利用高温蒸汽使蛋白质凝固，从而杀死被消毒物料中的各种微生物和寄生虫。灭菌效果取决于物料的属性、进入内室的蒸汽饱和度和压力，而内室蒸汽的饱和度取决于内室的预真空程度。应依据被灭菌的物料属性（如笼具的使用寿命、饲料的营养成分破坏程度等）选择适宜的灭菌参数。表 9-1-2 列出了预真空高压蒸汽灭菌器达到灭菌所需气压、温度与时间的几组对应关系，共使用时参考。

表 9-1-2　灭菌与内室气压、温度、时间的对应关系

数据组别	内室压力（MPa）	固形物（预真空 3 次）		液体（无预真空和干燥、容器流进气口）	
		温度（℃）	时间（分钟）	温度（℃）	时间（分钟）
1	0.105	121	20	100	45（一般不用）
2	0.141	126	10	121	30（500ml）/ 20（250ml）
3	0.180	131	4	126	15～20（一般不用）

注：表中数据引自《实验动物管理与使用手册》

（2）操作要领　无统一蒸汽来源而自备蒸汽发生器者，操作高压蒸汽灭菌器之前，应先按照相应设备的使用说明书，操作蒸汽发生器。有统一蒸汽来源者，可直接按照以下程序进行操作：打开高压蒸汽灭菌器的外门并放入待灭菌的物品（注：装载量不得超过内室容积的 80%，而且各物品之间应留有 10mm 以上的距离，以便于蒸汽流通）→关闭外门→打开自来水截门及高压蒸汽灭菌器的电源开关和压缩气泵→将蒸汽管道中的冷凝水排放→打开通向高压蒸汽灭菌器的蒸汽截门→设定气压及温度和时间等灭菌参数→启动操作程序后高压蒸汽灭菌器将自动完成灭菌过程。之后，清洁区操作人员打开内门，取出物品，关闭内门。作业完毕后，操作人员应及时关闭水、电、气等。

（3）维护要领　每次作业前，应及时检查锅内门、外门、各仪表、水、电、气及各管道是否正常，若发现问题应及时解决。在日常维护时，应由专业人员严格按照设备维护手册进行规范作业，定期向主管部门报验，确保使用安全性。此外，还应注意在定期检查灭菌有效性时，着重查看真空泵、动力传送系统是否异常、硅胶密封条是否损坏等细节。每年应向主管部门提交检验申请，做好安全阀和压力表的检测工作，检验合格后方可继续使用。

2. 传递窗/间的运行管理　根据被传递物品的外形大小选择使用传递窗或传递间。笼架、大型仪器、饲料等大物品和动物应从传递间传入洁净区；试剂、维修工具、记录笔纸等小物品从传递窗传入洁净区。

（1）操作要领　装配传递窗/间时，应在窗/间内各面都安装紫外线杀菌灯，确保被传递物品受到紫外线的完全照射。为减少洁净区被污染机会，在传递时，外侧操作人员打开外门，尽量使物品单体化，并保证物品干净整洁，然后用消毒剂对物品的表面进行全方位的擦拭或喷雾消毒，最后放入传递窗/间内的货架上，保证各个表面都能受到紫外线的照射。关闭外门，打开紫外灯计时器，定时时间在 30 分钟以上。紫外线杀菌灯管熄灭后，内室操作人员将门打开取出物品，关闭内门。

（2）维护要领　日常应注意保持传递窗/间内外和紫外线灯管的洁净，每次使用前要检查内外门和紫外灯管是否正常，定期检测紫外线强度是否达到要求，若发现异常及时更换。

（三）电气设备

1. 照明电气设备的运行管理

（1）照明灯具及插座　照明灯具是保障操作人员工作和动物采光所需要的设备，插座是确保各种电动仪器设备电力需要的设备。日常工作中，应定期擦拭灯管或灯罩，以保证光照的亮度符合操作人员工作和动物采光的需要；定期检查插座的安全性，来保证各种电器设备用电的需要；随时更换或检修照明灯具及部件确保洁净室的安全性。

（2）紫外线灯　紫外线灯是实验动物设施中空气消毒的常用装置，在对其维护时，除按照一般照明灯进行维护外，特别要注意保障消毒效果和操作人员的安全。

紫外线是日光中主要的杀菌因素，波长范围在 136～400nm，其波长在 253～265nm 时紫外杀菌效果最强，设施中常用的紫外线灯 90%的波长为 253.7nm。由于紫外线的穿透能力较弱，只能对空气和直接照射的物体进行杀菌，杀菌时效性与照射强度、时间、距离等因素相关，所以一般在 20～30 分钟才可杀死细菌。

在日常维护时，经常用酒精棉球擦拭紫外线灯管表面，以除去表面污垢。另外，紫外线灯灯管寿命有限，应定期用专业测定仪检测紫外线强度，当强度 $< 70\mu W/cm^2$ 时，应更换紫外线灯灯管。此外，应特别注意操作人员的安全性，在有防护服的情况下，人员每次在紫外线灯下停留时间不宜超过 2 小时。

2. 其他电气设备的运行管理

（1）电梯　在两层以上的设施内，常采用电梯作为人员、物品、动物等垂直运输的设备。日常使用中，应做到清洁、污物分流和人流、物流的分开；因位置有限而无法分开者，应对物品和动物进行包装处理。日常维护时，要经常对电梯的轿厢、门等操作部位进行清扫和消毒，保持整洁；有专业人员定期按照设备维护说明对电梯的牵引和控制系统进行规范化检修；出现故障时，及时报修，保障人员和动物的安全。每年做好向主管部门报检的申请，按时接受年检，并将年检合格证粘贴到显著位置。

（2）弱电系统　弱电系统具有控制精度高、专业性强、技术含量高、组成复杂的特点。因此，在日常使用中需要严格按照相应使用说明进行操作；日常维护中，遇到无法自行解决的技术问题时，必须由相应的专业技术人员处理，非专业人员不能维护。

（四）给水系统

1. 净水设备的运行管理　按照国家标准要求，清洁级及其以上级别实验动物的饮水应达到无菌要求。围绕水的净化问题，不同设施采取的净水设备各异，除了传统的高压灭菌法外，反渗透净化法是目前普遍采用的水质净化方法。高压灭菌法是利用高温杀灭自来水中的微生物达到水的净化的目的，尽管其灭菌效果有效，但有能耗高、效率低、不能去除化学污染等缺点。反渗透净化法是利用反渗透 + 过滤 + 紫外线消毒的原理，将自来水中的离子和微生物去除；其优点是能够有效地去除微生物污染和化学污染，生产效率高，成本低；缺点是在去除离子的同时将水中的矿物质元素一同带走，长期饮用对实验动物的正常生长、繁殖会带来一些影响。两种净水方式都必须按照说明严格规范操作，对水的净化效果要进行定期检测，以保证实验动物饮用水达到合格的标准。

2. 给水管路的运行管理　采用管路供水时，应对管道系统进行定期的检查，及时更换老旧管件，保持管道系统密封，以避免供水的二次污染。

四、实验动物环境标准

（一）按微生物控制程度要求的环境标准

1. 普通环境　普通环境是饲育普通级动物的设施，该环境设施符合动物居住的基本要求，但不能安全控制传染因子，适用于饲育教学等用途的普通级实验动物。但是，普通环境并非不需进行环境控制和微生物控制，这类设施在某种程度上对环境条件有一定的要求，但不像屏障设施那样严格，只是变动范围较大。采用自然通风或装设排风装置，从而使室内温度、湿度受一定程度的控制，以维持内环境的相对稳定。

2. 屏障环境　屏障环境可分为正压屏障构造和负压屏障构造两种。该环境设施使用于饲育清洁级实验动物及无特殊病原体（SPF）级实验动物，该环境严格控制人员、物品和环境空气的进出。其动物来源于无菌、悉生或 SPF 动物种群。一切进入屏障的人、动物、饲料、水、垫料、笼盒及各种用品均须经过严格的微生物控制。空气经初效、中效、高效过滤器过滤后洁净度达 10 000 级标准进入动物饲养间，利用空调送风系统形成清洁走廊、动物饲育（观察）室、次清洁走廊、室外的静压差梯度，一般不低于 49.0Pa（5mmH_2O）。出风口应加有过滤装置或 U 型液体控制阀，避免室外风压大时空气倒流入室内，出口风速度不能低于 4m/s，以防止空气逆流形成污染。屏障内设有供清洁物品和废弃物品流通的清洁走廊、次清洁走廊。人、物品、动物的走向最好采用单向流通路线。屏障内人和动物应尽量减少直接接触。工作人员须经淋浴，穿戴灭菌或消毒过的衣帽、鞋、手套才能进入室内。

屏障环境各种指标允许的变动范围较小，其中设置净化通风、温度、湿度、照明等控制设备，以保持内环境稳定。

3. 隔离环境　隔离环境适用饲养无特殊病原体（SPF）、悉生（Gnotobiotic）及无菌（Germ Free）动物。实验动物生存环境用隔离器与外环境完全隔离。隔离器的空气进入要经高效过滤，洁净度达 5 或 7 级。一切物品均需高压灭菌后通过传递舱传入。为保证动物饲养空间处于完全无菌状态，工作人员必须通过附着于隔离器上的特殊橡胶手套进行操作。

隔离器一般有独立的送风系统，无温湿度控制设备，常由饲养间环境的温湿度决定，所以放置隔离器的饲养间需用空调设备控制。

（二）按种类要求的环境标准

1. 啮齿类实验动物屏障环境　啮齿类实验动物属哺乳纲（Mammalia）、啮齿目（Rodentia）。常用有大鼠、小鼠、豚鼠、地鼠，广泛用于生物学、医学、兽医学领域的研究教学，药品、化妆品、医疗器械的研究和检定工作。啮齿类实验动物性情温顺、胆小怕惊，对外界环境变化较敏感，不耐冷热，对疾病抵抗力低。对温度、湿度、噪音及照明要求较严。

啮齿类实验动物屏障环境应设有恒温、恒湿空气处理机组和净化通风系统，要求送入的空气经高效过滤，洁净度达万级，室内成正压。为保证笼盒中环境的适应性，应充分考虑有效气体交换率、气流分布均匀性、气体流动速度及笼具的排列。由于啮齿类实验动物生物学特性，屏障系统内应设置动物照明装置。

啮齿类实验动物屏障环境标准规定见第六章第二节《实验动物　环境及设施》（GB 14925—2010）。

2. 啮齿类实验动物隔离环境　啮齿类实验动物的隔离环境（隔离器）一般具有独立的送风系统，换气次数较高，空气进入要经高效过滤，洁净度达 5 或 7 级。一切物品均需高压灭菌后通过传递舱传入。为保证动物饲养空间处于完全无菌状态，工作人员必须通过附着于隔离器上的特殊橡胶手套进行操作。

隔离器的内仓是啮齿类实验动物生活环境（小环境）与外环境完全隔离，无温湿度控制设备，常由外界环境的温湿度决定，所以放置隔离器的饲养间需用空调、暖风设备控制。

啮齿类实验动物隔离环境标准规定见第六章第二节《实验动物　环境及设施》（GB 14925—2010）。

3. 兔实验动物环境　兔（*Oryctolagus cunieulus*）属哺乳纲兔形目（Lagomorpha）兔科（Leparidae）。实验兔是草食性动物，齿尖，有喜好磨牙等习惯；白天好静，夜间十分活跃，并大量采食，据观察夜间采食量占全天的 70%以上。实验兔是实验动物中的一种，符合实验动物的规范与要求。具有明确的生物学特性和清楚的遗传背景，并经微生物控制和在特定环境条件下经过驯化培育，培养出无菌、无特定病原体实验兔或清洁实验兔，提供符合实验要求的标准化实验兔。

兔实验动物环境标准规定见第六章第二节《实验动物　环境及设施》（GB 14925—2010）。

4. 犬类实验动物环境　犬（*Canis Familiaris*）属哺乳纲食肉目（Carnivora）犬科（Canidae），是常用的实验动物。犬对外界适应性强，能够承受较冷或较热的环境气候。环境温度较高时，加速呼吸频率，似喘息状态，舌头伸出口外，以加强散热。

犬饲养环境一般为普通环境，可散养或笼养。犬习惯不停走动，要求饲养空间有足够的活动面积。

犬类实验动物环境标准规定见第六章第二节《实验动物　环境及设施》（GB 14925—2010）。

5. 非人灵长类实验动物环境　非人灵长类属哺乳纲灵长目（Primates），具有许多与人类相似的生物学特征，是重要的实验动物。非人灵长类实验动物喜欢舒适、明亮、干燥的环境。饲养环境一般为普通环境，采用半自然放养、舍养状态。

SPF 级猴需要饲养在屏障环境中。一般室内温度维持在 16～28℃之间，相对湿度维持在 40%～70%之间。如若温湿度过低，动物易感染呼吸性疾病。屏障环境中应注意每小时通风换气至少 15 次；动物密度高时，可调整通风次数每小时 20 次。所以控制好 SPF 级猴饲养条件尤为重要。

非人灵长类实验动物环境标准规定见第六章第二节《实验动物　环境及设施》(GB 14925—2010)。

6. 禽类实验动物环境　禽类实验动物最常见的为鸡。鸟纲（Aves）鸡形目（Galliformes）原鸡属（Gallus）。实验仅限于 SPF 级鸡。

鸡白天视力敏锐，听力灵敏，具有神经质的特点，极易惊恐，突然的声响和突然发出的光都会使其惊恐万状。鸡因没有汗腺对温度的耐受力较敏感。禽类实验动物环境标准应注意噪声、光照和通风。

禽类实验动物环境标准规定见第六章第二节《实验动物　环境及设施》(GB 14925—2010)。

第二节　实验动物营养与饲料

充足安全的营养摄入是动物生长发育，保持机体健康，维持正常生命活动的基础，也是实验动物遗传特征和各种生物学特性得以充分表达的必要条件。实验动物是生命科学的研究工具，它替代人类用于药品、食品、化妆品与医疗器械的开发与安全评价。只有良好的营养，才能使动物保持良好的健康状态，同时也只有健康状况良好的实验动物，才能保证实验结果的可靠性。实验动物的营养学与家畜营养学有质的区别，对家畜而言，以生长速度、饲料利用率和经济效益为最终目的；而实验动物则是以培育、繁殖生产品质均一的标准化动物以供各学科进行实验研究使用为主要目的。

由于动物的食性不同，对饲料的要求也不同，如猫、狗需要蛋白质含量高的饲料，家兔和豚鼠对蛋白质的要求低一些。即使同种动物，不同品系对营养的需求也不同。如 C3H 小鼠要求低蛋白饲料，而 C57BL/6 小鼠则要求高蛋白饲料。同一品种动物，在不同生长期，其对营养的需求也不同。幼年期、妊娠期、哺乳期的动物对营养的需要量高，而成年期、老年期需要量低。因此，营养的供给要根据需要合理配制。饲料是动物摄入营养的主要来源，饲料品质的优劣对实验动物质量和动物实验结果均有直接影响，因此，加强饲料质量控制也是实验动物标准化的重要条件。

一、饲料中营养成分对动物的影响

（一）蛋白质

除骨骼外，动物身体组织干物质的一半以上是蛋白质，蛋白质是构成一切细胞和组织的重要成分。肌肉中占 30～35%，软骨中含 20%左右，皮肤、血液、乳汁和唾液以及其他分泌物占 10%。酶、抗体和激素等含蛋白质虽少，但其作用非常重要。动物机体组织不断更新，蛋白质每天都不断地发生分解与合成，因此，必须不断地供给蛋白质以维持新陈代谢的需要。各种动物饲料中所需蛋白质含量见表 9-2-1。

表 9-2-1　各种动物饲料中所需蛋白质含量

动物种类	蛋白质需要量（按饲料中所占百分计，%）
大鼠	18～20
小鼠	18～20
家兔	14～17
豚鼠	17～20
地鼠	20～22
犬	20～26
猫（繁殖期）	30

饲粮中的蛋白质通过消化道的酶解作用分解为各种氨基酸才能被动物利用。各种动物体所需的氨基酸种类有所不同，对某一种动物来说，某些氨基酸是必需氨基酸，也就是指这些氨基酸在某种动物体内不能快速、足量的合成以满足该种动物的需要，因而必须从饲料中供给。如某些氨基酸在体内合成新蛋白质时没有被利用尽，则可转变为能源而被利用，即脱去氨基而被排泄。例如，雏鸡的必需氨基酸中有甘氨酸，但对其他动物来说甘氨酸属非必需氨基酸。反刍家畜有利用微生物合成各种氨基酸的能力，因而对反刍家畜来说，不存在必需氨基酸与非必需氨基酸的说法。多数实验动物必需氨基酸有 10 种：精氨酸、组氨酸、异亮氨酸、亮氨酸、赖氨酸、甲硫氨酸、苯丙氨酸、苏氨酸、色氨酸和缬氨酸。苯丙氨酸与酪氨酸通常要一起考虑，但某些动物苯丙氨酸在一定程度上可作为酪氨酸的代用品；同样，胱氨酸与甲硫氨酸在一定程度上也可相互交换。氨基酸的利用上，D–型氨基酸不能被动物利用，L–型氨基酸才能被机体吸收并重新合成蛋白质。关于实验动物氨基酸的需要量参见表 9-2-2。

表 9-2-2　实验动物必需氨基酸的推荐标准

氨基酸	g/100g 蛋白质	氨基酸	g/100g 蛋白质
精氨酸	5.0	苯丙氨酸	5.0
组氨酸	2.5	苏氨酸	4.0
异亮氨酸	5.0	色氨酸	1.5
亮氨酸	8.0	酿氨酸	4.0
赖氨酸	6.0	缬氨酸	5.5
蛋氨酸+胱氨酸	4.5		

对哺乳动物来说，鸡蛋所含蛋白质的氨基酸组成与动物机体蛋白质氨基酸构成比较接近，故常以它的生物价作为 100，把它作为参比蛋白。植物性饲料，如谷物、菜籽饼粕中容易缺乏赖氨酸和蛋氨酸，如添加赖氨酸和蛋氨酸后，可极大地提高其营养价值。实践中可以利用原料互补作用来提高其生物价，例如苜蓿草中赖氨酸含量较高（5.4%）而蛋氨酸含量较低（1.1%），玉米中赖氨酸含量较低（2.0%）而蛋氨酸含量较高（2.5%），如果把苜蓿草粉和玉米粉按一定比例混合，通过互补作用可以提高其生物价。一般认为家禽饲料中第一限制性氨基酸为蛋氨酸，猪为赖氨酸，而豚鼠是精氨酸，故配制饲粮要给予强化。饲料中不仅蛋白质的数量要足够，而且氨基酸之间要平衡。氨基酸不平衡可能降低营养素利用率，甚至导致动物产生个别氨基酸缺乏症。

实验表明，生长期大鼠缺乏蛋白质，可导致生长发育迟缓、贫血、躯体消瘦；成年大鼠缺乏蛋白质，可致水肿、动物发情紊乱、胎儿被吸收、新生仔鼠衰弱或死胎，对于成年雄性大鼠还表现为生殖能力受损。氨基酸缺乏，如色氨酸缺乏，可形成白内障和脱毛；赖氨酸缺乏，损害骨骼钙化，共济失调；蛋氨酸缺乏，易产生脂肪肝；精氨酸缺乏，会使尿中尿素、柠檬酸盐和乳清酸盐的排出显著增加。猫对饲料中的精氨酸依赖性很大，猫的小肠不能合成瓜氨酸，肾脏不能合成精氨酸（缺乏合成酶），当用无精氨酸饲料喂养后 24 小时内，即出现高血氨、唾液高分泌和神经功能异常，长期喂养将威胁生命。

（二）脂肪

脂肪主要供给动物机体能量和必需的脂肪酸，还参与细胞膜的结构组成。体内的脂肪大多分布在皮下结缔组织的脂肪层，对动物起保温作用。脂肪也是脂溶性维生素 A、维生素 D、维生素 E、维生素 K 的溶剂，并可促进脂溶性维生素的吸收和利用，实验证明 5%的饲料脂肪对胡萝卜素和维生素 A 的吸收有明显促进作用。

脂肪由脂肪酸和甘油所组成，多为不饱和脂肪酸。有些脂肪酸在体内不能被合成，必须从饲料中获取，这些必需脂肪酸有亚油酸、亚麻酸和花生四烯酸等。如亚油酸在动物体内不能合成，饲料中缺乏亚油酸时，可引起严重的消化障碍、中枢神经系统功能障碍。过去认为花生四烯酸是必需脂肪酸，但现在研究发现它可从亚油酸、r-亚麻酸衍生，对动物的生长有较好的效果。C_{17}、C_{19}、C_{21} 的奇数多不饱和脂肪酸都具有必需脂肪酸的活性。实验大鼠如缺乏必需脂肪酸，将发生脱毛、尾巴坏死、生长发育停滞，甚至死亡；其他动物缺乏时，生殖功能下降，泌乳量降低，被毛无光泽等。生长期大鼠和小鼠，饲粮中脂肪应占 5%～10%，犬为 4.5%～7.5%，家兔和豚鼠为 4%～8%，地鼠为 3.0%～6.5%。必需脂肪酸的需要量，以亚油酸计，大鼠为 0.22%～0.6%，猫为 1%，灵长类为 1.4%。饲料中脂肪过多，会导致动物过于肥胖，引起生殖功能低下。饲料中脂肪来源应以植物油，如玉米油、豆油、花生油为宜。不可添加菜籽油（菜籽油中含有芥酸毒素，它能使 SD 雄性大鼠产生心肌炎）。

（三）碳水化合物

碳水化合物分为两大类：一类为无氮浸出物，包括淀粉和糖，另一类是粗纤维。植物性饲料，如小麦粉、玉米粉、稻米粉、薯粉等都含大量淀粉和纤维素。

猫和犬是食肉动物，不能利用生淀粉，饲用生淀粉可引起过度发酵导致腹泻，只有经高温蒸煮处理后，淀粉产生糊化变性才可提高其利用率。

由于一般动物体内消化液中无直接分解纤维素的酶，因此纤维素不能被分解、吸收、利用，但它刺激肠道蠕动，有助于排便和吸附某些毒物的作用。豚鼠和家兔是草食性动物，可以利用纤维素；反刍动物因其胃中的微生物能合成分解纤维素的酶，所以能有效地利用纤维素。饲料中纤维素含量，大鼠和小鼠以 5%～8%为宜，家兔和豚鼠为 10%～15%。饲料中纤维含量过高会影响其他营养素及热量的利用。

（四）矿物质

矿物质对机体的各种生理过程起着重要的作用。生物体内矿物质有 20 余种，根据它在体内含量的多寡分为常量元素和微量元素两大类，钙、磷、钠、氯、镁、钾和硫等占动物体 0.01%以上的称为常量元素；铁、铜、锌、锰、碘、钴、硒等元素占动物体 0.01%以下的称为微量元素。微量元素在动物体内含量虽少，但其对机体的生理过程起重要的作用。

1. 钙和磷　占动物体灰分的70%以上，而99%的钙和80%的磷是组成骨骼和牙齿的重要成分，钙和磷还以其他盐的形式存在于动物的组织和体液中，起着重要的作用。钙能降低神经系统的兴奋性，减低细胞的渗透性，并有兴奋心脏的功能。另外，钙和磷参与血液的凝固过程；磷则以磷化物的形式参与机体所有的物质代谢过程，如构成磷脂进而与蛋白质结合，参与能量代谢。尤其是氧化磷酸化过程形成ATP，参与DNA、RNA的合成，并维持体液的酸碱平衡。

动物饲料原料以谷物为主，谷物普遍缺少钙，因此，饲料中必须增加碳酸钙或骨粉。骨粉中含钙20%～30%，其吸收利用率较高。饲料中最适的钙与磷比例为（1.2～1.4）:1。蛋白质、脂肪、维生素D与植酸盐均影响钙的吸收和利用。当饲料中缺乏钙元素，动物出现特征性损害，如骨钙化不全，体重增长缓慢。严重缺乏时（如饲料中钙含量低于0.01%时），幼鼠出现生长迟缓，饲料消耗量降低，基础代谢升高，动物的敏感性及活动率下降。

钙元素的含量因动物不同需要量不同，豚鼠饲料中钙应为1.2%，猫和犬为1%，非人灵长类为0.8%～1.4%，大鼠、小鼠和地鼠为1%～1.8%。

2. 钠、钾和氯　都是电解质，在体内维持渗透压和酸碱平衡。钠的生理作用较大，钠离子的浓度能影响血浆渗透压，也是维持血液一定pH必需的离子。饲料中缺乏钠时，动物发育迟缓，繁殖力下降，并可降低已消化的蛋白质和淀粉的利用。钾促进细胞对中性氨基酸的吸收，参与丙酮酸盐激酶的活化和肌酸磷酸化作用，影响细胞对葡萄糖的吸收利用；氯离子也同样参与维持体液的渗透压和维持神经系统的正常功能。摄入钠、钾和氯过多过少都会对动物健康造成损害。饲料中1%氯化钠含量，对大多数实验动物的生长、繁殖、哺乳是必需的。当氯化钠缺乏时，会减少蛋白质和碳水化合物的利用。

3. 铁和铜　铁是血红蛋白的重要组成成分，在体内起着载运氧的作用。动物缺铁时，如仔猪会发生贫血，精神不振，皮肤皱褶增多；幼猪死亡率高，并易感传染病。铁过量则会使动物中毒。铜是多种酶的活化剂，预防营养性贫血的发生。缺乏铁和铜，大鼠能引起低色素性小细胞贫血；当黑毛色的鼠缺乏铁和铜时，发生毛发颜色变浅；雌性大鼠和豚鼠缺铜时，会发生胚胎死亡和再吸收。母鸡缺铜20周后，产卵率显著降低。

动物饲料日供给量：铁为20～80mg/kg，铜为1～5mg/kg。

4. 锌　哺乳动物所有脏器都含有锌，锌是多种酶的组成成分，20多种酶与锌有关。例如，锌是胰岛素的组成成分之一；碳酸酐酶是最重要的含锌酶（即一个蛋白质分子含两个锌原子的复合蛋白）。缺乏锌时，动物生长停滞、消瘦、兴奋、被毛脱落、不孕以及其他一系列的异常。

动物性饲料中一般不缺锌，但植物性饲料中含有植酸盐，植酸盐与锌结合后可影响锌的吸收。当锌的含量在饲料中低于2mg/kg时，雌雄动物性周期严重紊乱，雄性动物生殖器上皮萎缩。

5. 其他微量元素　无机盐中锰对造血过程有良好的作用，参与酶、维生素和激酶的活动；缺乏时动物生长发育不良，雄性动物精细管退化，雌性排卵困难，并可出现共济失调。钴元素与造血有关，缺乏时，使维生素B_{12}形成减少，发生贫血，也可发生异嗜癖。碘是甲状腺素的成分，体内70%的碘存在于甲状腺内。硒分布于全身所有细胞中，肝脏、肾脏、肌肉中硒的含量最高，硒是谷胱甘肽过氧化物酶的主要成分；硒元素缺乏时，会造成动物生长迟缓、肌肉萎缩、心肌损伤、降低其繁殖能力。很多微量元素与动物的生长发育有关，并在缺乏时能引起动物疾病的发生。

（五）维生素

维生素是动物生长和保证健康不可缺少的物质，是代谢过程的激活剂，参与体内主要的物质代谢。维生素的种类有 20 多种，按照动物种类不同，共同需要的有 14 种，即维生素 A、维生素 D、维生素 E、维生素 K、维生素 B_1、维生素 B_2、维生素 B_6、维生素 B_{12}、生物素、叶酸、泛酸、烟酸、胆碱和维生素 C 等。动物对维生素的需要量，因动物种别而异（表 9-2-3）。

表 9-2-3 维生素的生理功能和缺乏症及其来源

名称		生理功能	缺乏症	来源
脂溶性	维生素 A	保护黏膜上皮的健康，促进生长发育，防治夜盲，促进生育能力	视觉损害，骨损伤，繁殖障碍，上皮组织角化，生长迟缓	肝脏、鱼肝油、蛋黄、牛奶
	维生素 D	促进钙的吸收，与骨骼、软骨病形成有关	软骨病	鱼肝油、苜蓿干草、豆科植物干草
	维生素 E	对动物生殖、泌乳和维持内分泌的正常有关	睾丸细胞萎缩，失去生殖功能，肌肉萎缩	小麦麦麸、青苜蓿、黄玉米
	维生素 K	参与蛋白质谷氨酸残基的γ-羧化，是维持血液正常凝固所必需的物质	口腔、牙龈、鼻腔出血，凝血时间延长	苜蓿、鱼粉、新鲜蔬菜
水溶性	维生素 B_1	参与糖代谢所必需	生长停滞，代谢障碍，神经、肌肉、消化和内分泌系统受破坏	反刍动物能自行合成
	维生素 B_2	与蛋白质合成黄素酶类，参与生物氧化过程，对眼球晶体及角膜的呼吸过程有重要作用	生长停滞，脱毛，角膜血管新生和白内障	麦麸、豆粉
	维生素 B_6	参与蛋白质代谢、碳水化合物和脂肪代谢	中枢神经功能紊乱，外周神经病变。惊厥、运动失调、厌食、贫血、胃溃疡	啤酒酵母、小麦麸、麦芽、大豆
	烟酸	与蛋白质结合影响体内生物氧化过程	皮肤炎和神经、消化系统的功能障碍	酵母、糠麸
	胆 碱	脂质代谢	脂肪肝	酵母、肝脏
	维生素 C	对蛋白和醇类的代谢起重要作用，对齿质和胶原的生成及骨细胞间质的生成有重要作用	豚鼠缺乏，跗肘关节肿胀，行动困难，甚至瘫痪、流产	新鲜蔬菜、苜蓿

豚鼠和猴在体内不能合成维生素 C，必须由饲料中给予补充。饲料中容易缺乏维生素 A 和维生素 E。另外，无菌动物没有肠道正常菌丛，饲料中须补充这些细菌合成的营养成分，如维生素 B 和维生素 K 等。

二、影响实验动物营养需要的因素

影响实验动物营养需要的因素较多，实验动物不仅因品种、品系的不同而其营养需要量存在明显差异，而且实验动物性别、年龄、生理阶段与生产状况等也与其营养需要量的变化密切相关。在实验动物饲养生产方面常根据动物的品种、年龄及生理状态，将其营养需要分为生长、繁殖和维持三种，并以此为基础编制饲料营养配比，确定饲料配方。

1. 实验动物生长期的营养需要 动物生长是指通过机体的同化作用进行物质积累、细胞数量增多、组织器官体积增大，从而使动物的体形及其重量增加。从生物化学角度看，生长是机体内物质合成代谢超过分解代谢的结果。从解剖学角度看，动物在不同生长阶段，不同组织和器官的生长强度和占总体生长的比重不同。在生长早期，骨组织、头和腿生长较快；生长中期，体长和肌肉生长幅度较大；生长后期，则以身体的增长和脂肪的贮存为主。因此，即使是同一只动物，其不同生长阶段对饲料营养成分配比及其营养需要亦有所不同。

2. 实验动物繁殖期的营养需要 实验动物的繁殖过程包括动物的性成熟、交配、妊娠、分娩、哺乳等几个阶段，其中任何一个环节都可能受饲料营养的影响而发生障碍。动物的繁殖期不仅要求能够满足母体自身的营养需要，而且必须为胎儿生长发育与哺乳提供各种优质、充足的营养物质。

3. 实验动物维持期的营养需要 维持期营养是指能维持动物正常体温、呼吸、心跳、基础代谢等各项基本生命活动对营养物质的基本需要。维持期很大一部分营养物质主要用于消耗供能。

除以上三种状态以外，实验动物的不同品系，微生物控制程度，饲料各种营养成分相互间的作用，以及饲料加工、灭菌方式、贮存方法等各种因素，也都不同程度的对实验动物营养需要量产生影响。

三、实验动物的营养需要

实验动物的种类繁多，食性较杂，对各种营养物质的需要也不同。营养缺乏或营养过剩，对实验动物均可产生不利影响，因此应根据动物的不同种类、品系及不同生理期间的营养需要制定出科学的营养标准。

1. 小鼠的营养需要 小鼠是最为常用的实验动物之一，其体型小、生长周期短、成熟早、繁殖能力强。小鼠的品系很多，品系间的营养需求也不尽相同。饲料中不低于 18%的蛋白质、5%～8%的脂肪即可满足常见小鼠如 KM、BALB/c、C57BL/6、C3H、DBA/2 等品系繁殖的需要；对纤维素的需要以 5%为宜。维生素和矿物质对动物的生理功能起重要的调节作用，小鼠对维生素 A 和维生素 D 的需要量较高，但过量的维生素 A 可引起繁殖紊乱和胚胎畸形；每日 50mg/kg 的维生素 E，可提高小鼠的产仔率，无菌小鼠应每日增加 0.7mg/kg 的维生素 K。0.8%～1.8%的钙和 0.6%～12%的磷可满足需要；铁、铜、锰、锌的缺乏可导致生长发育受阻，被毛粗糙，贫血和繁殖率下降。

2. 大鼠的营养需要 大鼠体型比小鼠大，繁殖力强，对营养缺乏非常敏感。18%～20%的蛋白质可满足大鼠生长、繁殖的需要；大鼠妊娠期的能量需求比成熟期高出 10%～30%；饲料中注意脂肪酸的供给，应保证其饲料中必需脂肪酸含量占总能量的 1.3%，其中亚油酸在饲料中不能低于 0.3%。大鼠能贮存脂溶性维生素和维生素 B_{12}，体内能制造维生素 C 和大多数 B 族维生素；大鼠对钙、磷缺乏的抵抗力较强；但对镁需要量较多，尤其是妊娠、哺乳时需要量明显增加；饲料中添加 50～60mg/kg 的维生素 E 能提高大鼠繁殖率。无菌大鼠还应注意补充维生素 B_{12}。由于大鼠对营养缺乏敏感，易产生营养缺乏症；营养缺乏症通常表现为被毛松乱，体重下降，生长、繁殖不良和抵抗力低。

3. 豚鼠的营养需要 豚鼠对某些必需氨基酸特别是精氨酸的需要量较高。饲料中蛋白质和能量水平与豚鼠的生长关系较大，16%的蛋白质，豚鼠体重增加最快；18%蛋白质能使豚鼠繁殖率提高。豚鼠盲肠发达，对粗纤维的消化能力强，通常饲料中要求含有 12%～14%的粗纤维；如果粗纤维含量不足，可能引起豚鼠发生排粪障碍、脱毛和相互吃毛现象。由于豚鼠体内不能合成维生素 C，故对维生素 C 缺乏特别敏感，缺乏时可产生坏血病、生殖功能下降等症状，甚至造成死亡。通常每只豚鼠每日需补充 10mg 维生素 C，繁殖阶段需补充 30mg。

4. 地鼠的营养需要 地鼠可以像反刍动物一样有效利用非蛋白氮（如尿素）。地鼠的胆固醇代谢较为特殊，蛋白质对地鼠尤为重要，通常 18%～24%的蛋白质，可满足地鼠的需要。如果蛋白质摄入不足，成年地鼠将会出现性功能减退，幼鼠则出现生长发育迟缓。日粮中可含有高达 10%的粗纤维，配合饲料中添加苜蓿草粉（占 20%），可以促进其成长，降低死亡率。饲料中粗脂肪、粗纤维、钙、磷的含量分别以 3.5%、5%、1.06%和 0.36%为宜。

5. 兔的营养需要 兔能很好地利用植物来源的蛋白质，精氨酸对兔特别重要，是其第一限制性氨基酸。兔对日粮中的钙有较强的耐受能力，虽然其肠道微生物可以合成维生素 K 和大部分 B 族维生素，并通过食粪循环为兔利用，但繁殖时仍需额外补充维生素 K。由于兔盲肠发达，对粗纤维的消化能力强，饲料中需要 10%～15%的粗纤维以维持其正常的消化生理功能；粗纤维含量不足（低于 6%）可引起消化性腹泻。但对于无菌兔，其饲料中的粗纤维含量应适当降低，同时要注意补充各种维生素。

6. 犬的营养需要 犬为肉食性动物，饲料中动物性蛋白质至少应占全部蛋白质的 1/3 以上。22%的粗蛋白可满足犬生长和繁殖的需要。除必须供给犬足够的蛋白质和脂肪以外，还应考虑改善其日粮的适口性。犬能耐受高脂肪的饲料，且要求饲料中含有一定量的不饱和脂肪酸；犬也能利用淀粉，但是过多的β-淀粉可在肠道内异常发酵，会产生软便甚至引起腹泻，因此应经过膨化工艺将β-淀粉转化为 α-淀粉，促进消化利用。此外，犬对维生素 A 的需要量较大；同时还需补充维生素 B_{12}。

7. 猫的营养需要 猫也属肉食性动物，对蛋白质要求较高，成年猫饲料中蛋白含量应不低于 21%，幼猫应不低于 33%。猫对味道很挑剔，需要动物来源的蛋白和脂肪提高饲料的适口性，还应经常更换蛋白质的食物种类，以免产生厌食。初生小猫对日粮的脂肪需要量要求高，处于生长期的猫对日粮蛋白质的数量要求也高。猫不能利用β-胡萝卜素转化为维生素 A，因此应在饲料中补充维生素 A。另外，猫体内不能由半胱氨酸合成牛磺酸，也不能利用色氨酸合成烟酸，这些物质必须从饲料中获得。目前我国还没有国家标准，可参考表 9-2-4 至表 9-2-6 中美国（NRC1986）关于猫的营养需要指标。

表 9-2-4 猫生长期蛋白质、氨基酸需要量（每 MJ 代谢能）

指标	单位	生长期饲料	指标	单位	生长期饲料
蛋白质	g	11.4	苏氨酸	mg	335
精氨酸	mg	478	色氨酸	mg	72
组氨酸	mg	144	牛磺酸	mg	19
异亮氨酸	mg	239	脂肪	g	未说明
亮氨酸	mg	574	亚油酸	g	0.24
赖氨酸	mg	383	二十碳四烯酸	mg	9.53
蛋氨酸和胱氨酸	mg	359	缬氨酸	mg	287
苯丙氨酸和酪氨酸	mg	407			

表 9-2-5　猫生长期矿物质需要量（每 MJ 代谢能）

指标	单位	生长期饲料	指标	单位	生长期饲料
钙	mg	382	铁	mg	3.8
磷	mg	287	锌	mg	2.4
钾	mg	191	铜	μg	239
钠	mg	24	钼	μg	239
氯	mg	91	碘	μg	17
镁	mg	19	硒	μg	4.8

表 9-2-6　猫生长期维生素需要量（每 MJ 代谢能）

指标	单位	生长期饲料	指标	单位	生长期饲料
维生素 A（维生素 A_1）	IU	158	烟酸	μg	1912
维生素 D（胆固化醇）	IU	24	维生素 B_6	μg	191
维生素 E（α-生育酚）	IU	1.4	叶酸	μg	38.2
维生素 K（维生素 K_1）	μg	4.7	维生素 B_{12}	μg	0.96
维生素 B_1	μg	239	胆碱	mg	115
维生素 B_2	μg	191	生物素	μg	3.3
泛酸	μg	239			

注：表 9-2-4、表 9-2-5、表 9-2-6 中数据引自美国（NRC1986）

8. 猴的营养需要　实验用猴主要是猕猴、食蟹猴、恒河猴等，饲料日粮能量的 50%以上来自碳水化合物；16%～25%的蛋白质可满足猴生长繁殖的需要；脂肪含量以 3%～6%为宜；其体内不能合成维生素 C，在饲料中应添加补充。猴的饲料应充分考虑适口性。

四、实验动物饲料的营养成分标准

根据实验动物的不同种类、性别、年龄、体重和生理阶段等特点，结合能量与其他各种营养物质代谢实验和饲养实验结果，科学地规定每只动物每天应给予的能量及各种营养物质的数量，这种规定被称之为实验动物饲料的营养成分标准。营养标准的数值是营养素的供给量，是根据实验动物最低需要量并在此基础上考虑增加一定的安全系数而确定的。营养标准是设计实验动物饲料配方的科学依据，有利于实验动物的标准化。

关于实验动物的营养需要及其饲料的营养标准，以美国为代表的实验动物科学发达国家进行了大量系统而深入的研究，并且在此基础上提出了各自的有关标准指导其实验动物生产实际，在一定范围内实现了实验动物营养标准化，提高了实验动物质量，有力地推动了相关科学研究的发展。为了加快我国实验动物科学的发展进程，尽快实现与国际接轨，1994 年我国有关部门参考国际标准也制定颁布了我国实验动物饲料的标准，2010 年又对其进行修订，于 2011 年颁布和实施新的标准。这些标准是目前我国实验动物饲料生产的指令性文件（表 9-2-7～表 9-2-10）。

表9-2-7 配合饲料常规营养成分指标（每千克饲粮含量）

指标	小鼠及大鼠		豚鼠		地鼠		兔		犬		猴	
	维持饲料	生长繁殖饲料	维持饲料	生长繁殖饲料	维持饲料	生长繁殖饲料	维持饲料	生长繁殖饲料	维持饲料	生长繁殖饲料	维持饲料	生长繁殖饲料
水分和其他挥发性物质（g）	≤100	≤100	≤110	≤110	≤100	≤100	≤110	≤110	≤100	≤100	≤100	≤100
粗蛋白（g）	≥180	≥200	≥170	≥200	≥200	≥220	≥140	≥170	≥200	≥260	≥160	≥210
粗脂肪（g）	≥40	≥40	≥30	≥30	≥30	≥30	≥30	≥30	≥45	≥75	≥40	≥50
粗纤维（g）	≤50	≤50	100～150	100～150	≤60	≤60	100～150	100～150	≤40	≤30	≤40	≤40
粗灰分（g）	≤80	≤80	≤90	≤90	≤80	≤80	≤90	≤90	≤90	≤90	≤70	≤70
钙（g）	10～18	10～18	10～15	10～15	10～18	10～18	10～15	10～15	7～10	10～15	8～12	10～14
总磷（g）	6～12	6～12	5～8	5～8	6～12	6～12	5～8	5～8	5～8	8～12	6～8	7～10
钙:总磷	（1.2:1）～（1.7:1）	（1.2:1）～（1.7:1）	（1.3:1）～（2.0:1）	（1.3:1）～（2.0:1）	（1.2:1）～（1.7:1）	（1.2:1）～（1.7:1）	（1.3:1）～（2.0:1）	（1.3:1）～（2.0:1）	（1.2:1）～（1.4:1）	（1.2:1）～（1.4:1）	（1.2:1）～（1.5:1）	（1.2:1）～（1.5:1）

注：表中数据引自《实验动物　配合饲料营养成分》（GB 14924.3—2010）

表 9-2-8　配合饲料氨基酸指标（每千克饲粮含量）

指标	小鼠及大鼠		豚鼠		地鼠		兔		犬		猴	
	维持饲料	生长繁殖饲料	维持饲料	生长繁殖饲料	维持饲料	生长繁殖饲料	维持饲料	生长繁殖饲料	维持饲料	生长繁殖饲料	维持饲料	生长繁殖饲料
赖氨酸（g）	≥8.2	≥13.2	≥7.5	≥8.5	≥11.8	≥13.2	≥7.0	≥8.0	≥7.1	≥11.1	≥8.5	≥12.0
蛋氨酸+胱氨酸（g）	≥5.3	≥7.8	≥5.4	≥6.8	≥7.0	≥7.8	≥5.0	≥6.0	≥5.4	≥7.2	≥6.0	≥7.9
精氨酸（g）	≥9.9	≥11.0	≥8.0	≥10.0	≥11.3	≥13.8	≥7.0	≥8.0	≥6.9	≥13.5	≥9.9	≥12.9
组氨酸（g）	≥4.0	≥5.5	≥3.4	≥4.0	≥4.5	≥5.5	≥3.0	≥3.5	≥2.5	≥4.8	≥4.4	≥4.8
色氨酸（g）	≥1.9	≥2.5	≥2.4	≥2.8	≥2.5	≥2.9	≥2.2	≥2.7	≥2.1	≥2.3	≥2.3	≥2.7
苯丙氨酸+酪氨酸（g）	≥11.0	≥13.0	≥12.0	≥15.0	≥12.7	≥17.3	≥11.0	≥13.0	≥10.0	≥15.6	≥13.1	≥15.4
苏氨酸（g）	≥6.5	≥8.8	≥6.5	≥7.5	≥8.0	≥8.8	≥5.6	≥6.5	≥6.5	≥7.8	≥6.3	≥7.9
亮氨酸（g）	≥14.4	≥17.6	≥12.5	≥13.5	≥15.0	≥17.6	≥11.5	≥13.0	≥8.1	≥16.0	≥13.5	≥15.9
异亮氨酸（g）	≥7.0	≥10.3	≥7.2	≥8.0	≥10.3	≥11.8	≥6.0	≥7.2	≥5.0	≥7.9	≥7.2	≥8.2
缬氨酸（g）	≥8.4	≥11.7	≥8.0	≥9.3	≥10.5	≥11.2	≥7.5	≥8.3	≥5.4	≥10.4	≥9.0	≥10.9

注：表中数据引自《实验动物　配合饲料营养成分》（GB 14924.3—2010）

表 9-2-9 配合饲料维生素指标（每千克饲粮含量）

指标	小鼠及大鼠		豚鼠		地鼠		兔		犬		猴	
	维持饲料	生长繁殖饲料	维持饲料	生长繁殖饲料	维持饲料	生长繁殖饲料	维持饲料	生长繁殖饲料	维持饲料	生长繁殖饲料	维持饲料	生长繁殖饲料
维生素 A（IU）	≥7000	≥14 000	≥7500	≥12 500	≥10 000	≥14 000	≥6000	≥12 500	≥8000	≥10 000	≥10 000	≥15 000
维生素 D（IU）	≥800	≥1500	≥700	≥1250	≥2000	≥2400	≥700	≥1250	≥2000	≥2000	≥2200	≥2200
维生素 E（IU）	≥60	≥120	≥50	≥70	≥100	≥120	≥50	≥70	≥40	≥50	≥55	≥65
维生素 K（mg）	≥3.0	≥5.0	≥0.3	≥0.4	≥3.0	≥5.0	≥0.3	≥0.4	≥0.1	≥0.9	≥1.0	≥1.0
维生素 B_1（mg）	≥8	≥13	≥7	≥10	≥8	≥13	≥7	≥10	≥6	≥13	≥4	≥16
维生素 B_2（mg）	≥10	≥12	≥8	≥15	≥10	≥12	≥8	≥15	≥4	≥5	≥5	≥16
维生素 B_3（mg）	≥6	≥12	≥6	≥9	≥6	≥12	≥6	≥9	≥5	≥6	≥5	≥13
烟酸（mg）	≥45	≥60	≥40	≥55	≥45	≥60	≥40	≥55	≥50	≥50	≥50	≥60
泛酸（mg）	≥17	≥24	≥12	≥19	≥17	≥24	≥12	≥19	≥9	≥27	≥13	≥42
叶酸（mg）	≥4.00	≥6.00	≥1.00	≥3.00	≥4.00	≥6.00	≥1.00	≥3.00	≥0.16	≥1.00	≥0.20	≥2.00
生物素（mg）	≥0.10	≥0.20	≥0.20	≥0.45	≥0.10	≥0.20	≥0.20	≥0.45	≥0.20	≥0.20	≥0.10	≥0.40
维生素 B_{12}（mg）	≥0.020	≥0.022	≥0.020	≥0.030	≥0.020	≥0.022	≥0.020	≥0.030	≥0.030	≥0.068	≥0.030	≥0.050
胆碱（mg）	≥1250	≥1250	≥1000	≥1200	≥1250	≥1250	≥1000	≥1200	≥1400	≥2000	≥1300	≥1500
维生素 C（mg）	—	—	≥1500	≥1800	—	—	—	—	—	—	≥1700	≥2000

注：配合饲料维生素含量最高上限为下限值的 2 倍。表中数据引自《实验动物　配合饲料营养成分》（GB 14924.3—2010）

表 9-2-10　配合饲料常量矿物质和微量矿物质指标（每千克饲粮含量）

指标	小鼠及大鼠		豚鼠		地鼠		兔		犬		猴	
	维持饲料	生长繁殖饲料	维持饲料	生长繁殖饲料	维持饲料	生长繁殖饲料	维持饲料	生长繁殖饲料	维持饲料	生长繁殖饲料	维持饲料	生长繁殖饲料
镁（g）	≥2.0	≥2.0	≥2.0	≥3.0	≥2.0	≥2.0	≥2.0	≥3.0	≥1.5	≥2.0	≥1.0	≥1.5
钾（g）	≥5	≥5	≥6	≥10	≥5	≥5	≥6	≥10	≥5	≥7	≥7	≥8
钠（g）	≥2.0	≥2.0	≥2.0	≥3.0	≥2.0	≥2.0	≥2.0	≥3.0	≥3.9	≥4.4	≥3.0	≥4.0
铁（mg）	≥100	≥120	≥100	≥150	≥100	≥120	≥100	≥150	≥150	≥250	≥120	≥180
锰（mg）	≥75	≥75	≥40	≥60	≥75	≥75	≥40	≥60	≥40	≥60	≥40	≥60
铜（mg）	≥10	≥10	≥9	≥14	≥10	≥10	≥9	≥14	≥12	≥14	≥13	≥16
锌（mg）	≥30	≥30	≥50	≥60	≥30	≥30	≥50	≥60	≥50	≥60	≥110	≥140
碘（mg）	≥0.5	≥0.5	≥0.4	≥1.1	≥0.5	≥0.5	≥0.4	≥1.1	≥1.4	≥1.7	≥0.5	≥0.8
硒（mg）	0.1～0.2	0.1～0.2	0.1～0.2	0.1～0.2	0.1～0.2	0.1～0.2	0.1～0.2	0.1～0.2	0.10～0.2	0.1～0.2	0.1～0.2	0.1～0.2

注：配合饲料矿物质含量最高上限为下限值的 2 倍。表中数据引自《实验动物　配合饲料营养成分》（GB 14924.3—2010）

五、实验动物饲料及其质量控制

（一）实验动物饲料分类

1. 饲料原料 是指为动物提供营养素，对动物无毒无害的物质。根据饲料的水分、粗纤维、粗蛋白质等各项指标含量可将饲料原料分为青绿饲料、粗饲料、青贮饲料、能量饲料、蛋白质饲料、矿物质饲料、维生素饲料和添加剂 8 大类（表 9-2-11）。

实验动物饲料与畜牧或经济动物养殖业饲料有着不同的要求，除了卫生标准严格，饲料的热量、营养素成分必需满足实验动物饲养繁殖或者动物实验期的要求，并且饲料中其他成分清楚和可控。因此，实验动物饲料与畜牧饲料相比，实验动物饲料配方只能使用规定的原料和配方，对于日粮型配合饲料还要做到营养全面均衡、保质期长、严格的卫生标准、不含任何违禁药物和添加剂。

表 9-2-11 饲料原料分类及原则

饲料类别	饲料编码	分类依据		
		水分	粗纤维	粗蛋白质
粗饲料	1-00-000	<45%	≥18%	—
青绿饲料	2-00-000	天然水分≥60%		
青贮饲料	3-00-000	天然水分≥70%以上的青绿饲料或半干青贮水分≥45%	—	—
能量饲料	4-00-000	—	<18%	<20%（净能量≥4.18MJ/kg）
蛋白质补充料	5-00-000	<45	<20%	≥20%
矿物质饲料	6-00-000	—	—	—
维生素饲料	7-00-000	—	—	—
饲料添加剂	8-00-000	—	—	—

2. 实验动物配合饲料 所谓日粮型全价配合饲料是指使用多种原料，按照配方称量混合，经工业化生产加工成为具有一定形状的匀质的混合物，能够全面满足饲喂动物的营养需要。全价配合饲料直接用于饲喂动物，而不必另外添加任何营养性物质。实验动物必需使用全价配合饲料。

实验动物应用广泛，各种不同用途的实验动物对饲料具有个性化要求。实验动物饲料突出特点是标准化、营养要素精细化、不同用途的个性化。通常按照原料精细化程度、饲料外形、动物种类和发育阶段以及饲料的用途等分为四大类。

（1）按照原料组分的精细程度，实验动物饲料一般包括三种：①日粮型全价配合饲料（Cereal Based Diet）；②纯化饲料（Purified Diet）；③化学合成饲料（Chemically Defined Diet）。

全价配合饲料或日粮型配合饲料，含有各种均衡全面的营养物质，能够完全满足实验动物的各种营养需要，无须额外添加任何其他营养成分，直接饲喂实验动物就可以使其健康正常地生长发育。纯化饲料，顾名思义其原料比较纯粹，原料中的主料使用经过纯化或半纯化处理，添加的氨基酸、维生素和矿物质至少是化学纯级别。化学合成饲料，原料全部采用纯度最高级别，其中主料使用相应的单一物质，例如蛋白质用各种氨基酸替代，脂肪是使用单体脂肪酸替代，淀粉用蔗糖或葡萄糖替代等。具体见表 9-2-12。

（2）按照饲料成品外形和质地进行分类，实验动物饲料一般包括五种：①粉状饲料、②颗粒饲料、③膨化饲料、④液体饲料、⑤半湿饲料等。具体见表 9-2-12。

表 9-2-12　实验动物饲料标准分类与比较

饲料类型	饲料特点	应用评价
按饲料成品外形和质地		
粉状饲料	粉状原料混合后，或颗粒饲料粉碎后	粉尘经过呼吸道吸入，降低咀嚼功能，降低对胃肠的刺激。一般在研究特殊需要时，例如需要在饲料中添加药物或功能因子的场景使用；也用于小动物开口饲料
颗粒饲料	粉状原料混合后，通过加湿、加热机械制粒而成型	最常使用。具有一定的硬度，有助于啮齿动物磨牙。缺点是制粒过程增加了污染和原料组分的破坏
膨化饲料	粉状饲料加温、加压使淀粉等糊化	可改善适口性。仅应用于某几种动物（如犬和猴等）
液体饲料（或代乳料）	饲料制成流体状	多用于化学纯化类饲料或人工哺乳幼龄动物。缺点是失去咀嚼作用和缺乏对胃肠道的刺激
按饲料原料精细程度		
日粮型配合饲料	主料为日粮型（植物性和动物性原料）	原料成分及来源复杂，质量控制难度大。应严格依照标准配方生产和质量管控
纯化饲料	采用蛋白质、糖或淀粉、植物油、纤维素为原料，无机盐、维生素、微量元素纯度较高	各营养成分明确，含量精度较高，影响动物实验的因素大幅度下降，是研究用理想饲料
化学合成饲料	采用高纯度氨基酸、单糖或双糖、脂肪酸或甘油三酯、试剂级矿物质和高纯度维生素为原料	质量控制最为理想，但因价格极高使用受到限制。只在特定精确的实验项目场景下使用

（3）按动物种类及生长发育阶段进行分类，可分为大鼠饲料、小鼠饲料、兔饲料、猫饲料、犬饲料、猴饲料等，以及生长繁殖饲料和维持饲料等。

（4）按照实验性质和用途分为标准饲料、代乳饲料、模型饲料及其对照饲料等四种类型。

标准饲料是指按照标准配方进行标准化生产加工并应用于正常动物的饲料，必须满足以下条件：原料符合标准规定，要有标准配方，生产过程满足标准要求，产品各项指标参数达标，缺一不可。代乳饲料是专门为各种代哺乳动物设计的，是用以替代自然乳的全营养素配合饲料，归为液体饲料类。模型饲料是用在动物中诱导疾病或者复制疾病模型的饲料。对照饲料，由于模型饲料的设计需要在标准配方和生产环节做必要的微调才能在动物中达成造模的目的，而这种微调有可能引起动物功能的某些指标的波动，因此需要配对设计标准饲料和对照饲料。另外，动物实验通过设置对照饲料组和标准饲料组，可以观察营养素组分对实验的干扰影响。

（二）实验动物饲料选择

不同的使用场景，要选择不同的饲料类型，选择不当将影响实验结果的准确性。动物繁殖生产，一般采用日粮型全价配合饲料；实验期的动物饲料，应根据实验目的来选择个性化的饲料。特殊实验研究项目还要注意实验动物提供商所用的饲料与动物实验期饲料的相互衔接（表 9-2-13，表 9-2-14）。

表 9-2-13　不同研究目的动物实验对饲料类型和标准的选择

研究领域	研究特点	饲料类型和饲料标准
营养学研究	动物学或作为人类营养研究的动物模型，研究动物营养代谢、紊乱及营养干预，对饲料营养素含量和营养素之间比率要求较高，对除了营养素之外的物质及含量必须最大程度地加以限制	使用纯化饲料。最好是颗粒型。建议达到美国 NRC 标准，小型啮齿动物采用 AIN-95 标准
非营养性疾病营养支持性研究	营养支持或干预，多采用饲料中强化营养素的方法，具有类似于营养学研究对饲料的特殊要求	与营养学研究该项内容一致
食品的实验研究	作为食品功能因子的筛选、作用及机制等的动物实验研究，要避免营养素或其他成分对功能因子的干扰	与营养学研究该项内容一致
药学研究	西药或中药方面新药的药物筛选、药效评价、毒性试验、药理学作用及机制等应当排除饲料中可能存在的具有潜在干扰药物作用的成分	与营养学研究该项内容一致
毒物或毒理学研究	在所有研究领域或研究方向中对饲料要求最高	建议采用纯化饲料，或采用美国 NTP-2000 标准配方
口腔医学与美容整形	涉及口腔发育、卫生、咀嚼功能相关的整形美容等的实验研究，对饲料的卫生、饲料质地硬度等有特殊要求	最好是纯化饲料，也可采用日粮配合饲料。饲料质地硬度要按照研究要求特殊加工

续表

研究领域	研究特点	饲料类型和饲料标准
基础医学研究	①研究生理稳态下的代谢、调节，要求动物必须是可靠的“正常动物”，这要求动物没有隐蔽性的营养素缺乏或过载；②研究疾病模型的代谢、调节，这就要求疾病模型不能出现“疾病”+“隐蔽性甚至明显异常的营养素缺乏或过载”的混合模型。③常需要经消化道给予工具药或应用治疗性药物，或进行与水盐代谢、酸碱平衡、营养物质代谢等方面有关的研究，这要防止饲料成分对这些干预因子的相互影响；④保证动物不能受到有毒、有害物质的作用	采用纯化饲料；建议达到美国NRC标准，小型啮齿动物采用AIN－95标准。如果不得不使用日粮型配合饲料，建议按照NIH参考配方并保持各指标在该标准的标准值水平
临床基础研究	是指根据临床的需要，应用基础科学手段去揭示临床疾病深层次的规律。这常需要动物实验或疾病动物模型并将观察结果与临床进行比较。其中，涉及正常对照和疾病模型，对饲料的要求与基础医学研究该项内容一致	与基础医学研究该项内容一致
生物学研究	涉及动物试验研究的所有研究方向都应当考虑到动物的生理状态、基因表达和代谢可能来自于饲料营养素、其他物质的影响	可采用日粮型配合饲料，应按照标准中的参考配方生产并保持各指标在标准值水平。建议达到美国NRC标准，日粮配方饲料建议达到NIH配方和标准
实验动物繁殖等	满足动物各个生命阶段的正常发育成长，保证动物天性健康，保证动物群体质量一致性	日粮型全价配合饲料。根据研究需要按照中国国家标准或美国NRC标准饲料类型

表9－2－14　特殊需要对饲料类型和标准的选择

研究需要	研究特点	饲料类型和饲料标准
SPF环境下的动物、无菌动物或免疫缺陷动物等的繁殖	由于动物环境要求级别高，或者动物缺乏免疫力等，动物的肠道菌群与普通级饲养环境下动物的某些营养素代谢存在差别，营养素需要量需要调整	使用灭菌或无菌饲料、模型饲料或纯化饲料。小型啮齿动物采用AIN－93标准并按标准的说明调整某些营养素含量
行为研究的饲料	研究行为与饲料或摄食量关系，要求摄食量测量精确高。有时需要特殊颜色或者特殊形状的饲料	采用纯化饲料，颗粒型，颗粒特殊直径。根据研究需要制作指定形状和颜色的饲料
航空航天时的动物	研究航空航天动物的生理功能改变	采用美国NSNA使用的标准饲料
在饲料中添加非饲料组成的物质	研究需要添加药物、毒物、功能因子	采用纯化饲料，尽可能在饲料加工过程中加入上述物质然后制粒，不得已的情况下采取颗粒饲料粉化再制粒，尽可能不使用粉状饲料
检验检测与鉴定用动物实验	使用国家或国际上认可的标准化实验动物，其中涉及标准化喂养	建议达到美国NRC标准，日粮配方饲料建议NIH配方和标准

（三）实验动物饲料加工与贮存

实验动物饲料应该是以实验动物配合饲料国家标准为依据，经过严密设计、科学配合、精心加工生产而形成的标准化产品。因此，进行实验动物饲料生产必须了解有关实验动物饲养管理法规条例以及实验动物配合饲料国家标准，全面掌握饲料的生产过程。

1. 实验动物配合饲料的生产加工 不同种类的实验动物及不同的动物实验，对饲料加工要求也有所不同，如大鼠、小鼠、豚鼠及兔等实验动物的饲料应制成具有一定硬度的颗粒饲料较为适合其摄食习性。犬、猫则以膨化饲料为好，而有的实验动物饲料根据实验目的不同，常要求制作糊状、粉状或液体饲料以满足研究需要。但是无论其形状如何，在实验动物饲料加工生产过程中都应注意生产规格及其产品标准。

2. 实验动物饲料的灭菌方法 配合饲料灭菌通常采用高压蒸汽灭菌和 $^{60}Co\gamma$ 射线辐照灭菌两种方法。高压蒸汽灭菌效果比较安全彻底，国外机构如美国 The Jackson Lab、The Charles River 和国内的如北京维通利华实验动物技术公司等都采用高压蒸汽灭菌。饲料通过 121℃高温 15～20 分钟，可以杀灭所有病原微生物和寄生虫卵；高压蒸汽灭菌饲料适合所有级别的动物喂养。但是也存在某些热敏感的营养元素如维生素等的丢失、色泽变深褐、淀粉交联致使硬度增大、风味物质挥发、适口性降低等。辐照灭菌方法在国内应用较为普遍，它克服了高压蒸汽灭菌的缺点，但是成本较高。实验动物饲料常以完全杀菌的辐照吸收剂量为 25～50kGy 进行灭菌。为了节约成本通常的做法是，屏障环境开架饲养的 SPF 级别的动物一般采用 25kGy，对要求更高的在隔离器和 IVC 饲养的动物，例如动物活体传代保种或者免疫缺陷模型动物等一般用 35kGy；饲养无菌动物宜采用高压蒸汽灭菌或 50kGy 辐照灭菌。

3. 实验动物饲料的贮存 包括原料贮存和成品贮存二部分内容。①原料贮存：应明确按原料种类、生产厂家、进货日期等分开保管。保管中要注意温度、湿度变化，防止鸟类、鼠类和昆虫的污染，检查原料收容罐的内部，检查液体存贮罐及其温度，做到先进先出。原料贮存时间一般不超过 1 年。②成品的贮存：饲料成品要严格按照成品要求定期清扫存贮库房，产品变更时彻底清扫存贮库房，成品库内严格执行先进先出原则，注意存贮的温湿度，防止成品饲料霉变，防止野鼠、昆虫及有毒物质的污染。分类码放，标志清楚，严防与原料混合存放。严格遵守先进先用原则，成品饲料贮存时间一般不超过 3 个月。

（四）实验动物饲料质量控制

实验动物饲料质量要求严格，饲料质量变化不仅直接影响着实验动物质量，而且也间接影响应用实验动物所作实验结果的可靠性。因此，各国对实验动物质量控制都有明确规定，我国也先后就实验动物饲料质量控制制定和颁布了相应标准。有关部门还对市售饲料建立了核发《实验动物全价营养饲料质量合格证》制度，要求其质量应符合国家标准 GB 14924，其主要内容如下。

1. 实验动物配合饲料的卫生质量应符合相应的饲料、粮食或食品卫生标准的要求。应该无毒、无害，不得掺入抗生素、驱虫剂、防腐剂、色素、促生长剂以及激素等添加剂。混合均匀、新鲜、无杂质、无异味、无霉变、无发酵、无虫蛀及鼠咬。颗粒饲料应光洁、硬度适中。

2. 化学污染物指标及微生物指标应符合 GB 14924.2—2001 国家有关标准（表 9－2－15、表 9－2－16）。

表 9－2－15　实验动物饲料化学污染物指标

项目	指标	项目	指标
砷（mg/kg）	≤0.7	六六六（mg/kg）	≤0.3
铅（mg/kg）	≤1.0	滴滴涕（mg/kg）	≤0.2
镉（mg/kg）	≤0.2	黄曲霉毒素 B_1（μg/kg）	≤20
汞（mg/kg）	≤0.02		

表 9－2－16　实验动物微生物指标

项目	动物种类					
	大、小鼠	兔	豚鼠	地鼠	犬	猴
菌落总数（CFU/g）	$\leqslant 5\times10^4$	$\leqslant 1\times10^5$	$\leqslant 1\times10^5$	$\leqslant 1\times10^5$	$\leqslant 5\times10^4$	$\leqslant 5\times10^4$
大肠菌群（MPN/100g）	≤30	≤90	≤90	≤90	≤30	≤30
霉菌和酵母数（CFU/g）	≤100	≤100	≤100	≤100	≤100	≤100
致病菌（沙门菌）	均不得检出					

六、我国实验动物饲料标准及检测方法

（一）实验动物配合饲料标准

目前有关实验动物配合饲料有国家标准 8 个，团体标准 6 个，地方标准 13 个。涵盖实验动物种类 17 种：大鼠、小鼠、地鼠、豚鼠、兔、犬、小型猪、猴、树鼩、鸡、鸭、牛、羊、雪貂、实验用鱼、长爪沙鼠、猫等（表 9－2－17）。

表 9－2－17　实验动物配合饲料标准

国家标准	GB/T 34240—2017　实验动物　饲料生产
	GB 14924.1—2001　实验动物　配合饲料通用质量标准
	GB 14924.2—2001　实验动物　配合饲料卫生标准
	GB 14924.3—2010　实验动物　配合饲料营养成分
	GB/T 14924.9—2001　实验动物　配合饲料　常规营养成分的测定
	GB/T 14924.10—2008　实验动物　配合饲料　氨基酸的测定

续表

国家标准	GB/T 14924.11—2001 实验动物 配合饲料 维生素的测定
	GB/T 14924.12—2001 实验动物 配合饲料 矿物质和微量元素的测定
团体标准	T/CALAS 12—2017 实验动物 树鼩配合饲料
	T/CALAS 12—2017 实验动物 树鼩配合饲料 实施指南
	T/CALAS 15—2017 实验动物 SPF 鸡配合饲料
	T/CALAS 15—2017 实验动物 SPF 鸡配合饲料 实施指南
	T/CALAS 17—2017 实验动物 SPF 鸭配合饲料
	T/CALAS 17—2017 实验动物 SPF 鸭配合饲料 实施指南
地方标准	【北京】 DB11/T 1463.1—2017 实验动物 配合饲料 第 1 部分：实验用猪
	【江苏】 DB32/T 1650.2—2010 实验用猪 第 2 部分：配合饲料
	【云南】 DB53/T 802.5—2016 实验小型猪 第 5 部分：配合饲料
	【湖南】 DB43/T 958.3—2014 实验用小型猪 第 3 部分：配合饲料
	【北京】 DB11/T 828.5—2011 实验用小型猪 第 5 部分：配合饲料
	【海南】 DB46/T 251—2013 实验动物 五指山猪 饲料营养要求
	【北京】 DB11/T 1463.2—2017 实验动物 配合饲料 第 2 部分：实验用牛
	【北京】 DB11/T 1463.3—2017 实验动物 配合饲料 第 3 部分：实验用羊
	【北京】 DB11/T 1053.5—2013 实验用鱼 第 5 部分 配合饲料技术要求
	【云南】 DB53/T 328.4—2010 实验树鼩 第 4 部分：配合饲料
	【江苏】 DB32/T 2731.2—2015 实验用雪貂 第 2 部分：配合饲料
	【浙江】 DB33/T 2110.5—2018 实验动物 长爪沙鼠 第 5 部分：配合饲料营养成分
	【河北】 DB13/T 2411—2016 实验动物 猫的饲养与管理

（二）实验动物配合饲料检测方法

表 9-2-18 列出常规营养成分、氨基酸、维生素、矿物质和微量元素、化学污染物以及微生物指标检测方法。

表 9-2-18　实验动物配合饲料检测方法

分类	项目	检测方法
常规营养成分测定 GB/T 14924.9—2001	水分	GB/T 6435—2014
	粗蛋白	GB/T 6432—2018
	粗脂肪	GB/T 6433—2006
	粗纤维	GB/T 6434—2006
	粗灰分	GB/T 6438—2007
	钙（Ca）	GB/T 6436—2018、GB/T 12398—1990
	总磷（P）	GB/T 6437—2018、GB/T 12393—1990
氨基酸测定 GB/T 14924.10—2008	氨基酸	GB/T 18246—2019、GB 5009.124—2016
	色氨酸	GB/T 18246—2019、GB/T 14924.10—2008、GB/T 15400—2018
维生素测定 GB/T 14924.11—2001	维生素 A	GB 5009.82—2016、GB/T 17817—2010
	维生素 E	GB 5009.82—2016、GB/T 17812—2008
	维生素 B_1	GB/T 14700—2018、GB 5009.84—2016
	维生素 B_2	GB 5009.85—2016、GB/T 14701—2019
	烟酸（维生素 B_3）	GB 5009.89—2016
	维生素 B_6	GB 5009.154—2016
	抗坏血酸（维生素 C）	GB 5009.86—2016、GB/T 17816—1999
	胆碱	GB/T 14924.11—2001
	叶酸（维生素 B_9 微生物法）	GB/T 14924.11—2001
	维生素 B_{12}	GB/T 14924.11—2001
	维生素 K_3（甲萘醌）	GB/T 14924.11—2001
	泛酸（维生素 B_5）	GB/T 14924.11—2001
	生物素（维生素 H）	GB/T 14924.11—2001
	维生素 D_3（HPLC 法）	GB/T 17818—2010
矿物质和微量元素的测定 GB/T 14924.12—2001	铁	GB/T 13885—2017、GB 5009.90—2016
	铜	GB/T 13885—2017、GB 5009.13—2017
	锰	GB/T 13885—2017、GB 5009.242—2017
	锌	GB/T 13885—2017、GB 5009.14—2017

续表

分类	项目	检测方法
矿物质和微量元素测定 GB/T 14924.12—2001	镁	GB/T 13885—2017、GB 5009.241—2017
	钾	GB 5009.91—2017
	钠	GB 5009.91—2017
	硒	GB 5009.93—2017、GB/T 13883—2008
	碘	GB/T 14924.12—2001
	砷	GB 5009.11—2014
	铅	GB 5009.12—2017
	镉	GB 5009.15—2014
	汞	GB 5009.17—2014
化学污染物指标测定 GB 14924.2—2001	六六六（BHC）	GB/T 5009.19—2008
	滴滴涕（DDT）	GB/T 5009.19—2008
微生物指标测定 GB 14924.2—2001	黄曲霉素 B_1	GB 5009.22—2016
	菌落总数	GB 4789.2—2016
	大肠菌群	GB 4789.3—2016
	沙门菌	GB 4789.4—2016
	霉菌和酵母菌	GB 4789.15—2016

第三节　实验动物饮水

实验动物饮水是实验动物饲养中关键步骤，水的质量是保证实验动物饲养环境安全的重要环节。原国家质量监督检验检疫总局 2010 年颁布国家标准《实验动物　环境及设施》（GB 14925—2010）中要求“屏障和隔离环境内饲养的实验动物饮用水须经灭菌处理”，原卫生部颁布的《医学实验动物管理实施细则》中要求“屏障系统内动物饮用水为酸化灭菌水”，北京市实验动物管理办公室颁布的《北京市实验动物使用许可证验收规则》中要求“清洁级以上动物饮用灭菌水”。

有研究发现饮用水中的有机物可以影响动物的繁殖，水中残留的农药、活性剂等化学物质可能干扰内分泌系统，会严重影响动物神经系统的发育，导致免疫力降低并引发肿瘤。我国城市饮用水大多都对水中的污染物进行了基本处理，自来水中的微生物、有毒有害的污染物含量得到基本控制。但是有些潜在的、危害实验动物健康的因子无论是在研究论证和标准制定上都没有得到体现和保障，因此还不能完全保证实验动物的健康和动物实验的结果，所以建议应当根据当地自来水质量和实验动物等级确定实验动物饮用水的质量要求。

一、动物饮用水的质量要求

水是维持生物生理功能的重要组成部分，实验动物饮用水中的污染物对实验动物的健康、福利和试验数据的可靠性造成了严重的威胁，因此控制饮用水污染成为保证水质量的首要任务。各国对饮水进行质量监测的要求不尽相同，但基本监测项目比较接近。美国对无机物、有机物、放射性核素及微生物等近 80 项指标提出要求，日本对健康指标 29 项、感官性状 13 项、固有性状 17 项、化学污染物 29 项进行监测，我国对生活用水的感官性状和一般化学指标 15 项、毒理学指标 15 项、细菌学及放射性指标 5 项有明确要求（GB 5749—2006），在待发布的标准中增加了一些化学污染物的监测。比较这些标准，其主要的差别是对有机化学污染物包括农药的监测项目，我国对有机化学污染物的监测项目共 15 项，与日本的 29 项、美国的 70 项相比有一定的差距，特别提出的是美国对二噁英有明确的监测要求。

对不同级别的实验动物，饮用的水也不同。根据《实验动物　环境及设施》国家标准（GB 14925—2010）中关于实验动物饮水的表述：普通级实验动物饮水应符合《生活饮用水卫生标准》（GB 5749—2006）的要求；屏障和隔离环境内饲养的动物饮水必须经灭菌处理。所以通常情况下，普通级动物饮水达到生活饮用水标准即可（表 9-3-1）。清洁级、SPF 级要求灭菌。可高温高压灭菌，也可以加次氯酸钠，或以盐酸调 pH 到 2.5～3.0，后者又称为酸化水。无菌动物饮水只能高温高压灭菌。

表 9-3-1　动物饮用水质常规指标及限值

指标	限值
微生物指标[①]	
总大肠菌群（MPN/100ml 或 CFU/100ml）	不得检出
耐热大肠菌群（MPN/100ml 或 CFU/100ml）	不得检出
大肠埃希菌（MPN/100ml 或 CFU/100ml）	不得检出
菌落总数（CFU/ml）	100
毒理指标	
砷（mg/L）	0.01
镉（mg/L）	0.005
铬（六价，mg/L）	0.05
铅（mg/L）	0.01
汞（mg/L）	0.001
硒（mg/L）	0.01
氰化物（mg/L）	0.05
氟化物（mg/L）	1.0
硝酸盐（以 N 计，mg/L）	10，地下水源限制时为 20
三氯甲烷（mg/L）	0.06

续表

指标	限值
四氯化碳（mg/L）	0.002
溴酸盐（使用臭氧时，mg/L）	0.01
甲醛（使用臭氧时，mg/L）	0.9
亚氯酸盐（使用二氧化氯消毒时，mg/L）	0.7
氯酸盐（使用复合二氧化氯消毒时，mg/L）	0.7
感官性状和一般化学指标	
色度（铂钴色度单位）	15
浑浊度（NTU——散射浊度单位）	1，水源与净水技术条件限制时为 3
臭和味	无异臭、异味
肉眼可见物	无
pH（pH 单位）	不小于 6.5 且不大于 8.5
铝（mg/L）	0.2
铁（mg/L）	0.3
锰（mg/L）	0.1
铜（mg/L）	1.0
锌（mg/L）	1.0
氯化物（mg/L）	250
硫酸盐（mg/L）	250
溶解性总固体（mg/L）	1000
总硬度（以 $CaCO_3$ 计，mg/L）	450
耗氧量（COD_{Mn} 法，以 O_2 计，mg/L）	3，水源限制，原水耗氧量 > 6mg/L 时为 5
挥发酚类（以苯酚计，mg/L）	0.002
阴离子合成洗涤剂（mg/L）	0.3
放射性指标②	**指导值**
总α放射性（Bq/L）	0.5
总β放射性（Bq/L）	1

注：表中数据引自《生活饮用水卫生标准》（GB 5749—2006）。①MPN 表示最可能数；CFU 表示菌落形成单位。当水样检出总大肠菌群时，应进一步检验大肠埃希菌或耐热大肠菌群；水样未检出总大肠菌群，不必检验大肠埃希菌或耐热大肠菌群。②放射性指标超过指导值，应进行核素分析和评价，判定能否饮用。

（一）动物饮用水纯化处理

饮用水来自于市政直供的管道自来水，自来水厂已对水中大的粒子和污染物等进行了基本处理和控制，但还会有部分消毒剂残留（表 9-3-2）及微生物和其他有害物质残留（表 9-3-3）；不能达到实验动物的饮用水要求，需要进一步的纯化处理。评价饮用水中污染物的变化对于选择合适的水纯化方法是非常有用的，引进水的质量如果有一定程度的变化，则会引起动物设施中水的污染，因此，控制饮用水的污染成为保证水质量的首要任务。实验动物饮用水可以通过纯化和无菌处理达到无菌要求，纯化方法包括活性炭吸附和膜过滤等方式，再经紫外照射、酸化处理和高压灭菌等处理，可进一步将水中的污染物、细菌等降至最低或彻底清除，从而为实验动物提供合格的饮用水。但就目前研究发现，纯化水并不能达到灭菌水至无菌水的效果。

表 9-3-2　饮用水中消毒剂常规指标及要求

消毒剂名称	与水接触时间	出厂水中限值	出厂水中余量	管网末梢水中余量
氯气及游离氯制剂（游离氯，mg/L）	至少 30 分钟	4	≥0.3	≥0.05
一氯胺（总氯，mg/L）	至少 120 分钟	3	≥0.5	≥0.05
臭氧（O_3，mg/L）	至少 12 分钟	0.3	—	0.02 如加氯， 总氯≥0.05
二氧化氯（ClO_2，mg/L）	至少 30 分钟	0.8	≥0.1	≥0.02

注：表中数据引自《生活饮用水卫生标准》（GB 5749—2006）

表 9-3-3　水质微生物及其他有害物质指标及限值

指标	限值
微生物指标	
贾第鞭毛虫（个/10L）	<1
隐孢子虫（个/10L）	<1
毒理指标	
锑（mg/L）	0.005
钡（mg/L）	0.7
铍（mg/L）	0.002
硼（mg/L）	0.5
钼（mg/L）	0.07
镍（mg/L）	0.02
银（mg/L）	0.05
铊（mg/L）	0.0001

续表

指标	限值
氯化氰（以 CN^- 计，mg/L）	0.07
一氯二溴甲烷（mg/L）	0.1
二氯一溴甲烷（mg/L）	0.06
二氯乙酸（mg/L）	0.05
1,2－二氯乙烷（mg/L）	0.03
二氯甲烷（mg/L）	0.02
三卤甲烷（三氯甲烷、一氯二溴甲烷、二氯一溴甲烷、三溴甲烷的总和）	该类化合物中各种化合物的实测浓度与其各自限值的比值之和不超过 1
1,1,1－三氯乙烷（mg/L）	2
三氯乙酸（mg/L）	0.1
三氯乙醛（mg/L）	0.01
2,4,6－三氯酚（mg/L）	0.2
三溴甲烷（mg/L）	0.1
七氯（mg/L）	0.0004
马拉硫磷（mg/L）	0.25
五氯酚（mg/L）	0.009
六六六（总量，mg/L）	0.005
六氯苯（mg/L）	0.001
乐果（mg/L）	0.08
对硫磷（mg/L）	0.003
灭草松（mg/L）	0.3
甲基对硫磷（mg/L）	0.02
百菌清（mg/L）	0.01
呋喃丹（mg/L）	0.007
林丹（mg/L）	0.002
毒死蜱（mg/L）	0.03
草甘膦（mg/L）	0.7
敌敌畏（mg/L）	0.001
莠去津（mg/L）	0.002
溴氰菊酯（mg/L）	0.02
2,4－滴（mg/L）	0.03

续表

指标	限值
滴滴涕（mg/L）	0.001
乙苯（mg/L）	0.3
二甲苯（mg/L）	0.5
1,1－二氯乙烯（mg/L）	0.03
1,2－二氯乙烯（mg/L）	0.05
1,2－二氯苯（mg/L）	1
1,4－二氯苯（mg/L）	0.3
三氯乙烯（mg/L）	0.07
三氯苯（总量，mg/L）	0.02
六氯丁二烯（mg/L）	0.0006
丙烯酰胺（mg/L）	0.0005
四氯乙烯（mg/L）	0.04
甲苯（mg/L）	0.7
邻苯二甲酸二（2－乙基己基）酯（mg/L）	0.008
环氧氯丙烷（mg/L）	0.0004
苯（mg/L）	0.01
苯乙烯（mg/L）	0.02
苯并（a）芘（mg/L）	0.000 01
氯乙烯（mg/L）	0.005
氯苯（mg/L）	0.3
微囊藻毒素－LR（mg/L）	0.001
感官性状和一般化学指标	
氨氮（以N计，mg/L）	0.5
硫化物（mg/L）	0.02
钠（mg/L）	200

注：表中数据引自《生活饮用水卫生标准》（GB 5749—2006）

1. 活性炭吸附　活性炭的吸附能力很强，而且有很高的比表面，活性炭表面吸附既有物理吸附，又能呈现一定的化学吸附，原水中大量存在不被树脂所交换的非离子性的有机污染物，均能通过活性炭的吸附作用来去除。活性炭是具有发达的细孔结构和巨大表面积的多孔吸附剂，能利用活性炭颗粒中的小孔隙来起到过滤作用，主要吸附非离子性的有机物和水中的次氯酸等含氯副产品，并可以去除水的浊度和水中的杂味，增加其味觉品质。此外，研究表明活性炭用作水的预处理能显著减轻纳滤膜的有机污染，更有利于纳滤系统的稳定运行。但是活性炭层内易滋生微生物，造成后续纳滤膜存在一定的生物污染风险，所以要对活性炭定期进行反洗。

2. 阳离子树脂软化水 钠型阳离子树脂中有可交换的钠离子，将水中的钙、镁离子交换出来，使原水能软化成软化水，可降低原水中的硬度，防止反渗透膜表面结垢，提高反渗透膜的工作寿命。

3. 膜过滤 以压力推动的膜分离技术又称为膜过滤技术，它是水深度处理的一种先进手段。过滤法处理水的方法：第一步是水的初级处理或预处理。主要包括石英砂过滤（目的是清除水源内体积较大的杂质或悬浮颗粒物质）和活性炭过滤（主要作用是清除氯与氯氨以及其他溶解性有机物质）。第二步是水的深度处理，即膜过滤，主要包括微滤、超滤、纳滤和反渗透等。现在的实验动物饮用水主要采用反渗透或纳滤两种方法。

反渗透膜可去除水中约 100%的菌体、微生物、大于 98%的细菌内毒素、大于 95%的无机盐和有机物，能够有效降低总有机碳（TOC），对水中所有溶质都有极高的脱除作用。反渗透膜能截留粒径在几个纳米以上的物质，脱盐率和回水率很高。常用的膜一般分为醋酸纤维膜、聚酰胺膜和复合膜，其中以复合力对水推动，透过膜将盐、大分子和离子等截留在膜外，其膜通量最高，比其他两种高出 50%～100%。

纳滤是介于反渗透和超滤间的一种膜分离技术，纳滤膜可以进一步降低水的硬度，去除饮用水中的氟、砷等有害物质，并可以控制水中微量有机污染物和“三致”物质，对二价或多价离子及分子量介于 200～2000 之间的有机物有较高的脱除率，此外，由于纳滤膜表面分离层带有电荷，因此在静电作用下，对无机电解质也具有一定的截留率。

近年来，膜过滤法在世界各地受到高度重视，这是由于膜过滤技术具有以下优点：①水质优良，膜过滤技术可以有效地去除水的臭味、色度、消毒副产物前体及其他有机物和微生物。②水质稳定，其出水水质取决于膜分子量选择性的大小，与原水水质及运行条件基本无关。③用药少或不加药，膜技术具有少投加甚至不投加化学药剂的优点。④占地面积少，便于实现自动化。⑤出水量大，可连续不断的产水，广泛用于大规模化的动物生产、实验。

膜分离技术也存在如下缺点：①膜技术虽然在饮用水深度处理中正受到广泛应用，但该技术基建投资和运转费用高，特别是反渗透膜的价格较高。②因为过滤膜在正常使用情况下都有一定的使用期限，到期膜的通透性就会自动下降，就无法达到设计要求，所以必须定期更换过滤膜。③膜易受污染造成水通量下降，膜的使用寿命取决对原水进行的各种严格预处理，水的预处理做得好，膜的寿命可以延长，反之就会缩短。所以前期处理系统的完善与运转的好坏，对膜滤装置有效运转关系极大。④膜过滤装置在制出过滤水时，会产生一定的废水，即所谓的浓水，而这些废水也非常干净，如果直接排放到下水道非常可惜，应合理利用避免浪费水资源。

（二）动物饮用水的无菌处理

1. 紫外线照射 紫外线照射是水无菌处理中常见的方式，原理是利用紫外线波长在 254nm 时光子的能量来破坏水体中各种病毒、细菌以及其他致病体的 DNA 及蛋白质，以达到灭菌的效果，紫外线照射具有高效性、灭菌广谱性、无污染等优点，适合用于水处理末端。

2. 酸化处理 向饮用水中加入微量的氯化钠（NaCl），经过特殊电解装置生成的以次氯酸（HClO）为主要成分的酸性水溶液，pH 在 2.5～3.0 之间，主要杀灭各种细菌繁殖体和一部分病毒。pH 低于 2.0 时，则酸化水具有很高的腐蚀性。

有研究表明动物适当饮用 pH 2.5 的酸化水可以有效控制铜绿假单胞菌与金黄色葡萄球

菌，防止动物饲养室发生污染。给清洁级动物饮用 7 天的灭菌蒸馏水，其水瓶里的含菌量会随着饮用天数的增加而增加；而饮用 7 天 pH 2.5 的酸化水的水瓶未发现细菌。

3. 高压灭菌　高压灭菌法为传统灭菌方法，也是目前我国最常用、效果最好的一种灭菌方法。其原理是利用高温高压使微生物体内蛋白质凝固死亡而达到灭菌的目的。此法的优点是：灭菌效果可靠、无污染、无残留物。其缺点是：①操作复杂，劳动强度较大：灭菌前需要将水瓶逐一灌满后再装锅，灭菌完再卸锅。②灭菌时间长，水的灭菌与一般的垫料和笼具不同，高压蒸汽进入锅内后，因为水瓶温度低，蒸汽迅速冷却凝结成水，其结果导致蒸汽大量消耗，锅内压力上升慢，而且锅内产生许多冷凝水，淹没了锅底部的温度探头，造成锅内温度显示不准确。另外疏水器难以及时排除锅内冷凝水，有时需人工排水。③产水量有限，因为灭菌后水的温度较高不宜立即卸锅，所以每天灭菌量有限，对大规模繁殖饲养适用性较低。④成本高，消耗大量能源和水。⑤仅杀灭水中的微生物，对水中的污染物不能有效地去除，从而影响动物饮水。

（三）实验动物饮用水的污染控制

实验动物饮用水需要定期监测饮用水的硬度、微生物污染，可以确保水的质量达到国标规定的要求。对于出现的饮用水污染问题，可以从水处理的各个环节寻找解决方法，加以控制。

1. 灭菌　严格执行高压灭菌器操作规程，将处理过的水放入高压灭菌锅里进行高温高压灭菌处理，灭菌温度为 120℃，灭菌时间为 30 分钟。每次灭菌的同时放入灭菌效果测试条，以确定每次灭菌是否合格。

2. 坚持“适量储备”和“先进先出”的灭菌供应原则　在动物生产或使用过程中，因动物饮水需求是动态变化过程，同时水的高温高压灭菌时间比较长，很难做到当时用、当时准备的情况。因此，在实际操作过程中，动物饮用水供应大多会留有一定的储备。先进入屏障的水应当先给动物饮用，避免饮用水可能因长期积压而造成污染的发生。

3. 保证动物饮用水及时更换　动物在饮水过程中会将饲料碎渣带入到水瓶中，长时间就可能引起细菌的滋生繁殖，因此应及时更换水瓶。在饲养过程中，无论水瓶中的水是否饮用完，应当每 3 天更换一次新的水瓶。

4. 及时清洗器具　一般有连通器式自动饮水器和简易的饮水瓶。前者多为一些有条件的实验室所用。而后者则是多数实验室常用的。对某些动物，用饮水瓶效果还好一些。下面就介绍一下饮水瓶，饮水瓶有一个金属嘴，嘴上套有一个金属外壳及橡胶塞，再就是无毒塑料瓶身。金属嘴多为不锈钢，前端圆滑，便于动物对吸。瓶塞的外壳多为铝皮，是为了防止动物啃咬，因啮齿类动物及兔常有这种行为。胶塞一般为绿色，是无毒的。

动物在饮食饮水过程中，大多数水瓶里会有饲料碎末，如不及时清洗，长时间里水瓶和瓶塞会淤积水垢，并容易滋生细菌。特别是瓶塞出水嘴，有些因水垢沉积太多而堵塞出水口，从而影响动物正常饮水。因此每次更换下来的水瓶和瓶塞，要及时进行清洗。清洗方法：先用弱酸浸泡，再用弱碱浸泡，同时用特制毛刷进行清洗，最后用清水浸泡、冲洗。

5. 严格控制酸化水的酸度值　为了控制动物饮用水的存放时间，许多单位采取给水酸化的方法。实验证明，当水的 pH 在 2.5～3.0 时，能够有效控制水的二次污染。但并不是说酸度越高越好，酸化水对动物的影响是显而易见的。因此，为了既保证动物健康生长，又避免屏障环境动物饮用水的污染变质，在动物生产或使用过程中，必须定期检测饮用水的酸碱度，以严格控制在正常的区间。

二、动物饮用水检测技术

对实验动物饮水进行定期检测，确保其符合卫生标准，其中可能影响实验结果的污染因素应该低于规定的限度是世界各国医药管理当局 GLP 规范对实验动物饮水管理的通行要求。我国的实验动物饮水是参照人的饮用水标准，其中普通动物饮水应符合现行国家标准《生活饮用水卫生标准》（GB 5749—2010）的要求，屏障环境设施的净化区和隔离环境设施的用水应达到无菌要求。

1. 检测目的 建立实验动物饮水水质监测管理的规程，保证动物饮水符合营养标准以及影响实验结果的污染因素低于规定限度。

2. 检测方法

（1）每年委托有国家检测资质的单位对实验动物饮用水检验 1 次。

①检验项目：饮用水水质常规指标。

②检验标准：按《生活饮用水卫生标准》（GB 5749—2010）检验。

③取样事项：饮用水检验应提前 3 天联系委托单位确定检验时间后，用洁净水桶取 2L 水样后送委托单位，在 12 小时内进行检验。

（2）每季度中心微生物室对 SPF 级动物饮用水进行无菌检验 1 次。每 6 个月中心微生物室对普通级动物饮用水进行微生物学检验 1 次。

①检验项目：细菌总数、大肠菌群。

②检验标准：SPF 级动物饮用水按《实验动物　环境与设施》（GB 14925—2010）要求检测，应为无菌水。普通级动物饮用水按《生活饮用水卫生标准》（GB 5749—2006）检验。

③取样事项：灭菌水检验应提前 3 天通知微生物室确定检验时间后再进行取样，用无菌瓶取 500ml 灭菌水，在 3 个小时内进行检验。特殊情况，先放入 2～8℃冰箱内，6 小时内进行检验。普通级动物饮用水用洁净水瓶取样 500ml，在 6 小时内进行检验。

（3）检验报告交档案室存档。

（4）若 SPF 级动物饮用水检测指标不达标，立即停止使用制水设备生产的饮用水并通知设备管理人员检查制水设备；然后启用高压蒸汽灭菌器对 SPF 级动物饮用水进行灭菌处理。若普通级动物饮用水检测指标不达标，立即启用制水设备生产的饮用水并联系自来水公司，直到检测合格后方可使用。

第四节　常用实验动物垫料

在标准的实验环境下，使用标准的实验动物，通过标准的实验方法进行动物实验，是得到准确可靠、重复性高的实验结果的前提。实验环境主要是指动物屏障内的环境，它分为大环境和微环境。大环境是指动物实验间和饲养间的各种理化因素的总和；微环境是动物饲养盒内的各种理化因素的总和，理化因素包括温度、湿度、气流速度、换气次数、有害气体浓度、光照强度及明暗周期、噪声、压差等，还包括饲养盒的结构、材料、盒内所铺的垫料等。垫料对于动物实验的环境有着重要影响，是达到标准的实验环境的必要条件。

垫料是铺垫在实验动物笼具硬底面上的一种保护材料，为动物生活提供柔软舒适、清洁卫生的表面，是保证实验动物质量和影响动物实验结果的重要环境因素，也是衡量动物福利的重要标准。

实验动物垫料分为接触性垫料和非接触性垫料。其中，接触性垫料是最主要的垫料类型，它铺在动物饲养盒的底部，与动物身体终生紧密接触。其主要作用是保温隔热、吸收动物的排泄物、保持笼内干燥、降低排泄物产生的有毒有害气体（如：氨气、硫化氢等）浓度、维持笼内环境和动物自身的清洁卫生；垫料的另一重要作用是为动物提供筑巢材料。非接触性垫料置于动物饲养笼的下方，不和动物身体直接接触，动物的粪尿通过饲养笼的底部孔隙落到垫料上，主要作用是吸收粪尿及其产生的有害气体，便于清理粪尿等。垫料可以为动物生长繁殖提供舒适的生存环境，使动物的行为和生理需要得到更大的满足，进而改善动物福利，垫料的物理和化学特性必须要满足上述要求。

一、垫料的种类

（一）接触性垫料

1. 木质垫料　木材来源的垫料因其来源广泛、价廉易得，是接触性垫料最常用的原材料，其加工形式主要为刨花。刨花垫料的材质疏松，通气组织发达，含纤维丰富，舒适性和吸水性好，较少的污染和发霉，粉尘率低，更适宜筑巢、不易黏附在动物皮毛上。

树种（木料）可分为阔叶树（硬质木料）和针叶树（软质木料），其化学性质和物理性质有明显的差别，因此在制作刨花垫料的原材料选择上，需要严格控制木材的种类。美国 NIH 制定了硬木类垫料的技术规范，要求垫料原材料必须是山毛榉树、桦木、枫树或者它们的混合物，不接受其他原材料类型垫料。我国《实验动物管理与使用手册》中指出实验中的啮齿类动物（大鼠、小鼠、地鼠、沙鼠）的垫料忌用针叶木（松、桧、杉）来源的刨花做垫料，这类刨花散发出来的芳香味挥发性物质可诱导动物肝微粒酶活性，对其肝细胞产生损害，使药理和毒理方面的动物实验受到极大干扰。同时，这类材料含有的气味可以引起免疫介导反应、引发哮喘和其他呼吸道疾病，造成气管和支气管上皮细胞脱落、坏死等，对动物的体重、肺脏、肝脏、肾脏、脑和前列腺都有一定影响。

白杨刨花和泡桐刨花作为垫料，其吸水性、舒适性比较好，更重要的是无明显毒性，安全可靠；此外，椴木、水曲柳木也是较好的垫料原材料。

使用杨木刨花垫料，小鼠生长状况、血液生化指标、脏器系数指标都比较稳定，其采食、饮水、运动等行为表现正常，未见皮肤、黏膜有创伤，无变态反应发生，动物不采食垫料，更换垫料时未见粪尿腐败；能使实验动物得到很好的休息，减少雄性动物的打斗。DBA/2J 和 C57BL/6J 两种雄性小鼠在硬木、白云杉、白松、红雪四种垫料中睡眠时间相比，均是在硬木垫料中时间最长；白杨、云杉、白桦、松树四种垫料中，小鼠最喜欢白杨垫料，使用松树垫料的小鼠繁殖力比使用白杨垫料的小鼠低；通过比较玉米芯垫料、白杨垫料和碎纸条垫料，发现大鼠喜欢白杨垫料，其次是碎纸条、玉米芯。

泡桐刨花吸水性与椴木刨花相当，优于玉米棒芯，不同年龄的小鼠对泡桐刨花垫料的适应性均较好，生长发育和繁殖良好。以泡桐刨花作垫料，饲养的 KM 小鼠在 6 个月和 12 个月时，活体骨髓多染性红细胞微核率均在正常范围之内，表明泡桐刨花垫料安全性高。

2. 作物来源垫料

（1）玉米芯　玉米芯是玉米脱除玉米粒后的农副产品，它资源丰富、价格低廉、易于获得，在自然界中可生物降解，不会造成环境污染。玉米芯中纤维素分子含有大量亲水基团，纤维素的纤维内部有许多毛细管，表面积较大，吸水性及吸氨性较好。此外，玉米芯含尘、产尘量低，并能长期保持笼内的干燥清洁，作为接触性垫料使用，玉米芯已经逐步被认可。但其具有甜味易被动物吞食，颗粒太小不利于动物磨牙，吸湿性低于刨花垫料，可能存在农药残留危害动物健康、影响实验结果。和白杨刨花垫料一样，玉米芯垫料也能降低小鼠的好斗的行为，因为柔软的垫料更容易藏身，但不管是大鼠还是小鼠都更喜欢白杨刨花垫料。

不同的体外细胞毒性实验结果显示，玉米芯提取物几乎没有细胞毒性或细胞毒性很低。经动物实验发现，玉米芯垫料可促进动物体重增加、碱性磷酸酶和总超氧化物歧化酶活性增加、大鼠肝脏质量及脏器系数显著升高。玉米芯垫料中含有雌激素性质的四氢呋喃二醇、亚油酸衍生物，这对动物的交配行为和神经内分泌研究有一些干扰作用；玉米棒芯垫料被环氧乙烷灭菌处理后，对雄性小鼠有呼吸毒性，雌性小鼠肿瘤发生率增加。虽然玉米芯可以作为实验动物接触性垫料使用，但使用时还应针对不同的实验要求谨慎选择。

（2）秸秆　我国的农作物秸秆资源丰富，价格低廉，易于加工，用于实验动物垫料的主要为小麦秸秆和玉米秸秆。秸秆垫料吸湿性好、质地柔软，小型啮齿类动物不采食，对动物生长、繁殖及其正常行为无影响且粉尘小。麦秸垫料、玉米秸垫料及白杨刨花垫料之间的含水量近似，但麦秸垫料、玉米秸垫料的吸湿性要高于白杨刨花垫料。秸秆垫料的加工工艺也会对其性能产生影响，在粉碎过程中增加揉搓工序，可以破坏麦秸、玉米秸的蜡质表面，增加其吸湿性能。

相比木质刨花垫料，玉米秸垫料更适合饲养繁殖期的大鼠，其繁殖性能（离乳率、胎次、胎间隔）更好。垫料的细胞毒性物质主要为脂溶性可挥发性化合物，玉米秸和麦秸几乎不含挥发性脂溶性物质，但体外的细胞毒性实验结果显示，两者的丙酮抽提物均表现有一定细胞毒性作用（与硬木垫料近似，均高于玉米芯垫料且显著低于松木），这可能与农作物生长过程中使用的一些化学物质（如农药）或霉菌毒素有关。虽然体外细胞毒性实验显示玉米秸垫有细胞毒性作用，但经过 6 个月的动物实验，结果显示玉米秸垫料对 SD 大鼠的血液生化指标没有显著影响，组织切片观察未见异常病理改变，玉米秸垫料在实际应用中是安全的。

（3）稻草　我国南方地区盛产水稻，因而稻草来源广、价格低廉。作为实验动物垫料，它具有无细胞毒性、比重轻、吸水性强、易于保存及动物适应好等优点。按重量比计算，稻草的吸水率高于锯末、刨花及谷壳，差异显著；按体积重量比计算，稻草的吸水率高于刨花、谷壳，低于锯末。不同的实验都证实，KM 小鼠和 ICR 小鼠对稻草比较感兴趣。

稻草的缺点也很明显：①稻草的升温速度较慢，降温速度较快，其保温性较差；②两头较尖，容易刺伤幼鼠的皮肤；③表面吸附的尘埃较多，用作垫料需进行二次加工；④吸收动物的粪尿后容易腐坏；⑤稻草易被动物采食，作为实验动物垫料时会受到限制，但对于某些喜草动物（如豚鼠），可选用稻草作为垫料（在进行营养方面研究时除外），豚鼠可以通过啃咬采食补充纤维素，同时又利于其受惊奔逃时藏身。

3. 纸质垫料　纸质垫料是国外常用的垫料之一，尤其在日本被广泛使用。纸质垫料主要来源于再生纸，将废纸经过处理、软化，再制成碎纸片、纸条、纸团、纸卷等类型的垫料。再生纸垫料毒性低，动物适应性好，吸水性极好（24 小时的吸水量可达自身重量的 8 倍），吸氨性也很强，能较好地控制笼盒内氨气的浓度，吸水后不裂解，柔软，无尘埃。

吸水后的纸垫料会变硬，影响动物舒适性，需要勤更换垫料。再生纸垫料的来源有限，成本高，价格贵，作为垫料单独使用并不适合目前的中国国情，国内科研人员大多将其作为辅助性垫料与玉米芯等垫料配合使用，既能够降低成本，又能起到各方面性能互补的作用，从而改善动物居住环境、提高实验动物的福利。

4. 新型垫料

（1）蒲草 阔叶香蒲为香蒲科多年生草本植物，主要生长在中国北方的湿地、沼泽中，资源丰富，价廉易得。蒲草的生长环境远离城市及农田，无重金属及农药污染，其本身就是环境污染的指示性植物。蒲草很容易采收、加工，从而获得高纯度的垫料，资源具有可持续性，于每年冬季收割，对植株本身无破坏，对环境无影响。蒲草叶的表皮下有发达的通气组织，柔软、蓬松、呈海绵状，有很强的吸水和吸氨能力。干燥的蒲草叶呈浅棕色，表面光洁，加工成垫料后质地柔软，无味，粉尘小，湿垫料不附着笼具，吸收粪尿后不易腐败。此外，蒲草垫料无毒，动物无采食，对动物生长、发育、繁殖及行为无影响，不引起皮肤黏膜创伤。

蒲草垫料的水浸出物、醇浸出物、醚浸出物均无毒，小鼠只是在极端饥饿状态下啃食少量蒲草垫料并不引起中毒；与刨花垫料相比，蒲草垫料对小鼠的繁殖功能及生长发育均无影响。按重量比计算，蒲草的吸水性显著高于椴木刨花垫料，极显著高于玉米芯垫料；存放一年的蒲草吸水量与新收割的蒲草差别不大；撕成细丝的蒲草吸水性有所提高，但与蒲草碎块相比差异不大。蒲草垫料的吸氨能力略高于椴木刨花垫料，显著高于玉米棒芯垫料；与吸水性一样，旧蒲草与新蒲草相比，吸氨性也差别不大。蒲草沿叶脉方向很容易被小鼠撕咬成细丝状，筑成半球形巢，从而增加吸湿能力；使用蒲草垫料的小鼠巢温及小鼠离巢 5 分钟、10 分钟、15 分钟的巢内余温均高于使用椴木刨花垫料和玉米棒芯垫料的，说明蒲草垫料的保温性非常好。

（2）芦苇 芦苇为禾本科芦苇属多年生的大型草本植物，全国均有分布，产量高，价廉易得。作为实验动物垫料使用，芦苇具有毒性低、污染少、吸水吸氨性较好、动物适应性好、无异味、粉尘少等优点。

芦苇的吸水性低于泡桐刨花垫料，与玉米棒芯相当，可以满足用作实验动物垫料的要求。用作 KM 小鼠的垫料，其生长发育及繁殖性能良好，采食、饮水、运动等行为无异常。与使用蒲草垫料类似，小鼠也会撕咬芦苇垫料，使垫料更柔软、更吸水、更保温，但并不采食，皮毛光洁，未见皮肤、黏膜创伤及变态反应；使用 7 天，吸收粪尿后的芦苇垫料不附着笼具，更换容易，笼盒中未见鼠粪尿腐败。

（3）蛭石 蛭石是一种层状结构的含镁的水铝硅酸盐次生变质的天然矿物，生蛭石片经过高温焙烧后体积可膨胀数倍，形成膨胀蛭石，在受热失水过程中呈挠曲状，形态酷似水蛭，故称蛭石。蛭石垫料具有良好的保温性、吸水性、吸附性及化学稳定性，不溶于水，无毒、无味、无副作用。蛭石不耐酸，不适合用作饲喂酸化水的动物垫料。

使用蛭石垫料的小鼠比使用松木刨花垫料和桉树锯屑垫料的繁殖效果好；在使用 7 天后，蛭石垫料的笼盒内氨浓度低于桉树锯屑及松木刨花，但蛭石垫料的粉尘粒子数最高。蛭石垫料的吸水性高于松木刨花，但低于桉树锯屑。

（二）非接触性垫料

1. 木屑（锯末） 木屑垫料来源广泛，单位体积吸水性很强，舒适性较好。如作为接触性垫料使用，其缺点明显：木屑垫料一般来源于木制品加工的下脚料，来源复杂，含杂质较多，粉尘较大，遇水易成团，锯末颗粒容易黏附在动物皮毛上，造成动物外表不美观。

有研究表明，使用木屑作为接触性垫料饲养动物会提高其呼吸系统感染率，降低其繁殖力，木屑对裸小鼠的眼睛也有一定的危害；此外，木屑也可粘在豚鼠的生殖器黏膜上影响交配，致使豚鼠不孕。

因此，木屑一般不用作接触性垫料，而主要用于非接触性垫料。

2. 塑料膜 塑料膜无粉尘，成本低，化学稳定性好，遇粪尿不易腐败。使用前将塑料膜裁剪成适合底盘的大小，铺在底盘上，需要清理时将塑料膜揭开与粪尿一同扔掉，省去了更换底盘的操作，减少了工作强度。塑料膜作为非接触性垫料对动物无毒性，但无法吸收粪尿中的氨气，容易造成饲养间氨气浓度过高，应有针对性的控制换气次数并监测饲养间的氨气溶度。

二、垫料的标准化与质量评价

（一）垫料的标准化

好的实验动物垫料除应具有原材料价廉易得、来源广泛的特点外，还应具备使动物安乐舒适、吸水吸氨性强、粉尘小、有毒有害物质少、遇粪尿不易腐败等优点。实验动物垫料作为影响实验动物微环境的重要因素，它也直接影响着实验动物自身的健康和实验结果，垫料的标准化与质量控制至关重要，近年来已经得到政府部门和科研工作者的重视，虽然国家标准尚未颁布，但江苏省、北京市、河北省先后出台了实验动物垫料的地方标准，对动物实验单位的垫料质量控制起到了重要的指导作用，同时也规范了实验动物垫料从业单位的生产、检测、贮存、运输等环节。

已出台的地方标准以规范实验动物垫料的生产及质量控制为出发点，从原材料、加工、质量要求、试验（检验）方法、检验规则（方法）、标志（标签）、运输、贮存等方面做出规定。具体规定及对比详见表 9-4-1。

表 9-4-1 江苏省、北京市、河北省实验动物垫料地方标准对比

地方标准	江苏省地方标准 《实验动物 垫料》 （DB32/T 2129—2012）	北京市地方标准 《实验动物 垫料》 （DB11/T 1126—2014）	河北省地方标准 《实验动物 垫料》 （DB13/T 2547—2017）
原材料	木质材料：无毒、无油脂、无特殊挥发性物质的木材 草本植物：无毒、无油脂、无异味及不含芳香物质的植物秸秆、玉米芯等 纸片：无毒、无墨的纸片	原材料应符合动物的健康和福利要求 原材料应来源清楚，无异味，无污染 原材料宜采用木质、玉米芯等无毒性、吸湿性好的材料 原材料在加工和高压灭菌后不应产生有害物质	应选用无毒、无油脂、无异味、无霉变的天然物质，不应含糖类及其他营养物质，动物不采食 木质垫料：应选用阔叶树木材如白杨等，不宜用松、柏、杉等木材。若采用木器加工的刨花时，不应含有木材油漆及木材黏合剂的污染成分 玉米芯：应采用新鲜手机的玉米芯，不得使用经过加工利用过的玉米芯废料 草本植物秸秆及无油墨的纸质等材料

续表

物理性质	色泽均匀一致，形态一致，无杂质、无霉变、无异味 水分：颗粒垫料应≤10%，普通垫料应≤20% 吸水性能：48 小时吸水量应不小于 150%		外观：垫料的形状一致，大小均匀、高压灭菌后不变形 含水量：重量含水量应在 6%～12% 吸水率：重量吸水率应≥150% 含尘量：含尘量应≤1%		外观：垫料的形状基本一致，大小均匀、没有硬的毛刺，经过灭菌后不破碎、不黏结 垫料的含水量应在 6%～12% 垫料的 48 小时吸水率应不小于 150% 垫料的含尘量应小于 1%	
微生物指标	普通及颗粒垫料	菌落总数（CFU/g）≤5×10^4	非灭菌垫料	菌落总数（CFU/g）≤1×10^6	非灭菌垫料	菌落总数（CFU/g）≤1×10^6
		大肠菌群（MPN/100g）≤30		大肠菌群（CFU/g）≤90		大肠菌群（CFU/g）≤90
		霉菌和酵母数（CFU/g）≤100		霉菌和酵母数（CFU/g）≤1000		霉菌和酵母数（CFU/g）≤1000
		沙门菌不得检出		沙门菌不得检出		沙门菌不得检出
	灭菌垫料	菌落总数（CFU/g）≤10	灭菌垫料	菌落总数（CFU/g）不得检出	灭菌垫料	菌落总数（CFU/g）不得检出
		大肠菌群（MPN/100g）不得检出		大肠菌群（CFU/g）不得检出		大肠菌群（CFU/g）不得检出
		霉菌和酵母数（CFU/g）不得检出		霉菌和酵母数（CFU/g）不得检出		霉菌和酵母数（CFU/g）不得检出
		沙门菌不得检出		沙门菌不得检出		沙门菌不得检出
化学污染指标	未作要求		砷≤0.7mg/kg		砷≤0.7mg/kg	
			铅≤1.0mg/kg		铅≤1.0mg/kg	
			镉≤0.2mg/kg		镉≤0.2mg/kg	
			汞≤0.02mg/kg		汞≤0.02mg/kg	
			六六六≤0.3mg/kg		六六六≤0.3mg/kg	
			滴滴涕≤0.2mg/kg		滴滴涕≤0.2mg/kg	
			黄曲霉毒素 B_1≤20.0μg/kg		黄曲霉毒素 B_1≤20.0μg/kg	
异常毒性	要求无异常毒性		未作要求		未作要求	
检验规则	出厂检验：垫料应经生产企业质检部门检验合格，并附合格证方可出厂。出厂检验项目为：性状、吸水性能和水分		出厂检验：同批原料和同种工艺生产的产品为一批。出厂垫料应按批进行物理性质和微生物限量的检验		出厂检验：垫料应经生产企业的检验部门检验合格并附合格证，方可出厂。检验项目包括：外观、水分、含尘量、微生物指标	

续表

检验规则	型式检验：有下列情况之一时，应进行型式检验：产品生产鉴定时；原料、工艺改变可能影响产品质量时；正常生产每年进行一次；停产半年以上恢复生产时。型式检验项目为：性状、吸水性能、水分、异常毒性和微生物指标	型式检验：型式检验为全项检验。有下列情况之一时，应进行型式检验：产品鉴定时；停产半年以上恢复生产时；原料、工艺发生改变可能影响产品质量时；国家相关部门型式检验要求时；正常生产时，每年进行一次型式检验	型式检验：有下列情况之一时，应进行型式检验。产品生产鉴定时；原料、工艺改变可能影响产品质量时；正常生产每年进行一次；停产半年以上恢复生产时；管理部门提出形式检验要求时。型式检验项目为全项检验
	组批和抽样：以相同原料生产的产品为一批。按 1%随机抽取，最终抽样量不小于 2kg。型式检验的样品应从出厂检验合格的产品中随机抽取	采样方法：可参考 GB/T 14699.1 的规定执行	检验抽样：以相同原料或同种工艺生产的为一批。出厂检验应按批次随机抽样检验。形式检验的样品应从出厂检验合格的产品中随机抽取。抽样数量一般每批不少于 2kg
	产品经检验，如有不合格项，允许自同批次产品中加倍取样进行复检，复检结果仍不合格则判该批次产品或该次型式检验不合格	判定规则：检验项目指标均符合本标准规定则判为合格，并附有产品质量合格证。如产品经检验有不合格项，可取同批样品复验，复验仍不合格的，则该批产品判为不合格	判定规则：产品经检验，符合本标准质量规定为合格，如有一项不合格时，允许自同批次产品中加倍取样，进行复检，复检结果仍不合格，则判定该批次产品检验不合格。微生物指标和化学物污染物指标为不合格时不得复检
包装	采用清洁卫生的材料包装	未作要求	非灭菌垫料包装应采用无毒、清洁卫生和不影响垫料品质的材料，如牛皮纸袋、塑料编织袋等 灭菌垫料宜采用三层包装，内层为塑料袋真空包装、中层宜使用牛皮纸或塑料编织袋封装，外层宜采用纸箱包装
标志（标签）	应符合 GB 10648 的规定要求	未作要求	垫料标签应参照 GB 10648—2013 的有关规定执行 灭菌垫料的包装应注明“灭菌垫料”
运输	运输工具应清洁、卫生。运输过程应避免日晒雨淋，挤压。不得与有毒有害物品混运	未作要求	运输工具应清洁、无异味、无污染，运输过程中防雨、防潮。严禁与可能造成污染的其他货物混装运输
贮存	应贮存在清洁、卫生、通风干燥的库房内。不得与有毒有害物品混贮	未作要求	垫料应贮存于清洁、干燥并经过严格消毒的专用贮存室内，存放时应离开地面和墙壁，严禁与有毒、有害和可能造成污染的物品同室存放

续表

含水量的测定	附录 A	附录 A	附录 A
吸收（水）率的测定	未作要求	附录 B	附录 B
含尘量的测定	未作要求	附录 C	附录 C

（二）垫料的质量评价

1. 安全性　以松木或雪松为原材料的垫料曾被广泛地应用于实验动物领域，人们很早就发现其中含有的芳香类化合物（主要为松香酸和大侧柏酸）能渐进的引起人免疫介导的过敏和炎症反应，如哮喘、鼻炎、结膜炎，对动物也有类似的作用，此外还可以造成气管和支气管上皮细胞脱落、坏死；松木和雪松垫料提取物不但诱导动物肝微粒酶，而且有细胞毒性及潜在的致癌性。由此可见，安全性是实验动物垫料最重要的评价指标，一般从以下方面进行评价。

（1）卫生学

①微生物指标：江苏省、北京市、河北省的地方标准对实验动物垫料的微生物指标（4 项，表 9-4-1）做出了明确要求。日本对垫料要求进行一般活菌数、大肠埃希菌数、真菌 3 项的检测。美国 NIH 相关垫料技术规范中要求进行细菌总数、酵母菌霉菌、大肠埃希菌、假单胞菌、沙门菌 5 项的检测。

②化学污染指标：化学指标检测的重点是控制确定垫料内是否残留危害动物和人类健康的重金属元素、杀虫剂、抑菌剂、霉菌毒素等。北京市、河北省的地方标准对实验动物垫料的化学污染指标（7 项，表 9-4-1）做出了规定；日本要求对垫料进行氟、铅、镉、总水银、BHC、DDT、氧甲桥萘、氧桥氯四桥萘、七氯、异狄杀虫剂、二嗪农、多氯联苯、甲基多氯联苯、马拉硫磷、PCB、黄曲霉素（B_1、B_2、G_1、G_2）等项污染物质的检测；美国 NIH 相关垫料技术规范中要求进行α-六氯环己烷、β-六氯环己烷、林丹、爱耳德林、环氧七氯、氧桥氯甲桥萘、恩德林、滴滴滴、滴滴涕、二嗪农、乙基对硫磷、甲基对硫磷、马拉硫磷、乙硫磷、皮蝇磷、多氯化联苯、五氯酚、黄曲霉素类、铅、汞、镉、砷共 22 项化学污染指标的控制。

（2）一般毒性　一般用垫料水浸出物、醇浸出物、醚浸出物对实验动物进行灌胃、经眼、经皮等急性试验，观察动物状态，确定垫料对实验动物的毒性作用。

（3）细胞毒性　用垫料的丙酮提取物按一定浓度培养国际通用的 Hepa-1 细胞系，72 小时后用考马斯亮蓝测定细胞的总蛋白量，计算细胞的半数致死量，用 MTT 法测定细胞在 492nm 的吸光值，计算细胞的相对增殖率，进行毒类分级。

（4）微核试验　微核是细胞在有丝分裂后期染色体进入子细胞形成细胞核时仍然留在细胞质中的染色体片段，其染色与细胞核一致，由于比细胞核小而称为微核。微核的产生一般是由药物、化学物质、射线等理化因子对细胞的分裂产生干扰而形成的。微核的形成或者异常增多提示了染色体的损伤，因此微核试验可以作为测定环境中各种理化因子对机体产生潜在的遗传危害的一种客观评价。最常用的方法是通过测定啮齿类动物活体骨髓多染性红细胞核率评价垫料对实验动物的毒性作用。

2. 吸水性　能吸收动物排泄物中的水分，保持动物的生活环境干燥舒适是对垫料的基本要求，因此吸水性是除安全性外垫料最重要的评价指标。吸水性的检测方法在北京市、河北省的实验动物垫料地方标准的附录 B 中都有规定。

3. 吸氨性　当动物饲养盒子内氨浓度达到 5ppm 时，就开始影响大、小鼠的呼吸系统，氨浓度超过 25ppm 时，可引起大鼠肺部明显病变。一般用饲养笼内的氨浓度评价垫料的吸氨性能。用适合的塑料袋套住笼子，吸收管的橡皮管深入笼子中心点，扎住袋口，以 0.5L/min 的流量集气 2 分钟，依纳氏比色法在分光光度计测定并计算采集样品的氨浓度。

4. 含水量　不同种类垫料的含水量不尽相同，但这并不是其吸水性能不同的根本原因，垫料的吸水性能主要取决于其自身结构。蒲草垫料的含水量略高于椴木刨花垫料和玉米芯垫料，但蒲草垫料的吸水性却显著高于椴木刨花垫料（$P<0.05$）、极显著高于玉米芯垫料（$P<0.01$）。控制垫料含水量的主要目的是较高含水量的垫料易霉变产生霉毒菌素，因此在江苏省、北京市、河北省实验动物垫料的地方标准中对垫料的含水量提出要求（表 9-4-1），其检测方法在三个地方标准的附录 A 中也均有规定。

5. 含尘量　垫料当中的粉尘能引发人和动物皮炎、呼吸道疾病，因此含尘量也是衡量垫料优劣的重要指标之一。含尘量的检测方法在北京市、河北省的实验动物垫料地方标准的附录 C 中均有规定。

6. 舒适性　垫料的舒适性是从动物福利角度评价垫料的指标，科研人员应尽可能为实验动物提供它们自身喜欢的、舒适的生存环境，更好地满足动物福利的同时也有利于动物实验的开展。垫料舒适性主要通过观察动物使用不同垫料的行为及反应来判断。在不同的盒子里放不同的垫料，盒子互相连通，动物可自由进入任何一个盒子，根据动物在某种垫料的盒子里停留和睡眠时间长短推断动物对垫料的喜好程度。舒适性好的垫料对动物无刺激作用，动物行为、反应正常，不引起皮肤、黏膜创伤，湿垫料不附着于动物皮毛。保暖性也是评价垫料舒适性的指标之一，可用动物巢内温度以及动物离巢 5 分钟、10 分钟、15 分钟后的空巢余温评定垫料的保温性。

三、灭菌方法

肝炎病毒、冠状病毒、多种真菌、多种寄生虫均可通过垫料传播。垫料的原材料多取材于野外，其加工、贮存环境也比较复杂，因此垫料容易受到微生物、寄生虫的污染。用于隔离环境、屏障环境饲养的无菌级、SPF 级、清洁级实验动物使用的垫料必须经过灭菌后使用，江苏省、北京市、河北省的地方标准也对灭菌后的垫料微生物指标做出要求。应注意的是，用于普通级实验动物的垫料也应灭菌后使用，这在国内很多单位都没有做到。

垫料的灭菌方法有湿热灭菌法、干热灭菌法、辐照灭菌法、化学熏蒸法、微波灭菌法等，从灭菌效果、灭菌时间、灭菌成本和可操作性等方面综合考虑，湿热灭菌法和辐照灭菌法是目前常用的灭菌方法。

（一）湿热灭菌法

1. 灭菌机制　大型的实验动物生产和使用单位一般会选用双扉式脉动真空灭菌器。它采用机械强制脉动真空的空气排除方式，对灭菌室（内室）抽真空，尽量排除内室空气，真空度达到设计要求时通入蒸汽，经过多次交替，对灭菌器内室及灭菌物品内的冷空气有效置换，使内室无冷点，从而达到预设的压力和温度；再利用饱和蒸汽在冷凝时释放大量潜热达到给垫料彻底灭菌目的。该方法被公认是灭菌能力强、高效可靠、操作方便、在实验动物屏障设施中应用最广泛的垫料灭菌方法。

2. 灭菌参数的设定　121℃是常用的灭菌温度，通过比较 110℃、121℃和 130℃的灭菌率 *L*，可以得出以下结论：①110℃灭菌 12.6 分钟、130℃灭菌 0.13 分钟和 121℃灭菌 1 分钟等效；②对物品灭菌 1 分钟，110℃下的灭菌效果只有 121℃下灭菌效果的 7.9%，130℃下的灭菌效果是 121℃下灭菌效果的 794%；③在灭菌温度超过 121℃时，灭菌率 *L* 随温度的增加而急剧增加。

根据这一原理，当对耐热物品灭菌时，可选择较高的灭菌温度，以缩短灭菌时间；对这类物品灭菌时，可以考虑采用“过度杀灭”的工艺；“过度杀灭”是指能使 *D* 值不小于 1.0 分钟的耐热微生物（常指嗜热脂肪芽孢杆菌）至少下降 12 个对数单位的灭菌工艺。在对设定的灭菌工艺进行验证时，也应使用嗜热脂肪芽孢杆菌作为生物指示剂，以确保灭菌效果。

在进行灭菌温度与时间的设定时，既应考虑灭菌效果，也应考虑过高的灭菌温度及过长的灭菌时间会破坏垫料的自身组织结构，影响其吸水能力。

此外，湿热灭菌也会导致垫料吸附少量水蒸气，致使垫料吸水能力下降，在参数设定时应适当延长干燥时间。

3. 影响灭菌效果的因素

（1）真空度　对于饱和蒸汽来说，其压力与温度成线性对应关系，如果灭菌器的真空度不够，空气排出不完全而混在蒸汽中，这种线性关系则会被破坏，即在相同的压力下其温度会低于饱和蒸汽，混入的空气越多温度越低，无法达到灭菌的温度要求。真空度是影响灭菌效果的重要指标，在通常情况下进行 3～4 次脉动真空即可满足对真空度的要求。

（2）蒸汽质量　脉动真空灭菌器需要干燥程度不小于 0.9 的饱和蒸汽（即含水量不超过 10%），金属负载状态下要求干燥程度不小于 0.95，以保持温度与压力呈线性关系。过湿的蒸汽含液态水过多，导致不饱和蒸汽的产生，释放潜热少并可能产生湿包；过干的蒸汽不含液态水，在获得能量后变为过热蒸汽而非饱和蒸汽，同样影响灭菌效果。饱和蒸汽容易凝结，在传输过程中应注意管道的保温，而且在屏障设施的设计阶段就应注意尽量减少蒸汽传输的距离，力求降低饱和蒸汽的能量损失，保证蒸汽质量。启动灭菌程序前应先查看汽源压力并排除管道中的冷凝水，如无法避免长距离送汽，最好安装汽水分离器。

（3）垫料的装载　将垫料在灭菌车上分层码放好，装载量要少于灭菌器容量的 80%，保证每个包裹周围要留有空隙，避免重叠，利于蒸汽流通扩散。不同的物品最好分别灭菌，不得已要混装时应将隔离衣、垫料等码放在灭菌车上层，避免与金属器械类接触。灭菌袋应选择耐热且透气性好的材质，灭菌袋装入物品后应保持宽松，灭菌袋清洗后不得熨烫，以免影响透气性。

（4）灭菌效果的保证　对于压力蒸汽灭菌效果的保证，应从灭菌程序的验证及日常检测两方面考虑。一般每年进行一次灭菌程序的验证，在设备维修及工艺变更等情况下也要进行验证。对于日常监测，一般使用生物指示剂和化学指示卡来直接或间接判定灭菌效果。

（二）辐照灭菌法

使用 ^{60}Co 对垫料进行辐照灭菌，在一定剂量条件下能杀死垫料中的各种微生物，该方法具有以下优点：①一次性处理大量垫料，省时省力；②灭菌速度快；③先抽成真空包装后灭菌，使用方便，贮存时间长；④射线穿透力强，灭菌均匀、彻底；⑤灭菌后的垫料对动物的行为、生长繁殖性能均无影响，安全性高；⑥辐照灭菌较湿热灭菌对垫料自身结构的改变更小，对其吸水性的影响也更小。

使用辐照灭菌垫料的实验动物机构应重点关注其辐照剂量，我国现行的标准对辐照剂量没有做出要求。一般认为，经 25kGy 剂量照射的垫料可达到用于 SPF 级实验动物的要求，可以兼顾安全性与经济性；经 50kGy 剂量照射可以获得无菌垫料，但两者的价格相差不少。因此在辐照剂量的选择上，可根据动物实验的具体要求选择合适的辐照剂量。

（刘佐民　朱婉月　王劲松）

参考文献

[1] 北京市实验动物管理办公室. 屏障设施运行与管理 [M]. 北京：军事医学科学出版社，2002.

[2] 李学勇. 实验动物设施运行管理指南 [M]. 北京：科学出版社，2008.

[3] 张志立. 除湿技术 [M]. 北京：化学工业出版社，2005.

[4] 王海桥，李锐. 空气洁净技术 [M]. 北京：机械工业出版社，2006.

[5] 郑爱平. 空气调节工程 [M]. 北京：科学出版社，2002.

[6] 国家质量监督检验检疫总局. 实验动物　环境及设施：GB 14925—2010 [S]. 2010.

[7] 国家质量监督检验检疫总局. 空气过滤器：GB/T 14295—2008 [S]. 2008.

[8] 国家质量监督检验检疫总局. 高效空气过滤器：GB/T 13554—2008 [S]. 2008.

[9] 国家技术监督局. 消毒与灭菌效果的评价方法与标准：GB 15981—1995 [S]. 1995.

[10] 国家建设部，国家质量监督检验检疫总局. 生物安全实验室建筑技术规范：GB 50346—2011 [S]. 2011.

[11] 国家质量监督检验检疫总局. 实验室　生物安全通用要求：GB 19489—2008 [S]. 2008.

[12] 顾为望，黄韧，潘甜美，等. 实验动物屏障设施建设与管理 [M]. 西安：陕西科学技术出版社，2002.

[13] 李根平，邵军石，李学勇，等. 实验动物管理与使用手册 [M]. 北京：中国农业大学出版社，2010.

[14] 方喜业，邢瑞昌，贺争鸣，等. 实验动物质量控制 [M]. 北京：中国标准出版社，2008.

[15] 中国医学科学院实验动物研究所，中国质检出版社第一编辑室. 实验动物标准汇编 [M]. 北京：中国标准出版社，2011.

[16] 岳秉飞，邢瑞昌. GLP 规范对实验动物饲料垫料及饮水质量监测的要求 [J]. 中

国实验动物学杂志，2002，12（1）：49–50.

[17] 赵明海，张潇，谭德讲，等. 实验动物饮用水质量控制及处理方式的一些探讨[J]. 实验动物科学，2008，25（1）：58–63.

[18] 中华人民共和国卫生部，国家标准化管理委员会. 生活饮用水标准检验方法：GB/T 5750—2006 [S]. 2006.

[19] 文润来，翟新验，卢胜明. 实验动物饮用水的纯化和处理 [J]. 实验动物科学与管理，2006，23（4）：56–58.

[20] 吴金花，丁琦. 实验动物饮用水机制无菌水与高压灭菌水的对比效果观察 [J]. 中国医药导报，2010，7（27）：28–29.

[21] 马从容. 活性炭过滤工艺应用于饮用水处理的试验研究 [J]. 治淮，2001（7）：25–28.

[22] 关东胜，李里特. 强酸化水的制备及其灭菌效果 [J]. 中国农业大学学报，1997，2（2）：109–113.

[23] 梁春南，李明，王超，等. 4 种不同处理的实验动物饮水储存时间–细菌培养报告[J]. 实验动物科学，2012，29（5）：50–52.

[24] 孙永梅，郭自荣，张永侠，等. 我国实验动物垫料的质量评价研究概述 [J]. 东北农业大学学报，2009，40（1）：139–144.

[25] Potgieter F J，Torronen R，Wilke P I. The in vitro enzyme–inducing and cytotoxic properties of South African laboratory animal contact bedding and nesting materials [J]. Laboratory Animals，1995，29（2）：163–171.

[26] Pelkonen K H，Hanninen O O. Cytotoxicity and biotransformation inducing activity of rodent beddings：a global survey using the Hepa–1 assay [J]. Toxicology，1997，122（1–2）：73–80.

[27] 刘福英，王春梅，刘军须，等. 5 种垫料物质的细胞毒性研究 [J]. 中国比较医学杂志，2003，13（6）：349–352.

[28] 陈洪岩，苍晶，辛晓光，等. 实验动物新型垫料的研究Ⅰ蒲草的生物学特性及吸水、吸氨、保暖性能测定 [J]. 中国实验动物学杂志，1995，5（4）：229–234.

[29] 王宗保，吴端生，尹卫国，等. 芦苇作为实验动物新型垫料的研究 [J]. 衡阳医学院学报，1996，24（4）：331–333.

[30] 李宝龙，夏长友. 实验动物垫料的质量控制与评价 [J]. 畜牧兽医科技信息，2006（10）：39–40.

[31] 陈洪岩，宋小华，辛晓光，等. 蒲草垫料水浸出物、醇浸出物、醚浸出物的急性毒性试验及小鼠饥饿试验研究 [J]. 黑龙江家畜牧兽医，1997（12）：25–27.

[32] 刘恩岐. 实验动物垫料质量的评估 [J]. 中国比较医学杂志，2004，14（3）：179–184.

[33] 国家食品药品监督管理局药品安全监管司，国家食品药品监督管理局药品认证管理中心. 药品生产验证指南 [M]. 北京：化学工业出版社，2003.

第十章　实验动物福利伦理

实验动物作为人类的替难者，为生命科学发展和人类健康做出了重大的贡献，甚至贡献生命。随着人类社会的进步，生命科学技术的发展，实验动物作为医药研发、生命科学及医学研究的重要支撑条件，日益受到人们的重视。基础医学研究、药物研发、医疗器械评价等均会涉及实验动物和动物实验，国际上已经把实验动物科学条件和福利管理作为衡量一个国家科学技术现代化水平的标志。

关注实验动物福利和实验伦理是科学发展和人类进步的体现，特别是在以研究、教学、检定等为目的的动物实验中，强调动物福利伦理不仅体现了人与自然和谐共处的科学发展理念，同时也是动物研究结果准确性的必然保证。

一、实验动物福利伦理的概念

1. 实验动物福利　动物福利包括两个方面：康乐（Well－Being）和福利（Welfare）。前者强调动物自身感受的良好状态，后者强调人们对动物康乐所采取的态度以及实施的有效措施。

满足动物需求是动物福利的首要原则，就是让动物在康乐的状态下生存。目前普遍认可的动物福利是“五大自由”即“5F”：①免受饥饿的自由（生理福利）。为动物提供能适当的清洁饮水和保持健康及经历所需要的食物，使动物不受饥渴之苦。②生活舒适的自由（环境福利）。为动物提供适当的房舍或栖息场所，能够舒适的休息和睡眠，使动物不受困顿不适之苦。③免受痛苦、伤害和疾病的自由（卫生福利）。为动物做好防疫，预防疾病和给患病动物及时诊治，使动物不受疼痛、伤病之苦。④免受恐惧和不安的自由（心理福利）。保证动物拥有良好的条件和处置（包括宰杀过程），使动物不受恐惧和精神上的痛苦。⑤表达天性的自由（行为福利）。为动物提供足够的空间，适当的设施以及与同类动物伙伴在一起，使动物能够自由表达正常的习性。

根据这些原则，我们可以对实验动物福利做如下定义：实验动物福利是指善待实验动物，即在饲养管理和使用实验动物活动中，采取有效措施，保证实验动物能够受到良好的管理与照料，为其提供清洁、舒适的生活环境，提供保证健康所需的充足的食物、饮用水和空间，使实验动物减少或避免不必要的伤害、饥渴、不适、惊恐、疾病和疼痛。这一定义从物质和精神两个方面对保护动物福利的原则进行了阐述，即物质上保证其能够享有安全的饮食和舒适的居所，精神上保证其免受紧张、疼痛、恐惧等不良刺激。

2. 实验动物伦理　实验动物伦理是在保证动物实验结果科学、可靠的前提下，针对人的活动对实验动物所产生的影响，从伦理方面研究保护动物的必要性。

实验动物伦理所关注的是人类对实验动物抱什么态度，是人类对动物实验的深层反思，主要研究人类对动物实验的伦理责任，包括：实验动物自身价值研究，人类对动物实验道德原则的确立与道德行为规范的研究，显示科学研究活动中动物实验问题的研究。它是传统伦理学在生命科学这一特殊领域中的具体体现。

3. 动物实验替代方法 W. M. S. Russell（动物学家）和 R.LBurch（微生物学家）1959 年发表了《人道主义实验技术原理》(《The Principles of Humane Experimental Technique》)，书中通过大量的调查研究，第一次全面系统地提出了科学、合理、人道地使用实验动物的理论。该理论的核心即“3R”原则——“减少、替代、优化”原则。“3R”是动物实验替代方法的核心和主要研究内容，也是各个国际组织机构和各国实验动物法规的重要内容。

（1）减少（Reduction） 指在科学研究中，使用较少量的动物获取同样多的实验数据或使用一定数量的动物能获得更多实验数据的科学方法；包括相对减少和绝对减少两层含义。

（2）替代（Replacement） 指使用没有知觉的实验材料代替活体动物，或使用低等动物替代高等动物进行实验，并获得相同实验效果的科学方法。

替代有不同的分类方法：①根据是否使用动物或动物组织，替代方法可分为相对性替代和绝对性替代两个方面，前者是指采用无痛的方法处死动物，使用其细胞、组织或器官进行体外实验研究，或利用低等动物替代高等动物的试验方法；后者则是在实验中完全不使用动物。②按照替代物的不同，可分为直接替代（如志愿者或人类的组织等）和间接替代（如鲎试剂替代家兔热原试验）。③根据替代的程度，又可分为部分替代（利用替代方法来代替整个动物实验研究计划中的一部分或某一步骤）和全部替代（用新的替代方法取代原有的动物实验方法）。

（3）优化（Refinement） 指在符合科学原则的基础上，通过改进和完善实验程序，减轻或减少给动物造成的疼痛和不安，或为动物提供适宜的生活条件，以保证动物健康和康乐，尽量降低非人道方法的使用频率或危害程度，提高动物福利的方法。优化包括实验动物生产和实验动物使用两个方面。

4. 动物实验替代方法与实验动物福利的关系 实验动物是为了科学研究的目的而在符合一定要求的环境条件下饲养的动物，其整个生命过程完全受到人为的控制，并在人为控制的条件下承受实验处理。因此，保证在生产和使用两个方面的实验动物福利，不仅是实验动物自身的需要，也是保证动物实验结果科学、可靠的基本要求。许多研究表明，生存环境、营养状况、麻醉及护理手段等与福利相关的因素都会显著影响所获得的实验数据，进而对整个研究产生重要甚至决定性的影响。如温度对细菌、病毒的免疫学及感染性实验影响明显；通风不良可导致动物的内分泌及生殖功能紊乱，影响动物健康及动物实验结果；照明和噪声会影响动物的视觉及繁殖功能，从而影响相关研究的开展；而笼具的材质、垫料种类等均会不同程度的影响不同种属和品系的生理功能；各种营养因素也会极大影响动物的生长、发育、免疫功能和生理生化指标。除上述因素外，居住环境、微生物控制、麻醉及止痛药物的种类和用量等都会对实验结果产生一定的影响。所有这些都与实验动物福利直接相关，是影响动物实验结果科学性和准确性的重要因素。

1876 年英国制定了《防止虐待动物法》，提出了对动物福利的思考。由于自然科技的发展，用于实验的动物量逐渐增加，使得保护动物的声音传到了科技界。1983 年，动物试验改革委员会（CRAE）、医学试验中动物替代法基金会（FRAME）和英国兽医协会（BVA）成立联盟，提出一系列的动物保护计划，促使英国政府于 1986 年重新修订了动物条例，并在英国议会上通过，由此推动了对动物实验替代方法的研究。由此可以看出，实验动物福利的提出引发了对动物实验替代的思索，进而推动了动物实验替代方法的研究和发展。

实验动物福利是一门科学，并非极端动物保护主义者提出的“动物权”。生命科学的发展离不开动物实验这一研究手段，利用实验动物和保障实验动物福利是既相互对立又相互联系的两个方面，需要在这当中找到结合点和平衡点。在兼顾科学发展和实验动物福利的问题上，动物实验替代方法（3Rs）是最好的切入点。

动物实验替代方法强调的是爱护和科学应用实验动物，在可能的条件下，最大限度避免因科学活动给动物造成的疼痛和痛苦。同时，动物实验替代方法的研究成果也极大程度地丰富了科学研究手段，推动了科学的发展。因此，动物实验替代方法是实验动物福利的核心内容。

作为生命科学研究基础和支撑条件的实验动物以及利用实验动物而开展的各类动物实验技术，将成为 21 世纪生命科学发展中最具生命力、最为活跃的研究领域。因此，以推动科学进步为目的，在符合科学原则的前提下，充分考虑并满足实验动物福利的各种需求，开展动物实验各种替代方法的研究，减少、替代和优化动物实验，是实验动物生产和使用发展的必然趋势。

二、国内外实验动物福利伦理研究与管理

（一）国际上保障实验动物福利的措施和政策

人类对动物福利问题的关心已有 200 多年的历史，对动物福利伦理的研究和法规建设经历了一个从道德伦理的倡议到法律法规的制定与强制实施的阶段。动物福利作为一种动物保护理念在国际上已得到普遍接受并有着相应完善的法律体系，全世界已有 100 多个国家制定了动物福利法规，这些国家分布于世界的五大洲，既有发达国家如欧洲国家和美国等，也有发展中国家如印度和菲律宾等。这些动物福利法规中有相当数量是针对实验动物的。

欧洲是最早开始立法执行动物福利的地区。1822 年由 Richard Martin 提交的“防止残忍和不当对待家畜的法案”，在英国议会获得通过，成为现代史上第一部防止残忍对待动物的专门性法律。一般也称为“马丁法案”。1876 年英国制定了《防止虐待动物法》。1976 年英国许多动物福利组织发起了动物福利年运动，以纪念《防止虐待动物法》发表 100 周年，随后成立了动物试验改革委员会。1986 年英国制定了《科学实验动物法》，这是英国第一部规范动物实验的法律。同期，著名的生理学家 David Smyth 在对 3Rs 研究进行调查研究的基础上，发表了他的著作《动物实验替代方法》，他在书中对替代方法所下的定义被人们广泛接受。

受英国影响，法国 1845 年成立了动物保护协会，于 1850 年通过了反对虐待动物的《格拉蒙法令》。到 19 世纪中期，爱尔兰、德国、奥地利、比利时、荷兰等国家纷纷成立了本国的动物保护协会，并通过了相应法律。随后，世界上很多国家也相继开始制定通过有关禁止虐待动物的法律，并对反虐待动物法进行补充和修改，形成了更加完善的动物福利保护法，其中的内容更加积极和完善，适用范围也更加广泛。

美国动物福利立法从 1866 年起步，1966 年颁布了第一部针对实验动物福利的法规《实验动物福利法》，1970 年进一步将《实验动物福利法》更名为《动物福利法》，涵盖所有温血动物，之后又进行了大规模的修订。

WTO 有关动物福利保护的规则也适用于实验动物的福利保护领域，主要的法规有：《关贸总协定》《服务贸易总协定》《实施动植物卫生检疫措施的协定》《补贴与反补贴措施协定》等。这些法规中均涉及了对动物生命、健康的保护和尊严的维护，以及与社会公共道德相关的规则。另外，根据《反倾销措施协议》的规定，如出口国的非国有企业采取虐待实验动物的方式或没有给予实验动物以必需的福利，致使出口实验动物和实验动物产品的价格明显低于国际市场的同类可比价格，进口国可以针对该产品征收一定的反倾销税。

很多的政策工具已经被应用到动物福利的保护中。立法是保护动物福利的主要手段之一，但与此同时，立法又是一个迟缓而又昂贵的工具。因此，各国和各地区的政策制定者都在积极寻找更多的政策工具来改善动物福利，其中就包括推动 3Rs 研究。

国际上对动物实验替代方法的研究也从理论宣传到方法研究、验证及应用方面形成了一个较为完整的体系。欧洲、美国、日本、韩国、巴西等地先后成立了毒理学试验替代法研究小组和替代方法验证中心，推动了动物实验替代法的研究和应用。他们通过培训教育从事研究和检定工作的科技人员，建立起“3R”的概念和正确理解“3R”的内容与动物实验的内在联系，同时，利用专业刊物，配合宣传实验动物替代方法的建立、验证和应用方面的最新研究进展，促进“3R”工作的开展。并建立起比较切实可行的管理制度和要求，如荷兰的动物实验条例的规定，使用动物必须注册，进行动物实验的研究机构必须要有许可证，要求使用动物的人员必须接受动物实验道德和替代法内容的教育与培训；在澳大利亚使用实验动物必须成立动物实验委员会，保证所有动物的使用都符合法律的规定，实验者必须向动物伦理委员会提出所有动物研究的书面计划，并考虑预期价值研究的合理性及所有动物伦理与福利方面的问题。

（二）我国实验动物福利伦理管理

我国在实验动物福利立法、标准化、行政管理、科研、教育普及、行业自律、日常监管等方面，与欧美发达国家还存在不小差距。但经过探索和发展，以及与国际同行的交流学习，目前已经形成了以《实验动物管理条例》为核心，以各省、市实验动物管理条例为基础的实验动物法规体系。

1988 年原国家科学技术委员会颁布了《实验动物管理条例》，这是我国第一部关于实验动物管理工作的行政法规。但是条例的颁布重点是为了提高实验动物质量，而没有明确的实验动物福利及其伦理审查管理的规定。在涉及动物保护的第二十九条仅规定：“从事实验动物工作的人员对实验动物必须爱护，不得戏弄和虐待”，这与多数发达国家实施严格系统的实验动物福利法规，形成了鲜明对比。但无论如何，本条例的颁布实施标志着我国实验动物工作进入了法制化的科学管理体系。随着科技进步、社会经济发展和立法工作的深入，实验动物科学研究和管理工作中出现了诸多新情况和新问题，本条例在实验动物管理工作中的作用已不能完全适应科技创新、经济与社会发展的需要。于是，在 2001 年提出了修订稿，建议增加生物安全和动物福利两个章节，经过几次修订，变化最大的也是这两部分内容。

随着上述条例的颁布，一些相关配套文件也相继颁布实施。1997 年原国家科学技术委员会等四部委联合发布的《关于“九五”期间实验动物发展的若干意见》，第一次把“3R”的基本概念写进实验动物工作管理和科技发展的法规性文件。2001 年中华人民共和国科学技术部（以下简称国家科技部）发布了《科研条件建设“十五”发展纲要》中，明确提出“推动建立与国际接轨的动物福利保障制度”，并把这项工作纳入“全面推行实验动物法制化管理”的重要内容之一；2006 年国家科技部颁布了《关于善待实验动物的指导性意见》，对于实验动物从生产、运输到使用的各环节提出了明确的动物福利伦理要求，这标志着我国在实验动物伦理方面迈出了重要的一大步；同年，还颁布了《国家科技计划实施中科研不端行为处理办法（试行）》，定义了 6 种科研不端行为，其中“违反实验动物保护规范”为不端行为之一。由此可见，国家对于实验动物福利伦理的重视和法制化管理的支持力度。

随着国家对实验动物工作规范化、法制化管理的加强，以及相关政策的颁布实施，各地也相应发布了实验动物地方标准和行政法规，提升实验动物福利，加强监管。1996 年北京市第 10 届人民代表大会审议通过《北京市实验动物管理条例》，成为我国第一部关于实验动物管理工作的地方法规，该法规于 2004 年进行了修订。之后相继出台了《湖北省实验动物管理条例》(2005 年)、《云南省实验动物管理条例》(2007 年)、《黑龙江省实验动物管理条例》(2008 年)、《广东省实验动物管理条例》(2010 年)和《吉林省实验动物管理条例》(2016 年)，均对维护动物福利，保障生物安全提出了要求。2006 年，北京市实验动物管理办公室颁布了《北京市实验动物福利伦理审查指南》，对实验动物的福利伦理审查工作进行法律规定，2018 年 9 月 1 日颁布实施的国家标准 GB/T 35892—2018（《实验动物　福利伦理审查指南》），结束了我国实验动物福利伦理审查和日常管理的技术标准的空白。中国台湾于 1998 年也制定了动物保护法和动物保护法实施细则，于 2001 年制订了实验动物管理与使用指南，详细地规定了实验动物生产和使用动物的环境设施要求，动物营养、动物疾病的控制与防治要求，并规定了动物实验中麻醉、止痛及安乐死的方法。管理条例和管理办法等一系列法规标准的颁布，对我国实验动物福利和动物实验福利伦理的发展和法制化管理起到了积极的促进作用。

三、实验动物饲养和使用的福利与伦理审查

（一）实验动物福利伦理审查的法规要求

实验动物福利伦理审查是指按照实验动物福利伦理的原则和标准，对使用实验动物的必要性、合理性和规范性进行的专门检查和审定。建立科学、完善的福利伦理审查制度是保障实验动物充分享有福利的有效途径。美国、欧洲、日本、澳大利亚等发达国家和地区都通过立法的形式要求研究机构建立严格的实验动物福利伦理审查制度，几乎在所有的管理文件中对于实验动物从生产到使用均有一致的要求和规定。包括在生产、使用和运输过程中，应关爱实验动物，不虐待实验动物，维护实验动物福利；从事实验动物工作的单位应设立实验动物管理机构，对动物实验进行伦理审查，确保实验方案符合伦理要求，并对实验过程进行监督管理；鼓励开展动物实验替代、优化方法的研究与应用，尽量减少动物使用量；经过实验动物福利伦理委员会批准后方可开展各类实验动物的饲养、运输和动物实验，并接受日常监督检查。

2006 年国家科技部发布的《关于善待实验动物的指导性意见》是我国第一部专门针对实验动物福利和动物实验伦理的规范性管理文件，分别从实验动物的饲养管理、应用、运输以及相关措施等方面，对善待实验动物提出了要求。我国一些省、市、自治区也相继制定了实验动物管理的地方法规，明确提出对实验动物的生产和使用过程进行福利伦理审查。例如，北京市实验动物管理办公室为贯彻实施《北京市实验动物管理条例》，制定了《北京市实验动物福利伦理审查指南》，提出“从事实验动物相关工作的单位，应成立由管理人员、科技人员、实验动物专业人员和本单位以外人士参加的实验动物福利伦理审查委员会，具体负责本单位有关实验动物的福利伦理审查和监督管理工作”，并提出了开展福利伦理审查的基本原则和通过福利伦理审查的基本要求。2018 年 9 月 1 日正式实施的国家标准《实验动物　福利伦理审查指南》规定了实验动物生产、运输和使用过程中的福利伦理审查和管理的要求，包括审查机构、审查原则、审查内容、审查程序、审查规则和档案管理。伦理审查覆盖了实验动物的生产、运输、使用的全过程。

对动物实验福利伦理审查是各机构实验动物福利伦理审查委员会的一项重要工作，科学规范的审查，体现出一个单位的实验动物管理水平。

（二）福利伦理审查的原则和内容

根据《北京市实验动物福利伦理审查指南》，动物实验福利伦理审查所依据的基本原则有：①动物保护原则，禁止无意义滥养、滥用、滥杀实验动物，制止没有科学意义和社会价值或不必要的动物实验；②动物福利原则，保证实验动物的基本生存权利；③伦理原则，既要考虑动物的利益，善待动物，还要保证从业人员的安全，而且动物实验方法和目的符合人类的道德伦理标准和国际惯例；④综合性科学评估原则，审查中要保证公正性、必要性、利益平衡。在国家标准《实验动物 福利伦理审查指南》中增加了公正性原则、合法性原则和符合国情原则，要遵循国际公认准则和我国的传统文化及国情，反对极端的做法。

审查主要从以下方面入手。

（1）人员资质 与从业岗位保障动物福利的需求相匹配。

（2）设施条件 符合相关设施标准，满足动物各项福利需求，不会伤害动物。

（3）实验动物医师 实验动物兽医代表动物福利诉求，需获得相应的资质和岗位职责要求相匹配的业务培训。从业单位制定有与本标准规定的兽医各项职责。

（4）动物来源 来源清楚、合法，禁止使用流浪动物及濒危野生动物，动物都应有单独标识和集体标识，标识应可靠、伤害动物最少。

（5）技术规程 应有完善、使用的规程，可保障动物福利。

（6）动物饲养 悉心照料，避免不安、孤独、疼痛和伤害，饮食的安全卫生，实验、患病、妊娠、分娩、哺乳期、术后恢复期的特殊照料。

（7）动物使用 “3R”的实施，科学保定、有效的麻醉、仁慈终点和安乐死。

（8）职业健康与安全 人员的健康安全、动物实施的安全、公共卫生的安全的制度和技术保障情况。

（9）动物运输审查 运输方案、快速安全的保障、运输人员从业资质、运输条件、全过程的动物安全和福利、运输后条件差异的适应性照料。动物不宜运输的情况，如疾病、术后未愈期、临产期等。

（三）审查后的监管

实验动物伦理审查是保护实验动物、保证动物福利最直接、最有效的手段，而伦理审查后的持续监管是真正保证动物福利的必不可少的措施。审查后监管的主要目的是让动物实验人员严格按照审查批准的内容进行动物实验，最大限度保护动物；还可以加强伦理委员会成员与动物实验人员的交流，及时帮助实验人员发现及解决实验过程中发生的问题，提供有关实验动物的新规定、新知识、新理论。

为了更准确地了解动物实验的实际情况，伦理委员会应对每个批准的动物实验项目进行定期或不定期的现场检查，尤其是对使用较高级的实验动物、对动物损伤较大、有过不良实验记录的实验项目要进行重点监管。动物实验期管理人员平时应积极监管实验人员是否严格按照各项规章制度进行动物实验，是否有虐待动物的行为，如有发现，应及时批评指正。对于不听劝阻、屡教不改的实验人员，伦理委员会应停止其实验动物生产或使用活动。

伦理审查后的监管主要是比较实际进行动物实验的内容与伦理委员会批准的动物实验内

容的差异。主要包括：在动物实验人员方面，实际从事动物实验人员是否经伦理委员会批准，是否接受过相应的技术培训并取得资质；在实验内容方面，实际实验内容是否与批准的实验内容一致，实际使用的动物品系与数量是否与批准的内容一致，动物麻醉、镇静剂使用的品种、剂量、给药途径是否与批准实验项目一致，动物麻醉的深度是否有合适的监测手段；在动物手术方面，手术方法与地点是否与批准内容一致，动物术后是否得到适宜的照护，手术记录是否完整；在动物安乐死方面，是否按批准的方案对动物实施安乐死，动物安乐死后确认动物是否真正死亡，动物尸体是否严格按照规定处理。

四、中检院实验动物福利伦理审查工作

2011 年 4 月 24 日，中国食品药品检定研究院（以下简称“中检院”）正式成立第一届实验动物管理委员会。该委员会的成立体现了中检院强调高品质的实验动物管理与关注动物福利伦理并举的和谐发展思路。2018 年 7 月 5 日，成立第二届实验动物管理委员会和实验动物福利伦理审查委员会，对原管理委员会的机构设置和人员组成做出调整，将原来作为管理委员会内设部分的福利伦理审查委员会改为单独设立，使两个委员会的职责更加明确。管理委员会主要承担对实验动物工作和学科发展的指导与监督职责，福利伦理审查委员会主要承担维护实验动物福利伦理，监督实验动物生产繁育、饲养和动物实验过程中福利伦理措施的落实情况，督促实验动物从业人员按照福利伦理审查指导原则的要求饲养和使用实验动物的职责。

（一）审查程序和重点审查内容

动物实验是福利伦理审查的重要领域，在中检院开展任何涉及实验动物的科研、教学及检验检测活动，均需在项目实施之前向实验动物福利伦理审查委员会提出申请，接受审查。获得批准后方可进行有关工作，并接受监督检查。根据实验项目来源，中检院的动物实验分为两种：一种是按照《中国药典》和有关技术规范而开展的检验项目，即常规检测项目；另一种则包括涉及动物实验的科研项目（课题）、研究生课题以及为提高检验能力和检验水平而开展的各类研究工作。福利伦理审查委员会对于这两种不同类型的动物实验采取了不同的审查方式。常规检测项目采用首次申请、年度检查备案的方式；对于其他项目，均需在项目实施之前向实验动物福利伦理审查委员会（简称审查委员会）提出申请，接受审查，获得批准后方可进行有关工作。

人员、设施设备、动物饲育用品、动物运输、实验方案、动物处置、动物处死、动物尸体处理等方面是实验动物福利伦理审查的主要内容。其中实验动物饲养管理人员资质、设施设备、动物饲育用品、动物运输、动物尸体处理的规范管理主要由动物实验管理部门负责。动物实验管理部门的管理人员属于实验动物业内人士，对相关法规、学科最新进展、福利伦理审查的意义等理解较为透彻，在实践中需要落实的是执行力度；实验方案、动物处置、动物安乐死等主要与具体实验项目有关，是研究者根据研究目的制定的，在实际工作中，研究者在提出动物实验福利伦理审查申请，接受实验动物知识和技术培训等方面显得不够主动，这是由于研究者所处的专业领域对实验动物相关法规和知识了解不够所致，所以，要做好动物福利伦理审查工作，首先要获得研究人员的理解。

对于常规检测项目来说，主要的实验依据有《中国药典》《医疗器械生物学评价和审查指南》等技术规范文件。这些技术文件考虑的重点是药品疗效和对人的安全性；而对于保护实验动物、维护动物福利伦理方面则考虑得相对较少。有些事项是在文件中未明确要求的，或

者虽然要求但易被动物实验人员忽视的，这些方面特别是对常规检测项目来说，应是审查的重点，不加以规范会影响动物福利和实验结果的准确性。

1. 动物的抓取、固定方法　正确而熟练地抓取动物、固定动物，动物就不会剧烈反抗，不规范的抓取和固定会导致动物损伤和应激反应。如家兔敏感易受惊，不规范抓取极易引起骨折、组织挫伤、足部破损和应激反应。

2. 实验人员的资质　实验人员必须参加“实验动物从业人员岗位证书”培训，获得证书后方可从事动物实验相关工作。实验人员应具有一定的实验动物基础知识，了解相关法规，熟悉动物实验设施的相关管理规定，掌握动物实验操作的技术。

3. 安死术　实验动物的处死方法很多，应根据动物实验目的、实验动物品种（品系）以及需要采集标本的部位等因素，选择不同的处死方法。无论采用哪一种方法，都应遵循在不影响动物实验结果的前提下，使实验动物短时间无痛苦地死亡的原则。处死实验动物时应注意，首先要保证实验人员的安全；其次要确认实验动物已经死亡，通过对呼吸、心跳、瞳孔、神经反射等指征的观察，对死亡做出综合判断；再者要注意环保，避免污染环境，还要妥善处理好尸体。

4. 品系和级别　不同品系动物可能对药物的反应是不同的，《中国药典》2015 年版三部“凡例”中规定“检定用动物，除另有规定外，均应用清洁级以上的动物”，低级别的实验动物（特别是普通级豚鼠和家兔）质量不稳定、易生病，影响动物福利和实验结果。

5. 给药剂量的确定　给药途径和剂量的正确选择非常重要，不同动物种类、不同给药途径，动物所承受的给药剂量是不同的。《中国药典》中动物实验描述多数明确了给药体积；个别仅给出受试物的量或单位，没有限制动物能承受的最大给药体积。在这方面，国外一些学者参考多年来各种动物实验的有关材料和经验，总结出不同动物种类各种给药途径的最适剂量和最大剂量，可做参考。

6. 动物的检疫期和适应期　尽管《中国药典》中没有明确规定动物的检疫期和适应期，实际上检疫期和适应期对于动物福利和实验结果的准确性非常重要。《实验动物管理和使用指南》指出：“对于啮齿动物，如果供应商提供的资料相当新而完整，能够充分肯定该引进动物的健康状况，而且在运输过程中采取防止病原体接触的措施，可免于检疫”。依照我国目前的实验动物发展现状，清洁级以上啮齿动物可免于检疫，普通级豚鼠、家兔、猫、猴等实验动物则有检疫和适应的必要性。

7. 仁慈终点　其定义为：动物实验过程中，在得知实验结果时，及时选择动物表现疼痛和同科的较早阶段为实验的终点。仁慈终点的选择不能简单地理解为在指定的某个时间点结束实验，随着“3R”原则的研究与深入，仁慈终点逐步被看作“优化原则”的重要组成部分，制定实验计划的同时即应考虑在什么情况下需要实施仁慈终点，要考虑的因素包括实验类型、目的、方法及实验动物种类等。

（二）监督和检查

实验动物福利伦理审查委员会对生产繁育、饲养和实验过程中实验动物福利伦理措施的落实情况进行定期或不定期的现场监督和检查，内容包括巡视动物饲养间、饲料和垫料准备区、笼具清洗区以及其他所有用于动物的房间和实验室。动物饲养设施应符合国家和地方的相关标准，并尽可能采用环境丰富手段，关注动物福利。在检查过程中，会核对各饲养间所养动物是否与对应的研究计划相符，如种属、实验操作或数量发生严重偏差，以及发现存在有违反“指导原则”的行为，审查委员会将对项目负责人及具体的操作人员提出限期整改要求。在规定的期限内仍不改正者，经审查委员会集体讨论，可停止其参与实验动物生产或使用活动的资格。如确因工作需要恢复其参与实验动物生产或使用活动资格的，由其本人所在科室负责人提出书面申请，经由审查委员会指定的培训机构培训考核合格后，恢复其参与实验动物生产或使用活动的资格。

（三）常见问题

1. 实验人员对科学研究中动物实验福利伦理审查的必要性是认同的；但有一些人员对于依据药典或相关技术规范进行的常规检验中动物实验的福利伦理审查的必要性持怀疑态度，对提交该类实验的福利伦理审查申请积极性不高。因此，广泛的宣传、培训和解释工作是非常必要的。

2. 如果福利伦理审查的申报材料和审查程序较为烦琐，会使实验人员产生抵触情绪，延长审查时限，增加审查者的工作强度，描述项过多会因为申请人表述不统一而增加审查的复杂性和难度。因此申请书格式的设计应尽可能简明扼要、突出重点，尽可能采用选择项的方式，语言简洁明了、不易产生歧义，审查程序应实用、高效、便捷，可根据申请项目的性质和特点分类要求，对于重复性的、常规的实验项目可采取备案制，结合监督检查，避免重复性工作。

3. 药品检验中因实验原因给动物造成较为严重伤害或痛苦的实验分为如下 5 类：①致瘤性实验；②测定效价的攻毒实验（疫苗、毒素、抗毒素的效价测定）；③活体解剖实验（升压物质检查、降压物质检查）；④离体器官实验（缩宫素生物测定）；⑤毒力测定实验（洋地黄生物测定、葡萄糖酸锑钠毒力检查）。其中活体解剖实验规定使用麻醉剂，离体器官实验规定将动物“迅速处死”，动物基本感受不到痛苦；致瘤性实验、测定效价的攻毒实验和毒力测定实验中动物承受了无法缓解的痛苦，由于现阶段还没有找到有效的替代方法，福利伦理审查委员会审查时根据“综合性科学评估原则”予以通过。基于上述原因，这类实验受到世界各国和国际组织的广泛关注，例如欧洲药品质量理事会将“采用 3R 原则建立质量控制的替代方法”作为欧洲生物制品标准化的 4 个主要目标之一，《欧洲药典》引入了“仁慈终点”的概念，以减少动物承受的痛苦。体现“3R”原则的方法将逐步替代目前的方法。

4. 动物实验福利伦理审查后的检查督导。动物实验管理部门（特别是兽医）负责对动物福利和实验伦理的落实情况进行检查督导，确保动物实验福利伦理审查起到应有的作用；动物实验管理部门及时将信息反馈到福利伦理审查委员会，使委员会能及时对审查的重点、方向、方式等做出调整。

（巩薇　董青花　张鑫）

参考文献

［1］国家质量监督检验检疫总局. 实验动物　福利伦理审查指南：GB/T 35892—2018［S］. 2018.

［2］J. 西尔弗曼，M. A. 苏科，S. 默西. 实验动物管理与使用委员会工作手册. 2 版.［M］. 贺争鸣，李根平，译. 北京：科学出版社，2013.

中国食品药品检验检测技术系列丛书

中国药品检验标准操作规范　2019年版

药品检验仪器操作规程及使用指南

生物制品检验技术操作规范

药用辅料和药品包装材料检验技术

医疗器械安全通用要求检验操作规范

体外诊断试剂检验技术

食品检验操作技术规范（理化检验）

食品检验操作技术规范（微生物检验）

实验动物检验技术

全球化妆品技术法规比对*

化妆品安全技术规范*

---

* 已在其他出版社出版。